U0929711

中国国家标准汇编

2008年修订-20

中国标准出版社　编

中国标准出版社
北京

图书在版编目（CIP）数据

中国国家标准汇编：2008年修订.20/中国标准出版社编.—北京：中国标准出版社，2009

ISBN 978-7-5066-5363-3

Ⅰ.中…　Ⅱ.中…　Ⅲ.国家标准-汇编-中国-2008　Ⅳ.T-652.1

中国版本图书馆CIP数据核字（2009）第102486号

中国标准出版社出版发行
北京复兴门外三里河北街16号
邮政编码:100045

网址 www.spc.net.cn
电话:68523946　68517548
中国标准出版社秦皇岛印刷厂印刷
各地新华书店经销

*

开本 880×1230　1/16　印张 38.75　字数 1 169 千字
2009年7月第一版　2009年7月第一次印刷

*

定价 200.00 元

ISBN 978-7-5066-5363-3

出 版 说 明

1.《中国国家标准汇编》是一部大型综合性国家标准全集。自1983年起，按国家标准顺序号以精装本、平装本两种装帧形式陆续分册汇编出版。它在一定程度上反映了我国建国以来标准化事业发展的基本情况和主要成就，是各级标准化管理机构，工矿企事业单位，农林牧副渔系统，科研、设计、教学等部门必不可少的工具书。

2.《中国国家标准汇编》收入我国每年正式发布的全部国家标准。分为“制定”卷和“修订”卷两种编辑版本。

“制定”卷收入上年度我国发布的、新制定的国家标准，顺延前年度标准编号分成若干分册，封面和书脊上注明“20××年制定”字样及分册号，分册号一直连续。各分册中的标准是按照标准编号顺序连续排列的，如有标准顺序号缺号的，除特殊情况注明外，暂为空号。

“修订”卷收入上年度我国发布的、被修订的国家标准，视篇幅分设若干分册，但与“制定”卷分册号无关联，仅在封面和书脊上注明“20××年修订-1，-2，-3，……”字样。“修订”卷各分册中的标准，仍按标准编号顺序排列(但不连续)；如有遗漏的，均在当年最后一分册中补齐。需提请读者注意的是，个别非顺延前年度标准编号的新制定的国家标准没有收入在“制定”卷中，而是收入在“修订”卷中。

读者配套购买《中国国家标准汇编》“制定”卷和“修订”卷则可收齐上一年度我国制定和修订的全部国家标准。

3. 由于读者需求的变化，自1996年起，《中国国家标准汇编》仅出版精装本。

4. 2008年制修订国家标准共5 946项，本分册为“2008年修订-20”，收入新制修订的国家标准23项。

中国标准出版社

2009年5月

目　　录

目 录

ICS 03.120.30
A 41

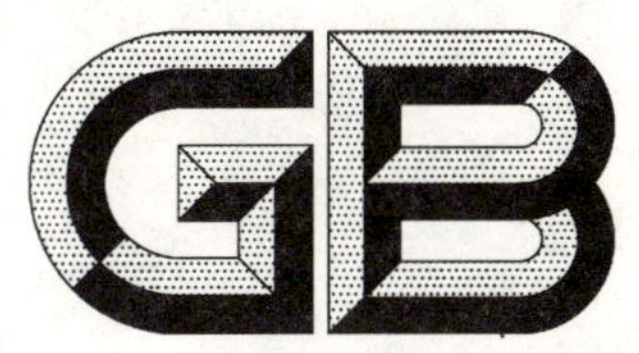

中华人民共和国国家标准

GB/T 4089—2008
代替 GB/T 4089—1983,GB/T 4090—1983

数据的统计处理和解释
泊松分布参数的估计和检验

**Statistical interpretation of data—
Estimation and hypothesis test of parameter in poisson distribution**

2008-07-16 发布　　　　2009-01-01 实施

中华人民共和国国家质量监督检验检疫总局
中国国家标准化管理委员会　发布

前　言

本标准是在GB/T 4089—1983《数据的统计处理和解释　泊松分布参数的估计》和GB/T 4090—1983《数据的统计处理和解释　泊松分布参数的检验》的基础上整合而成,本标准代替GB/T 4089—1983和GB/T 4090—1983。本标准与GB/T 4089—1983和GB/T 4090—1983相比较,技术内容的变化主要包括:

——增加了术语、符号和定义;

——在附录C中增加了P值检验。

本标准的附录A为规范性附录,附录B和附录C均为资料性附录。

本标准由中国标准化研究院提出。

本标准由全国统计方法应用标准化技术委员会归口。

本标准起草单位:中国标准化研究院、广州市产品质量监督检验所、北京大学、无锡市产品质量监督检验所、福州春伦茶业有限公司。

本标准主要起草人:于振凡、丁文兴、邓穗兴、房祥忠、陈华英、陈玉忠、傅天龙。

本标准所代替标准的历次版本发布情况为:

——GB/T 4089—1983;

——GB/T 4090—1983。

引　言

从事科学研究、工农业制造以及管理工作都离不开数据，而对这些数据的整理、分析和解释都离不开统计方法。统计学是研究数字资料的整理、分析和正确解释的一门学科。人们各自从不同的来源取得各种数字资料，这些数字资料通常都是杂乱无章的，必须经过整理和简缩才能利用，使用完善的统计方法就可使数据整理、排列的有条有理，用图形或少量的几个重要参数，就可把一大堆数据的特征表达出来，这样既可避免不正确的解释，又可将获得满意数据的成本降到最低限度，提高了经济效益。

国家标准《数据的统计处理和解释》包含以下各项：

——统计容忍区间的确定(GB/T 3359)

——均值的估计和置信区间(GB/T 3360)

——在成对观测值情形下两个均值的比较(GB/T 3361)

——二项分布参数的估计与检验(GB/T 4088)

——泊松分布参数的估计和检验(GB/T 4089)

——正态性检验(GB/T 4882)

——正态样本离群值的判断和处理(GB/T 4883)

——正态分布均值和方差的估计与检验(GB/T 4889)

——正态分布均值和方差检验的功效(GB/T 4890)

——Ⅰ型极值分布样本离群值的判断和处理(GB/T 6380)

——伽玛分布（皮尔逊Ⅲ型分布）的参数估计(GB/T 8055)

——指数分布样本离群值的判断和处理(GB/T 8056)

《数据的统计处理和解释　泊松分布参数的估计和检验》尚无相应的国际标准。

数据的统计处理和解释 泊松分布参数的估计和检验

1 范围

本标准基于泊松分布总体,分布的概率质量函数为:

$$P\{X=x/\lambda\}=\frac{\lambda^x}{x!}e^{-\lambda} \quad x=0,1,2\cdots$$

式中 $\lambda>0$ 为分布参数。本标准依据来自总体的独立随机样本 $x_1,x_2,\cdots,x_n$,规定了参数 λ 的点估计、区间估计和检验的方法。当有充分理由确信总体服从泊松分布时,可采用本标准。

2 规范性引用文件

下列文件中的条款通过本标准的引用而成为本标准的条款。凡是注日期的引用文件,其随后所有的修改单(不包括勘误的内容)或修订版均不适用于本标准,然而,鼓励根据本标准达成协议的各方研究是否可使用这些文件的最新版本。凡是不注日期的引用文件,其最新版本适用于本标准。

GB/T 4086.1 统计分布数值表 正态分布

GB/T 4086.2 统计分布数值表 χ^2 分布

ISO 3534-1:2006 统计学词汇及符号 第1部分:一般统计术语与用于概率的术语

ISO 3534-2:2006 统计学词汇及符号 第2部分:应用统计

3 术语、定义和符号

ISO 3534-1:2006 和 ISO 3534-2:2006 确定的以及下列术语、定义和符号适用于本标准。为便于参考,某些术语、符号直接引自上述标准。

3.1 术语和定义

ISO 3534-1:2006 和 ISO 3534-2:2006 确定的术语和定义适用于本标准。

3.2 符号

n 样本量

λ 泊松分布的参数

λ_L 区间估计中 λ 的置信下限

λ_U 区间估计中 λ 的置信上限

α 显著性水平

β 第二类错误概率的指定值

α' ＜显著性检验＞第一类错误概率,原假设为真时,拒绝原假设的概率

β' ＜显著性检验＞第二类错误概率,当原假设错误时,没有拒绝原假设的概率

H_0 ＜显著性检验＞原假设

H_1 ＜显著性检验＞备择假设

$P(A)$ 事件 A 的概率

T 样本观测值 $x_1,x_2,\cdots,x_n$ 的总和,$T=\sum_{i=1}^{n}x_i$

$1-\alpha$ ＜区间估计＞置信水平

4 参数估计

4.1 点估计

λ 的估计量记为 $\hat{\lambda}$。

$$\hat{\lambda}=\frac{T}{n}=\bar{x} \qquad\cdots\cdots(1)$$

4.2 区间估计

4.2.1 置信区间的三种形式

λ 的置信区间常用的有三种形式：

a) 双侧置信区间(λ_L,λ_U)，这里 $0<\lambda_L<\lambda_U<+\infty$。

b) 仅有置信下限 λ_L 的单侧置信区间$(\lambda_L,+\infty)$，这里 $\lambda_L>0$。

c) 仅有置信上限 λ_U 的单侧置信区间$(0,\lambda_U)$，这里 $\lambda_U>0$。

选用何种类型的置信区间，应根据所研究问题的需要而定。

λ_L 和 λ_U 是观测值的两个函数，本标准采用的置信区间所满足的条件为：所求得的置信区间包含真正的 λ 值这个事件发生的频率约等于置信水平 $1-\alpha$。具体地说，

双侧区间应满足：$P\{\lambda_L<\lambda<\lambda_U\}=1-\alpha$

单侧置信区间应满足：

$$P\{\lambda_L<\lambda\}=1-\alpha$$
$$P\{\lambda<\lambda_U\}=1-\alpha$$

根据不同的要求，$1-\alpha$ 的数值通常从 0.90，0.95，0.99 中选取。

由于泊松分布的离散性，不一定都能求得使上述等式成立的 λ_L 和(或)λ_U，这时取 λ_L，λ_U 满足：

$P\{\lambda_L<\lambda<\lambda_U\}\geqslant 1-\alpha$　　(双侧情形)

或　$P\{\lambda>\lambda_L\}\geqslant 1-\alpha$　　(单侧下限)

或　$P\{\lambda<\lambda_U\}\geqslant 1-\alpha$　　(单侧上限)

4.2.2 置信限的求法

4.2.2.1 单侧置信下限

$$\lambda_L=\frac{1}{2n}\chi^2_{\alpha}(2T) \qquad\cdots\cdots(2)$$

式中 $\chi^2_{\alpha}(2T)$表示自由度为 $2T$ 的 χ^2 分布的 α 分位数，其值可由 χ^2 分位数表查得(见 GB/T 4086.2)。

示例

某次试验中，$n=10$，$T=\sum_{i=1}^{10}x_i=14$，取 $1-\alpha=0.95$。

从 χ^2 分位数表中查得，$\chi^2_{\alpha}(2T)=\chi^2_{0.05}(28)=16.927\,9$，得单侧置信下限：

$$\lambda_L=\frac{16.927\,9}{20}=0.846$$

所以单侧置信区间为$(0.846,+\infty)$。

4.2.2.2 单侧置信上限

$$\lambda_U=\frac{1}{2n}\chi^2_{1-\alpha}(2T+2) \qquad\cdots\cdots(3)$$

式中 $\chi^2_{1-\alpha}(2T+2)$表示自由度为 $2T+2$ 的 χ^2 分布的 $1-\alpha$ 分位数。

示例

某次试验中，$n=10$，$T=\sum_{i=1}^{10}x_i=14$，取 $1-\alpha=0.95$。

从 χ^2 分位数表中查得，$\chi^2_{1-\alpha}(2T+2)=\chi^2_{0.95}(30)=43.773\,0$，则单侧置信上限：

$$\lambda_U = \frac{43.7730}{20} = 2.189$$

所以单侧置信区间为(0,2.189)。

4.2.2.3 双侧置信区间的置信限

置信下限：$\lambda_L = \frac{1}{2n}\chi^2_{\alpha/2}(2T)$ ……………………………………（4）

置信上限：$\lambda_U = \frac{1}{2n}\chi^2_{1-\alpha/2}(2T+2)$ ……………………………………（5）

式中 $\chi^2_{\alpha/2}(2T)$ 表示自由度为 $2T$ 的 χ^2 分布的 $\alpha/2$ 分位数。$\chi^2_{1-\alpha/2}(2T+2)$ 表示自由度为 $2T+2$ 的 χ^2 分布的 $1-\alpha/2$ 分位数。

示例

某次试验中，$n=10$，$T=\sum_{i=1}^{10} x_i = 14$，取 $1-\alpha=0.95$。

从 χ^2 分位数表中查得，$\chi^2_{\alpha/2}(2T)=\chi^2_{0.025}(28)=15.3079$

双侧置信区间的下限：$\lambda_L=\frac{15.3079}{20}=0.765$

从 χ^2 分位数表中查得，$\chi^2_{1-\alpha/2}(2T+2)=\chi^2_{0.975}(30)=46.9792$

双侧置信区间的上限：$\lambda_U=\frac{46.9792}{20}=2.349$

所以双侧置信区间为(0.765,2.349)。

4.2.3 置信区间的近似求法

当 $2T>30$ 时，可使用下面给出的近似求法。

4.2.3.1 单侧置信下限的近似求法

单侧置信下限的近似计算公式为：

$$\lambda_L = \frac{1}{n}\{c + (\sqrt{T+2c-0.5} - \frac{u_{1-\alpha}}{2})^2\} \quad \cdots\cdots(6)$$

式中 $c=\frac{u^2_{1-\alpha}+2}{36}$，$u_{1-\alpha}$ 为标准正态分布的 $1-\alpha$ 分位数。

示例

在某次试验中，$n=15$，$T=\sum_{i=1}^{15} x_i = 18$，取 $1-\alpha=0.95$。

查正态分位数表(见 GB/T 4086.1)：

$$u_{1-\alpha} = u_{0.95} = 1.64485$$

$$c = \frac{u^2_{1-\alpha}+2}{36} = 0.13071$$

$$\frac{u_{1-\alpha}}{2} = 0.82243$$

$$\sqrt{T+2c-0.5} = 4.21443$$

$$\begin{aligned}\lambda_L &= \frac{1}{n}\{c + (\sqrt{T+2c-0.5} - \frac{u_{1-\alpha}}{2})^2\} \\ &= \frac{1}{15}\{0.13071 + (4.21443 - 0.82243)^2\} \\ &= 0.776\end{aligned}$$

置信水平为 0.95 的单侧置信区间为(0.776,$+\infty$)。

4.2.3.2 单侧置信上限的近似求法

单侧置信上限的近似公式为：

$$\lambda_U = \frac{1}{n}\{c + (\sqrt{T+2c+0.5} + \frac{u_{1-\alpha}}{2})^2\} \qquad \cdots\cdots(7)$$

式中 c,$u_{1-\alpha}$同 4.2.3.1。

示例

在某次试验中,$n=15$, $T=\sum_{i=1}^{15} x_i = 18$,取 $1-\alpha=0.95$。

查正态分位数表(见 GB/T 4086.1):

$$u_{0.95} = 1.644\ 85$$

计算:

$$c = \frac{u_{1-\alpha}^2 + 2}{36} = \frac{(1.644\ 85)^2 + 2}{36} = 0.130\ 71$$

$$\frac{u_{1-\alpha}}{2} = \frac{1.644\ 85}{2} = 0.822\ 43$$

$$\sqrt{T+2c+0.5} = 4.331\ 45$$

$$\begin{aligned}\lambda_U &= \frac{1}{n}\{c + (\sqrt{T+2c+0.5} + \frac{u_{1-\alpha}}{2})^2\} \\ &= \frac{1}{15}\{0.130\ 71 + (4.331\ 45 + 0.822\ 43)^2\} \\ &= 1.780\end{aligned}$$

置信水平为 0.95 的单侧置信区间为(0,1.780)。

4.2.3.3 双侧置信区间置信限的近似求法

置信下限的近似计算公式为:

$$\lambda_L = \frac{1}{n}\{c + (\sqrt{T+2c-0.5} - \frac{u_{1-\alpha/2}}{2})^2\} \qquad \cdots\cdots(8)$$

置信上限的近似计算公式为:

$$\lambda_U = \frac{1}{n}\{c + (\sqrt{T+2c+0.5} + \frac{u_{1-\alpha/2}}{2})^2\} \qquad \cdots\cdots(9)$$

式中 $c=\frac{u_{1-\alpha/2}^2+2}{36}$,$u_{1-\alpha/2}$为标准正态分布的 $1-\alpha/2$ 分位数。

示例

在某次试验中,$n=15$, $T=\sum_{i=1}^{15} x_i = 18$,取 $1-\alpha=0.95$

查正态分位数表(见 GB/T 4086.1):

$$u_{1-\alpha/2} = u_{0.975} = 1.959\ 96$$

$$c = \frac{u_{1-\alpha/2}^2 + 2}{36} = \frac{(1.959\ 96)^2 + 2}{36} = 0.162\ 26$$

$$\frac{u_{1-\alpha/2}}{2} = 0.879\ 98$$

$$\sqrt{T+2c-0.5} = 4.221\ 91$$

$$\sqrt{T+2c+0.5} = 4.338\ 72$$

$$\begin{aligned}\lambda_L &= \frac{1}{n}\{c + (\sqrt{T+2c-0.5} - \frac{u_{1-\alpha/2}}{2})^2\} \\ &= \frac{1}{15}\{0.162\ 26 + (4.221\ 91 - 0.879\ 98)^2\} \\ &= 0.755\end{aligned}$$

$$\lambda_U = \frac{1}{n}\{c + (\sqrt{T+2c+0.5} + \frac{u_{1-\alpha/2}}{2})^2\}$$
$$= \frac{1}{15}\{0.162\ 26 + (4.338\ 72 + 0.879\ 98)^2\}$$
$$= 1.826$$

置信水平为 0.95 的双侧置信区间为(0.755,1.826)。

5 泊松分布参数的检验

5.1 原假设与备择假设

用 H_0 表示原假设,H_1 表示备择假设。本标准处理常见的三种情况:

检验分为以下三种情况:

$H_0:\lambda=\lambda_0$, $H_1:\lambda\neq\lambda_0$ (双侧检验)

$H_0:\lambda\leqslant\lambda_0$, $H_1:\lambda>\lambda_0$ (单侧检验)

$H_0:\lambda\geqslant\lambda_0$, $H_1:\lambda<\lambda_0$ (单侧检验)

选用何种类型的检验,应根据所研究问题的需要而定。本标准正文所列出的是常用的经典的方法,本标准附录 C 也提供了等价的利用置信区间的方法和计算 P 值的方法。

5.2 双侧检验 $H_0:\lambda=\lambda_0$ $H_1:\lambda\neq\lambda_0$

5.2.1 实施步骤

a) 由 λ_0,样本量 n 及给定的显著性水平 α,确定拒绝域的临界值 c_1 和 c_2。(c_1 和 c_2 的确定见 5.2.2);

b) 计算 $T=\sum_{i=1}^{n}x_i$ 的值;

c) 当 $T\leqslant c_1$ 或 $T\geqslant c_2$ 时,拒绝 H_0;当 $c_1<T<c_2$ 时,不拒绝 H_0。

5.2.2 拒绝域临界值 c_1 和 c_2 的确定

c_1 是满足下式的最大整数

$$P\{T\leqslant c_1 \mid n\lambda_0\}=\sum_{k=0}^{c_1}\frac{(n\lambda_0)^k}{k!}e^{-n\lambda_0}\leqslant\frac{\alpha}{2}$$

c_2 是满足下式的最小整数

$$P\{T\geqslant c_2 \mid n\lambda_0\}=\sum_{k=c_2}^{\infty}\frac{(n\lambda_0)^k}{k!}e^{-n\lambda_0}\leqslant\frac{\alpha}{2}$$

相应的第一类错误的概率和第二类错误的概率见附录 A。

c_1 和 c_2 也可用 χ^2 分布表法(见 5.2.2.1)或正态近似法(见 5.2.2.2)确定。

对某些 λ_0、n 和 α,c_1 和(或)c_2 的值可能不存在。如当 $n\lambda_0$ 比较小,使得 $P\{T=0\mid n\lambda_0\}=e^{-n\lambda_0}>\frac{\alpha}{2}$ 时,则 c_1 就不存在。此时可通过协商适当加大 α 值。

5.2.2.1 χ^2 分布表法

c_1 是满足下式的最大整数:

$$2n\lambda_0\geqslant\chi^2_{1-\alpha/2}(2c_1+2) \qquad \cdots\cdots(10)$$

式中 $\chi^2_{1-\alpha/2}(2c_1+2)$ 是自由度为 $2c_1+2$ 的 χ^2 分布的 $1-\alpha/2$ 分位数。

c_2 是满足下式的最小整数:

$$2n\lambda_0\leqslant\chi^2_{\alpha/2}(2c_2) \qquad \cdots\cdots(11)$$

式中 $\chi^2_{\alpha/2}(2c_2)$ 是自由度为 $2c_2$ 的 χ^2 分布的 $\alpha/2$ 分位数。式中的分位数可以查 χ^2 分布分位数表。

示例

放射性物质在某一定长的时间间隔内所放射的粒子数 X 服从泊松分布。现观测某种放射性物质放出的 α 粒子数,一共作了 15 次观测,每次观测的时间为 90 s,观测结果列于表 1:

表 1

放射粒子数	观测到的频数
0	4
1	7
2	2
3	1
4	1
大于 4	0
总计	15

现利用这 15 次观测的结果，检验泊松分布的参数是否为 $\lambda=0.6$。检验的显著性水平取 $\alpha=0.10$。按照 5.2.1，检验步骤如表 2。

表 2

确定 H_0 和 H_1	$H_0:\lambda=0.6$， $H_1:\lambda\neq 0.6$
a. 由 λ_0、n 和 α 确定 c_1 和 c_2。	由于 $\lambda_0=0.6$ $n=15$ 和 $\alpha=0.10$，得 $2n\lambda_0=18$，$\frac{\alpha}{2}=0.05$，$1-\frac{\alpha}{2}=0.95$。 查 χ^2 分布分位数表得 $\chi^2_{0.95}(8)=15.597$ $\chi^2_{0.95}(10)=18.307$， 所以 $2c_1+2=8$，$c_1=3$ 又查 χ^2 分布分位数表得 $\chi^2_{0.05}(28)=16.928$， $\chi^2_{0.05}(30)=18.493$， 所以 $2c_2=30$，$c_2=15$
b. 计算 $T=\sum_{i=1}^{n}x_i$	$T=0\times4+1\times7+2\times2+3\times1+4\times1=18$
c. 判断	由于 $T=18>c_2=15$ 所以不拒绝原假设 $H_0:\lambda=0.6$

5.2.2.2 正态近似法

当 $n\lambda_0$ 较大时，所确定的 c_1 和 c_2 也将比较大。当用 χ^2 分布表法确定 c_1 和 c_2 有困难时，可用下述正态近似法，实际使用时优先采用泊松分布法或 χ^2 分布表法。

c_1 是满足下式的最大整数：

$$c_1+1\leqslant\left[\sqrt{n\lambda_0+\frac{4-u_{1-\alpha/2}^2}{12}}-\frac{u_{1-\alpha/2}}{2}\right]^2 \qquad \cdots\cdots(12)$$

式中：$u_{1-\alpha/2}$是标准正态分布的 $1-\alpha/2$ 分位数。

c_2 是满足下式的最小整数：

$$c_2\geqslant\left[\sqrt{n\lambda_0+\frac{4-u_{1-\alpha/2}^2}{12}}+\frac{u_{1-\alpha/2}}{2}\right]^2 \qquad \cdots\cdots(13)$$

5.3 单侧检验 $H_0:\lambda\leqslant\lambda_0$ $H_1:\lambda>\lambda_0$

5.3.1 实施步骤

a) 由 λ_0，样本量 n 及给定的显著性水平 α，确定拒绝域的临界值 c_2（c_2 的确定见 5.3.2）。

b) 计算 $T=\sum_{i=1}^{n}x_i$ 的值。

c) 当 $T\geqslant c_2$ 时，拒绝 H_0；当 $T<c_2$ 时，不拒绝 H_0。

5.3.2 拒绝域临界值 c_2 的确定

c_2 可由 λ_0,n 及 α 确定。它是满足下式的最小整数：

$$P\{T \geqslant c_2 \mid n\lambda_0\} = \sum_{k=c_2}^{\infty} \frac{(n\lambda_0)^k}{k!} e^{-n\lambda_0} \leqslant \alpha$$

相应的第一类错误的概率 α' 和第二类错误的概率 β' 见附录 A。c_2 可由 χ^2 分布表法或正态近似法确定,优先采用 χ^2 分布表法,当有困难时,可采用正态近似法。

5.3.2.1 χ^2 分布表法

c_2 是满足下式的最小整数：

$$2n\lambda_0 \leqslant \chi_\alpha^2(2c_2) \qquad \cdots\cdots(14)$$

式中 $\chi_\alpha^2(2c_2)$ 是自由度为 $2c_2$ 的 χ^2 分布的 α 分位数。

5.3.2.2 正态近似法

c_2 是满足下式的最小整数：

$$c_2 \geqslant \left[\sqrt{n\lambda_0 + \frac{4 - u_{1-\alpha}^2}{12}} + \frac{u_{1-\alpha}}{2}\right]^2 \qquad \cdots\cdots(15)$$

式中：$u_{1-\alpha}$ 是标准正态分布的 $1-\alpha$ 分位数。

同双侧检验一样,当利用 χ^2 分布表法有困难时,可使用正态近似法。

5.4 单侧检验 $H_0: \lambda \geqslant \lambda_0$ $H_1: \lambda < \lambda_0$

5.4.1 实施步骤

a) 由 λ_0、样本量 n 及给定的显著性水平 α,确定拒绝域的临界值 c_1(c_1 的确定见 5.4.2)。

b) 计算 $T = \sum_{i=1}^{n} x_i$ 的值。

c) 当 $T \leqslant c_1$ 时,拒绝 H_0;当 $T > c_1$ 时,不拒绝 H_0。

5.4.2 拒绝域临界值 c_1 的确定

c_1 由 λ_0、n 和 α 确定,它是满足下式的最大整数。

$$P\{T \leqslant c_1 \mid n\lambda_0\} = \sum_{k=0}^{c_1} \frac{(n\lambda_0)^k}{k!} e^{-n\lambda_0} \leqslant \alpha$$

相应的第一类错误的概率和第二类错误的概率见附录 A。c_1 可由 χ^2 分布表法或正态近似法确定,优先采用 χ^2 分布表法。

5.4.2.1 χ^2 分布表法

c_1 是满足下式的最大整数：

$$2n\lambda_0 \geqslant \chi_{1-\alpha}^2(2c_1 + 2) \qquad \cdots\cdots(16)$$

式中 $\chi_{1-\alpha}^2(2c_1+2)$ 是自由度为 $2c_1+2$ 的 χ^2 分布的 $1-\alpha$ 分位数。

5.4.2.2 正态近似法

c_1 是满足下式的最大整数：

$$c_1 + 1 \leqslant \left[\sqrt{n\lambda_0 + \frac{4 - u_{1-\alpha}^2}{12}} - \frac{u_{1-\alpha}}{2}\right]^2 \qquad \cdots\cdots(17)$$

式中 $u_{1-\alpha}$ 是标准正态分布的 $1-\alpha$ 分位数。

优先采用 χ^2 分布表法,当利用 χ^2 分布表法有困难时,可使用正态近似法。

附 录 A
（规范性附录）
显著性检验的两类错误

A.1 第一类错误

第一类错误的概率是指当原假设为真时，错误拒绝原假设的概率。它可表示为拒绝域的临界值的函数。记作 α'。

原假设 $H_0: \lambda=\lambda_0$，备择假设 $H_1: \lambda\neq\lambda_0$ 情形：

$$\begin{aligned}\alpha' &= P(T \leqslant c_1 \mid n\lambda_0) + P(T \geqslant c_2 \mid n\lambda_0) \\ &= P(T \leqslant c_1 \mid n\lambda_0) + 1 - P(T \leqslant c_2 - 1 \mid n\lambda_0)\end{aligned}$$

原假设 $H_0: \lambda\leqslant\lambda_0$，备择假设 $H_1: \lambda>\lambda_0$ 情形：

$$\alpha' = P(T \geqslant c_2 \mid n\lambda_0) = 1 - P(T \leqslant c_2 - 1 \mid n\lambda_0)$$

原假设 $H_0: \lambda\geqslant\lambda_0$，备择假设 $H_1: \lambda<\lambda_0$ 情形：

$$\alpha' = P(T \leqslant c_1 \mid n\lambda_0)$$

由于泊松分布的离散性，拒绝域的临界值是整数，α' 常常不是正好等于给定的显著性水平 α，而是比 α 小。

A.2 第二类错误

第二类错误的概率是原假设非真时，未拒绝原假设的概率，它可以表示为拒绝域的临界值和所考虑的备择假设中特定的 λ 值的函数，记作 β'。

原假设 $H_0: \lambda=\lambda_0$ 情形，备择假设 $H_1: \lambda\neq\lambda_0$ 情形：$\beta'=P(c_1<T<c_2 \mid n\lambda)$

$$=P(T\leqslant c_2-1 \mid n\lambda)-P(T\leqslant c_1 \mid n\lambda)$$

原假设 $H_0: \lambda\leqslant\lambda_0$ 情形，备择假设 $H_1: \lambda>\lambda_0$ 情形：$\beta'=P(T\leqslant c_2-1) \mid n\lambda)$

原假设 $H_0: \lambda\geqslant\lambda_0$ 情形，备择假设 $H_1: \lambda<\lambda_0$ 情形：$\beta'=P(T>c_1 \mid n\lambda)=1-P(T\leqslant c_1 \mid n\lambda)$

β' 表示真实的第二类错误的概率，这个记号的使用仿效第一类错误的情况，检验的功效（即原假设不成立时，拒绝它的概率）为 $1-\beta'$。

A.3 第一类错误的概率 $\boldsymbol{\alpha'}$ 和第二类错误的概率 $\boldsymbol{\beta'}$ 的计算

在给定 H_0、α 和 n 的情况下，在确定了拒绝域的临界值 c_1 和 c_2 后，可进一步计算：

a) 实际的第一类错误的概率 α' 是多大？

b) 对应于特别指定的备择假设 $H_1: \lambda=\lambda_1$，第二类错误的概率 β' 是多大？

c) 指定第二类错误的概率为 β，其对应的 λ 值是多大？

表 A.1 给出了计算 α' 和 β' 的几种方法。

问题 c）的解决见表 A.2。

表 A.1 中的正态近似方法，只适用于 c_1 和 c_2 较大时（大于 15）。对 $H_0: \lambda=\lambda_0$ 情形，如果 c_2 较大，而 c_1 较小，在计算 α' 或 β' 时，可对 $P(T\leqslant c_2-1 \mid n\lambda_0)$ 或 $P(T\leqslant c_2-1 \mid n\lambda_1)$ 采用正态近似，而对 $P(T\leqslant c_1-1 \mid n\lambda_0)$ 或 $P(T\leqslant c_1-1 \mid n\lambda_1)$ 利用 χ^2 分布分位数表计算。

A.4 例

对 5.2.2.1 中的例：

原假设 $H_0: \lambda=\lambda_0=0.6$，$n=15$，显著性水平 $\alpha=0.10$，确定出的拒绝域的临界值 $c_1=3$，$c_2=15$。15 个样本观测值的总和 $T=\sum_{i=1}^{15} x_i=18$，进一步计算：

a） 实际的第一类错误的概率 α' 是多少？

b） 对特定的备择假设 $\lambda=\lambda_1=1.0$，第二类错误的概率 β' 是多大？

c） 对确定的 $\beta=0.1$，对应的 λ_1 值是多少？

本例 $n\lambda_0=9$，$n\lambda_1=15$，$c_1=3$，$c_2=15$，根据表 A.1 可计算 α'，β'：

A.4.1 用泊松分布函数表

$$\alpha' = \sum_{k=0}^{3} \frac{9^k}{k!}e^{-9} + 1 - \sum_{k=0}^{14} \frac{9^k}{k!}e^{-9} = 0.021\,2 + 1 - 0.958\,5 = 0.062\,7$$

$$\beta' = \sum_{k=0}^{14} \frac{15^k}{k!}e^{-15} - \sum_{k=0}^{3} \frac{15^k}{k!}e^{-15} = 0.465\,7 - 0.000\,2 = 0.465\,5$$

A.4.2 利用 χ^2 分布函数表

$$\begin{aligned}\alpha' &= P\{\chi^2(2c_1+2) \geqslant 2n\lambda_0\} + 1 - P\{\chi^2(2c_2) \geqslant 2n\lambda_0\}\\ &= P\{\chi^2(8) \geqslant 18\} + 1 - P\{\chi^2(30) \geqslant 18\}\\ &= 0.021\,2 + 1 - 0.958\,6\\ &= 0.627\end{aligned}$$

$$\begin{aligned}\beta' &= P\{\chi^2(2c_2) \geqslant 2n\lambda_1\} - P\{\chi^2(2c_1+2) \geqslant 2n\lambda_1\}\\ &= P\{\chi^2(30) \geqslant 30\} - P\{\chi^2(6) \geqslant 30\}\\ &= 0.465\,7 - 0.000\,2\\ &= 0.465\,5\end{aligned}$$

A.4.3 用正态近似

因 $c_1=3$，不宜用正态近似；而 $c_2=15$ 此值较大，可用正态近似，故取

$$P\{T \leqslant c_1 \mid n\lambda_0\} = P\{\chi^2(2c_1+2) \geqslant 2n\lambda_0\}$$

$$P\{T \leqslant c_2 - 1 \mid n\lambda_0\} \approx \Phi\left(\frac{3\sqrt{c_2} - \sqrt{12n\lambda_0 - 3c_2 + 4}}{2}\right)$$

$$\begin{aligned}\alpha' &= P\{\chi^2(2c_1+2) \geqslant 2n\lambda_0\} + 1 - \Phi\left(\frac{3\sqrt{c_2} - \sqrt{12n\lambda_0 - 3c_2 + 4}}{2}\right)\\ &= P\{\chi^2(8) \geqslant 18\} + 1 - \Phi(1.72)\\ &= 0.021\,2 + 1 - 0.957\,3\\ &= 0.063\,9\end{aligned}$$

$$\begin{aligned}\beta' &= \Phi\left(\frac{3\sqrt{c_2} - \sqrt{12n\lambda_1 - 3c_2 + 4}}{2}\right) - P\{\chi^2(2c_1+2) \geqslant 2n\lambda_1\}\\ &= \Phi(-0.09) - P\{\chi^2(8) \geqslant 30\}\\ &= 0.464\,1 - 0.000\,2\\ &= 0.463\,9\end{aligned}$$

对给定的 $\beta=0.1$，求对应的特定备择假设 λ_1 的值，根据表 A.2 进行。对双侧检验，对应 $\beta=0.1$ 有两个值 $\lambda_1'(>\lambda_0)$，$\lambda_1''(<\lambda_0)$

$$\lambda_1' = \frac{1}{2n}\chi^2_{1-\beta}(2c_2) = \frac{1}{30}\chi^2_{0.90}(30) = \frac{40.256}{30} = 1.342$$

$$\lambda_1'' = \frac{1}{2n}\chi^2_{\beta}(2c_1+2) = \frac{1}{30}\chi^2_{0.10}(8) = \frac{3.490}{30} = 0.116$$

表 A.1

原假设和拒绝域形式	$H_0:\lambda=\lambda_0, T\leqslant c_1$ 或 $T\geqslant c_2$	$H_0:\lambda\leqslant\lambda_0, T\geqslant c_2$	$H_0:\lambda\geqslant\lambda_0, T\leqslant c_1$
定义	$\alpha'=P(T\leqslant c_1\mid n\lambda_0)+P(T\geqslant c_2\mid n\lambda_0)$ $=P(T\leqslant c_1\mid n\lambda_0)+1-P(T\leqslant c_2-1\mid n\lambda_0)$ $\beta'=P(T\leqslant c_2-1\mid n\lambda_1)-P(T\leqslant c_1\mid n\lambda_1)$	$\alpha'=P(T\geqslant c_2\mid n\lambda_0)$ $\beta'=P(T\leqslant c_2-1\mid n\lambda_1)$	$\alpha'=P(T\leqslant c_1\mid n\lambda_0)$ $\beta'=P(T\geqslant c_1+1\mid n\lambda_1)$ $=1-P(T\leqslant c_1\mid n\lambda_1)$
用泊松分布表	$\alpha'=\sum_{k=0}^{c_1}\frac{(n\lambda_0)^k}{k!}e^{-n\lambda_0}+\sum_{k=c_2}^{\infty}\frac{(n\lambda_0)^k}{k!}e^{-n\lambda_0}$ $=\sum_{k=0}^{c_1}\frac{(n\lambda_0)^k}{k!}e^{-n\lambda_0}+1-\sum_{k=0}^{c_2-1}\frac{(n\lambda_0)^k}{k!}e^{-n\lambda_0}$ $\beta'=\sum_{k=0}^{c_2-1}\frac{(n\lambda_1)^k}{k!}e^{-n\lambda_1}-\sum_{k=0}^{c_1}\frac{(n\lambda_1)^k}{k!}e^{-n\lambda_1}$	$\alpha'=1-\sum_{k=0}^{c_2-1}\frac{(n\lambda_0)^k}{k!}e^{-n\lambda_0}$ $\beta'=\sum_{k=0}^{c_2-1}\frac{(n\lambda_1)^k}{k!}e^{-n\lambda_1}$	$\alpha'=\sum_{k=0}^{c_1}\frac{(n\lambda_0)^k}{k!}e^{-n\lambda_0}$ $\beta'=1-\sum_{k=0}^{c_1}\frac{(n\lambda_1)^k}{k!}e^{-n\lambda_1}$
利用 χ^2 分布表	$\alpha'=P\{\chi^2(2c_1+2)\geqslant 2n\lambda_0\}+1-P\{\chi^2(2c_2)\geqslant 2n\lambda_0\}$ $\beta'=P\{\chi^2(2c_2)\geqslant 2n\lambda_1\}-P\{\chi^2(2c_1+2)\geqslant 2n\lambda_1\}$	$\alpha'=1-P\{\chi^2(2c_2)\geqslant 2n\lambda_0\}$ $\beta'=P\{\chi^2(2c_2)\geqslant 2n\lambda_1\}$	$\alpha'=P\{\chi^2(2c_1+2)\geqslant 2n\lambda_0\}$ $\beta'=1-P\{\chi^2(2c_1+2)\geqslant 2n\lambda_1\}$
正态近似	$\alpha'=\Phi\left(\frac{3\sqrt{c_1+1}-\sqrt{12n\lambda_0-3c_1+1}}{2}\right)+1-\Phi\left(\frac{3\sqrt{c_2}-\sqrt{12n\lambda_0-3c_2+4}}{2}\right)$ $\beta'=\Phi\left(\frac{3\sqrt{c_2}-\sqrt{12n\lambda_1-3c_2+4}}{2}\right)-\Phi\left(\frac{3\sqrt{c_1+1}-\sqrt{12n\lambda_1-3c_1+1}}{2}\right)$	$\alpha'=1-\Phi\left(\frac{3\sqrt{c_2}-\sqrt{12n\lambda_0-3c_1+4}}{2}\right)$ $\beta'=\Phi\left(\frac{3\sqrt{c_2}-\sqrt{12n\lambda_1-3c_2+4}}{2}\right)$	$\alpha'=\Phi\left(\frac{3\sqrt{c_1+1}-\sqrt{12n\lambda_0-3c_1+1}}{2}\right)$ $\beta'=1-\Phi\left(\frac{3\sqrt{c_1+1}-\sqrt{12n\lambda_1-3c_1+1}}{2}\right)$
表中：$\Phi(x)$表示标准正态分布函数即 $\Phi(x)=-\frac{1}{\sqrt{2\pi}}\int_{-\infty}^{x}e^{-\frac{t^2}{2}}dt$。 $\chi^2(2c_1+2)$表示自由度为 $2c_1+2$ 的 χ^2 随机变量，$\chi^2(2c_2)$表示自由度为 $2c_2$ 的 χ^2 随机变量。			

表 A.2

原假设和拒绝域形式	$H_0: \lambda=\lambda_0, T\leqslant c_1$ 或 $T\geqslant c_2$	$H_0: \lambda\leqslant\lambda_0, T\geqslant c_2$	$H_0: \lambda\geqslant\lambda_0, T\leqslant c_1$
利用 χ^2 分布的计算公式	此情形，在 λ_0 的两侧分别有 $\lambda_1'(>\lambda_0)$ 和 $\lambda_1''(<\lambda_0)$， 其对应的第二类错误概率为 β，它们的计算公式如下： $\lambda_1'=\frac{1}{2n}\chi^2_{1-\beta}(2c_2)$ 其中 $\chi^2_{1-\beta}(2c_2)$ 表示自由度为 $2c_2$ 的 χ^2 分布的 $1-\beta$ 分位数。 $\lambda_1''=\frac{1}{2n}\chi^2_{\beta}(2c_1+2)$ 其中 $\chi^2_{\beta}(2c_1+2)$ 表示自由度为 $2c_1+2$ 的 χ^2 分布的 β 分位数。	$\lambda_1'=\frac{1}{2n}\chi^2_{1-\beta}(2c_2)$ $\chi^2_{1-\beta}(2c_2)$ 表示自由度为 $2c_2$ 的 χ^2 分布的 $1-\beta$ 分位数。	$\lambda_1=\frac{1}{2n}\chi^2_{\beta}(2c_1+2)$ $\chi^2_{\beta}(2c_1+2)$ 表示自由度为 $2c_1+2$ 的 χ^2 分布的 β 分位数。
注：计算 λ_1' 和 λ_1'' 时，一般 $n\lambda_1'$ 和 $n\lambda_1''$ 与 $n\lambda_0$ 相差很大，故忽略了 $P\{T\leqslant c_1 \mid n\lambda_1'\}$ 和 $P\{T\geqslant c_2 \mid n\lambda_1''\}$。			

附　录　B
（资料性附录）
区间估计的贝叶斯估计方法

B.1　在有关各方协商一致和主管部门同意的情况，可采用贝叶斯估计方法。

B.2　使用条件

已知 λ 的先验分布是参数为 a，b 的 Γ 分布，其分布密度为：

$$f(x)=\begin{cases}\dfrac{b^a}{\Gamma(a)}x^{a-1}\mathrm{e}^{-bx} & \text{当 } x>0\\ 0 & \text{当 } x\leqslant 0\end{cases}$$

且已知 λ 的均值 μ 与方差 σ_0^2 的经验值。例如有大批以往的可靠的 λ 的数值记载，根据这些历史资料可算得经验的均值 μ 与经验的方差 σ_0^2。

B.3　λ 的估计方法

先由 μ 与 σ_0^2 计算数值 a、b：

$$a=\frac{\mu^2}{\sigma_0^2} \qquad \cdots\cdots\cdots\cdots(\text{B.1})$$

$$b=\frac{\mu}{\sigma_0^2} \qquad \cdots\cdots\cdots\cdots(\text{B.2})$$

λ 的估计为：

$$\hat{\lambda}=\frac{T+a}{n+b} \qquad \cdots\cdots\cdots\cdots(\text{B.3})$$

式中：

n——样本量；

T——样本观测值 $x_1,x_2,\cdots,x_n$ 的总和，即 $T=\sum_{i=1}^{n}x_i$。

附 录 C
（资料性附录）
等效的检验方法

对泊松分布参数λ进行检验，可采用的等效的利用置信区间的方法和计算P值的方法。

C.1 利用置信区间的方法

计算 $T=\sum_{i=1}^{n}x_i$ 值。由T值求出泊松分布参数λ的置信水平为$1-\alpha$的置信区间。

在 $H_0:\lambda=\lambda_0$ 情形，求双侧置信区间(λ_L,λ_U)，这里$0<\lambda_L<\lambda_U<+\infty$；

在 $H_0:\lambda\leqslant\lambda_0$ 情形，求单侧置信区间(λ_L,∞)，这里$\lambda_L>0$；

在 $H_0:\lambda\geqslant\lambda_0$ 情形，求单侧置信区间$(0,\lambda_U)$，这里$\lambda_U>0$。

当λ_0的值在置信区间内时，不拒绝H_0；当λ_0的值不在置信区间内时，拒绝H_0。

C.2 计算*P*值的方法

C.2.1 双侧检验 $H_0:\lambda=\lambda_0$ $H_1:\lambda\neq\lambda_0$

计算 $T=\sum_{i=1}^{n}x_i$，当$T\geqslant n\lambda_0$时，计算：

$$P=\sum_{k=T}^{\infty}\frac{(n\lambda_0)^k}{k!}e^{-n\lambda_0} \qquad \text{(C.1)}$$

当$T<n\lambda_0$时，计算：

$$P=\sum_{k=0}^{T}\frac{(n\lambda_0)^k}{k!}e^{-n\lambda_0} \qquad \text{(C.2)}$$

当值$P\leqslant\alpha/2$时，拒绝H_0；当值$P>\alpha/2$时，不拒绝H_0。

C.2.2 单侧检验 $H_0:\lambda\leqslant\lambda_0$ $H_1:\lambda>\lambda_0$

$$P=\sum_{k=T}^{\infty}\frac{(n\lambda_0)^k}{k!}e^{-n\lambda_0} \qquad \text{(C.3)}$$

当值$P\leqslant\alpha$时，拒绝H_0；当值$P>\alpha$时，不拒绝H_0。

C.2.3 单侧检验 $H_0:\lambda\geqslant\lambda_0$ $H_1:\lambda<\lambda_0$

$$P=\sum_{k=0}^{T}\frac{(n\lambda_0)^k}{k!}e^{-n\lambda_0} \qquad \text{(C.4)}$$

当值$P\leqslant\alpha$时，拒绝H_0；当值$P>\alpha$时，不拒绝H_0。

ICS 35.060
L 74

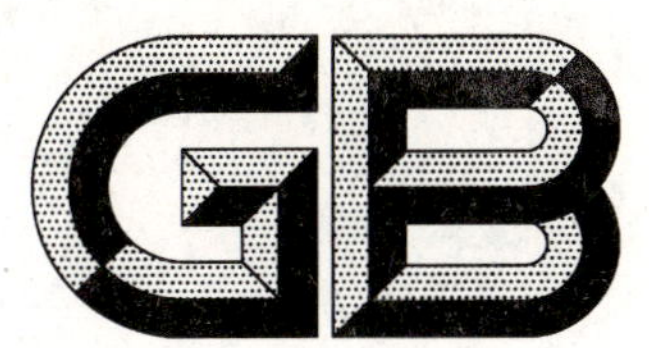

中华人民共和国国家标准

GB/T 4092—2008
代替 GB/T 4092—1992

信息技术 程序设计语言 COBOL

Information technology—Programming languages—COBOL

(ISO/IEC 1989:2002,NEQ)

2008-07-28 发布

2009-01-01 实施

中华人民共和国国家质量监督检验检疫总局
中国国家标准化管理委员会 发布

前　言

本标准与 ISO/IEC 1989:2002《信息技术　程序设计语言 COBOL》的一致性程度为非等效。

本标准代替 GB/T 4092—1992。

本标准与 GB/T 4092—1992 的差异如下：

——本标准对 GB/T 4092—1992 的结构作了重大调整。GB/T 4092—1992 共分为 12 个部分，本标准将它们整合成了一个标准；

——增加了符合性实现的要求；

——对术语部分做了较大调整。其中，增加了术语 116 条，修订了术语 39 条，删除了术语 242 条；

——增加了面向对象程序设计的特征；

——增强了用于异常检测和报告的附加特征；

——增强了算法的可移植性；

——增加了用于处理多八位编码字符集的本土字符数据类型；

——增加了本原二进制和浮点数据类型；

——增加了用户定义函数；

——增加了文件共享与记录锁定；

——增加了内部函数；

——增强了与其他语言的互操作性。

本标准由中华人民共和国信息产业部提出。

本标准由全国信息技术标准化技术委员会归口。

本标准起草单位：中国电子技术标准化研究所。

本标准主要起草人：付青华、彭静、李海波、谢谦、张展新。

本标准于 1983 年首次发布，1992 年做了第一次修订，此次为第二次修订。

信息技术
程序设计语言 COBOL

1 范围

本标准规定了 COBOL 的语法和语义。

本标准规定了：

——COBOL 中编译组的书写形式；

——编译一个编译组的效果；

——执行运行单元的效果；

——要求符合性实现满足其定义的语言元素；

——含义未显式定义的语言元素；

——依赖处理器性能的语言元素。

本标准没有规定：

——COBOL 中书写的编译组，处理器以何种方式把它们编译成可执行代码；

——方法、函数或程序运行时模块连接或绑定到一个激活语句上的时间，当适当的程序或方法在编译时不可知时，绑定必然发生的情况除外；

——参数化的类何时被扩充；

——在处理器上定义一个本地环境并使它可用的机制；

——错误信息、标记信息或警告信息的形式或内容；

——编译时产生的形式和内容列表(若有的话)；

——实现者提出的符合本标准的产品的文档形式；

——运行单元之间共享的资源，文件除外。

2 规范性引用文件

下列文件中的条款通过本标准的引用而成为本标准的条款。凡是注日期的引用文件，其随后所有的修改单(不包括勘误的内容)或修订版均不适用于本标准，然而，鼓励根据本标准达成协议的各方研究是否可使用这些文件的最新版本。凡是不注日期的引用文件，其最新版本适用于本标准。

GB/T 1988—1998 信息技术 信息交换用七位编码字符集(eqv ISO/IEC 646:1991)

GB/T 7574—2008 信息处理 信息交换用磁带的文卷结构和标号(ISO 1001:1986,IDT)

ISO/IEC 9945-2:1993 信息技术 可移植操作系统接口(POSIX) 第 2 部分:命令与实用程序

ISO/IEC TR 10176:2001 信息技术 程序语言标准的编制指南

ISO/IEC 10646:2003 信息技术 通用多八位编码字符集(UCS)

ISO/IEC 14651:2001 信息技术 国际串排序和比较 比较字符串的方法和通用模版化、可定制排序的描述

3 对本标准的符合性

本章规定了符合本标准的实现应满足的要求。并且定义了一些条件，在这些条件下编译组或运行单元符合它们使用的标准特性。

3.1 符合性实现

为了符合本标准，标准 COBOL 的实现应提供在第 6 章到第 16 章中规定的规范元素，且满足 3.1.1～

3.1.15 的条件。

3.1.1 标准语言元素的接受

实现应接受标准语言元素语法，并且为本标准要求的所有标准语言元素和可选或依赖处理器的语言元素提供功能。

实现应提供一个警告机制，用户在编译时可以任选地调用它们，用来指明该实现违反了标准COBOL的一般格式和显式语法规则。这个机制应为检查违反的选择或制止提供一个子选项，这些违反是指对14.7和9.3.7.1.2中规定的符合性规则的违反。

在标准COBOL中存在没有被标识为一般格式或语法规则的规则，但是会规定在该语法规则上可以识别的元素。这个警告机制应指示对这些规则的违反。若一般格式或显式语法规则中没有规定的元素，只有靠实现者的判断来确定哪些是在语法结构上可以识别的。

在标准COBOL中存在被归类为语法规则的一般规则。这些规则归类为一般规则是为了避免语法检查并且在标准COBOL中不反映错误。虽然没有要求，但一次实现可以标记对这些规则的违反。

3.1.2 与非COBOL运行时模块的交互

在这种规范下，需要提供一些设施。这些设施能在COBOL运行时模块和非COBOL运行时模块之间进行传输控制和外部项的共享。支持这种交互，对实现是没有要求的。该交互被支持时，实现者应将支持的语言和实现都文档化。

3.1.3 COBOL实现之间的交互

在这种规范下，需要提供一些设施。这些设施增强了COBOL运行时元素之间传输控制和外部项共享的能力，这些运行时元素在由不同实现者产生的COBOL实现上解释。支持这种交互，对实现是没有要求的。该交互被支持时，实现者应将支持的实现文档化。

3.1.4 实现者定义的语言元素

为了满足标准COBOL的要求，实现者至少应规定必需的实现者定义的语言元素。若一个实现者定义的语言元素被标识为必需的用户文档，则由实现者规定的每个实现定义语言元素都应文档化。

实现者不应要求把编译组中的非标准语言元素包含的内容作为实现者定义语言元素定义的一部分。

3.1.5 依赖处理器的语言元素

处理器指用于转化编译组和执行运行单元的整个计算系统，包括硬件和有关的软件。为了满足标准COBOL的要求，实现者应将实现要求支撑的处理器相关的语言元素文档化。适合于没被要求的特定处理器相关元素的语言元素不要求被实现。是否要求支撑依赖处理器语言元素的决定取决于实现者的判断力。虽然没有被限制，但可能要考虑的因素包括硬件性能、软件性能和处理器的市面配置。

当一个特定的依赖处理器语言元素要求标准符合支撑时，应该实现所有相关联的的语法和该语言元素要求的功能；当实现了语法或功能的一个子集时，在实现者的用户文档中，那个子集应被标识为标准的扩充。一次实现的处理器相关元素的缺乏应在实现的用户文档中规定。

3.1.6 保留字

实现应看成是在8.9中指明的所有COBOL保留字；应在上下文中看成是8.10中指明的上下文有关字；且应在编译指令下看成8.12中指明的所有编译指令字。

3.1.7 标准扩充

实现者可以要求支撑所有语法或语法的一个子集和可选或依赖处理器元素的相关联的功能。当实现者要求支撑语法的一个子集并且若相关功能已在本标准中指定时，则该语法就是一个标准扩充，若提供了不同的功能，该语法就是一个非标准扩充。

3.1.8 非标准扩充

非标准扩充是一次实现中的语言元素或功能，这个实现由下面的任意项组成：

1） 没有在本标准中定义的文档化语言元素。

2） 在本标准中定义的语言元素，它实现了与本标准不同的功能。其中，该语言元素不要求与本标准符合且实现者也不要求对该元素提供标准的支持。

3） 在本标准中定义的语言元素，它实现了与本标准不同的功能。其中，若实现了符合标准的行为和用于非标准行为选择的实现者定义机制存在，该语言元素要求与本标准符合。

即使附加保留字可能阻止一些符合的编译组的翻译，实现者仍将附加保留字作为符合本标准的非标准扩充。

与实现相关联的文档应标识要求被支撑的非标准扩充，并且应规定为非标准扩充增加的任意保留字。

实现应提供一个警告机制，用户在编译时可以任选地调用它们，用来指明一个非标准扩充在编译组中的使用。这个机制要求标记那些仅仅在语法结构上可识别的扩充。

3.1.9 替代或附加的语言元素

为了完成标准语言元素规定的功能，实现不应在编译组中包含一些替代或附加的语言元素。

3.1.10 过时的语言元素

过时语言元素不应该用在新编译组中。由于广泛的利用，过时元素还没有从标准 COBOL 中删除；然而，它们将在以后的标准 COBOL 版本中删除。

实现要求支撑被要求支撑设备的过时语言元素。与实现有关的文档应标识实现中所有的过时语言元素。

实现应提供一个警告机制，用户在编译时可以任选地调用它们，用来指示一个过时语言元素在编译组中的使用。

3.1.11 废弃的语言元素

废弃语言元素将从下一个标准 COBOL 版本中删除。

除非语言元素首先在本标准中被标识为过时的，否则不应该从下一个版本中把它删除。

实现要求支撑被要支撑的设施的废弃语言元素。与实现有关的文档应标识实现中所有的废弃语言元素。

实现应提供一个警告机制，用户在编译时可以任选的调用它们，用来指明废弃元素在编译组中的使用。

3.1.12 外部提供的功能

实现可以请求编译组外的规范与操作环境交互，以支撑在编译组中规定的功能。

实现可以请求附加在 COBOL 实现中的运行时模块或产品的操作环境中的内容，以支撑在编译组中规定的语法或功能。

这就允许实现请求 COBOL 实现外的组件，如预先编译器、文件系统和排序产品。

3.1.13 限定

一般来说，标准 COBOL 对编译组中的语句数量或某些语句中允许的操作数数量没有规定上限。符合实现可以设置这些限定。这些限定在标准 COBOL 的一个实现到另一个实现之间被认为是变化的，并且通过满足标准 COBOL 要求的某些编译组的一次符合实现可以阻止这些变化。

3.1.14 用户文档

实现应满足在 3.1.2、3.1.3、3.1.4、3.1.5、3.1.8、3.1.10 和 3.1.11 中规定的用户文档要求。虽然没有限定，但文档可以包含硬件拷贝指南、在线文档和用户帮助屏幕。

文档要求可以通过引用其他文档来满足，包括操作环境的文档和其他 COBOL 实现。

3.1.15 字符替代

在 8.1.2 中定义的 COBOL 字符仓库代表本标准的完全的 COBOL 字符仓库。当实现对全部 COBOL 字符仓库不提供图形表示时，实现者可以规定替代图形以便代替不能表示的字符。

3.2 符合的编译组

符合的编译组是这样的，它不明显违背标准 COBOL 所述的语法规定和规范。为了使编译组与本标准相符，它不应包含本标准中没有指明的任何语言元素。本标准中，使用可选的、依赖处理器或实现者定义的元素的编译组是一个符合编译组，即使在那些由于使用这些元素没有编译成功的实现上。

在符合的编译组中包含的编译单元是符合的编译单元。

3.3 符合的运行单元

符合的运行单元有下列特点：

1） 它由一个或多个运行时模块组成，且每个模块都来自符合编译单元的一次成功编译，并且

2） 遵从明确规定的标准 COBOL 规定和规范。

注：运行单元中包含非 COBOL 组件不影响运行单元的符合性。

符合运行单元的处理仅仅对标准 COBOL 中定义的范围是可以预测的。违反标准 COBOL 的格式或规则的后果是不可定义的，除非其他的这些格式或规则在本标准中规定。

3.4 符合编译组与符合实现的关系

由符合实现来翻译符合编译组，这一点仅在标准 COBOL 规定的范围内被定义。符合编译组将不能成功地被翻译，这是可能的。翻译不成功可能是与一些因素有关，而不是因为编译组符合性的缺乏。

注：翻译不成功的因素包括：可选的、依赖处理器或实现者定义的语言元素的使用和实现的限定。

3.5 符合运行单元与符合实现的关系

由运行时模块组成的运行单元的执行是由符合编译单元的翻译产生的，这一点仅在标准 COBOL 规定的范围内被定义。符合运行单元将不能成功地翻译，这是可能的。执行不成功可能是与一些因素有关，而不是因为运行单元符合性的缺乏。

注：执行不成功的因素包括：编译单元的逻辑错误、运行单元操作的数据上的错误和实现的限定。

4 术语和定义

下列术语和定义适用于本标准：

4.1

绝对项 absolute item

在报表的页中具有固定位置的项。

4.2

被激活的运行时元素 activated runtime element

处于活动状态的函数、方法或程序。

4.3

激活语句 activating statement

引起函数、方法或程序执行的语句。

4.4

激活运行时元素 activating runtime element

执行了一个给定激活语句的函数、方法或程序。

4.5

活动状态 active state

函数、方法或程序已被激活但还没有把控制权返回个激活运行时元素时的状态。

4.6

字母字符 alphabetic character

一个字母或一个空格字符。

4.7

字母数字字符　alphanumeric character

字母数字字符是计算机字符集中的任何字符。

4.8

字母数字字符位置　alphanumeric character position

字母数字字符集中的单个字符在存储时所需要的物理存储量，或者打印或显示时需要的显示空间。

4.9

字母数字字符集　alphanumeric character set

字母数字编码字符集　alphanumeric coded character set

见字母数字编码字符集(4.10)。

4.10

字母数字编码字符集　alphanumeric coded character set

字母数字字符集

实现者指派的表示使用显示的数据项的编码字符集和字母数字字值。

4.11

字母数字组项　alphanumeric group item

除如下组项之外的任意组项：

——强制类型组项；

——位组项；

——本土组项。

4.12

变元　argument

激活语句中规定的一个用来指定传递数据的操作数。

4.13

虚小数点　asumed decimal point

数据项中不出现实际字符的小数点位置。虚小数点有逻辑意义但没有物理表示。

4.14

基准数据项　based data item

由基准款与一个实际的数据项或已分配的存储之间的联合而确定的一个数据项。

4.15

基准款　based entry

被用作模板的数据描述款，该模板与数据项或已分配的存储之间动态关联。

4.16

基本字母　basic letter

COBOL 字符系统中，大写字母从“A”到“Z”和小写字母从“a”到“z”中的任一字符。

4.17

位　bit

计算机存储结构的最小单元，能表示两个明显不同的选择。

4.18

位数据项　bit data item

一个布尔类别和使用位的初等数据项，或是一个位组项。

4.19

块　block

物理记录　physical record

通常是由一个或多个逻辑记录组成的物理单元。

4.20

布尔字符　boolean character

由值 0 和 1 组成的一个信息单元。每个布尔字符在存储时可以表示一个位、一个字母数字字符或一个本土字符。

4.21

布尔数据项　boolean data item

包含一个布尔值的数据项。

4.22

布尔表达式　boolean expression

用布尔运算符隔开的一个或多个布尔操作数。

4.23

布尔位置　boolean position

单个布尔字符存储时所需要的物理存储量，或者打印或显示时所需要的显示空间。

4.24

布尔值　boolean value

一个或多个布尔字符序列组成的值。

4.25

比特　byte

给定计算机的存储器中，表示最小的可寻址字符单元的位序列。

4.26

字符（编码字符集中）　character（in a coded character set）

一个编码值。组成了字母、数字、符号、控制函数或用于组织和控制的一组元素的其他成员的编码表示，或数据的表示。

4.27

字符（屏幕项中）　character（in a screen item）

一个图形字符。

4.28

字符（COBOL 字符仓库中）　character（in COBOL character repertoire）

字母、数字或独立于其编码表示法的专用字符，用于构成 COBOL 字或分隔符。

4.29

字符（计算机存储器中）　character（in computer storage）

一个编码字符集的单个编码值。

4.30

字符边界　character boundary

计算机存储器中，寻址范围的最左边位。

4.31

字符位置　character position

单个字符（字母数字字符或本土字符）存储时所需要的物理存储量，或者打印或显示时所需要的显示空间。编码字符集的一个元素占有一个字符位置。

4.32

字符串　character-string

字符串是由一些邻接的字符所组成的字符序列，它构成一个 COBOL 字、一个字值、一个PICTURE 字符串。

4.33

类(面向对象)　class(in object orientation)

为 0、1 或多个对象定义了公共行为和实现的实体。

4.34

类(数据项的)　class(of a data item)

一组数据项的指派且这组数据项具有公共属性或一个公共的值域。该指派是由 PICTURE 子句、USAGE 子句或数据描述款的 PICTURE 和 USAGE 子句定义的；或是由一个预先标识符的定义定义的；或是由一个内部函数的定义定义的。

4.35

类(数据值的)　class(of data value)

数据项的内容允许的一组数据值的指派。

4.36

类定义(面向对象中)　class definition(in object orientation)

一个定义了对象的类的编译单元。

4.37

子句　clause

子句是由一些相继的 COBOL 字符串所组成的有序集。用以指明款的属性。

4.38

COBOL 字符　COBOL character

字符(COBOL 字符仓库中)　character(in COBOL character repertoire)

见字符(COBOL 字符仓库中)(4.28)。

4.39

COBOL 字符仓库　COBOL character repertoire

用来书写 COBOL 编译组语法的字符仓库，这些语法不包括注释和非十六进制的字母数字和本土字值的内容。

4.40

编码字符集　coded character set

一组明确的规则，确定了一个字符集和这个集合的字符与它们字符编码之间的关系。

4.41

组合字符　combining character

用来与先前非组合的图形字符，或与某个非组合字符之前一个序列的组合字符组合的 UCS 的成员。

4.42

公共程序　common program

一种尽管本身直接包含在某一程序中但可以由任何直接或间接包含在别的程序中的程序所调用的程序。

4.43

编译组　compilation group

一起提交编译的一个或多个编译单元的序列。

4.44

编译单元　compilation unit

没有嵌入到另一个源单元的源单元。

4.45

复合序列　composite sequence

一个非组合字符和其后的一个或多个组合字符组成的图形字符的序列。

4.46

条件语句　conditional statement

在给定的条件下，该语句的逻辑值被求值，并用来确定子序列是否超出控制。

4.47

符合性（面向对象）　conformance（for object orientation）

一个单向关联，它允许通过接口使用一个对象，但这个接口不能是它本身类的接口。

4.48

符合性（参数）　conformance（for parameters）

变元与形参之间及激活运行时元素与被激活的运行时元素中的返回项之间关联的要求。

4.49

控制函数　control function

一个影响数据的记录、处理、传输或解释的行为，用一个或多个字节编码表示。

注：除了用“字节”代替了“八位位组”，该定义与 ISO/IEC 10646：2003 中的一样，因为 COBOL 规定中没有使用术语“八位位组”。

4.50

文化元素　cultural element

对于计算机使用的一个数据元素，它可以根据语言、地域范围或文化背景而发生改变。

4.51

货币符　currencey sign

COBOL 字符“＄”，在图片字符串中作为缺省货币符号，在数据项的编辑格式作为缺省货币字符串。

4.52

货币字符串　currency string

当数字编辑数据项在它的图片字符串中包含一个货币符号时，该字符集作为编辑操作的结果装入该数据项。

4.53

货币符号　currency symbol

图片字符串中用以表示某个货币字符串出现的字符。

4.54

当前记录　currency record

与文件相关联的记录区域中的有效记录。

4.55

当前卷指针　current volume pointer

一个概念实体，它指向一个顺序文件的当前卷。

4.56

数据项　data item

由数据描述款定义或对标识符求值得到的数据单元。

4.57

调试行　debugging line

一个可选择性编译的源代码行，它取决于调试模式开关的设置。

4.58

小数点　decimal point

小数分隔符　decimal separator

用于表示小数点的符号。缺省为句号。

4.59

小数分隔符　decimal separator

小数点　decimal point

见小数点(4.58)。

4.60

声明语句　declarative statement

一个 USE 语句，它定义了一些条件，在这些条件下，跟在它后面的过程被执行。

4.61

删除编辑　de-editing

某个数值编辑数据项中所有编辑字符的逻辑删除，其目的是确定该项未编辑的数值型值。

4.62

定界范围语句　delimited scope statement

以其显式范围终结符终结的任何语句。

4.63

数字位置　digit position

存储单个数字所需要的物理存储量，或打印或显式所需的表示空间。

4.64

动态存取　dynamic access

一种存取模式，其中以非顺序方式从一个海量存储器文件中获取特定的逻辑记录，或者将该记录装入其中，然后再以顺序方式获取。

4.65

动态存储　dynamic storage

运行期间按需求分配和释放的存储。

4.66

结束标记　end marker

用于表示某个源单元结束的标记。

4.67

项　entry

以句号结束的连续子句的描述集。

4.68

款约定　entry convention

用以与函数、方法或程序成功交互的信息。

4.69

异常条件　exception condition

在运行时检测的一个条件，用来指明发生了不同于正常处理的错误或异常。

4.70

异常对象　exception object

充当异常条件的对象。

4.71

异常状态指示符　exception status indicator

每个异常名中都存在的概念实体。

4.72

EXIT FUNCTION 语句　EXIT FUNCTION statement

带 FUNCTION 短语的 EXIT 语句的省写。

4.73

EXIT METHOD 语句　EXIT METHOD statement

带 METHOD 短语的 EXIT 语句的省写。

4.74

EXIT PARAGRAPH 语句　EXIT PARAGRAPH statement

带 PARAGRAPH 短语的 EXIT 语句的省写。

4.75

EXIT PERFORM 语句　EXIT PERFORM statement

带 PERFORM 短语的 EXIT 语句的省写。

4.76

EXIT PROGRAM 语句　EXIT PROGRAM statement

带 PROGRAM 短语的 EXIT 语句的省写。

4.77

EXIT SECTION 语句　EXIT SECTION statement

带 SECTION 短语的 EXIT 语句的省写。

4.78

显式范围终结符　explicit scope teminator

一个依赖于语句的字,通过其出现结束语句的范围。

4.79

扩展模式　extend mode

一种文件处理模式,其中记录可以被添加到顺序文件的末尾,但可能无法删除、读取或更新记录。

4.80

扩充字母　extended letter

一个并非基本字母的字母,位于为 COBOL 字符仓库定义的字符集中。

4.81

外部数据　external data

属于运行单元的数据,可以被任何描述它的运行时元素访问。

4.82

外部中间格式　external media format

适于表示或打印的数据的一种形式,包括表示可读正文所必需的任何控制函数。

4.83

外部开关　external switch

由实现者定义和命名的一种硬件或软件设施,用于表明存在的交替状态之一。

4.84

工厂对象 factory object

与某个类相关联的单个对象，是由该类的工厂定义确定的，一般用于创建该类的实例对象。

4.85

文件 file

一个逻辑实体，表示逻辑记录的集合。其中有一个与文件连接符相关联的逻辑文件，以及可以有数个与某个物理文件相关联的物理文件。

4.86

文件连接符 file connector

一个包含文件信息的存储区域，用于一个文件名和一个物理文件之间及一个文件名和与之相关记录区域之间的连接。

4.87

文件组织 file organization

在文件创建时建立的固有逻辑文件结构。

4.88

文件位置指示符 file position indicator

一个概念实体，用于方便提取即将访问的下一条记录的规定，或指明为何不能建立一个这样的引用。

4.89

文件共享 file sharing

一个合作环境，用以控制对同一物理文件的当前访问。

4.90

固有文件属性 fixed file attribute

物理文件创建时建立的属性，且该属性在此文件的生存期不能改变。

4.91

形式参数 formal parameter

规定在过程部首的 USING 短语中的数据名，它给出了某个参数用在函数、方法或程序中的名字。

4.92

函数 function

内部或用户定义的过程实体，它返回一个基于变元的值。

4.93

函数原型定义 function prototype definition

规定了操作变元规则的定义，其中的变元用于某个特定函数的计算、产生于该函数计算的数据项，同时定义中也规定了所有该函数计算需要满足的其他要求。

4.94

图形字符 graphic character

一个并非控制函数的字符，有可视化的表示，通常为手写、打印或显式。

[ISO/IEC 10646:2003]

4.95

图形符号 graphic symbol

一个图形字符或复合序列的可视化表示。

[ISO/IEC 10646:2003]

4.96

分组(本地环境编辑时)　grouping(in locale editing)

以数字和货币形式对组进行数位分离。

4.97

分组分隔符　grouping separator

为了便于阅读用于分离数字中数位的字符。缺省字符是逗号。

4.98

高端　high-order end

一个字符串或位串的最左端位置。

4.99

I-O 模式　I-O mode

一种文件处理模式,其中的记录可以读、更新、添加和删除。

4.100

I-O 状态　I-O status

存在于文件中的一个概念实体,含有指出输入输出操作结果状态的字符值。

4.101

命令语句　imperative statement

一个规定了某个无条件动作的语句或一个限定范围语句。

4.102

索引　index

一个计算机存储位置或一个寄存器,其内容代表某一特定的表元。

4.103

索引组织　indexed organization

固有逻辑文件结构,其中每条记录由该记录中一个或多个键值确定。

4.104

继承(对于类)　inheritance(for classes)

一种机制,使用接口以及一个或多个类的执行作为另一个类的基础。

4.105

继承(对于接口)　inheritance(for interfaces)

一种机制,使用一个或多个接口的规定作为另一个接口的基础。

4.106

初始程序　initial program

每次被调用时就进入初始状态的程序。

4.107

初始状态　initial state

一个函数、方法或程序在运行单位中第一次被调用时的状态。

4.108

输入模式　input mode

一种文件处理模式,其中记录只能读。

4.109

实例对象　instance object

由类定义和工厂对象创建的对象的一个实例。

4.110

接口(一个对象的)　interface(of an object)

为该对象定义的所有方法名,也包括继承的方法。对于每一个方法:

——它的形式参数和描述的有序列表以及相互间的传递方法;

——任意返回值和它的描述;

——可能出现的异常。

4.111

接口(语言结构)　interface(the language construct)

方法原型的分组。

4.112

内部数据　internal data

描述在一个源单元中的所有数据,但外部数据和外部文件连接符除外。

4.113

调用　invocation

方法调用　method invocation

见方法调用(4.123)。

4.114

引用键　key of reference

当前用于访问某个索引文件的记录键,要么是主键,要么是次键。

4.115

字母　letter

一个基本字母或一个扩充字母。

4.116

本地环境　locale

用户信息技术环境中一个设施,规定了语言和文化习俗。

4.117

锁定模式　lock mode

一个文件的状态,用于记录锁定有效,它指明记录锁定是手动还是自动。

4.118

低端　low-order end

一个字符串或位串的最右端位置。

4.119

MCS

消息控制系统　message control system

见消息控制系统(4.120)。

4.120

消息控制系统　message control system

MCS

一种支持消息处理的通信控制系统。

4.121

方法　method

一种过程实体,作为类对象上的一个允许的操作被该类定义中的一个方法定义规定或被该类定义继承。

4.122

方法数据　method data

声明在某个方法定义中的数据。

4.123

方法调用　method invocation

调用　invocation

执行给定对象上某个命名的方法的要求。

4.124

方法原型　method prototype

一个源元素，它规定了一个方法调用或符合性检测时所需的信息。

4.125

本土型字符　national character

本土型字符集中的字符。

4.126

本土型字符位置　national character position

存储单个本土字符所需的物理存储量，或者用来打印或显示的表示空间。

4.127

本土型字符集　national character set

本土型编码字符集　national coded character set

见本土型编码字符集(4.128)。

4.128

本土型编码字符集　national coded character set

本土型字符集　national character set

实现者为使用本土的数据项的表示以及本土型字值而指定的一个编码字符集。

4.129

本土型数据项　national data item

一个本土型类或一个本土型组项的初等数据项。

4.130

本原字母数字字符集　native alphanumeric character set

计算机的字母数字编码字符集。

4.131

本原算法　native arithmetic

算法的一种模式，由实现者规定处理算法的方法。

4.132

本原字符集　native character set

一个实现者定义的字符集，用于 COBOL 运行时模块的内部处理，它包括字母数字型字符或本土型字符，也可以同时包含二者。本原字符集由 SPECIAL-NAMES 段中的关键字 NATIVE 引用。

4.133

本原排序序列　native collating sequence

一个实现者定义的排序序列，与运行时模块执行所在的计算机有关，它可以是一个字母数字排序序列，也可以是一个本土型排序序列。

4.134

本原本土型编码字符集 native national coded character set

计算机的本土型编码字符集。

4.135

下一条记录 next record

文件中逻辑上紧跟当前记录的那条记录。

4.136

空 null

一个指针的状态,表明它不包含任何地址;或一个对象引用的状态,表明它不包含任何引用。

4.137

数值字符(COBOL 规则中) numeric character(in the rules of COBOL)

由 0,1,2,3,4,5,6,7,8,9 组成的数字集合中的一个字符。

4.138

对象 object

一个由数据和操作该数据的方法所组成的单元。

4.139

对象数据 object data

数据定义如下:

——在工厂定义中的数据,定义在它方法中的数据除外。

——在实例定义中的数据,定义在它方法中的数据除外。

4.140

对象属性 object property

属性 property

一个可以用来赋予对象引用某种限定的名称,其中的限定可以是从对象中获得一个值或传递一个值给对象。

4.141

对象引用 object reference

一个显式或隐式定义的数据项,它包含对某个对象的引用。

4.142

打开模式 open mode

一个文件连接符的状态,为该相关文件指明所允许的输入输出操作。

4.143

可选文件 optional file

运行时模块运行时,不是应该声明的文件。

4.144

最外层程序 outermost program

一个连同它所包含的程序一起的程序,它不包含在任何其他程序内。

4.145

输出文件 output file

一个以输出或扩展模式打开的文件。

4.146

输出模式 output mode

文件处理的一种模式,在其中可以创建一个文件且记录只能添加进该文件。

4.147

物理文件　physical file

一个物理记录的物理集合。

4.148

物理记录　physical record

块　block

见块(4.19)。

4.149

上一条记录　previous record

文件中逻辑上位于当前记录之前的那条记录。

4.150

过程　procedure

过程部中一个或多个连续的段或节。

4.151

过程分支语句　procedure branching statement

引起控制到不是写在源程序中语句序列里的下一可执行语句的显式转移语句。

4.152

处理器　processor

包括硬件和软件的计算系统,用于编译源代码或执行运行单元,也可以包括这二者。

4.153

程序原型定义　program prototype definition

规定了一些规则和要求的定义,其中的规则管理那些将被某个特定子程序接收的参数的类,而要求是那些需要转移控制给该子程序以及从该子程序获得控制和返回信息的任何其他要求。

4.154

属性　property

对象属性　object property

见对象属性(4.140)。

4.155

随机存取　random access

一种存取模式。按照这种模式,由程序指定的键数据项的值标识逻辑记录,该逻辑记录从相对文件或索引文件中获得,被删除或被存入相对文件或索引文件中。

4.156

记录键　record key

记录中的一个数据项,用来标识索引文件中的该记录。

4.157

记录锁　record lock

一个概念实体,用来控制对某个共享物理文件中一条给定记录的访问。

4.158

记录锁定　record locking

用来对某个共享物理文件同时访问控制的设置。

4.159

相对项　relative item

报表中规定的其位置相对于上一个项的项。

4.160

相对键　relative key

一个包含相对记录编号的数据项。

4.161

相对组织　relative organization

固定的逻辑文件结构,其中的每个记录的逻辑位置都用一个相对记录编号惟一标识。

4.162

相对记录号　relative record number

相对组织文件中某条记录的序号。

4.163

报表　report

报表节中描述的打印输出,由这些数据的描述产生。

4.164

报表记录器　report writer

数据子句和数据语句的综合集合,其作用是根据一个打印布局的总体外形对它进行描述而非通过一系列过程步骤。

4.165

约束指针　restricted pointer

一个指针数据项,受某个规定类型的数据项或与规定程序同特征的程序约束。

4.166

运行单元　run unit

一个或多个与其他模块交互的运行时模块,以及执行时作为实体来解决问题的那个函数。

4.167

运行时元素　runtime element

编译某个源元素而生成的可执行单元。

4.168

运行时模块　runtime module

编译某个编译单元的结果。

4.169

顺序访问　sequential access

一种访问模式,其中逻辑记录要么是按照记录语句的执行顺序而位于一个文件中,要么是按照在一个文件中记录的书写顺序而从该文件中获得。

4.170

顺序组织　sequential organization

固定的逻辑文件结构,它通过记录写入文件时所建立起来的前后任关系来标识某条记录。

4.171

共享模式　sharing mode

一个指明文件共享模式的文件的状态。

4.172

源元素　source element

一个源单元,其中没有包含任何其他源单元。

4.173

源单元　source unit

一个语句序列，开始于标识部而结束于某个结束标志或编译组的末端，其中该编译组包括任何被包含的源单元。

4.174

标准算法　standard arithmetic

一种算法模式，用来处理算术表达式、算术语句、SUM 子句以及在本标准中规定的某些整型和数值型函数的技术。

4.175

标准中间数据项　standard intermediate data item

一个临时抽象小数浮点数据项，当标准算法生效时用于存储算术操作数。

4.176

静态数据　static data

当重新进入运行时元素时仍保留上次使用状态的数据。

4.177

子类　subclass

继承于另一个类的类。一起考虑继承关系中的两个类时，子类是继承者或继承类；父类是被继承者或被继承的类。

注：在工业中，术语子类也常被称为派生类。它们是等价的。

4.178

款主体　subject of the entry

正被一个数据描述款定义的数据项。

4.179

下标　subscript

一个数字，用于表示表中的某个特定元素，或用下标“ALL”表示表中的全部元素。

4.180

父类　superclass

被另一个类继承的类。

4.181

代理对　surrogate pair

一个编码字符，是由两个 UCS16 位编码单元组成的序列来表示单个的抽象字符，其中，代理对的第一部分为高代理编码单元，第二部分为低代理编码单元。

4.182

类型(类型声明)　type(for type declaration)

一个模板，其中包含一个数据项及其从属项的所有特性。

4.183

UCS

通用多字符编码字符集　Universal Multiple-Octet Coded Character Set

见通用多字符编码集(4.184)。

4.184

通用多字符编码字符集　Universal Multiple-Octet Coded Character Set

UCS

由 ISO/IEC 10646:2003 定义的编码字符集。该字符集包括当今世界所有主要语言书写用到的字符。

4.185

通用对象引用 universal object reference

不受某个特定类或接口约束的对象引用。

4.186

不成功的执行 unsuccessful execution

某个语句的未遂执行，即没能得到执行由那个语句指定的所有操作的结果。

4.187

可变发生数据项 variable-occurrence data item

一个表元素，表示变量重复的次数。

4.188

零长项 zero-length item

一个允许的最小长度为零的项且在执行时长度为零。

5 描述技术

用于描述标准 COBOL 的技术是：

——一般格式

——规则

——算术表达式

——非形式化描述

5.1 一般格式

一般格式规定标准 COBOL 元素的语法和这些元素的排列顺序。

每个一般格式中的字、短语、字句、标点符号和操作数应按一般格式给定的顺序写入编译组中。除非在那种格式的规则中规定了其他成分。

当特定的语言结构有多种排列存在时，一般格式被分成计数和命名的多种格式。

用于描述一般格式的元素有：

——关键字

——任选字

——操作数

——层数

——选项

- 中括号
- 大括号
- 选择指示符

——省略号

——标点符号

——专用字符

——引用的其他格式的元项

5.1.1 关键字

关键字是保留字或上下文有关字。它们在一般格式中以大写和下划线形式显示。当用到它们所涉及的有关功能时，便要求这些关键字。这些关键字遵从 5.1.5 中规定的协定和为一般格式规定的语法规则。

5.1.2 任选字

任选字是保留字或上下文有关字。它们在一般格式中以大写和非下划线形式显示。当它们定义在子句或短语(被写在源单元中)中时,它们的目的是为了增加清晰度。

5.1.3 操作数

操作数是表达式、字值或对数据的引用或异常条件。操作数以小写形式显示并且表示项、条件或对象的值或标识符,这些项、条件或对象是由编程人员写源单元时提供的。

下面列出的任意项涉及了相应元素的一个实例,这些实例在列标签为"描述于"引用的正文中描述。项的这些实例以小写字母表示且后面加以数值(n=1,2,....)后缀,以保证对它们的引用是惟一的。

操作数类型	描述于	项(n=1,2,3,….)
变元	15.2,变元	变元 n
表达式	8.8,表达式	算术表达式 n 布尔表达式 n 条件表达式 n
整数	5.4,整数操作数号	整数 n
字值	8.3.1.2,字值	字值 n
引用	8.4,引用	
a) 用户定义字,如果需要,包括限制和下标	8.3.1.1.1,用户定义字	在 8.3.1.1.1 中以-n 作为后缀的任意类型
	8.4.1.1,限制	
	8.4.1.2,下标	
b) 标识符	8.4.2.1,标识符	标识符 n
c) 异常名	14.5.12.1.5,异常名字和异常条件	异常名 n

5.1.4 层号

当特定的格式出现在源单元中时,则便要求规定一般格式中出现的特定层号。1,2,…和 9 形式的层号可以分别写成 01,02,....,09。

5.1.5 选项

选项以在中括号、大括号或选择指示符中垂直地堆叠可选择项的格式来表示。选择一个选项的方式有:从可选择项的堆中确定一个可选择项,或从一系列中括号、大括号或选择指示符中确定一个可选择的惟一组合。

5.1.5.1 中括号

中括号[]中封装一般格式的一部分,表明它里面包含的语法元素或或某个可选择项可以被明确地指明,也可以省略。省略元素没有隐含的缺省值。

5.1.5.2 大括号

大括号{}中封装一般格式的一部分,表明它里面包含的语法元素或或某个可选择项应该被明确地指明或者隐式选择。若某个选择项仅包含任选字,那个可选择项便是一个缺省的任选(隐式选择,但明显指出另一任选的情形除外)。

5.1.5.3 选择指示符

选择指示符是由中括号或大括号包围的一对"|",它装入一般格式一部分。当选择指示符被大括号封装时,包含在它里面的一个或多个可选择项应指明,但单个可选择项应只能指明一次;当选择指示符被中括号封装时,应指明包含在它里面的 0 个或多个可选择项,但单个可选择项只可以指明一次。可选择项可以以任意次序指明。

5.1.6 省略号

在一般格式中,省略号表示在这个位置上用户选择格式的一部分的重复项。可以重复的格式的一部分确定如下:在一个格式中给定一个省略号,从右到左扫描,确定省略号右中括号或右大括号分隔符;继续从右到左扫描且确定左中括号或左大括号分隔符的逻辑匹配;省略号应用于确定的分隔符对之间的格式一部分。

在一般格式中,省略号表示根据用户的选择可以出现重复的位置。格式中可以重复的部分如下决定:若在格式中给定一个省略号,就从右向左扫描,找到紧靠位于省略号左边的“]”或“}”,然后继续从右向左扫描,以找到逻辑上配对的“[”或“{”;则,该省略号就应用于这对定界符之间的一组字。

注:在正文中,省略号(…)表示可以省略的一个字或多个字,条件是这些省略号不影响理解。这是省略号通常的意义,因此它在上下文中的使用就变得理所当然了。

5.1.7 标点符号

逗号和分号(;)分隔符可以用在一般格式和其他语法规范中任意用到空白分隔符的地方。在编译组中,这两个标点字符是可以互换的。

若句号分隔符在一般格式中指明,当那个格式被使用时句号分隔符就是必需的。

5.1.8 专用字符

出现在格式中的专用字符字和分隔符,虽然它们没有下划线,但若使用这些格式,这些字符便是必需的。

5.1.9 元项

元项在一般格式中以小写字母出现且它们都是一般格式中分段的名字。分段在主格式下面被指明且通过短语“where x is”引入,其中 x 用元项代替。

5.2 规则

除了内部函数,规则可分为语法规则和一般规则。内部函数规则包括变元规则和返回值规则。

5.2.1 语法规则

语法规则补充一般规则,标识等效字且定义或阐明把字或元素排列以构成更大的元素(如短语、子句或语句)。语法规则还可以对单个的字或元素施加或放宽限制。

在 13.16.38.5 中规定的 PICTURE 字句的规则就是语法规则。

当语法规则规定一个字与其他字同义、是其他字的缩写或等效于其他字时,这些字可以被替换地写且有相同的意思。

5.2.2 一般规则

一般规则是定义或阐明一个元素或元素集的含义或各个含义之间的关系的规则。它用来定义或阐明语句的语义和它在编译或执行时的作用,并且它可以定义可能用于保留一般规则中的项。

在 13.16.38.4 中规定的 PICTURE 规则是一般规则。

5.2.3 变元规则

变元规则规定与内部函数的变元有关的的要求、限制或缺省值。

5.2.4 返回值规则

返回值规则规定内部函数的语义。

5.3 算术表达式

一些规则包含规定 COBOL 语法的部分或全部结果的算术表达式。在当前的算术表达式中,需要用到后面的附加符号或符号的不同意义。

5.3.1 原文下标操作数

当一个操作数是原文下标,如操作数 j_n,术语“操作数 j”标识了一个特定的操作数且“n”指操作数 j 的第 n 个位置或第 n 次出现。

注:在 15.61,PRESENT-VALUE 函数的返回值规则中就有它的一个例子。

5.3.2 省略号

省略号表示术语和运算符的数量是可变的。

5.4 整数操作数

1) 当术语“integer-n”(n=1,2,....)用于一般格式或相关联的规则中时,它指一个无符号或非零的定点整型字值,除非是相关联的规则中规定了其他数。

2) 当术语“integer”用作语法规则中操作数的约束时，

a) 若那个操作数是一个字值，它应是一个在 8.3.1.2.2 中 1)中定义的整型字值。

b) 若那个操作数是一个数据名或一个标识符，它应是下列情况中的一种：

- 一个整型内部函数。
- 一个定点数值数据项，而非一个内部函数，且它的描述不包括小数点右边的任意数字位置。

3) 当术语“integer”用作一般规则中操作数的约束时，那个操作数应在运行时求值如下：

a) 若本原算术有效，实现者应定义操作数什么时候是整型。

b) 若标准算术有效，这个操作数应等于一个标准中间数据项，且这个数据项有惟一的零值或它的小数定点表示法仅包含小数点右边的 0。

- 若指数值大于 1，则标准中间数据项的值就是一个整数。
- 若指数值小于 1，则标准中间数据项的值就不是一个整数。

c) 若本原算术有效，则实现者应定义一个算术表达式什么时候是一个整数。

5.5 非形式化描述

COBOL 规范重要部分是在正文、表格和除一般格式图表外的其他图表中非形式化地描述的。这些部分通常规定语义，如 5.2.2 中描述的那样。但它也可能包含除 5.1 所述之外的语法要求和 5.2.1 的语法规则。语法要求通过规定的书写源代码的规则特征来与语义要求相区分。

5.6 正文中的连字号

出现在正文行末的连字号是它所分开的字符串或字的一部分。连字号不是为了分开行间的字符串或字而增加的。

5.7 条款表述的助动词形式

特定的助动词形式用于本标准的规范子句中，这是为了区分服从的要求、允许选择自由的条款和建议。这些条款形式由 ISO/IEC 指令，第三部分中(本标准的结构和起草规则)规定的。

表 1 总结了规定的条款形式和用于本标准中的等价表述。

表 1 条款形式

条 款	条款形式	可选的表述
实现或程序的要求，为了服从标准需严格地遵从	应 不应	要求 有必要 不准许 不允许
由标准表达的许可	可 不必	准许 允许 不需要
由标准表达的建议；它不需要遵从	宜 不宜	推荐 建议
对标准的用户公开的性能或可能性	能 不能	能够 可能
可选的表述有时被用来表述而不是一个要求；在这种情况下，这个含义从上下文看是明显的。		

6 基准格式

基准格式规定了用于书写 COBOL 源正文和库正文的协定。COBOL 提供两种基准格式：自由形式的基准格式和固定形式的基准格式。通过利用 SOURCE FORMAT 编译命令，这两种类型的基准格式可以在源正文和库正文内和之间混合。编译组的缺省基准格式是固定形式的。

下面规则应用于指明的基准格式：

1） 自由形式和固定形式

a） 基准格式按照输入输出媒介行上的字符位置进行描述。

b） COBOL 编译器应接受用基准格式写的源正文和库正文。

c） 实现者应指明字符位置和行的含义。

注：以前的 COBOL 标准没有阐述应用哪种类型的字符，但一般假定是统一大小的字母数字字符。

d） 为了分析编译组的正文，编译组的第一个字符串被看成有一个空白分隔符在它的前面；并且编译组的最后一个字符串被看成有一个空白分隔符跟在它的后面。

2） 固定形式

a） COBOL 编译器处理固定形式基准格式行就好像行已经从固定形式逻辑地被转换到了自由形式，如 6.4 中描述的那样。

b） 逻辑转换之后，等价的自由形式行应满足自由形式引用的要求，这些要求中行可以更长一点和计算机编码字符集的所有字符都应保持为字母数字和本土字值除外（见规则 3）中的 b））。

3） 自由形式

a） 行上的字符位置数量可以从行到行发生变化，从最小值 0 到最大值 255。

b） 实现者应规定任意终止一个自由形式行的控制字符，并且规定这些控制字符是否可以在注释和字母数字及本土字值的内容中指明。

6.1 指示符

指示符是指导编译器解释基准格式的指令。每个指示符或是一个固定指示符，或是一个浮动指示符。

6.1.1 固定指示符

固定指示符可以在如 6.2 中描述的固定形式基准格式的指示区中规定。下面所列的都是固定指示符：

字符	指示符名称	指示内容
*	注释指示符	一个注释行
/	注释指示符	一个带有跳页的注释行
D	调试指示符	一个调试行
d	调试指示符	一个调试行
-	连续指示符	一个连续行
空	源指示符	不是注释行、调试行、连续行的任意行

固定指示符是实现者定义编码字符集或用于固定形式基准格式中的字符，且不是来自 COBOL 字符仓库中的 COBOL 字符。

注：这很重要，因为固定指示符既不要求字母数字和本土字符的等价，也不消除它。目的是为了允许与以前 COBOL 标准有向上的兼容性，这就没有字符作为字母数字型或本土型的类型之分。

6.1.2 浮动指示符

浮动指示符可以用于固定形式或自由形式的基准格式。下面的 COBOL 字符串都是浮动指示符：

字符串	指示符名称	指示内容
*>	注释指示符	1) 作为程序正文区中的第一个字符串指明时，它指的是一个行释。 2) 指明跟在程序正文区中的一个或多个字符串后时(遵从 6.1.2.1 中的附加规则)，它指的是一个内嵌注释。
>>	编译器指示	跟有一个含有或不含有插入空间的编译器指示字时(遵从 7.2 中的附加规则)，它指的是一个编译器指示行。
“- ‘-	字值连续指示符	当在非终端字值中指明时，且它在打开的分隔符中含有相同引用语符号(遵从 6.1.2.1 中的附加规则)，它指的是一个字值的连续。
>>D	调试指示符	至少跟有一个空字符时，它指的是一个调试行。

6.1.2.1 语法规则

1) 为了分析编译组的正文，一个空格隐式地紧跟在一个浮动注释指示符后。
2) 内嵌注释的浮动注释指示符应在一个空白分隔符的后面，且可以规定在空白分隔符被规定的地方，除了：
   a) 作为在浮动注释指示符前面的空白分隔符。
   b) 在一个浮动字值连续指示符的后面。
3) 形成多字符浮动指示符的所有字符应规定在同一行。
4) 应仅为字母数字字值、布尔或本土字值规定浮动字值连续指示符。一个给定的字值不应与连续的多种形式相连续。
5) 浮动字值连续指示符不应在包含固定字值连续指示符的行中规定。
6) 对于连续的字母数字字值、布尔字值或本土字值，每个连续行的第一个非空字符应是用于字值打开的分隔符中的引用符号。
7) 浮动调试指示符可以仅在 0 个或多个空格字符的后面。
8) 浮动调试指示符不应在包含固定调试指示符或固定连续指示符的行中规定。

注：调试指示符和调试特性是过时的且将在下个版本中删除。

6.2 固定形式的基准格式

固定形式基准格式行的格式如图 1：

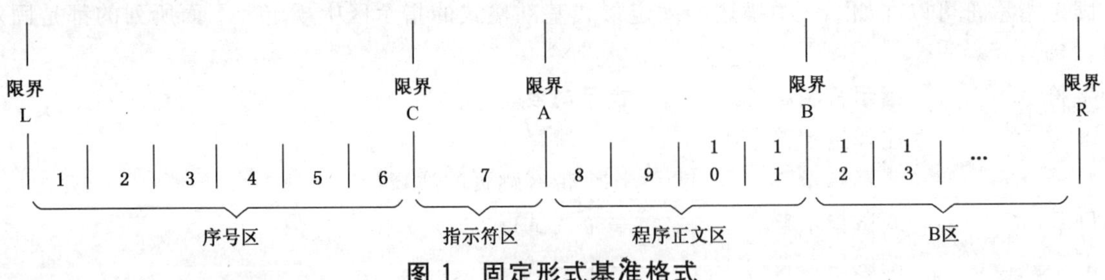

图 1 固定形式基准格式

图中的一些术语描述如下：

限界 L 紧靠在一行的最左字符位置的左边；

限界 C 在一行的第 6 和第 7 个字符位置之间；

限界 A 在一行的第 7 和第 8 个字符位置之间；

限界 R 紧接在程序正文区的最右字符位置的右边，程序正文区最右边的字符位置是一个由实现者定义的固定位置；

序号区占有 6 个字符位置(1～6)且是在限界 L 和限界 C 之间；

指示符区是一行的第 7 个字符位置；

程序正文区开始于第 8 个字符位置，且终止于限界 R 紧邻的左边。

6.2.1 序号区

序号区可以用于标记源正文或库正文行，序号区的内容由用户定义，可以由计算机字符集中的任何字符组成。序号区的内容不要求以任何特定的序列或单独地出现。

6.2.2 指示符区

指示符区依照6.1.1中规定的指示符标识源行的类型。

6.2.3 程序正文区

程序正文区可以包括：

1） 注释行的注释正文，条件是指示符区包含一个固定注释指示符。

2） 下列各项的任意一种或它们的组合服从更多的语法规范，条件是指示符区包含调试指示符、连续指示符或源指示符：

——字符串(COBOL字)；

——分隔符；

——注释；

——浮动指示符。

3） 所有空格符。

6.2.4 行的连续

由多个字符串组成的任意款、句子、语句、子句、短语或伪正文，可以以后继行的程序正文区的后继COBOL字、字值或图片字符串开始的方式，实现连续。

COBOL字、字值或图片字符串可能被分开，以便它的一部分要出现在一个或多个后继行中。后继行是连续行，在连续行前面的行是一个被连续的行。COBOL字、图片字符串或除字母数字字值、布尔字值或本土字值之外的其他字值的连续性，由连续行中的固定连续指示符标识。

注：COBOL字的连续性是一个过时的特性且应避免对它的使用。为了与以前COBOL标准兼容，它允许以固定形式出现。

字母数字字值、布尔字值或本土字值的连续性被指明，条件是下列之一：

1） 一个行终止于不含结束分隔符的字母数字或布尔字值且不是注释行或空格行的下一行包含一个固定连续指示符；或者

2） 一个行终止于以浮动字值连续指示符结尾的字母数字字值、布尔字值或本土字值。

在与固定连续指示符连续的情况下，在固定形式被连续行末尾的任意空格都是字值的一部分。

在与固定或浮动字值连续指示符连续的情况下，不是注释行或空格行的下行是一个连续行。连续行程序正文区中的第一个非空字符应是一个引用符号，且要与用于打开的分隔符的引用符号相匹配。连续以紧跟在连续行中的引用符号之后的字符开始。

本土字值可以仅与浮动字值连续指示符相连接。

组成任意多字符分隔符或多字符指示符的所有字符应在相同的行中规定。形成一个调用操作数的所有字符应在相同的行中规定。

注释行和空行可以散布于包含一部分字值的行中。

若在行中没有固定连续指示符，为了分析编译组的正文，在行中的第一个非空字符前要暗含一个空格。

6.2.5 空白行

空白行是一个从限界C到限界R(C和R都包括在内)都是空白的行。空白行可以出现在编译组的任何位置。

6.2.6 注释

注释由跟在注释正文后面的注释指示符组成。来自编译时计算机编码字符集的任意字符组合都可以被包含在注释正文中。

注释仅供整理文档之用而服务，对编译组的含义没有任何影响。

注释可以是一个注释行或一个内嵌注释。

6.2.6.1 注释行

注释行由固定注释指示符或浮动注释指示符标识。从注释指示符到限界 R 之间的所有字符都是注释正文。注释行可以书写在编译组的任意行。

若产生了源清单，由固定注释指示符斜杠(/)标识的注释行用来引起在打印该清单注释行之前跳页；由固定注释指示符星号(*)标识的注释用来引起打印该清单的下一有效位置上的行。

6.2.6.2 内嵌注释

程序正文区中跟在一个或多个字符串后的浮点注释指示符标识一个内嵌注释。从注释指示符到限界 R 之间的所有字符都是注释正文。内嵌注释可以书写在编译组的任意行，包含浮动字值连续指示符的行除外。

6.2.7 调试行

调试行由固定调试指示符或浮点调试指示符标识。

调试行允许出现在 SOURCE-COMPUTE 段之后的编译单元中的任意地方。

所有 COPY 和 REPLACE 语句被处理之后，若 WITH DEGUGGING MODE 子句没有在 SOURCE-COMPUTE 段中规定，则调试行含有注释行的特点。

注：调试行是本标准中的一个过时元素且将在标准 COBOL 下一个版本中删除。

6.3 自由形式的基准格式

在自由形式的基准格式中，源正文或库正文可以写在行中的任意地方，除非注释、调试行和连续有特定的规则。

在 6.1.2 中规定的指示符标识编译组中的特定元素。整个自由形式行组成了该行的程序正文区。

6.3.1 行的连续

由多个字符串组成的任意款、句子、声明、字句、短语或伪正文都可以通过书写一些连续的字符串或分隔符号，使它成为连续的行。每行的最后一个非空字符都好像跟有一个空格符。

字母数字字值、布尔字值和本土字值可以在多行中连接。正被连续的行称为被连续行；后继行称为连续行。当这样一个字值不完全在行末的时候，字值的不完全部分应以一个浮动连续指示符(如 6.2.1 中的定义)终止。连续指示符可以任选地跟有一个或多个空格。连续行中的第一个非空白字符应是一个引用符号，且与用于打开的分隔符的引用符号相匹配；引用符号后的第一个字符是字值连续字符的开始。在字值内容中，至少有一个字母数字字符、本土字符或十六进制数应在被连续行和每个连续行中规定。

组成任意多字符分隔符或多字符指示符的所有字符都应在同一行中规定。指明一个字值含有单个引用符号的一对调用符号应在同一行中规定。

注释行和空白行散布于包含字值部分的行中。

6.3.2 空行

空行是只包含空格符或占有零字符位置的行。一个空行可以出现在编译组的任何地方。

6.3.3 注释

注释由跟在注释正文后的注释指示符组成。从注释指示符到行末的所有字符都是注释正文。

来自编译时计算机编码字符集的任意字符组合都可以包含在注释正文中，第 6 章，基准格式，规则 3b 中指明的字符除外。

注释仅供整理文档之用而服务，对编译组的含义没有任何影响。

注释可以是一个注释行或一个内嵌注释。

6.3.3.1 注释行

注释行被浮动注释指示符标识为行中第一个字符串。注释行可以书写在编译组里的任意行中。

6.3.3.2 内嵌注释

跟在行中一个或多个字符串之后的浮动注释指示符标识一个内嵌注释。内嵌注释可以书写在编译组的任意行中，包含浮动字值连续指示符的行除外。

6.3.4 调试行

调试行由一个调试指示符组成，任选地跟在行中一个或多个字符的后面，后面跟有行中所有连续字符位置。调试行终止于行末。

调试行可以书写在 SOURCE-COMPUTER 段后的源单元的任意行中。

所有 COPY 和 REPLACE 语句处理之后，若 WITH DEBUGGING MODE 字句在 SOURCE-COMPUTER 段中规定，则调试行有注释行的特点。

注：调试行是本标准中的一个过时元素且将在下一个标准 COBOL 版本中删除。

6.4 逻辑转换

固定形式基准格式中的源正文和库正文都在替换的应用程序和条件编译进行之前逻辑地转换为自由形式基准格式。固定形式基准格式和自由形式基准格式中的被连续行和连续行被连接用来删除连续指示符，并且注释和空白行也被从这两种格式中删除。产生于逻辑转换的自由格式正文行的最大长度没有限制。

注：固定形式基准格式在编译期间逻辑地转换自由形式，是为了使语言的其他规则容易理解，例如，含有 REPLACING 短语和 REPLACE 语句的 COPY 语句。没有实现者被要求完成一个实际转换，只要效果就像它被完成了一样。基准格式的规则和正文处理应用时不需要考虑是否有一个实际转换。

逻辑转换的规则按照源正文和库正文被编译器获取的顺序，应用于编译组的每行中。从编译组的第一行开始到编译组的末尾，中间的行依次被检查。逻辑转换编译组的结果在自由形式基准格式中创建，如下：

1) 若行是一个 SOURCE FORMAT 指令，基准格式模块确定且 SOURCE FORMAT 指令行被逻辑地丢弃。
2) 若行是一个注释行或空行，那个行也被逻辑地丢弃。
3) 若行包含一个内嵌注释，内嵌注释被空格代替且继该行的处理继续。
4) 若行是包含浮动字值连续指示符的固定形式或自由形式行，程序正文区的末尾被设置成紧跟着连续指示符前的字符。连续指示符和其后的任意字符都被逻辑地丢弃，且那行的处理继续。
5) 若行是包含固定调试指示符的固定形式行，一个自由形式的行在由作为结果而产生的编译组中创建，该编译组的组成如下：一个浮动调试指示符，后面跟有一个空格，空格跟有固定形式程序正文区内容。
6) 若行是固定形式行，包含一个源指示符并且不是一个连续行，则那行的程序正文区被复制到作为结果而产生的编译组中。
7) 若行是一个由固定连续指示符标识的固定形式连续行：
   a) 若连接串是一个字母数字或布尔字值，开始于初始引用符号后的第一个字符的程序正文区的内容，被直接附加在作为结果而产生的编译组的最后逻辑行中的最后一个字符的右边。
   b) 否则，开始于第一个非空字符的程序正文区的内容，被直接地附加到作为结果而产生的编译组的最后逻辑行中的最后一个字符的右边。
8) 若行是一个自由形式行且不是一个连续行，则该行被复制到作为结果而产生的编译组中。
9) 若行是固定形式或自由形式连续行且跟在一个行后面，通过浮动字值连续符与该行连续，则开始于初始引用符号后的第一个字符的程序正文区的内容，被直接地附加到作为结果而产生的编译组的最后逻辑行中的最后一个字符的右边。
10) 下一个输入行在步骤 1 处被迭代地获得且处理。

在编译组的末尾，处理与作为结果而产生的逻辑转换编译组相连续。如过有的话，实现者应定义对逻辑转换的源列表产生的影响。

7 编译指示设施

编译指令设施由正文处理的编译指示语句、正文处理的编译指令以及规定的编译选项的编译指令组成。

编译指示语句的动作和编译指令发生在编译组处理的两个逻辑阶段——正文处理阶段和编译阶段。

正文处理阶段接受一个初始的编译组，执行由 COPY 语句和 REPLAACE 语句规定的修改以及条件编译指令，并且将编译变量替换到常量款中。其结果就是一个经编译阶段处理的结构化编译组。

编译阶段利用结构化编译组来完成编译处理。

下面的就是编译指示语句和编译指令，以及它们动作发生的阶段：

编译指示语句	阶段
COPY 语句	正文操作
SUPPRESS 选项	实现者定义
REPLACE 语句	正文操作

编译器指令	阶段
CALL-CONVENTION	编译
DEFINE	正文操作
EVALUATE	正文操作
FLAG-85	编译
IF	正文操作
LEAP-SECOND	编译
LISTING	实现者定义
PAGE	实现者定义
PROPAGATE	编译
SOURCE FORMAT	正文操作
TURN	编译

实现者定义了与列表相关动作发生的阶段，前提当然是若动作发生。

编译变量值替代为常量款发生在正文处理阶段。调试行的包含或互斥情况发生在编译阶段。参数化类和参数化接口的扩充方式和时间是由实现者来规定的，但它发生在正文处理的处理阶段的这种情况除外。

7.1 正文处理

编译组处理的正文处理阶段接受来自源正文和库正文的源码行，并选择性地包括通过条件编译的源码行，以及修改正文来产生一个结构化编译组。

下面的元素和分隔符是需要区分的，在初始的源正文和库正文中它们的语法应是正确的：

——COPY 语句；

——编译指令；

——字母数值，布尔对象，和本土型字值；

——固定和浮动指示符；

——规定了一个 FORM 短语常量款。

在替换 COPY 语句中的短语后，在语法上 REPLACE 语句应是正确的。

其他指示符、语言元素和分隔符无需保证其在语法上的正确性，直到正文处理过程的完成。

正文处理由作用于源正文和库正文的行的过程组成，以便过程在一个规定的序列中生效。只要最终结果一样，实现者将以任意方式最优化实际的处理和交互。下面的处理过程按顺序应用：

1) 以逻辑自由格式的基准格式创建一个扩充编译组——按顺序接收输入行；如 6.4 中规定的那样，这些行逻辑上被转换成自由格式的基准格式；所有的行都处于扩充编译组中。标识在 COPY 语句中的库正文被合并；替换动作在步骤 3)中给出。为了任何逻辑上随后的与 REPLACING 短语相关的处理过程，在扩充编译组中 COPY 语句和它们的合并正文应是可辨别的。

   出现在 IF 指令或 EVALUATE 指令的错误路径中的行，其中包括标识在 COPY 语句中的库正文，在扩充编译组中可以被忽略。在错误路径中 SOURCE FORMAT 指令被用来正确地解释输入行。

   注：在逻辑转换期间正确或错误路径的辨别，既不必需也不阻止。

   生成的行构成一个扩充编译组。

2) 创建一个有条件处理的编译组—读出扩充编译组，并且按照在扩充编译组中出现的顺序处理如下编译指令和替换：

   a) DEFINE 指令、IF 指令和 EVALUATE 指令；

   b) 编译变量值到常量款的替换；

   c) 所有 COPY 语句的替换动作。

   生成的行构成一个有条件地处理的编译组。

3) 创建一个结构化编译组—读出有条件处理的编译组，并且 REPLACE 语句的替换动作按顺序进行。

   生成的行构成一个结构化编译组。

正文处理处理后涉及的编译组是结构化编译组，它包含编译阶段中要使用的行。

7.1.1 正文处理元素

在第 7 章编译指令设施中引用而又未定义的语言元素，与第 8 章语言基础中定义的意义一样。

7.1.1.1 编译指示语句

编译指示语句就是 COPY 语句和 REPLACE 语句。

7.1.1.2 源正文和库正文

对于单个编译组而言，源正文就是给编译器的主要输入。作为处理一个 COPY 语句的结果，库正文就是给编译器的次要输入。

源正文和库正文通过正文处理来处理，这些正文处理包括指示符字符串、标点和分隔符。一个字符串是一个正文字或字“COPY”。

7.1.1.3 伪正文

伪正文是一个操作数，它在 REPLACE 语句中以及 COPY 语句的 REPLACING 短语中。伪正文可以是任意序列的零或多个正文字、标点和分隔符空格，它们是用伪正文定界符来界定，但不包含这些伪正文定界符。

打开的伪正文定界符和关闭的伪正文定界符包括两个连续的 COBOL 字符“==”。

7.1.1.4 正文字

一个正文字就是一个在源正文或库正文中的字符串，它构成了一个由正文处理处理的元素。一个正文字可以是下面中的一个：

1) 一个分隔符，但以下情况除外：一个空格；一个伪正文定界符；字母数值型字值、布尔字值和本土型字值的打开和关闭定界符。为了确定组成正文字的字母序列，在除字母数值型字值或本土型字值外的任何上下文中，冒号、最右边的圆括号和最左边的圆括号都被视为分隔符。

2) 一个字母数值型字值、布尔型字值或本土型字值，它们中包含了用以界定字值的打开和关闭定界符。

3) 由分隔符界定的连续 COBOL 字符的任意其他序列，但除了以下：注释和字“COPY”。

7.1.2 COPY 语句

COPY 语句把库正文并入一个 COBOL 编译组中。

7.1.2.1 一般格式

```
     ┌字值 1  ┐ ┌┌OF┐┌字值 2  ┐┐
COPY ┤        ├ ││  ││        ││ [SUPPRESS PRINTING]
     └正文名 1┘ └└IN┘└库正文 1┘┘

┌            ┌┌==伪正文 1==┐    ┌==伪正文 2==┐                ┐    ┐
│            ││正文 1      │    │正文 2      │                │    │
│ REPLACING  ││字值 3      │ BY │字值 4      │                │... │
│            ││字 1        │    │字 2        │                │    │
│            ││┌LEADING ┐                                     │    │
└            └└└TRAILING┘==部分字 1==BY==部分字 2==           ┘    ┘
```

7.1.2.2 语法规则

1） 若编译时多于一个 COBOL 库可用，则正文名 1 应该由标识与正文名 1 相关的正文所在的 COBOL 库的库名 1 限定。在一个 COBOL 库中，每个正文名应该惟一。

2） COPY 语句前面应该有一空格，后面有一分隔符句号结束。

3） 伪正文 1 应该含有一个或多个正文字。

4） 伪正文 2 可以含有零个、一个或多个正文字。

5） 伪正文 1 和伪正文 2 中的字符串可以接续。

6） 字 1 或字 2 可以是除“COPY”外的任何单个 COBOL 字。

7） COPY 语句可指定在源程序中的字符串或除右引号以外的分隔符可以出现的任何地方，但 COPY 语句不可出现在 COPY 语句中。

8） 实现者应该允许伪正文和库正文中的一个正文字有 1 到 322 字符的长度。

9） 伪正文 1 不可只由一个分隔符逗号或一个分隔符分号组成。

10） 若字 COPY 出现在注解款中或注解款可出现的地方，则把它看作注解款的一部分。

7.1.2.3 一般规则

1） 包含 COPY 语句的一个源程序的编译逻辑上等价于在处理结果源程序之前先处理所有的 COPY 语句。

2） 处理 COPY 语句的效果是把与正文名 1 相关的库正文拷入源程序中，逻辑地替代整个 COPY 语句，从保留字 COPY 开始至分隔符句号结束(包括 COPY 和句号)。

3） 若未指出 REPLACING 短语，则库正文不加改变地拷入。若指出了 REPLACING 短语，则拷入库正文并且把库正文中与伪正文 1、标识符 1、字 1 和字值 1 相匹配的备次出现替换为对应的伪正文 2、标识符 2、字 2 和字值 2。

4） 出于匹配检查的目的，标识符 1、字 1 和字值 1 作为分别仅包含标识符 1、字 1 和字值 1 的伪正文处理。

5） 决定正文替换的比较操作以下列方式进行：

a） 非分隔符逗号或分隔符分号的最左库正文字是用于比较的第一个正文字。这个正文字之前的任何正文字或空格都拷入源程序。从用于比较的第一个正文字及 REPLACING 短语中指定的第一个伪正文 1、标识符 1、字 1 或字值 1 开始，在保留字 BY 前的整个 REPLACING 短语的操作分量与相同个数的连续的库正文字比较。

b） 伪正文 1、标识符 1、字 1 或字值 1 与库正文匹配，当且仅当，组成伪正文 1、标识符 1、字 1 或字值 1 的正文字的有序序列与库正文字的有序序列每个字符都相等。出于匹配的目的，伪正文 1 或库正文中的一个分隔符逗号、分号或空格都被认为是一个单个空格。一个或多个空格分隔符的序列被认为是一个单个空格。

c) 若未出现匹配，则继续与 REPLACING 短语中可以出现的后继的伪正文 1、标识符 1、字 1 或字值 1 进行比较，直至找到匹配或没有后继的 REPLACING 操作分量为止。

d) 当所有 REPLACING 操作分量比较完毕而未找到匹配时，则最左的库正文字拷入源程序中。后继的库正文字被认为是最左的库正文字，比较周期又从 REPLACING 短语中指定的第一个伪正文 1、标识符 1、字 1 或字值 1 重新开始。

e) 伪正文 1、标识符 1、字 1 或字值 1 与库正文的匹配一旦出现，则相应的伪正文 2、标识符 2、字 2 或字值 2 被代入到源程序中。库正文中紧跟在参加匹配的最右库正文字后面的库正文字被认为是最左库正文字。比较周期又从 REPLACING 短语中指定的第一个伪正文 1、标识符 1、字 1 或字值 1 重新开始。

f) 比较操作继续到库正文中的最右库正文字参与了一个匹配或被认作最左库正文字而又已参与了一个完整的比较周期为止。

6) 出于匹配的考虑，忽略库正文和伪正文 1 中出现的注解行和空白行；库正文中可能有的正文字的顺序及伪正文 1 中的正文字的顺序按照基准格式规则决定(参见第 6 章中基准格式)。当伪正文 2 作为正文替换的结果代入源程序中时，其中出现的注解行和空行不加改变地拷入结果程序中。库正文中出现的注解行或空行不加改变地拷入结果源程序中，但有下列例外：若注解行或空行出现在与伪正文 1 匹配的正文字序列中，则库正文中的该注解行或空行不拷入。

7) 库正文和伪正文中允许出现排错行。排错行中正文字参与匹配时就象指示符区中未出现“D”一样。若排错行在源程序中从开伪正文限定符之后并于匹配的闭伪正文限定符之前开始，则伪正文中指定了排错行。

8) 库正文的语法正确性不可独立确定。除 COPY 和 REPLACE 语句以外，整个 COBOL 源程序的语法正确性只有在所有的 COPY 和 REPLACE 语句完全处理后才能判定。

9) 从库中拷入但并未替换的各正文字拷入以使它在结果程序的该行中的同一区的开始和它在库正文的该行中相同的区中开始。但是，若从库中拷入的一从 A 区开始的正文字跟在另一正文字后面，而该另一正文字亦从同一行的 A 区开始，如是该同行中的前面的正文字被更长的正文字替换，则后继的正文字若不能从 A 区开始的话则从 B 区开始。将代入到结果程序中的伪正文 2 中的各正文字在结果程序中从它在伪正文 2 中出现的相同区域开始。将代入到结果程序中的各标识符 2、字值 2 和字 2 在结果程序中从参与匹配的最左库正文字若尚未被替换时将出现的区域开始。

库正文应该遵循 COBOL 基准格式的规则。

若由于 COPY 语句使源程序中引入额外的行，又若 COPY 语句从排错行开始或将引入的正文字出现在库正文的排错行上，则引入的各正文字放在排错行上。当引入由 BY 短语所指定的一正文字时，若将被代入的第一个库正文字指定在排错行上，则该正文字出现在排错行上。除去上面这些情况，只有伪正文 2 中的排错行上指定的那些正文字出现在结果程序的排错行上。若指定为字值 2 或伪正文 2 或库正文中的字值常量太长，在结果程序中若不继续到下一行就不能容纳在一行上，并且该字值常量不在排错行上，则引入额外的续行，以容纳字值常量的剩余部分。若替代要求待续的字值常量继续在排错行上，则程序有错。

10) 出于编译的考虑，替换后的正文字按照基准格式规则代入到源程序中。当把伪正文 2 的正文字拷入源程序中时，只可以在已经存在空格(包括源程序行之间的空格)的正文字之间引入附加的空格。

11) 若作为 COPY 语句处理的结果，在源程序中引入额外的行，则引入行的指示符区中包含与将被替换的正文所开始的行相同的字符，除非该行中包含一连字符，这时引入行中包含一空格，在字值常量继续到一非排错行的引入行上时，这引入行的指示符区放一连字符。

7.1.3 REPLACE 语句

REPLACE 语句用来修改编译组正文。

7.1.3.1 一般格式

格式 1(替换)

$$\underline{\text{REPLACE}}\,[\underline{\text{ALSO}}]\left\{\begin{array}{l}==\text{伪正文 1}==\underline{\text{BY}}==\text{伪正文 2}==\\ \left\{\begin{array}{l}\underline{\text{LEADING}}\\ \underline{\text{TRAILING}}\end{array}\right\}==\text{部分字 1}==\underline{\text{BY}}==\text{部分字 2}==\end{array}\right\}\cdots$$

格式 2(关闭)

$\underline{\text{REPLACE}}\ [\underline{\text{LAST}}]\ \underline{\text{OFF}}$

7.1.3.2 语法规则

1) REPLACE 语句可出现在编译组中的字符串可出现的任何地方。它前面应该有一分隔符句号,但当它是独立编译的程序的第一条语句时除外。
2) REPLACE 语句应该以一分隔符句号结束。
3) 伪正文 1 应该包含一个或多个正文字。
4) 伪正文 2 可以包含零个、一个或多个正文字。
5) 伪正文 1 和伪正文 2 中的字符串中可有续行。
6) 实现者应该允许伪正文的正文字有 1 到 322 个字符的长度。
7) 伪正文 1 不可只由一分隔符逗号或一分隔符分号组成。
8) 若字 REPLACE 出现在注解款中或出现在注解款可出现的地方,则认为它是注解款的一部分。

7.1.3.3 一般规则

1) 格式 1 的 REPLACE 语句指出将被相应正文替换的源程序正文。源程序中与伪正文 1 匹配的各次出现由相应的伪正文 2 替换。
2) 格式 2 的 REPLACE 语句指出当前的任何正文替代不再继续。
3) REPLACE 语句的某一给定的出现的有效范围是,从指出它的那一点起至该语句的下次出现或到独立编译程序的末尾为止。
4) 源程序中包含的任何 REPLACE 语句在源程序中包含的任何 COPY 语句处理后处理。
5) 作为处理 REPLACE 语句的结果所产生的正文不可含有 REPLACE 语句。
6) 决定正文替换的比较操作以下列方式进行:
   a) 从最左的源程序正文字和第一个伪正文 1 开始,伪正文 1 与相等数目的连续的源程序正文字比较。
   b) 伪正文 1 与源程序匹配当且仅当组成伪正文 1 的正文字的有序序列与源程序正文字的有序序列每个字符都相等。出于匹配的目的,伪正文 1 或源程序正文中的一个分隔符逗号、分号或空格都认为是单个空格。一个或多个空格分隔符的序列认为是单个空格。
   c) 若未出现匹配,则继续与伪正文 1 的后继各次出现比较,直至出现匹配或不再有伪正文 1 的后继出现为止。
   d) 当伪正文 1 的所有出现都已比较而未找到匹配,则后继的源程序正文字看作是最左的源程序正文字,比较周期又从伪正文 1 的第一次出现重新开始。
   e) 伪正文 1 与源程序正文的匹配一旦出现,则对应的伪正文 2 就替换源程序中匹配的正文。源程序中紧跟在参加匹配的最右正文字后面的源程序正文字被认为是最左源程序正文字。比较周期又从伪正文 1 的第一次出现重新开始。
   f) 比较操作继续到源程序正文中在 REPLACE 语句作用域内的最右正文字参与了一个匹配或被认作最左源程序正文字并参与了一个完整的比较周期为止。

7） 出于匹配的考虑，忽略源程序正文和伪正文 1 中出现的注解行或空白行；源程序正文和伪正文 1 中的正文字顺序按照基准格式规则决定（参见第 6 章中基准格式）。当伪正文 2 作为正文替换的结果代入源程序中时，其中出现的注解行和空行不加改变地拷入结果程序中。若源程序中的注解行或空行出现在与伪正文 1 匹配的正文字序列中，则它们不被替换。

8） 伪正文中允许出现排错行。排错行中的正文字参与匹配时就象指示符区中未出现“D”一样。

9） 除 COPY 和 REPLACE 语句以外，整个 COBOL 源程序的语法正确性只有在所有的 COPY 和 REPLACE 语句完全处理后才能判定。

10） 作为处理 REPLACE 语句的结果插入到源程序中的正文字按照基准格式规则置入源程序中（参见第 6 章中基准格式）。当把伪正文 2 中的正文字插入到源程序中时，只可能在其间已存在空格（包括源程序行之间假想的空格）的正文字之间引入附加的空格。

11） 若处理 REPLACE 语句而需在源程序中引入额外的行，则该引入行的指示符区包含与被替代的正文开始的那行相同的字符，除非那行包含一连字符，这时被引入的行包含一空格。

若伪正文 2 中的字值常量太长，在结果程序中若不接续到下一行就不能容纳在一行上，并且该字值常量不在排错行上，则引入额外的续行，以容纳字值常量的剩余部分。若替代要求待续的字值常量继续到排错行上，则程序有错。

7.2 编译指令

编译指令规定由编译器使用的选项、定义编译变量和控制条件编译。

7.2.1 一般格式

＞＞编译器指令

7.2.2 语法规则

1） 除 EVALUATE 指令和 IF 指令规定的特定规则外，一条编译指令应规定在一行。

2） 编译指令之前只应有零个、一个或多个空格字符。

3） 当基准格式是固定的格式时，编译指令应写在程序正文域中，且其后只可以跟有空格字符和一条可选的内嵌注释。

4） 当参数形式是自由格式的，一条编译指令其后只可以跟有空格字符和一条可选的内嵌注释。

5） 一条编译指令是由编译指令指示符组成，其后选择性地跟有 COBOL 字符空格，或跟有编译说明。若在指示符之后没有规定空格，则编译指令指示符应被视为后面跟有一个空格。

6） 编译指令是由每条编译指令的语法规定的编译指令字、系统名和用户定义字组成。在 8.12 中定义了编译指令字。

7） 一个编译指令字保留在编译指令环境中，也就是规定该指令的地方。

8） 编译指令可以被规定在编译组、源正文或库正文中的任何地方，但除了：

   a） 受具体编译指令规则所限制的；

   b） 在一个源正文处理语句中；

   c） 在一个连续字符串中的行之间；

   d） 在一个调试行。

9） 编译指令字“IMP”由实现者保留使用。若实现者定义了 IMP 指令，则该指令的语法规则应由实现者定义。

注：IMP 为所有当前或以后的实现者定义指令提供了一个可选占位符。通过这种方式，实现者可以选择性地支持使用＞＞IMP 来指明一条或多条实现者定义指令的开始。

10） 编译指令中的字值不应规定为一个串连表达式、一个象征常量或一个浮点数值。

7.2.3 一般规则

1） COPY 语句或 REPLACE 语句的替换行为对于编译指令行是没有影响的。

2） 编译指令的处理可以在处理的正文处理阶段，也可以在处理的编译阶段，详细描述参见 7.1。

正文处理阶段的处理顺序在 7.1 中有详细的描述。在编译阶段，编译指令按照所遇到的结构化编译组的顺序处理。

3） 若实现者定义了 IMP 指令，则该指令一般规则应由实现者定义。

4） 编译指令应用到所有的源正文和库正文中，而这些正文是跟随且独立于执行数据流的。

7.2.4 条件编译

某些编译指令的使用提供了包括或省略源代码中被选定行的方法，而这就被称为条件编译。用于条件编译的编译指令是 DEFINE 指令，EVALUATE 指令和 IF 指令。DEFINE 指令被用于定义编译变量，这些变量可以在 EVALUATE 指令和 IF 指令中引用以选择源码中的行，而这些行就是在编译期间需要编译或省略的。编译变量可以在常量款中被引用，详细描述参见 13.9。

7.2.5 编译时算术表达式

编译时算术表达式可以规定在 DEFINE 指令和 EVALUATE 指令中、在一个常量条件表达式中或在一个常量款中。

7.2.5.1 语法规则

编译时算术表达式的形式按照 8.8.1 中的规定，但除以下例外：

a） 不应规定求幂运算符。

b） 所有的操作数应是定点数值字值，或其中所有操作数都是定点数值字值的算术表达式。

c） 该表达式应按如下方式规定，即不能出现被零整除，以及每次操作后的标准中间数据项的值应在 8.8.1.3.1.1 所规定的范围中。

7.2.5.2 一般规则

1） 编译时算术表达式的优先顺序和计算规则参见 8.8.1。标准算法将被用于所有的算术操作。

2） 算术表达式最终的结果将被截为值的整数部分（参见 15.38），且结果值将被当作一个整数数值字值。

7.2.6 编译时布尔表达式

编译时布尔表达式应规定在 EVALUATE 指令和在一个常量条件表达式中。

7.2.6.1 语法规则

除了所有操作数应是布尔型字值或是所有操作数都是布尔字值的布尔表达式，编译时布尔表达式应与 8.8.2 一致。

7.2.6.2 一般规则

编译时布尔表达式的优先顺序和计算规则参见 8.8.2。

7.2.7 常量条件表达式

常量条件表达式是这样一个条件表达式，其中的操作数是一个定义的条件、一个字值、或是一个仅包含字值项的算术表达式或布尔表达式。一个定义的条件检验编译变量是否有一个定义值。

7.2.7.1 语法规则

1） 一个常量条件表达式应是如下之一：

a） 一个关系条件，其中操作数都是字值、仅包含字值项的算术表达式或仅包含字值项的布尔表达式。根据 8.8.4.1.1 中的规则形成条件。同时，遵循以下规则：
操作数应是统一类别。算术表达式是数值类别。布尔表达式是布尔类别。
若已规定了字值且它们不是数值类型，则关系运算符应是“IS[NOT] EQUAL TO”或“IS[NOT]=”。

b） 一个布尔条件，如 8.8.4.1.2 中规定的，其中所有的操作数都是布尔字值。

c） 一个定义的条件。

d） 一个复合条件，如 8.8.4.2 中规定的，它是通过组合上面的简单条件形式到复合条件中。不应规定缩写的组合关系条件。

2） 常量条件表达式中的算术表达式应根据 7.2.5 来生成。

3） 常量条件表达式中的布尔表达式应根据 7.2.6 来生成。

7.2.7.2 **一般规则**

1） 复合条件的求值应根据 8.8.4.2 的规则。

2） 对于一个操作数不是数值字值或布尔字值的简单关系条件而言，没有可以用以比较的排序序列。这里的等价性比较将采用基于每个字符编码的二进制值的字符逐一比较。若这些字值不等长，则它们就是不相等的。

注：这就意味着大写字母和小写字母不是等价的。

7.2.7.3 **定义条件**

定义条件检测一个给定的编译变量是否已定义。

7.2.7.3.1 **一般格式**

编译变量名 1 IS [NOT]DEFINED

7.2.7.3.2 **语法规则**

编译变量名 1 不应与编译指令保留字相同。

7.2.7.3.3 **一般规则**

1） 若编译变量名 1 当前已被定义，则定义条件使用 IS DEFINED 语法来计算 TRUE。

2） 若编译变量名 1 当前未被定义，则定义条件使用 IS NOT DEFINED 语法来计算 TRUE。

7.2.8 **CALL 转换指令**

CALL 转换指令指明编译器如何处理对程序名和方法名的引用，并且可以用于与函数、方法或程序交互来决定其他细节问题。

7.2.8.1 **一般格式**

\>\>CALL-CONVENTION { COBOL / 调用协定名 1 }

7.2.8.2 **一般规则**

1） CALL 转换指令的缺省规则是“＞＞CALL－CONVENTION COBOL”。

2） CALL 转换指令决定了编译器如何处理程序名和方法名，其中的程序名和方法名是规定在随后的 INVOKE 语句、内嵌方法调用语句、CALL 语句、CANCEL 语句以及程序的址标识符中。当在这些语言结构中引用程序名或方法名时，应用该指令。

   a） 当已规定 COBOL 时，则该程序名或方法名被当作一个 COBOL 字，分别地应用同一实现者定义的关于方法名或程序名的映射规则(其中没有规定 AS 短语)，该字被映射到被调用方法的具体名，或者被映射到用程序地址标识符调用、撤销或引用的程序的具体名。

   b） 当调用协定名 1 已被规定，则程序名或方法名被当作一个字值，分别地应用实现者定义的方法，该字值被映射到被调用的方法的具体名，或者被映射到程序地址标识符调用、撤销或引用的程序的具体名。

3） 调用协定指令也可以被实现者用来决定其他的细节，而那些细节需要和函数、方法或程序来进行交互。

7.2.9 **DEFINE 指令**

DEFINE 指令为某个特定字值规定了一个被称为编译变量的符号名。这个名字可以被用于常量条件表达式、EVALUATE 指令或常量款。编译变量可以被设置为编译器从操作环境中获取的一个值。

7.2.9.1 **一般格式**

>>EDFINE 编译变量名 1 AS { {算术表达式 1 | 字值 1 | PARAMETER} [OVERRIDE] | OFF }

7.2.9.2 **语法规则**

1) 编译变量名 1 不应与编译指令保留字相同。

2) 若一条 DEFINE 指令没有规定 OFF 短语或 OVERRIDE 短语，则就有

——编译变量名 1 不应和先前地声明在同一编译组中；或者

——涉及编译变量名 1 的最近先前的 DEFINE 指令应该已用 OFF 短语规定；或者

——涉及编译变量名 1 的最近先前的 DEFINE 指令应该已规定了相同值。

3) 算术表达式 1 应根据 7.2.5 来生成。

7.2.9.3 **一般规则**

1) 跟随在 DEFINE 指令之后的正文中，其中该 DEFINE 指令没有用 OFF 短语规定编译变量名 1，编译变量名 1 将被用于任意编译指令中的编译组，这里与该名字相关的类别名是被允许的，同时编译变量名 1 也可用于一个定义条件，或一个规定了 FROM 短语的常量款。

2) 跟随在规定了 OFF 短语的 DEFINE 指令之后时，编译变量名 1 只能用在定义条件中直至它在一条随后的 DEFINE 指令中被重定义。

3) 若已规定 OVERRIDE 短语，则编译变量名 1 是无条件的设置为引用规定的操作数的值。

4) 若已规定 PARAMETER 短语，则当处理 DEFINE 指令时，编译变量名 1 引用的值通过实现者定义的方法从操作环境获得。若操作环境中没有有效的值，则编译变量名 1 未定义。

5) 若 DEFINE 指令的操作数由一个单一的数值字值组成，则该操作数被视为一个字值，而不是一个算术表达式。

6) 若已规定一个算术表达式 1，则根据 7.2.5 来计算算术表达式 1，且编译变量名 1 引用结果值。

7) 若已规定字值 1，则编译变量名 1 引用字值 1。

7.2.10 **EVALUATE 指令**

EVALUATE 指令规定多分支条件编译。

7.2.10.1 **一般格式**

格式 1

>>EVALUATE {字值 1 | 算术表达式 1 | 布尔表达式 1}

{ >>WHEN {字值 2 | 算术表达式 2 | 布尔表达式 2} [{THROUGH | THRU} {字值 3 | 算术表达式 3}] [正文 1] } …

[>>WHEN OTHER [正文 2]]

>>END-EVALUATE

格式 2

>>EVALUATE TRUE

{>>WHEN 常量条件表达式 1 [正文 1]}

[>>WHEN OTHER [正文 2]]

>>END-EVALUATE

7.2.10.2 **语法规则**

所有格式

1） 在语法规则中为了描述，操作数 1 在格式 1 中指的是字值 1、算术表达式 1 或布尔表达式 1，在格式 2 中指的是 TRUE 关键字；操作数 2 在格式 1 中指的是字值 2、算术表达式 2 或布尔表达式 2，在格式 2 中指的是常量条件表达式 1；操作数 3 在格式 1 中指的是字值 3 或算术表达式 3。

2） EVALUATE 操作数 1 应起始于一个新的行并且在那行应被完整地规定。

3） >>WHEN 运算符数 2[THROUGH 操作 3]应起始于一个新的行并且在那行被完整地规定。

4） 正文 1 应起始于一个新的行。

5） >>WHEN OTHER 应起始于一个新的行并且应在那行被完整地规定。

6） 正文 2 应起始于一个新的行。

7） >>END -EVALUATE 应被规定在一个新的行并且应在那行被完整地规定。

8） 正文 1 和正文 2 可以是源行中的任意类型，包括编译指令。正文 1 和正文 2 可以由多行组成。

9） 一个给定的 EVALUATE 指令的短语应被完全规定在同一库正文或源正文。为了这个规则，正文 1 和正文 2 被认为不是 EVALUATE 指令的短语。一条规定在正文 1 或正文 2 中的嵌套的 EVALUATE 指令，被认为是一条新的 EVALUATE 指令。

格式 1

10） 字值 1、算术表达式 1 和布尔表达式 1 是选择主体。定义在 WHEN 短语中的操作数是选择客体。

11） 一条 EVALUATE 指令的所有操作数应是同一类别。根据这个规则，算术表达式是数值类别的，而布尔表达式是布尔类别的。

12） 若已规定 THROUGH 短语，则所有的选择主体和选择客体应是数值类别的。

13） 字 THROUGH 和 THRU 是等价的。

14） 根据 7.2.5 中的规定，生成算术表达式 1、算术表达式 2 和算术表达式 3。

15） 根据 7.2.6 中的规定，生成布尔表达式 1 和布尔表达式 2。

16） 根据 7.2.7 中的规定，生成常量条件表达式 1。

7.2.10.3 **一般规则**

所有格式

1） 正文 1 和正文 2 不是 EVALUATE 编译指令行的一部分。正文 1 或正文 2 中没有形成一条编译指令行的正文字，受 COPY 语句和 REPLACE 语句的匹配和替换规则所支配。

格式 1

2） 若一个 EVALUATE 指令的操作数是由一个单一数值字值所组成，则该操作数被视为字值，而不是一个算术表达式。

3） 根据 7.2.6 计算布尔表达式 1 和布尔表达式 2。

4） 选择主体与每个 WHEN 短语中规定的值依次进行如下比较：

  a） 若未规定 THROUGH 短语，则若选择主体等于字值 2、算术表达式 2 或布尔表达式 2，就返回结果 TRUE。

  b） 若已规定 THROUGH 短语，则若选择主体在字值 2 或算术表达式 2 以及字值 3 或算术表达式 3 所决定的内部范围中，就返回结果 TRUE。若选择对象位于包含范围由。

  若一个 WHEN 短语计算为 TRUE，则与该 WHEN 短语相关的正文 1 的所有行都包含在结果正文中。与 EVALUATE 指令中其他 WHEN 短语相关的正文 1 的所有行，以及与 WHEN OTHER 短语相关的正文 2 的所有行都在结果正文中省略。

5） 若没有 WHEN 短语计算为 TRUE，则与 WHEN OTHER 短语相关的正文 2 的所有行，若已规定的话，就包含在结果正文中。与其他 WHEN 短语相关的正文 1 的所有行在结果正文中省略。

6） 若 END-EVALUATE 短语出现时却没有任何计算为 TRUE 的 WHEN 短语，或者没有遇到一个 WHEN OTHER 短语，则与 WHEN 短语相关的正文 1 的所有行在结果正文中省略。

7） 若字值 1 是一个字母数值字值或本土型字值，则这里的等价性比较将采用基于每个字符编码的二进制值的字符逐一比较。若这些字值不等长，则它们就是不相等的。

格式 2

8） 对于每个 WHEN 短语，根据 7.2.7 依次计算常量条件表达式。若一个 WHEN 短语计算为 TRUE，则与 WHEN 短语相关的正文 1 的所有行都包含在结果正文中。与 EVALUATE 指令中其他 WHEN 短语相关的正文 1 的所有行，以及与 WHEN OTHER 短语相关的正文 2 中的所有行都在结果正文中省略。

9） 若没有 WHEN 短语计算为 TRUE，若已规定的话，则与 WHEN OTHER 短语相关的正文 2 的所有行，就包含在结果正文中。与 OTHER WHEN 短语相关的正文 1 的所有行在结果正文中省略。

10） 若 END -EVALUATE 短语出现却没有任何计算为 TRUE 的短语，或者没有遇到一个 WHEN OTHER 短语，则与所有 WHEN 短语相关的正文 1 的所有行在结果正文中省略。

7.2.11 FLAG -85 指令

FLAG-85 指令规定这样一些选项，即标识了以前的 COBOL 标准和当前 COBOL 标准不兼容的某些语法的选项。

7.2.11.1 一般格式

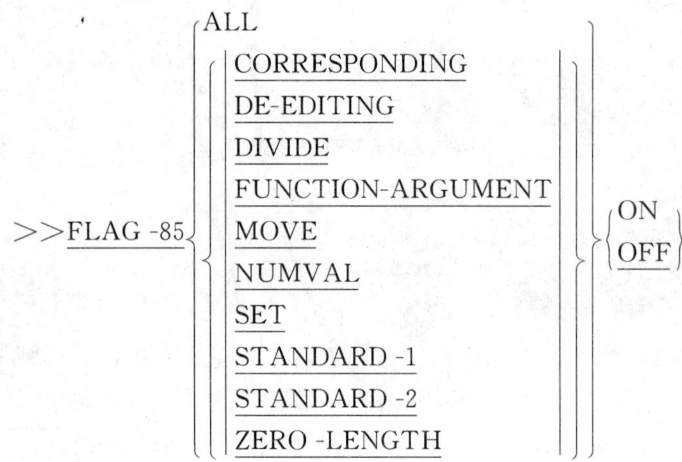

7.2.11.2 语法规则

FLAG -85 指令仅可以被规定在除过程部以外的部的子句之间，以及过程部中的的语句之间。

7.2.11.3 一般规则

1） 实现者应提供一种作为可选项的警告机制来标记那些潜在地影响现有程序的不兼容性，其中不兼容性是在 ISO 1989 和本标准中的规定，而 ISO 1989 中包括 ISO 1989/Amd 1 和 ISO 1989/Amd 2。

2） 若为了一个选项显式或隐式规定了 ON，则对于所有在那个选项之后的正文，警告机制有效，这种情况持续直至编译组的结束出现，或遇到一个关闭所有标识项的 FLAG -85 指令，或遇到一个关闭该选项的 FLAG -85 指令。

3） 若规定了 OFF，则意味着已选择的选项或选项无效。

4） FLAG -85 之后的字或多个字指明了需要检查的语法：

a） ALL：所有的选项都被应用。

b） CORRESPONDING：在一个带 CORRESPONDING 短语的 ADD 语句、MOVE 语句或

SUBTRACT 语句中，若对任意操作数用除常数外的符号作为下标，则该语句应被标记。

c) DE-EDITING：一个去编辑的 MOVE 语句应当被标记。

d) DIVIDE：在一个带 REMAINDER 短语的 DIVIDE 语句中，若商数据项不是用一个符号来描述的（在 PICTURE 子句中没有 S）且除数或被除数用一个符号来描述，则该 DIVIDE 语句应当被标记。

e) FUNCTION-ARGUMENT：若内部函数 RANDOM 后面直接跟了一个用圆括号括起来的算术表达式，且该函数作为一个变元被规定在一个允许多个算术表达式作为变元的内部函数中，则函数 RANDOM 应被标记。

f) MOVE：若一个数值字母字值或是数据项被传递给一个数值数据项且发送操作数中的字符数目大于 31，则 MOVE 语句应被标记。

g) NUMVAL：这个 NUMVAL 和 NUMVAL-C 内部函数应被标记。

h) SET：若一个条件设置格式 SET 语句引用了一个变长组项，则 SET 语句应被标记。

i) STANDARD -1：若 STANDARD -1 是被规定在 SPECIAL -NAMES 段的一个 ALPHABET 子句中，则该 ALPHABET 子句应被标记。

j) STANDARD -2：若 STANDARD -2 是被规定在 SPECIAL -NAMES 段的一个 ALPHABET 子句中，则该 ALPHABET 子句应被标记。

k) ZERO-LENGTH：若一个 READ 语句可以返回一个零长的项或任意语句，其中该语句可以引用一个零长数据项，则该 READ 语句应被标记。

5) 若 FLAG -85 指令未被规定，则缺省情况是所有的选项被关闭。

7.2.12 FLAG -NATIVE-ARITHMETIC 指令

FLAG -NATIVE-ARITHMETIC 指令规定，当已为源单元规定或隐含标准算法时，使用本原算法的任何算术操作都应被标记。

7.2.12.1 一般格式

>>FLAG -NATIVE-ARITHMETIC {ON | OFF}

7.2.12.2 语法规则

FLAG -NATIVE-ARITHMETIC 指令只可以被规定在除了过程部以外的部的子句之间，以及过程部中的的语句之间。

7.2.12.3 一般规则

1) 当标准算法在源单元中已被规定或隐含时，实现者应提供一个警告机制来标记本原算法的使用。

2) 若标准算法在源单元中已被规定或隐含，且已显式或隐式规定了 ON，则对于使用或有可能使用本原算法的任何操作都进行标记。

3) 若已规定 OFF，对于本原算法而言，则无需标记。

4) 若本原算法生效，则本原算法无需标记。

5) 若 FLAG -NATIVE-ARITHMETIC 指令未被规定，则缺省是 off 状态。

7.2.13 IF 指令

IF 指令规定了一至两种方式的条件编译。

7.2.13.1 一般格式

>>IF 常量条件表达式 1[正文 1]

[>>ELSE[正文 2]]

>>END -IF

7.2.13.2 语法规则

1） ＞＞IF 条件表达式 1 应起始于一个新的行并且应在那行被完整地规定。

2） 正文 1 应起始于一个新的行。

3） ＞＞ELSE 应起始于一个新的行并且应在那行被完整地规定。

4） 正文 2 应起始于一个新的行。

5） ＞＞END -IF 应起始于一个新的行并且应在那行被完整地规定。

6） 正文 1 和正文 2 可以是源行中的任意类型，包括编译指令。正文 1 和正文 2 可以由多行组成。

7） 一个给定的 IF 指令的短语应被完全规定在同一库正文中或源正文中。对于这个规则的目的，正文 1 和正文 2 未被认为是 IF 指令的短语。一条在正文 1 或正文 2 中规定的嵌入 IF 指令，被认为是一条新的 IF 指令。

7.2.13.3 一般规则

1） 正文 1 和正文 2 不是 IF 编译指令行的一部分。没有组成在一条编译指令的行正文 1 或正文 2 中的任意正文字，都遵循 COPY 语句和 REPLACE 语句的匹配和替换规则。

2） 若常量条件表达式 1 计算为 TRUE，则正文 1 的所有行都被包含在结果正文中，并且正文 2 中的所有行在结果正文中都省略。

3） 若常量条件表达式 1 计算为 FALSE，则正文 2 的所有行都被包含在结果正文中，并且正文 1 的所有行在结果正文中都省略。

7.2.14 LEAP-SECOND 指令

LEAP-SECOND 指令规定是否可以返回一个大于 59 的值，其中的返回位置是由带 TIME 短语的 ACCEPT 语句、CURRENT-DATA 内部函数及 WHEN-COMPILED 内部函数返回的值的秒钟位置。

7.2.14.1 一般格式

$$>>\underline{\text{LEAP-SECOND}}\left\{\begin{array}{l}\text{ON}\\ \underline{\text{OFF}}\end{array}\right\}$$

7.2.14.2 语法规则

LEAP-SECOND 指令不应规定在一个编译单元内。

7.2.14.3 一般规则

1） 若 LEAP-SECOND 指令未被规定，则在编译组的第一个编译单元之前，缺省有一条带 OFF 短语的 LEAP-SECOND 指令。

2） 当规定或隐含 ON 时，实现者定义是否返回一个大于 59 的值，其中的返回位置是从以下返回的值的秒钟位置：

——带 TIME 短语的 ACCEPT 语句；

——CURRENT-DATE 内部函数；

——WHEN-COMPILED 内部函数。

3） 当规定或隐含 OFF 时，在以下返回值的秒钟位置上不应返回一个大于 59 的值：

——带 TIME 短语的 ACCEPT 语句；

——CURRENT-DATE 内部函数；

——WHEN-COMPILED 内部函数。

7.2.15 LISTING 指令

LISTING 指令指示编译器打开或关闭任意源列表。

注：国际标准没有定义任意列表的内容或设计。这里我们推荐由实现者提供一个原始编译组的列表，并选择性地提供一个应用到原始编译组的任意正文处理的结果列表。

7.2.15.1 一般格式

$$>>\underline{\text{LISTING}}\left\{\begin{array}{l}\text{ON}\\ \underline{\text{OFF}}\end{array}\right\}$$

7.2.15.2 一般规则

1) 一个编译器是否产生一个源列表是由实现者定义的。若编译器没有产生一个源列表，则 LISTING 指令应当被忽略。否则，遵循以下规则。

2) 缺省的 LISTING 指令是“>>LISTING ON”。

3) 每个 LISTING 指令都应被列出，即使列表被一个 LISTING 指令取消。

4) 若已规定 OFF，则除另一个 LISTING OFF 指令应被列出以外，源代码不应被列出直至遇到一个规定或隐含 ON 短语的 LISTING 指令。

5) 若已规定或隐含 ON，则源代码应当列出直至遇到一个 LISTING OFF 指令出现或编译组的末端出现。

7.2.16 PAGE 指令

PAGE 指令规定页溢出并为源列表提供文件。

7.2.16.1 一般格式

>>PAGE[注释正文 1]

7.2.16.2 语法规则

1) 注释正文 1 可以包含编译时计算机编码的字符集中的任意字符，但除了控制字符外，详见第 6 章基准格式中的规则 3 b。

2) 注释正文 1 没有语法检查。

7.2.16.3 一般规则

1) 注释正文 1 只应作为文件。

2) 若出现了源列表，则 PAGE 指令将引起页溢出，其后跟着 PAGE 指令列表。

3) 若没有出现源列表，PAGE 指令将不起作用。

7.2.17 PROPAGATE 指令

PROPAGATE 指令被用于将异常条件传送给激活运行时元素。

7.2.17.1 一般格式

>><u>PROPAGATE</u> { ON | <u>OFF</u> }

7.2.17.2 语法规则

PROPAGATE 指令不应规定在一个编译单元中。

7.2.17.3 一般规则

1) 当已规定或隐含 ON 短语时，对于跟在编译组之后的函数、方法和程序，使异常条件的自动传送有效。自动传送始终有效直至遇到一个规定了 OFF 短语的 PROPAGATE 指令或编译组的末端出现。

2) 在运行时元素执行期间，即令异常条件的自动传送有效，出现的且未被异常短语或那个运行时元素中的声明处理的任何异常条件，都应该被传送，这就如同因为那个异常条件在一个声明中执行 GOBACK RAISING 语句。

3) 当已规定 OFF 短语时，对于跟在编译组之后的函数、方法和程序，异常条件的自动传送无效，直至遇到一个规定了 ON 短语的 PROPAGATE 指令。

4) 编译组缺省的是 PROPAGATE OFF。

7.2.18 源格式指令

源格式指令规定源正文或库正文中的基准格式遵循的是固定格式还是自由格式。

7.2.18.1 一般格式

>><u>SOURCE</u> FORMAT IS { <u>FIXED</u> | <u>FREE</u> }

7.2.18.2 一般规则

1） SOURCE FORMAT 指令指出，跟在指令之后且通过随后的 SOURCE FORMAT 指令继续的源正文或库正文，若已指定 FIXED，则应视为固定格式，若已指定 FREE，则应视为自由格式。（参见 6.2 及 6.3。）

2） 编译组的缺省基准格式是固定格式。

3） 库正文的缺省基准格式是引起该库正文处理的 COPY 语句生效的基准格式。

4） 作为编译组或库正文第一行的源格式指令可以是固定格式，也可以是自由格式。

5） 若在库正文中规定了一个源格式指令，则规定的格式应当生效直至遇到另一个 SOURCE FORMAT 指令或库正文的末端出现。当该库正文的处理完成时，基准格式应回到引起该库正文处理的 COPY 语句生效的基准格式。

7.2.19 TURN 指令

TURN 指令被用于打开或关闭对规定的异常条件的检查。

7.2.19.1 一般格式

＞＞TURN {异常名 1[文件名 1]…}…CHECKING {ON[WITH LOCATION] | OFF}

7.2.19.2 语法规则

1） 以 COBOL 字符“EC”起始的任何用户定义字都被解释为异常名 1 而非文件名 1。复制了编译指令字的任何用户定义字都被解释为编译指令字而非文件名 1。

2） 异常名 1 应是在 14.5.12.1 中列出的异常名之一。这里可以没有检验，即一个规定在 TURN 指令中的用户定义异常名或文件名，是否真正用在 TURN 指令的范围内。

注：异常对象总是有效的。

3） 在一条 TURN 指令中，对异常名的规定不得超过一次。

4） 对于一个异常条件而言，对文件名的规定不得超过一次。

5） 若已规定文件名 1，则异常名 1 应以 COBOL 字符“EC-I-O”开始。

7.2.19.3 一般规则

1） 缺省 TURN 指令是“＞＞TURN EC-ALL CHECKING OFF”。

2） 若已规定异常名 1 EC-ALL，则结果就如同同一 TURN 指令被规定包含了所有的异常名。

3） 若异常名 1 是层 2 异常名中的一个，则结果就如同 TURN 指令被规定包含了所有的异常名，其中这些异常名都从属于层 2 异常名。若已规定文件名 1，则结果就是如同为这些异常名中的每一个规定了文件名 1。

4） 若规定或隐含了 ON 短语，则对跟在编译组之后的过程部语句和过程部首而言，对与异常名 1 相关的异常条件的检验有效；若已规定文件名 1，则只对与该文件名相关的异常条件的检验有效。若 TURN 指令被规定在一个语句中，则它不使用于那个语句。对于每个有资格的跟在编译组之后的过程部语句和过程部首而言，检验仍然是有效的，直至通过带 OFF 短语的 TURN 指令使之无效。

5） 若已规定 LOCATION 短语，则对于 EXCEPTION-LOCATION 函数、EXCEPTION-LOCATION-N 函数 和 EXCEPTION-STATEMENT 函数确定一个源语句所必需的所有信息对运行单元都是有效的。若没有规定 LOCATION 短语，则实现者应规定该信息有效与否。

6） 若已规定 OFF 短语，则对跟在编译组之后的过程部语句和过程部首而言，检验对与异常名 1 相关的异常条件无效，而且持续无效直至遇到另一个带 ON 短语的异常条件的 TURN 指令；若已规定文件名 1，则检验只对与该文件名有关的异常条件无效。若检验规定在某个语句中，则对那个语句的检验不关闭。

8 语言基础

8.1 字符集

COBOL 中的字符集概念是指计算机编码字符集、COBOL 字符仓库和字母表。

计算机编码字符集是用于 COBOL 内部处理的字符集。

COBOL 字符仓库是用于定义语言语法的字符仓库。因为它是一个独立于编码的字符列表，所以它是抽象的字符集。COBOL 字符仓库中规定的语言元素在 8.1.2 中给定。

字母表标识表示外部媒介数据的编码字符集，或标识排序序列，或标识两者。程序员能够在 SPECIAL-NAMES 段中定义字母表或引用在 SPECIAL-NAMES 程序中标识的预定义的字母表。

CODE-SET 子句可以：用于数据描述款中、引用在 SPECIAL-NAMES 中定义的字母表、描述在外部媒介上记录的可供选择的编码。在输入-输出操作期间，由 CODE-SET 子句声明的文件记录是由那些编码和计算机编码字符集的编码转换而来的。

8.1.1 计算机编码字符集

计算机编码字符集是在编译或执行 COBOL 运行时元素期间，在计算机存储器中使用的字符集。

在源代码中，除十六进制格式以外的字母数字字值和本土字值的内容，可以包含计算机编码字符集中用于书写源代码的任意字符，这些字符与实现者允许的字值类相一致。在编译时使用的编码字符集与作为结果而产生的运行时元素执行时使用的编码字符集，可以相同，也可以不同。

在源代码中，注释可以包含用于书写源代码的编码字符集中的任何字符(参见规则 6)。

运行时计算机编码字符集由用于表示被描述为用作显示的数据的编码字符集和用于表示被描述为用作本土的编码字符集组成的，分别称为计算机字母数字编码字符集和计算机本土编码字符集。计算机字母数字编码字符集和计算机本土编码字符集可以是两个不同的编码字符集，也可以是一个编码字符集，其中一个子集被指派作为字母数字型的编码字符集，并且该集合或一个子集被指派为本土型的编码字符集。无论如何，除非明确地限定为字母数字编码或本土编码，计算机编码字符集的术语两者都可引用。字母数字编码字符集和本土编码字符集的字符可以是不相交的集合，但并不要求。

注 1：一般来说，该规范假定本土字符集包括字母数字字符集的字符；例如，内部函数是为二者之间的转换而定义的。字母数字字符集是典型的拉丁字母编码字符集，例如 GB/T 1988—1998，但也可以是任何编码字符集。本土编码字符集供更大的编码字符集使用，例如由 ISO/IEC 10646:2003 定义的通用多八位编码字符集(UCS)，但也可是任何编码字符集。

注 2：用于同时表示字母数字编码字符集和本土编码字符集的一个字符集的例子是 UCS 中的 UTF-16，UTF-16 中本土编码字符集可以由整个 UCS 的编码字符集组成，字母数字编码字符集由 UCS 的一个子集组成。什么都不能阻碍字母数字和本土编码字符集都是由整个 UCS 编码组成。

在运行时，实现者可通过字母数字类别的数据项的内容从计算机的字母数字编码字符集和计算机的本土编码字符集中，识别出两者的字符组合。这个组合是指混合的字母数字和本土数据。当提供了这种性能时，实现者应规定任何适用的一般规则。

COBOL 规范独立于用来表示计算机的编码字符集的编码，除了：

1) 在计算机存储器中，表示字母数字编码字符集字符的字节数应和这个编码字符集中包含所有字符相同；字节数应在编译时确定。

2) 在计算机存储器中，表示本土编码字符集字符的字节数应和这个编码字符集中包含的所有字符相同；字节数应在编译时确定。

3) 用来表示本土编码字符集字符的字节数应大于或等于用于表示字母数字编码字符集字符的字节数。

注：即使一个图形符号要求字符集中两个或多个元素来表示它，COBOL 会把一个字符集中固定大小的元素作为一个字符来处理。

源代码规则参见 8.1.2。

实现者应为每台支撑的计算机规定一个字节的位数。

实现者应规定每个计算机字母数字字符集和计算机本土字符集的编码以及它们中包含的字符集。当这些作为一个字符集实现时,实现者应规定映射到计算机字母数字编码字符集的字符和映射到计算机本土编码字符集的字符。若支持不只一个计算机字符集的编码,实现者应规定在运行时选择编码的机制。

当运行时的计算机编码字符集与编译时的计算机编码字符集不同时,除十六进制的字母数字格式字值和十六进制的本土格式字值外,其他字母数字和本土字值的内容在运行之前应进行转换,转换成适合计算机运行时字母数字字符集或本土编码字符集的字值类。实现者应定义与运行时的编码字符集的每个字符相应的编译时的编码字符。若运行时的编码字符集在编译时能够识别,转换在编译或运行时都可以发生。若运行时的编码字符集在编译时不能够识别,转换发生在运行时。转换的具体时刻由实现者决定。

8.1.2 COBOL 字符仓库

COBOL 字符仓库用于规定语法。COBOL 字、分隔符、图片符号、数值字值、货币符、浮动格式指示符字符以及布尔字值和十六进制字值的内容,都在 COBOL 字符仓库中定义。实现者把映射 COBOL 字符仓库映射到一个或多个用于书写源代码的编码字符集中。

COBOL 字符仓库由基本字母、基本数字、基本专用字符和如表 2,COBOL 字符仓库中所显示的扩充字母组成。扩充字母允许书写多种语言的用户定义字,不仅是英语。

表 2 COBOL 字符仓库

种类	字符	含义
基本字母	A,B,…Z a,b,…z	在 GB/T 1988—1998 或 ISO/IEC 10646:2003 中的基本拉丁大写字母 在 GB/T 1988—1998 或 ISO/IEC 10646:2003 中的基本拉丁小写字母
基本数字	0,1,…9	数字
基本专用字符	 + − * / = $, ; . " ' ( ) > < & : _	空格 加 减 乘 除 等于 货币符 逗号 分号 句号 双引号 单引号 左括号 右括号 大于 小于 与 冒号 下滑线
扩充字母		用户定义字格式的 ISO/IEC 10646:2003 字符仓库中的附加字符

8.1.2.1 一般规则

1) 实现者应定义基本字母、基本数字、基本专用字符和COBOL字符仓库的扩充字符与一个或多个编码字符集之间的映射。COBOL字符仓库可以表示由实现者选定的任何编码表，包括但不局限于包含字符仓库所有字符的一个编码字符集或由字母数字字符集与本土字符集混合在一起的两个不同的编码字符集。当使用两个不同的编码字符集时，实现者应定义字母数字和本土编码字符集中基本字母、基本数字和基本专用字符之间的对应关系。

注1："字母数字字符"和"本土字符"概念适用于数据编码。"基本字母"与"扩充字母"概念适用于源代码并且不是由编码而是自身规定符号。编译组一个给定基本字母的实例既可由字母数字标准编码字符集编码，也可由本土编码字符集编码，但在两种情况下要是同一个字母。例如，在一个编译组内，基本字母"A"在GB/T 1988—1998中编码与ISO/IEC 10646:2003中编码含义相同，因为字母A的大小写含义相同。

注2：用于表示COBOL字符仓库编码字符集的例子有ISO/IEC 10646-1 UCS-4，UTF-8或UTF-16；并且包括由两个不同的编码字符集混合在一起的编码字符集组成的实现者定义编码字符集，其中，这两个不同的编码字符集一个是字母数字字符集，一个是本土字符集。可能还有其他实现者定义的COBOL字符仓库编码。

2) 若COBOL字符仓库映射到字母数字和本土混合编码字符集，实现者应规定控制函数或其他机制来区别字母数字和本土编码字符集。若在单个编译组中允许有多个编码，实现者应规定控制函数或其他方法来区分编码。除非由实现者规定，在编译过程中可使用任何用于选择编码字符集的控制函数，而且它并是编译组语法的一部分。

3) 在编译组内，以下规则适用：

a) 除了在使用字母数字和本土字值的非十六进制格式的情况，使用大写COBOL基本字母与它对应的小写字母是等效的。

b) 每个字母数字表示的基本字母、基本数字、基本专用字符和扩充字母字符集分别与它对应的本土表示的基本字母，基本数字，基本专用字符和扩充字母字符集等效。

4) 扩充字母集包括被定义为COBOL字符仓库中的基本字母，基本数字或者基本专用字符的任何字符。标识符中的扩充字符遵循以下规则：

a) 大写扩充字符被看作折合了与它对应的小写扩充字符。

b) 若扩充字符集包括在ISO/IEC TR 10176:2001的附录A中标识的任何组合字符，则基准字符和每个组合字符在决定用户自定义字长度时被看作是单独的字符。

注1：对于可移植的源代码，程序员需要COBOL字符仓库中的基本字母、基本数字、下滑线和连字符的形式标识符。

注2：ISO/IEC TR 10176:2001标识在编程语言标识符中使用的字符。ISO/IEC TR 10176:2001的字符列表不包括那些一般不用于字或被认为不适合作为编程语言标识符的标点和符号。ISO/IEC TR 10176:2001中的有些字符的表示可以与COBOL中规定的基本专用字符相似或可能有些语言使用者对它感到陌生，但为表示这些语言这是必要的。若程序员写的用户定义字不会使重要的字符变得混乱，它们在COBOL中是允许的。

注3：ISO/IEC TR 10176:2001中建议作为标识符的字符列表包括ISO/IEC 10646:2003第2级，但是不包括第3级的组合序列。列表不包括形成合成字符(比如e′)表示法的组合序列。

注4：扩充字符在确定大写和小写等同性的情况下折合成小写的。

5) 当实现不支持COBOL字符仓库所有字符的图表示时，由实现者指明的替代图用来代替不能表示的字符。

8.1.3 字母表

COBOL中的字母表被命名为编码字符集，或排序序列，或两者皆可的规范。SPECIAL-NAMES段提供为字母表命名和规定用户定义的编码字符集和排序序列的方法。编码字符集或排序序列可以通过在COBOL语句或款中规定字母表名来使用，这个COBOL语句或款是把一个编码字符集或排序序列当作一个操作数来引用。

8.1.4 排序序列

排序序列定义了在编码字符集或 COBOL 字母表中的字符的顺序，以便用来排序、合并和比较数据以及用索引组织来处理文件。逻辑上，有两个排序序列：字母数字排序序列和本土排序序列。字母数字排序序列定义了与数据项或被描述为用来显式的记录键有关的次序；本土排序序列定义了与数据项或被描述为本土用法的记录键有关的次序。这两个逻辑排序序列的字符与一个逻辑字母数字排序序列和一个逻辑本土排序序列相映射时，它们可以分别定义和实现或作为一个合成的排序序列可一起定义和实现。

与这些排序序列相关的缺省排序是由实现者定义的。可以选择特定的序列：

——作为程序排序序列，由 OBJECT-COMPUTER 段的 PROGRAM COLLATING SEQUENCE 子句的字母表或本地环境的规范来选择。

——对于 SORT 或 MERGE 语句，由 SORT 或 MERGE 语句的本地环境或字母表的规范来选择。

——对于索引文件，由文件控制款的 COLLATING SEQUENCE 子句的本地环境或字母表的规范选择。

——对于特定的比较，由 LOCALE-COMPARE 或 STANDARD-COMPARE 内部函数的使用来选择。

当规定了本地环境，与其有关的排序在运行时确定。

8.2 本地环境

本地环境提供运行时使用的文化元素规范。文化元素由控制指定运行方式的已命名的本地环境种类组成，如下：

本地环境类别名	**受影响的行为**
LC_COLLATE	排序序列
LC_CTYPE	字符分类和情况转化
LC_MESSAGES	报告，诊断信息和交互响应格式
LC_MONETARY	资金格式
LC_NUMERIC	数字格式
LC_TIME	数据和时间格式
LC_ALL	LC_COLLATE，LC_CTYPE，LC_MESSAGES，LC_MONETARY，LC_NUMERIC，LC_TIME 以及其他任何类的的本地环境类。

本地环境类别名、本地环境类别详情和本地环境字段名在 ISO/IEC 9945-2：1993 中定义。倘若本地环境支持逻辑等价功能，则本地环境的格式和实现与在 ISO/IEC 9945-2：1993 中定义的可以不同。

当为源单元规定了本地环境中使用的文化元素时，则与本地环境类别有关的特定值、格式或算法是在运行时确定的。

一些操作环境提供的本地环境在系统范围内使用，称系统缺省本地环境。这些环境也可为在运行单元内使用的本地环境提供选择，称用户缺省本地环境。

当激活运行单元时，要设置当前运行时本地环境为用户缺省本地环境且在运行单元中继续有效，直到建立了另一个运行时本地环境。SET 语句能将任意本地环境建立为当前运行时本地环境，也能将用户缺省的本地环境设置为任意本地环境。整个运行单元总有一个当前本地环境时，它仅引用了一个本地环境的编译单元有效，且该编译单元使用 COBOL 语言特性。

一个规定 USER-DEFAULT 作为发送操作数的 SET 语句，它的执行设定用于规定本地环境类别的当前运行时本地环境为用户缺省本地环境。在没有提供用户缺省本地环境的计算机环境中，实现者应规定一种定义用户缺省本地环境的方式，并且应提供至少一个用户缺省本地环境。

一个规定 SYSTEM-DEFAULT 作为发送操作数的 SET 语句，它的执行设定用于规定本地环境类别的当前运行时本地环境为用户缺省本地环境。在没有提供用户缺省本地环境的计算机环境中，实现者应规定一种定义用户缺省本地环境的方式，并且应提供至少一个用户缺省本地环境。

一个规定本地环境作为发送操作数的SET语句，它的执行设定用于规定本地环境类别的当前运行时本地环境为，与SPECIAL-NAMES段的LOCALE子句中的本地环境名相关的那个本地环境。SET语句能够保存当前本地环境的信息，因此通过使用另一个SET语句可以使特定的本地环境成为当前本地环境。

若用户缺省本地环境或系统缺省本地环境是由非COBOL模块转换的，除非执行一个SET语句把它变为当前运行时本地环境，COBOL不使用新的用户缺省或系统缺省本地环境。激活的COBOL运行时模块为任意本地环境类别进行的本地环境转换，通过激活运行时模块用于本地环境的返回。非COBOL运行时模块的当前本地环境的转换是否被COBOL使用，是由实现者定义的。

注：COBOL没有设置系统缺省本地环境的能力。

定义当前本地环境的方法参见14.5.6。

若在请求本地环境的操作期间，没有找到需要的本地环境，则EC-LOCALE-MISSING的异常情况设置为存在，且操作不成功。在使用本地环境时，若本地环境内容无效或不完整，则EC-LOCALE-INVALID的异常情况设置为存在，且操作不成功。

若在类别LC-COLLATE中的本地环境既不定义字母数字排序序列，也不定义本土排序序列，则它应定义本土排序序列以便它包含这样的字符：这些字符与用于显示的数据项允许的字符相对应；在基于本地环境的关系条件求值中，这种对应用来把字母数字字符转换成本土字符。

COBOL不直接使用本地环境类别LC_MESSAGES和LC_NUMERIC；然而，它提供设置和询问这些本地环境类别的能力以便应用程序可以使用它。

构成LC_ALL的文化元素集可以包括COBOL中没使用的类别和文化元素。

8.2.1 本地环境字段名

为阐明处理过程，COBOL规范中引用了一些本地环境域名。这些以及其他有关的本地环境域在ISO/IEC 9945-2中定义。以下是本地环境域名是显式引用的：

类	域名	描述
LC_MONETARY	int_ curr_symbol	国际货币符号
	currency_ symbol	局部货币符号
	mon_ decimal_point	十进制符号
	mon_thousands_sep	表示十进制定界符左边一组数的字符串
	mon_grouping	每个数组的字节数
	positive_sign	用于表示非负值量的字符串
	negative_ sign	用于表示负值量的字符串
	int_frac_digits	十进制分界符右边的小数数量
	frac_digits	十进制分界符右边的小数数量
	p_cs_precedes	指示货币符号是在一个非负值之前还是之后的指示符
	n_cs_precedes	指示货币符号是在一个负值之前还是之后的指示符
LC_TIME	d_fmt	日期表示
	t_fmt	时间表示

8.3 词汇元素

词汇元素包括字符串和分隔符。

8.3.1 字符串

字符串是构成COBOL字、字值或PICTURE字符串的一个字符或者邻接的字符序列。字符串用分隔符来定界。

8.3.1.1 **COBOL 字**

COBOL 字是一个不超过 30 个字符的字符串,它组成一个用户自定义字、一个系统名或者一个保留字。一个 COBOL 字的每个字符选自字母、数字和连字符集合。连字符不能作为开始字符或最末字符出现。每个小写字母与相应的大写字母等价。在一个源程序中,保留字和用户自定义字形成互斥集合;保留字和系统名形成互斥集合;系统名和用户自定义字形成交集。在源程序内同一 COBOL 字可以用作系统名和用户自定义字;这个 COBOL 字的特定出现可以通过它出现的子句或短语的内容来决定其类。

8.3.1.1.1 **用户自定义字**

用户自定义字是应该由用户提供以满足一个子句或语句格式的 COBOL 字,用户自定义字中的每一个字符均选自字符"A"、"B"、"C"、…、"z"、"O"、…、"9"和"-"组成的集合,但是"-"不能作为其第一个或最后一个字符出现。

用户自定义字类型:

字母表名

cd 名

类别名

条件名

数据名

文件名

索引名

层号

库名

助忆名

段名

程序名

记录名

报表名

例行程序名

节名

程序段号

符号字符

正文名

在给定的源程序中,但不包括被包含程序在内,用户自定义字中被组合成下列不相交的集合。这些不相交的集合是:

字母表名

cd 名

类别名

条件名、数据名和记录名

文件名

索引名

库名

助忆名

段名

程序名

报表名

例行程序名

节名

符号字符

正文名

除了程序段号和层号外，所有的用户自定义字都可属于且仅可属于这些不相交集合的一个集合，进一步地说，在一给定的不相交集合中的所有用户自定义字都应该是惟一的，这是因为在同一个源程序中或者没有相同拼法的用户自定义字或标点符号或者通过限定可以保证引用惟一性的缘故。

除了段名、节名、层号和程序段号以外，所有的用户自定义字都应该至少要包含一个字母字符。段号和层号不需要具备惟一性，一个程序段号或层号可以和任何别的程序段号或层号相同。

8.3.1.1.1.1　**条件名**

条件名是赋有一个值、一组值或一个值域的名，这些值或值域应该属于一个数据项可取的值的全集。数据项本身称为条件变量。

条件名可以定义在数据部或者环境部的 SPECIAL—NAMES 段中，对于后者，条件名一定要赋以由实现者定义的开关的 ON STATUS 状态、或 OFF STATUS 状态、或两者。

条件名在条件中用作关系条件的一个缩写；这种关系条件判定相应的条件变量是否等于赋给那个条件名的一组值之一。条件名也用于 SET 语句中，指明相应的值已被送到条件变量中。

8.3.1.1.1.2　**助忆名**

助忆名把用户自定义字用作一个实现名。它们之间的联系是在环境部的 SPECIAL—NAMES 段中建立的。

8.3.1.1.1.3　**段名**

段名是对过程部的段所起的名字。当且仅当这些段名由相同个数的数字和/或字符的相同序列组成时，它们才是等价的。

8.3.1.1.1.4　**节名**

节名是对过程部的一节所起的名字。当且仅当这些节名是由相同个数的数字和/或字符的相同序列组成时，它们才是等价的。

8.3.1.1.1.5　**其他用户自定义名**

所有其他种类的用户自定义字的定义均见词汇表。

8.3.1.1.2　**系统名**

系统名是用来和操作环境进行通信的 COBOL 字，系统名的构成规则由实现者定义，只是构成系统名时所使用的字符应该选自“A”，“B”，“C”，…，“Z”，“0”，…，“9”和“-”，且“-”不能作为其第一个或最后一个字符出现。

有三种系统名：

计算机名

实现名

语言名

在一种给定的实现中，这三种系统名构成互不相交的集合；一个给定的系统名能且只能属于其中之以上这些系统名在词汇表中加以分别定义。

8.3.1.1.3　**保留字**

保留字是某一指定的字表中的一个 COBOL 字，它们可以在 COBOL 源程序中使用，但是它们不能在程序中作为用户自定义宁或系统名出现。保留字只能如一般格式中所指出的那样使用。

保留字满足下列条件：

1） 除了保留字 ZERO、ZEROES 和 ZEROS 以外，保留字不能以字符“0”、…“9”、“X”、“Y”、“Z”开头。

2） 保留字包含一个以上的字母字符。

3） 保留字不以字符 1 或 2 后接“-”开始，但除保留字 I-O、I-O-CONTROL 以外，保留字可以由“B-”或“DB-”开始。

4） 保留字不包含两个或两个以上的连字符。

有下列三种类型的保留字：

必需字

任选字

专用字

8.3.1.1.3.1 必需字

必需字是一个字，当它所在的格式用于源程序时，这个字就应该出现。

有两种必需字：

1） 关键字，在其每一格式中，关键字应该大写并有下划线。

2） 专用字符字，它们是算术运算符和关系字符。

8.3.1.1.3.2 任选字

在每一个格式中，没有下方划线的大写英文字称为任选字，它可以出现在用户的任选中，任选字的出现与否并不改变它所在的格式的语义。

8.3.1.1.3.3 专用字

有两种类型的专用目的字：

专用寄存器

象征常量

有些保留字用来命名和引用专用寄存器。专用寄存器是编译程序生成的一些存区，它们的主要用途是存放涉及使用指定的 COBOL 特征所产生的信息。除非有另外规定，否则在这些说明中每种类型的专用寄存器被分配给每一个程序。在这个说明的一般格式中，可以使用专用寄存器，除非有另外的限制，无论在什么地方规定的数据名或标识符具有相同的类型。若允许限定，专用寄存器可以提供惟一性来限定。

有四种专用寄存器：

DEBUG-ITEM

LINAGE-COUNTER

LINE-COUNTER

PAGE-COUNTER

有些保留字用来命名和引用一些特定的常量值。

8.3.1.2 字值

值是一个字符串，它的值由组成该字值的诸字符的有序集所隐含，或者由一个引用象征常量的保留字所隐含。每个字值要么是非数值的，要么是数值的，两者必居其一。

8.3.1.2.1 非数值字值

非数值字值是一个在两端均用引号定界的字符串，而且它是由计算机字符集中任何许可的字符组成的。实现者须容许长度不超过 160 个字符的字值。目标程序中的非数据值字值的长度就是字符串本身。

8.3.1.2.1.1 一般格式

“{字符 1}…”

8.3.1.2.1.2 语法规则

1) 字符1可以是计算机字符集中的任意字符；

2) 若字符1表示引号，应该使用相连的两个引号来表示该引号。

8.3.1.2.1.3 **一般规则**

1) 在目标程序中非数值字值的值是由字符1代表的值来表示；

2) 对非数值字值进行定界的引号分隔符不是非数值字符的一部分；

3) 所有非数值字值都属于字母数字型(字符型)。

8.3.1.2.2 **数值字值**

数值字值是一个字符串，组成它的字符选自数字“0”，到“9”、正号、负号和/或小数点，实现者容许长度不超过18位数字的数值字值。数值字值的构成规则如下：

1) 一个字值至少包含一个数字。

2) 一个字值不能包含一个以上的正负号。若使用正负号，它应该是字值的最左一个字符，若字值不带正负号，则它就是正的。

3) 一个字值不能包含一个以上的小数点。把小数点看作虚小数点，它可以出现在最右字符除外的字值内的任何位置，若一个字值不包含小数点，则，这个字值便是一个整数；若一个字值符合数值字值的构成规则，但是它括在引号之内，则，它是一个非数值字值，因而，编译程序就把它看成非数值字值。

4) 数值字值的值是由数值字值中的字符所表示的代数量，每一个数值字值都是数值型的(参见“PICTURE 子句”)。标准数据格式字符形式的数值字值的长度等于用户在该字值中所指出的数字的个数。

8.3.1.2.3 **象征常量的值**

象征常量的值由编译程序产生，并通过使用下面列出的保留字来引用，当这些字用作象征常量时不能括以引号，象征常量的值及用于引用这些值的保留字如下

1) [ALL]ZERO

[ALL]ZEROS

[ALL]ZEROES 表示数值“0”，一个或多个计算机字符集中的 字符“0”。

2) [ALL]SPACE

[ALL]SPACES 表示一个或多个计算机字符集中的空格字符。

3) [ALL]HIGH-VALUE 表示一个或多个在程序对比序列中具有最高序位的字符，但在 SPECIAL-NAMES 段中的除外。

[ALL]HIGH-VALUES

4) [ALL]LOW-VALUE 表示一个或多个在程序对比序列中具有最低序位的字符，但在 SPECIAL-NAME 段中的除外。

[ALL]LOW-VALUES

5) [ALL]QUOTE 表示一个或多个字符(“”)，字 QUOTE 或 QUOTES 不能用来代替源程序中括住非数值字值的引号，因此，QUOTE ABD QUOTE 不能用来描述非数值字值“ABD”。

[ALL]QUOTES

6) ALL 字值 表示一个或多个组成该字值的字符串，字值应该是一个非数值字值，但该字值不能为象征常量。

7) [ALL]符号字符 表示一个或多个字符，它是在 SPECIAL-NAMES 段中的 SYMBOLIC CHARACTERS 子句中所指明的这种符号字符的值。

当一个象征常量代表一个字符串时，其长度由编译程序按照下述规则根据上下文来决定：

1) 当象征常量 VALUE 子句定义或当一个象征常量和另一数据项相关(例如，把这个象征常量传送到另一数据项中去，或者和另一数据项进行比较时)，则由象征常量指明的字符串逐个字

符地向右重复。直到结果字符串的长度大于或等于相关的数据项字符位置数时为止，然后从右部截断结果字符串的长度使它等于相关数据项字符位置数，这是在应用可能和该数据项有关的 JUSTIFIED 子句以前完成的，因而也就和它无关。

2) 当一个象征常量(而不是 ALL 字值)不和另一数据项相关，例如象征常量出现在 DISPLAY、STOP、STRING 或 UNSTRING 语句时，则该串的长度就是一个字符。

3) 当象征常量 ALL 字值没有同另一数据项相联系时，则这个串的长度就是此字值的长度。在格式中凡出现值的地方都可使用象征常量。但是，有下列例外：

   a) 当该字值只能是数值字值时，则只允许使用象征常量 ZERO(ZEROS、ZEROES)。

   b) 同象征常量 ALL 字值有关的在其字值长度大于 1 的数值或数值编辑型的数据项时。在本 COBOL 标准是一种过时特征。

   c) 当象征常量不是 ALL 字值时，字 ALL 是多余的，仅用于增强易读性。

除了在 SPECIAL-NAMES 段中外，当象征常量 HIGH-VALUE(S)或 LOW-VALUE(S)用在源程序中时，和每一个象征常量相应的实际字符取决于所指定的程序排序序列。

用来引用象征常量值的每一个保留字是一个特定的字符串。但使用 ALL 的构造例外，如 ALL 字值，ALLSPACES 等，后者由两个不同的字符串组成。

8.3.1.3 PICTURE 字符串

PICTURE 字符串由 COBOL 字符集中用作符号的各个字符的一些组合组成。对于 PICTURE 字符及使用它们规则的讨论见相应的段。

作为 PICTURE 字符串功能表述中的一部分出现的任何标点字符都不看作标点字符，而看作在 PICTURE 字符串的功能表述中使用的一个符号。

8.3.2 分隔符

分隔符是由一个或两个相邻字符所组成的。分隔符的构成规则是：

1) 标点字符空格是一个分隔符。在作为分隔符使用一个空格的任何地方都可以使用几个空格。所有紧接在逗号、分号或句号分隔符之后的空格被认为是相应分隔符的一部分，而不认为是空格分隔符。

2) 标点字符逗号和分号，若后面接一个空格，它们就是分隔符，除非逗号用在 PICTURE 字符串中。这些分隔符可用于改善程序的易读性。

3) 标点字符句号，在后面跟有一个空格时，它是一个分隔符。它只能用于指出一个句子的结束，或在格式中出现。

4) 标点字符右括号和左括号都是分隔符。在用于对下标、索引、算术表达式或条件定界时，左右括号只能配对出现。

5) 标点字符引号是分隔符。开引号前面应该冠以一个空格或者左括号；当闭括号同开括号成对出现时，之后应该紧接空格、逗号、分号、句号或右括号这些分隔符中的一个分隔符。

6) 伪正文定界符是分隔符，开伪正文定界符的前面应该冠有一个空格，闭伪正文定界符后面应该紧接空格、逗号、分号或句号这些分隔符中的一个分隔符。伪正文定界符在用于对伪正文定界时，它们只能配对出现。

7) 标点字符冒号是一种分隔符，在表示一般格式时需要用到它。

8) 在所有的分隔符之前均可冠以分隔符空格，但下述情形除外：

   a) 当基准格式规则指明时。

   b) 分隔符是闭引号。在这种情形，闭引号之前的空格看作是非数值的一部分而不看作是分隔符。

   c) 伪正文定界符。这里需要有领先的空格。

9) 空格分隔符可以紧接在任何分隔符之后，但开引号除外。在这种情形，把后面的空格看成是非数值字值的一部分而不看作是分隔符。

任何用作 PICTURE 字符串或数值字值的一部分的标点字符都不看作是标点字符，而看作是该 PICTURE 字符串或数值字值的功能表述中所用的符号。PICTURE 字符串只能用空格、逗号、分号或句号等分隔符来定界。

为组成分隔符而建立的规则不适用于组成非数值字值、注解款或注解行的内容的字符。

8.4 引用

引用用来标识在源单元的编译或运行单元的执行期间所引用的元素。保留字和名称类型(参见 8.3)都是引用的形式。附加的引用形式有标识符和条件名。

8.4.1 引用的惟一性

由用户在 COBOL 程序中定义的每个名用于对解决一个数据处理问题的资源进行命名。为了使用一个资源，在 COBOL 程序中的每个语句应该包含一个惟一地标识那个资源的引用。为了确定引用的惟一性，一个用户自定义名可以用下面所描述的那样受限，加下标或引用修改。

当在不同的程序中对两个或多个同一给定类型的资源赋予相同的名时，当本身受限不允许这些程序之一的引用来区分两个标识的名资源时，则应用某些约定以限制名的作用域。这些限制确定了被标识的资源是在包含引用的程序中描述的。

除非对一个语句通过规则进行另外的规定，任何下标和引用修改仅作为执行那个语句开始操作且一次性确定。

8.4.1.1 限定

显式引用 COBOL 源程序中的每一个用户自定义名都应该是惟一的，可以通过下述三种方法来保证名的惟一性：

1） 或者它和别的名的拼法和连字符使用法不同。

2） 在 REDEFINES 子句中它是惟一的。

3） 或者存在于有层次的名中，当引用一个名时能借助于一个或几个较高层的名来惟一地确定它。这些较高层的名称为限定符；而指出惟一陡的这种步骤称为限定。用户自定义名的标识可以出现在一个源程序中；然而，应该通过对每一个显式引用的用户自定义名的受限来建立惟一陛，除了在重新定义的情况下，所有有效的受限符不必指明得很长来建立其惟一性。只要在源程序会导致出现一个以上的这种专用寄存器时，以这些专用寄存器命名的保留字需要受限以提供引用的惟一性。一个出现在程序中的段名或节名不可以在任何其他的程序中引用。

4） 一个程序被包含在另一个程序中或包含了另一个程序。

不管上述情况，相同的数据名不可以用作一个外部记录的名。也不可作为包含在任何程序中描述的任何其他外部数据项，或包含在描述那个外部数据记录的程序中。相同的数据名不能用作处理全局性的数据项名，也不能用作在描述那个全局数据名的程序中所描述的任何其他数据项的名。

限定的一般格式是：

格式 1

$$\left\{\begin{array}{l}\text{数据名 1}\\\text{条件名 1}\end{array}\right\}\left\{\begin{array}{l}\left\{\left\{\begin{array}{l}\underline{\text{OF}}\\\underline{\text{IN}}\end{array}\right\}\text{数据名 2}\right\}\cdots\left[\left\{\begin{array}{l}\underline{\text{IN}}\\\underline{\text{OF}}\end{array}\right\}\left\{\begin{array}{l}\text{文卷名 1}\\\text{cd 名 1}\end{array}\right\}\right]\\\left\{\begin{array}{l}\underline{\text{IN}}\\\underline{\text{OF}}\end{array}\right\}\left\{\begin{array}{l}\text{文卷名 1}\\\text{cd 名 1}\end{array}\right\}\end{array}\right\}$$

格式 2

$$\text{段名 1}\left\{\begin{array}{l}\underline{\text{IN}}\\\underline{\text{OF}}\end{array}\right\}\text{节名 1}$$

格式 3

$$\text{正文名 1}\left\{\begin{matrix}\underline{\text{IN}}\\ \underline{\text{OF}}\end{matrix}\right\}\text{库名 1}$$

格式 4

$$\underline{\text{LINAGE-COUNTER}}\left\{\begin{matrix}\underline{\text{IN}}\\ \underline{\text{OF}}\end{matrix}\right\}\text{文卷名 2}$$

格式 5

$$\left\{\begin{matrix}\underline{\text{PAGE-COUNTER}}\\ \underline{\text{LINE-COUNTER}}\end{matrix}\right\}\left\{\begin{matrix}\underline{\text{IN}}\\ \underline{\text{OF}}\end{matrix}\right\}\text{报表名 1}$$

格式 6

$$\text{数据名 1}\left\{\begin{matrix}\left\{\begin{matrix}\underline{\text{IN}}\\ \underline{\text{OF}}\end{matrix}\right\}\text{数据名 4}\left[\left\{\begin{matrix}\underline{\text{IN}}\\ \underline{\text{OF}}\end{matrix}\right\}\text{报表名 2}\right]\\ \left\{\begin{matrix}\underline{\text{IN}}\\ \underline{\text{OF}}\end{matrix}\right\}\text{报表名 2}\end{matrix}\right\}$$

限定的规则如下：

1) 对于每一个非惟一的显式引用的用户自定义名，惟一性应该通过一系列排除任何引用歧义性的限定符来建立。
2) 即使一个数据名不需要限定，也可以对它限定；若有几种限定符的组合能够保证其惟一性，则可以任意选用其中之一。
3) IN 和 OF 在逻辑上是等价的。
4) 在格式 1 中，每一个限定符应该是与一个层号指示符相联系的名。被受限的数据项的组项名是隶属的，或同带有被受限的条件名的条件变量名相对应。限定在层次中是按逐次包含的层次次序来规定的。
5) 在格式 1 中，数据名 1 或数据名 2 可以是记录名。
6) 若是显式引用，在同一个节中段名不能重复。当一个段名由一个节名受限时，字 SECTION 一定不能出现。当在同一个节中引用时，段名不必受限。出现在某一程序中的段名或节名在其他任何程序中不能引用。
7) 在编译时，若有几个 COBOL 库可供编译程序使用，则每一次引用正文名时都应该限定。
8) 若在源程序中有一个以上包含指明 LINAGE 子句的文件描述款，LINAGE-COUNTER 在被引用时每次都应该受限。
9) 若在源程序中规定了一个以上的报表描述款，在过程部中 LINE-COUNTER 被引用时每次都应该受限。在报表节中，一个对 LINE-COUNTER 未受限的引用是通过在报表描述款中引用的报表名隐式受限的。当不同报表的 LINE-COUNTER 被引用时，LINE-COUNTER 应该通过与不同报表的有关报表名进行显式受限。
10) 若在源程序中规定了一个以上的报表描述款，当 PAGE-COUNTER 在过程部中被引用时每次都应该受限。在报表节中，一个对 PAGE-COUNTER 未受限的引用是通过在报表描述款中引用的报表名隐式受限的。当不同报表的 PAGE-COUNTER 被引用时，PAGE-COUNTER 应该通过与不同报表有关的报表名进行显式受限。

8.4.1.2 下标

仅当引用一个由相似元素构成的表中的某一个别的元素时才使用下标，而这些元素并未指派有各自的数据名。

8.4.1.2.1 一般格式

$$\left\{\begin{matrix}\text{条件名 1}\\ \text{数据名 2}\end{matrix}\right\}\left[\left\{\begin{matrix}\text{整数 1}\\ \text{数据名 2}[\{\pm\}\text{整数 2}]\\ \text{位标名 1}[\{\pm\}\text{整数 3}]\end{matrix}\right\}\cdots\right]$$

8.4.1.2.2 语法规则

1) 与条件名 1 相关的数据名或数据名 1 的数据描述款应该包含一个 OCCURS 子句或者应该隶属于包含一个 OCCURS 子句的数据描述款。

2) 除了在语法规则 4 中定义的情况外，当对一个表元素进行引用时，下标数应该等于被引用的表元素的描述中的 OCCURS 子句数目。当需要一个以上的下标时，下标应该按表的相继减少包含维数的次序书写。

3) 索引名 1 应该对应一个数据描述款，且后者在引用含有指定那个索引名的一个 INDEXED BY 短语的表的层次中。

4) 每个表元素都应该按下标引用，除了出现这样的引用：

a) 在 USE FOR DEBUGGING 语句中；

b) 作为 SEARCH 语句的主体；

c) 在 REDEFINES 子句中；

d) 在 OCCURS 子句的 KEY IS 短语中。

5) 数据名 2 可以受限并且应该是一个表示整数的数值初等项。

6) 整数 1 可以加符号。若加符号，则它应该是正的。

8.4.1.2.3 一般规则

1) 下标的值应该是一个正整数。下标表示的最小出现号是 1。由出现号 1 引用任何给定维数的表的第一个元素。由出现号 2、3、…引用该给定维数的表的每个后继元素。任何给定维数的表的最大出现号是在有关 OCCURS 子句中指定的项的最大出现号。

2) 由索引名 1 引用索引值相当于有关表中一个元素的出现号。这种对应关系是由实现者定义的。

3) 由索引名 1 引用的索引值在它作为下标引用之前应该初始化。一个索引可以通过带有 VA-RY—ING 短语的 PERFORM 语句，或带有 ALL 短语的 SEARCH 语句或 SET 语句给予一个初值。索引仅允许 PERFORM，SEARCH 和 SET 语句修改。

4) 若指明了整数 2 或整数 3，下标的值是通过整数 2 或整数 3 的值的增长（当用运算符＋时）或通过整数 2 或整数 3 的值的减少（当用运算符-时）来决定。或者由索引名 1 引用的索引值表示的出现号，或者由数据名 2 引用的数据项值来决定。

8.4.2 标识符

8.4.2.1 标识符

标识符是一个字符串和分隔符的序列，它用于引用一个惟一的数据项。

8.4.2.1.1 一般格式

格式 1（函数标识符）

函数标识符 1

格式 2（带有下标的受限数据名）

带有下标的限定数据名 1

格式 3（引用修改）

标识符 1 引用修改 1

格式 4（内嵌方法调用）

内嵌调用 1

格式 5（对象视图）

标识符 2 对象视图 1

格式 6（预定对象）

{EXCEPTION OBJECT
NULL
SELF
[类名 1 OF]SUPER}

格式 7(对象属性)

属性名 1 OF 标识符 3

格式 8(预定义地址)

NULL

格式 9(地址标识符)

{数据地址标示符 1
程序地址标示符 1}

格式 10(受限行计数器)

LINAGE-COUNTER {IN
OF} 文件名 1

格式 11(受限报表计数器)

{PAGE-COUNTER
LINE-COUNTER} {IN
OF} 报表名 1

8.4.2.1.2 **语法规则**

所有格式

1) 将标识符定义为递归的:任何时候都允许一个标识符的格式规定另一个标识符,这样另一个标识符可以是这个格式中的任意一种,包括那个正被定义的标识符,它为随后定义的格式提供规则。

格式 1

2) 函数标识符 1 在 8.4.2.2 中定义。

格式 2

3) 带有下标的限定数据名 1 在 8.4.1.2 中定义。

格式 3

4) 引用修改 1 在 8.4.2.3 中定义。

格式 4

5) 内嵌调用 1 在 8.4.2.4 中定义。

格式 5

6) 对象视图 1 在 8.4.2.5 中定义。

格式 6

7) 预定义对象引用在 8.4.2.6、8.4.2.7 以及 8.4.2.8 中定义。

格式 7

8) 对象属性在 8.4.2.9 中定义。

格式 8

9) 预定义地址在 8.4.2.10 中定义为 NULL。

格式 9

10) 地址标识符在 8.4.2.11 和 8.4.2.12 中定义。

格式 10

11) LINAGE-COUNTER 标识符在 8.4.2.13 中定义。

格式 11

12） PAGE-COUNTER 和 LINE-COUNTER 标识符在 8.4.2.14 中定义。

8.4.2.1.3 一般规则

1） 标识符的不同成分应用的顺序如下，首先应用列在前面的项：

a） 带有下标的限定数据名；预定义对象的引用；不带变元的函数标识符；限定报表计数器；或限定行数计数器。

b） 地址标识符应用于右边的标识符。

c） 对象视图应用于左边的标识符。

d） 对于对象属性，OF 将左边的属性名应用到右边的标识符。

e） 内嵌方法调用运算符将右边字值的方法应用名到左边的标识符，其中该方法名带有用圆括号括起来的可选变元。

f） 带变元的函数标识符将左边的函数名应用到右边用圆括号括起来的变元列表。

g） 引用修改应用于左边的标识符。

8.4.2.2 函数标识符

函数标识符引用惟一的数据项，该数据项是通过某个函数的求值产生的。

8.4.2.2.1 一般格式

[FUNCTION] {函数原型名 1 | 内函数名 1} [({[变元 1 | OMITTED]} …)]

8.4.2.2.2 语法规则

1） 函数标识符不应规定为接收操作数。

2） 若在 REPOSITORY 段中规定了内部函数名 1 或者 ALL 语句，或者若已规定函数原型名 1，则关键字 FUNCTION 将在函数标识符中省略；否则关键字 FUNCTION 是应该的。

3） 函数原型名 1 应是包含函数定义的用户函数名，或是 REPOSITORY 段中规定的函数原型。

4） 若函数定义允许变元和一个左圆括号直接跟在函数原型名 1 或者内部函数名 1 后边，则左圆括号经常当成是那个函数变元的左圆括号。

注：对于可能带变元或不带变元引用的函数，比如 RANDOM 函数，仔细编码是必要的，用以确保正确的解释。举例如下：

函数 MAX (函数 RANDOM(A) B)

对于一个 RANDOM 函数"A"视为变元。若"A"被替换，也就是说它成为 MAX 函数的第二个变元，则需要不同的编码。或者：

函数 MAX((函数 RANDOM(A) B)

函数 MAX(函数 RANDOM ( ) A B)

函数 MAX(函数 RANDOM A B)

5） 若已规定内部函数名 1，则不应规定关键字 OMITTED。

6） 变元 1 应为标识符、字值、布尔表达式或算术表达式。管理变元 1 的数字、类、类别和种类的具体规则已经给出，对于内部函数，参见第 15 章；而对于用户定义函数，参见 14.7。

7） 若已规定关键字 OMITTED，则也应为相应的形式参数规定 OPTIONAL 短语。

8） 若已规定函数原型名 1，且相应于变元 1 的形式参数已用 BY VALUE 短语规定，则变元 1 应为数值类，对象类或者指针类。

9） 当要求一个整数操作数时，不应规定一个数值函数，即使数值函数的专用引用也许产生一个整数值。

10） 在要求一个无符号整数时，不应规定一个不是 ABS 函数的整数格式的整数函数。

11） 若已规定函数原型名 1，则应用在 14.7 规定的规则。

12） 若已规定函数原型名 1，且相应于变元 1 的形式参数是过程部首 USING 语句中的 BY REFERENCE 短语规定的，且变元 1 是一个位数据项，则变元 1 将被如下描述：

a) 没有规定在变元 1 中加下标和引用修改，其中该变元只由定点数值字值或算术表达式组成，而在这个算术表达式中，所有的操作数都是定点数值字值和幂运算符。同时

b) 它按字节边界对齐。

8.4.2.2.3 **一般规则**

1) 函数标识符引用一个临时数据项，而这个数据项的值是在运行时引用该函数决定的。若已规定内部函数名 1，则临时数据项是一个初等项，该初等项的描述和类别是通过 15 章内部函数中那个内部函数的定义规定的。若已规定函数原型名 1，则临时数据项的描述、类以及类别是通过该项连接节中的描述规定的，其中该项是规定在过程部首的 RETURNING 短语中，而过程部首是属于通过函数原型名 1 标志的函数原型。

2) 当引用一个函数时，按照从左到右变元列表规定的顺序，分别计算函数变元的值。一个被计算的变元自身可以是一个函数标识符或者是一个包含函数标识符的表达式。这里没有约束来防止计算变元时引用的函数就是规定该变元的那个同样的函数。对于内部函数的其他规则在 15 章内部函数中已经给出，对于内部函数，可参见第 15 章；而对于用户定义函数，可参见 14.1.3及 14.7。

3) 若已规定函数原型名 1，则根据 12.2.7 中规定的规则，被激活的函数由函数原型名 1 标志，且函数原型名 1 被用来决定被激活的函数的特性。

4) 若已规定函数原型名 1，则用来传递每个变元的方法按如下决定：

   a) 当已为相应的形式参数规定或隐含 BY REFERENCE 短语，且变元 1 是一个作为接收操作数的标识符而不是一个对象属性或对象数据项时，采用 BY REFERENCE。

   b) 当已为相应的形式参数规定或隐含 BY REFERENCE 短语，且变元 1 是一个字值、算术表达式、布尔表达式、对象属性、对象数据项或任何不作为接收操作数的标识符时，采用 BY CONTENT。

   c) 当已为相应的形式参数规定 BY VALUE 短语时，采用 BY VALUE。

5) 函数标识符的计算过程如下：

   a) 在函数标识符计算开始时，计算每一个变元 1。若存在异常条件，则不激活任何函数，且执行过程如一般规则 f)所规定的。若一不存在异常条件，则在控制转移给该函数时，变元 1 的值激活函数有效。

   b) 运行时系统试图定位被激活的函数。若已规定函数原型名 1，则查找规则可参见8.4.5和 8.4.5.5。其他的规则可参见 12.2.7。若没有找到该函数，则 EC-PROGRAM-NOT-FOUND 异常条件设置为存在，该函数也没有被激活，且按照一般规则 f)所规定的那样执行继续。

   c) 若函数已被定位，但执行函数的必需资源无效，则 EC-PROGRAM-RESOURCES 异常条件设置为存在，该函数也没有被激活，且按照一般规则 f)所规定的那样执行继续。为了确定执行时的函数可用性而检查的运行时资源是由实现者定义的。

   d) 函数标识符规定的函数对于执行是有效的，且控制转移给被激活的函数，采用的方式与为该函数规定的款约定一致。若已规定函数原型名 1，且被激活的函数是一个 COBOL 函数，则它的执行参见 14.1.3；若已规定内部函数名 1，则它的执行参见第 15 章；若已规定函数原型名 1，且被激活的函数不是一个 COBOL 函数，则执行过程由实现者自定义。

   e) 在控制从一个被激活的函数返回之后，若从被激活的函数传递来一个异常条件，则执行按照一般规则 f)继续。

   f) 若存在一个异常条件，则任何与该异常条件相关的声明都要执行。执行按照为异常条件和声明执行定义的那样处理。

6) 若已规定关键字 OMITTED，或省略了一个尾部变元，则在被激活的函数中，对于那个变元其

省略变元条件计算为 TRUE(参见 8.8.4.1.1)

7) 若在一个被激活的函数中引用一个参数,其中对于该参数其省略变元条件为真,则除了作为一个变元或省略条件以外,EC-PROGRAM-ARG-OMITTED 异常条件设置为存在,且函数执行的结果是未定义的。

8.4.2.3 **引用修改**

引用修改通过规定一个标识符、最左字符和长度,定义了一个惟一数据项。

8.4.2.3.1 **一般格式**

数据名 1(最左字符位置:[长度])

8.4.2.3.2 **语法规则**

1) 数据名 1 应该引用一个其用法是 DISPLAY 的数据项。

2) 最左字符位置和长度应该是算术表达式。

3) 除非有另外的规定,在任何引用字符类型数据项的标识符允许出现的地方,其修改都是允许的。

4) 数据名 1 可以被受限或加下标。

8.4.2.3.3 **一般规则**

1) 由数据名 1 引用的数据项中的每一个字符赋予一个从最左位置到最右位置依次加 1 的序号,最左位置赋予序号 1。若数据名 1 的数据描述款含有一个 SIGN IS SEPARATE 子句,符号位置在数据项内赋于一个序号。

2) 若由数据名 1 引用的数据项被描述为数值、数值编辑型、字母或字母数字编辑型,把它用于引用修改的目的来操作时,则就好像它被重新定义为同由数据名 1 引用的数据项有相同长度的一个字母数字数据项。

3) 对操作数的引用修改计算如下:

a) 若对操作数指定下标,引用修改紧接在下标值的计算之后计算;

b) 若没有对操作数指明下标,引用修改是在下标将要被求值时进行定值的,此时已假设已指明了下标。

4) 引用修改建立了一个惟一的数据项,它是一个由数据名 1 引用的数据项的子集。这个惟一性的数据是按如下确定的:

a) 最左字符位置的计算指定了惟一数据项的最左字符的序号位置,这个数据项是同由数据名 1 引用的数据项的最左字符有关。最左字符位置的计算应该导致一个正的非零整数,这个整数小于等于由数据名 1 引用的数据项中的字符数。

b) 长度的计算指定了在操作中用到的数据项的长度。长度值应该是一个正的非零整数。最左字符位置与长度之和减去值 1 应该小于或等于由数据名 1 引用的数据项的字符数。若未指明长度,惟一性数据项将扩充成由最左字符位置标识的字符直到由数据名 1 引用的数据项的最右位置。

5) 在没有 JUSTIFIED 子句时,惟一性数据项被认为是初等数据项,并定义由数据名 1 引用的数据项,且具有相同的类和类型,但除类型为数值型、数值编辑型和字母数字编辑型之外作为字母数字类和类型来考虑。

8.4.2.4 **内嵌方法调用**

内嵌方法调用引用一个方法调用返回的临时数据项。

8.4.2.4.1 **一般格式**

```
                  ┌ ┌ ┌算术表达式 1┐ ┐ ┐
                  │ │ │布尔表达式 1│ │ │
┌类名 1  ┐        │ │ │标识符 2    │ │ │
└标识符 1┘字值 1  │ │ │字值 2      │ │ │
                  └ └ └OMITTED     ┘ ┘ ┘
```

8.4.2.4.2 **语法规则**

1） 内嵌方法调用不应规定为一个接收操作数。

2） 标识符 1 应是类对象；既不能规定预定义对象引用 NULL，也不能规定通用对象引用。

3） 根据 14.8.22 语法规则，用一般规则 1 规定的一个 INVOKE 语句有效。

4） 调用方法的过程部首的 RETURNING 短语中引用的数据项不应用 ANY LENGTH 子句描述。

8.4.2.4.3 **一般规则**

1） 通过用法与临时标识符相同的类、类别及内容，内嵌方法调用引用一个临时数据项，而该临时标识符是从 INVOKE 语句可用形式的执行返回的，格式如下：

INVOKE 标识符 1 字值 1 USING 变元 RETURNING 临时标识符

INVOKE 标识符 1 字值 1 RETURNING 临时标识符

INVOKE 类别名 1 字值 1 USING 变元 RETURNING 临时标识符

INVOKE 类别名字值 1 RETURNING 临时标识符

其中，

a） 若有的话，变元是在内嵌调用方法中用圆括号括起来规定的操作数。

b） 临时标识符与 RETURNING 参数有同样的描述、类和类别，该 RETURNING 参数是在字值 1 和标识符 1 或类别名 1 确定的方法的规定中。

c） 临时标识符是一个临时项，它的存在只为了启动内嵌调用。

2） 若在包含了这种格式的语句执行期间发生了异常，则继续执行点就是下一个可执行的语句。

8.4.2.5 **对象视图**

对象视图让一个对象引用被视为已经有了规定的描述。对该对象将进行描述的运行时符合性检查。

8.4.2.5.1 **一般格式**

```
            ┌[FACTORY OF]类名 1[ONLY]┐
标识符 1 AS │接口名 1                │
            └UNIVERSIAL              ┘
```

8.4.2.5.2 **语法规则**

1） 标识符 1 应是对象类；预定义对象引用 SUPER 和 NULL 不应被规定。

2） 对象试图不应规定为接收操作数。

8.4.2.5.3 **一般规则**

1） 标识符 1 的引用在编译时处理被视为它有 AS 短语规定的描述。

2） 若类别名 1 不是由可选短语中的一个规定的，则标识符 1 被视为 USAGE IS OBJECT REFERENCE 类别名 1 来处理。若标识符 1 引用的对象不是类别名 1 的对象或类别名 1 子类的对象，则 EC-OO-CONFORMANCE 异常条件存在。

3） 若 FACTORY 短语已规定且 ONLY 短语未规定，则标识符 1 被视为 USAGE OBJECT REFERENCE FACTORY OF 类别名 1 来处理。若标识符 1 引用的对象不是类别名 1 的工厂对象或类别名 1 子类的工厂对象，则 EC-OO-CONFORMANCE 异常条件存在。

4） 若 ONLY 短语已规定且 FACTORY 短语未规定，则标识符 1 被视为 USAGE OBJECT REFERENCE 类别名 1 ONLY 来处理。若标识符 1 引用的对象不是类别名 1 的对象，则 EC-OO-

CONFORMANCE 异常条件存在。

5） 若 FACTORY 短语和 ONLY 短语都已规定，则标识符 1 被视为 USAGE OBJECT REFERENCE FACTORY OF 类别名 1ONLY 来处理。若标识符 1 引用的对象不是类别名 1 的工厂对象，则 EC-OO-CONFORMANCE 异常条件存在。

6） 若接口名 1 已规定，则标识符 1 被视为 USAGE OBJECT REFERENCE 接口名 1 来处理。若标识符 1 引用的对象不执行接口名 1，则 EC-OO-CONFORMANCE 异常条件存在。

7） 若已规定 UNIVERSAL，则标识符 1 被视为 USAGE OBJECT REFERENCE 来处理，且不带任何可选短语为标识符 1 引用的对象声明类或接口。

8.4.2.6 EXCEPTION-OBJECT

EXCEPTION-OBJECT 是一个预定义对象引用，它在声明过程中使用，来引用当前的异常对象。

8.4.2.6.1 **一般格式**

EXCEPTION-OBJECT

8.4.2.6.2 **语法规则**

1） EXCEPTION-OBJECT 不应规定为一个接收操作数。

2） EXCEPTION-OBJECT 隐式地描述为对象类和类别对象引用、外部数据项、通用对象引用。

8.4.2.6.3 **一般规则**

1） EXCEPTION-OBJECT 引用当前异常对象。若异常对象不与当前异常相关，则 EXCEPTION-OBJECT 设置为空。

2） 这是运行单元中 EXCEPTION-OBJECT 的一个实例。

8.4.2.7 **NULL**

NULL 是一个包含空对象引用值的预定义对象引用。

8.4.2.7.1 **一般格式**

NULL

8.4.2.7.2 **语法规则**

1） NULL 不应规定为一个接收操作数。

2） NULL 隐式地描述成对象类和类别对象引用，而且不是一个通用对象引用。

8.4.2.7.3 **一般规则**

1） 预定义对象引用 NULL 包含空对象引用值；这是实现者定义的一个特定值以便确保绝不引用一个对象。

8.4.2.8 **SELF 和 SUPER**

SELF 和 SUPER 是预定义对象引用，它们引用当前方法正在它们之上执行的对象。

8.4.2.8.1 **一般格式**

{ SELF
[类名 1 OF]SUPER }

8.4.2.8.2 **语法规则**

1） 该标识符格式可以只在方法定义中规定。

2） 该标识符格式可以不能规定为一个接收操作数。

3） SUPER 只可以规定为对象属性标识符中的对象，或用 INVOKE 语句或方法的内嵌调用来调用一个方法的对象。

4） 类别名 1 应是包含类定义的 INHERITS 子句规定的类的名称。

5） 若包含类定义的 INHERITS 子句规定了不止一个类别名，则类别名 1 应规定。

6） 若包含类定义的 INHERITS 子句只规定了一个类别名，则类别名 1 可以规定。

7） SELF 和 SUPER 都是隐式地描述为对象类和类别对象引用，都不是通用对象引用。

8.4.2.8.3 一般规则

1) SELF 和 SUPER 都引用一个对象,该对象用来调用 SELF 或 SUPER 的引用出现的方法。

2) 若为一个方法调用规定 SELF,则方法解决方案基于为 SELF 引用对象的运行时类定义的方法集。

注:方法解决方案不限于为包含方法调用的类而定义的方法。在运行时 SELF 引用的对象可以是一个包含调用的类的子类的对象。基于对象的运行时类,通过预定义的对象引用 SELF,方法调用用法同样的方法绑定机制,该机制适用于任何其他对象标识符。

3) 若为某个方法调用已规定了 SUPER,则方法解决方案忽视所有的方法,而这些方法是定义在包含该调用的类或任何该类的子类之中。

注:被调用的方法是超类中定义的方法之一。

4) 若类别名 1 已规定,则该方法的搜索应只包括为类别名 1 定义的那些方法。

8.4.2.9 对象属性

对象属性提供了从对象中获取信息和返还信息的一套特定语法。访问对象属性的机制是获取属性方法和设置属性方法。获取属性方法是一种显式地使用 GET PROPERTY 短语的方法或是一种隐式地为用 PROPERTY 子句描述的数据项而生成的方法;设置属性方法是一种显式地使用 SET PROPERTY 短语定义的方法或是一种隐式地为用 PROPERTY 子句描述的数据项而生成的方法。

8.4.2.9.1 一般格式

属性名 1 <u>OF</u> {类名 1 | 标识符 1}

8.4.2.9.2 语法规则

1) 属性名 1 应是一个 REPOSITORY 段中规定的对象属性。

2) 标识符 1 应是一个对象引用,但不能规定为通用对象引用或预定义对象引用 NULL。

3) 若对象属性用作一个发送项,则标识符 1 引用的对象中或者类别名 1 这个类的工厂对象中的属性名 1 应有获取属性方法。

4) 若对象属性用作一个接收项,则标识符 1 引用的对象中或者类别名 1 这个类的工厂对象中的属性名 1 应有获取属性方法。

5) 用作发送项的对象属性的描述与获取属性方法的返回项描述一样。对象属性可以规定在任何一个带该描述的数据项作为发送项的地方。

6) 用作接收项的对象属性的描述与设置属性方法的使用参数描述一样。对象属性可以规定在任何一个带该描述的数据项作为接收项的地方。

7) 获取属性方法的 RETURNING 短语中规定的项的数据描述应与规定为设置属性方法中 USING参数的项的数据描述一样。

8.4.2.9.3 一般规则

1) 当对象属性只用作发送项时,则在该处使用一个概念上的临时数据项 temp-1。该属性值如同根据 INVOKE 语句的规则调用相关获取属性方法而确定,返回值就存放在 temp-1 中。temp-1 的数据描述与获取属性方法的 RETURNING 短语中规定的项的数据描述一样。

2) 当对象属性只用作接收项时,则在该处使用一个概念上的临时数据项 temp-2。该属性值如同根据 INVOKE 语句的规则调用相关设置属性方法而规定,并将 temp-2 的内容作为参数传递。temp-2 的数据描述与设置属性方法的 USING 短语中规定的项的数据描述一样。

3) 当对象属性既用作发送项又用作接收项时,则在该处使用概念上的临时数据项 temp-1 和 temp-2;temp-1 和 temp-2 是相同的临时数据项,其中 temp-2 重新定义 temp-1。对于发送操作,该属性值用法由一般规则 1 中作为发送项的方法确定;对于接收操作,属性值用法由一般规则 2 中作为接收项的方法规定。temp-1 和 temp-2 的数据描述与获取属性方法的 RETURNING短语中规定的项的数据描述一样。

8.4.2.10 预定义地址

NULL是一个类指针的预定义地址。

8.4.2.10.1 一般格式

NULL

8.4.2.10.2 语法规则

1) 该格式可以只用作INITIALIZE语句或SET语句中的发送操作数；或用作程序原型格式CALL语句、函数原型格式函数激活、方法调用中的变元；或用在数据指针或程序指针关系条件中。

8.4.2.10.3 一般规则

1) 当与数据指针有关时，预定义地址NULL引用一个包含空地址的数据指针的数据项。空数据地址是一个实现者自定义的值，它可以确保不代表任何数据项的地址。

2) 当与程序指针相关时，预定义地址NULL引用一个包含NULL程序地址的程序指针。空程序地址是一个实现者自定义的值，它可以确保不代表任何程序的地址。

8.4.2.11 数据地址标识符

数据地址标识符引用包含某个数据项地址的特定数据项。

8.4.2.11.1 一般格式

ADDRESS OF 标识符 1

8.4.2.11.2 语法规则

1) 标识符1应引用一个文件节、工作存储节、局部存储节或连接节中定义的数据项。标识1不应定义在对象或工厂对象的工作存储节或文件节中。

2) 标识符1不应引用对象引用或从属于强制类型组项的初等项。

3) 若标识符1是一个位数据项，则标识符1应描述如下：

a) 在标识符1中加下标和引用修改，该标识符只由定点数值字值或算术表达式组成，且在数据表达式中所有的操作数都是定点数值字值且无幂运算符；

b) 按字节界对齐。

4) 若标识符1引用一个强制类型组项，则标识符1应由一个TYPE子句定义，该子句引用一个使用STRONG短语描述的类声明。

5) 该标识符格式不应规定为接收操作数。

8.4.2.11.3 一般规则

1) 数据地址标识符创建一个特定的指针类和包含标识符1地址的数据指针类型的数据项。

2) 若标识符1是一个强制类型组项或是一个限制数据指针，则数据地址标识符是一个限制标识符1类型的数据指针。

8.4.2.12 程序地址标识符

程序地址标识符引用包含程序地址的特定数据项。

8.4.2.12.1 一般格式

ADDRESS OF PROGRAM { 标识符 1 | 字值 1 | 程序原型名 1 }

8.4.2.12.2 语法规则

1) 标识符1应是字母数字类型或本土类型。

2) 字值1应是字母数字或本土值。

3) 程序原型名1应是REPOSITORY段中规定的程序原型。

4) 该标识符格式不应规定为接收操作数。

8.4.2.12.3 一般格式

1) 程序地址标识符创建一个指针类和程序指针类型的特定数据项，该项中包含了由以下规则确定的程序地址之一：

   a) 标识符 1 引用的数据项的内容。

   b) 字值 1 的值。

   c) 程序原型名 1。

若标识符 1 或字值 1 已规定，则 8.3.1.1.1 描述了该值如何用来确定引用的程序。

2) 程序可以用 COBOL 或其他实现者已声明支持的语言编写。对于一个 COBOL 程序，地址是由 PROGRAM-ID 短语中具体的程序名确定的最外层程序的地址。对于非 COBOL 程序，地址和相关程序之间的关系由实现者定义。

3) 当程序原型名 1 已规定时，则程序地址标识符就有了受程序原型名 1 限制的程序指针的特性。

4) 若运行时系统不能定位该程序，则 EC-PROGRAM-NOT-FOUND 异常条件置为存在且地址标识符的值为预定义地址 NULL。

8.4.2.13 **LINAGE-COUNTER**

LINAGE-COUNTER 标识符由文件描述款中 LINAGE 子句的存在而生成。

8.4.2.13.1 一般格式

$$\underline{\text{LINAGE-COUNTER}}\left[\begin{Bmatrix}\underline{\text{IN}}\\ \underline{\text{OF}}\end{Bmatrix}\text{文件名 1}\right]$$

8.4.2.13.2 语法规则

1) LINAGE-COUNTER 只可以在过程部语句中引用。

2) LINAGE-COUNTER 标识符不应作为一个接收操作数来引用。

3) 对 LINAGE-COUNTER 的限定要求已在 8.4.1.1 中定义。

8.4.2.13.3 一般规则

1) LINAGE-COUNTER 引用一个临时无符号整型的数字类和类别数据项，该数据项的长度等于 LINAGE 子句中规定的页长度。

2) LINAGE-COUNTER 标识符的语义可参见 13.16.32.3 的一般规则 7)。

8.4.2.14 报表计数器

PAGE-COUNTER 标识符和 LINE-COUNTER 标识符都是自动生成且对每个报表都是独立存在。

8.4.2.14.1 一般格式

$$\begin{Bmatrix}\underline{\text{PAGE-COUNTER}}\\ \underline{\text{LINE-COUNTER}}\end{Bmatrix}\left[\begin{Bmatrix}\underline{\text{IN}}\\ \underline{\text{OF}}\end{Bmatrix}\text{报表名 1}\right]$$

8.4.2.14.2 语法规则

1) 在报表节中，PAGE-COUNTER 和 LINE-COUNTER 只可以在 SOURCE 子句中引用。在过程部中，PAGE-COUNTER 和 LINE-COUNTER 可以在任何整型数据项出现的上下文中引用。

2) 在 8.4.1.1 限定中定义了对 PAGE-COUNTER 和 LINE-COUNTER 的限定要求。

   注：因为每个报表维护一个独立的 PAGE-COUNTER 和 LINE-COUNTER，故规定正确的值给每一个页数以及确保报表栏在限定的页中正确地打印就是程序员的责任了。

3) LINE-COUNTER 不应作为一个接收操作数来引用。

8.4.2.14.3 一般规则

1) PAGE-COUNTER 和 LINE-COUNTER 引用临时无符号整型的数字类和类别数据项，每个报表都要维护这两个计数器。

2） 通过 INITIATE 语句，相应报表的 PAGE-COUNTER 的初始值置为 1，且该值在翻页过程中用 1 更新。当包含带 RESET 短语的 NEXT GROUP 子句的报表栏被打印时，该值将重新置为 1。

3） 通过 INITIATE 语句的执行，相应报表的 LINE-COUNTER 的初始值被置为零。每当出现翻页时该值又重新置为零。

4） 在每个报表行被打印时，LINE-COUNTER 的值规定了行打印所在页的行数。报表栏打印后 LINE-COUNTER 的值与最终打印的行的行数相同，除非为报表栏定义了 NEXT GROUP 子句，在这种情况下 LINE-COUNTER 的最终值通过 NEXT GROUP 的一般规则定义。

5） PAGE-COUNTER 和 LINE-COUNTER 的值不受伪报表栏的处理影响，也不受利用 SUPPRESS 语句禁止打印的报表栏的处理影响。

8.4.3 条件名

这里有两种条件名。一种用来确定相关数据项可以采用的值的子集。另一种与实现者自定义的开关的开状态或关状态有关。

层号 88 确定条件名和明确的值、值的集合或值的范围。该条件名与它从属的数据项有关，我们称之为条件变量。在一个条件中引用条件名是条件表达式的缩写（如 8.8.4.1），该条件表达式假定相关条件变量的值等于条件名所确定的值的集合中的一个。这类条件名在 13.14 中定义，且它可以在 SET 语句中用来传递一个值给相关条件变量以使条件名“对”或“错”。

在 SPECIAL-NAMES 短语中，条件名确定实现者自定义的开关的开状态或关状态。引用条件中的条件名假定相关开关有与条件名相关的“开”或“关”状态（如 8.8.4.1.5）。该条件名也可用来在 SET 语句中设置相关开关为“开”或“关”状态。

8.4.3.1 一般格式

格式 1（开关状态条件名）

条件名 1

格式 2（带下标的限定条件名）

带下标的限定条件名

8.4.3.2 语法规则

格式 1

1） 条件名 1 应与 SPECIAL-NAMES 短语中的开关名有关。

格式 2

2） 带下标的限定条件名已在 8.4.1.1 中定义。

8.4.4 显示和隐式引用

源元素可以显式或隐式地引用过程部语句中的数据项。当被引用项的名称出现在过程部语句中时，就显示引用。当该项被过程部语句引用而被引用项的名称并未出现在源语句中时，就隐式引用。在 PERFORM 语句执行期间，当规定在 VARYING 短语、AFTER 短语或 UNTIL 短语中的索引名或标识符引用的索引或数据项是通过与该 PERFORM 语句相关的控制机制实现初始化、修改或计算时，此时也是隐式引用。当且仅当数据项有助于该 PERFORM 语句执行，这种隐式引用才发生。

8.4.5 名称作用域

当源元素直接或间接包含在其他源元素中时，每个源元素可以使用相同的用户定义的关键字来命名那些独立于其他源元素对这些用户定义的关键字使用之外的项。当相同命名的项存在时（参见 8.3.1.1.1），即便当它时一个不同的用户定义的关键字类型时，源元素对该名称的引用就是对该源元素描述的项的引用而非对其他源元素中描述的拥有相同名称的项的引用。

除了程序名和方法名，源元素不应引用其他在任何源元素中包含的声明的名称。

如下用户定义的关键字的类型可以贯穿一个编译组都被引用：

——库名

——正文名

如下用户定义的关键字的类型可以只被用户定义的关键字声明所在的源元素中的语句引用：

——短语名

——节名

当用户定义的关键字的如下类型是在配置节中声明时，则它们只可以被某些特定源元素中语句和款引用，这些源元素是包含配置节的源元素，或者是包含在那个源元素中的任意源元素。

——字母表名

——类别名（对于逻辑值命题）

——条件名（声明在配置节中）

——本地环境名

——助忆名

——序列名

——符号字符

针对如下用户定义的关键类型的声明和引用的规定约定在8.4.5.1以及8.4.5.10中已规定。

——类别名（对于面向对象）

——编译变量名

——条件名（不是声明在配置节中）

——常量名

——数据名

——文件名

——函数原型名

——索引名

——接口名

——方法名

——参数名

——程序名

——程序原型名

——属性名

——记录关键字名

——记录名

——报表栏名

——屏幕名

——类型名

——用户函数名

一个cd名（废弃的元素）可以只被包含它声明所在的通信节的源元素中的语句和款引用。

8.4.5.1 局部名和全局名

局部名只可以在声明它的源元素引用。

全局名可以在声明它的源元素中引用，或者在直接或间接包含于那个源元素的任意源元素中引用。

当一个源元素B直接包含于另一个源元素A中时，这两个源元素可以使用同样的用户定义的字来定义一个名称。另外，源元素A可以包含于另一个源元素且那个源元素可以使用同样的用户定义的字来定义一个名称。当在源元素B中引用这种重复的名称时，以下规则用来确定引用项：

1) 用来确定引用项的名称集由以下名称组成：定义在源元素B中的所有名称；定义在源元素A

和直接或间接包含源元素 A 的任何源元素中的全部名称。使用该名称集时,限定的一般规则和针对引用惟一性的其他规则,直至确定一个或多个项。

2) 若只确定一个项,则它就是引用的项。

3) 若确定超过一个项,则它们中至多只有一个源元素 B 局部的名称。若这些项中没有或者有一个项有源元素 B 局部的名称,则适用以下规则:

a) 若该名称是在源元素 B 中声明的,则源元素 B 中的该项就是引用的项。

b) 否则,若源元素 A 包含于另一个源元素中,引用项是:

- 源元素 A 中的项,若该名称是在源元素 A 中声明的。
- 包含的源元素中的项,若该名称不是声明在源元素 A 中而是声明在包含源元素 A 的源元素中。这条规则也适用于包含的源元素直至找到一个单一有效的名称。

8.4.5.1.1 条件名、常量名、数据名、文件名、记录名、报表栏名、屏幕名和类型名的作用域

用 GLOBAL 子句描述的常量名、文件名、记录名、报表栏名、屏幕名和类型名是全局名。无论是工厂还是实例,为某个对象声明而声明在源元素中常量名、数据名或文件名是全局名。所有从属于某个全局名的数据名和屏幕名都是全局名。所有与全局名相关的条件名都是全局名。

当条件名、常量名、数据名、文件名、记录名、报表栏名、屏幕名和类型名不是全局名时,那就是局部名。

对于条件名、常量名、数据名、文件名、记录名、报表栏名、屏幕名和类型名,支配由某个单一源元素分配的名称的惟一性的要求可以在别处的规格中找到说明(参见 8.3.1.1.1)。

8.4.5.1.2 索引名的作用域

若某个拥有全局属性的数据项包括一个用索引名描述的表,则那个索引名也拥有全局属性。所以,索引名的范围是与命名该表的数据名的范围一致,其中该表的索引就是用那个索引名命名的。

8.4.5.1.3 记录键名的作用域

对于一个索引文件,若 GLOBAL 子句已在文件的文件描述款中规定,则用该文件控制款的 ALTERNATERECORD KEY 子句或 RECORD KEY 子句中的 SOURCE 短语定义的记录关键字名是全局的;否则它就是局部的。

8.4.5.1.4 PAGE-COUNTER 和 LINE-COUNTER 的作用域

若 GLOBAL 子句已在与之相关报表的报表描述款中已规定,则 PAGE-COUNTER 和 LINE-COUNTER 是全局的;否则它们就是局部的。

8.4.5.1.5 LINAGE-COUNTER 的作用域

若 GLOBAL 子句已为与之相关的文件在文件描述款中规定,则 LINAGE-COUNTER 是全局的;否则,它就是局部的。

8.4.5.2 程序名的作用域

程序的程序名是在程序标识部的 PROGRAM-ID 短语中声明。程序名可以只被 CALL 语句、CANCEL 语句、程序地址标识符和末端程序标记引用。指派给直接或间接包含于同一最外层程序的程序名称在该最外层程序中应是惟一的。

如下规则为 CALL 语句、CANCEL 语句和程序地址标识符规定了程序名的作用域:

1) 若程序名是一个不拥有公有属性且直接包含于另一个程序中程序的名称,则该程序名只可以被该包含的程序中包括的语句引用,或者若该程序拥有递归属性,则可以只被程序本身的语句引用。

2) 除了只有当程序拥有递归属性时,拥有公有属性的程序和任何包含于其中的程序可以引用程序名,若程序名是一个拥有公有属性且直接包含于另一个程序的程序的名称,则该程序可以只被该包含的程序中包括的语句以及任何直接或间接包含于该包含的程序中的程序的语句引用。

3） 若程序名是最外层程序名的名称，则程序名可以被运行单元中任何源元素包括的语句引用。

8.4.5.3 类别名和接口名的作用域

源元素中引用的类的类别名应是包含的类定义的名称，或是该源元素或它包含的源元素的REPOSITORY 段中声明的名称。

编译组中的类定义应拥有惟一的类别名。

源元素中引用的接口的接口名应是包含的接口定义的名称，或是该源元素或它包含的源元素REPOSITORY 段中声明的名称。

编译组中的接口定义应拥有惟一接口名。

一个源元素 REPOSITORY 段中声明的类别名或接口名可以使用在那个源元素和任何嵌套的源元素中。

8.4.5.4 方法名的作用域

一个方法的方法名是在 METHOD-ID 短语中声明的。方法名可以只被 INVOKE 语句、内部调用和末端方法标记调用。

在一个类定义中声明的方法在该定义中应有惟一的方法名。根据 11.6 中的条件，在一个子类中声明的方法可以与父类别中的方法同名。

在一个接口定义中声明的方法在该定义中应有惟一的方法名。根据 11.6 中的条件，在一个继承接口中声明的方法可以与被继承的接口中的方法同名。

8.4.5.5 函数原型名的作用域

源元素中引用的函数原型名应是包含的函数定义的用户函数名或 REPOSITORY 段中声明的函数原型名。

8.4.5.6 用户函数名的作用域

用户函数名可以在任何源元素的 REPOSITORY 段中引用，在编译组中该源元素跟在函数定义之后，若外部仓库更新，则在随后任意源单元的 REPOSITORY 段中，把用户函数名规定为函数原型名。

8.4.5.7 程序原型名的作用域

源元素中引用的程序原型名应是包含的程序定义的程序名或 REPOSITORY 段中声明的程序原型名。

8.4.5.8 编译变量名的作用域

编译变量名范围是从定义点至编译组的末端。编译变量名可以在编译指示语句和常量款中引用。

8.4.5.9 参数名的作用域

参数名可以只在类定义或接口定义中引用，在这些定义中它们是通过 USING 段规定的，具体规则参见 11.2 中的 CLASS-ID 段或 11.5 中的规则。

8.4.5.10 属性名的作用域

源元素中引用的属性的属性名应在它的 REPOSITORY 段中或包含的源元素中声明。

8.5 数据描述和表示

8.5.1 计算机独立数据描述

为使数据尽可能的保持计算机独立性，数据的特征和性质应描述在数据部的一个格式中，这个格式在很大程度上独立于数据的存储方式，不论是存储在计算机内部还是一个特定的外部媒介上。当执行设施提供多种存储数据的方法时，数据描述款的子句决定了数据存储中的特殊表示。每个实现者应为实现 COBOL 语言的计算机提供一个所有可能表示的完整规范。

除了十六进制格式以外，字值的内容被表述在编译时确定的计算机代码字符集中。当一个不同的编码字符集在计算机运行中起作用时，字值的内容转变成计算机运行时编码字符集（参见 8.1.1）。十六进制字符格式规定了在运行时使用的位模式。

8.5.1.1 文件和记录

COBOL 有一些语言元素用来描述一个文件的物理特性，例如用来把逻辑文件和物理文件联系起来的外部名，以及在文件媒介的物理限制中的逻辑记录分组。

对大部分而言，COBOL 处理逻辑文件。在 COBOL 程序中输入或输出语句引用一个逻辑记录。每条逻辑记录由一组数据描述款组成，这些描述款描述一个特定记录的特征。每个数据描述由层号以及后面跟的一个数据名组成，如有必要，后面还可以接一列所需要的独立的子句。

数据项描述在工作存储节、本土存储节或连接节，可同样被分组成用于记录描述款中的逻辑记录。

文件，包括其物理方面、物理和逻辑文件的关系和逻辑文件的特性(参见 9.1)。

8.5.1.2 层次

在逻辑记录的结构中，层的概念是固有的。这种概念的产生是由于数据引用需要指明记录的细分项。一旦指明了一个细分项就可以指出更进一步的细分项，以允许更细的数据引用。

记录的最初等的细分项，即不可进一步细分的项，称作初等项。因此，记录可以说成是由一列初等项组成的；当然，记录本身也可以是一个初等项。

为了能引用一组初等项，这些初等项可以组合成组项。每一个组项由一个或几个初等项构成的命名序列组成。组项又可以由两个或更多个组项组成，等等。因此，一个初等项可隶属于多个组项。

8.5.1.2.1 层号

层号系统指明了初等项和组项的组织结构。因为记录是最外层的数据项，所以记录的层号从 01 开始。各个内层数据项被赋以不大于 49 的较高的层号(不一定连续)。66、77、88 这几个专用层号，是这一规则的例外情形(参见下文)。对应源程序中使用的每一个层号可以有若干各别的描述款。

一个组项包含所有跟在其后的组项和初等项，直至碰到一个层号小于或等于这个组项所具有的层号为止。一个给定组项的所有直接下属都应该用相同的层号来描述，且这个层号大于描述该组项的层号。

有三种描述款没有真正的层的概念，它们是：

1) 由 RENAMES 子句引入的初等项或组项的描述款；
2) 工作存储节和连接节的独立的数据项的描述款；
3) 条件名的描述款。

供重新组合数据项使用的 RENAMES 子句的描述款使用专用层号 66。

指出独立数据项(它不是其他数据项的细分项，且本身又不再细分)的描述款使用专用层号 77。

指出条件名(和条件变量的特定值相关)的描述款使用专用层号 88。

8.5.1.3 字符处理的局限性

由执行器支持的字符集的每一个代码字符，在运行时被处理成一个单一字符位。当 ISO/IEC 10646:2003 被选作一个计算机的代码字符集时，适用下列的处理局限性：

1) 在 ISO/IEC 10646:2003 中定义的一个复合序列中的非组合字符和随后的组合字符，各自被定义成一个单一字符位。
2) 在 ISO/IEC 10646:2003 的 UTF-16 格式中定义的一个四个八位位置组序列的 R-八位位置组(两个八位位置组的高半部分)和 C-八位位置组(两个八位位置组的低半部分)，各自被定义成一个单一字符位。

注：ISO/IEC 10646:2003 中的 UTF-16 格式是一个代码字符集，其中每个代码元素(或代码值)由两个八位位置组组成。许多但并非全部的字母或符号，用一个代码元素表示。为了提供更多的实体而不是以两个八位位置组编码字符集来定义，下列技术被用在了 ISO/IEC 10646:2003 中：

——一些抽象字符或正文实体被定义成“组合序列”，它由多种代码元素其中包含一个两个八位组基准字符和一个或多个两个八位位置组组合字符形成一个完整的实体，一起被称为一个组合序列。

——一些抽象字符或正文实体被定义成“替代对”，它由两个代码元素组成的一个抽象字符或正文实体的高半部分和低半部分组成。

这些技术便利了数据作为固定大小的两个八位位置组编码元素的有效处理，但若不正确操作的话将可能毁坏数据。为了更好的理解，参见 ISO/IEC 10646:2003。

COBOL 支持 UTF-16 作为一个 U 层实现，如在 ISO/IEC 10646:2003 中定义的那样，它表示 COBOL 不提供任何特殊的对替代对的操作或识别；COBOL 也不提供组合序列的识别。每个 UTF-16 的两个八位位置组的代码元素都在 COBOL 里被处理成一个字符。用户负责确保发生的任何截断或替代与它们的应用需求一致。

8.5.1.4 **代数符号**

代数符号分为两种：一种是操作用的符号，它们和有符号的数值数据项以及有符号的数值字值有关，用以提出它们的代数属性；另一种是编辑用的正负号。它们在编辑的报表中用来标识数据项的正负号。

SIGN 子句允许程序员显式指出一个符号的位置。这个子句是任选的；如不使用该子句，便按实现者的规定来表示符号。

编辑用的符号是通过 PICTURE 子句中符号控制符号把它插入到数据项中去。

8.5.1.5 **存储中数据项的对齐**

8.5.1.5.1 **字母数字组和使用显示的数据项的对齐**

字母数字组和使用显示的数据项的对齐是在一个字母数字字符的边界上，并且和处理器的体系结构中的字节边界一致。

相对于组中第一个项的一个字母数字组开始的对齐是由实现者定义的，例外的情况是当这个项是一个本土项或一个布尔类型，对象类型或指针类型的数据项时，组对齐和第一个项一致。

8.5.1.5.2 **使用本土的数据项的对齐**

使用本土的数据项对齐是在一个正常本土字符的边界上。

——一个组项的开始对齐和首项的开始对齐在那个组中，当首项是本土用法时，对齐存储在相同的位置。

8.5.1.5.3 **使用位的数据项的对齐**

当没有规定 SYNCHRONIZED 子句和 ALGNED 子句时，一个记录中的初等位数据项和位组的对齐存储在下一个相邻位位置，当这些项是：

——一个初等位数据项直接跟随一个初等位数据项或同一层的位组项时。

——一个位组直接跟随一个位组项或同一层的初等位数据项时。

其他所有位数据项的对齐在一个记录中，当没有规定 SYNCHRONIZED 子句时，对齐在第一个有效字节的第一个位位置上。

1 层、77 层和 1 层位组的初等位数据项对齐在字节的第一个位上。

在下列情况下生成隐式关键字位位置：

——当 SYNCHRONIZED 子句描述的位数据项是通过实现者定义时。实现者定义了与每个关键字位位置相关的位置规则。

——跟在一个位数据项之后，其中该数据项位于一个字母数字组项中，或一个强制类型组项中，或一个位组项中，就如同为了该组中下一个项而需要将序列提前到一个要求的正常边界一样。关键字位位置被隐式描述为一个关键字初等位数据项，其中该数据项属于该组中下一个项的层号的必需位数。

——跟在一个位数据项之后，其中该数据项是一个记录里最后一个数据项，它是一个字母数字组项或强制类型组项，就如同为了填充一个字符的整数部分而增加位数。关键字位位置被隐式描述为一个关键字初等位数据项，该数据项属于带层号的必需位数，这里层号跟高于最后项的任何位数据项的最高层号相同，或者若这里没有更高的项，则就跟记录中最后数据项的层号相同。

注：一在完全是一个位组的记录末尾，或在 77 层项的末尾，或在 1 层初等项的末尾，都不会产生关键字。

当首项是一个位数据项时，组项的开始对齐和组中首项的对齐被存储在同一个位位置。

8.5.1.5.4 提高目标代码效率的项的对齐

有些计算机的存储器的组织方式是，在其存储器中有几种自然边界（例如，字边界、半字边界、字节边界）。存储数据的方式是由运行模块确定的。且不需要顾及这些自然边界。

然而，若在这些自然边界上对齐存放数据，则对数据的某些使用（例如在算术运算中或在下标运算中）就可能提供方便。特别地，若在相邻的自然边界之间出现了两个或多个数据项或者当出现跨自然边界的数据项时，则为了存取数据可能在目标程序中需要附加的机器操作。

这里以一种避免额外机器操作的方法，在自然边界上排列数据项，而这些数据项被定义成同步的。同步可被通过两种方式实现：

1） 使用 SYNCHRONIZED 子句。

2） 不用 SYNCHRONIZED 子句而识别适当的自然边界，并恰当地组织数据。

每一个提供特定对齐方式的实现者都应该给出精确的解释。在一个组内使用这样的项可能影响语句的结果，其中组被用来作为一个操作数。每个提供了这种特定对齐方式的实现者，应描述隐式 FILLER 的效果以及引用这些组的任何语句的语义。

8.5.1.5.5 强制类型组项的对齐

强制类型组项的对齐是在一个正常字母数字边界上并且与处理器结构中的一个字节边界相一致。

一个相对于组中的首项的强制类型组项的开始对齐是由实现者定义的，但以下例外：

——组对齐应和首项一致，当那个项是一个本土组项或一个布尔类，目标或指针的数据项时。

——包含在组中的初等项对齐应是这样的，即类型特性是可保存的（参见 8.5.3）。

8.5.2 数据项和字值类及类别

每个数据项和每个字值都有一个类或类别。

强制类型组项的类和类别都是类型名，该类型名规定在组项数据描述的 TYPE 子句中。不是强制类型的一个组项的类和类别如下：

——一个字母数字组项有字母数字类和类别；

——一个位组项有布尔类和类别；

——一个本土组项有本土类和类别。

一个字母数字组项被处理成如同它有一个显式用法。

初等数据项的类别取决于它的描述。初等数据项的类和它的类别有关，如表 3 中所示，对于初等数据项类和类别的关系。

表 3 初等数据项类和类别的关系

类	类　　别
字母	字母
字母数字	字母数字 字母数字编辑 数值编辑（若显示了用法）
布尔	布尔
索引	索引
本土	本土 本土编辑 数值编辑（若显示了用法）

表 3（续）

类	类　别
数值	数值
对象	对象引用
指针	数据指针 程序指针

一个字值的类和类别在 8.3.1.2 中定义。

按照 COBOL 规则对一个数据类或数据类别名字的使用涉及到类别，除非该类是特别声明的。

8.5.2.1 字母类别

通过其自身 PICTURE 字符串描述为字母的一个初等数据项，是一个字母类别。

这样的一个项就是字母数据项。

当允许初等字母数据项作为操作数时，可以规定一个字母数据项。当明确不允许字母数据项作为操作数时，该字母数据项认为就是一个字母数字数据项。

8.5.2.2 字母数字类别

下列每个数据项都是一个字母数字类别的数据项：

1） 通过 PICTURE 字符串描述为字母数字型的初等数据项。
2） 用包含一个字母数字型字值的 VALUE 子句描述的初等数据项，而不是用 PICTURE 子句描述。
3） 字母数字组项。
4） 字母数字函数。

这样的项就是字母数字数据项。

8.5.2.3 字母数字编辑类别

通过其自身 PICTURE 字符串描述为一个字母数字编辑项的初等数据项，是字母数字编辑类别的。

这样的项就是字母数字编辑数据项。

8.5.2.4 布尔类别

下列每个数据项都是布尔类别的数据项：

1） 通过其自身 PICTURE 字符串描述为布尔型的初等数据项。
2） 用包含一个布尔字值的 VALUE 子句描述的初等数据项，而不是用 PICTURE 子句描述。
3） 用带 BIT 短语的 GROUP-USAGE 子句隐式或显式描述的组项。
4） 布尔函数。

这样的项就是布尔数据项。

8.5.2.5 数据指针类别

显式或隐式地描述为数据指针用法的初等数据项是数据指针类别的。

这样的项就是数据指针或数据指针数据项。

8.5.2.6 索引类别

下列每个数据项都是索引类别的数据项：

1） 显式或隐式描述为索引用法的初等数据项。
2） 索引函数。

这样的项就是索引数据项。

8.5.2.7 本土类别

下列每个数据项都是本土类别的数据项：

1） 通过其自身 PICTURE 字符串描述为本土型的初等数据项。

2) 用包含一个本土字值 VALUE 子句描述,且没有用 PICTURE 子句描述的初等数据项。

3) 显式或隐式地描述为本土用法的初等数据项。

4) 用带 NATIONAL 短语的 GROUP-USAGE 子句显式或隐式描述的组项。

5) 本土函数。

这样的项就是本土数据项。

8.5.2.8 本土编辑类别

通过其自身 PICTURE 字符串描述为本土编辑型的初等数据项是一个本土编辑类别。

这样的项就是一个本土编辑数据项。

8.5.2.9 数值类别

下列每个数据项都是数值类别的数据项:

1) 通过其自身 PICTURE 字符串描述为数值型,且没有用 BLANK WHEN ZERO 子句描述的初等数据项。

2) 由下列一种用法描述的初等数据项:二进制字符、二进制短整型、二进制长整型、二进制双精度型、浮点短整型、浮点长整型、浮点扩充型。

3) LINE-COUNTER。

4) LINAGE-COUNTER。

5) PAGE-COUNTER。

6) 字值函数。

7) 整型函数。

这样的项就是一个数值数据项。

8.5.2.10 数值编辑类别

下列每个数据项都是数值编辑类别数据项:

1) 通过其自身 PICTURE 字符串描述为字值编辑型的数据项。

2) 通过其自身 PICTURE 字符串描述为字值型,且用 BLANK WHEN ZERO 子句描述的数据项。

这样的项就是字值编辑数据项。

8.5.2.11 对象引用类别

显式或隐式地描述为对象引用用法的初等数据项是对象引用类别的。

这样的项就是对象引用数据项。

8.5.2.12 程序指针类别

显式或隐式地描述为程序指针用法的初等数据项是程序指针类别的。

这样的项就是程序指针数据项。

8.5.3 类型

类型是一个模板,即包含数据项及其从属项的所有特性。通过规定 TYPEDEF 子句,可以声明和命名一个类型。类型引用。在数据描述款中通过规定 TYPE 子句来引用类型。通过其类型名确定的一个类型的最重要特性是相关位置,类型声明中定义的初等项长度,以及为每个这样的初等项规定的 BLANK WHEN ZERO,JUSTIFIED,PICTURE, SIGN,SYNCHRONIZED 和 USAGE 子句。

这里,通过 TYPE 子句规定的数据描述款来引用一个类型。通过规定定义的类型项包含引用的类型的所有特性。

组项可以是强制类型或弱类型。一个类组项在下列任一情况下是强制类型:

——TYPE 子句描述的项,其中该子句引用一个规定 STRONG 短语的类型声明。

——该项从属于这样一个组项,即该组项使用 TYPE 子句描述的,而 TYPE 子句引用了规定 STRONG 短语的类型声明。

初等项不能是强制类型。

在下列情况中，两个类型是同一类型：

——都是用 TYPE 子句描述的项，其中该子句引用等价类型声明；或是

——在等价类型声明中都是作为从属项的项，其中该声明起始于相同的相对字节位置且拥有相同的字节长度。

两个类声明被认为是等价的，条件如下：它们有相同的类型名，并且对于一个类型声明中的每个初等项，在另一个类型声明中也有相应的初等项，也起始于相同的相对字节位置且拥有相同的字节长度。每对相应的初等项应有相同的 BLANK WHEN ZERO，JUSTIFIED，PICTURE，SIGN，SYNCHRONIZED 和 USAGE 子句，但以下情况例外：

1） 货币符号匹配，当且仅当相应的货币串相同。

2） 句号图片符号匹配，当且仅当对于这两个类型声明 DECIMAL-POINT IS COMMA 子句同时生效或同时无效。逗号图片符号匹配，当且仅当对于这两个类型声明 DECIMAL-POINT IS COMMA 子句同时生效或同时无效。

另外，PICTURE 子句中的本地环境规格匹配当且仅当：

——同时在 PICTURE 子句中 LOCALE 短语规定了相同的 SIZE 短语，并且

——同时没用本地环境名规定了 LOCALE 短语，或同时用相同的外部标识规定了 LOCALE 短语，其中这个外部标识是外部本地环境名或字值的值，而字值的值与 SPECIAL-NAMES 段的 LOCALE 子句中的本地环境名相关。

注：当两个类型的项定义在同一个源元素中时，上述规则就意味着，要么两个项都用相同的 TYPE 子句描述，要么两个项都被描述为同一类型声明中的相同从属项。

8.5.3.1 弱类型项

弱类型项拥有它们相应的类型声明的特性。这些特性不能被从属于该类型项的组的规格撤销。

弱类型项可以按照无类型项的方式使用。

注：对于一个或多个数据描述款来说，类型声明可被看作是一个“速记”。

8.5.3.2 强制类型组项

类似于弱类型项，强制类型组项拥有它们相应的类型声明的特性。另外，强制类型组项的使用受保护数据完整性的限制。

可以是强制类型的项只能是组项。

8.5.4 零长度项

零长度项是一个数据项，它的最小长度是零并且它的长度在运行时是零。一个零长度项是下列其中之一：

1） 只包含一个可变出现数据项的组数据项，其中出现次数为零。

2） 只包含一个从属零长度项的组数据项。

3） 相对于一个是零长度项的变元或返回项，用 ANY LENGTH 子句定义的一个数据项。

4） 用 RECORD 子句的可变长度或者固定-可变长度格式规定的逻辑记录，其中该子句中字符位置数为零。

5） 一个返回值是零长度的内部函数。

8.6 数据的作用域和生命周期

一个源单元可以包含其他源单元，并且这些被包含的源单元可以引用一些包含它们的源单元中的资源（结构的详细细节参见第 10 章）。

8.6.1 全局名和本土名

全局和本土名的范围参见 8.4.5。

8.6.2 外部项和内部项

可访问的数据项要求存储数据的某些表示。文件连接符要求存储某些有关文件信息。与数据项或文件连接符相关的存储可能是外部的或内部的。

描述在工作存储节中的一个记录，其外部属性是通过它数据描述款中的 EXTERNAL 子句给出的。通过一个数据描述款描述的任何数据项也都可以获得外部属性，其中该数据描述款从属于一个描述外部记录的款。若一个记录或数据项没有外部属性，则它是一个内部的。

通过相关文件描述款中的 EXTERNAL 子句的描述，为一个文件连接符给定了外部属性。若该文件连接符没有外部属性，则它就是内部的。

若描述的记录从属于一个文件描述款，该文件描述款没有包含 EXTERNAL 子句，或从属于一个分类合并文件描述款，与任何描述的且从属于该记录数据描述款的数据项一样，它们总是内部的。若 EXTERNAL 子句包含在一个文件描述款中，则它的记录及其从属数据项都获得外部属性。

记录，从属数据项，描述在本土存储节、连接节、通信节、报表节和屏幕节的各种相关控制信息，它们总是内部的。特别考虑到描述在连接节中的数据，这里在描述的记录和其他运行时元素可访问的其他数据项之间相关。

外部和内部数据项以及文件连接符可以有全局名或本土名。

若一个数据项或文件连接符是外部的，则相关于这些项的存储是与运行单元相关，而非与运行单元中的任何特定运行元素相关。一个外部项可以被描述它的运行单元中的任一运行元素访问。使用独立的数据项或文件连接符描述的不同的运行时元素，它们对外部项的引用往往是对同一个项的引用。在一个运行单元中，外部项只有一种表示。

若一个数据项或文件连接符是外部的，则它的相关存储仅与描述它的运行时模块有关。内部项参见 8.6.3。

8.6.3 自动、初始和静态内部项

每个内部项有这三个属性之一：自动、初始或静态。自动、初始和静态项的设计与它的持续性和运行单元执行期间内容的持续性相关。

数据项、文件连接符和屏幕项属性有两种状态：初始状态和上次使用状态。一个数据项的初始状态取决于 VALUE 子句出现与否以及该数据项的描述，其中 VALUE 子句可以出现在它的数据描述款中，也可以出现在描述该数据项的节中。一个文件连接符的初始状态是它不处于打开模式。一个屏幕项属性的初始状态取决于这个屏幕项的描述。

上次使用状态意味着数据项、文件连接符或屏幕项属性的内容还处于它上次被修改的内容。

在本土存储节中定义的数据项是自动项。每次包含它们的运行时元素被激活时，都为它们分配存储空间并设置为初始状态。当运行时元素的实例处于激活状态时，运行元素中每一个激活的实例都有其自身拥有的该数据项的副本，其中该数据项一直持续。

定义在初始程序中的文件节、工作存储节和通信节上的数据项和文件连接符都是初始项。同样，初始程序中的屏幕项属性也被当作是初始项。每次初始程序被激活时，它们就被设定在各自的初始状态。当程序是在激活状态时，初始项将持续。初始程序的每个激活是否都有其自身的初始项的副本，这是未定义的。

在一个并非初始程序的源程序中工作存储节、通信节或文件节中定义的数据项和文件连接符，都是是静态项。同样，一个并非初始程序的源程序中的屏幕项属性也被看作是静态项。每次当运行时元素或包含这些项的对象处于各自初始状态时，这些项被设置为它们的初始状态，其中运行时元素和那个对象的初始状态参见 14.5.2.1.2.1 和 14.5.2.2。它们应在初始化前分配，且持续至下列第一种的情况：

——运行单元结束。

——一个程序的 CANCEL 声明执行，其中该程序直接或间接包含这些项。

——在对象数据的情况下，对象生命周期的结束。

对于一个不是对象数据的静态项来说，运行单元中只有一个副本。

对于是对象数据的静态项来说：

——在给定类的一个工厂对象中，每个静态项只有一个副本，其中这些静态项被该类的工厂定义描述或继承。

——在给定类的每个实例对象中，每个静态项中只有一个副本，其中这些静态项被该类的实例定义描述或继承。

进一步的细节参见 9.3.1，9.3.9 和 9.3.14。

描述在连接节中的数据项，当被规定为形式参数或一个激活的源元素中的返回项时，这些数据项与它们相应的变元或激活的源元素中相应的返回项有着相同的持久特性。当运行时元素被激活时，这些数据项处于上次使用状态，而且，当变元持续以及包含它们定义的源元素处于激活状态，它们将持续。

若相关的表是静态的，则表索引被看作是一个静态项，而且若该相关的表是动态的，则它被看作是一个动态项。

8.6.4 基准款和基准数据项

基准款是一个数据描述款，它用 BASED 子句描述在工作存储节，本土存储节或连接节中。初等款最初并不与实际数据项相关联。当基准款的隐含数据地址指针分配给一个已有数据项的地址，或分配给一个 ALLOCATE 语句所占有的存储空间的地址时，这里就建立连接基准款和实际数据的关联。这种关联建立了一个基准数据项。同时，该关联是用一个隐含数据地址指针来维护的，其中该指针可以被形式为“ADDRESS OF 数据名”的标识符引用，这里数据名就是该基准款的名字。

该关联可能终止退出，其原因可能是实际数据不再存在(参见 8.6.3 和 14.8.3)，也可能是因为隐含的数据地址指针不再引用实际数据。

连接终止于下列情况：

——当它的隐含地址指针被设为另一个不同的值时。

——当基准款被定义在工作存储节或本土存储节，定义在该节的数据项的生命周期终止时。

——当基准款被定义在连接节，运行时元素的执行终止时。

8.6.5 公共、初始和递归属性

一个程序可用这样一些属性来描述，那些属性可以影响它的初始状态，或者定义一种可以调用该程序的方式。

公共程序是这样一个程序，即它可以直接包含在另一个程序中，且可以被直接或间接包含在那个程序中的程序调用(参见 8.4.5.2)。通过在该程序标识部中规定 COMMON 子句，就可以获得公共属性了。当没有规定 COMMON 子句时，一个非递归的被包含的程序可以从直接包含程序中调用。COMMON 子句有利于子程序的书写，其中子程序可以被程序中包含的所有程序使用。

初始程序是这样一个程序，即在该程序被调用时它的程序状态就被初始化了。在初始化一个初始程序期间，那个程序的内部出家被初始化(参见 14.5.2)。通过在该程序标识部规定 INITIAL 子句，就可以获得初始属性了。

递归程序可以直接或间接调用其自身。程序的内部数据的初始化是按照 14.5.2 中所描述的规则。通过在该程序标识部中规定 RECURSIVE 子句，就可以获得递归属性了。

函数和方法通常是递归的。它们数据的初始化方法与递归程序一样。

若在一个程序标识部中，既没有 INITIAL 子句也没有 RECURSIVE 子句，则该程序数据是处于上次使用状态，而非程序第一次被激活时的状态(参见 14.5.2)。当程序处于激活状态时，它不能再被激活，除非规定了一个 RECURSIVE 子句。

8.6.6 共享数据项

运行单元中的两个运行元素可以在以下环境中引用公共数据：

1) 若运行时元素已经描述了一个外部数据记录，则该记录的数据内容可以被任何运行时元素

引用。

2） 若一个程序是被包含在另一个程序中，则这两个程序都可以引用处理全局属性的数据，该属性可能在包含程序中，或直接或间接包含该包含程序的任何程序中。

3） 通过引用，从激活运行时元素传递一个变元值给被激活的运行时元素，这种机制建立了一个公共数据项。被激活的单元和激活单元可以使用不同的名字来引用该公共数据项。

8.7 运算符

8.7.1 算术运算符

算术表达式中可使用五种双目算术运算符和两种单目算术运算符。它们由 COBOL 专用字符来表示，一个左圆括号和一个单目算术符之间或一个单目算术符和一个左圆括号之间不需要空格之外，其他情况前后均应该有一空格。

下面所示都是算术运算符：

双目算术运算符	含义
＋	加法
－	减法
*	相乘
/	相除
* *	乘幂

单目算术运算符	含义
＋	作用相当于乘以数值字值＋1
－	作用相当于乘以数值字值－1

8.7.2 布尔运算符

布尔运算符为单目运算符或双目运算符分别规定了在一个或两个操作数上运算的布尔运算符的类型。下面都是布尔运算符：

双目布尔运算	含义
B-AND	AND 操作(布尔合取命题)
B-OR	含的 OR 操作(布尔包含析取命题)
B-XOR	互斥的 OR 操作(布尔互斥析取命题)

单目布尔运算符	含义
B-NOT	否定操作

8.7.3 串联运算符

串联运算符是 COBOL 字符“&”，它前后都应紧贴着一个分隔符空格。

8.7.4 调用运算符

调用运算符是两个连续的 COBOL 字符“::”，它前后都应紧贴着一个分隔符空间。调用运算符的用法参见 8.4.2.4。

8.7.5 关系运算符

关系运算符指明关系条件中进行比较的类型。

8.7.5.1 一般格式

格式 1(简单关系运算符)

IS [NOT] GREATER THAT
IS [NOT] >
IS [NOT] LESS THAN
IS [NOT] <
IS [NOT] EQUAL TO
IS [NOT] =

格式 2(扩充关系运算符)

IS GREATER THAN OR EQUAL TO
IS>=
IS LESS THAN OR EQUAL TO
IS<=

8.7.5.2 **语法规则**

1) 当指明时,NOT 创建一个关系运算符,它定义了为逻辑值而执行的比较关系。

2) 格式 1 规定了简单关系运算符。

3) 格式 2 规定了扩充关系运算符。

4) >是 GREATER THAN 的缩写。

5) <是 LESS THAN 的缩写。

6) =是 EQUAL TO 的缩写。

7) >=是 GREATER THAN OR EQUAL TO 的缩写。

8) <=是 LESS THAN OR EQUAL TO 的缩写。

8.7.6 **逻辑运算符**

逻辑运算符是字 AND、NOT 和 OR。逻辑运算符的用法参见 8.8.4.2。

8.8 表达式

8.8.1 算术表达式

算术表达式可以是一个数值初等项标识符、一个数值字值、一个象征常量 ZERO(ZEROS、ZE-ROES)、用算术运算符隔开的若干数值初等项标识符、象征常量和数值字值、用算术运算符隔开的两个算术表达式、或者用圆括号括起来的算术表达式。任何算术表达式可冠以一个单目运算符。标识符、数值字值、算术运算符和括号的可能的组合情况在表 4 中给出。

算术表达式的求值规则取决于有效的算法模式是本原的还是标准的。

8.8.1.1 本原算法和标准算法

下面规则的应用不考虑有效的算法模式:

1) 圆括号可以用于算术表达式来指明算术操作的顺序。在圆括号内的操作应在加上括号的表达式的外面操作之前执行;结果看成是进一步操作中的一个单个操作数。当指明了括号嵌入时,操作执行的顺序是:从括号集的最内层到最外层。

2) 当操作数包含在同一层时,执行的先后顺序是:

第一 ——单目加和减

第二 ——求幂

第三 ——乘法和除法

第四 ——加法和减法

3) 当执行的顺序没有用括号指明时,相同优先级的连续操作的执行顺序是从左到右。

注:括号用于消除在逻辑上(相同层级的连续操作会出现)的歧义。这样是为了修改某些表达式中执行的正常层次顺序。在这些表达式中,需要背离一些正常的优先级或为了阐明而强调正常顺序。

4) 表 4 总结了标识符、字值、运算符和括号在算术表达式中的组合方式。

表 4　算术表达式中符号的组合

第一个符号	第二个符号				
	标识符或字值	+ —— * / **	单目+或−	(	)
标识符	—	P	—	—	P
+ —— * / **	P	—	P	P	—
单目+或−	P	—	—	P	—
(	P	—	P	P	—
)	—	P	—	—	P
注：字母“P”表示符号的允许配对；字符“—”表示一个无效的配对。					

5)　一个算术表达式仅可以以符号“(”、“+”、“−”、标识号或字值开始，且以“)”、标识符或字值结束。算术表达式中的左右括号应该是一一对应的，因此，每个左括号都在它对应的右括号左边。若算术表达式中的第一个运算符是一个单目运算符，且那个算术表达式后面紧接着跟着一个标识符或另一个算术表达式，它前面应紧置一个左括号。

注：例如，当“1”和“+2”都被用作二维表 A 中的下标时，算术表达式需要用括号括起来，算术表达式“+2”需要用括号括起来，如 A(1(+2))。

6)　下面的规则用于算术表达式中幂的求值：

a)　若幂运算的值为零，则表达式的指数应是一个大于零的值。否则，就要设置 EC-SIZE-EXPONENTIATION 异常条件存在且长度错误条件出现。

b)　若这个求值产生了一个正实数和一个负实数，则作为结果返回的值应是一个正数。

c)　若幂运算的值小于零，则对表达式的指数的求值应该得到一个整数。否则，要设置 EC-SIZE-EXPONENTIATION 异常条件存在且长度错误条件出现。

7)　算术表达式允许用户在没有关于操作数的结合和接收数据项的限制情况下组合算术操作。

8.8.1.2　本原算法

本原算法是实现者定义的对算术表达式、算术语句、SUM 字句和所有整型及数值函数进行求值的一种方法。本原算法有效的条件是 ARITHMETIC IS NATIVE 子句在 OPTIONS 段中规定或没有规定 ARITHMETIC 子句。它在下面的条件下也是有效的，规定了 ARITHMETIC IS STANDARD 子句且某些操作按照在 8.8.1.3 中表明的那样利用数据项。实现者应规定在本原算法中用到的技术。

8.8.1.3　标准算法

标准算法是对算术表达式、算术语句、SUM 字句和某些整数及数值函数(这些函数在 15.3.1 中规定)进行求值的一种方法。标准算法的规则从 8.8.1.3.1～8.8.1.3.8 中都有定义。标准算法有效的条件是 ARITHMETIC IS STANDARD 子句在 OPTIONS 中规定。当用二进制字符、二进制短整型、二进制长整型、二进制双精度型、浮点短整型、浮点长整型、浮点扩充型来描述的数据项是算术表达式、算术语句、SUM 子句或某些整型和数值函数中的一个操作数时，其中利用的技术应是本原算法中规定的那些技术。

当标准算法已经规定或暗含在源单元中且 FLAG-NATIVE-ARITHMETIC 指令有效，则利用本原算法的任何算术操作都标记。

8.8.1.3.1　标准中间数据项

标准中间数据项是数值类和数值类别的。它是惟一的值零或一个抽象的、有符号的、标准化的十进制浮点临时数据项。这个内部表示应由实现者定义。实现者可利用它们希望的任何方法，只要结果遵从标准中间数据项的规则。

注：标准中间数据项的内部表示允许变化，因此，实现者应该为当时的情况选择最有效的执行。

当标准算法有效时，适用下列规则：

1) 已经不包含在标准中间数据项中的算术表达式的任何操作数应转换为一个标准中间数据项。

注：这个规则覆盖了这样的情况：仅包含一个操作数和没有运算符号的算术表达式。例如，IF(A=1)和 COMPUTE A=B。

2) 若这个值太大或太小，以至于不被包含在一个标准中间数据项中，长度错误条件出现且 EC-SIZE-OVERFLOW 或 EC-SIZE-UNDERFLOW 异常条件要设置为存在。(参见 14.6.4)

注：下溢被看成是一种 SIZE ERROR 且不舍入为零。

8.8.1.3.1.1 精度和允许的数量级

标准中间数据项有惟一的零值或一个这样的值：它的大小在下列的范围内：

10^{-999}(1.000 000 000 000 000 000 000 000 000 000 0E-999)

到($10^{1000}-10^{968}$(9.999 999 999 999 999 999 999 999 999 999 9E+999))。

其中它的精度是 32 位数字。标准中间数据项应如隐式规定的那样被截为或舍入为小于 32 位的数字。

8.8.1.3.1.2 规范值

当标准中间数据项的值不为零时，这个有效数字在小数点左边应精确地包含一个非零数字。

8.8.1.3.1.3 舍入规则

标准中间数据项在下列情况下应舍入为 31 位数字，并且舍入应遵从 ROUNDED 短语中的描述。

1) 当对标准中间数据项进行比较时，比较在内部函数的变元之间进行的情况除外(这个情况下，它不应舍入且所有 32 位都用到)。

2) 当标准中间数据项是一个函数的变元且没有为这个函数规则定义等价的算术表达式时，除非在函数规则中指明了其他方面或上面的第一种情况适用。

3) 当标准中间数据项被传送到一个结果标识符中，且没有为该结果标识符指定 ROUNDED 短语时。标准中间数据项的舍入可能会导致长度错误条件出现或存在 EC-SIZE-OVERFLOW 异常条件。

注：这些规则的目的是消除过多的舍入且确保在嵌套算术表达式求值的末尾舍入操作只发生一次。

当标准中间数据项被传送到一个结果标识符中，且为该结果标识符指定了 ROUNDED 短语时，舍入产生的数字的数目在 14.6.3 中指明。

8.8.1.3.2 加法

对于加法，操作数和运算符是：操作数 1+操作数 2。所得结果应是具有 32 位有效数字的、规范的且存储在标准中间数据项中的和值。

8.8.1.3.3 减法

对于减法，操作数和运算符是：操作数 1—操作数 2。所得结果应与下面算术表达式的值相等：(操作数 1+(—操作数 2))。

8.8.1.3.4 乘法

对于乘法，操作数和运算符是：操作数 1 * 操作数 2。所得结果应是具有 32 位有效数字的、规范的且存储在标准中间数据项中的精确乘积值。

8.8.1.3.5 除法

对于除法，操作数和运算符是：操作数 1/操作数 2。所得结果应是具有 32 位有效数字的、标准化且存储在标准中间数据项中的精确商值。

8.8.1.3.6 求幂

对于求幂，操作数和运算符是：操作数 1 * * 操作数 2。

1) 当操作数 2 为零且操作数 1 非零时，所得结果应等价于如下算术表达式的值：(1)

2) 当操作数 2 的值大于零，所得结果应确定如下：

a) 当操作数 2 是一个整数且下面的条件为真时：

(操作数 2=1)

则等价的表达式应是

(操作数 1)

b) 当操作数 2 是一个整数且下面的条件为真时：

(操作数 2=2)

则等价的表达式应是

(操作数 1 * 操作数 1)

c) 当操作数 2 是整数且下面条件为真时：

(操作数 2=3)

则等价的表达式应是

((操作数 1 * 操作数 1) * 操作数 1)

d) 当操作数 2 是整数且下面条件为真时：

(操作数 2=4)

则等价的表达式应是

((操作数 1 * 操作数 1) * (操作数 1 * 操作数 1))

e) 其他情况下，所得结果应是一个由实现者定义的、规范的且存储在标准中间数据项中的值。

3) 当操作数 2 小于 0 时，所得结果应等价于下面算术表达式的值：
(1/(操作数 1 * * FUNCTION ABS(操作数 2)))

4) 当操作数 1 和操作数 2 都等于 0 时，要设置 EC-SIZE-EXPONENTIATION 异常条件为存在。

8.8.1.3.7 单目加法

对于单目加法，运算符和操作数是：+操作数。所得结果应等价于下面算术表达式的值：
(操作数)

8.8.1.3.8 单目减法

对于单目减法，运算符和操作数是：—操作数。所得结果应等价于下面算术表达式的值：
(—1 * 操作数)

8.8.2 布尔表达式

布尔表达式可以是：

——一个引用布尔数据项的标识符；

——一个布尔字值；

——一个象征常量 ZERO(ZEROS,ZEROES)；

——一个象征常量 ALL 字值，其中字值是布尔字值；

——一个前面置有单目运算符的布尔表达式；

——用一个双目运算符隔开的两个布尔表达式；或

——一个用圆括号括起来的布尔表达式。

下列各项是布尔表达式的构成和赋值规则：

1) 布尔表达式应以下面其中之一开始：

——符号“(”；

——引用布尔数据项的标识符；

——布尔字值；

——单目运算符 B-NOT。

2) 布尔表达式应以下面其中之一结尾：

——符号“)”；

——引用布尔数据项的标识符；

——布尔字值。

3） 左括号与右括号之间应一一对应，因此每个左括号应在它对应右括号的左边。

4） 在双目布尔操作中的两个操作数不应都是象征常量 ALL 字值。

5） 布尔表达式中操作数、运算符和圆括号的允许组合在表 5，布尔表达式中符号的组合中规定。

表 5 布尔表达式中符号的组合

第一个符号	第二个符号				
	标识符或字值	B-AND，B-OR，B-XOR	B-NOT	(	)
标识符或字值	—	P	—	—	P
B-AND，B-OR，B-XOR	P	—	P	P	—
B-NOT	P	—	—	P	—
(	P	—	P	P	—
)	—	P	—	—	P
注：字母“P”表示符号的允许配对；字符“—”表示一个无效的配对。					

6） 布尔表达式的求值应照如下规则进行处理：

a） 括号内的表达式求值应在加上括号的表达式用于蕴含的表达式的求值之前。在括号内，求值的顺序是：从内嵌括号集的最内层到最外层。

b） 当操作数包含在同一层时，执行的先后顺序是：

第一 ——否定操作(B-NOT)

第二 ——合取命题(B-AND)

第三 ——互斥析取命题(B-XOR)

第四 ——包含析取命题(B-OR)

c） 当求值的顺序没有用括号指明时，相同优先级的操作的求值顺序是从左到右。

注：括号可以用于阐明相同优先级的连续操作被指明的逻辑，或当需要背离正常优先级时修改优先级。

7） 双目布尔操作处理时不考虑操作数的用法。若两个操作数具有相同的长度，则规定操作、合取操作或析取操作(包含或互斥)应通过将布尔值上的操作与布尔位置(从最左边的布尔位置到最右边的布尔位置)相对应来进行。若操作数具有不同的长度，则操作处理起来就像：在短操作数右边填充足够数目的布尔 0 来使两个操作数具有相同的长度。

注：长度为每个布尔操作(包括单目操作)确定且确定的顺序是操作被求值的顺序。

8） 每个布尔操作求值的结果应是一个布尔值且它的长度应是那个操作引用的较大项的布尔位置的数目。

8.8.3 串联表达式

串联表达式由串联运算符分开的两个操作数组成。

8.8.3.1 一般格式

$$\left\{\begin{matrix}\text{字值 1}\\ \text{串联表达式 1}\end{matrix}\right\}\ \&\ \text{字值 2}$$

8.8.3.2 语法规则

1） 除了将这两个操作数都指定或指定其中一个为象征常量，否则它们应是同一类型，要么是字母数字型、布尔型，要么是本土型。字值 1 和字值 2 都不应是以 ALL 开始的象征常量。

2） 对于字母数字类型的操作数，串联产生的值的长度应该小于或等于 160 个字母数字型字符的长度。

3） 对于布尔型操作数，串联产生的值的长度应该小于或等于 160 个布尔型字符的长度。

4) 对于本土型操作数,串联产生的值的长度应该小于或等于160个本土型字符的长度。

8.8.3.3 一般规则

1) 串联操作产生的串联表达式的类型应是:

a) 当其中一个操作数是象征常量时,组成其他操作数的字值或串联表达式的类型;

b) 当两个操作数都是象征常量时,字母数字类型;

c) 与操作数同一类型。

2) 串联表达式的值应该字值、象征常量的串联,且串联表达式就是由它们组成的。

3) 串联表达式应等价于相同类型和值的字值,且可能被用在任何该类型字值使用的地方。

8.8.4 条件表达式

条件表达式标识这样一些条件,即通过检测条件的逻辑值来选择多个处理中的一个。条件表达式有一个用真或假表示的逻辑值。这里有两类与条件表达式有关的条件类型:简单条件和复杂条件。每一个都可以用任意配对的圆括号括起来,而不改变其类型。

8.8.4.1 简单条件

简单条件是关系条件、类别、条件名、开关状态、正负号和省略变元条件。简单条件有逻辑值"真"或"假"。简单条件括以括号并不改变其简单条件的逻辑值。

8.8.4.1.1 关系条件

关系条件指定两个运算对象进行比较。连接这两个操作数的关系运算符指定了比较类型。若某一关系在两个运算对象间成立,则该关系条件便具有逻辑值"真",反之若该关系不成立,则具有逻辑值"假"。

包含布尔类型操作数的条件表达式是布尔关系条件;包含指针类操作数或对象类操作数的关系条件是指针或对象引用关系条件;否则关系条件是一般关系条件。

比较定义如下:

1) 两个数值类型操作数。

2) 两个字母类型操作数。

3) 两个字母数字类型操作数。

4) 两个布尔类型操作数。

5) 两个本土类型操作数。

6) 两个操作数中,一个是数值整型而另一个是字母数字类型或本土类型。

7) 两个不同类型的操作数,每个操作数都来自字母数字集、字母集或本土集。

8) 包括索引或索引数据项的比较。

9) 两个对象类操作数。

10) 两个指针类操作数,每个操作数都属于相同的类别。

11) 两个同一类型的强制类型操作数。

为了比较,字母数字组项应被视为初等字母数字数据项。字母类型操作数应被视为字母数字类操作数。本土组项或位组项应分别被视为初等本土数据项或初等位数据项。

第一个运算对象称为条件的主体;第二个运算对象称为条件的客体。关系条件应该至少含有对一个不是字值的操作数的引用。

8.8.4.1.1.1 一般格式

格式1(一般关系)

{标识符 1 | 字值 1 | 算术表达式 1 | 索引名 1}

[IS [NOT] GREATER THAN
IS [NOT]＞
IS [NOT] LESS THAN
IS [NOT]＜
IS [NOT] EQUAL TO
IS [NOT]＝
IS GREATER THAN OR EQUAL TO
IS＞＝
IS LESS THAN OR EQUAL TO
IS＜＝]

{标识符 2 | 字值 2 | 算术表达式 2 | 索引名 2}

格式 2(布尔型)

布尔表达式 1 {IS [NOT] EQUAL TO | IS [NOT]＝} 布尔表达式 2

格式 3(指针或对象引用)

标识符 3 {IS [NOT] EQUAL TO | IS [NOT]＝} 标识符 4

8.8.4.1.1.2 语法规则

格式 1

1) 若标识符 1 或标识符 2 是强制类型组,则两个操作数都应是同一类型。

2) 所有标识符应是字母类型、字母数字类型、本土类型或数值类型,或者应是强制类型组项。

3) 所有字值应是字母数字类型、本土类型或数值类型。

4) 包含布尔类型、指针类型或对象引用类型的初等项的强制类型组项只可以比较是否相等。

格式 3

5) 标识符 3 和标识符 4 应引用指针类型或对象类型的数据项,且两者都应是同一类别。

8.8.4.1.1.3 数值操作数的比较

对于数值类型的操作数,它们的比较是根据操作数的代数值运算而不论用何种方式描述它们用法。字值或算术表达式操作数的长度(即数字位数)是没有含义的。零被视为是惟一不考虑正负号的值;值为零的操作数等于任何其他值为零的操作数,而不论正数、负数或无符号数。当操作数中的一个或两个是应用本原算法的操作数,则比较采用本原算法规则进行处理而不论实际上的算法模式。当使用标准算法时,使用的标准中间数据项数位位数以及是否舍入参见 8.8.1.3.1.3。

8.8.4.1.1.4 数值整型操作数与字母数字型或本土型操作数的比较

数值整型操作数应是一个整型字值或用法显示或本土类型的整型数值数据项。另一个操作数可以是字值或字母数字类型或本土类型的数据项。

根据 MOVE 语句规则,该整数被视为传递给一个初等数据项,其中数据项长度与整数数位位数相同,与比较数类型和用法相同。然后根据两个比较数类型操作数的比较规则继续进行比较。

8.8.4.1.1.5 字母数字型操作数与本土型操作数的比较

两个操作数,一个是字母数字类型而另一个是本土类型,也可以进行比较。字母数字型操作数被视为它被转换并根据 MOVE 语句的规则传递给一个本土类型的初等数据项,其长度与字母数字型操作数一致。然后根据两个本土类型操作数的比较规则继续进行比较。

8.8.4.1.1.6 字母数字型操作数的比较

字母数字型操作数可以同另一个字母数字型操作数或另一个被视为字母数字型操作数比较。比较按照为当前字母数字程序排序序列指定的字符的排序序列进行。操作数的长度是操作数中字母数字字符的位置数。

这里定义了两种对比:标准对比和基于本地环境的对比。当字母数字程序排序序列实际上是基于本地环境时,就使用基于本地环境的对比;否则使用标准对比。

8.8.4.1.1.6.1 **标准比较**

这里考虑两种情况:等长操作数和不等长操作数。

1) 等长操作数。通过从高端直至遇到一对不等长字符或到达操作数的低端(这二者不论先后)来比较字母数字字符与相应字母数字字符,从而使得比较有效地进行。若相应的字母数字符的所有对都相等,则操作数被认为相等。两个零长操作数相等。

   遇到的不等长字符的第一对被用来比较以确定它们在字母数字排序序列中的相对位置。包含字母数字排序序列中排位较高字符的操作数是较大的那个操作数。

2) 不等长操作数。若操作数不等长,则在较短的那个操作数右边用足够的空格填充以保证操作数等长,从而继续进行比较。然后适用等长操作数处理规则。

8.8.4.1.1.6.2 **基于本地环境的比较**

为了比较,除了全部由空格组成的操作数被截成一个空格外,操作数的尾部空格都被截掉。

注:基于本地环境的比较无需字符逐一比较;关于基于非本地环境的比较,用空格填充较短的操作数可以改变文化上期望的结果。

若本地环境没有指定一个明确的字母数字排序序列,则字母数字类型和字母类型的操作数被映射到本土字符集中它们相应的表示以便比较。字母数字类型字符和本土类型字符之间的对应由实现者定义。

通过与排序序列有关的算法继续进行比较,其中排序序列由 LC_COLLATE 类别从当前本地环境定义。这可以是一种文化方面敏感的比较,且无需字符逐一比较。关系条件是否满足的确定是基于本地环境规定的。两个零长操作数相等。

若本地环境没有为操作数的所有字符都定义排序序列,则 EC-LOCALE-INCOMPATIBLE 异常条件被置为存在。

8.8.4.1.1.7 **布尔型操作数的比较**

一个布尔类型操作数可以与另一个布尔类型操作数比较。布尔类型操作数的比较是它们布尔值之间的比较,而不论它们的用法。操作数的长度是该操作数中布尔位置数的值。这里考虑两种情况:等长操作数和不等长操作数。

1) 等长操作数。通过从布尔位置最左端直至遇到一对不等长布尔值或到达操作数最右端的布尔位置(这二者不论先后)来比较对应的布尔位置中的布尔值,从而使得比较有效地进行。若相应的布尔值的所有对都相等,则两个操作数被认为是相等的。两个零长操作数相等。

2) 不等长操作数。若操作数不等长,则在较短的那个操作数右边用足够的布尔零填充以保证操作数等长,从而使得比较继续进行。然后应用操作数等长的处理规则。

8.8.4.1.1.8 **本土型操作数的比较**

一个本土类型操作数可以与另一个本土类型操作数比较。比较根据为当前本土程序排序序列指定的字符排序序列进行。操作数的长度是该操作数中本土字符位置的数。

这里定义了两类比较:标准比较和基于本地环境的比较。当本土程序排序序列事实上是基于宿主据时使用基于本地环境;否则,使用标准比较。

注:一个字母数字项和本土项可以比较。字母数字型操作数和本土 l 型操作数的比较规则规定字母数字型操作数要转换成本土型。然后根据两个本土的比较规则进行比较。

8.8.4.1.1.8.1 **标准比较**

这里考虑两种情况:等长操作数和不等长操作数。

1) 等长操作数。通过从高端直至遇到一对不相等字符或到达操作数的低端(这二者不论先后)来比较相应本土字符位置中的本土字符,从而使得比较有效地进行。若相应本土字符的所有对都相等,则这两个操作数被认为是相等的。两个零长操作数相等。

遇到的不相等字符的第一对被用来比较以确定它们在本土排序序列中的相对位置。包含那个位置在本土排序序列中较高字符的操作数是较大的操作数。

2) 不等长操作数。若两个操作数不等长,则在那个较短操作数的邮编用足够的本土空格填充以保证操作数等长,从而使得比较继续进行。然后应用等长操作数的规则进行比较。

8.8.4.1.1.8.2 基于本地环境的比较

为了比较,除了将全部由空格组成的操作数截成一个空格之外,其他操作数的末尾空格都被截掉。

注:基于本地环境的比较无需字符逐一比较;为基于非本地环境的比较用空格填充较短的操作数可以改变文化上期望的结果。

然后通过与排序序列有关的算法进行比较,其中该排序序列是由 LC_COLLATE 类别从当前本地环境定义的。这可是是文化方面敏感的比较,且无需字符逐一比较。关系条件是否满足的确定是基于本地环境规定的。两个零长操作数相等。

若本地环境没有为操作数的所有字符定义排序序列,则 EC-LOCALE-INCOMPATIBLE 异常条件设置为存在。

8.8.4.1.1.9 强制类型组项的比较

当两个强制类型组项进行比较时,根据初等项的比较规则以及初等项在强制类型组项中被指定的顺序,第一个操作数的每个初等项与第二个操作数相应的初等项进行比较。比较将一直执行直至有一对初等项不等或比较完最后一对初等项。包含的初等项大于相应初等项的操作数被认为是较大的操作数。若相应初等项的所有对都是相等的,则两个强制类型组操作数被认为是相等的。

8.8.4.1.1.10 包含索引名或索引数据项的比较

关系检测只可以在以下情况进行:

1) 两个索引名。结果与比较两者相应的出现次数相同。

2) 一个索引名和一个数字数据项或数字值。相应于索引名的值的出现次数被用来与数据项或字值比较。

3) 一个索引数据项和索引名或另一个索引数据项。无需转换直接比较逻辑值。

8.8.4.1.1.11 对象类操作数的比较

一个类对象操作数可以与另一个类对象操作数比较。

注:尽管预定义的类引用与它们自身之间比较没有太多含义,但还是允许的。

若标识符 3 引用的对象与标识符 4 引用是同一个对象,则关系"标识符 3＝标识符 4"有逻辑值"真";否则,该关系有逻辑值"假"。

8.8.4.1.1.12 指针操作数的比较

若都是引用同一地址则这两个操作数相等。

8.8.4.1.2 布尔条件

布尔条件决定一个布尔表达式是真还是假。

8.8.4.1.2.1 一般格式

[NOT] 布尔表达式 1

8.8.4.1.2.2 语法规则

布尔表达式 1 应只引用长度为 1 的布尔项。

8.8.4.1.2.3 一般规则

1) 若表达式的结果为 1,则布尔表达式值为真,而若标识符的结果为 0,则布尔表达式值为假。

2) 条件 NOT 布尔表达式 1 的计算值为布尔表达式 1 逻辑值的相反值。

8.8.4.1.3 类条件

类条件决定了操作数是否是数值类、字母类、小写字母类、大写字母类、布尔类、或只包含在

ALPHABET或 CLASS 子句中规定的字符集中的字符。ALPHABET 或 CLASS 子句在环境部中的 SPECIAL-NAMES 段中规定。

8.8.4.1.3.1 **一般格式**

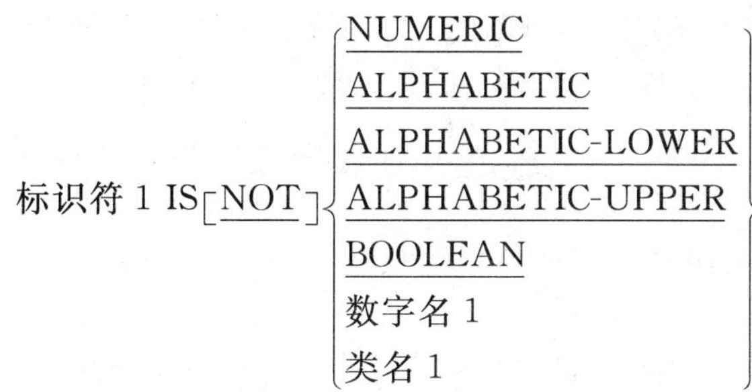

8.8.4.1.3.2 **语法规则**

1） 标识符 1 不应引用索引类、对象类或指针类的数据项。

2） 若规定了 NUMERIC 短语，标识符 1 应引用一个数据项，该数据项的用法是显示或作为一个本土型的数据项，或者它的类别是数值型。

3） 若没有指定 NUMERIC 短语，标识符 1 应引用一个数据项，该数据项的用法是显示或作为一个本土型的数据项。若标识符 1 是函数标识符，它应引用一个字母数字函数或本土函数。

4） 若标识符 1 引用的数据项的类别是数值类或数值编辑类，则不应规定 BOOLEAN 短语。

5） 若标识符 1 引用的数据项的类别是布尔类、数值类或数值编辑类，则不应规定 ALPHABETIC、ALPHABETIC-LOWER、ALPHABETIC-UPPER 或类名 1。

6） 字母名 1 不应当引用与本地环境有关的字母表。

8.8.4.1.3.3 **一般规则**

1） 若标识符 1 引用的是一个长度为零的数据项，则不带 NOT 字的类条件逻辑值为假。

2） 若标识符 1 引用的是一个长度非零的数据项，则不带 NOT 字的类条件逻辑值决定如下：

a） 若 NUMERIC 被指定，

- 若标识符 1 引用的数据项的类别是数值型的：
  ——若标识符 1 引用的数据项的用法是隐示的或显式的显示或是本土的，则当该数据项内容中的运算符号存在或不存在与标识符 1 的数据描述款一致，并且除运算符号外，该数据项的内容仅包含字符 0，1，2，3，…9 时，类条件的值为真。有效的运算符在 13.16.50 中定义。
  ——若标识符 1 引用的数据项的用法不是显示的或本土的，则当数据项的内容仅包含用法的有效表示，并且若规定了 PICTURE 子句，数据项在值域范围内的数值型值暗含在 PICTURE 中时，类条件的值为真。
- 若标识符 1 引用的数据项的类别不是数值类，则当该数据项内容仅包含字符 0，1，2，3，…，9 时，类条件的值为真。

b） 若规定了 ALPHABETIC，在下列情况下条件为真：

- 若本地环境在字符分类中有效，则当标识符 1 引用的数据项的内容仅包含字符，并且这些字符在当前本地环境的 LC_CTYPE 类别中被标识为字母时，条件为真。
- 若本地环境在字符分类中没有生效，则当标识符 1 的引用数据项的内容仅包含一组大写字母 A，B，C，…，Z 和空格符，或一组小写字母 a，b，c，…，z 和空格符；或者是任意的大写字母、小写字母和空格符的组合时，条件为真。

c） 若规定了 ALPHABETIC-LOWER，在下列情况下条件为真：

- 若本地环境在字符分类中有效，则当标识符 1 引用的数据项的内容仅包含字符，并且这些字符在当前本地环境的 LC_CTYPE 类别中被标识为小写字母时，条件为真。

- 若本地环境在字符类别中没有生效,则当标识符 1 引用的数据项的内容仅包含一组小写字母 a,b,c,…,z 和空格字符时,条件为真。

d) 若规定了 ALPHABETIC-UPPER,在下列情况下条件为真:

- 若本地环境在字符分类中有效,则当标识符 1 引用的数据项的内容仅包含字符,并且这些字符在当前本地环境的 LC_CTYPE 类别中被标识为大写字母时,条件为真。
- 若本地环境在字符类别中没有生效,则当标识符 1 引用的数据项的内容仅包含一组大写字母 A,B,C,…,Z 和空格符时,条件为真。

e) 若规定了 BOOLEAN,则当标识符 1 引用的数据项的内容仅包含布尔值“0”和“1”时,条件为真。

f) 若规定了字母表名 1,则当标识符 1 引用的数据项的内容仅包含编码字符集中的字符,并且这些编码字符集由 SPECIAL-NAMES 段中的字母表名 1 标识时,条件为真。

g) 若规定了类名 1,则当标识符 1 引用的数据项的内容仅包含 SPECIAL-NAMES 段中类名 1的定义列出的字符时,条件为真。

9) 若规定了 NOT 字,逻辑值就是相反的。

8.8.4.1.4 条件名条件(条件变量)

在条件名条件中,通过测试条件变量来决定它的值是否与和条件名 1 相关值中的某一个相等。条件变量在 8.4.3 中定义。

8.8.4.1.4.1 一般格式

条件名 1

8.8.4.1.4.2 规则

1) 若条件名 1 与一个值的范围或多个值的范围相关联,则通过测试条件变量来决定它的值是否落入包括端点值在内的范围内。

2) 条件变量与条件名值的比较规则和关系条件中指明的规则相同。

3) 若对应于该条件名 1 的某个值等于相关的条件变量的值时,则测试结果为真。

8.8.4.1.5 开关状态条件

开关状态条件决定了实现者定义的外部开关的开或关的状态。开关名和与条件相关的开或关的值,应在环境部的 SPECIAL-NAMES 段中命名。

8.8.4.1.5.1 一般格式

条件名 1

8.8.4.1.5.2 规则

若开关置于条件名 1 指定的位置,则测试的结果为真。

8.8.4.1.6 符号条件

符号条件决定了算术表达式的代数值是小于、大于或等于 0。

8.8.4.1.6.1 一般格式

$$\text{算术表达式 1 IS } [\underline{\text{NOT}}] \left\{ \begin{array}{l} \underline{\text{POSITIVE}} \\ \underline{\text{NEGATIVE}} \\ \underline{\text{ZERO}} \end{array} \right\}$$

8.8.4.1.6.2 规则

当使用 NOT 和下一个关键字规定了一个符号条件时,它定义了一个代数测试,其结果是一个逻辑值。若它的值大于 0,则该操作数为正;若它的值小于 0,则该操作数为负;若操它的值等于 0,则该操作为零。

注:NOT ZERO 对一个非零值(正数或负数)的逻辑测试。

8.8.4.1.7 **省略变元条件**

省略变元条件决定是否为函数、方法或程序提供变元。

8.8.4.1.7.1 **一般格式**

数据名 1 IS [NOT] OMITTED

8.8.4.1.7.2 **语法规则**

数据名 1 应是一个在源元素中定义的形式参数，并且源元素中规定了这个条件。

8.8.4.1.7.3 **一般规则**

1) OMITTED 检验的结果为真：
   a) 若在激活这个程序、函数或方法的语句中规定的与数据名 1 相对应的变元是 OMITTED 短语，而不是一个标识符或字值；或
   b) 与数据名 1 相对应的变元是一个拖尾变元，并且该变元在激活语句中被省略；或者，
   c) 若与数据名 1 相对应的变元本身是形参，并且该形参省略变元条件为真。
2) 当使用规则时，NOT 和关键字 OMITTED 规定了一个条件，执行这个条件可以得到逻辑值。

8.8.4.2 **复合条件**

复合条件是由简单条件和/或复合条件用逻辑连接符(逻辑运算符“AND” 或“OR”)组合或对这些条件进行逻辑非操作(逻辑运算符“NOT”)形成的。复合条件(可以加括号的，也可以不加)的逻辑值，是从它组成的条件上的逻辑运算符的相互作用中得到。

逻辑运算符和它们的含义是：

逻辑运算符	**含义**
AND	逻辑连接；当被连接的两个条件都为真时，逻辑值为“真”；当被连接的条件有一个或两个为假，逻辑值为“假”。
OR	逻辑或；当被连接的条件有一个或两个为真时，逻辑值为“真”；当两个被连接的条件都为假时，逻辑值为“假”。
NOT	逻辑否或逻辑值的取反；当条件为假时，逻辑值为“真”；当条件为真时，逻辑值为“假”。

8.8.4.2.1 **否定条件**

否定的条件就是条件用逻辑运算符“NOT”取反所得的条件，它起着对条件逻辑值的取反作用。否定的条件括以括号并不改变其逻辑值。

注：当条件的逻辑值求反为假时，该否定条件的逻辑值为真；当条件的逻辑值求反为真时，该否定条件的逻辑值为假。

8.8.4.2.1.1 **一般格式**

NOT 条件 1

8.8.4.2.2 **组合条件**

组合条件是由逻辑运算符“AND”或“OR”把条件连接而成。

8.8.4.2.2.1 **一般格式**

条件 1 { {AND | OR} 条件 2 }

8.8.4.2.3 **逻辑运算符的优先级和圆括号的使用**

逻辑运算符的优先级决定了逻辑运算符应用的条件，除非优先级被显式的圆括号所覆盖。逻辑运算符优先级的次序是“NOT”、“AND”、“OR”。在复合条件中，显式的圆括号改变了条件求值的次序(参见 8.8.4.3)。

注：“条件 1 OR NOT 条件 2 AND 条件 3” 有这样的含义：“条件 1 OR ((NOT 条件 2)AND 条件 3)”。圆括号可以用于改扮条件的含义。例如，“(条件 1 OR (NOT 条件 2))AND 条件 3”值不同于“条件 1 OR NOT 条件 2 AND

条件 3”。

表 6，条件的组合、逻辑运算符和圆括号，指示了条件和逻辑运算符组合或加圆括号的方法。左圆括号和右圆括号之间应有一个一对一的关系，每个左圆括号对应于最左边的右圆括号。

表 6　条件、逻辑运算符和圆括号的组合

给出下列元素：	在一个条件表达式中		元素从左到右的序列	
	是否是第一个元素	是否是最后一个元素	非第一个元素之前，仅可以是：	非最后一个元素之后，仅能紧跟：
简单条件	是	是	OR，NOT，AND，(	OR，AND，)
OR 或 AND	否	否	简单条件，)	简单条件，NOT，(
NOT	是	否	OR，AND，(	简单条件，(
(	是	否	OR，NOT，AND，(	简单条件，NOT，(
)	否	是	简单条件，)	OR，AND，)
注：元素对“OR NOT”是允许，而“NOT OR”是不允许的；对“NOT(”是允许的，而“NOT NOT”是不允许的。				

8.8.4.2.4　省写的组合关系条件

在简单关系条件或否定的简单关系条件用逻辑连结符组合成连续的序列中，当后继的关系条件包含的主体或者主体及关系运算符两者与前面的关系条件相同，且这个连续序列中未使用括号时，则除第一个关系条件外的任何关系条件都可用下法省写：

1）　省略关系条件的主体，或

2）　省略关系条件的主体及关系运算符。

在关系条件序列中，上面两种形式的省写都可以使用。

8.8.4.2.4.1　一般格式

$$\text{关系条件 1}\left\{\left\{\begin{array}{l}\underline{\text{AND}}\\ \underline{\text{OR}}\end{array}\right\}\left\{\begin{array}{l}\underline{\text{NOT}}\\ [\underline{\text{NOT}}]\text{简单的相关操作符}\\ \text{扩充的相关操作符}\end{array}\right\}\text{对象 1}\right\}\cdots$$

其中，简单的关系操作和扩充的关系操作参见 8.7.5。

8.8.4.2.4.2　语法规则

1）　关系条件 1 不应是一个布尔型关系条件。

2）　隐含的插入结果应遵循表 6，合并组合、逻辑运算符和圆括号中的规则。

3）　字 NOT 后不应紧跟字 NOT 或字 IS NOT。

8.8.4.2.4.3　一般规则

使用省写的效果就像是在省略主体的地方插入紧前出现的主体，且在省略关系运算符的地方插入紧前出现的关系运算符。在复合条件中，一旦遇见一个完全的简单条件，则省略主体和/或关系运算符的插入就停止了。

在省写的组合关系条件中，对字 NOT 的使用阐明如下：

a）　若扩充的关系运算符紧跟在字 NOT 之后，则 NOT 被认为是一个逻辑运算符；否则，

b）　若跟在字 NOT 后的关系运算符是一个简单的关系运算符，则 NOT 被认为是简单关系运算符的一部分；否则，

c）　NOT 被认为是一个逻辑运算符，因此隐含的主体和运算符的插入产生了一个否定关系条件。

注：NOT 的使用通常会导致结果不直观，因此应当尽量避免对它的使用。这些用扩充的等价式使用的例子如下：

省写的组合关系条件	**展开的等价式**
a>b AND NOT<c OR d	((a>b) AND (a NOT <c) OR (a NOT < d))

a NOT EQUAL b OR c	(a NOT EQUAL b) OR (a NOT EQUAL c)
NOT a=b OR c	(NOT(a=b) OR (a=c))
NOT(a GREATER b OR <c)	NOT((a GREATER b) OR (a<c))
NOT(aNOT >bAND cAND NOT d)	NOT(((aNOT>b) AND(aNOT >c)AND(NOT(a NOT >d))))

8.8.4.3 条件的求值顺序

显式或隐式的括号，两者都表示复合条件中一个蕴含层。仅由逻辑运算符“AND”或“OR”连接的处于同一蕴含层的两个或多个条件建立了复合条件中的一个等级层。于是整个复合条件可以看作是等级层的嵌套结构，并且其本身是最大的蕴含层。在这个上下文中，整个复合条件内的条件求值从整个复合条件的左端开始，必要的地方，递归地按照下列规则进行：

1) 在同一层次中的连接在一起的条件按从左到右的顺序求值，只要该层次的逻辑值一确定，它的求值就结束，而不管该层次中连接在一起的条件是否已求值。

2) 若当算术表达式中的条件已求值，则这些表达式的值就产生了。类似地，若当有必要对一否定条件所代表的复合条件求值的话，则要对该否定条件求值(参见 8.8.1)。

8.9 保留字

下面是所列出的保留字：

ACCEPT
ACCESS
ADD
ADVANCING
AFTER
ALL
ALPHABET
ALPHABETIC
ALPHABETIC-LOWER
ALPHABETIC-UPPER
ALPHANUMERIC
ALPHANUMERIC-EDITED
ALSO
ALTER
ALTERNATE
AND
ANY
ARE
AREA
AREAS
ASCENDING
ASSIGN
AT
AUTHOR

BEFORE
BINARY

CONTAINS
CONTENT
CONTINUE
CONTROL
CONTROLS
CONVERTING
COPY
CORR
CORRESPONDING
COUNT
CURRENCY
END-START
DATA
DATE
DATE-COMPILED
DATE-WRITTEN
DAY
DAY-OF-WEEK
DE
DEBUG-CONTENTS
DEBUG-ITEM
DEBUG-LINE
DEBUG-NAME
DEBUG-SUB-1
DEBUG-SUB-2
DEBUG-SUB-3
DEBUGGING

END-DIVIDE
END-EVALUATE
END-IF
END-MULTIPLY
END-OF-PAGE
END-PERFORM
END-READ
END-RECEIVE
END-RETURN
END-REWRITE
END-SEARCH
INSPECT
END-STRING
END-SUBTRACT
END-UNSTRING
END-WRITE
ENTER
ENVIRONMENT
EOP
EQUAL
ERROR
ESI
EVALUATE
EVERY
EXCEPTION
EXIT
EXTEND

IDENTIFICATION
IF
IN
INDEX
INDEXED
INDICATE
INITIAL
INITIALIZE
INITIATE
INPUT
INPUT-OUTPUT

INSTALLATION
INTO
INVALID
IS

JUST
JUSTIFIED

KEY

LABEL
LAST
LEADING
LEFT
LENGTH

BLANK
BLOCK
BOTTOM
BY

CALL
CANCEL
CD
CF
CH
CHARACTER
CHARACTERS
CLASS
CLOCK-UNITS
CLOSE
CODE
CODE-SET
COLLATING
COLUMN
COMMA
COMMON
COMMUNICATION
COMP
COMPUTAT10NAL
COMPUTE
CONFIGURAT10N

DECIMAL-POINT
DECLARATIVES
DELETE
DELIMITED
DELIMITER
DEPENDING
DESCENDING
DESTINATION
DETALL
DISABLE
DISPLAY
DIVIDE
DIVISION
DOWN
DUPLICATES
DYNAMIC

EGI
ELSE
EMI
ENABLE
END
END-ADD
END-CALL
END-COMPUTE
END-DELETE

EXTERNAL

FALSE
FD
FILE
FILE-CONTROL
FILLER
FINAL
FIRST
FOOTING
FOR
FROM

GENERATE
GIVING
GLOBAL
GO
GREATER
GROUP

HEADING
HIGH-VALUE
HIGH-VALUES

I-O
I-O-CONTROL

LESS
LIMIT
LIMITS
LINAGE
LINAGE-COUNTE
LINE
LINE-COUNTER
LINES
LINKAGE
LOCK
LOW-VALUE
LOW-VALUES

MEMORY
MERGE
MESSAGE
MODE
MODULES
MOVE
MULTIPLE
MULTIPLY

NATIVE
NEGATIVE
NEXT
NO

NOT
NUMBER
NUMERIC
NUMERIC-EDITED

OBJECT-COMPUTER
OCCURS
OF
OFF
OMITTED
ON
OPEN
OPTIONAL
OR
ORDER
ORGANIZATION

QUOTES

RANDOM
RD
READ
RECEIVE
RECORD
RECORDS
REDEFINES
REEL
REFERENCE
REFERENCES
RELATIVE
RELEASE
REMAINDER
REMOVAL

SEND
SENTENCE
SEPARATE
SEQUENCE
SEQUENTIAL
SET
SIGN
SIZE
SORT
SORT-MERGE
SOURCE
SOURCE-COMPUTER
SPACE
SPACES
SPECIAL-NAMES
STANDARD

TIME
TIMES
T0
TOP
TRAIL1NG
TRUE
TYPE

UNIT
UNSTRING
UNTIL
UP
UPON
USAGE
USE
USING

OTHER
OUTPUT
OVERFLOW

PACKED-DECIMAL
PADDING
PAGE
PAGE-COUNTER
PERFORM

PF
PH
PIC
PICTURE
PLUS
POINTER
POSITION
POSITIVE
PRINTING
PROCEDURE
PROCEDURES
PROCEED
PROGRAM
PROGRAM-ID
PURGE

QUEUE
QUOTE

RENAMES
REPLACE
REPLACING
REPORT
REPORTING
REPORTS
RERUN
RESERVE
RESET

RETURN
REVERSED
REWIND
REWRITE
RF
RH
RIGHT
ROUNDED
RUN

SAME
SD
SEARCH
SECTION
SECURITY
SEGMENT
SEGMENT-LIMIT
SELECT

STANDARD-1
STANDARD-2
START
STATUS
STOP
STRING
SUB-QUEUE-1
SUB-QUEUE-2
SUB-QUEUE-3

SUBTRACT
SUM
SUPPRESS
SYMBOLIC
SYNC
SYNCHRONIZED

TABLE
TALLYING
TAPE
TERMINAL
TERMINATE
TEST
TEXT
THAN
THEN
THROUGH
THRU

VALUE
VALUES
VARYING

WHEN
WITH
WORDS
WORKING-STORAGE
WRITE

ZERO
ZEROES
ZEROS

+
-
*
/
**
>
<
=
>=
<=

8.10 上下文有关字

下面的内容都是上下文有关字且保存在指定的语言结构或环境中。若上下文有关字用在一般格式中允许它出现的地方，则这个字被认为是关键字；否则它被认为是用户定义字。

上下文有关字	语言结构或上下文
ARITHMETIC	OPTIONS 段
ATTRIBUTE	SET 声明
AUTO	屏幕描述款
AUTOMATIC	LOCK MODE 字句
BELL	屏幕描述款和 SET 属性声明
BLINK	屏幕描述款和 SET 属性声明
BYTE-LENGTH	常量款
CENTER	COLUMN 字句
CLASSIFICATION	OBJECT-COMPUTER 段

CYCLE	EXIT 声明
EOL	屏幕描述款中的 ERASE 字句
EOS	屏幕描述款中的 ERASE 字句
ENTRY-CONVENTION	OPTIONS 段
ERASE	屏幕描述款
EXPANDS	REPOSITORY 段中的 class-specifier 和 interface-specifier
FOREGROUND-COLOR	屏幕描述款
FOREVER	RETRY 短语
FULL	屏幕描述款
HIGHLIGHT	屏幕描述款和 SET 属性声明
IGNORING	READ 声明
IMPLEMENTS	FACTORY 段和 OBJECT 段
LC_ALL	SET 声明
LC_COLLATE	SET 声明
LC_CTYPE	SET 声明
LC_MESSAGES	SET 声明
LC_MONETARY	SET 声明
LC_TIME	SET 声明
LOWLIGHT	屏幕描述款和 SET 属性声明
MANUAL	LOCK MOD 子句
MULTIPLE	LOCK ON 短语
NONE	DEFAULT 子句
NORMAL	STOP 声明
NUMBERS	COLUMN 子句和 LINE 子句
ONLY	Object-view、SHARING 子句、SHARING 短语和 USAGE 子句
PARAGRAPH	EXIT 声明
PREVIOUS	READ 声明
RECURSIVE	PROGRAM-ID 段
RELATION	VALIDATE-STATUS 子句
REQUIRED	屏幕描述款
REVERSE-VIDEO	屏幕描述款和 SET 属性声明
SECONDS	RETRY 短语
SECURE	屏幕描述款
SIGNED	USAGE 子句
STATEMENT	RESUME 声明
STEP	OCCURS 子句
STRONG	TYPEDEF 子句
SYMBOL	CURRENCY 子句
UCS-4	ALPHABET 子句
UNDERLINE	屏幕描述款和 SET 属性声明

UNSIGNED	USAGE 子句
UTF-8	ALPHABET 子句
UTF-16	ALPHABET 子句
YYYYDDD	ACCEPT 声明
YYYYMMDD	ACCEPT 声明

所有异常名称都是上下文有关的，因为它们仅可以出现在 RAISE、RAISING（在 GOBACK、EXIT FUNCTION、EXIT METHOD 和 EXIT PROGRAM 中）和 USE EXCEPTION 的后面且出现在 TURN 编译指示中。异常名称的清单参见 14.5.12.1。

8.11 内部函数名称

下面是内部函数名称的清单：

ABS	HIGHEST-ALGEBRAIC	ORD-MIN
ACOS		
ANNUITY	INTEGER	PI
ASIN	INTEGER-OF-BOOLEAN	PRESENT-VALUE
ATAN	INTEGER-OF-DATE	
	INTEGER-OF-DAY	RANDOM
BOOLEAN-OF-INTEGER	INTEGER-PART	RANGE
BYTE-LENGTH		REM
	LENGTH	REVERSE
CHAR	LOCALE-COMPARE	
CHAR-NATIONAL	LOCALE-DATE	SIGN
COS	LOCALE-TIME	SIN
CURRENT-DATE	LOG	SQRT
	LOG10	STANDARD-COMPARE
DATE-OF-INTEGER	LOWER-CASE	STANDARD-DEVIDATION
DATE-TO-YYYYMMDD	LOWEST-ALGEBRAIC	SUM
DAY-OF-INTEGER		
DAY-TO-YYYYDDD	MAX	TAM
DISPLAY-OF	MEAN	TEST-DATE-YYYYMMDD
	MEDIAN	TEST-DAY-YYYYDDD
E	MIDRANGE	TEST-NUMVAL
EXCEPTION-FILE	MIN	TEST-NUMVAL-C
EXCEPTION-FILE-N	MOD	TEST-NUMVAL-F
EXCEPTION-LOCATION		
EXCEPTION-LOCATION-N	NATIONAL-OF	UPPER-CASE
EXCEPTION-STATEMENT	NUMVAL	
EXCEPTION-STATUS	NUMVAL-C	VARIANCE
EXP	NUMVAL-F	
EXP10	WHEN-COMPILED	
	ORD	

FACTORIAL
FRACTION-PART
ORD-MAX
YEAR-TO-YYYY

8.12 编译指令字

下面的字都保存在编译器指令中：

ALL
AND
AS

B-AND
B-NOT
B-OR
B-XOR

CALL-CONVENTION
CHECHING
COBOL
CORRESPONDING

DE-EDITION
DEFINE
DEFINED
DIVIDE

ELSE
END-IF
END-EVALUATE
EQUAL
EVALUATE

FIXED
FLAG-85
FLAG-NATIVE-ARITHMETIC
FORMAT

FREE
FUNCTION-ARGUMENT

GREATER

IF
IMP
IS

LEAP-SECOND
LESS
LISTING
LOCATION

MOVE

NOT
NUMVAL

OFF
ON
OR
OTHER
OVERRIDE

PAGE
PARAMETER
PROPAGATE

SET
SIZE
SOURCE
STANDARD-1
STANDARD-2

THAN
THROUGH
THRU
TO
TRUE
TURN

WHEN
WITH

ZERO-LENGTH

+
-
*
/
<=
>=
<
>
=
(
)

除了上面的清单外，所有在14.5.12中规定的异常名称也都是编译器指令字。

8.13 外部仓库

外部仓库包括程序定义、函数定义、类定义和接口定义中规定的信息。

这些源单元中存储的信息由激活程序、函数或方法需求的所有信息和检测符合性的信息组成。这些信息包括：

——源单元的具体名称；

—源单元(程序、函数、类或接口)的类型；

——源单元参数的描述，接收参数的方式（通过参数或值）和它们是否是可选的；

——源单元返回项的描述；

——可能由运行时元素引起的异常；

——源单元的款转换（若有的话）；

——源单元的对象属性（若有的话）；

——包含在源单元中的方法和关于方法具体名称、参数、返回值和款转换的细节；

——参数和返回值描述的类型声明；

——DECIMAL-POINT IS COMMA 子句是否在源单元中规定；

——源单元中定义的任何货币符号和它们相对应的货币串；

——为与源单元中形式化参数或返回项相关的场所而产生的外部场所识别；

——实现者要求的任何其他信息。

这些关于源单元的信息，除了源单元的具体名称，都称作它的签名。不管信息来自于原型还是定义，存储在关于程序或函数的签名的外部仓库中的信息是相同的。

实现者应提供一个机制，这个机制可以允许用户指定编译单元在编译时是否需要更新外部仓库。

实现者应提供一个机制，这个机制可以允许用户规定是否对外部仓库中编译组里的原型和定义的区别进行标记。

与外部仓库中信息相关的源单元名称的细节参见 12.2.7。

9 输入输出、对象和用户定义函数

9.1 文件

9.1.1 物理文件和逻辑文件

文件的物理性质描述出现在输入或输出媒介上的数据，且具有如下特征：

1) 文件媒介的物理限制内的逻辑记录组合。

2) 标识文件的方法。

一个文件概念上或逻辑上的特征是文件自身中每个逻辑实体的明确定义。COBOL 输入或输出语句每次只涉及一条逻辑记录。

区分物理记录和逻辑记录是非常重要的。COBOL 记录是一组有关的信息，是独特标志的，并且被视为一个单元。

物理记录是这样一个信息物理单元，即该信息传送给或记录在输出设备上，或来自输入设备的传送。物理记录的大小与硬件有关，与设备上包含的信息的文件大小没有直接联系。

一条逻辑记录可以包含在一个单个的物理单元中；或者多条逻辑记录包含在一个物理单元中；或者一条逻辑记录占据多个物理单元。这里有几种源语言方法可用来描述物理单元和逻辑记录之间的关系。当建立一个允许的关系时，处理器与实时模块的交互提供了对与物理单元相关的逻辑记录的访问控制。在本文档中，涉及的纪录就是逻辑记录，除非“物理记录”这个术语被明确使用。类似的，涉及文件就是文件的逻辑特征，除非“物理文件”被使用。对于每个文件连接符，总有一个涉及该连接区的文件名所引用的与之相关的逻辑文件，甚至可以有数个逻辑文件与一个物理文件相关。

当一条逻辑记录传送给或来自一个物理单元时，语句 CODESET 或者 FORMAT 要求的任何转化都完成了。如有必要可以增加或删除填充字符。

9.1.2 记录区域

记录区域是与文件相关的存储区域，其中运行时元素可以访问该文件的逻辑记录。在成功执行 OPEN 语句后，运行时元素可以访问记录区域。当文件以输入模式打开，成功执行读操作以后，记录区域中的逻辑记录有效。当文件以扩展或输出模式打开，逻辑记录在成功执行写或重写操作之前有效。当文件以 I-O 模式打开，逻辑记录在一次成功的读后有效，再执行一次读或成功的重写后无效。

9.1.3 文件连接符

文件连接符被文件名引用，且是一个对用户不可见的存储区域，但包含的信息是运行单元用来决定输入输出的操作状态和与相关物理文件的连接状态。

文件连接符有许多属性，这些属性通过相关文件名的文件描述款和文件控制款中的短语和子句来规定，同时也通过输入输出语句的执行来规定。这些属性是：组织（顺序、索引或相对）；访问模式（顺序的、动态的或随机的）；死锁模式（自动的、手动的或空）；锁定模式（单个记录锁定、多个记录锁定或空）；打开模式（输入、输出、I-O、扩展）；共享模式（不与其他共享、只读共享、完全共享、实现者定义、不共享）；是否是一个报表文件连接符。它也包含文件位置指示符、引用键、I-O 状态值、当前卷指针、文件和记录锁等信息。

正如在 8.6.2 中所描述的那样，文件连接符不是内部的就是外部的。对于内部文件连接符，一个文件连接符与每个文件描述项都相关。对于外部文件连接符，这里只有一个文件连接符与运行单元相关，而不管有多少文件描述项描述同一个文件名。

9.1.4 打开模式

当文件连接符的打开模式是输入、输出、I-O 或扩展之一时，文件连接符是打开的。当文件连接符打开时，它是物理文件和逻辑文件之间的连接。

通过成功执行一个引用相关文件名的 OPEN 语句，文件连接符将被置为打开模式。OPEN 声明也将该文件连接符与物理文件关联起来。当 CLOSE 语句引用相关联的文件名时，文件连接符不再与物理文件相联系，并且文件连接符不再处于打开模式。在下面的情况中，为了某个处于打开状态的文件连接符，COBOL 运行时系统执行一个不带选择短语的隐式 CLOSE 语句：

——当运行单元终止时。

——对于描述在程序中的初始文件连接符，当 GOBACK 语句或 EXIT PROGRAM 语句在它们描述所在的被调程序中执行时。

——对于文件连接符在一个 CANCEL 语句执行所在的程序，或任意包含该程序的程序。

——对于一个对象中的文件连接符，当该对象被删除时。

9.1.5 共享文件件连接符

运行单元中的两个实时元素可以参见下面环境中的通用文件连接符：

1) 一个外部文件连接符可以被任意描述该文件连接符的实时元素引用。

2) 若一个程序包含于另一个程序，则这两个程序都可以引用一个通用文件连接符，其方式是通过引用一个相关联的全局文件名，而该全局文件名可以在被包含程序中，也可在任何直接或间接包含该被包含程序的程序中。

9.1.6 文件固有属性

物理文件在创建时就有若干属性，并且在文件的整个生命周期都不能改变。文件的一个主要属性就是文件的组织，它描述了文件的逻辑结构。这里有三个组织模式：顺序的、相对的和索引的。COBOL 提供的其他物理文件的固有属性包括：主记录键、次记录键、编码集、以字节为单位的最大逻辑记录和最小逻辑记录、记录类型（固有或可选）、索引文件的键排序序列、以字节为单位的最大物理记录和最小物理记录、填充符和记录分隔符。实现者应该指明能否共享物理文件是不是一个文件的固有属性。

9.1.7 组织

这里有三种文件组织：顺序的、相对的和索引的。

9.1.7.1 顺序的

顺序文件组织如下：除了最后一个记录，其他每个记录都有唯一的后继；除了第一个记录，其他每个记录都有唯一的前驱。当建立物理文件时，WRITE 声明的执行次序决定后继的关系。除非物理文件的最后添加新的记录，否则后继关系一旦建立就不再改变。

一个海量存储设备上的顺序物理文件与任何顺序媒介上的物理文件有一样的逻辑结构；逻辑记录

可以在适当的位置更新，这些逻辑记录在海量存储设备上映射到顺序物理文件的物理记录上。这种技术应用时，替换物理记录将同原始物理记录一样有相同的大小。

9.1.7.2 相对的

相对文件组织如下：每个记录能够通过提供的记录的相对记录编号的数值来存储或访问。在一个海量存储设备上，一个相对文件应和一个相对物理文件相关联。

从概念上说，一个相对组织的文件是一连串区域，其中每个区域都能保存一个逻辑记录。这些区域的每一个都以一个相对记录编号命名。每一个相对文件中的逻辑记录用它们存储区域的相对记录编号标识。

注：例如，无论在先前是否通过第九个记录区域已写入记录，第十个记录都用相对记录编号 10 来编址且写在第十个记录区域。

为了更有效地访问相对文件中的记录，为存储特定逻辑记录而保存在海量存储设备的物理记录中字节数量，可以与数据部中该记录的描述的字节数量不同。

9.1.7.3 索引的

索引的文件组织如下：每个记录可以通过该记录中规定的键值来存储，访问，或删除。一个索引的文件应该和某个海量存储设备上一个索引的物理文件相关联。对于文件记录中定义的每一个关键数据项来说，索引是需要维护的。每个这样的索引表示一组值，这组值是从每个记录中相应的关键数据项得到的。每个索引是一种机制，该机制提供对文件中任何记录的访问。

每个索引文件有一个主索引，这个主索引表示文件中每条记录的主记录键。每个记录都被插入文件，并且基于自身主记录键的值在该文件中更改或删除记录。文件中每个记录的主记录键应该是惟一的，且不因更新一个记录而改变。主记录键在文件的文件控制款的 RECORD KEY 语句中声明。

次记录键提供一个访问文件记录的候选方法。这样的键在文件控制款中的 ALTERNATE RECORD KEY 语句中定义。当 DUPLICATES 短语在 ALTERNATE RECORD KEY 语句中已指定时，某个特定次记录键的值在文件中不需要是惟一的。

主记录和任何次记录键都是由文件的记录区域的一部分或若干部分组成。对于每个键，组成部分的数目、它们的长度和记录区域内它们的相对位置都是文件的固有属性，并且一旦创建物理文件就不会改变。

9.1.8 访问模式

文件描述款的 ACCESS MODE 语句规定运行时元素操作文件中记录的方式。访问模式可能有：顺序的，随机的或者动态的。

对于以相对的或索引的方式组织的文件，这三种访问方式中的每一种都可以用来访问文件，而不管创建这个物理文件时的访问模式是什么。一个顺序组织的文件只能以顺序模式访问。

9.1.8.1 顺序访问模式

对于顺序组织模式而言，当 NEXT 被规定或隐含在一个 READ 语句中时，该次序就是记录初始写入物理文件的次序。当 PREVIOUS 在一个 READ 语句中规定时，顺序访问的次序就是记录初始写入次序的倒序。START 语句可以为将来的检索来定位文件的开始或结束。

对于相对组织模式，当 NEXT 被指定或隐含在一个 READ 语句中时，顺序访问的次序是基于相对记录编号的值的升序。当 PREVIOUS 在一个 READ 语句中规定时，该次序就是基于相对记录编号的值的降序。START 语句可以被用来为一系列随后的顺序检索建立一个开始点。这个检索可以是向前也可以是向后。

对于索引的组织模式，当 NEXT 被规定或隐含在一个 READ 语句中时，顺序访问的次序是基于按照物理文件的排列序列引用的键值的升序。任何与该文件有关的键可以如处理该文件过程中引用的键一样建立。对于一个有引用值的重复键的记录集合而言，它的检索次序是将这些记录加入该集合的初始次序。当 PREVIOUS 在一个 READ 语句中规定时，次序是基于按照物理文件排序序列的引用键值的降序。一个有引用值的重复键的记录集合的检索次序是那些记录加入该集合初始次序的倒序。START 语句可以被用来为一系列随后的顺序检索建立一个开始点。这个检索可以是向前也可以是向后。

9.1.8.2 随机访问模式

当一个文件处于随机访问模式时，输入输出语句以程序规定的次序来访问记录。随机访问模式只可以在相对的和索引的文件组织模式中使用。对一个相对组织模式的文件，通过用相对键数据项置为相对键的编号，以便程序员规定所需的记录。对于索引的组织模式，通过将记录键数据项或次记录键数据项置为记录键之一的值，以便程序员规定所需的记录。

9.1.8.3 动态访问模式

在动态访问模式中，通过使用输入输出语句的适当形式，程序员任何时候都可以在顺序访问和随机访问之间转换。动态访问模式只可以用在相对或索引的组织模式的文件。

9.1.9 卷和单元

“卷”和“单元”的概念是同义的。它们仅适用于顺序组织模式的文件，这些文件与可以包含多个物理设备的物理文件相关联。处理这样的文件逻辑上等价于处理与一个物理文件相关联的顺序文件，其中该物理文件完全被包含在一个物理设备上。

注：存储在多个物理设备上的物理文件的一个例子是包含于多个磁带之上的一个物理文件。另一个例子是存储在可移动磁盘组上的物理文件。

9.1.10 当前卷指针

当前卷指针是一个概念实体，在本文档中用来方便获得顺序文件当前物理卷的规定。当前卷指针的状态受语句 CLOSE、OPEN、READ 和 WRITE 的影响。

9.1.11 文件定位符

文件定位符是一个概念实体，存在于每一个以输入输出模式或输入模式打开的文件连接符中，且用来方便获得在输入输出操作过程某些顺序中被访问的记录的规定。文件定位指示符的设置仅受语句 CLOSE、OPEN、READ 和 START 的影响。

文件定位指示符包含：索引的文件的引用键中当前键的值；顺序文件中当前记录的记录条数；相对文件中当前记录的相对记录条数；或者为文件连接符指出下列条件之一：

1） 没有创建有效的记录位置。

2） 没有提出一个可选的文件。

3） 没有前驱或后继逻辑记录存在。

9.1.12 I-O 状态

I-O 状态是一个两个字符的概念实体，它的值用来指明某个输入输出操作的状态，而这些状态出现在语句 CLOSE、DELETE、OPEN、READ、REWRITE、START、UNLOCK 或 WRITE 执行期间，且它的值优先于任何与该输入输出语句有关的命令语句的执行，或优先于任何适当的 USE EXCEPTION 过程的执行。通过使用文件中文件控制款的 FILE STATUS 子句，或者通过使用 EXCEPTION-FILE 或 EXCEPTION-FILE-N 函数，来使 I-O 状态值生效。

I-O 状态也决定着一个适当的 USE EXCEPTION 过程是否被执行。若除了 9.1.12.1 中规定条件以外，任何条件发生，则该过程的执行都取决于别处所指定的规则。若 9.1.12.1 中规定的任一条件发生，则该过程不执行。

某些种类的 I-O 状态值指示致命异常条件。它们是：任何以数字 3 或 4 开头的类型和任何被实现者定义为致命的以数字 9 开头的类型。若一个输入输出操作的 I-O 状态值指出一个致命异常条件，实现者决定在任何适当的 USE EXCEPTION 过程执行后采取什么行动，或者在完成正常的输入输出控制系统错误处理过程后没有任何动作。实现者可以要么继续要么结束运行单元的执行。若实现者选择继续执行运行单元，则除非处理致命异常条件语句的规则定义了其他行为，否则控制将转到该语句的末尾。同时,那个语句中被指定的任何 NOT AT END 或 NOT INVALIN KEY 短语都被忽略。

任何与未成功的执行相关的 I-O 状态都与一个异常条件有关。异常条件是否产生取决于是否有检查那些异常条件的能力。执行条件取决于 I-O 状态值的第一个字符,这个状态值是一个输入输出语句的执行结果。异常名称和它们相应的 I-O 状态值的第一位数字是:

EC-I-O-AT-END	“1”
EC-I-O-INVALID-KEY	“2”
EC-I-O-PERMANENT-ERROR	“3”
EC-I-O-LOGIC-ERROR	“4”
EC-I-O-RECORD-OPERATION	“5”
EC-I-O-FILE-SHARING	“6”
EC-I-O-IMP	“9”

若产生的 I-O 状态值结果的第一个字符是上面值的一个,则相关的异常条件就会设置为存在。若异常条件 EC-I-O-AT-END 和 EC-I-O-INVALID-KEY 存在且引起异常条件的输入输出语句被分别指定为一个 AT END 或 INVALID KEY 短语,则没有 USE 过程将被执行。否则,存在的异常条件将决定是否按照 14.8.45 中的规则来执行一个合适的 USE 过程。

在完成输入输出操作的基础上,I-O 状态描述下面条件之一:

1) 成功执行。输入输出语句成功执行。
2) 实现者定义的成功执行。实现者指定的一个条件发生并且输入输出语句成功执行。
3) 末端。由于末端条件,导致连续的 READ 语句执行不成功。
4) 无效键。由于无效键条件,导致输入输出语句的执行不成功。
5) 永久错误。由于阻止文件处理的错误,导致输入输出语句执行不成功。任何指定的异常处理将被执行。永久错误条件仍然对所有随后的文件的输入输出操作有效,除非调用实现者定义的方法改正这个永久错误条件。
6) 逻辑错误。由于文件输入输出操作的一个错误序列,或者违反用户定义的限制,导致输入输出语句执行不成功。
7) 记录操作冲突。由于记录被另一个文件连接符锁定,导致输入输出语句执行不成功。
8) 文件共享冲突。由于文件被另一个文件连接符锁定,导致输入输出语句执行不成功。
9) 实现者定义的不成功完成。由于实现者指定的条件,导致输入输出语句执行不成功。

9.1.12.1 通过 9.1.12.9 规定了为先前命名的条件而装入输入输出状态的值,而该条件是执行输入输出操作得到的。若多于一个值被采用,则由实现者决定哪一个合适的值被放入 I-O 状态中。

9.1.12.1 成功完成

1) I-O 状态=00。输入输出语句成功执行,并且再没有与输入输出操作有关的信息有效。
2) I-O 状态=02。输入输出语句成功执行,但是探测到一个重复键。
   a) 对于一个规定的或隐含的带 NEXT 短语的 READ 语句,引用的当前键的键值等于物理文件的下一条记录中的同一个键的值。
   b) 对于一个带有 PREVIOUS 短语被指定的 READ 语句,引用的当前键的键值等于物理文件的上一条记录中的同一个键的值。
   c) 对于一个 REWRITE 或 WRITE 语句,写入的记录至少为一个允许重复的次记录键创建一个重复键值。
3) I-O 状态=04。一个 READ 语句成功执行,但被处理记录的长度不能成为那个文件的文件固有属性。
4) I-O 状态=05。一个 OPEN 语句成功执行,但文件被描述为可选择的并且物理文件在 OPEN

语句被执行的时候不存在。若打开模式是 I-O 或扩展，则物理文件已经被创建。

5） I-O 状态＝07。输入输出语句成功执行，但除了一个带 NOREWIND、REEL/UNIT 或 FOR REMOVAL 短语的 CLOSE 语句，或者除了一个带 NO REWIND 短语的 OPEN 语句，其中 NO REWINd 短语在非卷或单元上引用了一个物理文件。

9.1.12.2 实现者定义的成功完成

I-O 状态＝0x。一个实现者定义的条件存在。实现者指定 x 的值，这个值可以是任何一个“A”到“M”的大写字母或“a”到“m”的小写字母，这个字母的范围是在 GB/T 1988—1998 中定义的字母顺序表的范围。

9.1.12.3 完成失败的结束条件

1） I-O 状态＝10。试图执行顺序的 READ 语句，并且没有后继或前驱逻辑记录存在于物理文件中，因为：

  a） NEXT 已规定或隐含，物理文件的结尾可达，或

  b） PREVIOUS 已规定且物理文件的开头可达，或

  c） 顺序 READ 语句第一次试图执行一个选择文件，且该物理文件不存在。

2） I-O 状态＝14。顺序 READ 语句试图执行一个相对文件，且相对记录编号中有效数字的值大于文件中描述的相对键数据项的值。

9.1.12.4 完成失败的无效键条件

1） I-O 状态＝21。一个顺序访问的加索引文件中存在一个顺序错误。主记录键值已经被修改，而修改是通过运行时元素实施的，该运行时元素位于用一个文件连接符连接起来的 READ 语句的成功执行和下一个 REWRITE 语句的执行之间。或者修改由于违反了后续记录键值的升序要求。（参见 14.8.47）

2） I-O 状态＝22。尝试如下之一：

  a） 写一个记录，那个记录将在物理相对文件中创建一个重复键。

  b） 写一个记录，那个记录将在物理加索引文件中创建一个重复键，或

  c） 写或重写一个记录，当 DUPLICATES 短语没有被指定为那些物理文件的次记录键时，就在物理文件中创建一个重复键。

3） I-O 状态＝23。这些条件存在原因如下：

  a） 试图随机的访问一个不在物理文件中存在的记录；或

  b） START 或随机 READ 语句尝试在一个选择性文件上执行，且物理文件是不存在的；或

  c） START 语句试图获得一个无效键长度规格；或

  d） START 语句试图在一个顺序文件中执行，而该文件中没有记录或没有能力定位指定的记录。

4） I O 状态一24。试图超出 个物理相对或加索引文件的外部规定的边界进行写操作。实现者规定定义那些边界的方式。或者，相对文件试图执行一个顺序 WRITE 语句，且相对记录编号的有效数字值大于文件中描述的相对键数据项的值。

9.1.12.5 完成失败的永久错误条件

1） I-O 状态＝30。存在一个永久性错误并且没有更多与输入输出操作相关的有效信息。

2） I-O 状态＝31。当 OPEN 语句执行时，由于文件控制款中 USING 短语规定的数据名所引用的数据项的内容与该文件控制款中 ASSIGN 子句的设备名或字值规定不一致，从而产生在一个永久性错误。

3） I-O 状态＝34。由于超出边界从而产生一个永久错误；试图超出物理顺序文件外部定义的边界进行写操作。由实现者规定定义那些边界的方式。

4） I-O 状态＝35。由于一个带有 INPUT、I-O、或 EXTEND 短语的 OPEN 语句试图在一个没有

被描述为可选择的文件上操作，且这个物理文件不存在，产生一个永久错误。

5） I-O 状态＝37。由于 OPEN 语句试图在一个文件上操作且该文件不支持 OPEN 语句指定的打开模式，产生一个永久错误。可能的违反方式是：
   a） EXTEND 或 OUTPUT 短语被指定，但该文件不支持写操作。
   b） I-O 短语被指定，但文件不支持以 I-O 模式打开的文件组织允许的输入输出操作。
   c） INPUT 短语被指定但不支持读操作。

6） I-O 状态＝38。由于 OPEN 语句试图在一个已经锁定的文件连接符上执行，产生一个永久错误。

7） I-O 状态＝39。OPEN 语句不能成功执行是因为在文件固有属性和文件源单元指定的属性之间出现了冲突。

9.1.12.6 完成失败的逻辑错误条件

1） I-O 状态＝41。OPEN 语句试图执行一个打开模式中的文件描述符。

2） I-O 状态＝42。CLOSE 或 UNLOCK 语句试图执行一个没有处于打开模式的文件连接符。

3） I-O 状态＝43。对于顺序访问模式的海量存储文件，用文件连接符连接起来的相关文件的且优先于同一连文件连接符连接的 DELETE 或 REWRITE 语句执行的那个输入输出语句，并不是一个成功执行的 READ 语句。

4） I-O 状态＝44，存在边界出界，因为：
   a） 试图写或重写一个大于最大或小于最小记录的记录。这个最大或最小记录是与文件名相关的 RECORD IS VARYING 短语允许的。或者
   b） 试图对顺序文件重写一个记录，并且该记录与被替换的记录大小不同。
   c） 试图写或重写一个记录。该记录大于最大的记录，小于最小的记录，而当实现者已经规定产生变长记录时，这些最大最小的记录是 RECORD 子句的固定或变长格式允许的。

5） I-O 状态＝45。记录标识失败。输入输出语句不成功是因为没有选择记录描述款来处理 FORMAT 短语或者 CODE-SET 短语。

6） I-O 状态＝46。顺序 READ 语句试图引出一个以输入或 I-O 模式打开的文件连接符，并且没有建立有效的下一条记录。因为：
   a） 引用该文件连接符的先前的 START 语句不成功，或
   b） 引用该文件连接符的先前的 READ 语句不成功。

7） I-O 状态＝47。READ 或 START 语句的执行试图引用一个不是以输入或 I-O 模式打开的文件连接符。

8） I-O 状态＝48。WRITE 语句的执行试图引用没有以正确打开模式打开的文件连接符，描述如下：
   a） 若访问模式是顺序的，则文件连接符不以扩充或输出模式打开。
   b） 若访问模式是动态或随机的，则文件连接符不以输入输出或输出模式打开。

9） I-O 状态＝49。DELETE 或 REWRITE 语句的执行试图引用没有以输入输出模式打开的文件连接符。

9.1.12.7 完成失败的记录操作冲突条件

1） I-O 状态＝51。输入输出语句失败是由于试图访问一条当前被另一个文件连接符锁定的记录。

2） I-O 状态＝52。输入输出语句失败是由于死锁。实现者应该指明在什么条件下一个死锁可以被检测到。

3） I-O 状态＝53。输入输出语句失败是由于该语句请求一个记录锁，但运行单元已经获得了这次实现所允许的最大数目的锁。

4) I-O 状态＝54。输入输出语句失败是由于该语句请求一个记录锁，但是文件连接符已经获取了这次实现所允许的最大数目的锁。

9.1.12.8 完成失败的文件共享冲突条件

I-O 状态＝61。一个文件共享冲突条件存在是因为 OPEN 语句试图在一个物理文件上操作，并且该物理文件已经被另一个文件连接符以与这种建立请求相冲突的方式打开了。

可能的违背条件如下：

1) 试图打开一个物理文件，且这个物理文件当前被另一个文件连接符以非共享的模式打开。
2) 试图打开一个物理文件并独占，且这个物理文件当前已经被另一个文件连接符打开。
3) 试图以输入输出或扩充的方式打开一个物理文件，且物理文件当前已经被另一个文件连接符以只读的模式打开。
4) 试图以只读模式打开一个物理文件，且物理文件当前被另一个文件连接符以输入输出或扩展模式打开。
5) 试图以输出模式打开一个物理文件，且物理文件当前被另一个文件连接符打开。

9.1.12.9 完成失败的实现者定义条件

I-O 状态＝9x。实现者定义的条件出现，这个条件将不同于 I-O 状态值 00-61 所指定的任何条件。这个 x 值是由实现者定义的。

9.1.13 无效键条件

无效键条件可以是 DELETE、READ、REWRITE、START 或 WRITE 语句执行的结果。当无效键条件发生时，认可该条件的输入输出语句的执行失败，且对文件没有影响。

若在输入输出语句中指定的输入输出操作的执行后，存在无效键条件，则下面的行为发生次序如下：

1) 与语句相联系的文件连接符的 I-O 状态被设置为一个指明无效键条件的值。
2) 若在输入输出语句中已规定 INVALID KEY 短语，则若异常条件发生，则任何与文件连接符相关联的 USE EXCEPTION 文件过程或任何 USE EXCEPTION EC-I-O-INVALID-KEY 过程，都不会被执行且控制将转移给在 INVALID KEY 短语中指定的强制语句。那些强制语句中指定的每个语句中按照规则执行继续。若一个过程分支或条件语句引起隐式控制转移被执行，则控制按照那些语句的规则转移；否则，在 INVALID KEY 短语中指定的强制语句的完全执行后，控制被转移到输入输出语句的结尾，并且若没有指定，则忽略 NOT INVALID KEY 短语。
3) 若没有在输入输出语句中指定 INVALID KEY 短语，且 USE AFTER EXCEPTION 过程与输入输出语句相关的文件连接符相联关联，则该 USE AFTER EXCEPTION 过程被执行且按照 USE 语句的规则转移控制。若已指定 INVALID KEY 语句，则忽略 NOT INVALID KEY 短语。
4) 若没有在输入输出语中规定 INVALID KEY 短语，且这里没有 USE AFTER EXCEPTION 过程与输入输出语句相关的文件连接符相关联，控制被转移到输入输出语句的结尾。若已规定 INVALID KEY 短语，则忽略 NOT INVALID KEY 短语。

若一个输入输出语句规定的输出输出操作执行之后无效键值条件不存在，则若指明INVALIKEY，INVALIDKEY 就被忽略。与这语句相关的文件连接符的 I-O 状态更新且遵循下面发生的动作。

1) 若 I-O 状态指明一个不是有效键条件的失败执行，则控制会按一些规则转移，这些规则属于与文件连接符相关的任何 USE EXCEPTION 文件过程，或与出现 EC-I-O 异常条件相关的 USE EXCEPTION 异常条件过程。
2) 若 I-O 状态指明一个成功完成，则控制会被转移到输入输出语句的结尾，或者转移到 NOT INVALID KEY 短语中指定的强制语句中。在后面的情况中，按照在强制语句中指定的每个语句的规则,执行继续进行。若一个过程分支或条件语句引起明确的控制转移,则控制依照上面语句的规则转移;否则,在 NOT INVALID KEY 短语中指定的强制语句的成功执行之上,控制转移到输入输出语句的结尾。

9.1.14 共享模式

共享模式指明一个文件是否参与文件共享,记录锁定和指定文件允许的文件共享度(或不共享)。共享模式规定操作的种类,而在这个 OPEN 持续过程中凭借其他文件连接符,这些操作可以在共享的物理文件上执行。

一个 OPEN 语句的 SHARING 短语重载文件控制款中 SHARING 子句来建立共享模式。若在 OPEN 语句中没有 SHARING 短语,则共享模式完全由文件控制款中的 SHARING 子句来决定。若没有在任何地方指定规格,则实现者在打开的文件里定义共享模式;实现者定义的共享模式可以是本标准中指定模式中的一个,也可以是完全由实现者定义的一个模式。对于一个给定的标准共享模式,规则是相同的,而不论这是否是 OPEN 语句规定的共享模式,或文件控制段中规定的,还是由实现者定义的缺省规定。

其他设施可以指定某些文件共享度,然而,它们与 COBOL 文件共享的相互作用是由实现者定义的。

注:那些设施可以包括一个作业控制语言或另一个程序语言。实现者被鼓励在一个多语言环境里授予作业和记录锁定。实现者应该以一种用其他语言书写的程序所采用的方法,当然是那些程序可以用来解决类似问题的方法,来记载文件共享和记录锁定设备。

一个共享的物理文件将存在于一个允许并行访问文件的设备上。实现者将指定哪些设备允许并行访问一个物理文件。

在通过一个 OPEN 语句访问一个共享的物理文件前,共享模式和打开模式都被所有当前与该物理文件相关联的文件连接符允许。另外,当前 OPEN 语句的共享模式允许所有共享模式和打开模式,其中这些模式是为当前与物理文件相关的所有其他文件连接符而存在的。(参见 9.1.12,14.8.28,打开可能的共享的文件,而这些文件是当前被其他文件连接符打开的。)

共享模式控制对一个物理文件的访问如下:

1) 非共享模式规定对一个物理文件的互斥访问。若某个物理文件当前是通过其他文件连接符打开的,则将当前文件连接符与该物理文件相关联会失败。若 OPEN 语句是成功的,则在当前文件连接符之前通过其他文件连接符打开物理文件的随后的请求将会失败。记录锁被忽略。

2) 只读共享模式是在输入模式下限制对一个物理文件的并行访问,其方式是用不同于当前连接符的文件连接符。若物理文件与以非输入模式打开的另一个文件连接符相关联,则将当前文件连接符与该物理文件相关联会失败。若 OPEN 语句是成功的,则在当前文件连接符之前,通过其他文件连接符以非输入模式打开物理文件的随后的请求将会失败。记录锁生效。

3) 完全共享模式允许通过其他文件连接符并行访问一个物理文件,根据应用任何具体限制,这些连接符规定了输入、输入输出或扩展模式。记录锁定有效。

多重路径访问可以存在于同一运行单元中相同的运行时元素、包含的元素、单独的运行时元素,或者不同运行单元中的运行时元素。

文件锁定的设置是 I-O 语句原子操作的一部分。

通过对该文件连接符显式或隐式地执行 CLOSE 语句,从而解除文件锁。

9.1.15 记录锁定

记录锁定提供在一个共享文件中控制并行访问逻辑记录的能力。有效的锁定模式有两种,分别是 AUTOMATIC 和 MANUAL。单记录锁定和多记录锁定对 AUTOMATIC 和 MANUAL 锁定都是可行的。

对于自动单记录锁定,运行时系统控制锁定的设定和释放。对于自动多记录锁定,运行时系统控制锁定的设定且通过执行一个显式的 UNLOCK 语句来控制锁定的释放。

对于手动单记录和多记录的锁定,通过使用输入输出语句上的锁定短语和 UNLOCK 语句来控制锁定的设定和释放。

当被一个给定的文件连接符锁定时,一个记录不能被同一个或不同的运行单元内的其他文件连接符访问,除非一个带 IGNORING LOCK 短语的 READ 语句被执行。一个被锁定的记录可以被拥有该锁的同一个文件连接符再次访问。

在所有情况中,通过执行文件的一个显式或隐式 CLOSE 语句,释放为某个文件建立的所有记录锁。

实现者可以规定不同于一个逻辑记录的环境,它将返回一个被锁定记录的状态。

注:当组织了一个索引且一个物理块的锁定包含被锁定的逻辑记录时,记录的锁定就是该环境的例子。通过定义物理文件使得每个物理记录包含一个逻辑记录,用户可以避免这样一种环境,即出现一个被锁定状态的记录,因为该记录包含在一个锁定了另一个不同记录的块中。

9.1.16 分类文件

分类文件是被 SORT 语句排序的记录集合。对于 SORT 语句,模块化和内部容量分配的规则是其独特的。RELEASE 和 RETURN 语句意味着可以忽略缓冲区、块或卷。一个分类文件可以看作一个内部文件,是从输入文件创建(RELEASE 语句),经过处理(SORT 语句),然后对输出文件有效(RETURN 语句)。

分类文件被文件控制款命名并且被描述为一个分类合并文件描述款。可以引用分类文件的语句只能是 RELEASE,RETURN,和 SORT 语句。

9.1.17 合并文件

合并文件是被 MERGE 语句合并的记录集合。对于 MERGE 语句,模块化和内部容量分配的规则是其独特的。RETURN 语句意味着可以忽略缓冲区、块或卷。一个分类文件可以看作一个内部文件,是从输入文件通过组合创建的(MERGE 语句),然后对输出文件有效(RETURN 语句)。

合并文件被文件控制款命名并且被描述为一个分类合并文件描述款。可以引用分类文件的语句只能是 RETURN 和 MERGE 语句。

9.1.18 动态文件分配

动态文件任务允许用户延期直到文件连接符和物理文件之间相互关联运行时为止。在执行一个运行单元的过程中,该特性可以用来关联一个物理文件和一个文件连接符。这是文件控制款中 ASSIGN 语句的 USING 短语指定的。这个 USING 短语识别可以被访问的指定的物理文件。该 USING 短语引用一个字母数据项,而在那个文件的 OPEN,SORT,或 MERGE 语句执行时,这个字母数据项的内容能惟一标识出可以访问的特定的物理文件。

9.1.19 报表文件

报表文件是一个有顺序组织且文件描述款包含一个 REPORT 语句的输出文件。

9.2 屏幕

9.2.1 终端屏幕

通过一个荧屏或一个键盘,终端提供输入输出。一个屏幕被认为是由行和列组成的格子,列的大小是一个固定大小的数字字符位。在计算机字母数字编码字符集中,行和字符之间是一一对应的关系。这里有一个实现者规定的固定对应,就是列和计算机中的本土型编码字符集中字符的对应。

注 1:国际标准没有规定在屏幕上以均衡字体表示数据的方式。

在输入输出操作中,屏幕包含一个或多个字段。一个字段的大小范围可能是从一个字符到屏幕允许的最大字符数。每一个字段表示一个基本的屏幕项。一个或多个字段可以被逻辑的组成一组屏幕项;这些字段不需要相互之间相邻。一个组屏幕项可以包含其他组的屏幕项。为了在终端输入中确定后继字段和前驱字段，屏幕项中的字段被排序。字段的次序由屏幕描述款中屏幕项声明的次序决定。

注2：不像组数据项，组屏幕项从来不被作为特定种类字符的一个连续字符串。

一个屏幕有与每个显示位置都相关联的可见属性。

9.2.2 功能键

一个功能键有一个与它相关联的功能键数字，该数字是当功能键被按下时运行单元返回的。

实现者可以定义一个上下文相关的功能键来，其目的是在一个规定的上下文中执行某个特定的功能。若任何上下文定义的功能键已被定义，则实现者将为每个上下文相关的功能键指定返回的功能数字。

9.2.3 CRT 状态

CRT 状态是一个四字符概念实体，它的值被设置成指明在 ACCEPT 屏幕语句执行期间屏幕输入输出操作的状态，且优先于任何强制语句的执行，而这些强制语句与 ACCEP 语句的任意 ON EXCEPTION 或 NOT ON EXCEPTION 短语相关联。通过 SPECIAL-NAMES 段中 CRT STATUS 子句的使用，CRT 状态的值变得有效。

基于输出操作的完成，CRT 状态表达了下列条件之一：

1) 正常终止的成功完成。输入语句成功执行。

2) 通过输入一个功能键来成功完成终止。输入语句成功执行。

3) 不成功完成。输入语句没有成功执行。不排除进一步的终止 I-O 语句。

4) 实现者定义的不成功完成。

下列是一系列值，这些值是由于输入操作执行引起的条件而被装入 CRT 状态。

5) 正常终止的成功完成

   CRT 状态＝0000。输入语句被成功执行。操作者通过按下回车键或输入数据到屏幕数据项的最后一个字符来实现终端。其中对于该屏幕数据项指定了 AUTO 子句且没有逻辑后继字段存在。

6) 按下功能键来成功执行终端。

   a) CRT 状态＝1xxx。输入语句被成功执行。操作者按一个功能键可以获得终端的控制权。按下的功能键的号是 xxx 的数字值决定的。

   b) CRT 状态＝2xxx。输入语句被成功执行。操作者按一个上下文相关的功能键可以获得终端的控制权。按下的功能键的号是 xxx 的数字值决定的。

7) 标准定义条件的不成功完成

   a) CRT 状态＝8000。ACCEPT 屏幕语句不成功，这是因为没有输入屏幕项被定位到一个有效的屏幕位置。

   b) CRT 状态＝8001。ACCEPT 屏幕语句不成功，这是因为不一致的数据被输入到屏幕项且被允许留在那里。

   注：在一些实现中，这将不会发生，因为操作者在执行前被强制检验数据。

8) 不成功完成的实现者定义的条件

   a) CRT 状态＝9xxx。一个实现者定义的条件存在。实现者定义 xxx 的数字值。

9.2.4 光标

字符编址终端使用光标的概念来指示键盘操作将会屏幕上显示的位置。一般使用可见光标符号的位置来指示。

在 DISPLAY 屏幕语句执行期间，光标的位置和可见度都是定未义的。

在 DISPLAY 屏幕语句执行期间，光标的位置和可见度仅在键盘作为操作者输入时定义；光标应是可见的，且将指示键盘输入在屏幕上的位置。

在 ACCEPT 屏幕语句的执行过程中，光标屏幕描述款中最初定位为第一个初等屏幕项，其中屏幕描述款的规格包括 TO 或 USING 短语,但若在 SPECIAL-NAME 段中规定了 CURSOR 子句,则在这种情况下光标应按照 CURSOR 语句中指定的那样定位。

一旦键盘对于操作者输入是有效的,操作者可以移动光标到初等屏幕项,其中该初等屏幕项的规格包括一个 TO 或 USING 语句。根据屏幕项的屏幕描述款,操作者可以移动光标到显示项中的字符。

实现者可以规定任何键,这些键能改变光标的位置和与之相关的光标移动。

9.2.5 光标定位器

光标定位器是一个六字符的概念实体,它的值被运行时元素设置来指示显示屏幕上可见光标的位置。这时,ACCEPT 屏幕语句执行且键盘同时可用。该位置是相对于屏幕左上方的。

在一个 ACCEPT 屏幕语句执行的成功终止后,光标定位器被设置成指示操作者按下终止键或一个功能键时的可见光标的位置。若 ACCEPT 语句的执行是不成功的,则光标定位器的值是未定义的。

光标定位器对于运行时元素是可见的,这是通过使用 SPECIAL-NAMES 段中的 CURSOR 短语实现的。前三个字符表示给定行号的三位数字,最上面的行为 001。后三个字符表示给定列号的三位数字,第一个列号是 001。若可见光标的位置是在一个行号或列号的最大值大于 999 的地方,则光标定位器的值未被定义。

9.2.6 当前屏幕项

在 ACCEPT 语句执行期间,一个或几个初等输入屏幕项可以被显示在终端显示器上。操作者可以在屏幕项之间使用上下文有关的光标定位键来移动光标。当屏幕项已满或屏幕项的最后一个字符被键入时,光标可以自动从一个屏幕项移到另一个屏幕项。光标所在的那个屏幕项是当前屏幕项。操作者键入的任何数据都被委派到当前屏幕项并且可以引起当前屏幕项显示的改变。

9.2.7 色值

颜色是一个可以指定给屏幕项的属性。对于一个单色终端,颜色属性被实现者映射到其他属性上。

颜色是通过指定一个表示颜色的整数来选定。颜色和它们对应的颜色号为:

黑色	0
蓝色	1
绿色	2
蓝绿色	3
红色	4
紫红色	5
棕色/黄色	6
白色	7

注:上面的颜色是大致的指导;实际的颜色依靠终端性能和其他因素的影响,比如 HIGHLIGHT 属性。例如,值 6 可以作为棕色出现,但是当 HIGHLIGHT 也被指定时它可以是黄色。值 0 可以作为黑色出现,当 HIGHLIGHT 被指定时,它可以作为灰色出现。

9.3 对象

9.3.1 对象和类

对象是一个包含数据和方法的信息处理单元。方法是设计来对对象的数据处理的代码。每一个对象包含它自己的据的实例和文件连接符,且与这个类中其他对象共享该对象所定义的方法。

类是对象产生的模版,定义模版的源单元是一个类定义。这个定义是指定数据特征和对象方法的。一个类有可以描述一个工厂对象和实例对象。在一个给定的运行单元中,这里至少有一个给定类的工厂对象的运行时实例。在任何给定时间里,且在给定的运行单元中可以有一个实例对象的许多实例。

9.3.2 对象引用

对象引用是一个隐式或显式定义的数据项,其中数据项包含一个对象引用值,该引用值惟一引用处于生存期内的一个对象。隐式定义的对象引用是预定义的对象引用,以及对象性质、对象视图、内联方法调用或函数所返回的对象引用。显式定义的对象引用是一个指定 USAGE OBJECT REFERENCE 语句的数据描述款所定义的数据项。

两个不同的对象不会有相同的对象引用值,并且每个对象至少有一个对象引用。

9.3.3 预定义的对象引用

预定义的对象引用是一个隐式生成的数据项,该数据项被标识符 EXCEPTION-OBJECT、NULL、SELF 和 SUPER 其中之一引用。每个预定义的对象引用有一个特定含义,如 8.4.2 的那样。

9.3.4 方法

对象中程序的代码放在方法中。每个方法有自己的方法名,自己的数据部和过程部。当一个方法被调用时,它包含的过程代码将被执行。通过指定一个引用对象的标识符和方法名来调用方法。一个方法可以指定参数和一个返回项。方法总是有递归属性且可以调用自己。

9.3.5 方法调用

方法中的程序代码可以通过调用方法来执行,要么是一个 INVOKE 语句,要么是内联方法调用,或是对一个对象性质的引用。在运行时,应该调用的方法实现取决于被调用方法所在的对象的类。特别的,在对象引用的定义中静态规定的类不是必需的;它是运行时引用的实际对象的类,并且被用来对一个特定的方法实现解析方法调用。

若调用使用对象引用来指定一个对象,则:

1) 若标识的对象是一个工厂对象,则方法调用将解析成一个对象方法。

2) 否则,解析为一个实例方法。

另外,若一个调用指定对象使用 SUPER,则调用将被解析成一种使用限制搜索的方法,如 8.4.2.8 规定的那样。

若一个调用使用类名指定对象,则指定类的工厂对象被用作方法被调用的对象,且调用的方法将解析成一个工厂方法。

方法解析过程如下:

1) 若一个在调用中方法名被指定的方法定义在对象的类中,则该方法是约束的。

2) 否则,继承层次结构中每个继承类被按从左到右的次序检查,正如它们用 INHERITS 子句写的那样,直到调用中一个指定方法名的方法在检查的类中被定义或所有被检查的继承类中没有发现这样的方法。若出现了这个方法,则该方法受约束;否则,EC-OO-METHOD 异常条件被置为存在。

9.3.6 方法原型

接口定义中方法定义一个方法原型。方法原型不规定过程代码,但是它们规定接口需要的细节并检查方法的符合性。

9.3.7 符合性和接口

"符合性"这个概念用在本文中有几个意思。在对象定向内容中,"符合性"的概念用来描述对象借口之间的关系,且这是继承、接口定义、符合性检查等基本特性的基础。

注:符合性检查只在编译时完成,但除了在运行时对对象视图和使用通用对象引用的方法进行符合性检查。

9.3.7.1 面向对象的符合性

对象的符合性允许根据一个并非自身类接口的接口来使用一个对象。符合性是一个接口到另一个接口以及从一个对象到一个接口的单向关系。

9.3.7.1.1 接口

每一个对象有一个接口,该接口包括对象支持的名字和每个方法的参数规范。每个类有两个接口:一个接口用于工厂对象,另一个接口用于实例对象。

通过在接口中规定方法原型,接口也可以独立定义于具体的类之外。

9.3.7.1.2 接口之间的符合性

若一个接口 1 和一个接口 2 是同一个接口,则它们相互之间一致。若接口 1 和接口 2 是不同的接口,则接口 1 与接口 2 相一致当且仅当下列条件满足时:

1) 对于接口 2 中每一个方法在接口 1 中就应该有一个同样名字和同样参数个数的方法,且有相同的 BY REFERENCE 和 BY VALUE 规范。
2) 若接口 2 中的给定方法的参数格式是一个对象引用,则接口 1 对应的的参数是一个对象引用,且遵循下列规则:
   a) 若接口 2 的参数是一个通用对象引用,则接口 1 中对应的参数也是一个通用对象引用。
   b) 若接口 2 中的参数用一个接口名描述,则接口 1 对应的参数也应用相同的接口名描述。
   c) 若接口 2 中的参数用一个类名来描述,则接口 1 中对应的参数也应用相同的一个类名来描述,并且这两个接口的 FACTORY 和 ONLY 短语的存在与否是相同的。
   d) 若接口 2 的参数用 ACTIVE-CLASS 短语描述,则接口 1 的对应的参数也应用同样的短语描述,并且这两个接口的 FACTORY 短语的存在与否相同。
3) 若接口 2 中给定方法的形式参数不是一个对象引用,则接口 1 中对应的形式参数有相同的 ANY LENGTH,BLANK WHEN ZERO,JUSTIFIED,PICTURE,SIGN,和 USAGE 子句,以下情况除外:
   a) 货币符号匹配当且仅当对应的货币型字符串相同。
   b) 句号图片符号匹配当且仅当 DECIMAL-POINT IS COMMA 子句对这些接口是全部有效或者全无效。逗号图片符号匹配当且仅当 DECIMAL-POINT IS COMMA 子句对这些接口全部有效或者全无效。

   另外,PICTURE 子句中匹配中的本地环境规格当且仅当:

   ——在 PICTURE 子句的 LOCALE 短语中都指定相同的 SIZE 短语,且

   ——都指定不带本地环境名的 LOCALE 短语,或都指定带相同外部标志的 LOCALE 短语,这里的外部标志是外部本地环境名或 SPECIAL-NAMES 段 LOCALE 子句中与本地环境名相关联的字符值。
4) 过程部 RETURNING 短语存在与否是与对应的方法相同的。
5) 若接口 2 中给定方法的返回项是一个对象引用,则接口 1 中对应的返回项也是一个对象引用,遵循下面这些规则:
   a) 若接口 2 中的返回项是一个通用对象引用,则接口 1 中对应的返回项也是一个对象引用。
   b) 若接口 2 中的返回项用一个标志着接口 int-r 的接口名来描述,则接口 1 中对应的返回项是如下之一:
      - 用标志着 int-r 的接口名描述的一个对象引用,或者用引用了 int-r 的 INHERITS 子句描述的 个接口。
      - 一个用类名描述的对象引用,受制于下列条件:

        ——若用来描述 FACTORY 短语,则指定类的工厂对象应用引用 int-r 的 IMPLEMENTS 子句来描述。

        ——若不用 FACTORY 短语来描述,则指定类的实例对象应用引用 int-r 的 IMPLEMENTS 子句来描述。
   c) 若接口 2 的返回项是用一个类名描述的,则接口 1 中对应的返回项是一个对象实例,且受制于下列规则:
      - 若接口 2 中的返回项用 ONLY 短语来描述,则接口 1 中的返回项应用 ONLY 短语描述且有相同的类名。
      - 若接口 2 中的返回项不用 ONLY 短语描述,则接口 1 中的返回项应用相同的类名描

述，或者用那个相同类的一个子类来描述。

- FACTORY 短语的存在与否是相同的。

d) 若接口 2 的返回项用 ACTIVE-CLASS 短语描述，则接口 1 中对应的返回项也应用 ACTIVE-CLASS 短语描述，且 FACTORY 子句的存在与否也相同。

若接口 1 中一个方法的返回项的描述直接或间接引用了接口 2，则接口 2 中对应的方法的返回项的描述不应直接或间接引用接口 1。

6) 若接口 2 中一个给定的方法的返回项不是一个对象引用，则对应的返回项有相同的 ANY LENGTH，BLANK WHEN ZERO，JUSTIFIED，PICTURE，SIGN，和 USAGE 子句，但以下例外：

a) 货币符号匹配当且仅当对应的货币型字符串相同。

b) 句号图片符号匹配当且仅当 DECIMAL-POINT IS COMMA 子句对这些接口是全部有效或者全无效。逗号图片符号匹配当且仅当 DECIMAL-POINT IS COMMA 子句对这些接口全部有效或者全无效。

另外，PICTURE 子句中本地环境规格匹配当且仅当：

- 两者 PICTURE 子句的 LOCALE 短语中都指定相同的 SIZE 短语，且
- 都指定不带本地环境名的 LOCALE 短语，或都指定带相同外部标志的 LOCALE 短语，这里外部标志是外部本地环境名或 SPECIAL-NAMES 段 LOCALE 子句中与本地环境相关联的字符值。

7) 若接口 1 或接口 2 中对应的形式参数或返回项是一个强制类型组项，则这两个都是相同的类型。

8) 对相应的段来说，OPTIONAL 短语的存在与否是相同的。

9) 若在接口 1 中给定方法的过程部首中已指定 RAISING 短语，则接口 2 中对应的方法指定 RAISING 短语，其规则如下：

a) 若在接口 1 中 RAISING 短语已指定一个异常名，则接口 2 中对应的 RAISING 短语应指定相同的异常名。

b) 若在接口 1 中 RAISING 短语已指定一个类名，则接口 2 中对应的 RAISING 短语应指定如下之一：

- 相同的类名或该类名标志的类的超类名，当且仅当接口 1 中 RAISING 短语指定 FACTORY 短语时，包括 FACTORY 短语；
- 那个类的工厂对象实现的接口名，若接口 1 中 RAISING 短语指定了 FACTORY 短语；
- 那个类的实例对象实现的接口名，若接口 1 中 RAISING 短语没有指定 FACTORY 短语。

c) 若在接口 1 中 RAISING 已指定一个接口名，则接口 2 中对应的 RAISING 短语应指定相同的接口名或那个接口的继承类。

10) 接口 1 和接口 2 的入口约定是相同的。

注：被显式描述为 COBOL 的入口约定与被隐式描述为 COBOL 的入口约定一致。为了符合性检查，一个不是强制类型的字母数字组项，被认为等价于一个相同长度的初等字母数字数据项。

9.3.7.1.3 参数化类和参数化接口的符合性

当使用一个参数化类或接口时，在整个类定义或接口定义中，类和接口被视为真实的参数类或接口被替代为参数。

9.3.8 多态性

多态性是一种属性，它允许一个给定的语句做不同的事情。在 COBOL 中，包含对不同类对象引用

的对象引用的能力，意味着那些对象引用的方法调用受许多可能的方法之一约束。有时方法可以在执行前标识，但是一般而言，方法不能标识直到运行时。

一个数据项可以被声明为包含对给定类或该类任何子类的对象的引用；它也可以被声明为包含对实现给定接口的对象的引用。当使用一个给定的接口时，对象的类有可能完全不相关，只要它们实现这个给定的接口。

9.3.9 类继承

类继承是一种机制，它使用一个或多个类的接口和实现作为另一个类的基础。继承类，也就是通常说的子类，继承自一个或多个类，就是所说的超类。子类具有所有被继承的类定义的方法，包括任何被继承的定义或定义继承的方法。子类有被继承类或类集合中定义的所有数据定义，包括被继承的类或类继承的任何数据定义。

注：这不意味着描述数据的实际源代码可以访问或在源代码中描述的数据项可以直接在子类中被引用。这里的意思是子类可以被看作它们的源代码有超类定义的一个副本；换句话说，就是继承的数据项被认为在子类中有定义。

被继承的数据定义为每一个子类的实例对象和它们的工厂对象定义数据。每一个实例对象有它自己继承的数据的副本，这有别于那些属于被继承类的实例对象的副本。每一个工厂对象有它自己的被继承数据的副本，这有别于那些属于被继承类的工厂实例的副本。被继承数据项的名字和属性在继承类中是不可见。当创建一个对象时，被继承的对象数据已经初始化了。当创建一个子类工厂时，被继承的工厂数据通过被继承类或类集合的工厂数据独立地分配并且被初始化。只有通过描述数据的类的工厂定义中规定的方法和属性，才可以访问继承的工厂数据。只有通过描述数据的类的对象定义中规定的方法和属性，才能访问继承的对象数据。子类继承用与数据定义一样的方法继承所有文件定义，它也受与数据定义一样的规定限制。子类有可能定义另外的方法或替代继承的方法。并且可以规定另外的数据定义和文件定义，但是不替换继承的数据定义和文件定义。

尽管子类可以通过重载许多被继承类的方法来提供不同的实现，一个子类的接口应一直与被继承的类的接口一致。

若用 FINAL 子句定义了一个类，则该类不能作为一个超类来使用。若用 FINAL 子句定义了一个方法，则该方法在子类中不能被重载。

被继承类中用户定义的键在子类中是不可见的。任何这样的键在子类定义中可任意使用。

9.3.10 接口继承

接口继承是一种机制，它使用一个或多个接口定义作为另一个接口的基础。继承接口具有所有的方法规范，而这些规范是为被继承接口定义而定义的，包括继承的定义或定义继承的任何方法规范。继承接口可以定义新的方法来扩充被继承的方法规格的集合。继承接口应一直与每一个被继承的接口一致。

9.3.11 接口实现

接口实现是一种机制，它使用一个或多个接口定义作为一个类的基础。实现类应实现所有的方法规范，而这些方法规范是为实现的接口定义而定义的，包括实现的定义或定义继承的任何方法规范。实现类的工厂对象的接口应与工厂对象实现的接口一致，且实现类的实例对象的接口应与实例对象实现的接口一致。

9.3.12 参数化类

参数化类是一个带形式化参数的普通类或框架类，其中那些参数将被一个或多个类名或接口名替换。当通过用实际的参数替代指定的类名或接口名扩充时，就创建了一个类，其功能就如一个没有参数化的类。

一个参数化类的扩充在所有方面被视为就像一个没有参数化的类。

当在 REPOSITORY 段中已指定一个参数化类时，基于参数化类的规范创建一个新类（一个参数化类的实例)。这个类有自己的工厂对象,且是完全与相同参数化类的其他实例不同。

一个运行单元内,两个有着同样外部类名的类是相同的类实例,其中这两个类都是通过扩充带相同实际参数的同一参数化类而创建的。若两个类用不同的实际参数扩充参数化类,则它们不是相同的类实例且将不会有相同的外部类名。

9.3.13 参数化的接口

一个参数化的接口是一个带形式化参数的普通接口或框架接口,其中这些参数将被一个或多个类名或接口名替代。当通过用实际参数替代指定的类名或接口名进行扩充时,就创建一个接口,其功能就如一个没有参数化的接口。

一个参数化接口的扩充在所有方面被视为就像一个没有参数化的接口。

当在 REPOSITORY 段中已指定一个参数化接口时,基于参数化接口的规范创建一个新接口(一个参数化接口的实例)。

一个运行单元内,两个有着同样外部接口名的类是相同的接口实例,其中这两个接口都是通过扩充带相同实际参数的同一参数化接口而创建的。若两个接口用不同的实际参数扩充参数化接口,则它们不是相同的接口实例且将不会有相同的外部类名。

9.3.14 对象生存期

对象的生存期开始于创建时,结束于销毁时。

9.3.14.1 工厂对象的生存周期

工厂对象在它被运行单元第一次引用前创建。

工厂对象在它被运行单元最后一次引用后销毁。

9.3.14.2 实例对象的生存周期

实例对象的创建是一个工厂对象调用 NEW 方法的结果。

实例对象的销毁是在以下两种情况下,即当确定该对象不再参与运行单元的继续执行时,或当运行单元结束运行时,而这两种情况的发生不论先后。

机制中用来决定一个实例对象是否可以参与运行单元的继续执行的计时和算法,是由实现者决定的。

注:决定一个实例对象是否能够参与继续执行的处理以及回收对象特有的资源的处理过程,也就是我们通常所说的垃圾回收。

9.4 用户定义函数

用户定义函数是一个实体,通过指定一个 FUNCTION-ID 段而非 PROGRAM-ID 段,用户定义该实体。除了用户定义函数返回一个过程部首部中 RETURNING 短语指定的值以外,用户定义函数的规则和行为与程序类似。同时,用户定义的变元和返回值也不能使用字 ALL 来标记。另外,用户定义函数总拥有递归属性且可以调用自身。用户定义函数的调用可以通过指定一个函数标识符来实现,其中标识符的描述见 8.4.2.2。

10 结构编译组

一个结构编译组由零个,一个或多个正文操作处理过的编译单元组成。一个结构编译组可能包含有编译器,该编译器能直接影响编译进程或源列表,如在 7(编译器指示设施)中规定的那样。正文操作编译器的指令可以逻辑地表现在一个结构编译组中,但是对编译过程不起任何作用。

10.1 编译单元和运行时模块

一个编译单元应是下列几种之一:

——一个程序原型定义;

——一个函数原型定义;

——一个对最外层程序的程序定义;

——一个类定义；

——一个接口定义；

——一个函数定义。

对每一个编译单元，如，一个程序定义，一个函数定义，或是一个类定义的成功编译将生成可执行的代码，这些代码包含在一个运行单位中，它们将组成一个运行时模块。

一个编译单元可包含一个或多个源单元，它取决于定义的类型。

一个结构编译单元中的编译单元可是一个运行单位的全部或一部分，也可是互不相关的编译单元。

10.2 源单元

一个源单元以一个标识部开始并以一个结束标志或编译组的终止结束。一个源单元包含所有可包含的源单元。下列都是源单元：

——一个最外层的程序定义，包括它其中包含的程序定义。

——一个被包含的程序定义，包括它其中包含的程序定义。

——一个程序原型定义。

——一个函数定义。

——一个函数原型定义。

——一个类定义，包括它的工厂定义和实例定义。

——一个工厂定义，包括它的方法定义。

——一个方法定义。

——一个接口定义，包括它的方法原型。

一个源单元可包含一个或多个部，规定有如下次序：

1） 标识部

2） 环境部

3） 数据部

4） 过程部

一个部由部首表明它的开始，当标识部的部首被省略时，由标识部许可的段首来表明一个部的开始。

一个部的结束由下一个部的开始，或由源单元的结束标志，或由编译组的结束来表明。

10.3 包含的源单元

源单元可被直接或间接包含。

一个类定义中的工厂定义和实例定义是被直接包含在类定义中。相应地，工厂定义和实例定义中的方法也是被直接包含在这个工厂定义和实例定义中的。

程序定义被包含在另一个程序定义中，可是直接的，也可是间接的。一个程序定义直接包含另一个程序定义是指后者直接嵌套在前者之中。一个程序定义间接包含另一个程序定义是指在二者之间有一层或多层嵌套。

当源单元被包含在其他源单元中时，包含源单元中表述资源的名称可引用被包含源单元，并要符合8.4.5中的规则。

由被包含的源单元编译产生的可执行代码与包含源单元编译产生的可执行代码被认为是不可分的。

10.4 源元素和运行时元素

一个源元素是一个源单元除去所有它包含的源单元。

注：例如，

PROGRAM-ID. A.

```
……
PROGRAM-ID. B.
  ……
    PROGRAM-ID. C.
    ……
    END PROGRAM C.
  END PROGRAM B.
END PROGRAM A.
```

程序 B 是直接包含在程序 A 中;程序 C 是直接包含在程序 B 中;并且程序 C 是间接包含在程序 A 中。程序 C 是一个源元素;程序 B 去除了程序 C 后,是一个源元素;并且程序 A 去除掉程序 B 和 C 后,也是一个源元素。

一个运行时元素是包含过程部的函数、方法或一个程序成功编译的结果,并由包含于一个运行单位的可执行代码组成。

10.5 COBOL 编译组

10.5.1 一般格式

[{程序原型 | 函数原型 | 程序定义 | 函数定义 | 类定义 | 接口定义}…]

其中,程序原型的格式是:

[IDENTIFICATION DIVISION.]

PROGRAM-ID 程序原型名 1 [AS 字值 1] IS PROTOTYPE

[任选段]

[环境部]

[数据部]

[过程部]

END PROGRAM 程序名 1。

函数原型的格式是:

[IDENTIFICATION DIVISION.]

FUNCTION-ID 函数原型名 1 [AS 字值 1] IS PROTOTYPE

[任选段]

[环境部]

[数据部]

[过程部]

END FUNCTION 函数原型名 1。

程序定义的格式是:

[IDENTIFICATION DIVISION]

PROGRAM-ID 程序名 1[AS 字值 1] [IS {| COMMON | {INITIAL | RECURSIVE} |} PROGRAM]

[任选段]

[环境部]

[数据部]

[过程部 [程序定义]...]
[END PROGRAM 程序名 1]。
函数定义的格式是：
[IDENTIFICATION DIVISION]
FUNCTION-ID 用户函数定义名 1 [AS 字值 1]
[任选段]
[环境部]
[数据部]
[过程部]
END FUNCTION 用户函数定义名 1。
类定义的格式是：
[IDENTIFICATION DIVISION.]
CLASS-ID 类名 1[AS 字值 1] [IS FINAL]
[INHERITS FROM{类名 2}...]
[USING{参数名 1}...]
[任选段]
[环境部]
[数据部]
[过程部]
END CLASS 类名 1。
工厂定义的格式是：
[IDENTIFICATION DIVISION]
FACTORY [IMPLEMENTS{接口名 1}...]
[任选段]
[环境部]
[数据部]
[过程部]
END FACTORY
实例定义的格式是：
[IDENTIFICATION DIVISION]
OBJECT [IMPLEMENTS{接口名 2}...]
[任选段]
[环境部]
[数据部]
[过程部]
END OBJECT。
接口定义的格式是：
[IDENTIFICATION DIVISION]
INTERFACE-ID 接口名 1 [AS 字值 1]
[INHERITS FROM{接口名 2}...]
[USING{参数名 1}...]
[任选段]
[环境部]

[数据部]

[过程部]

END INTERFACE 接口名 1。

方法定义的格式是：

[IDENTIFICATION DIVISION]

[任选段]

[环境部]

[数据部]

[过程部]

END METHOD[方法名 1]。

注：把方法定义包含到这里是保证完整性，因为它是一个源元素。方法定义引用 14 过程部中的一般格式。一个类定义中的方法定义明确定义了一个方法。一个接口定义中的方法定义明确定义了一个方法原型。

下面的元语言术语在指明的子句中表述：

部术语	子句
数据部	13，数据部
环境部	12，环境部
任选段	11.8，任选段
过程部	14，过程

10.5.2 语法规则

1) 在一个编译组中，函数原型和程序原型应在所有其他源单元类型之前。

2) 若一个编译组既包含一个程序定义又包含一个程序原型定义，且二者有相同的外部名，则这两个编译单元的签名应相同。

3) 若一个编译组既包含一个函数定义又包含一个函数原型定义，二者有相同的外部名，则这两个编译单元的签名应相同。

4) 在一个类定义中的方法的数据部不应包含一个通信节。

5) 下列约束适用于程序原型，函数原型和方法原型：

标识部不应包含一个 ARITHMETIC 子句。

环境部不应包含一个目标计算机段。

在 SPECIAL-NAMES 段中仅规定了下列子句：LOCALE 子句，CURRENCY 子句和 DECIMAL-POINT 子句。

环境部不应包含一个输入-输出节。

数据部只可以包含一个连接节。

过程部应只包含一个过程首部。

6) 编译指令可出现在一个结构编译组中，如在 7.2 编译指令中规定的那样。

10.5.3 一般规则

一个程序原型定义或者一个函数原型定义的编译生成外部仓库要求的信息，如 8.13 外部仓库中规定的。

10.6 结束标志

结束标志表示一个定义的结束。

10.6.1 一般格式

```
    ┌PROGRAM 程序原型名 1    ┐
    │PROGRAM 程序名 1        │
    │CLASS 类名 1            │
    │FACTORY                 │
END ┤FUNCTION 函数原型名 1   ├
    │OBJECT                  │
    │METHOD[方法名 1]        │
    └INTERFACE 接口名 1      ┘
```

10.6.2 语法规则

1） 一个结束标志应出现在每一个包含的源单元中，结束标志被源单元包含其中，或在另一源单元之前。

2） 程序名 1 应和之前的 PROGRAM-ID 段中声明的程序名一致。

3） 若一个声明了指定程序名的 PROGRAM-ID 段设定在程序名 1 的 PROGRAM-ID 段和 END PROGRAM 标志之间，则程序名引用的 END PROGRAM 标志应在程序名 1 引用的 END PROGRAM 标志之前。

4） 类名 1 应和相应的 CLASS-ID 段声明的类名一致。

5） 方法名 1 应和相应的 METHOD-ID 段声明的方法名一致。若在 METHOD-ID 段给出了 PROPERTY 子句，方法名 1 应被省略。

6） 接口名 1 应和相应的 INTERFACE-ID 段声明的接口名一致。

7） 用户函数名 1 应和相应的 FUNCTION-ID 段声明的用户函数名一致。

8） 程序原型名 1 应和相应的 PROGRAM-ID 段声明的程序原型名一致。

9） 函数原型名 1 应和相应的 FUNCTION-ID 段声明的函数原型名一致。

10.6.3 一般规则

一个结束标志表明指定源单元的结束。

11 标识部

标识部用来标识程序、函数、类、工厂对象、对象、方法或接口。

段首用来标识段中所包含的信息类型。

11.1 标识部结构

11.1.1 一般格式

```
[IDENTIFICATION DIVISION]
┌程序 id 段┐
│函数 id 段│
│类 id 段  │
┤工厂段    ├
│对象段    │
│方法 id 段│
└接口 id 段┘
[任选段]
```

下面的元语言术语在指明的子句中表述：

术语	子句
类 id 段	11.2,CLASS-ID 段
工厂段	11.3,FACTORY 段
函数 id 段	11.4,FUNCTION-ID 段
接口 id 段	11.5,INTREFACE-ID 段
方法 id 段	11.6,METHOD-ID 段
对象段	11.7,OBJECT 段
任选段	11.8,OPTIONS 段
程序 id 段	11.9,PROGRAM 段

11.2 CLASS-ID 段

CLASS-ID 段表明这个标识部是引导一个类定义和指定标识类的类名,并且给这个类指派类属性。

11.2.1 一般格式

CLASS-ID 类名 1 [AS 字值 1] [IS FINAL]
[INHERITS FROM {类名 2}…]
[USING {变量名 1}…]

11.2.2 语法规则

1) 字值 1 应是一个字母数字字值或一个本土字值,并且不应是一个象征常量。
2) 类名 2 应是在这个源元素的 REPOSITORY 段中指定的类名。
3) 类名 2 不应是这个类定义声明的名称。
4) 类名 2 不应从类名 1 直接或间接继承而来。类名 2 不应是从类名 1 直接或间接扩展的一个参数化类的名称。
5) 类名 2 不应是由 FINAL 子句定义说明的一个类的名称。
6) 若两个或多个有相同名称的不同方法被继承,则其中任何一个都不允许由 FINAL 子句来指定。若同一个方法通过两个或多个中间父类,继承同一个父类,则它可由 FINAL 子句来指定。
7) 若一个给定的方法名是从多于一个的类中继承而来,则,若这个方法的原型是用来定义一个方法,这个方法用同一接口作为此类中任意一个接口来区分其他所有继承类,则这个有相同方法名的方法应在此类中声明。这个方法应满足 11.6,METHOD-ID 段,语法规则 9。

注:若类 A 从两个类,类 B 和类 C 中继承了方法 M,并且 M 的方法接口不同于类 B 和类 C(也就是说 M 在 B 中返回一个类 X,M 在 C 中返回一个不相关的类 Y),则这个继承是不可行的,除非一个重写 M 的方法在 A 中声明了,用来解决方法接口符合性的问题。并不是在任意情况下都可以这么做(在这种情况下继承是不可行的),但是在某些情况下可以这么做。例如,若可以定义一个类 Z,Z 继承自 X 和 Y,则一个重写 M 的方法在类 A 中就能被指定,它返回类 Z。

8) 一个给定的类名不应多于一次的在 INHERITS 子句中出现。
9) 参数名 1 应在这个类定义的 REPOSITORY 段的 class-specifier 或 interface-specifier 中指定。

11.2.3 一般规则

1) 类名 1 命名了这个类定义声明的类。然而,字值 1,若被指定的话,它就是被操作环境外部化的类的名称。
2) INHERITS 子句指定了从类名 1 中继承的类的名称。根据 9.3.9,类继承。
3) 若指定了 FINAL 子句,这个类不应是任何其他类的父类。
4) 若同一个类被多次继承,则只能够有惟一一个数据的拷贝被添加到数据名 1。
5) 注释同一个类不能被多次直接继承,但是一个类可被多次间接继承。例如,假设类 D 继承自类 B 和 C,并且类 B 和 C 都继承自类 A。在这个例子中,类 D 间接继承了类 A 两次,一次作为

B 的父类,一次作为类 C 的父类。

6) USING 子句指定这是一个参数化的类。参数名 1 是形参的名称。参见 9.3.12,参数化类,参数化类的行为细节。

7) 参数名 1 可在这个类定义中指定,仅当一个类名或接口名被许可了的情况下。

11.3 FACTORY 段

FACTORY 段表明这个标识部是在引入一个工厂定义。

11.3.1 一般格式

FACTORY [IMPLEMENTS {接口名 1}...]

11.3.2 语法规则

1) 接口名 1 应是包含类定义的 REPOSITORY 段指定的接口名。

2) 每个实现接口的方法原型定义应是与所有的实现接口相一致的该类的工厂接口。

11.3.3 一般规则

1) IMPLEMENTS 子句指定了接口的名称,这些接口是通过包含类的工厂对象实现的。根据 9.3.1,接口执行。

2) 一个工厂对象在下列情况下实现一个接口 int-1

a) 工厂对象由指定 int-1 的 IMPLEMENTS 子句定义。

b) 工厂对象实现一个继承了 int-1 的接口。

c) 包含工厂对象的类继承了这样一个类,它的工厂对象实现 int-1。

11.4 FUNCTION-ID 段

FUNCTION-ID 段通过指定名称来确定一个函数并给函数指派被选属性。

11.4.1 一般格式

格式 1(定义)

FUNCTION-ID 用户函数名 1 [AS 字值 1]

格式 2(原型)

FUNCTION-ID 函数原型名 1 [AS 字值 1] IS PROTOTYPE

11.4.2 语法规则

1) 字值 1 应是一个字母数字字值或一个本土字值,不应是一个象征常量。

11.4.3 一般规则

格式 1

1) 用户函数名 1 命名了该函数定义声明的函数。然而,字值 1,若被指定的话,它就是被操作环境外部化的函数的名称。

格式 2

2) 函数原型名 1 命名了该定义声明的函数原型。然而,字值 1,若被指定的话,它就是被操作环境外部化的函数原型的名称。

11.5 INTERFACE-ID 段

INTERFACE-ID 段表明这个标识部是在引入一个接口定义,指定能标识接口的名称,并指派接口属性。

11.5.1 一般格式

INTERFACE 接口名 1 [AS 字值 1]

[INHERITS FROM{接口名 2}...]

[USING {参数名 1}...]

11.5.2 语法规则

1) 字值 1 应是一个字母数字字值或一个本土字值,不应是一个象征常量。

2） 接口名 2 应是这个源程序的 REPOSITORY 段指定的接口名。

3） 接口名 2 不应直接或间接继承接口名 1。

4） 参数名 1 应是在接口定义的 REPOSITORY 段的 class-specifier 或 interface-specifier 中指定的名称。

5） 若一个给定的方法名继承了多于一个的接口，这个方法原型在每个继承接口中应是和所有继承接口一致的。

11.5.3 一般规则

1） 接口名 1 命名了该接口定义声明的接口。然而，字值 1，若被指定的话，它就是被操作环境外部化的接口的名称。

2） INHERITS 子句指定了被接口名 1 继承的接口名，根据 9.3.10，接口继承。

3） USING 子句指定了它是一个参数化接口。参数名 1 是给定的形参的名称。

4） 参数名 1 应在这个接口定义内指定，仅当一个类名或一个接口名被许可时。

11.6 METHOD-ID 段

METHOD-ID 段表明这个标识部是在引入一个方法定义，指定能标识这个方法或方法原型的名称，并指派方法的属性。

11.6.1 一般格式

```
              ┌ 方法名 1 [AS 字值 1]
METHOD-ID.  <  ┌ GET ┐                       ┐
              └ └ SET ┘ PROPERTY 属性名 1      ┘ [OVERRIDE] [IS FINAL]
```

11.6.2 语法规则

1） 字值 1 应是一个字母数字字值或一个本土字值，不应是一个象征常量。

2） OVERRIDE 短语不应在一个方法原型中指定。

3） 若指定了 OVERRIDE 短语，在父类中应有一个该方法定义声明的同名方法。父类中的方法不应由 FINAL 子句来定义。

4） 若 OVERRIDE 子句没有被指定：

a） 若这个方法定义是被包含在一个类定义中的，则作为该方法定义声明的方法，任何一个继承方法都不应和它有相同的名称。

b） 若这个方法定义是被包含在一个接口中的，则作为该方法定义声明的方法原型，任何一个继承方法原型都不应和它有相同的名称。

5） 若指定属性名 1 作为一个包含对象定义的工作存储节中的数据名，则 PROPERTY 语句就不应在数据描述款中再被定义成那个数据名。

6） 若指定了 GET 子句，则这个方法在过程部首中不应指定 USING 短语参数并且应有单一的 RETURNING 短语。

7） 若指定了 SET 子句，则这个方法应有一个在过程部首中指定的单一 USING 参数，并且不应有 RETURNING 短语。

8） FINAL 子句不应在一个方法原型中指定。

9） 若方法名 1 或字值 1 与一个由包含定义继承或实现的方法名相同，则参数声明、返回项和在过程部首中出现的异常，都应遵循符合性规则，参见 9.3.7.12，接口之间的符合性。那些通过包含该方法定义的工厂或实例定义描述的接口，应与通过包含继承或实现的方法定义的工厂定义或实例定义描述的接口相一致。

11.6.3 一般规则

1） 由该方法定义声明的方法名的确定原则如下：

a） 若指定了 PROPERTY 子句，则名称是实现者定义的。

b） 否则，名称就是方法名 1。然而，字值 1，若被指定的话，它就是被操作环境外部化的方法的名称。

2） OVERRIDE 语句表明这个方法重写了它继承的方法。

3） FINAL 子句表明这个方法不应重写任何父类。

4） 这个方法的名称可在定义了该方法的类对象的一个方法调用中引用。

5） 若一个给定的用户自定义字，在该方法定义的数据部和包含对象定义的数据部中定义时，则该方法中字的使用引用该方法的声明。这个包含对象定义的声明对这个方法是不可用的。

6） 若指定了 GET 语句，则对于属性名 1 该方法是一个获取属性方法。

7） 若指定了 SET 语句，则对于属性名 1 该方法是一个设置属性方法。

11.7 OBJECT 段

OBJECT 段表明这个标识部是在引入一个实例对象定义。

11.7.1 一般格式

OBJECT [IMPLEMENTS {接口名 1}...]

11.7.2 语法规则

1） 接口名 1 应是包含类定义的 REPOSITORY 段中指定的接口名。

2） 每个实现接口的方法原型定义应是与所有的实现接口相一致的该类的工厂接口。

11.7.3 一般规则

1） IMPLEMENTS 子句指定了接口名，且该接口通过包含类的对象实现，根据 9.3.11 接口实现。

2） 一个实例对象在如下情况执行接口 intf-1：

a） 实例对象是由 IMPLEMENTS 子句指定的 intf-1 定义。

b） 实例对象实现了一个继承了 intf-1 的接口。

c） 包含实例对象的类继承了这样的类，它的实例对象执行了 intf-1。

11.8 OPTIONS 段

OPTIONS 段在编译器为一个源单元生成可执行代码时指定可用信息。

11.8.1 一般格式

OPTIONS

[算术子句]

[款协定子句]

11.8.2 语法规则

若 OPTIONS 段中的任何一个子句都没有被指定，在一般格式中的其中一个分隔符段可被省略。

11.8.3 一般规则

OPTIONS 段中的子句将应用于指定它的源元素和该源元素包含的所有源元素中，除非该子句被一个包含的源元素的一个 OPTIONS 段中的一个子句重写。

11.8.4 ARITHMETIC 子句

ARITHMETIC 子句指定了用来显示中间结果的方法。

11.8.4.1 一般格式

ARITHMETIC IS {NATIVE | STANDARD}

11.8.4.2 一般规则

1） 若指定了 NATIVE 语句，则用来处理算术表达式和内部函数的方法应由实现者来指定，并且用来处理算数表达式和 SUM 子句的方法应是那些为本土算法指定的方法，根据 8.8.1.1 本原算法。

2) 若指定了 STANDARD 语句，用来处理算术表达式、算术语句、SUM 子句、某个整数和数值函数的方法应是那些为标准算法指定的方法(参见 8.8.1.3)。

3) 若 ARITHMETIC 子句在这个源元素或一个包含源元素中没有被指定，则它就好像和 NATIVE 短语一起被指定了。

11.8.5 ENTRY-CONVENTION 子句

ENTRY-CONVENTION 子句指定了用来激活一个运行元素的信息。

11.8.5.1 一般格式

ENTRY-CONVENTION IS 款协定名 1

11.8.5.2 语法规则

ENTRY-CONVENTION 子句仅可被没有被其他程序包含的类定义、函数定义、函数原型定义、接口定义、程序原型定义或程序定义中指定。

11.8.5.3 一般规则

1) ENTRY-CONVENTION 子句指定了用来激活运行元素的协定，且该协定和该子句被指定的源元素相对应。

2) 通过款协定名 1 指定的款协定的含义是实现者定义的。

注：与一个运行时元素成功交互所需的所有信息，应通过这个款协定的联合使其对编译器可用。这些信息包括诸如名称大小写敏感、变元如何传递和堆栈管理等项。

款协定用于当该子句没有被指定为实现者定义时，除非这个名称协定、方法名映射和程序名如在 8.3.1.1.1 用户定义字中指定的那样。

11.9 PROGRAM-ID 段

PROGRAM-ID 段通过指定名称标识了一个程序并给该程序指派选定的程序属性。

该段通过指定名称标识了一个程序原型。

11.9.1 一般格式

格式 1(定义)

```
                                  ┌     ┌ ┌ COMMON              ┐ ┐         ┐
PROGRAM-ID 程序名 1[AS 字值 1]    │ IS ┤ │ ┌ INITIAL   ┐        │ ├ PROGRAM │
                                  │     │ │ └ RECURSIVE ┘        │ │         │
                                  └     └ └                      ┘ ┘         ┘
```

格式 2(原型)

PROGRAM-ID 程序原型名 1 [AS 字值 1] IS PROTOTYPE

11.9.2 语法规则

所有格式

1) 字值 1 应是一个字母数字字值或一个本土字值，不应是一个象征常量。

格式 1

2) 字值 1 在一个被包含在另一程序的程序中不应被指定。

3) 一个包含在另一程序中的程序，不应被指派和包含此程序的最外层程序中所含的其他任一程序相同的名称。

4) 仅当该程序被包含在另一个程序中时，COMMEN 子句可被指定。

5) 若任一直接或间接包含此程序的程序是一个递归程序时，INITIAL 子句不应被指定。

6) 若任一直接或间接包含此程序的程序是一个初始程序时，RECURSIVE 子句不应被指定。

11.9.3 一般规则

格式 1

1) 程序名 1 命名了此程序定义声明的程序的名称。字值 1，若被指定的话，它就是被操作环境外部化的程序的名称。

2) COMMEN 子句指定了这个程序是通用的。一个通用程序是被包含在另一程序中的,但它可以被此程序而不是包含它的程序所调用。(参见 8.4.5,名称的范围)

3) INITIAL 子句指定了这个程序是初始化程序。当一个初始化程序被激活时,数据项和其中包含的文件连接符及其中包含的所有程序,都被设置为初始状态。

4) RECURSIVE 子句指定了这个程序和所有包含其中的程序都是递归程序。这个程序可在处于活动状态时被调用,也可被自己调用。若 RECURSIVE 子句在一个程序中没有被指定或隐含在一个程序中时,则这个程序在它处于活动状态时就不能被调用。

5) 关于初始程序和递归程序的附加规则,在 8.6.5 中,通用,初始和递归属性中给出。

格式 2

6) 程序原型名 1 标识了程序原型。然而,字值 1,若被指定的话,它就是被操作环境外部化的程序原型的名称。

12 环境部

环境部用来描述数据处理问题中依赖于特定计算机物理特性的那些方面。该部分内容可以是编译计算机和目标计算机配置的规格说明。另外,它也可以是与输入输出控制、硬件特性和控制技术有关的信息。

12.1 环境部的结构

12.1.1 一般格式

ENVIRONMENT DIVISION

[配置部分]

[输入输出部分]

12.2 配置节

配置节用来描述数据处理问题中依赖于特定系统、控制技术以及将一个外部方法与局部名称相关联手段的那些方面。该接可分为以下几个段:

——SOURCE-COMPUTER 段,它提供一种描述源程序在其上编译的计算机的配置。

——OBJECT-COMPUTER 段,用来标识目标程序在其上执行的计算机的配置。

——SPECIAL-NAMES 段,提供了一种手段,使得能够指明货币符;选择十进制小数点;指明符号字符;把设备名与用户自定义的助忆名关联起来;把字值表名与字符集或排序序列关联起来;并把类别名与字符集关联起来。

——REPOSITORY 段,提供一种手段,将局部名称与外部方法相关联并指明哪些内部方法名可以作为源程序单元的保留字。

12.2.1 一般格式

CONFIGURATION SECTION

[源计算机段]

[目标计算机段]

[专用名段]

[仓库段]

12.2.2 语法规则

1) 在一个被其他程序包含的程序里,不应出现配置节。

2) 在一个方法定义里,不应出现配置节。

3) 在一个工厂定义和实例定义里,不应出现 SOURCE-COMPUTER、OBJECT-COMPUTER 和 REPOSITORY 段。

12.2.3 **一般规则**

对于一个显式或隐式地规定在某个源单元配置节中的款，若该源单元包含其他的源单元，则这个款也同样适用于每个直接或间接包含的源单元。

12.2.4 **SOURCE-COMPUTER 段**

SOURCE-COMPUTER 段提供一种描述源程序在其上编译的计算机的方法。

12.2.4.1 **一般格式**

SOURCE-COMPUTER.[计算机名 1][WITH DEBUGGING MODE].

12.2.4.2 **语法规则**

计算机名是系统名。

12.2.4.3 **一般规则**

1) SOURCE-COMPUTER 段的所有子句适用于间接或直接包含它们的源单元，同时也适用于包含在那个源单元之中的任何源单元。

2) 若没有给出 SOURCE-COMPUTER 段且程序没有包含在有 SOURCE-COMPUTER 段的程序之中，则，源计算机就是在其上编译源程序的那台计算机。

3) 若给出 SOURCE-COMPUTER 段，但未给出源计算机描述款，则，源计算机就是在其上编译源程序的那台计算机。

4) 程序中若给出 WITH DEBUGGING MODE 子句，就按照核心的描述中所指明的那样对所有的排错行进行编译。

5) 若程序中没有给出 WITH DEBUGGING MODE 子句，并且该程序没有包含在一个有 WITH DEBUGGING MODE 子句的程序中，就把所有的排错行当作注解行来编译。

12.2.5 **OBJECT-COMPUTER 段**

OBJECT-COMPUTER 段用来标识目标程序在其上执行的计算机。在标准 COBOL 的这一版本中视 MEMORY SIZE 子句是过时成分，因为在标准 COBOL 的以后的修改版中要把它删掉。

12.2.5.1 **一般格式**

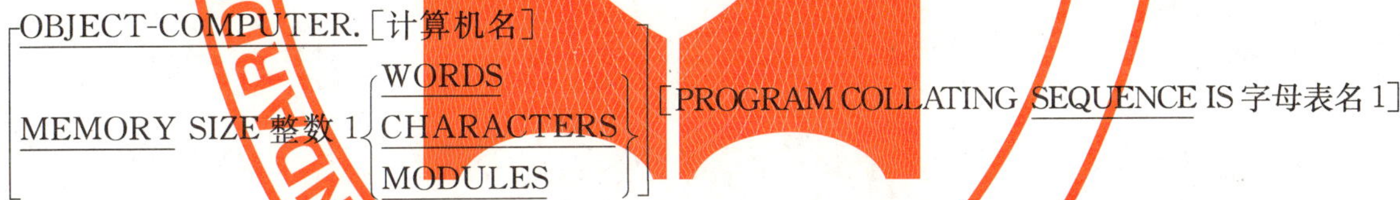

OBJECT-COMPUTER.[计算机名]

[MEMORY SIZE 整数 1 {WORDS | CHARACTERS | MODULES}]

[PROGRAM COLLATING SEQUENCE IS 字母表名 1]

12.2.5.2 **语法规则**

计算机名是系统名。

12.2.5.3 **一般规则**

1) 计算机名可以提供标识设备配置的手段，在这种情形中由每一个实现者指明计算机名及其隐含的配置。配置的规定包含关于内存大小的特定信息。若用户指出的子集小于运行这个目标程序所需的最小配置，则实现者就要定义应该做什么动作。

2) 程序中显式或隐式给出的 OBJECT-COMPUTER 段中所有子句都适用于该程序及包含在其中的任何程序。

3) 若程序中未给出 OBJECT-COMPUTER 段且该程序没有包含在有 OBJECT-COMPUTER 段的程序之中，则由实现者定义目标计算机。

4) 若给出了 OBJECT-COMPUTER 段，但未给出目标计算机描述款，则由实现者定义目标计算机。

5) 若指明了 PROGRAM COLLATING SEQUENCE 子句，则程序排序序列就是该子句中所指明的与字母表名 1 相关的排序序列。

6) 若未指明 PROGRAM COLLATING SEQUENCE 子句，则程序排序序列使用本原排序序列。

7） 在 OBJECT-COMPUTER 段中建立的程序排序序列被用来确定任何非数值比较的逻辑值，这些比较是：

a） 在关系条件中显式指明的。

b） 在条件名条件中显示指明的。

c） 在报表描述款中由 CONTROL 子句隐式指明的。

8） 在 OBJECT-COMPUTER 段中建立的程序排序序列适用于任何非数值的合并或排序键，但当分别指明了各 MERGE 或 SORT 语句的 COLLATING SEQUENCE 短语时却除外。

12.2.6 SPECIAL-NAMES 段

SPECIAL-NAMES 段提供了一种手段，使得能够指明货币符；选择十进制小数点；指明符号；把设备名与用户自定义的助忆名关联起来；把字母表名与字符集或排序序列关联起来；并把类别名与字符集关联起来。

12.2.6.1 一般格式

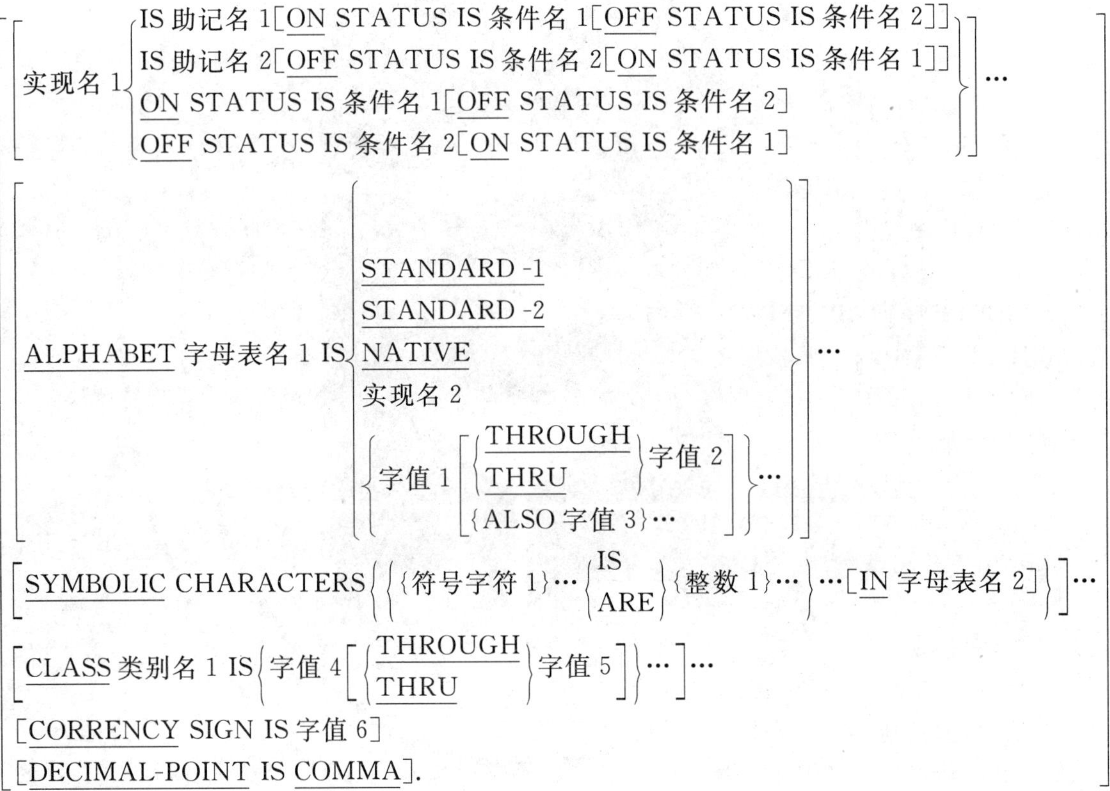

12.2.6.2 语法规则

1） 若设备名 1 引用了一个外部开关，则与此相关联的助忆名只能在 SET 语句中指明。

2） 若设备名 1 没有引用外部开关，则与此相关联的助忆名只能在 ACCEPT、DISPLAY、SEND 或 WRITE 语句中指明。条件名不能与这样的设备名相关联。

3） 若指明了 ALPHABET 子句的字值短语，则在该子句中给定的字符不能指明一次以上。

4） 在 ALPHABET 子句的字值短语中指明的字值：

a） 若是数值的，则应该是无正负号整数；且应该在 1 到本原字符集中的最大字符个数之间。

b） 若是非数值的且和 THROUGH 或 ALSO 短语有关，则每个字值都是一个字符。

5） 字值 1、字值 2、字值 3、字值 4、字值 5 都不能是符号字符象征常量。

6） THRU 和 THROUGH 两单词是等价的。

7） 同样的符号字符 1 只能在 SYMBOLIC CHARACTERS 子句中出现一次。

8) 每个符号字符 1 与整数 1 的对应关系是由它们出现在 SYMBOLIC CHARACTERS 子句中的位置决定的。第一个符号字符 1 对应于第一个整数 1;第二个符号字符 1 对应于第二个整数 1 此类推。
9) 符号字符 1 与整数 1 的出现呈一一对应的关系。
10) 由整数 1 指明的顺序位置应该存在于本原字符集中。若给出了 IN 短语,则位置应该存在于由字母表名 2 所指明的字符集中。
11) 由字值 4 短语指明的字值:
    a) 若是数值的,则应该是无正负号整数;且应该在 1 到本原字符集中的最大字符个数之间。
    b) 若是非数值的且与 THROUGH 短语有关,则每个字值都是一个字符。
12) 字值 6 不能是象征常量。

12.2.6.3 一般规则

1) 在 SPECIAL-NAMES 段中出现的所有子句都适用于被包含在程序中的程序。任一被包含程序都能引用包含程序中 SPECIAL-NAMES 段所定义的条件名。
2) 若设备名 1 是一个外部开关,则用条件名来指出开关的开状态和/或闭状态。通过检测条件名来询问该开关的状态。
3) 若设备名 1 是一个外部开关,则该开关的状态可以由格式 3 的 SET 语句改变,在这个 SET 语句中,与开关有关的助忆名是作为运算对象定义的。设备名指出可以由 SET 语句引用的外部开关。
4) ALPHABET 子句提供了一种手段。使一个名能与指定的字符编码集和/或排序序列建立起一种联系。当字母表名 1 在 PROGRAM COLLATING SEQUENCE 子句或在 SORT 或 MERGE 语句的 COLLATING SEQUENCE 短语中引用时,ALPHABET 子句就指出了一个排序序列。当文件描述款的 CODE-SET 子句或 SYMBOLIC CHARACTERS 子句引用字母表名 1 时,ALPHABET 子句就指明一个字符编码集。
    a) 若指明了 STANDARD -1 短语,则所标识的字符编码集或排序序列便是在中国国家标准 GB/T 1988 中定义的。若指明了 STANDARD -2 短语,则所标识的字符编码集就是在国际标准 ISO 10646 中定义的基准字符集。标准字符集中每个字符都与本原字符集中相应的字符相联系。由实现者定义标准字符集和本原字符集的对应关系,但在这两字符集之间不存在另外定义的对应关系。
    b) 若指明了 NATIVE 短路,则采用本原字符编码集或本原排序序列。
    c) 若指明了设备名 2 短语,则所标识的字符编码集或排序序列是由实现者规定的。实现者还要规定设备名 2 所指定的字符编码集中的字符与本原字符集中的字符之间的对应关系。
    d) 若指明字值短语,则不能在 CODE-SET 子句中引用字母表名。所标识的排序序列是按下述规则定义的:
        - 对每一个字值的值
            ——若是数值字值,则它指明了本原字符集中字符的序号。这个值一定不能超过本原字符集中字符的个数。
            ——若是非数值字值,则它指明了本原字符集中的实在字符。若非数值字值的值包含多个字符,则对字值中由最左字符开始的每一个字符在指定的排序序列中指派一串依次递增的位置。
        - 在 ALPHABET 子句中字值出现的次序(递增顺序)指明了排序序列中字符的序号。
        - 本原排序序列中的任何字符,若没有在字值短语中显式指明,则它们在指定的排序序列中所处的位置被认为是大于显式指明的任何字符的位置。所有未指明的字符的相对次序均按本原排序序列的次序保持不变。

- 若指明了 THROUGH 短语,则对本原字符集中从字值 1 的值指明的那个字符开始到字值 2 的值指明的那个字符结束的一串邻接的字符在指定的排序序列中指派依次递增的位置。此外,由给定的 THROUGH 短语指明的一串邻接的字符可以按递增或递减的顺序指明本原字符集中的字符。
- 若指明了 ALSO 短语,则对由字值 1 和字值 3 所指明的本原字符集中的字符在指定的排序序列中或在用作表示数据的字符编码集中指派相同次序的位置。若 SYMBOLIC CHARACTERS 子句中引用了字母表名 1,则只用字值 1 来表示本原字符集中的字符。

5) 在指定的程序排序序列中具有最高序位的字符联系以象征常量 HIGH-VALUE 只要该象征常量不是在 SPECIAL-NAMES 段中指明的字值就行。若在程序排序序列中有几个具有最高序位的字符,则所指明的最末一个字符联系以象征常量 HIGH-VALUE。

6) 在指定的程序排序序列中具有最低序位的字符联系以象征常量 LOW-VALUE 只要该象征常量不是在 SPECIAL-NAMES 段中指明的字值就行。若在程序排序序列中有几个具有最低序位的字符,则所指明的第一个字符联系以象征常量 LOW-VALUE。

7) 若象征常量 HIGH-VALUE 和 LOW-VALUE 是出现在 SPECIAL-NAMES 段中的字值,则它们分别与本原排序序列中具有最高和最低序位的字符相对应。

8) 若未指明 IN 短语,则符号字符 1 所代表的字符在本原字符集中的序位由整数 1 指定。若指明了 IN 短语,则整数 1 给出了字符在字母表名 2 所指明的字符集中的序位。

9) 符号字符 1 的内部表示就是本原字符集中字符的内部表示。

10) CLASS 子句提供一种手段,把一个名与该子句中指定的字符集联系起来。类别名 1 只能在类别条件中引用。由该子句中字值的值所指定的字符定义了类别名 1 所组成的惟一的字符集。对每一字值的值

   a) 若是数值的,则其值表示字符在本原字符集中的序号。这个值不能超过本原字符集中的字符个数。

   b) 若是非数值的,则其值表示本原字符集中的实际字符。若非数值字值包含几个字符,则字值中的每个字符都包含在类别名 1 所指定的字符集中。若给出了 THROUGH 短语,则在本原字符集中从字值 4 指定的字符到字值 5 指定的字符之间的相邻接的字符都包含在类别名 1 所指定的字符集中。此外,由给定的 THROUGH 短语所指定的相邻字符能以升序或降序表示本原字符集中的字符。

11) 出现在 CURRENCY SIGN 子句中的字值 6 在 PICTURE 子句中表示货币符号。该字值应该是非数值型且限于单个字符,它可以是计算机字符集中任一字符,但不能是下列字符之一:

   a) 数字 0 到 9;

   b) 大写字母 A,B,C,D,P,R,S,V,X,Z;小写字母 a 到 z 或空格;

   c) 专用字符 *,+,-,,,.,;,(,),",=,/。

   若未出现这个子句,则在 PICTURE 子句中使用的只是 COBOL 字符集中定义的货币符。

12) DECIMAL-POINT IS COMMA 子句的含义是在 PICTURE 子句字符串和数值字值中逗号与句号的作用互换。

12.2.7 REPOSITORY 段

REPOSITORY 段是指在环境部范围内可能用到的程序原型名、函数原型名、属性名、类名和接口名的详细说明;也可以是可能会用到的内部函数名的声明,但这些内部函数没有用 FUNCTION 词指定。

12.2.7.1 一般格式

REPOSITORY.

[{类说明符 | 接口说明符 | 函数说明符 | 程序说明符 | 属性说明符}…]

其中,类说明符的格式是:

CLASS 类名 1[AS 字值 1][EXPANDS 类名 2 USING {类名 3 | 接口名 1}…]

接口说明符的格式是:

INTERFACE 接口名 1[AS 字值 2][EXPANDS 接口名 3 USING {类名 4 | 接口名 4}…]

函数说明符的格式是:

格式 1(用户自定义的):

FUNCTION 函数原型名 1[AS 字值 3]

格式 2(内部的):

FUNCTION {{固有函数名 1}… | ALL} INTRINSIC

程序说明符的格式是:

PROGRAM 程序原型名 1 [AS 字值 4]

属性说明符的格式是:

PROPERTY 属性名 1 [AS 字值 5]

12.2.7.2 语法规则

ALL SPECIFIERS

1) REPOSITORY 段中,对于任意的类名 1、接口名 2、程序原型名 1、函数原型名 1、内部函数名 1 或属性名 1,若指定了不止一次,则所有的指定应该是一样的。

2) 字值 1、字值 2、字值 3、字值 4、字值 5 应该是字母数字字符或是本土字符,而不能是象征常量。

3) EXPANDS 短语不应在这样一个类定义或接口定义的 REPOSITORY 段中指定,即该类定义的 CLASS-ID 段中包含一个 USING 短语,或该接口定义的 INTERFACE-ID 段包含一个 USING短语。

CLASS SPECIFIER

4) 类名 2、类名 3 和接口名 1 应在定义类名 1 的 REPOSITORY 段中定义。

5) 若指定的类名 1 的名称是用来指定 REPOSITORY 段的类定义的名称,则引用类名 1 就是引用那个类定义,并且该类说明符是被忽略的。

6) 若 CLASS 短语是在不包含 EXPANDS 短语的情况下指定的:

a) 若字值 1 是指定的,外部仓库上应给出字值 1 所属类的信息。

b) 若字值 1 没有指定,外部仓库上应给出类名 1 所属类的信息。

INTERFACE SPECIFIER

7) 接口名 3、类名 4 和接口名 4 应在定义接口名 2 的 REPOSITORY 段中定义。

8) 若指定的接口名 2 的名称是用来指定 REPOSITORY 段的接口定义的名称,则引用接口名 2 就是引用那个接口定义,并且该接口说明符是被忽略的。

9) 若 INTERFACE 短语是在不包含 EXPANDS 短语的情况下指定的:

a) 若字值 2 是指定的，外部仓库上应给出字值 2 所属类的信息。

b) 若字值 1 没有指定，外部仓库上应给出类名 2 所属类的信息。

FUNCTION SPECIFIER

10) 若程序里指定了字值 3，则程序就使用它。若没有指定，就使用函数原型名 1。字值 3 若没有指定，可能是因为以下某种情况：

——一个函数原型名在该程序的编译组中指定。

——一个函数定义以前在该程序的编译组中指定。

——函数的名称信息存在于外部仓库里。

11) 若指定的函数原型名 1 的名称是用来指定 REPOSITORY 段的函数定义的名称，则引用函数原型名 1 就是引用那个函数定义，并且该函数说明符是被忽略的。

12) 在该 REPOSITORY 段的范围里，内部函数名 1 不应指定为一个用户定义词。

13) 若 ALL 以函数说明符的固有形式指定，则在该 REPOSITORY 段的范围里，没有内部函数名可以指定为一个用户定义词。

PROGRAM SPECIFIER

14) 若程序里指定了字值 4，则程序就使用它。若没有指定，就使用函数原型名 1。字值 4 若没有指定，可能是因为以下某种情况：

——一个函数原型名在该程序的编辑组中指定。

——一个函数定义以前在该程序的编辑组中指定。

——函数的名称信息存在与外部仓库里。

15) 若指定的函数原型名 1 的名称是用来指定 REPOSITORY 段的函数定义的名称或是一个包含程序定义的名称，则引用函数原型名 1 就是引用那个程序定义，并且该程序说明符是被忽略的。

PROPERTY SPECIFIER

16) 若 PROPERTY 短语是指定的，

a) 若字值 5 是指定的，则在外部仓库上应有字值 5 属性的信息，字值 5 属性是该 REPOSITORY 段内声明的一个类或接口的一部分。

b) 若字值 5 未指定，则在外部仓库上应有属性名 1 属性的信息，属性名 1 属性是该 REPOSITORY段内声明的一个类或接口的一部分。

12.2.7.3 一般规则

1) 类名 1 是一个类的名字，它可以在程序环境部的范围内贯穿使用。

2) 若 AS 短语是指定的，通过字值 1、字值 2、字值 3、或字值 4 这些形参名，操作环境可以分别辨识出类、接口、函数或程序。执行程序应指明何时需要使用 AS 短语。

3) 类名 3 和接口 1 是类名 2 引用的参数化类的实参。

4) 类名 4 和接口 4 是接口 3 引用的参数化接口的实参。

5) 若 EXPANDS 短语在一个类说明符中指定，则一个类名为类名 1 的类被从类名为类名 2 的参数化的类中创建。类说明符的 EXPANDS 短语中 USING 短语的参数数目应和类名 2 的 CLASS -ID 段中 USING 短语的参数数目相同。

6) 编译器应同时使用为类名 1 而指定的信息和外部仓库来获得要使用的类的详细信息。类说明中的信息和外部仓库是如何得知哪个类在被使用是由实现者自定义的。

7) 接口名 2 是一个接口的名字，它会在程序环境部的范围内贯穿使用。

8) 若 EXPANDS 短语在一个接口说明符中指定，则一个接口名为接口名 2 的接口被从接口名为接口名 3 的参数化的接口中创建。接口说明符的 EXPANDS 短语中 USING 短语的参数数目应和接口名 2 的 INTERFACE-ID 段中 USING 短语的参数数目相同。

9） 编译器应同时使用为接口名 2 而指定的信息和外部仓库来获得要使用的接口的详细信息。接口说明中的信息和外部仓库是如何得知哪个接口在被使用是由实现者自定义的。

10） 程序原型名 1 是一个程序原型的名字，它可以在程序环境部的范围内贯穿使用。通过程序原型调用一个程序的详细信息通过以下方式获得：

 a） 若这个程序原型的形参名是它同一个编译组内以前指定的一个程序定义的形参名，则该程序原型的详细信息从被调用程序的程序定义中获得，而不考虑外部仓库上存放的信息。否则，

 b） 若这个程序原型的形参名是它同一个编译组内以前指定的一个程序原型定义的形参名，则该程序原型的详细信息从那个程序原型定义中获得，而不考虑外部仓库上存放的信息。将被调用的程序就是和该程序原型形参名相同的那个程序。否则，

 c） 详细信息是从外部仓库中获得的程序和该程序原型具有相同的形参名，该程序就是将被调用的那个。

11） 函数原型名 1 是一个函数原型的名字，它可以在程序环境部的范围内贯穿使用。通过函数原型激活一个函数的详细信息通过以下方式获得：

 a） 若这个函数原型的形参名是它同一个编译组内以前指定的一个函数定义的形参名，则该函数原型的详细信息从被激活函数的函数定义中获得，而不考虑外部仓库上存放的信息。否则，

 b） 若这个函数原型的形参名是它同一个编译组内以前指定的一个函数原型定义的形参名，则该函数原型的详细信息可从那个函数原型定义中获得，而不考虑外部仓库上存放的信息。将被激活的程序就是和该函数原型形参名相同的那个函数。否则，

 c） 详细信息是从外部仓库中获得的函数和该函数原型具有相同的形参名，该函数就是将被激活的那个。

12） 在程序环境部的范围内，一个对函数原型名 1 的引用就是对一个用户自定义函数的引用，而不是对一个具有相同名字的内部函数的引用。

13） 在程序包含的环境部范围内，内部函数名 1 可以在没有前缀词 FUNCTION 的情况下，被指定一个函数标识符。

14） 属性名 1 是一个对象属性的名字，它可以在程序环境部的范围内贯穿使用。

12.3 输入输出节

输入输出节处理的信息是控制外部媒体与目标程序之间的数据传送和数据处理所需的信息。

12.3.1 一般格式

INPUT-OUTPUT SETION

［文件控制段］

［输入输出控制段］

12.3.2 语法规则

输入输出节可以在一个程序定义或一个函数定义中指定。在一个类定义里，输入输出节仅可以在一个工厂定义和实例定义里指定，但不能在一个方法定义里指定。在一个接口定义里，不应指定输入输出节。

12.3.3 FILE-CONTROL 段

FILE-CONTROL 段用来指明和文件相关联的信息。

12.3.3.1 一般格式

FILE-CONTROL.［文件控制款］…

12.3.4 文件控制款

文件控制款描述和一个文件有关的物理属性。

12.3.4.1 一般格式

格式 1(索引)

```
SELECT [OPTIONAL] 文件名 1

ASSIGN { TO { 设备名 1 | 字值 1 } … [USING 数据名 1] | USING 数据名 1 }

[ ACCESS MODE IS { DYNAMIC | RANDOM | SEQUENTIAL } ]

[ ALTERNATE RECORD KEY IS { 数据名 2 | 记录键名 1 SOURCE IS {数据名 3}… } [WITH DUPLICATES] ]…

[排序序列子句]…

[FILE STATUS IS 数据名 4]

[ LOCK MODE IS { MANUAL | AUTOMATIC } [ WITH LOCK ON [MULTIPLE] { RECORD | RECORDS } ] ]

[ORGANIZATION IS]INDEXED

RECORD KEY IS { 数据名 5 | 记录键名 2 SOURCE IS {数据名 6}… }

[ RESERVE 数据 1 [ AREA | AREAS ] ]

[ SHARING WITH { ALL OTHER | NO OTHER | READ ONLY } ]
```

格式 2(相对)

```
SELECT [OPTIONAL] 文件名 1

ASSIGN { TO { 设备名 1 | 字值 1 } … [USING 数据名 1] | USING 数据名 1 }

[ ACCESS MODE IS { DYNAMIC | RANDOM | SEQUENTIAL } ]

[FILE STATUS IS 数据名 4]

[ LOCK MODE IS { MANUAL | AUTOMATIC } [ WITH LOCK ON [MULTIPLE] { RECORD | RECORDS } ] ]

[ORGANIZATION IS]RELATIVE

[RELATIVE KEY IS 数据名 7]

[ RESERVE 整数 1 [ AREA | AREAS ] ]

[ SHARING WITH { ALL OTHER | NO OTHER | READ ONLY } ]
```

格式 3(顺序)

```
SELECT [OPTIONAL] 文件名 1
```

```
ASSIGN { TO { 设备名 1 } …[USING 数据名 1] }
       {    { 字值 1   }                    }
       { USING 数据名 1                     }
[ACCESS MODE IS SEQUENTIAL]
[FILE STATUS IS 数据名 4]
[LOCK MODE IS { MANUAL    } [WITH LOCK ON [MULTIPLE] { RECORD  } ]]
              { AUTOMATIC }                          { RECORDS }
[[ORGANIZATION IS]SEQUENTIAL]
[PADDING CHARACTER IS { 数据名 8 } ]
                      { 字值 2   }
[RECORD DELIMITER IS { STANDARD-1 } ]
                     { 属性名 1   }
[RESERVE 整数 1 [ AREA  ] ]
                [ AREAS ]
[SHARING WITH { ALL OTHER } ]
              { NO OTHER  }
              { READ ONLY }
```

格式 4(排序合并)

```
SELECT [OPTIONAL] 文件名 1
ASSIGN { TO { 设备名 1 } …[USING 数据名 1] }
       {    { 字值 1   }                    }
       { USING 数据名 1                     }
[[ORGANIZATION IS]SEQUENTIAL]
```

其中排序行子句描述在 12.3.4.6 的子句中。

12.3.4.2 **语法规则**

所有格式：

1) 在文件控制款中应当首先规定 SELECT 子句，跟在 SELECT 子句后的各个子句可以按任何次序出现。
2) 工厂、函数、对象或程序中，一个给定的文件名仅可在 SELECT 子句中指定。
3) 对于规定在 SELECT 子句中的每个文件名，这里应该有一个文件描述款或排序-合并文件描述款，其中这些描述款是在规定了 SELECT 子句的工厂文件节、函数文件节、对象文件节或程序文件节中。
4) 字值 1 应当是非数值字值且不能是象征常量。
5) 设备名 1 允许的内容的含义和规则以及字值 1 的值由实现者定义。
6) 数据名和设备名 1 及数据名和字值名 1 的可允许的和应当的依照句法的联合，是由实现者自定义的。
7) 数据名 1 应该定义成一个字母数字项，而不应该从属于文件名 1 的文件描述款。
8) 数据名 1 可以是受限的。

格式 1

9) 格式 1 只能在一个索引文件中指定。与它相关联的文件描述款不应是一个排序-合并文件描述款。

格式 2

10) 格式 2 只能在一个相对文件中指定。与它相关联的文件描述款不应是一个排序-合并描述款。

11） 若 ACCESS 子句的 DYNAMIC 或 RANDOM 短语被指定，则 RELATIVE 子句也应当被指定。

格式 3

12） 格式 3 只能在一个顺序文件中指定。与它相关联的文件描述款不应是一个排序-合并描述款。

格式 4

13） 格式 4 只能在一个排序-合并文件中指定。与它相关联的文件描述款应是一个排序-合并描述款。

12.3.4.3 一般规则

所有格式

1） 若文件名 1 引用的文件连接符是外部文件连接符，则运行该单位中引用文件连接符的所有文件控制款应当：
   a） 对 OPTIONAL 短语有同样说明。
   b） 对 ASSIGN 子句中数据名 1、设备名 1 或字值 1 具有符合性说明，实现者对数据名 1、设备名 1 或字值 1 指定一致规则。
   c） RECORD DELIMITER 子句中的特征名 1 具有 STANDARD-1 短语或一致的值，实现者指定特征名 1 的一致规则。
   d） 对 RESERVE 子句中的整数 1 有同样的值。
   e） 同样的组织。
   f） 同样的存储方式。
   g） 对 COLLATING SEQUENCE 子句有同样说明。
   h） 对 PADDING CHARACTER 子句有同样说明。若数据名 8 是指定的，则它应引用一个外部数据项。
   i） 对 RELATIVE KEY 子句有同样说明的地方，数据名 7 引用一个外部数据项。
   j） 数据名 5 具有相同数据描述款，并且每个数据名 6 在相关的记录中具有同一相对位置。
   k） 数据名 2 有相同数据描述款，每个数据名 3 在相关的记录中具有同一相对位置，相同数目的次记录键和相同的 DUPLICATES 短语。
   l） 同样的共享模式。
   m） 同样的锁模式，以及同样的选择，即要么是单条记录锁，要么是多重记录锁。

2） OPTIONAL 短语只对以输入、I-O 或扩展方式打开的文件适用。对于目标程序每一次运行时并不都要用到的文件来说，该短语是必需的。

3） ASSIGN 子句指明了文件名 1 引用的文件连接符和一个物理文件之间的联系，该物理文件是由设备名 1、字值 1 或由文件名 1 引用的数据项的内容标识的。这个联系发生在引用文件名 1 的 OPEN、SORT 或 MERGE 语句执行的时候，是通过以下规则：
   a） ASSIGN 子句的 TO 短语被指定而 USING 短语被省略的时候，由文件名 1 引用的文件连接符与一个物理文件发生关联。该物理文件是由指定 OPEN、SORT 或 MERGE 语句的源程序单元中的设备名 1 或字值 1 的值的说明来标识的。
   b） ASSIGN 子句的 USING 短语被指定时，由文件名 1 引用的文件连接符与一个物理文件发生关联。该物理文件是由执行 OPEN、SORT 或 MERGE 语句的目标程序中的数据名 1引用的数据项的内容来标识的。若该关联不能建立，是因为由数据名 1 引用的数据项的内容与设备名 1 或字值 1 的说明不一致，OPEN、SORT 或 MERGE 语句执行不成功。

4） USING 短语被指定时，数据名 1 引用的数据项允许的内容的含义和规则由实现者定义。数据名 1 引用的数据项的内容与设备名 1 或字值 1 的值的说明之间的符合性规则，是由实现者定义的。

格式 1

5） 索引格式定义一个索引文件的文件连接符。

6） 若没有指定 COLLATING SEQUENCE 子句：

a） 用字母数字表示的记录关键字、主键和次键的排序序列按照本原字母数字排序序列列出。

b） 对于本土记录关键字，不论是主键还是次键，其排序序列按照本原本土排序序列列出。

格式 2

7） 相对格式定义一个相对文件的文件连接符。

格式 3

8） 顺序格式定义一个顺序文件的文件连接符。

格式 4

9） 排序-合并格式定义一个排序-合并的文件连接符。

12.3.4.4 ACCESS MODE 子句

ACCESS MODE 子句指出在文件中记录的存取次序。

12.3.4.4.1 一般格式

ACCESS MODE IS { DYNAMIC | RANDOM | SEQUENTIAL }

12.3.4.4.2 语法规则

1） 对 SORT 或 MERGE 语句的 USING 或 GIVING 短语中指定的文件名不能指定 ACCESS MODE IS RANDOM 子句。

2） 顺序文件中不能指定 DYNAMIC 和 RANDOM 子句。

12.3.4.4.3 一般规则

1） 若未指明 ACCESS MODE 子句，则假定为顺序存取。

2） 若存取方式是顺序的，则文件中的记录按照文件组织指定的顺序存取：

a） 对于顺序文件，这个顺序是由先行后继记录关系所确定的，而该关系又是在文件产生或扩展时由 WRITE 语句所建立的。

b） 对于相对文件，这个顺序是文件中已存在记录的相对记录号的升序。

c） 对于索引文件，这个顺序是根据文件的排序序列在给定应用键内的记录键值的递升升序。

3） 若存取方式是随机的：

a） 对于相对文件，相对文件的相对键数据项的值指明了要存取的记录。

b） 对于索引文件，记录键数据项的值表明要存取的记录。

4） 若存取方式是动态的，则文件中的记录可以顺序和/或随机地存取。

12.3.4.5 ALTERNATE RECORD KEY 子句

ALTERNATE RECORD KEY 子句指定一个次记录键，这个次记录键提供了在索引文件中记录的次存取路径。

12.3.4.5.1 一般格式

ALTERNATE RECORD KEY IS { 数据名 1 | 记录键名 1 SOURCE IS {数据名 2}… } [WITH DUPLICATES]

12.3.4.5.2 语法规则

1） 数据名 1 和数据名 2 可以受限。

2) 数据名 1 和数据名 2 应当在与文件名相关联的记录描述款中定义成字符类型或本土的数据项,其中 ALTERNATE RECORD KEY 子句从属于这个文件名。所有出现的数据名 2 都应该是相同的类别。

3) 数据名 1 和数据名 2 不能引用包含变长数据项的组项。

4) 数据名 1 不能引用这样的一个数据项,它的最左边字符位置和该文件相关联的主记录键或任一其他次记录键的最左边的字符位置相对应。这个限制不适用于 SOURCE 短语指定的任一键。

5) 若索引文件包含变长记录,则每个数据名 1 和数据名 2 应当包含在记录开始的 x 个字符位置中,x 等于对该文件指定的最小记录长度(参见 13.16.41)。

6) 记录键名 1 具有数据名 2 的类别。

12.3.4.5.3 一般规则

1) ALTERNATE RECORD KEY 子句指定与这个子句相关联的文件的次记录键。

2) 记录键名 1 定义了一个记录键,该记录键是由指定序列中出现的所有数据名 2 串联起来的。

3) 数据名 1 和数据名 2 的数据描述以及其在记录里的相对位置应当与创建该文件时所用的一样。该文件次记录键数目也应当与创建该文件时所用的一样。

4) DUPLICATES 短语规定,与次记录键相关联的值等于物理文件另一个记录中同样次记录键的值。若没有指定 DUPLICATES 短语,则相关联的次记录键的值不等于物理文件另一个记录中同样次记录键的值。按照关系条件的规则,相等与否取决于用于该文件的排序序列。

5) 在任一记录描述款中,由数据名 1 和数据名 2 引用的相同字符位置隐式地被引用为那个文件的所有其他记录描述款相对应的键。

12.3.4.6 COLLATING SEQUENCE 子句

COLLATING SEQUENCE 指定排序序列,用来为一个索引文件的记录键和次记录键排序。多重排序序列可以通过指定排序序列子句中一个主关键字或者指定附加记录关键字来使用。

12.3.4.6.1 一般格式

格式 1(文件级)

```
                      ⎧IS 字母表名 1[字母表名 2]                    ⎫
COLLATING SEQUENCE    ⎨ ⎧| FOR ALPHANUMERIC IS 字母表名 1 |⎫       ⎬
                      ⎩ ⎩| FOR NATIONAL IS 字母表名 2     |⎭       ⎭
```

格式 2(键级)

```
                         ⎧数据名 1  ⎫
COLLATING SEQUENCE OF    ⎨          ⎬…IS 字母表名
                         ⎩记录键名 1⎭
```

12.3.4.6.2 语法规则

格式 1

1) 字母表名 1 应当引用一个定义了一个字母数字排序序列的字母表。

2) 字母表名 2 应当引用一个定义了一个本土排序序列的字母表。

3) 只有文件级格式的 COLLATING SEQUENCE 子句才可以在一个文件控制款中指定。

格式 2

4) 数据名 1 应该是文件控制款中的 ALTERNATE RECORD KEY 子句或 RECORD KEY 子句里指定为数据名的一个名字。

5) 记录键名 1 应该是文件控制款中的 ALTERNATE RECORD KEY 子句或 RECORD KEY 子句里指定为记录键名的一个名字。

6) 若数据名 1 或记录键名 1 是本土类型,则字母表名 3 应当引用一个定义了一个本土排序序列的字母表;否则,字母表名 3 应当引用一个定义了一个字母数字排序序列的字母表。

7） 数据名 1 和记录键名 1 都不应当在多个 COLLATING SEQUENCE 子句中定义。

12.3.4.6.3 **一般规则**

所有格式

1） 每个排序序列是一个固定文件属性并且排序序列可以完成创建实际文件的 OPEN 语句的成功执行。使用的排序序列是按下面一般规则规定的。

格式 1

2） 由字母表名 1 引用的应用于字母数字类的主记录键和/或次记录键的字母数字排序序列，不规定在文件控制款的另一个 COLLATING SEQUENCE 子句的键级格式中。

3） 由字母表名 2 引用的一个应用于本土类型的主记录键和/或次记录键的字母数字排序序列，不规定在文件控制款另一个 COLLATING SEQUENCE 子句的键级格式中。

4） 若在文件控制款里没有规定字母表名 1，则在另一个 COLLATING SEQUENCE 子句的键级格式里，也不规定应用于字母数字类的主记录键和/或次记录键的本机字母数字排序序列。

5） 若在文件控制款里没有规定字母表名 2，则在另一个 COLLATING SEQUENCE 子句的键级格式里，也不规定应用于字母数字类的主记录键和/或次记录键的本机本土排序序列。

格式 2

6） 应用于记录键的字母表名 3 是由数据名 1 或记录键名 1 标识的。

12.3.4.7 **FILE STATUS 子句**

FILE STATUS 子句指定一个包含输入输出状态的数据项。

12.3.4.7.1 **一般格式**

FILE STATUS IS 数据名 1

12.3.4.7.2 **语法规则**

1） 数据名 1 可以受限。

2） 数据名 1 应该在数据部中定义为字符类型的两字符数据项，且不能在 FILE 节、REPORT 节或 COMMUNICATION 节中定义。

12.3.4.7.3 **一般规则**

1） 若指定了 FILE STATUS 子句，则一旦 I-O 状态改变，数据名 1 引用的数据项之值也跟着改变以包含 I-O 状态之值。该值指明了该语句执行之后的状态（参见 1.3.5 I-O 状态）。

2） 数据名 1 引用的数据项在执行一条输入输出语句时改变，它是在该语句有关的文件控制描述款中指定的。

12.3.4.8 **LOCK MODE 子句**

LOCK MODE 子句为一个共享文件指明记录锁定类别。

12.3.4.8.1 **一般格式**

$$\underline{\text{LOCK}}\ \text{MODE IS}\left\{\begin{array}{l}\underline{\text{MANUAL}}\\ \underline{\text{AUTOMATIC}}\end{array}\right\}\left[\text{WITH}\ \underline{\text{LOCK}}\ \underline{\text{ON}}[\underline{\text{MULTIPLE}}]\left\{\begin{array}{l}\underline{\text{RECORD}}\\ \underline{\text{RECORDS}}\end{array}\right\}\right]$$

12.3.4.8.2 **语法规则**

1） 不能为按顺序组织或顺序存取方式描述的文件指定 MULTIPLE 短语。

12.3.4.8.3 **一般规则**

1） 若一个文件控制款省略了 LOCK MODE 子句，

  a） 若该文件控制款有 SHARING CLASE 子句，则与之关联的文件连接符中 I-O 语句的执行就不设置记录锁定。

  b） 若该文件控制款没有 SHARING 子句，

   - 若该文件连接符的一个 OPEN 语句具有 SHARING 短语，则与之关联的文件连接符中 I-O 语句的执行就不设置记录锁定。

- 若该文件连接符的一个 OPEN 语句没有 SHARING 短语，与该文件连接符关联的一个共享文件的记录锁定类别是由实现者定义的。实现者根据标准的 LOCK MODE 子句语法可以定义成缺省值、指定另一种记录锁定为缺省值或指定该缺省值不具有记录锁定。

2) 若处理器不支持记录键，则记录锁定就对关联的文件连接符不起作用。

3) 若一个打开的共享文件没有其他模式，则 LOCK MODE 子句就不起作用。否则，LOCK MODE 就具有在其后的一般规则中描述的作用。

4) 若指定了 AUTOMATIC 子句，锁模式就处于自动状态。执行任一 READ 语句的时候，记录都是上锁的。

5) 若指定了 MANUAL 子句，锁模式就是由人工设置的。只有一个 I-O 语句显式指定 LOCK 子句时，才能获得记录锁定。

6) 单个记录锁定是显式地用 LOCK ON 短语而没有用 MULTIPLE 短语规定，或当已规定 LOCK MODE 子句时，隐式地用省略的 LOCK ON 短语规定。在单个文件连接符里，单个记录锁定只允许一个文件的单个记录在给定的时间里被锁定。执行除 START 以外的任一 I-O 语句可以解除该文件里以前锁定的记录。

7) 若 LOCK ON 短语里指定了 MULTIPLE 短语，就说明指定了多重记录锁定并且一个文件连接符允许一个文件的多个记录被锁定。一个文件的文件连接符在被指定多重记录锁定的同时也拥有了那个文件的多个记录锁定。这就防止了别的文件连接符访问这个锁定记录集合中的任意一项，但并不拒绝它们访问那些未被锁定的记录。实现者可以指定一个文件连接符和一个运行单元可以具有的记录锁定的最大数目，这个最大数目要大于等于一。任意试图获得一个记录锁定的 I-O 语句都不能超出这个限制并且接收一个指明该条件的 I-O 状态。

8) 记录锁定的设置是一个 I-O 语句原子操作的一部分。

12.3.4.9 **ORGANIZATION 子句**

ORGANIZATION 子句用来指定文件的逻辑结构。

12.3.4.9.1 一般格式

$$[\underline{\text{ORGANIZATION}}\ \text{IS}]\left\{\begin{array}{l}\underline{\text{DYNAMIC}}\\ \underline{\text{RANDOM}}\\ \underline{\text{SEQUENTIAL}}\end{array}\right\}$$

12.3.4.9.2 一般规则

1) ORGANIZATION 子句用来指定文件的逻辑结构。文件组织在文件产生时创建且不可更改。

2) SEQUENTIAL 短语指定文件逻辑结构为顺序组织。顺序组织是一种永久性的逻辑文件结构，通过先行后继关系来标识一个记录在该逻辑结构中的位置，这个先行后继关系是在记录被置入文件中时建立的。

3) RELATIVE 短语指定文件逻辑结构为相对组织。相对组织是一种永久性的逻辑文件结构，其每个记录由一个大于零的整数值惟一地标识，这个整数值规定文件中记录的逻辑次序位置。

4) INDEXED 短语指定文件逻辑结构为索引组织。索引组织是一种永久性的逻辑文件结构，用记录中一个或多个键值来标识该文件中每个记录。

5) 当没有指定 ORGANIZATION 子句时，缺省使用顺序组织。

12.3.4.10 **PADDING CHARACTER 子句**

PADDING CHARACTER 子句指定顺序文件填充块中使用的字符。

12.3.4.10.1 一般格式

$$\underline{\text{PADDING}}\ \text{CHARACTER IS}\left\{\begin{array}{l}\text{数据名 1}\\ \text{字值 1}\end{array}\right\}$$

12.3.4.10.2 语法规则

1) 字值 1 应该是非字值的单字符字值;
2) 数据名 1 可以受限;
3) 数据名 1 在数据部中应该定义为字符类型的单字符数据项,并且不能在 COMMUNICATION 节、FILE 节或 REPORT 节中定义。

12.3.4.10.3 一般规则

1) PADDING CHARACTER 子句指明顺序文件的填充块中使用的字符。在输入操作期间,任何超过最后逻辑记录的块或全由填充符组成的块将被全部跳过。在输入操作期间,仅由填充符组成的逻辑记录将被跳过。在输出操作期间,任何超过最后的逻辑记录的块中所有部分都填以填充符。
2) 若 PADDING CHARACTER 子句对分配给文件的设备类型不适用,就不产生或不识别填充符。
3) 字值 1 或数据名 1 引用的数据项。在产生文件的 OPEN 语句执行期间,用作填充符。填充符是文件的固定属性。
4) 若对文件指定了 CODE-SET 子句,在文件打开时,对字值 1 或数据名 1 的内容所指定的填充符进行转换。
5) 若未指定 PADDING CHARACTER 子句,用作填充符的值将由实现者来定义。
6) 若相关的文件连接符是外部文件连接符,则在运行单位中与该文件连接符有关的所有 PADDING CHARACTER 子句具有相同的说明。若指定了数据名 1,它应该引用一外部数据项。

12.3.4.11 **RECORD DELIMITER 子句**

RECORD DELIMITER 子句指明了在外部媒体上确定变长记录长度的方式。

12.3.4.11.1 一般格式

RECORD DELIMITER IS {STANDARD -1 | 实现名 1}

12.3.4.11.2 语法规则

1) RECORD DELIMITER 子句只能对变长记录指定。
2) 若指定了 STANDARD -1 短语,外部媒体应该是磁带文件。

12.3.4.11.3 一般规则

1) RECORD DELIMITER 子句用来指明确定外部媒体上变长记录长度的方法。使用的任何方法都不反映程序中用到的记录区或记录的大小。
2) 若指定了STANDARD -1短语,则确定变长记录长度的就按 GB/T 7574—2008 中说明的方法。
3) 若指定设备名 1 短语,则确定变长记录长度的方法与实现者定义的设备名 1 有关。
4) 若未指定 RECORD DELIMITER 子句,则确定变长记录长度的方法由实现者指定。
5) OPEN 语句成功地执行后,记录定界符就是在与 OPEN 语句中指定的文件名有关的文件控制描述款的 RECORD DELIMITER 子句中指定的定界符。
6) 若相关的文件连接符是外部文件连接符,则运行单位中与该文件连接符相关的所有 RECORD DELIMITER 子句应该具有相同的描述。

12.3.4.12 **RECORD KEY 子句**

RECORD KEY 子句指出主记录键,该主记录键提供了在索引文件中记录的存取路径。

12.3.4.12.1 一般格式

RECORD KEY IS {数据名 1 | 记录键名 1 SOURCE IS {数据名 2}}

12.3.4.12.2 **语法规则**

1） 数据名 1 和数据名 2 可以受限。

2） 数据名 1 和数据名 2 应该引用与该文件名相关联的记录描述款中的字符型或本土型数据项。所有出现的数据名 2 都应该是相同的类别。

3） 数据名 1 和数据名 2 不能引用包含变长数据项的组项。

4） 若索引文件包含变长记录，则每个数据名 1 和数据名 2 应当包含在记录开始的 n 个字节位置中，n 等于对该文件指定的最小记录长度（参见 13.16.41）。

5） 记录键名 1 具有数据名 2 的类别。

12.3.4.12.3 **一般规则**

1） RECORD KEY 子句指定与这个子句相关联的文件的主记录键。主记录键的值在该文件的诸记录中应该是惟一的。

2） 记录键名 1 定义了一个记录键，该记录键是由指定序列中出现的所有数据名 2 串联起来的。

3） 数据名 1 或数据名 2 的数据描述以及其在记录里的相对位置应当与创建该文件时所用的一样。

4） 若文件有多于一个记录描述款，数据名 1 和数据名 2 仅需在这些记录描述款之一中描述。在任一记录描述款中由数据名 1 或数据名 2 引用的相同的字符位置隐含地被引用为那个文件的所有其他记录描述款中对应的键。

12.3.4.13 **RELATIVE KEY 子句**

RELATIVE KEY 子句用来标识一个数据项，该数据项包含了访问一个相对文件的相对记录数。

12.3.4.13.1 **一般格式**

RELATIVE KEY IS 数据名 1

12.3.4.13.2 **语法规则**

1） 数据名 1 可以受限。

2） 数据名 1 应该引用一个无符号整数并且该整数的描述不包含图形符号‘P’。

3） 数据名 1 不应该在一个从属于关联文件名的记录描述款中定义。

12.3.4.13.3 **一般规则**

1） 存储在一个相对文件中的所有记录都由相对记录号惟一标识。一个给定记录的相对记录号指定该记录在文件中逻辑位置的序号。第一个逻辑记录的相对记录号是 1，依次下去的各个逻辑记录相对记录号分别为 2，3，4，…

2） 与一个输入－输出语句的执行相关联的相对键数据项就是数据名 1 引用的数据项。在用户与大型存储系统之间，数据名 1 常用来与一个相对记录号相关联。

12.3.4.14 **RESERVE 子句**

RESERVE 子句允许用户指定分配的输入输出区的数目。

12.3.4.14.1 **一般格式**

RESERVE 数据 1 [AREA | AREAS]

12.3.4.14.2 **一般规则**

RESERVE 子句允许用户指定分配的输入输出存区的数目。若指定了 RESERVE 子句，分配的输入输出的存区数目就等于整数 1，若未指定 RESERVE 子句，分配的输入输出存区的数目由实现者指定。

12.3.4.15 **SHARING 子句**

SHARING 子句表明一个文件参与了文件共享和记录锁定。它指定一个文件可以访问的文件共享（不共享）的权限和记录锁定是否对该文件有效。

12.3.4.15.1 **一般格式**

SHARING WITH {ALL OTHER | NO OTHER | READ ONLY}

12.3.4.15.2 **一般规则**

SHARING 子句在 OPEN 语句的 SHARING 短语无效时，为文件指定共享模式。该子句也指定记录锁定对文件是否有效。详细细节在 9.1.14 中描述，共享模式。

12.3.5 **I-O-CONTROL 字段**

I-O-CONTROL 字段指定在文件处理、记录处理或排序-合并处理时，不同文件所共享的存储区域。

12.3.5.1 **一般格式**

I-O-CONTROL. [[{相同子句}…].]

相同子句在下面进行说明。

12.3.6 **SAME 子句**

SAME 子句指定由不同文件共享的存储区。

12.3.6.1 **一般格式**

SAME [RECORD] AREA FOR 文件名 1{文件名 2}…

12.3.6.2 **语法规则**

1） 文件名 1 和文件名 2 应该在同一程序的 FILE-CONTROL 段中指定。

2） 文件名 1 和文件名 2 不能引用外部文件连接符。

3） 程序中可以出现多个 SAME 子句，但有下列限制：

a） 同一文件名不能出现在多个 SAME AREA 子句中。

b） 同一文件名不能出现在多个 SAME RECORD AREA 子句中。

c） 若 SAME AREA 子句中的一个或多个文件名出现在 SAME RECORD AREA 子句中，则该 SAME AREA 子句中所有文件名都要出现在 SAME RECORD AREA 子句中。但是，不出现在 SAME AREA 子句中的附加文件名也可以出现在 SAME RECORD AREA 子句中。“SAME AREA 子句中在任一给定时刻只有一个文件名能打开”这一规则，比“SAME RECORD AREA 子句中所有文件在任一时刻都能打开”这一规则的优先级要高。

4） SAME AREA 或 SAME RECORD AREA 子句中引用的文件不必都具有同样的组织或存取方式。

12.3.6.3 **一般规则**

1） SAME AREA 子句指明了由文件名 1 和文件名 2 引用的两个或多个文件在处理时要用到同一存储区，其中文件名 1 和文件名 2 都不代表排序或合并文件。共享的区域包括分配给文件名 1 和文件名 2 引用的文件的所有存区；因此，在同一时刻不可以有多个这样的文件处于打开方式（参见上述语法规则 3）中 c）。

2） SAME RECORD AREA 子句指明了由文件名 1 和文件名 2 引用的两个或多个文件在处理当前逻辑记录时要用到同一存区。所有这些文件可以同时处于打开方式。SAME RECORD AREA 中的逻辑记录被认为是在该 SAME RECORD AREA 子句中出现的以输出方式打开的文件的逻辑记录，还被认为是在该 SAME RECORD AREA 子句中出现的以输入方式打开的最近读的文件的逻辑记录。这等价于存区的隐含重定义，即记录以最左字符位置对齐。

13 数据部

数据部对运行模块的输入、处理、产生或输出的数据进行描述。数据部是可选的。

下面数据部中各节的一般格式并且定义了它们在源程序中出现的次序。

13.1 数据部的结构

13.1.1 一般格式

DATA DIVISION

13.2 显式和隐式属性

属性可以显式或隐式指定。显式指定的属性就叫显式属性。若一个属性没有显式指定,则它就只具有缺省的特性,这样的属性我们就称之为隐式属性,并且要把这个隐式属性看成是被显式指定的。

13.3 文件节

文件节是对数据的结构、排序文件和合并文件的描述。

13.3.1 一般格式

FILE SECTION [文件描述款 [常量款 / 记录描述款] … / 排序合并文件描述款 { 常量款 / 记录描述款 }]

其中,如下的元语言术语在指出的子项中描述:

术语	子项
常量款	13.9,常量款
记录描述款	13.10,记录描述款

13.3.2 语法规则

文件节允许在一个程序定义或一个函数定义中指定。在一个类定义里,文件节仅可以在一个工厂定义或实例定义里指定,但不能在一个方法定义里指定。在一个接口定义里,不应指定文件节。

13.3.3 一般规则

除非执行了 INITIALIZE 语句,否则文件节中指定的数据项格式或表格格式的 VALUE 子句将被忽略。文件节中一个数据项的初始值是未定义的。

13.3.4 文件描述款

文件描述款(FD)表示文件节中的最高组织。

文件描述款提供关于一个文件的物理结构、标识和文件连接符、文件关联记录及文件关联数据项的内部和外部属性的信息；文件描述款还能确定一个文件名是局部名还是全局名；另外，文件描述款提供关于报表文件的物理结构、标识和记录名的信息。

13.3.4.1 一般格式

格式 1

```
FD  文件名 1
[IS EXTERNAL[AS 字值 1]]
[IS GLOBAL]
[FORMAT { BIT | CHARACTER | NUMERIC } DATA]
[BLOCK CONTAINS[数据 1 TO]整数 2 {CHARACTERS | RECORDS}]
[记录子句]
[LINAGE IS {数据名 1 | 整数 8} LINES [WITH FOOTING AT {数据名 3 | 整数 9}]
 [LINES AT TOP {数据名 4 | 整数 10}] [LINES AT BOTTOM {数据名 5 | 整数 11}]]
[CODE-SET { IS 字母名 1[字母名 2]
          | { FOR ALPHANUMERIC IS 字母名 1 | FOR NATIONAL IS 字母名 2 } }]
```

格式 2

```
FD 文件名 1
[IS EXTERNAL[AS 字值 1]]
[IS GLOBAL]
[BLOCK CONTAINS[整数 1 TO]整数 2 {CHARACTERS | RECORDS}]
[记录子句]
```

格式 3

```
FD 文件名 1
[IS EXTERNAL[AS 字值 1]]
[IS GLOBAL]
[BLOCK CONTAINS[整数 1 TO]整数 2 {CHARACTERS | RECORDS}]
[记录子句]
[CODE-SET { IS 字母名 1[字母名 2]
          | { FOR ALPHANUMERIC IS 字母名 1 | FOR NATIONAL IS 字母名 2 } }]
{REPORT IS | REPORTS ARE} {报表名 1}
```

其中，记录子句在 13.16.41 中详述。

13.3.4.2 语法规则

所有格式

1） 文件名 1 应在一个文件控制款中指定。

2) 文件名 1 后面的子句可以按任意次序出现。

格式 1 和格式 2

3) 当没有指定记录描述款时：

a) 应在文件描述款中指定一个 RECORD 子句。

b) 一个 FILE 短语指定文件名 1 并且应在与该文件相关联的所有 WRITE 和 REWRITE 语句中指定 FROM 短语。并且，

c) 应该在与该文件相关联的所有 READ 语句中指定一个 INTO 短语。

格式 1

4) 格式 1 是一个顺序文件的文件描述款。

5) 若为文件指定了 FORMAT 子句，也应该指定变长记录。

格式 2

6) 格式 2 是一个相对文件或索引文件的文件描述款。对于索引文件，文件描述款之后应该跟有一个或多个记录描述款。

格式 3

7) 格式 3 是一个报表文件的文件描述款。对于一个报表文件，文件描述款后不可跟记录描述款或常量款。

8) 在过程部里只有 USE 语句、CLOSE 语句或带有 OUTPUT 或 EXTEND 短语的 OPEN 语句可以引用规定 REPORT 子句的文件描述款主体。

13.3.4.3 一般规则

所有格式

1) 文件描述款把文件名 1 与文件连接符联系起来。

2) 若指定了 EXTERNAL 子句，则运行单元里引用相同文件连接符和文件名的所有文件描述款应该遵循以下规则：

a) 若任意一个文件描述款有一个 BLOCK CONTAINS 子句，则所有的文件描述款都应该具有一个 BLOCK CONTAINS 子句为物理记录指定相同大小的最小值和最大值。

b) 若任意一个文件描述款有一个 CODE-SET 子句，则所有的文件描述款都应该具有一个 CODE-SET 子句为它们指定相同的字符集。

c) 若任意一个文件描述款有一个 LINAGE 子句，则所有的文件描述款都应该具有一个 LINAGE 来指定：

d) 所有指定字母的相同的对应值。

e) 相同的对应的外部数据项。

f) 所有的文件描述款应该具有相同的最小和最大记录数。

g) 若任意一个文件描述款有 REPORT 子句，则所有的文件描述款都应该具有一个 REPORT子句。

格式 1

3) 若一个顺序文件的文件描述款包含 LINAGE 子句和 EXTERNAL 子句，则 LINAGE-COUNTER 数据项就是一个外部数据项。若一个顺序文件的文件描述款包含 LINAGE 子句和 GLOBAL 子句，则 LINAGE-COUNTER 就是一个全局名。

格式 3

4) 与文件名 1 相关联的文件的报表记录器逻辑记录结构是由实现者定义的。

13.3.5 排序合并文件描述款

排序合并文件描述款(SD 款)表示文件节中最高层组织。排序合并文件描述款提供关于排序或合并文件的物理结构的信息。排序合并文件描述款(SD 款)的子句指定了与排序文件或合并文件相关联

记录的大小和名称。文件上的记录集存储在外部媒体或内部处理器的存储器里。文件的存储分配和记录管理是由 SORT/MERGE 的执行控制的。

13.3.5.1 一般格式

```
       ┌ CONTAINS 整数 1 ARACTERS                                               ┐
       │ IS VARYING IN SIZE [[FORM 整数 2][TO 整数 3]CHARACTERS]                │
RECORD ┤ [DEPENDING ON 数据名 1]                                                │
       └ CONTAINS 整数 4 TO 整数 5 CHARACTERS                                   ┘
```

13.3.5.2 语法规则

1) 文件名 1 应在一个文件描述款中指定。

2) 排序合并文件描述款后应跟有一个或多个记录描述款。

3) 文件名 1 不应在一个输入输出语句中指定。

4) 在输入输出语句中，不应指定一个记录描述款与文件名 1 关联，除非记录描述款后跟有字 FROM 或 INTO。

13.3.5.3 一般规则

字符的数量按字节指定。

13.4 工作存储节

工作存储节描述不属于文件的记录和从属数据项。工作存储节中描述的数据是静态数据或初始数据。

13.4.1 一般格式

```
                                ┌ 77 层描述款 ┐
WORKING-STORAGE SECTION.        │ 常量款      │ ...
                                └ 记录描述款  ┘
```

下面的元语言术语在指明的子句中描述。

术语	子句
77 层款	13.11,77 层数据描述款
常量款	13.9,常量款
记录描述款	13.10,记录描述款

13.4.2 语法规则

工作存储节可以在函数定义或程序定义中规定。在一个类的定义内，工作存储节仅可以在一个工厂定义或实例定义里规定，不能在一个方法里定义中规定。在一个接口定义中不应该规定工作存储节。

13.4.3 一般规则

1) 对于一个没有初始属性、函数、工厂或者对象的程序，它的工组存储节中包含的数据项，是静态数据。

2) 对于一个没有初始属性的程序，它的工作存储节中包含的数据项是初始数据。

3) 工作存储节中的数据如 13.16.61 中的 VALUE 子句中指明的那样被初始化。

13.5 局部存储

工作存储节描述自动数据。

13.5.1 一般格式

LOCAL-STORAGE SECTION

下面的元语言术语在指明的子句中描述。

术语	子句
77 层款	13.11,77 层数据描述款
常量款	13.9,常量款

记录描述款	13.10,记录描述款

13.5.2 语法规则

工作存储节可以在一个程序定义、函数定义或一个类定义中所包含的方法定义中规定。

13.5.3 一般规则

1) 工作存储节中的数据项是自动数据。

2) 工作存储节中的数据项如13.16.61中的VALUE子句中指明的那样初始化。

13.6 连接节

连接节描述形式参数和返回数据项。

源元素的连接节中所描述的形式参数和返回数据项既被源元素(当它被激活时)引用,又被激活的源元素引用。

13.6.1 一般格式

LINKAGE SECTION [77层描述款 | 常量款 | 记录描述款] …

下面的元语言术语在指明的子句中描述。

术语	**子句**
77层款	13.11,77层数据描述款
常量款	13.9,常量款
记录描述款	13.10,记录描述款

13.6.2 语法规则

1) 连接节可以在程序定义、函数定义、方法定义、程序原型定义和函数原型定义中规定。

2) 出现在函数或程序原型中的连接节的形式参数和返回项的描述应该分别和对应的函数定义或程序定义中的形式参数和返回项的描述相匹配。

3) 在连接节中出现的参数和返回项的描述应遵循在14.7中规定的参数和返回项的符合性规则。

4) 一个基本数据项可以如13.16.5中的BASED子句中描述的那样被引用;否则,源元素的连接节中定义的数据项可以在源元素的过程部分中被引用,这当且仅当这个数据项满足下面条件中的一个:

   a) 该数据项是过程部首部的USING短语或RETURNING短语的一个操作数;

   b) 该数据项是从属于过程首部的USING短语或RETURNING短语的一个操作数;

   c) 该数据项被一个REDEFINES或RENAMES短语来定义,它的对象满足上面的条件之一;

   d) 该数据项从属于满足子规则c)中条件的任何项;

   e) 该数据项是与满足上面条件之一的数据项相联系的一个条件名或索引名;

   f) 函数的形式参数不应作为接收操作数。

13.6.3 一般规则

1) 一个基准数据项的访问在13.16.5中的BASED子句里被描述。

2) 为连接节中描述的形式参数和返回项与激活元素中所描述的数据项之间建立通信的机制,在14.1.3的一般规则中描述。在索引名的情况下,没有这样的通信机制建立,且在被激活的和激活源元素中的索引名总是指单独的索引。

3) 在一个程序定义中,当且仅当程序在一个含有UNSING短语的CALL语句的控制下执行,才允许访问形式参数和返回项。若形式参数或返回项在一个不是被调用程序的程序中存取,例如一个被操作系统激活的程序,则这个影响是未定义的。若程序被一个non-COBOL运行时元素激活,则由实现者定义是否可以访问形式参数和返回值。

4） 在函数定义中和方法定义中，总是允许访问形式参数和返回项。

5） 除非在一个显式或隐式 INITIALIZE 语句的执行中，否则连接节中规定的数据项格式或表格格式的 VALUE 子句是都被忽略的。若包含连接节的运行时元素被一个 COBOL 运行时元素激活，则连接节中的数据项的初始值由对应的运行时元素中的形式参数的值来确定，这个对应的形式参数如 14.1.3 的一般规则中所描述的那样。若包含连接节的运行时元素被操作系统激活，则连接节数据项的初始值是未定义的。若包含连接节的运行时元素被非 COBOL 运行时元素激活，则连接节数据项的初始值是由实现者定义的。

13.7 报表节

报表节描述书写到报表文件中的报表。每个报表的描述以报表描述（RD）款开头且后面紧跟着一个或多个报表栏描述。

13.7.1 一般格式

REPORT SECTION [报表描述款 {常量款 | 报表栏描述款} …] …

下面的元语言术语在指明的子句中描述。

概念	子句
77 层款	13.11，77 节层数据描述款
报表栏描述款	13.7.4，报表栏描述款

13.7.2 语法规则

报表节可以在函数定义或程序定义中规定。在一个类定义中，报表节仅在工厂定义或实例定义中规定，但不在方法定义中规定。报表节不应该在接口定义中规定。

13.7.3 报表描述款

报表描述（RD）款给这个报表命一个名字且定义它的物理和逻辑子部。（参见 13.7.5.1）

一个 RD 款应该后面紧跟着若干个报表栏描述款。紧跟的 RD 款和报表栏描述款完全地描述一个报表。在引用报表描述款的一个 INITIATE 语句成功执行之后且在引用报表描述款的 TERMINATE 语句的成功执行之前，这个报表是处于活动状态的。在其他的任何时间，它是处于不活动状态的。

13.7.4 报表栏描述款

一个报表栏是一个 0、1 或多个报表行组成的块，不管是逻辑的还是可见的，它都被作为一个单独的单元来处理。每个报表栏描述应该由一个后面跟着 0、1 或多个附属款的层 1 报告描述款（用来描述报表栏的垂直和水平布局）和报表栏中的每个打印数据项的内容或起源组成。这里打印的数据项通称为可打印项。

与报表相关联的报表栏被规定紧跟在报表描述款后。若规定了几个报表栏，则定义它们的先后次序并不重要。每个报表栏描述的第一个款有层号 1 和一个 TYPE 子句。且若也规定一个数据名，则随后它可以用来识别该报表栏。可以规定更多的从属组和初等项用来描述报表栏的附加元素。

13.7.5 报表子部

一个报表有物理和逻辑子部分，这两个子部分相互作用来决定一页中要打印的内容。

13.7.5.1 报表的物理子部

13.7.5.1.1 页面

每个报表由一个由 PAGE 子句定义的大小相等的页面或一个不确定大小的页面组成。每个页首、主体组（细节、控制头栏或控制总计）和页尾出现在页面的一个单独的子部分中。每个报表头或报表尾可以出现在页面的任何一个位置。对于主体组，一个新的页面的产生自动执行，包括页尾和页首的打印。

13.7.5.1.2 行

每个报表栏被垂直分成 0 行、1 行或多行。每个行或多个行集通过一个 LINE 子句在报表栏描述中表示。在定义了 NEXT GROUP 子句的地方，规定了报表栏后附加的垂直空间。

13.7.5.1.3 报表项

每个报表栏的每行被水平的分成 0、1 或多个可打印项。每个可打印项或可打印项的邻接集通过一个包含 COLUMN 子句的初等款在报表栏描述中被定义。可打印项中的值可通过该可见项数据描述款中的 SOURCE、SUM 或 VALUE 从句来单独的确定。另外，可以规定非打印项的款不包含 COLUMN 或 LINE 从句，但是从这些子句中可以获得非打印项。

报表项不应该被数据部的任何其他节中的任何从句或任何其他过程部语句存取或涉及，但下列情况除外：

1） 过程部中，求和计数器可以被检查或改变；

2） 可以通过 GENERATE 语句存取 DETAIL 类型的报表栏。

在一个函数标识或内嵌方法调用中引用的一个报表项应该是一个初等报表项。

13.7.5.2 报表的逻辑子部

DETAIL 类型的报表栏可以被结构化成控制组的一个嵌套集合。每个控制组可以以一个控制头开始，以一个控制总计结束。

在 GENERATE 语句执行过程中，当检测到控制数据项中一个值发生改变时，则就会出现控制中断。控制数据项的层次用来自动检测值的这些改变。一个控制中断的检查引起同一 GENERATE 语句以相反的层次次序来打印每个定义的控制总计，且在层次次序中打印每个定义的控制头。

13.8 屏幕节

屏幕节描述终端输入输出时屏幕的显示。屏幕节描述屏幕记录和附属的屏幕项。

13.8.1 一般格式

$$\underline{\text{SCREEN}}\ \underline{\text{SECTION}}.\begin{bmatrix}\text{常量款}\\ \text{屏幕描述款}\end{bmatrix}\cdots$$

下面的元语言术语在指明的子句中描述：

概念	**子句**
常量款	13.9，常量款
屏幕描述款	13.15，屏幕描述款

13.8.2 语法规则

屏幕节可以规定在函数定义或程序定义中。在一个类定义中，屏幕节只可以在工厂定义或实例定义中规定，而不在方法定义中规定。屏幕节不应该在接口定义中规定。

13.9 常量款

一个常量款定义一个常量。一个常量可以用来替代一个正文。

13.9.1 一般格式

$$\left\{\begin{matrix}1\\ \underline{01}\end{matrix}\right\}\text{常量名 1}\ \underline{\text{CONSTANT}}[\text{IS}\ \underline{\text{GLOBAL}}]\left\{\begin{matrix}\text{AS}\left\{\begin{matrix}\text{算术表达式 1}\\ \underline{\text{BYTE-LENGTH}}\ \text{OF 数据名 1}\\ \text{字值 1}\\ \underline{\text{LENGTH}}\ \text{OF 数据名 2}\end{matrix}\right\}\\ \underline{\text{FROM}}\ \text{编译变量名 1}\end{matrix}\right\}$$

13.9.2 语法规则

1） 若常量款的操作数由单个数值字值组成，则这个操作数被看作一个字值而不是看作一个算术表达式。

2） 常量名 1 可以用在任何地方，在这些地方，一种格式规定了常量名 1 所属类或类别的一个字值。若常量名 1 是一个整数，它还可以用来规定一个图片字符串的重复项，如 13.16.68，PICTURE 子句规定的那样。

3) 数据名 1 和数据名 2 可以受限。

4) 数据名 1 或数据名 2 的长度不应该直接或间接依赖常量名 1 的值。

5) 字值 1 的值和算术表达式 1 中的任何字值的值都不应该直接或间接依赖常量名 1 的值。

6) 字值 1 和算术表达式 1 的任何字值应该是一个象征常量。

7) 算术表达式 1 应该依照 7.2.5 的算术表达式形成，所有的操作数应该是字值和不应该是编译变量名除外。

8) 编译变量名 1 应该是一个编译变量名，这对于该编译变量名说来定义的条件在当前是正确的。

9) 若常量名 1 复制另一个常量名，则算术表达式、字值 1、数据名 1、数据名 2 或编译变量名 1 的规范应该与其他常量名中规定的一样。

10) 数据名 1 和数据名 2 不应该被 ANY LENGTH 子句描述。

11) 数据名 1 和数据名 2 若在报表节中定义的话，则就应该引用基本报表项。

13.9.3 一般规则

1) 若规定了字值 1 或编译变量名 1，则在其他款中规定常量名 1 的效果，就好像是把字值或编译变量名 1 表示的正文写在了书写常量名 1 的地方。

2) 若规定了字值 1 或编译变量名 1，则常量名 1 的类或类别与编译变量名 1 表示的字值或字值 1 的类或类别相同。

3) 若规定了算术表达式 1、数据名 1 或数据名 2，则在其他款书写常量名 1 的效果，就好像是把一个整数字值写在了书写常量名 1 的地方。这个整数字值具有在这些规则中规定的值。

4) 若规定了算术表达式 1，则这个表达式将按照 7.2.5 中的算术表达式进行计算，以此来决定常量名 1 的值。常量名 1 的类或类型是数值型。常量名 1 是一个整数。

5) 若规定了 BYTE-LENGTH 短语，则常量名 1 的类或类型是数值型。常量名 1 是一个整数。常量名 1 的值由内部函数 BYTE-LENGTH 确定，数据名 1 是一个变长数据项，且使用这个数据项的最大长度时除外。

6) 若规定了 LENGTH 短语规定，常量名 1 的类或类型是数值型。常量名 1 是一个整数。常量名 1 的值由内部函数 LENGTH 确定，数据名 2 是一个变长数据项，且使用这个数据项的最大长度时除外。

13.10 记录描述款

记录描述款由一组数据描述款组成，其中第一个数据描述款应该有层号 1，该层号 1 描述了一个特定记录的特征。任何被层号 1 描述的数据项都是一个记录。

记录描述可以具有层次结构。记录描述的结构和记录描述款中允许的记录在 8.5.1.2 和 13.14 中解释。

没有层次关系任何其他数据项的数据元素可以被描述作记录，这就是单独的基本项。作为选择的，这样的数据元素当在工作存储节，工作存储节，和连接节中定义时可以被描述为带层号 77 如 13.11 中那样描述单独的数据描述款。

13.11 77 层数据款

在连接节、工作存储节和工作存储节中，那些彼此间不存在层次关系的数据项若无需进一步细分，则亦无需组合成记录。与之相反，它们被分类并定义为非连续基本数据项。这些项中的每一个都定义在一个单独的以特定层号 77 开头的数据款中。

13.12 报表描述款

报表描述款命名一个报表并描述它的一般物理和逻辑结构。

13.12.1 一般格式

<u>RD</u> 报表名 1

[IS <u>GLOBAL</u>]

[CODE IS {标识符 1 | 字值 1}]

[{CONTROL IS | CONTROLS ARE} {{数据名 1}… | FINAL[数据 1]}]

[PAGE [LIMIT IS | LIMITS ARE] {整数 1 | [整数 1 {LINE | LINES}] [整数 2 {COLS | COLUMNS}]}

[HEADING IS 整数 3][FIRST {DE | DETAIL} IS 整数 4]

[LAST {CH | CONTROL HEADING} IS 整数 5]

[LAST {DE | DETAIL} IS 整数 6][FOOTING IS 整数 7]]

13.12.2 语法规则

1) 这里应有且只有一个 REPORT 子句用以指定某个给定文件款中的报表名 1;

2) 报表名 1 后面的子句可以以任意顺序出现。

13.12.3 一般规则

若已指定 GLOBAL,则报表名 1 和它所有构成报告栏、页面计数器、行计数器以及报表名 1 中定义的任意和的计数器都是全局的。

13.13 报表栏描述款

报表栏描述款指定报表栏及其每个项的特性。

13.13.1 一般格式

层号[款名子句]

[类型子句]

[下一个组子句]

[行子句]

[图片子句]

[[USAGE IS] {DISPLAY | NATIONAL}]

[符号子句]

[合法化子句]

[列子句]

[BLANK WHEN ZERO]

[源子句 | 和子句 | 值子句]

[PRESENT WHEN 条件 1]

[GROUP INDICATE]

[OCCURS[整数 1 TO]整数 2 TIMES[DEPENDING ON 数据名 1][STEP 整数 3]]

[可变子句]

其中,下面的元语言术语在声明的子句中已做了描述:

术语	**子句**
列子句	13.16.14,COLUMN 子句

款名子句　13.16.18,Entry-name 子句
受限化子句　13.16.30,JUSTIFIED 子句
行子句　13.16.33,LINE 子句
下一个组子句　13.16.35,NEXT GROUP 子句
图片子句　13.16.38,PICTURE 子句
符号子句　13.16.50,SIGN 子句
源子句　13.16.51,SOURCE 子句
和子句　13.16.52,SUM 子句
类型子句　13.16.55,TYPE 子句(报表栏格式)
值子句　13.16.61,VALUE 子句(报表节格式)
可变子句　13.16.62,VARYING 子句

13.13.2 语法规则

1) 报表栏款只可出现在报表节中。
2) 若已指定款名子句,则也应指定数据名格式或填充格式。款名子句应直接紧跟层号之后。所有其他子句则可以任意顺序书写。
3) 层号应是从 1～49 的任意整数。
4) 跟在报表款后面的第一个款应是一个 1 层款。
5) TYPE 子句只可以在一个 1 层款中指定而且应该在每一个 1 层款中指定。
6) NEXT GROUP 子句仅可在一个 1 层款中指定。
7) 当款名子句的数据名在某个 GENERATE 语句、USE BEFORE REPORTING 语句中,或作为 SUM 计数器的一个限定词在 SUM 子句的 UPON 短语中,抑或作为一个操作数在某个 SUM 子句中被引用了,则应指定数据名格式。数据名不应再以其他方式引用。
8) 一个带 LINE 子句的报表栏款不能从属于另一个带 LINE 子句的报表栏款。
9) 每一个带 COLUMN 子句但不带 LINE 子句的初等款都应从属于一个带 LINE 子句的款。
10) 每一个带 COLUMN 子句的初等款也应包含一个 SOURCE 子句或 VALUE 子句或 SUM 子句。
11) PICTURE 子句、COLUMN 子句、SOURCE 子句、VALUE 子句、SUM 子句和 GROUP INDICATE子句只可写在一个初等款中。
12) 在每一个有 SOURCE 子句或 SUM 子句的初等款中,我们都应指定一个 PICTURE 子句。
13) 在每一个有 VALUE 子句的初等项中,我们都应指定一个 COLUMN 子句。
14) 当在 VALUE 子句中指定了一个字母数字型、布尔型或本土型字值时,一个初等项的 PICTURE 子句可以省略。一个 PICTURE 子句暗含如下:
    a) 若字值是字母数字型,"PICTURE X(长度)";
    b) 若字值是布尔型,"PICTURE 1(长度)";
    c) 若字值是本土型,"PICTURE N(长度)"。
    这里长度是指 8.3.1.2 中指定的字值长度。
15) 若指定了 BLANK WHEN ZERO 或 JUSTIFIED,那也应指定 COLUMN 子句。
16) 条件 1 不应引用任何和计数器、LINE-COUNTER、PAGE-COUNTER 或其他报表节数据项。
17) 在一个已指定了 PRESENT WHEN 子句的款中不应再指定 GROUP INDICATE 子句。

13.13.3 一般规则

1) 每个 1 层款确定了一个报表栏。报表栏是通过该款及其所有从属款指定的。
2) 除了以上语法规则的所作的附加限制外,USAGE 子句、PICTURE 子句、BLANK WHEN

ZERO 子句和 JUSTIFIED 子句都是与数据款一般格式描述下的子句一样，也都应遵守那些定义的语法规则和一般规则。(参见 13.16)

3) 当一个款包含一个带有两个或两个以上操作数的 OCCURS 子句或 LINE 子句、COLUMN 子句时，就认为它是一个重复款，并且该重复数被定义为 OCCURS 子句的整型变元 2 或 LINE 子句、COLUMN 子句的操作数数目，而无论是哪一个都是合适的。一个不是重复款的款的重复数被定义为 1。若一个报表项是由一个重复款或一个从属于重复款的款定义的，则它就是一个重复项。

13.14 数据描述款

一个数据描述款指定数据的一个特殊项的特性。文件节、工作存储节、局部存储节或连接存储节的一个 1 层数据描述款决定了该记录及其从属数据项是具有局部名还是全局名。

工作存储节中一个 1 层数据款决定了该记录及其从属数据项的内部或外部属性。

13.14.1 一般格式

格式 1(数据描述)

层号[款名子句]

[REDEFINES 数据名 1]

[IS TYPEDEF [STRONG]]

[IS EXTERNAL [AS 字值 1]]

[IS GLOBAL]

[图片子句]

[使用子句]

[[SIGN IS] {LEADING | TRAILING} [SEPARATE CHARACTER]]

[发生子句]

[{SYNCHRONIZED | SYNC} [LEFT | RIGHT]]

[{JUSTIFIED | JUST} RIGHT]

[BLANK WHEN ZERO]

[ANY LENGTH]

[BASED]

[PROPERTY [WITH NO {GET | SET}] [IS FINAL]]

[SAME AS 数据名 3]

[选择当子句]

[TYPE 类型名 1]

[校验子句]

[值子句]

[ALIGHED]

[GROUP-USAGE IS {BIT | NATIONAL}]

其中校验子句是：

[类子句]

[缺省子句]

[DESTINATION IS{标识符 2}…]
[{INVALID WHEN 条件 2}…]
[PRESENT WHEN 条件 3]
[VARYING{数据名 6[FROM 算术表达式 1][BY 算术表达式 2]}…]
[校验子句]…

其中，下面的元语言术语在声明的子句中已做了描述：

术语	子句
类别子句	13.16.11，CLASS 子句
缺省子句	13.16.16，DEFAULT 子句
款名子句	13.16.18，Entry-name 子句
发生子句	13.16.36，OCCURS 子句（固定表或可变表格式）
图片子句	13.16.38，PICTURE 子句
选择当子句	13.16.49，SELECT WHEN 子句
使用子句	13.16.58，USAGE 子句
有效状态子句	13.16.60，VALIDATE-STATUS 子句
值子句	13.16.61，VALUE 子句（数据项或表格式）

格式 2（重命名）：

66 数据名 1 RENAMES 数据名 4 [{THROUGH / THRU} 数据名 5]

格式 3（条件名）：

88 条件名 1 值子句

其中值子句在 13.16.61 做了描述，即 VALUE 子句（条件名格式）。

格式 4（校验）：

88 [条件名 2] 条件子句

其中值子句在 13.16.61 做了描述，即 VALUE 子句（内容有效款格式）。

13.14.2 语法规则

格式 1

1) 层号可以是 77 或 1～49 之间的整数。
2) 若层号是 77，则应指定款名子句的数据名格式。
3) 在同一个数据款中，REDEFINES 子句和 TYPEDEF 子句或 BASED 子句一样都不需指定。
4) 若款名子句已指定，则数据名格式或填充格式其中之一可被指定且款名子句应直接跟在层号之后。若款名子句没有被指定，这就似乎是款名子句的填充格式应该被指定。若 REDEFINES 子句被指定，那它应直接跟在款名子句之后；否则 REDEFINES 子句应直接跟在层号之后。若 TYPEDEF 子句指定，则款名子句的数据名格式也应指定且 TYPEDEF 子句应直接跟在款名子句之后。其余子句可以任意顺序书写。
5) 在同一个数据款中，EXTERNAL 子句和 REDEFINES 子句、TYPEDEF 子句或 BASED 子句一样都不应被指定。
6) GLOBAL 子句只可以在层号为 1 的数据款中指定。
7) 对包含 GLOBAL 子句或 EXTERNAL 子句的任意款而言，或对与某个包含 EXTERNAL 子句或 GLOBAL 子句的文件款相关的记录描述而言，应指定款名子句的数据名格式。
8) 对于 RENAMES 子句的主项或用作二进制字符、二进制短整型、二进制长整型、二进制双精度型、浮点短整型、浮点长整型、浮点扩充型、索引、对象引用、指针、程序指针的数据项，PICTURE 子句不应被指定。对于任何其他描述一个初等项的款，除了已使用语法规则 9 声明以外，都应指定一个 PICTURE 子句。

9） 当在 VALUE 子句的数据项格式中已指定一个字母数字字值、布尔字值或本土字值时，初等项中的 PICTURE 子句可以被省略。一个 PICTURE 子句暗含如下：

   a） 若字值是字母数字型，“PICTURE X(长度)”；

   b） 若字值是布尔型，“PICTURE 1(长度)”；

   c） 若字值是本土型，“PICTURE N(长度)”。

   其中长度是 8.3.1.2 字值中指定的字值长度。

10） 不应为类索引、对象或指针指定 VALUE 子句。

11） SYNCHRONIZED 子句、PICTURE 子句、JUSTIFIED 子句和 BLANK WHEN ZERO 子句仅可为初等数据项指定。

12） 除款名子句、EXTERNAL 子句、GLOBAL 子句、层号子句及 OCCURS 子句外，SAME AS 不应与任何子句指定在同一数据款中。

13） 除 BASED 子句、CLASS 子句、DEFAULT 子句、DESTINATION 子句、款名子句、EXTERNAL 子句、GLOBAL 子句、INVALID 子句、层号子句、OCCURS 子句、PRESENT WHEN 子句、PROPERTY 子句、TYPEDEF 子句、VALIDATE-STATUS 子句、VALUE 子句和 VARYING 子句外，TYPE 子句不应与任何子句指定在同一数据款中。

14） TYPEDEF 子句只可在层号为 1 的数据款中指定且其款名子句的数据名格式已指定。

15） BASED 子句只可在连接节、工作存储节、工作存储节的数据款中指定。此类数据款的层号应是 1 或 77。

16） 若 ANY LENGTH 子句已指定，则允许指定得其他子句只有层号子句、款名子句、PICTURE 子句和 USAGE 子句。

17） 若 PICTURE 子句的 LOCALE 短语已指定，则 SIGN 子句就不应指定。

18） 在层号是 1 或 77 的数据款中，不应指定 PRESENT WHEN 子句。

19） PROPERTY 子句不应和如下子句指定在同一数据款中：

   a） BASED 子句；

   b） TYPEDEF 子句。

格式 2

20） 字 THROUGH 和 THRU 等价。

格式 3 和格式 4

21） 每一个条件名从属于与之相关的数据名。

22） 格式 3 或格式 4 是针对每个条件名的。每个条件名要求一个层号为 88 的单独款。对于一个特定条件变量，特定条件名款应直接跟在描述与之相关数据项的款后。条件名可以与任何包含层号的数据款相关，但以下除外：

   a） 另一个 88 层款。

   b） 一个 66 层款。

   c） 一个包含带有 usage 子句且没有 display 的数据项的字母数字组。

   d） 一个包含用 JUSTIFIED 子句和 SYNCHRONIZED 子句描述的数据项的组。

   e） 一个类别索引、对象或指针的数据项。

   f） 一个用 ANY LENGTH 子句描述的数据项。

   g） 一个用 STRONG 短语描述的类型声明，或者一个从属于该类型声明的组项。

13.14.3 一般规则

1） 若款主体是一个从属于位组的组项并且已指定了一个 GROUP-USAGE BIT 子句，则 GROUP-USAGE BIT 子句缺省为款主体。

2） 若款主体是一个从属于本土组的组项并且未指定 GROUP-USAGE NATIONAL 子句，则 GROUP-USAGE NATIONAL 子句缺省为款主体。

3） 格式 3 包含该条件的名称以及与之相关的数值、多个数值或数值的范围。

4） 格式 4 可以包含条件名称以及与之相关的数值、多个数值或数值的范围，在这种情况下，条件名拥有其在格式 3 中一样的含义并且使用方式也可能一样。在引用了款主体或上级数据项的 VALIDATE 语句的内容有效期间，用这种格式指定的数值或多个数值决定了这样一些数值、多个数值或数值的范围，即若 VALID 被指定，这些数值就可以使款主体有效，而若 INVALID 被指定，这些数值就可以使款主体无效。

13.15 屏幕描述款

屏幕款指定一个屏幕项的属性、行为、尺寸和定位，以便它能被 ACCEPT 屏幕语句或一个 DISPLAY 屏幕语句引用。屏幕款允许数据项与该屏幕项相关以便数据项的内容能显示在屏幕项中或操作者键入屏幕项的数值插入该数据项。

13.15.1 一般格式

格式 1(组)：

层号[款名子句]

[IS GLOBAL]

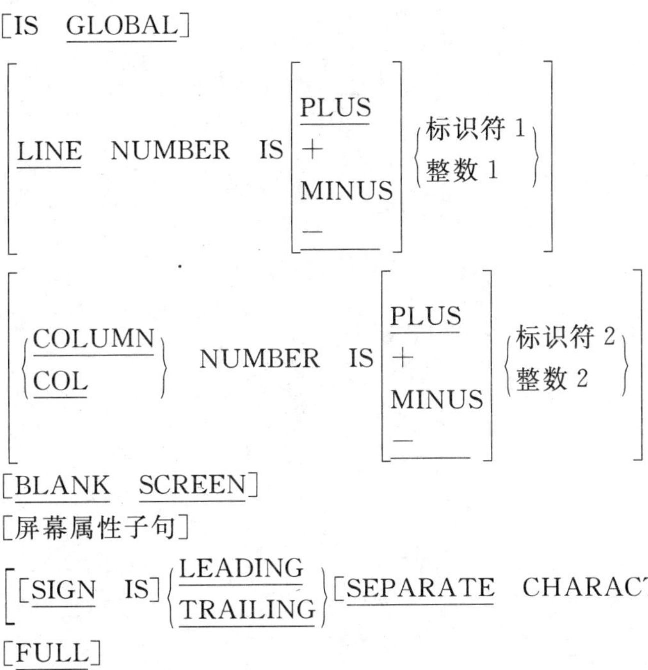

LINE NUMBER IS {PLUS | + | MINUS | −} {标识符 1 | 整数 1}

{COLUMN | COL} NUMBER IS {PLUS | + | MINUS | −} {标识符 2 | 整数 2}

[BLANK SCREEN]

[屏幕属性子句]

[[SIGN IS] {LEADING | TRAILING} [SEPARATE CHARACTER]]

[FULL]

[AUTO]

[SECURE]

[REQUIRED]

[OCCURS 整数 5 TIMES]

[[USAGE IS] {DISPLAY | NATIONAL}]

格式 2(初等项)

层号[款名子句]

[IS GLOBAL]

[LINE NUMBER IS [PLUS | + | MINUS | —] {标识符 1 | 整数 1}]

[{COLUMN | COL} NUMBER IS [PLUS | + | MINUS | —] {标识符 2 | 整数 2}]

[BLANK {LINE | SCREEN}]

[ERASE {END OF LINE | END OD SCREEN | EOL | EOS}]

[屏幕属性子句]

[图片子句]

[源目标子句]

[BLANE WHEN ZERO]

[{JUST | JUSTIFIED} RIGHT]

[[SIGN IS] {LEADING | TRAILING} [SEPARATE CHARACTER]]

[FULL]

[AUTO]

[SECURE]

[REQUIRED]

[OCCURS 整数 5 TIMES]

[[USAGE IS] {DISPLAY | NATIONAL}]

其中款名子句在 13.16.18 款名子句中描述。

屏幕属性子句是：

[BELL]

[BLINK]

[HIGHLIGHT]

[LOWLIGHT]

[REVERSE-VIDEO]

[UNDERLINE]

[FOREGROUND-COLOR IS {标识符 3 | 整数 3}]

[BACKGROUND-COLOR IS {标识符 4 | 整数 4}]

其中图片子句在 13.16.38 PICTURE 子句中描述。

其中，源目标子句是：

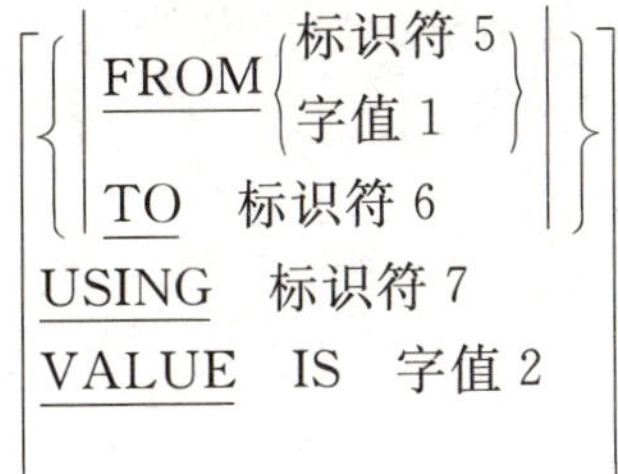

13.15.2 语法规则

所有格式

1) 若指定，款名子句应直接跟在层号之后。若款名子句已指定，只有屏幕名称或填充格式可以被指定。若未指定款名子句，则就好像指定了款名子句的填充格式。其余子句可以以任意顺序指定。

2) 若 GLOBAL 子句指定，则款名子句的屏幕名称格式应指定且层号应是 1。

格式 1

3) 层号应是一个 1～48 之间的数值。

4) 款主体应是一个组屏幕项。

格式 2

5) 层号应是一个 1～49 之间的数值。

6) 款主体应是一个初等屏幕项。

7) 对于一个初等屏幕项，相应的屏幕款应包括至少如下之一：

——一个 PICTURE 子句和一个 FROM 子句、TO 子句或 USING 子句；

——一个 PICTURE 子句和一个带一个数字字值的 VALUE 子句；

——一个指定了一个字母数字型、布尔型或 national 型字值的 VALUE 子句；

——一个 BLANK 子句；

——一个 ERASE 子句；

——一个 BELL 子句。

8) 若 FULL 子句已指定，则 JUSTIFIED 子句就不应指定。

9) 若 PICTURE 子句的 LOCALE 短语已指定，则 SIGN 子句就不应指定。

13.15.3 一般格式

所有格式

1) 除了 OCCURS 子句，若一个屏幕项的层次中在不止一层上定义了同一个子句，则出现在层次最底层的子句是起作用的那一个。

2) 若在一个屏幕项的层次中同时指定了 HIGHLIGHT 子句和 LOWLIGHT 子句，则出现在层次最底层的子句是起作用的那一个。

格式 2

3) 当在 VALUE 子句中指定了一个字母数字型、布尔型或本土字值，则 PICTURE 子句可以省略。一个 PICTURE 子句暗含如下：

a) 若该字值是字母数字型的，“PICTURE X(长度)”。

b) 若该字值是布尔型的，“PICTURE 1(长度)”。

c) 若该字值是 national 型的，“PICTURE N(长度)”。

其中长度是 8.3.1.2 字值中指定的字值长度。

13.16 数据部子句

13.16.1 ALIGNED 子句

ALIGNED 子句指定一个位组项或一个初等位数据项以第一个有效字节的第一位为基准进行调整。

13.16.1.1 一般格式

ALIGNED

13.16.1.2 语法规则

ALIGNED 子句只可以为位组项或初等位数据项而指定。

13.16.1.3 一般规则

1) ALIGNED 子句使款主体以第一个有效字节的第一位为基准进行调整。可以生成隐式填充位数，以完成 8.5.1.5.3 使用位数据项的调整中描述的位数分配。

2) 为多次出现数据项指定的 ALIGNED 子句应用到该项的每次出现。

3) 当未指定 ALIGNED 子句时，位数据项的调整与 8.5.1.5.3 中使用位数据项的调整一致。

13.16.2 ANY LENGTH 子句

ALIGNED 子句指定一个连接节项的长度在运行时可能会改变并且该长度由变元的长度决定。

13.16.2.1 一般格式

ANY LENGTH

13.16.2.2 语法规则

1) ANY LENGTH 子句只可以在连接节的初等层 1 款中指定，而这些连接节是属于函数、内含的程序或不是属性方法的方法。

注：在最外层程序中不能指定 ANY LENGTH 子句。因为最外层程序可以使用或不使用程序原型格式 CALL 语句来调用。对于不使用程序原型的调用，国际标准不要求有一个实现来决定变元是否对应于 ANY LENGTH 描述的形式参数。

2) 若包含 ANY LENGTH 子句的源元素是一个包含的程序或一个方法，则款主体应在其过程部首中作为如下引用：

   a) 带 BY REFERENCE 短语的形式参数，或

   b) 返回项。

3) 若包含 ANY LENGTH 子句的源元素是一个函数，则款主体应在其过程部首中作为一个带 BY REFERENCE 短语的形式参数引用。

4) 应为款主体指定 PICTURE 子句，并且 PICTURE 子句中指定的字符串应是图形符号“N”、“X”或“1”的一个实例。

13.16.2.3 一般规则

ANY LENGTH 子句指定的款主体应是：

1) 零长度数据项，当对应变元或激活运行时元素的返回项是零长数据项时，或

2) 视为在其 PICTURE 子句的字符串中有 n 重图形符号，其中 n 是对应变元或激活运行时元素的返回项的长度。

13.16.3 AUTO 子句

在 ACCEPT 屏幕语句执行期间，AUTO 子句使光标自动移至为屏幕项声明的下一个区域。

13.16.3.1 一般格式

AUTO

13.16.3.2 一般规则

1) 在组层指定的 AUTO 子句应用到该组的每一个输入屏幕项。

2) 对于不是输入区域的区域，忽略 AUTO 子句。

3） 在引用指定了 AUTO 子句的屏幕项的 ACCEPT 屏幕语句执行期间，该 AUTO 子句生效。

4） 当定义中包含了 AUTO 子句的输入区域的前一个字符有数据输入时，该子句使光标自动移至为屏幕项声明的下一个区域。

5） 当在输入期间为一个没有逻辑上的下一个区域的输入区域指定 AUTO 子句时，同时该区域在 ACCEPT 屏幕语句期间输入有效并且有数据输入至屏幕项的前一个字符，ACCEPT 语句的正常终结成功完成。

13.16.4 BACKGROUND-COLOR 子句

BACKGROUND-COLOR 子句为屏幕项指定背景颜色。

13.16.4.1 一般格式

$$\underline{\text{BACKGROUND-COLOR}}\ \ \text{IS}\begin{Bmatrix}\text{标识符 1}\\ \text{整数 1}\end{Bmatrix}$$

13.16.4.2 语法规则

1） 标识符 1 应在文件节、工作存储节、工作存储节或连接节中描述为一个无符号整型数据项。

2） 整型 1(Integer1)应取 0 至 7 范围内的值。

13.16.4.3 一般规则

1） 当引用了相关屏幕项的 ACCEPT 屏幕语句或 DISPLAY 屏幕语句执行时，标识符 1 引用的数据项的内容应在 0～7 的范围内。

2） 整型 1 或者标识符 1 引用的数据项的内容指定了用来显示屏幕项的背景颜色的色值。与色值相关的颜色在 9.2.7 中有指定。

3） 在组层指定的 BACKGROUND-COLOR 子句应用到该组的每一个初等屏幕项。

4） 当 BACKGROUND-COLOR 子句未指定或该值不在 0～7 的范围内，则背景颜色由实现者定义。

13.16.5 BASED 子句

BASED 子句定义一个基准款。当与实际数据项或分配的存储有关时，基准款是一个描述基准数据项的模板。

13.16.5.1 一般格式

<u>BASED</u>

13.16.5.2 语法规则

款主体不应是类对象。

13.16.5.3 一般规则

1） BASED 子句指定款主体是一个基准款，它定义了一个通过缺省数据地址指针与存储动态相关的模板。

2） 创建缺省数据地址指针并置初始值为 NULL。该缺省数据地址指针的生命周期在 8.6.4 中有描述。

3） 若款主体或任何从属于它的项被直接或间接引用而其地址为 NULL 时，EC-DATA-PTR-NULL 异常条件出现。

4） 若款主体被引用而其地址不为 NULL 且不是一个有效存储地址时，EC-BOUND-PTR 异常条件出现。

13.16.6 BELL 子句

BELL 子句让终端发出音调。

13.16.6.1 一般格式

<u>BELL</u>

13.16.6.2 **一般规则**

1) 当被指定的屏幕项在DISPLAY屏幕语句执行期间被处理时,该子句的使用产生发出的音调。不论有多少款指定了这个子句,在DISPLAY屏幕语句执行开始时音调发出一次。

2) 在组层上指定的BELL子句应用到该组每一个初等屏幕项。

13.16.7 **BLANK子句**

在DISPLAY屏幕语句执行期间而又在数据被传送给屏幕项之前,BLANK子句清除屏幕行或清除整个屏幕。

13.16.7.1 **一般格式**

$$\underline{\text{BLANK}}\left\{\begin{array}{l}\underline{\text{LINK}}\\\underline{\text{SCREEN}}\end{array}\right\}$$

13.16.7.2 **一般规则**

1) 当BLANK LINE子句已指定时,为作为款主体的屏幕项而指定的整行,也即列1穿过行末端的该行,将在DISPLAY屏幕语句执行期间而又在数据传送给屏幕项之前被清除。

2) 当BLANK SCREEN子句已指定时,在DISPLAY屏幕语句执行期间而又在数据传送给屏幕项之前该屏幕将被清除并且光标置于1行1列。在清理屏幕时,整个屏幕的背景颜色被设为此时合适的值。

3) 为了同一个屏幕项或一个它从属的屏幕项,结合了BACKGROUND-COLOR子句的BLANK SCREEN子句设置使用的缺省背景颜色直至同样的结合被指定了另一种背景颜色为止。

4) 为了同一个屏幕项或一个它从属的屏幕项,结合了FOREGROUND-COLOR子句的BLANK SCREEN子句设置使用的缺省前景颜色直至同样的结合被指定了另一种前景颜色为止。

5) 在ACCEPT屏幕语句执行的所有短语中,忽略BLANK子句。

13.16.8 **BLANK WHEN ZERO子句**

BLANK WHEN ZERO子句的作用是当一个数据项的值为零时,把该数据项置为空白。

13.16.8.1 **一般格式**

<u>BLANK</u> WHEN <u>ZERO</u>

13.16.8.2 **语法规则**

1) BLANK WHEN ZERO子句只能用于初等项,而且其PICTURE子句应指明为数值型或数值编辑型(参见5.9)。

2) BLANK WHEN ZERO子句所适用的数值型或数值编辑型数据描述款应该以隐式或显式方式描述为USAGE IS DISPLAY。

13.16.8.3 **一般规则**

1) 在使用BLANK WHEN ZERO子句时,若数据项的值为零,则这个数据项只能包含空格。

2) 若BLANK WHEN ZERO子句用于PICTURE是数值型的数据项时,就把这个数据项看作是数值编辑型的。

13.16.9 **BLINK子句**

BLINK子句作用是使在屏幕上显示的每一个字符会闪烁。

13.16.9.1 **一般格式**

<u>BLINK</u>

13.16.9.2 **一般规则**

1) 在组位中的BLINK子句对于这个组中的每一个基本显示项都适用。

2) 有BLINK子句时,显示项中有ACCEPT或DISPLAY子句时,组成显示项的字符就会闪烁。

13.16.10 **BLOCK CONTAINS子句**

BLOCK CONTAINS子句指明物理记录的大小。

13.16.10.1 **一般格式**

BLOCK CONTAINS [整数 1 TO]整数 2 {RECORDS | CHARACTERS}

13.16.10.2 **一般规则**

1) 除了下列情形外,这个子句总是需要的:
   a) 一个物理记录包含而且仅包含一个完整的逻辑记录。
   b) 分配给这个文件的硬设备有且仅有一个物理记录大小。
   c) 块中包含的记录数目在操作环境中指明。
2) 物理记录的大小可以用记录数来表明。但在下列情形中,一定不能使用 RECORDS 短语。
   a) 在海量存储文件中,逻辑记录可以跨物理记录。
   b) 物理记录包含填补区(不包含在逻辑记录中的区)。
   c) 逻辑记录的组合使得隐含一个不精确的物理记录大小。
3) 当指明字 CHARACTERS 时,物理记录大小是用存储该物理记录所需的字符位置数来指出,而不考虑表示物理记录的数据项所使用的字符类型。
4) 若未指定整数 1,整数 2 代表物理记录的精确长度。若整数 1 和整数 2 都指定了,它们就分别代表物理记录的最小长度和最大长度。
5) 若相关的文件连接符是外部文件连接符,在运行单位中与该文件连接符相关的所有 BLOCK CONTAINS 子句中的整数 1 和整数 2 具有相同的值。

13.16.11 **CLASS 子句**

CLASS 子句指定数据项中每一个字符的值的范围,用来在 VALIDATE 子句的内容有效执行阶段期间加以核对。

13.16.11.1 **一般格式**

CLASS IS {NUMERIC | ALPHABETIC | ALPHABETIC-LOWER | ALPHABETIC-UPPER | BOOLEAN | 字母名 1 | 类名 1}

13.16.11.2 **语法规则**

款主体类型应是字母型,字母数字型,或者本土型。

13.16.11.3 **一般规则**

1) CLASS 子句在 VALIDATE 子句的内容有效执行阶段期间起作用。CLASS 子句在执行除 VALIDATE 子句的其他子句时被忽略。
2) 若款主体类型是初等项,只有与这项相关的内部指示符设置成它的初始有效值时,CLASS 子句才生效,表明这项在格式上是有效的。
3) CLASS 子句的操作数被用来检查在 8.8.4.1.3 中描述的数据项值的每一个字符。若类情况错误,数据项的内部指示符被置成内容上是无效的。
4) 若款主体类型是字母数字组项或本土组项,除没有用 DEPENDING 短语处理成 PRESENT WHEN 子句或 OCCURS 子句的结果外,一般规则 2 和 3 适用于它的每一个子基础项。

13.16.12 **CODE 子句**

CODE 子句规定了一个由两个字符组成的字值,该字值标识属于指定报表的每一个打印行。

13.16.12.1 一般格式

CODE 字值 1

13.16.12.2 语法规则

1） 字值 1 是一个由两个字符组成的非数值字值。

2） 对一个文件中的任何报表，若指明了 CODE 子句，则对同一文件中的所有报表，也应该指明该子句。

13.16.12.3 一般规则

1） 当指明了 CODE 子句时，字值 1 自动地放在每个报表编制逻辑记录的前两个字符位置。

2） 字值 1 占据的位置不包括在该打印行的描述中，但包括在该逻辑记录长度内。

13.16.13 **CODE-SET 子句**

CODE-SET 子句指明表示外部媒体上的数据所使用的字符编码集。

13.16.13.1 一般格式

CODE-SETS 字母表名 1

13.16.13.2 语法规则

1） 当对一个文件指明了 CODE-SET 子句时，在这个文件中的所有数据都应该描述为 USAGE IS DISPLAY。而且任何有正负号的数值数据应该用 SIGN IS SEPARATE 子句描述。

2） 由 CODE-SET 子句引用字母表名子句一定不能指明字值常量短语。

13.16.13.3 一般规则

1） 若指明了 CODE-SET 子句：

a） 成功地执行 OPEN 语句之后，表示外部媒体上数据的字符集就是由 OPEN 语句中指定的文件名的文件描述款中的字母表名 1 所引用的字符集(参见 12.2.6)。

b） 它指明了从外部媒体上的字符集转换成本原字符集或者从本原字符集转换成外部媒体上字符集的转换算法。这种转换在执行输入输出操作期间发生。

2） 若没有指明 CODE-SET 子句，则外部媒体上的数据采用本原字符集。

3） 若相关的文件连接符是外部文件连接符，则运行单位中与该文件连接符相关的 CODE-SET 子句具有相同的字符集。

13.16.14 **COLUMN 子句**

COLUMN 子句标识一个可打印项，或可打印项集，并且指定它们在报表行中的水平位置，或者为屏幕项指定水平屏幕坐标。

13.16.14.1 一般格式

格式 1

$$\left\{\begin{array}{l}\underline{\text{COLUMN}}\ \text{NUMBER}\\ \underline{\text{COLUMN}}\ \text{NUMBERS}\\ \underline{\text{COLUMNS}}\\ \underline{\text{COL}}\ \text{NUMBER}\\ \underline{\text{COL}}\ \text{NUMBERS}\\ \underline{\text{COLS}}\end{array}\right\}\left\{\begin{array}{l}\underline{\text{LEFT}}\\ \underline{\text{CENTER}}\\ \underline{\text{RIGHT}}\end{array}\right\}\left[\begin{array}{l}\text{IS}\\ \text{ARE}\end{array}\right]\left\{\begin{array}{l}\text{整数 1}\\ \left\{\begin{array}{l}\underline{\text{PLUS}}\\ +\end{array}\right\}\text{整数 2}\end{array}\right\}$$

格式 2

$$\left\{\begin{array}{l}\underline{\text{COLUMN}}\\ \underline{\text{COL}}\end{array}\right\}\text{NUMBER IS}\left[\begin{array}{l}\underline{\text{PLUS}}\\ +\\ \underline{\text{MINUS}}\\ -\end{array}\right]\left\{\begin{array}{l}\text{标识符 1}\\ \text{整数 3}\end{array}\right\}$$

13.16.14.2 语法规则

所有格式

1） COLUMN、COL、COLUMNS 和 COLS 语义相同。

2） PLUS 和＋语义相同。

格式 1

3） COLUMN 子句只在初等款中出现，此款应包含 LINE 子句或应从属于一个包含 LINE 子句的款。

4） 只有当 COLUMNS、COLS 或 NUMBERS 被指定时关键词 ARE 才被指定。

5） 若当 COLUMNS、COLS 或 NUMBERS 被指定时，则关键词 IS 不应被指定。

6） 整数 1 和整数 2 都不应超过页宽。（参见 13.16.37）

7） 在给定的报告内，用没有按照递增顺序的 n 列数字定义的任何两个或更多的绝对项应服从一个不同的 PRESENT WHEN 子句。

8） 在给定的报告行的可打印项的集合应遵守以下规则：

a） 若任何两个或多个项互相交迭，每个项应遵循一个不同的 PRESENT WHEN 子句。

b） 所有绝对项最右列的位置不能超过页宽。

c） 若报告以相对可打印项集结尾，除非每一项遵循于不同的 PRESENT WHEN 子句外，它们不应超出页宽。在这种情况下这个规则只适用于它们中最大的项。

9） 若 LEFT、CENTER 或 RIGHT 被指定，所有的操作数应是绝对的。若任何一个操作数是绝对的而没有其他 LEFT、GENTER 或 RIGHT 被指定，LEFT 就是被假定的。

10） 若整数 1 或整数 2 的操作数被指定为多个数，子句应涉及为一个复杂 COLUMN 子句并遵循以下附加规则：

a） OCCURS 子句不能在同一个款中被指定。

b） 所有整数 1 的发生的事件应按发生次数的多少的递增顺序排列。

格式 2

11） MINUS 和-语义相同。

12） 标识符 1 应在文件节、工作存储节、本土存储节或连接节中作为无符号的整数数据项被描述。

13） 在显示记录中 PLUS 短语和 MINUS 短语都不能被指定为首选基本项。

13.16.14.3 一般规则

格式 1

1） COLUMN 子句规定了一个或多个可打印项。若 COLUMN 子句没有被指定，这些项则不被打印。

2） 实现者在列和本土字符集间指定了固定的通信关系。

3） 可打印项的打印大小是可打印项的 PICTURE 子句描述的字符所需求的列 n 的个数。在列和字母数字字符集中的字符之间能进行一对一的通信关系。

注：若打印字符没有固定的大小，报告就不能排列。例如在 UTF-8 字符集中。

4） 任何报告行应该以这种方式定义，当这行打印时，任何给定的列的位置仅被用于一个可打印项。若违反这个规则，EC-REPORT-COLUMN-OVERLA 的异常情况则会出现，并且结果不被确定。

5） 任何报告应该以这种方式定义，当被打印时，最后可打印项的最后的列位置不能超过页宽。若违反了这条规则，EC-REPORT-PAGE-WIDTH 的异常情况则会出现，报告行被缩减并被打印。

6） 若整数 1 被指定，则会遵守以下规则：

a） 整数 1 指定一个绝对列号。

b) 若 LEFT 被指定，整数 1 则表示可打印项的最左列列号。打印项的最右列列号是整数 1＋打印大小－1。

c) 若 RIGHT 被指定，整数 1 表示打印项的最右列列号，打印项的最左列列号是整数 1－打印大小＋1。

d) 若 CENTER 被指定，可打印项则会置中，如下：

- 若打印项的大小是奇数，整数 1 则表示打印项的中间列。最左列的列号是整数 1－((打印大小－1)/2；最右列的列号是整数 1＋(打印大小/2)，截断为一个整数。
- 若打印项的大小是偶数。整数 1 则表示在打印项的两个中间项的左边的那项。最左列的列号是(整数 1－(打印大小/2))＋1；最右列的列号是整数 1＋(打印大小/2)。

7) 在任意给定的报告行中，水平计数器表示最右面的占用列 n，水平计数器的值在行中被每一个打印项维护和更新。在行的起始，水平计数器为 0。

8) 整数 2 规定了相对列的列值。若整数 2 被指定为当前行的第一个打印项的项，则它表示那项的最右列。否则，整数 2 的值表示最右列和最左列之间的那列的列号，这项的最左侧字符的位置通过整数 2 加上当前行的水平计数器的值来得到。

9) 每一个打印项的最右列位置被置成水平计数器的新值。

10) 任何打印行的未填充列由空白字符填充。

11) 若一个包含 LINE 子句的款没有子款定义一个打印项，则报告结果就是空。

12) 除非这个多重 COLUMN 子句的作用是允许一个可打印项被定义为不等的水平区间，一个多重 COLUMN 子句在功能上等价于带有一个简单操作数的 COLUMN 子句，并且这个子句是一个整数等价于 COLUMN 子句的操作数的数值的简单 COLUMN 子句。

格式 2

13) COLUMN 子句指定了显示项最左位置的的字符的列，这个显示项是执行 ACCEPT 或者 DISPLAY 语句的过程中的显示项。不管在 ACCEPT 显示语句或 DISPLAY 显示语句中涉及的是全部显示记录还是只是其中的一部分，显示记录和包含在显示记录的位置在终端显示器上是相同的。

注：若打印字符没有固定的大小，报告就不能排列。例如在 UTF-8 字符集中。

14) 若 COLUMN 子句中没有指明 PLUS 或 MINUS，这个子句则会给出和显示记录相关的第一列的列号。列号 1 表示显示记录的第一列。

15) 若 PLUS 子句或 MINUS 子句在 COLUMN 子句中被指定，例如若 COLUMNPLUS 1 被指定，显示项则会立即跟在前面的显示项后。PLUS 表示与由标识符 1 或整数 3 相加后的列的位置，MINUS 表示被标识符 1 或整数 3 相减后的列的位置。

16) COLUMN 1 的设置被假定为显示描述，这个描述指定了 LINE 子句但没有 COLUMN 子句。

17) 若 LINE 子句和 COLUMN 子句被忽略，则会遵守以下规则：

a) 若没有规定以前的显示项，显示的 LINE 1COLUMN 1 则被假定。

b) 若规定了以前的显示项，以前项的行和 COLUMN PLUS 1 就会被假定。

18) 若列值被规定为 0，EC-SCREEN-STARTING-COLUMN 异常状态则会设置成存在并且列值的结果被规定为 1。

19) 若显示项的首字符的显示或者隐式列值超过终端列值，EC-SCREEN-STARING-COLUMN 异常情况被设成存在的并且显示项不能在执行 ACCEPT 或 DISPLAY 语句时发生。

否则，若显示项的长度和首列超过终端列，EC-SCREEN-ITEM-TRUNCATED 的异常情况被设置成为存在的，且在这行的终端被截断。

13.16.15 CONTROL 子句

CONTROL 子句确定报表的控制层次。

13.16.15.1 一船格式

$$\left\{\begin{array}{l}\underline{\text{CONTROL}}\ \ \text{IS}\\ \underline{\text{CONTROLS}}\ \ \text{ARE}\end{array}\right\}\left\{\begin{array}{l}\{数据名1\}\cdots\\ \underline{\text{FINAL}}[数据名1]\end{array}\right\}$$

13.16.15.2 语法规则

1) 数据名1不应在报表节中定义。数据名1可以受限。

2) 数据名1的每次再现应该标识一个不同的数据项。

3) 数据名1应该没有隶属于它的可变长数据项。

13.16.15.3 一般规则

1) 数据名1和字FINAL规定了控制层次的层。若规定了FINAL,则它是最高层控制,数据名1是较高层控制,数据名1的下次出现是中间层控制,等等。数据名1的最后出现是最低层控制。

2) 对给定报表时序上为第一个的GENERATE语句的执行,引起RWCS保存该报表的所有控制数据项的值。对于该报表在所有GENERATE语句的相继执行中,RWCS测试控制数据项值的变化。任何控制数据项值的变化都引起控制中止发生。控制中止与最高层有关且记载值的变化(参见14.8.15)。

3) 报表编制控制系统(RWCS)把每一个控制数据项的内容与执行前一个GENERATE语句保存的内容进行比较来测试一个中止。RWCS应用不等关系测试如下:

a) 若控制数据项是一个数值数据项,则关系测试是比较两个数值操作数。

b) 若控制数据项是索引数据项,则关系测试是比较两个索引数据项。

c) 若控制数据项是不同于a)和b)中描述的数据项,则关系测试是比较两个非数值操作数。不等关系测试在适当的段中详细解释(参见8.8.4中关系条件)。

当报表中最内含的那个控制栏与控制数据名无关时使用FINAL。

13.16.16 **DEFAULT**子句

DEFAULT子句指定了包含所有空白符的数据项的明确的变化值或在执行VALIDATE语句的格式验证阶段用来指出格式的无效性。

13.16.16.1 一般格式

$$\underline{\text{DEFAULT}}\ \ \text{IS}\left\{\begin{array}{l}字值1\\ 标识符1\\ \underline{\text{NOTE}}\end{array}\right\}$$

13.16.16.2 语法规则

1) 款主体不应是索引型、对象型或指针型。

2) 由标识符1涉及的字值1或数据项作为MOVE语句的一个传送操作数应该是有效的,MOVE语句把款主体作为接收操作数。

13.16.16.3 一般规则

1) 若符合以下任意情况则会在执行VALIDATE语句的格式校验阶段产生缺省值:

a) 对于基本数据项的情况,若与这项相应的内部指示符在格式上被设置成无效,或者这项的显示方式是隐性或显性的,或是本土的且包含所有空白符。

b) 对于字母数字组或是强制类型组项的情况,若这项的子基本数据项在显示方式上是隐式或是显示的且包含所有的空白符,且与它们相联系的内部指示符在格式上没有被设置成有效。

c) 对于本土组项的情况,若所有的子基本数据项包含所有空白符。

d) 在这些情况下,在执行当前VALIDATE语句时任何后来涉及的数据项使用缺省值而不是这项的真实内容。数据项本身是没有变。在执行除VALIDATE语句的任意其他语句时 DEFAULT 语句可以省略。

2) 除在 DEFAULT NOTE 情况,DEFAULT 语句明确规定了缺省值。若字值 1 是指定的,缺省值就是字值 1 的值,若标识符 1 是指定的,缺省值就是由标识符 1 涉及的数据项的值。

3) 若在数据项的数据描述款中没有指定 DEFAULT 子句,或者 DEFAULT NONE 被指定,则缺省值就由执行一个不带 REPLACING 或 VALUE 短语的绝对 INTIALIZE 语句时的数据项提供。

4) 若 NONE 被指定,这个语句的作用和没有 DEFAULT 子句的作用是相同的,此外,若这个数据项包含所有空白符或者数据项是基本的且在格式上是无效的,则 DESTINATION 子句规定的任何数据项是省略的。

13.16.17 DESTINATION 子句

DESTINATION 子句规定了一个或多个数据项,它的数据在执行 VALIDATE 语句的输入分配阶段隐式移动。

13.16.17.1 一般格式

DESTINATION IS{标识符 1}

13.16.17.2 语法规则

1) 由标识符 1 引用的数据项的描述应该是在语法上正确的 MOVE 语句结果,当这个数据项作为接收操作数,必要时款主体,限定和下标作为发送操作数。

2) 由标识符 1 标识的数据项的数据描述款或者标识符 1 的任何子数据项不应包含 VALIDATE-STATUS 子句。

3) 若款主体是全局名,则在标识符 1 出现的每一个数据名应是全局名。

13.16.17.3 一般规则

1) DESTINATION 子句的作用是在执行 VALIDATE 语句的输入分配阶段引起一个或多个 MOVE 子句来执行,VALIDATE 语句涉及到的数据项在相同或下一级的款中包含 DESTINATION 子句。在执行除 VALIDATE 子句的任何其他语句时 DESTINATION 子句被省略。

2) 若这项中没有指派缺省值,就像在 DEFAULT 子句中的一般规则 1 描述的那样,这项中的实际内容被移动到由标识符 1 涉及的数据项中。

3) 若这项被指派为缺省值且在款中没有指定 DEFAULT NOTE,这项的缺省值就会移动到由标识符 1 涉及的数据项中。

4) 若这项被指派为缺省值且在款中指定 DEFAULT NOTE,由标识符 1 涉及的数据项就不会改变。

5) 若标识符 1 包含 VARYING 子句中定义的下标,此子句与 DESTINATION 子句同时处理,则这些下标用来存储数据项中的不同情况,这些情况与日标项的发生数目相同。

6) 由以上的一般规则定义的发送数据根据 MOVE 语句的规则被移动到由标识符 1 涉及的数据项中。

13.16.18 款名子句

款名子句规定了在 A 数据名或显示名中所描述的项的名字,可以用来给项命名。

13.16.18.1 一般格式

格式 1(数据名)

数据名 1

格式 2(屏幕名)

屏幕名 1

格式 3(填充位)

FILLER

13.16.18.2 **语法规则**

1) 若款名子句没有指定数据描述款,报告组描述款或显示描述款,FILLER 就会被假定。

2) 若款名子句没有指定数据描述款或报告组描述款,数据名 1 和 FILLER 都应该被指定。若款名子句指定了屏幕描述款,屏幕名 1 或 FILLER 都应被指定。

13.16.18.3 **一般规则**

FILLER 可以用于对数据、报告或屏幕项命名,在任何情况下 FILLER 项都应该被明确指出。

13.16.19 **ERASE 子句**

ERASE 子句的作用是清除从指针位置开始的行或屏幕的一部分。

13.16.19.1 **一般格式**

```
      ⎧END  OF  LINE  ⎫
      ⎪END  OF  SCREEN⎪
ERASE ⎨EOL            ⎬
      ⎪EOS            ⎪
      ⎩               ⎭
```

13.16.19.2 **语法规则**

1) EOL 和 END OF LINE 是对等的。

2) EOS 和 END OF SCREEN 是对等的。

13.16.19.3 **一般规则**

1) 当 ERASE 子句被指定时,在数据传到屏幕项之前执行 DISPLAY 屏幕语句时屏幕的一部分被清除。从行和列 n 共同指定的款主体开始清楚,并遵守以下规则:

——若 LINE 被指定,清除会继续到这行的末尾。

——若 SCREEN 被指定,清除会继续到这个屏幕的末尾。

2) 在 ACCEPT 屏幕语句执行期间 ERASE 子句被省略。

13.16.20 **EXTERNAL 子句**

EXTERNAL 子句指明一个数据项或一文件连接符是外部的。一个外部数据记录的成分数据项和组合数据项对运行单位中描述那个记录的所有程序是可用的。

13.16.20.1 **一般格式**

IS EXTERNAL[AS 字值 1]

13.16.20.2 **语法规则**

1) EXTERNAL 子句只可在文件描述款或在工作存储节的记录描述款中指定。

2) 在同一个程序中,作为层号为 01 且包含 EXTERNAL 子句的描述款的主体指定的数据名不可与任何其他包含 EXTERNAL 子句的数据描述款指定的数据名相同。

3) 在包含 EXTERNAL 子句的数据描述款及其下属的数据描述款中不可使用 VALUE 子句。但对与这些数据描述款相关的条件名可使用 VALUE 子句。

13.16.20.3 **一般规则**

1) 由数据名子句命名的记录中所包含的数据是外部的,它们可被运行单位中描述它或服从下面的一般规则地重定义它的任何程序存取和处理。

2) 在一个运行单位中,若两个或多个程序描述了同一个外部数据记录,则相关的记录描述款的各个记录名应该相同,且记录应该定义相同个数的标准数据格式字符。但是,描述外部记录的程序可以包含一个包括 REDEFINES 子句的数据描述款,它重定义该完整的外部记录,而这完整的重定义不必在运行单位中的其他程序中同样出现(参见 GB/T 4092.2 中 5.10 REDEFINES 子句)。

3) EXTERNAL 子句的使用并不意味着相关的文件名或数据名是一个全程名(参见 13.16.25)。

4) 与这个描述款相关的文件连接符是外部文件连接符。

13.16.21 FOREGROUND-COLOR 子句

FOREGROUND 子句规定了屏幕项的前景色。

13.16.21.1 一般格式

$$\underline{\text{FOREGROUND-COLOR}}\quad \text{IS}\begin{Bmatrix}\text{标识符 1}\\ \text{整数 1}\end{Bmatrix}$$

13.16.21.2 语法规则

1) 在文件节、工作存储节、本土存储节或连接节中所描述的标识符是一个无符号整数数据项。

2) 在 0～7 之间应有一个整数值。

13.16.21.3 一般规则

1) 当引用相关屏幕项的 ACCEPT 屏幕语句或 DISPLAY 屏幕语句被执行时，标识符所引用数据项内容应该在 0～7 范围内。

2) 标识符所引用的整数或数据项内容指出了用于显示屏幕项的前景色颜色数目。和颜色数目有关的颜色在 9.2.7 的“颜色数目”中有详细介绍。

3) 组层中指出的 FOREGROUND-COLOR 子句适用于那个组的每个基本屏幕项。

4) 当 FOREGROUND-COLOR 子句没有被指出时或是值不在 0～7 范围内，前景色是由实现者定义的。

13.16.22 FORMAT 子句

在输出过程中，FORMAT 子句指出了写入文件的记录会被格式化成一种外部表现形式；在输入过程中，从文件里读取的记录将会从外部形式转换成一种内部表现形式。外部表现形式适合于显示或打印。

13.16.22.1 一般格式

$$\underline{\text{FORMAT}}\begin{Bmatrix}\left|\begin{array}{l}\underline{\text{BIT}}\\ \underline{\text{CHARACTER}}\\ \underline{\text{NUMERIC}}\end{array}\right|\end{Bmatrix}\text{DATA}$$

13.16.22.2 语法规则

1) 若不止一个记录描述款和 FORMAT 子句指出的文件描述款有关，则每个记录描述款都应包含一个 SELECT WHEN 子句。

2) REDEFINES 子句和 RENAMES 子句不应在与文件描述款有关的记录描述款中指出，此文件描述款指出了 FORMAT 子句；REDEFINES 子句和 RENAMES 子句也不应在 FORM 短语中标识符的数据描述款中指出，其中 FORM 短语在引用此文件描述款的 REWRITE 语句和 WRITE 语句中。

3) 索引类，目标类和指针类中的数据项不应在和文件描述款有关的记录描述款中指出，此文件描述款指出了 FORMAT 子句。数据项也不应在 FORM 短语中标识符的数据描述款中指出，其中 FORM 短语在引用此文件描述款的 REWRITE 语句和 WRITE 语句中。

13.16.22.3 一般规则

1) FORMAT 子句指出了外部中间格式用于写入文件的记录。外部中间格式数据包含了用于显示或打印的近似编码。

注：当运行模式为内部表现形式时，记录区中的数据是可见的。

2) 在输入输出操作时，选择记录描述款或者数据描述款来格式化。输入输出操作引用了文件描述款中指出的 FORMAT 子句如下：

a) 若仅有一个记录描述款和文件描述款有关，则就选择那个记录描述款。

b) 若不止一个记录描述款和文件描述款有关，则就选择被 SELECT WHEN 子句所识别的那个记录描述款。

c) 若没有记录描述款和文件描述款有关,记录描述款或者数据描述款的选择取决于如下的输入输出操作:

- 若输入输出语句是 READ 语句,则就是那个 READ 语句的 INTO 短语所指出的标识符的数据描述款。
- 若输入输出语句是 WRITE 语句或者 REWRITE 语句,而且标识符在 FORM 短语中被指出,则就是那个标识符的数据描述款。
- 若输入输出语句是 WRITE 语句或者 REWRITE 语句,而且文字在 FORM 短语中被指出,则用来描述文字的隐式数据描述款就是所需数据描述款,如下:

  a. 若字值是字母数字型的,则隐式数据描述款是

  01 PIC X(n)。

  其中 n 是字母数字型字符在字值中所占位置的个数。

  b. 若字值是布尔型的,则隐式数据描述款是

  01 PIC 1(n)。

  其中 n 是布尔型字符在字值中所占位置的个数。

  c. 若字值是全局型的,则隐式数据描述款是

  01 PIC N(n)。

  式中 n 是全局型字符在字值中所占位置的个数。

  d. 若字值是定点数值型的,则隐式数据描述款是

  01 PIC 9(m)V9(n)。

  其中 m 是十进制小数点左边数字位置的个数,n 是十进制小数点右边数字位置的个数。此时字值中应有十进制小数点。

  e. 若字值是浮点数值型的,则隐式数据描述款是

  01 USAGE IS FLOAT-SHORT。

  或

  01 USAGE IS FLOAT-LONG。

  或

  01 USAGE IS FLOAT-EXTENDED。

  这取决于字值的大小。

3) 所选择的记录描述款的初等数据描述款用来测定将要格式化的数据项。

4) 若 CHARACTER 被指出,选择有以下特征的数据项来格式化:

——字母类

——字母数字类

——带有显示使用的布尔类

——全局类

——带有显示使用的数值类

——带有全局使用的数值类

5) 若 BIT 被指出,选择布尔类和使用位的数据项来格式化。

6) 若 NUMERIC 被指出,选择数值类和除全局和显示用法以外用法的数据项来格式化。

7) 若没有选择数据项格式化,则它会被直接传输,而没有发生转换或者格式化。

8) 对于 WRITE 或者 REWRITE 语句,所选择的每个数据项有必要以外部中间形式格式化放在临时区中以便输出。输出格式不在记录区里出现。符号显示为 SIGN IS LEADING SEPARATE。

9) 对于 READ 语句，所选择的每个数据有必要格式化成近似内部表达形式。记录区包含了内部表现出的最终的逻辑记录。

10) 实现者应该指出处理 FORMAT 子句所产生的表现形式，包括可以显示和打印要求的任何控制信息。此表现形式可以和内部表现形式相同。

11) 除了实现者定义的特殊情况外，当同样执行同样读取 FORMAT 子句时，被选择用来格式化的数据项又还原为相同的内部表示法。

12) 若相关文件连接符是外部文件连接符，运行单元中所有和文件连接符相关的文件描述款都应指出同样的 FORMAT 子句。

13.16.23 FROM 子句

FROM 子句指出了 ACCEPT 显示语句和 DISPLAY 显示语句的数据源。

13.16.23.1 一般格式

$$\underline{\text{FROM}}\left\{\begin{array}{l}\text{标识符 1}\\\text{字值 1}\end{array}\right\}$$

13.16.23.2 语法规则

1) 标识符 1 应在文件节、工作存储节、本土存储节或连接节中被定义。

2) 标识符 1 和字值 1 的类型应是 MOVE 语句中作为发送操作数所允许的类型，MOVE 语句中接收操作数有同样的 PICTURE 语句作为款主体。

3) 若款主体是 OCCURS 子句的款体，应指出标识符不带有平时所需的下标。附加要求在 13.16.36“OCCURS 子句”语法规则 12 中指明。

13.16.23.3 一般规则

款主体是一个输出显示项。

13.16.24 FULL 子句

FULL 子句指出操作者应该要么使显示项全空，要么用数据都填满显示项。

13.16.24.1 一般格式

<u>FULL</u>

13.16.24.2 一般规则

1) 若 FULL 子句在组层上被指出，则它适用于没有指出 JUSTIFIED 子句的那个组的每个初等输入显示项。

2) 假设 ACCEPT 显示语句在执行过程中，光标在某个时间输入显示项，ACCEPT 显示语句使显示项被接受并且执行 ACCEPT 显示语句时，FULL 子句是有效的。

3) FULL 子句的作用是抑制正常终止键，除非那个子句被满足。对显示项来说为了满足那个子句：

   a) 若是字母数字型或是字母数字编辑型的，要么整个项包含空格，要么第一个字母和最后一个字母位置包含非空格字符。

   b) 若是全局型或是全局编辑型的，要么整个项包含空格，要么第一个字母和最后一个字母位置包含非空格字符。

   c) 若是数值型或是数值编辑型的，要么这个值是零，要么就没有数字位置，即本来零所占的位置也被抑制。

   d) 若是布尔型的，整个项应该包含布尔“0”或“1”字符。

4) 对于输入字段和输出字段，FULL 子句会被在 FORM 子句或 USING 子句所引用的字值或指针的内容满足，同样也会被运算符关键数字满足。

5) 若功能键被用来终止 ACCEPT 语句的执行，FULL 子句无效。

6) FULL 子句和 REQUIRED 子句合并的规则需要在正常终止键起作用前，字段被全部填充满。

7) 当不是输入字段时,FULL 子句将被忽略。

13.16.25 **GLOBAL 子句**

GLOBAL 子句指明数据名、文件名或报表名是全程名。一个全程名对包含于描述它的程序中的每个程序均是可用的。

13.16.25.1 **一般格式**

IS <u>GLOBAL</u>

13.16.25.2 **语法规则**

1) GLOBAL 子句只可在文件节或工作存储节的层号为 01 的数据描述款中指出,或在文件描述款中或报表描述款中指出。
2) 在同一个数据部中,在指定了相同数据名的两个数据项的数据描述款中不可包括 GLOBAL 子句。
3) 若为若干文件指定了 SAME RECORD AREA 子句,则这些文件的记录描述款或文件描述款中不可包括 GLOBAL 子句。

13.16.25.3 **一般规则**

1) 使用 GLOBAL 子句描述的数据名、文件名或报表名是一个全程名。下属于一个全程名的所有数据名是全程名。与全程名相关的所有条件名是全程名。
2) 直接或间接包含在描述全程名的程序中的程序的语句可不再描述而直接引用该名。
3) 若在包含 REDEFINES 子句或 RENAMES 子句的数据描述款中使用了 GLOBAL 子句,只有 REDEFINES 或 RENAMES 子句的主体具有全程属性。

13.16.26 **GROUP INDICATE 子句**

GROUP INDICATE 子句规定,在控制中断或换页之后,有关的打印项只被呈现在它的报表栏的首次出现上。

13.16.26.1 **一般格式**

<u>GROUP</u> INDICATE

13.16.26.2 **语法规则**

GROUP INDICATE 子句只能在定义一个打印项的 DETAIL 报表栏描述款中出现。

13.16.26.3 **一般规则**

1) 若指明 GROUP INDICATE 子句,它使 SOURCE 或 VALUE 子句被忽略且填补空格,除下列情况外:
   a) 在该报表内的 DETAIL 报表栏的第一次呈现,或
   b) 每次换页后,DETAIL 报表栏首次呈现,或
   c) 每次控制中止后,DETAIL 报表栏首次呈现。
2) 若报表描述款既没指明 PAGE 子句,也没有指明 CONTROL 子句,则在 INITIATE 语句执行后,在它的 DETAIL 栏第一次呈现时,GROUP INDICATE 可打印项呈现,此后给带有 SOURCE 或 VALUE 子句的指示项填补空格。

13.16.27 **GROUP-USAGE 子句**

若不是另外指出,带有 BIT 短语的 GROUP-USAGE 子句指出了款主体定义的组项将被处理为使用位或布尔类的初等项。

若不是另外指出,带有 NATIONAL 短语的 GROUP-USAGE 子句指出了款主体定义的组项将被处理为全局使用或全局类的初等项。

13.16.27.1 **一般格式**

<u>GROUP-USAGE</u> IS { <u>BIT</u> | <u>NATIONAL</u> }

13.16.27.2 **语法规则**

1） 只有当款主体为非强制类型组项时，GROUP-USAGE 子句才被指出。

2） 当 BIT 短语被指出时，USAGE BIT 对于款主体来说是缺省的，USAGE 子句不应指明。所有从属于款主体的初等项应该被显式或隐式描述为使用位，布尔类。所有从属组项应该显式或隐式被描述为 GROUP-USAGE BIT。

3） 当 NATIONAL 短语被指出时，USAGE NATIONAL 是款主体的缺省项，USAGE 子句不应指明。所有从属于款主体的初等项应该被显式或隐式描述为全局使用。描述任何有符号的数值数据项应该附加 SING IS SEPARATE 子句。所有从属组项应该显式或是隐式被描述为 GROUP-USAGE NATIONAL。

13.16.27.3 **一般规则**

1） 当 BIT 短语被指出时：

a） 款主体是位组，同时也是位数据项。它属于布尔类。

b） 除非被另外指出，位组被当作使用位和布尔类的初等数据项处理。用 PICTURE 1(m)来描述使用位和布尔类，m 代表这个组的位长度。

c） 包含位组合的数据项被分配的位置和 8.5.1.5.3“使用位数据项的对准”中指出的规则一致。

2） 当全局相被指出时：

a） 款主体是全局组，它的类型是全局型的。

b） 除非被另外指出，位组合被当作全局使用和全局类的初等数据项处理。用 PICTUREN(m)来描述全局使用和全局类，m 代表这个组的长度。

注：需要 GROUP-USAGE NATIONAL 子句时，目的是只包含全局字符的组可以被适当的短缩或者用全局字母填充，而且被正确的执行操作比如 INSPECT。没有 GROUP-USAGE NATIONAL 子句，这样的数据项内容会被当作字母数字类，很可能导致数据处理时紊乱或者无效。

3） 若 GROUP-USAGE 子句不是非强制类型组项指出或缺省，则组项是数字字母组项。

13.16.28 **HIGHLIGHT 子句**

HIGHLIGHT 子句指出了字段以最高强度出现在显示上。

13.16.28.1 **一般格式**

<u>HIGHLIGHT</u>

13.16.28.2 **一般规则**

1） 组层指出的 HIGHLIGHT 子句适用于那个组的每个初等显示项。

2） 当 HIGHLIGHT 子句被指出，显示项被 ACCEPT 或 DISPLAY 显示语句引用时，组成显示项的字符会以最高强度在前景色出现。

13.16.29 **INVALID 子句**

INVALID 子句指出了都数据项不能确认 VALIDATE 语句的执行的条件。

13.16.29.1 **一般格式**

<u>INVALID</u> <u>WHEN</u> 条件 1

13.16.29.2 **语法规则**

1） 款主体不应是目录类、对象类、指针类。

13.16.29.3 **一般规则**

1） 当 VALIDATE 语句执行的关系为受限段时，INVALID 子句有效。在执行除了 VALIDATE 语句外的任何语句时，INVALID 子句被忽略。

2） 只有当和项有关的内部指示符被设定为初始有效值时，INVALID 子句才有效。

3） 在关系受限段执行时的初期，条件被评定，有以下两种可能结果：

a） 若条件为真，和项有关的内部指示符被设为无效。

b） 若条件为假，INVALID 子句不起作用。

13.16.30 JUSTIFIED 子句

JUSTIFIED 子句指明接收数据项中数据的非标准定位。

13.16.30.1 一般格式

$$\left\{\begin{matrix}\text{JUSTIFIED}\\ \text{JUST}\end{matrix}\right\}\ \text{RIGHT}$$

13.16.30.2 语法规则

1） JUSTIFIED 子句只能在初等项这一层上使用。

2） JUST 是 JUSTIFIED 的缩写。

3） 对于描述为数值型或指明编辑要求的任何数据项都不能使用 JUSTIFIED 子句。

4） 对索引数据项不能使用 JUSTIFIED 子句。

13.16.30.3 一般规则

1） 当接收数据项用 JUSTIFIED 子句描述，且发送数据项长度大于接收数据项长度时，则截去最左边的多余字符。当接受数据项用 JUSTIFIED 子句描述且其长度大于发送数据项长度时，则数据按数据项的最右字符位置对齐，且用空格填满最左端的空余字符位置。

2） 当 JUSTIFIED 子句略去时，则对初等项采用对齐的标准规则。

13.16.31 层号

层号 1 到 49 指明了带有等级结构描述的数据项或显示项的位置。数据描述款，报表栏描述款或是显示描述款描述了这个等级结构。此外，层号 66、77、88 用于区别特定款。

13.16.31.1 一般格式

层号

13.16.31.2 语法规则

1） 在每个数据描述和显示描述款中，要求层号作为第一个元素。

2） 从属于 CD、FD 或 SD 款的数据描述款应该含有 66、88 或者 1～49 的层号。

3） 1～9 的层号应该被规范为 01～09。

4） 从属于 RD 款的报表栏描述款应该含有 1～49 的层号。

5） 在工作单元节，本土储存节和连接节中的数据描述款应该含有 66、77、88 或者 1～49 的层号。

6） 显示描述款应该含有 1～49 的层号。

13.16.31.3 一般规则

1） 层号 1 指明了每个记录表达或报表栏中第一个款。

2） 特定层号被分配到没有真实等级概念的某些款中。

a） 层号 77 用于指明独立工作存储器数据项，独立本土存储器数据项，独立连接数据项。而且仅仅由数据描述款的数据描述格式所描述的那样被用。

b） 层号 66 用于指明 RENAMES 款，也只在数据描述款的重命名格式中所描述的那样被用。

c） 层号 88 分配到这样的款，该款定义与可变条件有关的条件名。层号 88 还用来定义标准去确定数据项。层号 88 也只在描述款的条件名格式或受限格式所描述的那样被使用。

3） 从属于 CD、FD 或 SD 款的多能级数 1 款代表了相同域的隐式重定义。从属于报告描述款的多能级 1 款不代表相同区域的隐式重定义。

13.16.32 LINAGE 子句

LINAGE 子句提供了一种用行数来指明一个逻辑页的深度的方法。它也用来指明逻辑页的顶界和底界的大小，以及页体中页尾区开始的行号。

13.16.32.1 一般格式

$$\underline{\text{LINAGE}}\ \text{IS}\begin{Bmatrix}\text{数据名 1}\\ \text{整数 1}\end{Bmatrix}\text{LINES}\left[\text{WITH}\ \ \underline{\text{FOOTING}}\begin{Bmatrix}\text{数据名 2}\\ \text{整数 2}\end{Bmatrix}\right]$$

$$\left[\text{LINES}\ \ \text{AT}\ \ \underline{\text{TOP}}\begin{Bmatrix}\text{数据名 3}\\ \text{整数 3}\end{Bmatrix}\right]\left[\text{LINES}\ \ \text{AT}\ \ \underline{\text{BOTTOM}}\begin{Bmatrix}\text{数据名 4}\\ \text{整数 4}\end{Bmatrix}\right]$$

13.16.32.2 语法规则

1) 数据名 1、数据名 2、数据名 3、数据名 4 应该引用初等无正负号整数数据项。

2) 数据名 1、数据名 2、数据名 3、数据名 4 可以受限。

3) 整数 2 的值应该不大于整数 1。

4) 整数 3、整数 4 的值可以是零。

13.16.32.3 一般规则

1) LINAGE 子句提供用行数来指明逻辑页大小的方法，逻辑页的大小是 FOO-TING 短语除外的每个短语所引用的值的总和。若未指明 LINES AT TOP 或 LINES AT BOTTOM 短语，则意味着逻辑页的顶界和底界的行数为 0。若未指明 FOOTING 短语，则不存在与页溢出条件无关的页结束条件。逻辑页的大小和物理页的大小之间无须有任何联系。

2) 整数 1 或由数据名 1 引用的数据项的值指出可以往逻辑页上写信息，以及/或在逻辑页上留空的行数。这个值应该大于零。逻辑页上能写信息和/或留空的这些行称作页体。

3) 整数 2 或由数据名 2 引用的数据项的值指明页体中页尾区开始的行号。该值应该大于零且不大于整数 1 或由数据名 1 引用的数据项的值。页尾区是由整数 2 或数据名 2 引用的数据项的值表示的行，和由整数 1 或数据名 1 引用的数据项的值(包括它本身)表示的行之间所组成的页体区域。

4) 整数 3 或由数据名 3 引用的数据项的值指明构成逻辑页顶界的行数，该值可以是零。

5) 整数 4 或由数据名 4 引用的数据项的值指明构成逻辑页底界的行数。该值可以是零。

6) 若指明整数 1、整数 3 和整数 4 的值，则这些值将在由执行具有 OUTPUT 短语的 OPEN 语句在打开文件时使用，以指出组成各个逻辑页的备节的行数。若指明了整数 2，则该值将在定义页尾区时使用。在给定的程序执行期间，这些值适用于文件所写的所有逻辑页。

7) 若指明由数据名 1、数据名 2、数据名 3 和数据名 4 引用的数据项的值，则它们将按以下方式使用：

   a) 在对该文件执行有 OUTPUT 短语的 OPEN 语句时，这些数据项的值用来指明第一个逻辑页上组成所指定的各节的行数。

   b) 在执行带有 ADVANCING PAGE 短语的 WRITE 语句时，或者发生页溢出条件时(参见 14.8.47)，这些数据项的值，通常将用来指出下一个逻辑页组成所指定的部与各节的行数(参见 14.8.47)。

8) 若指明由数据名 2 引用的数据项的值，则在对这个文件执行具有 OUTPUT 短语的 OPEN 语句时，该值将用来定义第一个逻辑页的页尾区。在执行具有 ADVANCING PAGE 短语的 WRITE 语句或发生页溢出条件时，它将用来定义下一个逻辑页的页尾区。

9) LINAGE 子句的存在导致产生一个 LINAGE-COUNTER。在任一给定的时间里 LINAGE-COUNTER 的值表示当前页体里设备定位的行号。控制 LINAGE-COUNTER 的规则如下：

   a) 对在文件描述款中包含一个 LINAGE 子句的文件节中描述的每个文件提供一单独的 LINAGE-COUNTER。

   b) LINAGE-COUNTER 仅可由过程部的语句引用，但仅能由输入输出控制系统改变其值。因为在一个程序中可以存在多个 LINAGE-COUNTER，当必要时，用户应该用文件名限定 LINAGE-COUNTER。

c) 在相关联的文件的 WRITE 语句执行期间，LINAGE-COUNTER 按照下列规则自动修改：

1. 当指明了 WRITE 语句的 ADVANCING PAGE 短语时，LINAGE-COUNTER 自动重置为 1。把 LINAGE-COUNTER 重置为 1 时，就隐含地对 LINAGE-COUNTER 增值使之超过整数或数据名 1 引用的数据项之值。
2. 当指明了 WRITE 语句的 ADVANCING 标识符 2 或整数 1 短语时，LINAGE-COUNTER 的增量值等于整数 1 或标识符 2 引用的数据项的值。
3. 当设备重定位到各个后继逻辑页的第一可写行时，LINAGE-COUNTER 的值自动重置为 1。
4. 在执行相关联文件的带有 OUTPUT 短语的 OPEN 语句时，LINAGE-COUNTER 的值自动置为 1。

10） 每个逻辑页到下一页是连接的，其间不提供附加的空格。

11） 若与该文件描述款相关的文件连接符是外部文件连接符，则运行单位中与该文件连接符相关的所有文件描述款应该：

a） 具有一个 LINAGE 子句，若任一文件描述款有一个 LINAGE 子句的话；

b） 整数 1、整数 2、整数 3、整数 4 相应地具有同样的值，若它们被指定的话。

c） 具有由数据名 1、2、3、4 引用的同样的外部数据项。

13.16.33 LINE NUMBER 子句

LINE NUMBER 子句规定了它的报表栏纵向定位的信息。

13.16.33.1 一般格式

LINE NUMBER IS { 整数 1[ON NEXT PAGE] | PLUS 整数 2 }

13.16.33.2 语法规则

1） 整数 1 和整数 2 不应超过三位有效数字。整数 1 和整数 2 都不可以用这样的方式来规定：它使报表栏的任何一行呈现在 PAGE 子句定义的该报表栏类型所指明的页的纵向部分之外。整数 2 可以是零。

2） 在一个给定的报表栏描述款中，一个含有 LINE NUMBER 子句的描述款不应含一个也有 LINE NUMBER 子句的下属描述款。

3） 在一个给定的报表栏描述款中，所有绝对的 LINE NUMBER 子句应该先于所有相对的 LINE NUMBER 子句。

4） 在一个给定的报表栏描述款中，后继的绝对的 LINE NUMBER 子句应该按升序指明整数。这些整数不必连续。

5） 若 PAGE 子句在一个给定的报表栏描述款中省略，则在那个报表的任何报表栏描述款中只能指明相对的 LINE NUMBER 子句。

6） 在一个给定的报表栏描述款中，NEXT PAGE 短语只能出现一次，并且若出现的话，应该出现在那个报表栏描述款的第一个 LINE NUMBER 子句中。

7） 一个带有 NEXT PAGE 短语的 LINE NUMBER 子句只能在报表体栏以及 REPORT FOOTING 报表栏的描述中出现。

8） 定义一个打印项的每个描述款应该或含有一个 LINENUMBER 子句或隶属于一个含有 LINE NUMBER 子句的描述款。

9） 在 PAGE FOOTING 报表栏中规定的第一个 LINE NUMBER 子句应该是一个绝对的 LINENUMBER 子句。

13.16.33.3 一般规则

1) 要确定一个报表栏的每一个打印行,都应该指明 LINE NUMBER 子句。
2) 在由 LINE NUMBER 子句确定的打印行呈现之前 RWCS 将按照 LINE NUMBER 子句的规定进行纵向定位。
3) 整数 1 规定一个绝对行号。绝对行号规定呈现打印行的行号。
4) 整数 2 规定一个相对行号。若一个相对的 LINE NUMBER 子句不是报表栏描述款中第一个 LINE NUMBER 子句,则它的打印行被呈现在其上的行号是这样决定的:计算呈现该报表栏的前一个打印行的行号与这个相对的 LINE NUMBER 子句中的整数 2 之和。若整数 2 是零,则该打印行将与前面的打印行在同一行上打印。NEXT PAGE 短语规定在新页上由指定行号开始的行上呈现报表栏。

13.16.34 **LOWLIGHT 子句**

LOWLIGHT 子句指定的区域将出现在屏幕光强度最低的地方。

13.16.34.1 一般格式

<u>LOWLIGHT</u>

13.16.34.2 一般规则

1) 在组层被指定的 LOWLIGHT 字句应用于那个组中的每个初等屏幕项。
2) 当指定了 LOWLIGHT 子句的时候,若屏幕项在 ACCEPT 屏幕或 DISPLAY 屏幕语句中被引用时,组成屏幕项的字符会以前景颜色及最低光强度显示出来。

13.16.35 **NEXT GROUP 子句**

NEXT GROUP 子句规定报表栏的最后一行呈现之后下一页的纵向定位信息。

13.16.35.1 一般格式

<u>NEXT</u> <u>GROUP</u> IS { 整数 1 | { <u>PLUS</u> | + } 整数 2 | <u>NEXT</u> <u>PAGE</u>[WITH <u>RESET</u>] }

13.16.35.2 语法规则

1) 除非报表栏的描述至少含有一个 LINE NUMBER 子句,报表栏描述款不应含有 NEXT-GROUP 子句。
2) 整数 1 和整数 2 不应超过三位有效数字。
3) 若 PAGE 子句在该报表描述款中省略,则那个报表内的任何报表栏描述款中只可规定相对的 NEXT GROUP 子句。
4) 在 PAGE FOOTING 报表栏中,不应规定 NEXT GROUP 子句的 NEXT PAGE 短语。
5) 在 REPORT FOOTING 报表栏或 PAGE HEADING 报表栏内,不应指明 NEXT GROUP 子句。

13.16.35.3 一般规则

1) 由 NEXT GROUP 子句规定的页的任何定位是在呈现含有该子句的报表栏之后进行的。
2) NEXT GROUP 子句提供的纵向定位信息,由 RWCS 把 TYPE 和 PAGE 子句提供的信息以及 LINE-COUNTER 中的值一道解释,来决定 LINE-COUNTER 的一个新值。
3) 当 NEXT GROUP 子句在检测控制中止的非最高层的 CONTROL FOOTING 报表栏规定时,RWCS 就忽略该子句。
4) 报表体栏的 NEXT GROUP 子句涉及被呈现的下一个报表体栏,因此能影响下一个报表体栏呈现的位置。REPORT HEADING 报表栏的 NEXT GROUP 子句能影响 PAGE FOOTING 报表栏呈现的位置。PAGE FOOTING 报表栏的 NEXT GROUP 子句能影响 REPORT

FOOTING 报表栏呈现的位置。

13.16.36 OCCURS 子句

OCCURS 子句使重复的数据项不必进行重复描述，并且为下标应用提供所需的信息。

13.16.36.1 一般格式

格式1(固定表)

OCCURS 整数2 TIMES

[{ASCENDING | DESCENDING} KEY IS{数据名2}…]…[INDEXED BY{索引名1}]

格式2(变量表)

OCCURS 整数1 T0 整数2 TIMES DEPENDING ON 数据名1

[{ASCENDING | DESCENDING} KEY IS{数据名2}…]…[INDEXED BY{索引名1}]

格式3(报表编写器)

OCCURS [整数1 T0] 整数2 TIMES [DEPENDING ON 数据名1][STEP 整数3]

13.16.36.2 语法规则

1) OCCURS 子句不能在下列数据描述款中使用：
   a) 具有层号 01、66、77 或 88 的描述款，或者
   b) 具有出现次数可变的下属数据项的描述款。
2) 数据名1和数据名2可被限定。
3) 数据名2的第一个限定名应该是包含 OCCURS 子句的描述款或其下属项的名。数据名2的其他限定名应该是包含 OCCURS 子句的描述款的下属项的名。
4) 数据名2一定要给出，而不需要在通常情况下所需的下标。
5) 若整数1和整数2同时使用，则整数1应该大于或等于零且整数2应该大于整数1。
6) 数据名1应该描述为整数。
7) 格式2中，由数据名1定义的数据项不能占有下列范围中的字符位置，该范围的首字符位置由包含 OCCURS 子句的数据描述款指定，而最末字符位置则由包含该 OCCURS 子句的记录描述款指定。
8) 若 OCCURS 子句在一个数据描述款中被指定而该描述款处在包含 EXTERNAL 子句的描述款，则数据名1若被指定，则它应该引用一个是有外部属性的数据项，此外部属性亦在同一数据部中被描述。
9) 若在数据描述款中给出 OCCURS 子句，且该数据描述款隶属于一个包含 GLOBAL 子句的描述款，则，要是指定了数据名1，则它必是全程名且应该引用一个在同一数据部中描述的数据项。
10) 在 OCCURS 子句的格式2中，紧跟在数据描述款之后的只能是从属于同一记录描述款的那些数据描述款。
11) 数据名2代表的数据项不能含有 OCCURS 子句除非数据名2是描述款的主项。
12) 在 KEY IS 短语中的数据名所标识的数据项描述与描述款的主项之间出现的描述款不能含有 OCCURS 子句。
13) 若描述款的主项或该描述项的从属项需要通过加索引来引用的话，就要使用 INDEXED BY 子句。由该短语标识的索引名不能被定义，因为它的分配及格式依赖于硬件，而又不是数据，不能和任何数据层次有关。
14) 索引名1在程序中应该是惟一的。

13.16.36.3 **一般规则**

1） 除 OCCURS 子句本身以外，在包含 OCCURS 子句的描述款中出现的所有数据描述子句在被描述的款项的所有出现处都适用。

2） 主项出现的次数规定如下：

a） 在格式 1 中，整数 2 的值代表出现的精确次数；

b） 在格式 2 中，由数据名 1 引用的数据项的当前值表示出现的次数。

本格式表明描述项的主项具有可变的出现次数。整数 2 的值代表了出现的最大次数而整数 1 的值则代表了出现的最少次数。这并不意味着描述款主项的长度可变，只表明主项出现次数是可变的。

在描述款的主项或主项的下属项及上属项被引用时，数据名 1 所指定的数据项之值应落在整数 1 到整数 2 之间。出现次数若超过数据名 1 所指定的数据项之值，则相应数据项的内容是无定义的。

3） 若一个组项，它的下属项满足 OCCURS 子句的格式 2，则它被引用时，在操作中用到的部分表区按下列方式确定：

a） 若由数据名 1 指定的数据项超出组项之外，则只有数据名 1 引用的数据项在操作开始时的值所指定的那部分表区将被使用。

b） 若数据名 1 标识的数据项包含在同一组项中且该组项作为发送项被引用，则只有由数据名 1 引用的数据项在操作开始时之值所指定的表区将在操作过程中用到。若组项是接受项，则将用到组项的最大长度。

4） 若给出 KEY IS 短语，则根据数据名 2 的值可以将重复的数据按升序或降序来排列。采用升序还是采用降序将根据操作数的比较规则而定。数据名是按意义的降序排列的。

5） 若记录描述款满足格式 2 且与之相关的文件描述或排序—合并描述款中包含有 RECORD 子句的 VARYING 短语，则记录是变长的。若没有出现 RECORD 子句的 DEPENDING ON 短语，则把任一 RELEASE、REWRITE 或 WRITE 语句执行之前所要写入的出现次数置入 OCCURS 子句中由数据名 1 标识的数据项之中。

13.16.37 **PAGE 子句**

PAGE 子句定义页的长度，以及诸报表栏呈现在这一页上的纵向部分。

13.16.37.1 **一般格式**

PAGE [LIMIT IS | LIMITS ARE] { 整数 1 | [整数 1 {LINE | LINES}] [整数 2 {COLS | COLUMNS}] }

[HEADING IS 整数 3] [FIRST {DETAIL | DE} IS 整数 4]

[LAST {CONTROL HEADING | CH} IS 整数 5]

[LAST {DETAIL | DE} IS 整数 6] [FOOTING IS 整数 7]

13.16.37.2 **语法规则**

1） HEADING、FIRST DETAIL、LAST DETAIL 和 FOOTING 短语可按任何顺序书写。

2） 整数 1 在长度上不应超过三位有效数字。

3） 整数 2 应该大于或等于 1。

4） 整数 3 应该大于或等于整数 2。

5） 整数 4 应该大于或等于整数 3。

6) 整数 5 应该大于或等于整数 4。
7) 整数 1 应该大于或等于整数 5。
8) 整数 6 和整数 7 应该大于或等于零。
9) 下列规则指出当指定 PAGE 子句时,各类报表栏可以出现在页上的纵向部分。
   a) 按其本身单独呈现在一页上的 REPORT HEADING 报表栏,若有定义的话,应该这样定义:在页的纵向部分上它能呈现在从整数 2 指定的行号起到整数 1 所指定的行号为止。不单独呈现在一页上的 REPORT HEADING 报表栏若有定义的话,应该这样定义:在页的纵向部分上能呈现在从整数 2 所指定的行号起到整数 3 指定的行号减 1 为止。
   b) PAGE HEADING 报表栏若有定义的话,应该这样定义:在页的纵向部分上能呈现在从整数 2 指定的行号起到整数 3 指定的行号减 1 为止。
   c) CONTROL HEADING 或 DETAIL 报表栏若有定义的话,应该这样定义:在页的纵向部分上能呈现在从整数 3 指定的行号起到整数 4 指定的行号为止。
   d) CONTROL FOOTING 报表栏若有定义的话,应该这样定义:在页的纵向部分上能呈现在从整数 3 指定的行号起到整数 5 指定的行号为止。
   e) PAGE FOOTING 报表栏若有定义的话,应该这样定义:在页的纵向部分上,它能呈现在从整数 5 加 1 所指定的行号起到整数 1 所指定的行号为止。
   f) 单独呈现在页上的 REPORT FOOTING 报表栏若有定义的话,应该这样定义:在页的纵向部分上它能呈现在从整数 2 指定的行号起到整数 1 指定的行号为止。不单独呈现在一页上的 REPORT FOOTING 报表栏,若有定义的话,应该这样定义:在页的纵向部分上它能呈现在由整数 5 加 1 所指定的行号起到整数 1 所指定的行号为止。
10) 所有的报表栏应该这样描述:它们能呈现在一页上。RWCS 决不将一个多行的报表栏分开而跨越页的边界。

13.16.37.3 一般规则

1) 报表页的纵向格式是用 PAGE 子句中规定的整数值确定的。
   a) 通过规定每页上可用行的数目,整数 1 定义了一个报表页的长度。
   b) HEADING 整数 2 定义了 REPORT HEADING 或 PAGE HEADING 报表栏可以呈现在上面的第一行的行号。
   c) FIRST DETAIL 整数 3 定义了报表栏可以呈现在上面的第二行的行号。REPORT HEADING(不带有 NEXT GROUP NEXT PAGE)和 PAGE HEADING 报表栏不可呈现在或超过由整数 3 指定的行号的行上。
   d) LAST DETAIL 整数 4 定义了 CONTROL HEADING 或 DETAIL 报表栏可以呈现在上面的最后一行的行号。
   e) FOOTING 整数 5 定义了 CONTROL FOOTING 报表栏可以呈现在上面的最后一行的行号。PAGEFOOTING 和 REPORT FOOTING(不带有 LINE 整数 1 NEXT PAGE)报表栏应该跟在整数 5 规定的行号之后。
2) 若指定 PAGE 子句,则对任何一个省略的短语便假定了下列隐含值:
   a) 若 HEADING 短语省略,假定整数 2 的值为 1。
   b) 若 FIRST DETAIL 短语省略,整数 3 等于整数 2。
   c) 若 LAST DETAIL 和 FOOTING 短语两者都省略,整数 4 和整数 5 的值就都等于整数 1 的值。
   d) 若指明 FOOTING 短语而 LAST DETAIL 短语省略,整数 4 的值等于整数 5。
   e) 若指明 LAST DETAIL 短语而 FOOTING 短语省略,整数 5 的值等于整数 4。
3) 若 PAGE 子句省略,则该报表由长度未定义的单页组成。

4） 在适当的段里详细说明了每类报表栏的呈现规则。

13.16.38 PICTURE 子句

PICTURE 子句描述了初等项的一般特征和编辑要求。

13.16.38.1 一般格式

$$\left\{\begin{matrix}\underline{\text{PICTURE}}\\ \underline{\text{PIC}}\end{matrix}\right\}\text{IS 字符串 1}$$

13.16.38.2 语法规则

1） PICTURE 子句只能在初等项这一层上使用。

2） 字符串只能由 COBOL 字符集中用作符号的那些字符的受限组合所组成。这些受限组合决定了初等项的种类。

3） 在 PICTURE 字符串中，表示 PICTURE 符号 A、B、P、S、V、X、Z、CR 及 DB 的小写字母与其对应的大写字母是等价的。而其他的小写字母与对应的大写字母之间则不等价。

4） 字符串中允许的最大字符个数是 30。

5） 对每一个初等项都应该指明一个 PICTURE 子句，但索引数据项或 RENAME 子句的主项却除外，对它们来说是不允许使用 PICTURE 子句的。

6） PIC 是 PICTURE 的缩写。

7） 星号（*）用作抑制零符号时，不能和 BLANK WHEN ZERO 子句一起出现在同一个数据描述款中。

13.16.38.3 一般规则

1） 可用 PICTURE 子句描述的数据有五种：即字母型、数值型、字符型、字符编辑型和数值编辑型。

2） 为了把一个数据项定义为字母型：

a） 它的 PICTURE 字符串只能包含符号“A”；以及

b） 在按标准数据格式表示时，其内容应该是一个或多个字母字符。

3） 为了把一个数据项定义为数值型。

a） 它的 PICTURE 字符串只能包含符号“9”、“P”、“S”和“V”。PICTURE 字符串可以描述的数字位数应该在 1～18 的范围内；

b） 当采用标准数据格式表示时，若不带正负号，其内容一定是一个或多个数字字符；若带有正负号，则数据项还可以包含一个＋、－或正负号的其他表示。

4） 为了把一个数据项定义为字符型。

a） 其 PICTURE 字符串限于“A”、“X”“9”的某些组合，且把这样的数据项看作该字符串全部包含“X”的情形。全“A”或全“9”的 PICTURE 字符串不能定义字符数据项；

b） 当采用标准数据格式表示时，其内容是由一个或多个计算机字符集中的字符组合。

5） 为了把一个数据项定义为字符编辑型。

a） 其 PICTURE 字符串限于下列符号的某些组合：“A”、“X”、“9”、“B”、“0”和“/”；且要求至少包含有一个“A”或“X”和至少包含一个“B”或“0”（零）或“/”（斜杠）。

b） 当采用标准数据格式表示时，其内容是由二个或多个计算机字符集中的字符组合。

6） 为了把一个数据项定义为数值编辑型。

a） 其 PICTURE 字符串限于符号“B”、“/”、“P”、“V”、“Z”“0”、“9”、“，”、“．”、“＊”、“＋”、“－”、“CR”、“DB”和货币符号的某些组合。受限的组合是按符号优先次序和编辑规则来决定的；且

1．在 PICTURE 字符串中所能表示的数字位数应该在 1～18 的范围内；以及

2．字符串应该至少包含一个“0”、“B”、“/”、“Z”、“＊”、“＋”、“，”、“．”、“－”、“CR”、“DB”

或货币符号。

b） 每个字符位的内容应该与相应的 PICTURE 符号一致。

7） 一个初等项的长度（其长度指的是初等项按标准数据格式所占字符位置的个数）由表示字符位置的允许符号个数来决定。接在符号“A”、“,”、“X”、“9”、“P”、“Z”、“＊”、“B”、“/”、“0”、“＋”、“－”或货币符号后面的用括号括住的非 0 无正负号整数指出该符号相继出现的次数。请注意，在一个给定的 PICTURE 中下列符号只能出现一次：“S”、“V”、“.”、“CR”和“DB”。

8） 用以描述初等项的各个符号的作用解说如下：

A 在字符串中的每一个“A”表示只能有一个字母的字符位置，且 A 的个数计入数据项长度。

B 在字符串中的每一个“B”表示将插入一个空格的字符位置，且 B 的个数计入数据项长度。

P 字符串中的每个“P”指明一个假想的十进制比例位置；当小数点不在数据项的数内时它用以指明虚小数点的位置。比例位置字符“P”不计入数据项的长度中。但要计入决定数值编辑项或数值项的最大数字位数(18)中。比例位置字符“P”只能连成一串出现在 PICTURE 描述的最左端或最右端；因为比例位置字符“P”隐含一个虚小数点（若“P”在 PICTURE 字符串的最左端，则虚小数点在“P”的左边；若“P”在 PICTURE 字符串的最右边，则虚小数点在 P 的右边），在这种 PICTURE 描述中虚小数点字符“V”不管是在左端还是在右端都是多余的。字符“P”和插入字符“.”（句号）不能出现在同一个 PICTFURE 字符串中。当数据要从一种内部表示形式转换成另种内部表示形式时，若被转换的数据在某些操作中要引用到其 PICTURE 字符串中出现符号“P”的数据项，这时就使用该数据项的代数值而不使用数据项实际的字符表示。这个代数值中隐含了指定的十进制小数点的位置以及由符号“P”指定的出现零的数字位。这个代数值的长度就是由 PICTURE 字符串表示的数字位数。上述的操作包括：

a） 需要数值型发送操作数的操作；

b） 发送操作数为数值型的 MOVE 语句且其 PICTURE 字符串中包含符号“P”。

c） 发送操作数为数值编辑型的 MOVE 语句，且 PICTURE 字符串中包含符号“P”，接受操作数是数值型或是数值编辑型的。

d） 比较操作，其操作数皆为数值型。

在所有其他操作中，由符号“P”指定的数字位被忽略，且不计入操作数长度中。

S 字母“S”在字符串中用以指出有一个正负号，但既不必指明它的表示也不必指明它的位置；“S 应该是 PICTURE 的最左字符。“S”不计入（用标准数据格式字符方法计算）初等项的长度中，但当这个初等项的描述款中有指明任选的 SEPARATE CHARACTER 短语的 SIGN 子句时却为例外。

V 字母“V”在字符串中用以指出虚小数点的位置，且“V”在字符串中只能出现一次。“V”并不表示一个字符位置，因此也就不计入初等项的长度中。若虚小数点是在串的最右符号的右边且表示一数字位或比例位，则“V”便是多余的。

X 字符串中的每一个“x”用来表示一个字符位置，该位置含有计算机字符集中任何许可的字符且 X 的个数计入数据项长度。

Z 字符串中的每一个“Z”只用来表示最左领头的数值字符位，当那个字符位上的内容为零时，就用一个空格字符去替换。每一个“Z”都计入数据项的长度中。

9 字符串中的每一个“9”表示一个字符位置，该位置含有一个数字，且计入数据项的长度中。

0 字符串中的每一个“0”（零）表示要插入一个数值零的字符位置。这个“0”要计入数据项的长度中。

/ 字符串中的每一个“/”（斜杠）表示要插入一个斜杠的字符位置。这个“/”要计入数据项的长度中。

, 字符串中的每一个“,”（逗号）表示要插入一个“,”的字符位置。这个字符位置要计入数据项的长度中。

.当字符“.”(句号)出现在字符串中时,则“.”是一个编辑符号,它表示对齐用的十进小数点;此外,它还表示要把字符“.”插入到这个字符位置上。这个字符“.”要计入数据项的长度中。若在 SPE-CIAL-NAMES 段中,指定了 DECIMAL POINT IS COMMA 子句,则对于一个给定的程序而言,句号和逗号的作用就要互换。在这种互换中,无论句号和逗号出现在 PICTURE 子句的什么地方,句号的规则适用于逗号;逗号的规则适用于句号。

+、-、CR、DB 这些符号用作编辑正负号的控制符号。当使用这些符号时,它们表示编辑正负号的控制符号将要存放的字符位置。在任何一个字符串中,这些符号都是互斥的;作为符号用的每一个字符都要计入数据项的长度中。

* 字符串中的每一个 *(星号)都表示一个领先的数值字符位置,当该位置的内容为零时就把一个星号存放到这个字符位置上。每一个六都要计入数据项的长度中。

CS 字符串中的货币符表示要放入一个货币符的字符位置。字符串中的货币符可用货币符表示或者用由 SPECLAL-NAMES 段中的 CURRENCY SIGN 子句所指出的单个字符来表示。货币符要计入数据项的长度中。

13.16.38.4 **编辑规则**

1) 用 PICTURE 子句进行编辑的常用方法有两种,即插入或抑制置换。可用的插入编辑有四种。它们是:

   a) 简单插入;

   b) 专用插入;

   c) 固定插入;

   d) 浮动插入。

   抑制置换编辑有两种:

   a) 用空格抑制置换零;

   b) 用星号抑制置换零。

2) 可以对一个数据项进行编辑的种类依赖于数据项所属的类型。表 7 指出了对给定种类的数据项可以实现的编辑种类:

表 7 编辑类别和类型

数据项的类型	编辑种类
字母型	无
数值型	无
字符型	无
字符编辑型	简单插入“0”、“B”和“/”
数值编辑型	所有编辑种类,但要遵守下面规则 3 中的规则

3) 在 PICTURE 子句中,浮动插入编辑和抑制置换零编辑是互斥的。在一个 PICTURE 子句中只能有一种置换可以和零抑制一起使用。

4) 简单插入编辑,“.”(逗号)、“B”(空格)、“0”(零)和“/”(斜杠)用作为插入字符。插入字符计入数据项长度中;且表示这个字符将要插入到数据项中的位置。若插入字符“,”(逗号)是 PICTURE 字符串中最后的符号,则该 PICTURE 子句应该是数据描述款的最后一个子句且其后紧跟以分隔符句号。这会导致在数据描述款中出现组合“.”,或者若使用了 DECIMAL IS COMMA 子句,还将会出现连续的两个句号。

5) 专用插入编辑，“.”(句号)用作为插入字符，除作插入字符外，它还表示对位用的小数点。用作实小数点的插入字符要计入数据项的长度中。在同一个 PICTURE 字符串中同时使用表示虚小数点的符号“V”和表示实小数点的插入字符两者是不允许的。若插入字符是 PICTURE 字符串的最后一个符号，则该 PICTURE 子句应该是数据描述款的最后一个子句且应该紧跟以句号分隔符。这就会导致在数据描述款中出现连续的两个句号或若使用了 DECIMAL-POINT IS COMMA 子句的话，还会出现“,.”组合。专用插入编辑的结果是在数据项中按 PICTURE 字符串所示的同一位置上出现这个插入字符。

6) 固定插入编辑，货币符号和编辑用的正负号控制符号“+”、“-”、“CR”、“DB”都是插入字符。在给定的 PICTURE 字符串中只能使用一个货币符号和一个正负号控制符号。当使用“CR”或“DB”时，在决定数据项的长度时它们表示两个字符位置，并且它们应该表示最右边的两个字符位置，这些位置要计入数据项的长度中。若这些字符位置上出现符号“CR”或“DB”则该大写字母为插入符号。若使用“+”或“-”符号，则它们应该是最左或最右字符位置，并要计入数据项的长度中。货币符号一定是最左字符位置，且要计入数据项的长度中，但它前面可以冠有一个“+”或“-”号。固定插入编辑是把插入字符插入到编辑数据项的与 PICTURE 字符串所占用的相同位置上。根据数据项的值，编辑正负号控制符号产生如下表 8 的结果：

表 8 固定插入编辑结果

PICTURE 字符串中的编辑符号	结果	
	数据项为正或零	数据项为负
+	+	-
-	空格	-
CR	两个空格	CR
DB	两个空格	DB

7) 浮动插入编辑，货币符号和编辑用的正负号控制符号“+”或“-”都是浮动插入字符，而且在所给的 PICTURE 字符串中，这些符号是互斥的。

在 PICTURE 字符串中，至少要用两个浮动插入字符构成的串，才能指出是浮动插入编辑。这串浮动插入字符可以含有任何简单插入符号，或者紧接在这个串的右边的简单插入字符，这些简单插入字符作为浮动串的一部分。货币符号作为浮动插入字符时，在浮动插入字符串的紧右边可以出现固定插入字符“CR”和“DB”。

浮动插入串的最左字符表示数据项中浮动符号的最左界限。浮动串的最右字符表示数据项中浮动符号的最右界限。

左起第二个浮动字符表示在数据项中可以存储数值数据的最左界限。非零数值数据可以替换该界限上全部或其右边的所有字符。

在 PICTURE 字符串中，只有两种表示浮动插入编辑的方法。一种方法是用插入字符表示小数点左边的一个或全部领头的数值字符位置。另一种方法是用插入字符表示 PICTURE 字符串中的全部数值字符位置。

在 PICTURE 字符串中，若插入字符仅用在小数点的左边，则结果是：将一个浮动插入字符放置在紧靠小数点之左的字符位置处，或者放置在由插入符号串(在 PICTURE 字符串的最左边)所示数据的紧靠第一个非零数字字符之左的位置处。该插入字符之前的字符位置换成空格。

在 PICTURE 字符串中，若所有的数值字符位置都用插入字符表示，则至少有一个插入字符位于小数点左边。

当编辑控制符号“+”或“-”作为浮动插入字符时，插入的字符取决于数据项的值：

表 9 浮动插入编辑结果

PICTURE 字符串中的编辑符号	结果	
	数据项为正或零	数据项为负
+	+	—
—	空格	—

在 PICTURE 字符串中,若所有的数值字符位置都用插入字符表示,则结果取决于数据的值。若这个值是零,则整个数据项将只包含有空格。若这个值不是零,则结果与插入字符仅在小数点左边的那种情形相同。

为了避免截断,接收数据项的 PICTURE 字符串的最小长度应该等于发送数据项的字符数,加上要编辑到接收数据项中去的非浮动插入字符数,再加 1(对于浮动插入字符)。若出现了截断,则欲编辑的数据其值为截断后的值。

8) 抑制零编辑,在数值字符位置中,前置零的抑制是用字母字符“Z”或字符“ * ”(星号)指出的,它们在 PICTURE 字符串中作为抑制符号。在一个给定的 PICTURE 字符串中,这两个符号是互斥的。每一个抑制符号都要计入数据项的长度中。若使用“Z”,则替换字符是空格;若使用星号,则替换字符是“ * ”。

在一个 PICTURE 字符串中,使用一个或几个允许符号的串来指明抑制零替换,表示当数据项的相关联的字符位置处包含前置零时,这些前置的数值字符位置要被替换。嵌入在符号串中或直接处于这个串右边的任何简单插入字符都作为这个串的一部分。

在 PICTURE 字符串中,只有两种表示抑制零的方法。一种方法是用抑制符号表示小数点左边的一个或全部领头数值字符位置。另一种方法是用抑制符号表示 PICTURE 字符串中全部数值字符位置。

若抑制符号仅出现在十进小数点的左边,则在数据中,与串中符号相对应的任何前置零都要换成替换字符。抑制终止于由抑制符号串所示数据中碰到的第一个非零数字,或者小数点处。

在 PICTURE 字符串中,若全部数值字符位置都用抑制符号表示,且数据项的值又不是零,则结果与抑制字符仅用在小数点左边的情形相同。若值是零且抑制符号是“Z”,则包括任何编辑字符的整个数据项将是空格。若值是零且抑制符号是“ * ”,则除实小数点外,包含任何插入编辑符号的数据项将全是“ * ”。在这种情况下,实小数点将出现在数据项中。

9) 符号“+”、“-”、“ * ”、“Z”和货币符用作浮动替换字符时,在一个给定的字符串中它们是互斥的。

13.16.38.5 优先规则

表 10 和表 11 中表示了在字符串中作为符号用的那些字符的优先次序。交点上的“×”指出:在一个给定的字符串中,该列顶上的符号优先于(但不是直接优先于)该行左边的符号。出现在花括号中的符号是互斥的。符号“CS”表示货币符号。

在 PICTURE 字符串中,至少应该有一个“A”、“X”、“Z”、“9”、“ * ”,或者至少有“+”、“-”或“CS”中之一的两个出现。

非浮动插入符号“+”和“-”,浮动插入符号“Z”、“-”、“+”、“-”和“CS”及其他符号“P”,在表 4 中出现了两次。每个符号的最左一列和最上一行表示它们位于小数点左边时的用法。符号在表 4 中的第二次出现,表示它们位于小数点右边时的用法。

表 10 字符的优先次序格式 1

第二个符号		首符号																							
		简单、特定及固定插入符号									消零及浮点插入符号						其他符号								
		B0/	,	.	+	+−	+−	CRDB	cs	cs	Z*	Z*	+−	+−	cs	cs	9	AX	S	V	P	P	1	N	E
简单、特定及固定插入符号	B0/	X	X	X		X			X		X	X	X	X	X	X	X	X		X		X		X	
	,	X	X	X		X			X		X	X	X	X	X	X	X			X		X			
	.	X	X			X			X		X		X		X		X								
	+																								X
	+−																								
	+−	X	X	X					X	X	X	X			X	X	X			X	X	X			
	CRDB	X	X	X					X	X	X	X			X	X	X			X	X	X			
	cs					X																			
	cs	X	X	X		X					X	X					X			X	X	X			
消零及浮点插入符号	Z*	X	X			X			X		X														
	Z*	X	X	X		X			X		X	X								X		X			
	+−	X	X						X				X												
	+−	X	X	X					X				X	X						X					
	cs	X	X			X									X										
	cs	X	X	X		X									X	X				X					
其他符号	9	X	X	X	X	X			X		X		X		X		X	X	X	X		X			X
	AX	X															X	X							
	S																								
	V	X	X			X			X		X		X		X		X		X		X				
	P	X	X			X			X		X		X		X		X		X		X				
	P					X			X										X	X		X			
	1																						X		
	N	X																						X	
	E	X	X	X		X											X								

表 11　字符优先次序格式 2

第二个符号	首符号				
	9	cs	.	+	Z
9	×	×	×	×	×
cs				×	
.	×	×		×	×
+					
Z		×	×	×	×

13.16.39　**PRESENT WHEN 子句**

1）PRESENT WHEN 子句指定一个条件，在这个条件下一个报表节款将被处理。

2）PRESENT WHEN 子句也能通过 VALIDATE 语句使数据描述款的条件选择有效。

13.16.39.1　**一般格式**

格式 1(写报表)

PRESENT WHEN 条件 1

格式 2(校验)

PRESENT WHEN 条件 2

13.16.39.2　**语法规则**

格式 2

不应为一个强制类型组项或任何从属于强制类型组项的项指定 PRESENT WHEN 子句。

13.16.39.3　**一般规则**

格式 1 和格式 2

1）若 PRESENT WHEN 子句在一个报表栏描述款中指定，则采用格式 1 的一般规则；否则，采用格式 2 的一般规则。

格式 1

2）若一个报表栏包含一个具有 PRESENT WHEN 子句的任意款，则在这个报表栏处理任何 LINE 子句之前，每个 PRESENT WHEN 子句的条件 1 都被求值。PRESENT WHEN 子句的影响取决于如下条件 1 的值：

a）若条件 1 为真，对应的数据项被语句是存在的且 PRESENT WHEN 子句不影响这个报表栏实例的处理。

b）若条件 1 为假，对应的数据项被语句是不存在的，且处理上的影响好像是在报表栏的描述上省略了该款。若数据描述款不是一个初等款，所有从属于它的数据项也被语句是不存在的，这与它们可以含有的任何 PRESENT WHEN 子句无关。此外，若该款是 01 层款，处理上的影响好像是整个报表栏描述都被省略。

3）在一个报表栏描述内，当评定 LINE 和 COLUMN 子句排列的受限性时，任何 PRESENT WHEN 子句都要考虑到，且其中的报表栏打印方式和求和计算器的影响如下：

a）决定报表栏首行位置的规则忽略这个报表栏开头指定的任意 LINE 子句，且在这个报表栏的开头，LINE 子句与不存在的数据项相关。

b）禁止报表栏中绝对行重叠的规则不应应用到与不存在的数据项相关的行。阻止报表栏中的拖尾相关行超过这个报表栏的较抵限制的规则不应应用于与不存在的数据项相关的行。

c）全部栏的页符合性测试省略与不存在的数据项相关的行。

d） 禁止报表栏中的绝对打印项重叠的规则不应用于与不存在的数据项相关的项。

e） 阻止行中的拖尾相关打印项超过页宽的规则不应用于与不存在的数据项相关的项。

f） 若一个含有 SUM 子句的款与一个不存在的数据项相关，则不打印求和计数器的值，且不将其重新设置为 0。

格式 2

4） 在一个直接或间接引用该款主体的 VALIDATE 语句执行期间，PRESENT WHEN 子句有效。

5） 条件 2 在格式有效阶段开始执行时就被求值，并有下面两种可能的结果：

a） 若条件 2 为真，则作为款主体的数据项在 VALIDATE 语句的进一步执行期间被处理。

b） 若条件 2 为假，则作为款主体的数据项和从属于它的所有数据项在此期间和 VALIDATE 语句执行的后继阶段都不应被处理。

注：若条件 2 为假，则数据项的内容直到数据项被重新定义时才能被检测。

6） 条件 2 不应该引用任何数据项或共享任何存储，这个数据项是 DESTINATION 子句的一个操作数且它出现在由同一 VALIDATE 语句引用的数据项的描述的后面。

13.16.40 PROPERTY 子句

PROPERTY 子句指明该数据项是这个对象的一个属性且从而产生 GET 和/或 SET 方法。

13.16.40.1 一般格式

$$\underline{\text{PROPERTY}}\left[\text{WITH }\underline{\text{NO}}\left\{\begin{matrix}\underline{\text{GET}}\\\underline{\text{SET}}\end{matrix}\right\}\right][\text{IS }\underline{\text{FINAL}}]$$

13.16.40.2 语法规则

1） PROPERTY 子句只可以在一个工厂定义或一个实例定义的工作存储节中指定。

2） 不应为一个从属于 OCCURS 子句的数据项指定 PROPERTY 子句。

3） PROPERTY 子句只可以被这样一个初等项指定：该初等项的名字不要求引用的惟一性这个条件。

4） 用于款主体的数据名不应与超类中定义的属性名相同。

注：属性名可以在超类中通过 PROPERTY 子句定义一个方法或一对方法而被定义，或者通过 PROPERTY 子句描述一个数据描述款而被定义。

13.16.40.3 一般规则

1） 若没有指定 GET 短语，PROPERTY 子句会产生一个为包含对象而定义的方法。

若这个款主体类型是索引、对象或指针，则这个方法的隐式定义如下：

```
METHOD-ID. GET   PROPERTY   数据名.
DATA   DIVISION.
LINKAGE   SECTION.
01   LS 数据名   数据描述.
PROCEDURE   DIVISION   PETURNING   LS 数据名.
父实体名.
    SET   LS 数据名   TO   数据名
    EXIT   METHOD.
END   METHOD.
```

若这个款主体类型是编辑的字母数值、编辑的本土或编辑的数值，则这个方法的隐式定义如下：

```
METHOD-ID. GET   PROPERTY   数据名.
DATA   DIVISION.
```

```
LINKAGE  SECTION.
01  LS数据名  数据描述.
PROCEDURE  DIVISION  PETURNING  LS数据名.
父实体名.
    MOVE  数据名  TO  LS数据名(1:)
    EXIT  METHOD.
END  METHOD.
```

注：若款主体是可编辑的，则接收项的引用修改会作为一个整体会阻止编辑规则重新应用于该数据中。否则，这个方法的隐式定义如下：

```
METHOD-ID. SET  PROPERTY  数据名.
DATA  DIVISION.
LINKAGE  SECTION.
01  LS数据名  数据描述.
PROCEDURE  DIVISION  PETURNING  LS数据名.
父实体名.
    MOVE  LS数据名  TO  数据名
    EXIT  METHOD.
END  METHOD.
```

其中，LS数据名含有款主体数据描述，该款主体具有下列子句异常：

——PROPERTY子句

——VALUE子句

——在款主体描述中的一个REDEFINES子句

2) 若没有指定SET短语，PROPERTY子句会产生一个为包含对象而定义的方法。

若款主体的类型是索引、对象或指针，则这个方法的隐式定义如下：

```
METHOD-ID. SET  PROPERTY  数据名.
DATA  DIVISION.
LINKAGE  SECTION.
01  LS数据名  数据描述.
PROCEDURE  DIVISION  USING  LS数据名.
父实体名.
    SET  数据名  TO  LS数据名
    EXIT  METHOD.
END  METHOD.
```

若款主体的类型是编辑的字母数值、编辑的全局或编辑的数值，则这个方法的隐式定义如下：

```
METHOD-ID. SET  PROPERTY  数据名.
DATA  DIVISION.
LINKAGE  SECTION.
01  LS数据名  数据描述.
PROCEDURE  DIVISION  USING  LS数据名.
父实体名.
    MOVE  LS数据名  TO  数据名(1:)
    EXIT  METHOD.
END  METHOD.
```

注：若款主体是可编辑的，则接收项的引用修改会作为一个整体会阻止编辑规则重新应用于该数据中。否则，这个方法的隐式定义如下：

METHOD-ID. SET　PROPERTY　数据名.

DATA　DIVISION.

LINKAGE　SECTION.

01　LS 数据名　数据描述.

PROCEDURE　DIVISION　USING　LS 数据名.

父实体名.

MOVE　LS 数据名　TO　数据名

EXIT　METHOD.

END　METHOD.

其中，LS 数据名含有款主体数据描述，该款主体具有下列子句异常：

——PROPERTY 子句

——VALUE 子句

——在款主体描述中的一个 REDEFINES 子句

3) 若指定了一个 FINAL 短语，由 PROPERTY 子句产生的隐式方法定义应该包含它们 METHOD-ID 段中的 FINAL 短语。

13.16.41 RECORD 子句

RECORD 子句在定长记录中指出字符位置数，或在变长记录中指明字符位置的范围。若字符位置数确有变化的话，该子句就指出字符位置的最小数和最大数。

13.16.41.1 一般格式

格式 1(固定长度)

RECORD CONTAINS 整数 1 CHARACTERS

格式 2(可变长度)

RECORD IS VARYING IN SIZE[[FROM 整数 1][TO 整数 3]CHARACTERS]

[DEPENDING ON 数据名 1]

格式 3(固定或可变长度)

RECORD CONTAINS 整数 4 TO 整数 5 CHARACTERS

13.16.41.2 语法规则

所有格式

1) 若在文件描述款中没有为一个非报表文件指定记录描述款，则就该指定该 RECORD 子句。

格式 1

2) 文件记录描述款中指定的字符数目不能大于整数 1。

格式 2

3) 文件记录描述款描述的记录含有的字符位置数不得小于整数 2 之值，也不能大于整数 3 之值。

4) 整数 3 要大于整数 2。

5) 数据名 1 应该在工作存储节、本土存储节或连接节中描述一无正负号初等整数。

6) 整数 2 应大于或等于零。

格式 3

7) 整数 4 应大于或等于零。

8) 整数 5 应大于整数 4。

13.16.41.3 一般规则

所有格式：

1) 若未指定 RECORD 子句，则每个数据记录的大小完全在记录描述款中定义。
2) 若相关的文件连接符是外部连接符，则运行单位中与该文件连接符有关的所有文件描述款应该为整数 1 或整数 2 和整数 3 指定相同的值。若未指明 RECORD 子句，与该文件连接符有关的所有记录描述款应该等长。

格式 1

3) 格式 1 用来指明定长记录，整数 1 指明文件中每一记录的字符位置数。

格式 2

4) 格式 2 用来指明变长记录。整数 2 指明文件中每一记录的最小字符位置数。整数 3 指明文件中每一记录的最大字符位置数。
5) 与记录描述款相关的字符位置数等于所有初等项(除去重定义和重命名)的字符位置数之和，再加上同步所需的隐含的 FILLER。若指明了表，则：
   a) 记录中表元的最小数目用在上述的相加运算中来确定与记录描述有关的最小字符位数。
   b) 记录中描述的表元的最大数目用在上述相加运算中以确定与记录描述有关的最大字符位置数。
6) 若未指明整数 2，文件中任一记录的最小字符位置数等于该文件的记录中描述的最小字符位置数。
7) 若未指明整数 3，文件中任一记录的最大字符位置数等于该文件的记录中描述的最大字符位置数。
8) 若指明了数据名 1，在对文件执行 RELEASE、REWRITE 或 WRITE 语句之前，应该把记录的字符位置数放入数据名 1 引用的数据项中。
9) 若指明了数据名 1，则 DELETE、RELEASE、REWRITE、START 或 WRITE 语句的执行以及 READ 或 RETURN 语句的不成功的执行都不改变数据名 1 引用的数据项的值。
10) 在执行 RELEASE、REWRITE 或 WRITE 语句时，记录中的字符位置数由下列条件确定：
   a) 若指明了数据名 1，则由数据名 1 引用的数据项的内容确定；
   b) 若未指明数据名 1 且记录中不包含有可变出现的数据项，则由记录中的字符位置数确定；
   c) 若未指明数据名 1 且记录中确实包含有可变出现的数据项，则由表的固定部分加上执行输出语句时表中用出现号描述的那部分确定；
11) 若指定了数据名 1，则对文件执行 READ 或 RETURN 语句成功之后，数据名 1 引用的数据项之值就指出刚读入的记录的字符位置数。
12) 若在 READ 或 RETURN 语句中指定了 INTO 短语，则在隐含的 MOVE 语句中充当发送项的当前记录的字符位置数由下列条件确定：
   a) 若指明了数据名 1，则由数据名 1 引用的数据项的内容确定；
   b) 若未指明数据名 1，则由假定指明数据名 1 时要传送到数据名引用的数据项的值来确定。

格式 3

13) 当使用格式 3 的 RECORD 子句时。整数 4 和整数 5 分别指出最小数据记录的最小字符位置数以及最大数据记录的最大字符位置数。可是，在这种情况下，每个数据记录的长度完全在记录描述款中定义。
14) 不管逻辑记录中数据项的字符类型是什么。数据记录的大小总是用存储逻辑记录所需要的字符位置数来指明的。一个记录的大小是由所有固定长的初等项加上属于这个记录的任何可变长的数据项的最大字符数确定的。这个和数可以与实际的记录长度不同。

13.16.42 REDEFINES 子句

REDEFINES 子句允许用不同的数据描述款来描述同一个计算机存储区。

13.16.42.1 一般格式

层号 ［款名子句］ REDEFINES 数据名 2

注：出现在上面格式中的层号、数据名 1 和 FILLER 不是 REDEFINES 子句的组成成分，添加进去的目的仅仅是为了便于叙述。

13.16.42.2 语法规则

1） 若要指明 REDEFINES 子句，它一定要紧接在数据名 1 的后面。

2） 数据名 1 和数据名 2 的层号应该相同，但不能是 66 或 88。

3） 在文件节的 01 层描述款中，一定不能使用这个子句。

4） 该子句不能用在通信节的 01 层描述款中。

5） 数据名 2 的数据描述款不能包含 OCCURS 子句。然而数据名 2 却可以隶属于这样的项，它的数据描述款含有 OCCURS 子句。在这种情况下，对引用 REDEFINES 子句中的数据名 2 不能带下标。初始定义区和重定义区都不能含有由 OCCURS 子句中定义的可变长数据项。

6） 若由数据名 2 引用的数据项被说明为外部数据记录或者其层号不为 01，则它包含的字符位置数应该大于等于由该描述款的主项引用的数据项中的字符位置数。若数据名 2 引用的数据项其层号为 01 且没有被说明为外部数据记录，则没有上述的限制。

7） 即使数据名 2 不是惟一的，它也不能受限定，这是因为在源程序中应该有 REDEFINES 子句，故在数据名 2 不惟一时，仍不会出现引用不确定的情况。

8） 允许相同字符位置的多次重定义。相同字符位置的多次重定义应该全部使用初始定义该存储区的那个描述款的数据名。

9） 给出字符位置新的描述的款中不能包含任何 VALUE 子句，但条件名描述款却除外。

10） 在数据名 2 与数据名 1 的数据描述款之间不能夹有层号小于数据名 2 和数据名 1 的层号的数据描述款。

11） 字符位置的新描述款应该跟在定义为数据名 2 存区的描述款之后，在它们之间不插进定义新的字符位置的描述款。

12） 在 1 级中，数据名 2 不能隶属于包含 REDEFINES 子句的描述款。在 2 级中，数据名 2 可以隶属于包含 REDEFINES 子句的描述款。

13.16.42.3 一般规则

1） 存储分配开始于数据名 2，直到为数据名 1 或 FILLER 子句引用的数据项分配足够的存区来存放字符位置。

2） 若同一字符位置由多个数据描述款同时定义，则利用与这些数据描述款相联系的数据名来引用那个字符位置。

13.16.43 RENAMES 子句

RENAMES 子句允许对若干初等项进行选择，可以重叠、组合。

13.16.43.1 一般格式

66 数据名 1 RENAMES 数据名 2 $\left[\left\{ \begin{array}{l} \text{THROUGH} \\ \text{THRU} \end{array} \right\} \text{数据名 3} \right]$

注：在上面格式中给出的层号 66 和数据名 1 的目的是为了便于叙述，而层号和数据名 1 不是 RENAMES 子句的组成成分。

13.16.43.2 语法规则

1） 对一个逻辑记录可以写出任意多个 RENAMES 子句。

2） 在一个给定的逻辑记录中，所有引用该记录中数据项的 RENAMES 描述款都应该紧跟在相关联的记录描述款的最后一个数据描述款之后。

3) 数据名 1 不能用作限定符,而只能用与之相关联的 01 层、FD 层、CD 层或 SD 层描述款中的名来受限。数据名 2 和数据名 3 在其描述款中不能带有 OCCURS 子句,也不能隶属于其数据描述款中带有 OCCURS 子句的数据项。

4) 数据名 2 和数据名 3 应该是同一逻辑记录中的初等项名或组项名;且它们不能是相同的数据名。66 层描述款既不能重命名另一个 66 层的描述款,也不能重命名 77、88 或 01 层描述款。

5) 数据名 2 和数据名 3 可以受限。

6) 包含在数据名 2 和数据名 3(若指明的话)范围内的数据项,不能是可变长的项。

7) 字 THRU 和 THROUGH 是等价的。

8) 数据名 3 描述的存储区的始点一定不能在数据名 2 描述的存储区的始点之左。数据名 3 描述的存储区末端应该在数据名 2 描述的存储区末端之右。因此,数据名 3 不能隶属于数据名 2。

13.16.43.3 一般规则

1) 若指出数据名 3,则数据名 1 是一个组项,这个组项包括从数据名 2 开始(若数据名 2 是初等项的话)或从数据名 2 的第一个初等项开始(若数据名 2 是组项的话)到数据名 3(若数据名 3 是初等项的话)或到数据名 3 的最后一个初等项(若数据名 3 是组项的话)为止的所有初等项。

2) 若未指出数据名 3,则数据名 2 的所有数据属性都适用于数据名 1。

13.16.44 REPORT 子句

REPORT 子句指出构成报表文件的若干报表名。

13.16.44.1 一般格式

$$\left\{\begin{matrix}\underline{\text{REPORT}}\ \ \text{IS}\\ \underline{\text{REPORTS}}\ \ \text{ARE}\end{matrix}\right\}\{\text{报表名 1}\}$$

13.16.44.2 语法规则

1) 在 REPORT 子句里规定的每个报表名应该是同一个程序的报表节中报表描述款的主体。诸报。表名的出现顺序不是重要的。

2) 一个报表名应该出现在惟一的一个 REPORT 子句里。

3) 在过程部里只有 USE 语句、CLOSE 语句或带有 OUTPUT 或 EXTEND 短语的 OPEN 语句可以引用规定 REPORT 子句的文件描述款的主体。

13.16.44.3 一般规则

1) REPORT 子句里多于一个的报表名的出现表示文件包括多于一个的报表。

2) 对于同一个报表文件,在 INITIATE 语句执行后并在 TERMINATE 语句执行以前,报表文件是在报表编制控制系统(RWCS)的控制下。当报表文件是在 RWCS 的控制下时,引用那个报表文件的输入输出语句不能执行。

3) 若有关的文件连接符是外部文件连接符,则运行单位里与那个文件连接符相联的每个文件描述款应该把它描述成报表文件。

13.16.45 REQUIRED 子句

REQUIRED 子句指定在一个 ACCEPT 屏幕语句的上下文中,用户要在输入区域至少输入一个字符。

13.16.45.1 一般格式

<u>REQUIRED</u>

13.16.45.2 一般规则

1) REQUIRED 子句仅在引用屏幕项的 ACCEPT 语句的执行期间才有效。

2) REQUIRED 子句直到指针进入 REQUIRED 子句的屏幕项主题时才有效。

3) REQUIRED 子句的作用是拒绝终端按键和其他任何移动指针按键,除非满足要求的终端条件，否则这些移动指针按键将导致指针移动到另外的屏幕项。要求的终端条件应满足：

——若屏幕项是字母数值或编辑的字母数值且至少包含一个非空字符。

——若屏幕项是本土字符或编辑的本土字符且至少含有一个非空字符。

——若屏幕项是数值或编辑的数值且含有一个非零值。

——若屏幕项是布尔类型且含有一个非零值。

4) 对于输入和输出区域，在 FROM 或 USING 子句中引用的标识符或字值的内容，以及由终端操作员键入的数据都可以满足 REQUIRED 子句。

5) 若一个功能键用来终止 ACCEPT 语句的执行，则 REQUIRED 子句是无效的。

6) FULL 和 REQUIRED 子句的规范一起要求：在标准的终端键产生任何影响之前，这个区域应该被完全填充。

7) 若 REQUIRED 子句在组屏幕项中指定，则它应用于该组中的每个初等输入屏幕项。

13.16.46 REVERSE-VIDEO 子句

REVERSE-VIDEO 子句指定屏幕项通过交换前景和将在其他方面生效的背景颜色显示出来。

13.16.46.1 一般格式

REVERSE-VIDEO

13.16.46.2 一般规则

1) 若 REVERSE-VIDEO 子句在组层指定，它应用于那个组中的每个初等屏幕项。

2) 当 REVERSE-VIDEO 子句被指定的时候，屏幕项将被显示，因此，当 ACCEPT 屏幕或 DISPLAY 屏幕语句中引用这个屏幕项的时候，组成屏幕项的字符将以前景和背景颜色交换的方式显示出来。

13.16.47 SAME AS 子句

SAME AS 子句指定一个数据名与另外一个数据描述款有相同的描述。

13.16.47.1 一般格式

SAME AS 数据名 1

13.16.47.2 语法规则

1) 数据名 1 可以是受限的。

2) 指定 SAME AS 子句的数据描述款后面不应直接跟有从属数据描述款或 88 层款。

3) 数据名 1 的描述，包括它的从属数据项，不应含有引用款主体或这个款从属的任何组项的 SAME AS 子句。

4) 数据名 1 的描述，包括它的从属数据项，不应含有引用这个款从属的记录的 TYPE 子句。

5) 数据名 1 的描述不应含有 OCCURS 子句。但是，从属数据名 1 的项可以含有 OCCURS 子句。

6) 当 SAME AS 子句在文件节中被指定时，数据名 1 的描述，包括它的从属数据项，不应含有由 USAGE OBJECT REFERENCE 子句描述的数据项。

7) 数据名 1 应该引用在文件、工作存储、局部存储或连接节中描述的初等项或 1 层组项。

8) 若款主体是 77 层项，数据名 1 应该引用初等项。

9) 款主体从属的组项不应含有 GROUP-USAGE、SIGN 或 USAGE 子句。

13.16.47.3 一般规则

1) SAME AS 子句的影响好像是：已经编码的由数据名 1 标识的数据描述替代了 SAME AS 子句，除了级数、名字和为数据名 1 而指定的 EXTERNAL、GLOBAL、REDEFINES 和 SELECT WHEN 子句；从属项的级数可以被调整，如规则 2 中所描述的那样。

注：与这个子句的语法规则组合起来，这个规则禁止直接或间接地循环引用。

2) 若数据名 1 描述一个组项：

a) 款主体是一个组，并且这个组的从属元素与数据名 1 的从属元素具有相同的名字、描述和层次。

b) 为了保留数据名 1 的层次，若必要的话，从属于该组的项的层数要进行调整。

c) 结果层次中的层数可超过 49。

注：按照 8.5.1.4 的调整，即为增加对象编码效率的项调整，在数据名 1 或款主体中插入显式填充位，相应的数据项的调整可能会不同。

3) 若数据名 1 从属的字母数值组项或强制类型组项包含一个 USAGE 子句，则该 USAGE 子句好像是为款主体而指定。

4) 若数据名 1 从属的组项包含 GROUP-USAGE 子句且款主体是一个组项，则该 GROUP-USAGE 子句好像是为款主体而指定。

5) 若数据名 1 从属的字母组项、全局组项或强制类型组项包含 SIGN 子句，则该 SIGN 子句好像是为款主体而指定。

13.16.48 SECURE 子句

SECURE 子句防止从键盘输入的数据或在屏幕项中包含的数据出现在屏幕的扫描位置上，这个扫描位置与指定它的屏幕项相对应。

13.16.48.1 一般格式

<u>SECURE</u>

13.16.48.2 一般规则

1) 若 SECURE 子句在组层中被指定，则它应用于那个组中每个初等输入屏幕项。

2) SECURE 子句仅在引用屏幕项的 ACCEPT 语句的执行期间才有效。

3) SECURE 子句的作用就是防止与 SECURE 子句指定的屏幕项对应的数据显示在屏幕上。在 ACCEPT 语句执行的时候，光标将出现在与输入屏幕项对应的屏幕位置上，但是任何由终端操作员键入的数据都将不会显示出来。对于输入和输出的区域，先于 ACCEPT 屏幕语句执行的屏幕项的屏幕位置的内容保持不变且终端操作员键入的内容也是不变的。

4) 当键入数据到 SECURE 子句指定的区域时，光标是否移动是由实现者定义的。

13.16.49 SELECT WHEN 子句

SELECT WHEN 子句指定一个条件名条件。在这个条件下，进行输入和输出操作时，一个记录描述款与一个记录相关联。

13.16.49.1 一般格式

<u>SELECT</u> <u>WHEN</u> $\left\{\begin{array}{l}\text{条件名 1}\\ \underline{\text{OTHER}}\end{array}\right\}$

13.16.49.2 语法规则

1) SELECT WHEN 子句仅在文件、连接、本土存储或工作存储节中的记录描述款的 01 层指定。

2) 若为与给定文件名相联系的任意记录描述款指定了 SELECT WHEN 子句，则所有与那个文件名相关联的记录描述款。

3) 一个给定的条件名 1 应该在仅有一个与给定文件名相关联的记录描述款的 SELECT WHEN 子句中指定。

4) 对于一个给定的文件描述款，条件名 1 的所有实例都与在记录中相同位置定义的条件变量相关联，与相同的用法相关联，与相同的大小相关联。

5) 若文件描述款指定了 FORMAT 子句，则与条件名 1 相关联的条件变量应该是记录描述款中的第一个初等数据项。

6) OTHER 短语只可在与给定文件相关联的最后一个记录描述款中被指定。

13.16.49.3 一般规则

1) 当为文件指定 CODE-SET 子句或 FORMAT 子句的时候，为与该文件相关联的 READ、

REWRITE、WRITE语句，在文件节指定的记录描述款的任意SELECT WHEN子句都被评估。文件节中的SELECT WHEN子句对其他语句不起作用。

2) 在工作存储节、本土存储节或连接节中指定的记录描述款的SELECT WHEN子句都无效。

3) 每个记录描述款中，SELECT WHEN子句中指定的条件名条件按照记录描述款书写的顺序依次求值，直到求得的值为真。当值为真时，选择了的相关联的记录描述款都被用于CODE-SET和FORMAT子句。若指定了OTHER短语，则该值总是为真。

4) 若没有选择任何记录描述款，则输入输出操作是失败的且I-O状态被设置成一个表明记录识别失败的值。

5) 实现者应指定SELECT WHEN子句在除了对CODE-SET和FORMAT子句进行处理的情况下，对READ、REWRITE和WRITE语句是否有效。

注：这就允许基于由实现者定义环境下的记录设计的代码设置转换；CODE-SET子句在这种情况下不需要在源元素中存在。

13.16.50 SIGN 子句

SIGN子句指出正负号的位置和表示方式，当需要显式描述这些性质时，就使用这个子句。

13.16.50.1 一般格式

$$[\underline{\text{SIGN}}\ \ \text{IS}]\left\{\begin{array}{l}\underline{\text{LEADING}}\\ \underline{\text{TRAILING}}\end{array}\right\}[\underline{\text{SEPARATE}}\ \ \text{CHARACTER}]$$

13.16.50.2 语法规则

1) SIGN子句只能用于其PICTURE子句含有字符“S”的数值数据描述款，或者用于至少含有一个这样的数据描述款的组项。

2) 使用SIGN子句的数值数据描述款其用法应该隐式地或显式地描述为USAGE IS DISPLAY。

3) 若指出CODE-SET子句，则和那个文件描述款相关的标有正负号的数值数据描述款应该用SIGN IS SEPARATE子句来描述。

13.16.50.3 一般规则

1) SIGN子句是选用的，若出现这个子句，则它指出应用这个子句的数值数据描述款的正负号的位置和表示方式；若这个子句应用于一个组项，则它指出隶属于这个组项的每个数值数据描述款的正负号的位置和表示方式。SIGN子句只能用于其PICTURE子句含有字符“S”的数值数据描述款；“S”仅指出要出现正负号，而不指出正负号的表示法和位置。

2) 若SIGN子句在一组项中出现且该组项从属于另一指明SIGN子句的组项，则下属组项中的SIGN子句获得与此组项同样的优先级。

3) 若SIGN子句出现在数值型初等数据描述款中，且该描述款又隶属于含有SIGN子句的组项，则下属的数值型初等数据描述款中的SIGN子句具有和该数据描述款同样的优先级。

4) 其PICTURE子句含有字符“S”，而又未使用SIGN子句的数值数据描述款也有一个正负号，但这个“S”既不指明正负号的表示法，也不指明它的位置。在这种(缺省的)情况下实现者要定义正负号的位置和表示法。下面的一般规则5到7不适用于这样一些带正负号的数值数据项。

5) 若不出现任选的SEPARATE CHARACTER短语，则：

   a) 认为正负号与初等数值数据项领头(或结尾)的一个数字位置相关联。

   b) PICTURE字符串中的字母“S”不计入项的长度中(按标准数据格式字符计算)。

   c) 实现者要确定构成数据项的有效正负号是什么。

6) 若出现任选的SEPARATE CHARACTER短语，则

   a) 认为正负号处于初等数值数据项的领头(或结尾)的字符位置；这个字符位置不是数字位置。

b) PICTURE 字符串中的字母"S"要计入项的长度中(按标准数据格式字符计算)。

c) 正负号分别是标准数据格式字符"+"和"-"。

7) 其 PICTURE 子句包含字符"S"的每一个数值数据项描述款都是有正负号的数值数据描述款。若 SIGN 子句应用于这种描述款,从计算或比较来讲转换是必要的,则这种转换将自动进行。

13.16.51 SOURCE 子句

SOURCE 子句标识发送数据项,该项要被传送到和一个在报表栏描述款内定义的相关联的打印项中去。

13.16.51.1 一般格式

<u>SOURCE</u> IS 标识符 1

13.16.51.2 语法规则

1) 可以在数据部的任何节中定义标识符 1。若标识符 1 是报表节的一个项,它只能是:

a) PAGE-COUNTER,或

b) LINE-COUNTER,或

c) 出现该 SOURCE 子句的报表的求和计数器。

2) 标识符 1 规定了隐含的 MOVE 语句的发送数据项,RWCS 将执行从把标识符 1 传送到打印项来引用数据项的内容。应该这样定义标识符 1:它遵守 MOVE 语句中的发送项规则。

13.16.51.3 一般规则

RWCS 是在呈现该报表栏之前格式化报表栏诸打印行的(参见 13.16.55)。正是在这时,SOURCE 子句指明的隐含的 MOVE 语句才被 RWCS 执行。

13.16.52 SUM 子句

SUM 子句确定求和计数器并命名求和的数据项。

13.16.52.1 一般格式

{<u>SUM</u> {标识符 1}…[<u>UPON</u> {数据名 1}…]}…

$$\left[\underline{\text{RESET}}\ \ \text{ON}\left\{\begin{array}{l}\text{数据名 2}\\ \underline{\text{FINAL}}\end{array}\right\}\right]$$

13.16.52.2 语法规则

1) 作为 SUM 子句出现在其中的报表栏描述款的主体的这种数据项一定不能定义为字母型。标识符 1 应该引用数值数据项。若在报表节中定义标识符 1,则该标识符 1 应该引用求和计数器。若 UPON 短语省略,在这个 SUM 子句中本身为求和计数器的任何标识符,应该在含有这个 SUM 子句的同一个报表栏中定义,或应该在这个报表的控制层中较低层的报表栏中定义。若指明有 UPON 短语,在这个 SUM 子句中的任何标识符一定不是求和计数器。

2) 数据名 1 应该是 DETAIL 报表栏的名,此报表栏是在与出现 SUM 子句的 CONTROL FOOTING 报表栏相同的报表中描述的 DETAIL 报表栏。可以用报表名限定数据名 1。

3) SUM 子句只能在 CONTROL FOOTING 报表栏的描述中出现。

4) 数据名 2 应该是在这个报表的 CONTROL 子句中指明的诸数据名之一。对于出现 RESET 短语的那个报表栏,数据名 2 不应是一个比该报表栏相关联的控制更低的控制。FINAL,若在 RESET 短语中指明,它应该在这个报表的 CONTROL 子句中出现。

5) 一个求和计数器的可允许的最高的限定符是报表名。

13.16.52.3 一般规则

1) SUM 子句建立一个求和计数器。该求和计数器是编译程序生成的带有正负号的数值数据项求和计数器的长度和十进小数点位置依赖于在其中指明 SUM 子句的报表栏描述款所规定的数据项的类别。它们是这样确定的:

a) 若有关的数据项是数值型，则求和计数器的长度和十进小数点位置与那个数据项的长度和十进小数点位置相同。

b) 若有关的数据项是数值编辑型，则求和计数器的长度是那个数据项的数字位置的数目而十进小数点位置与那个相关的数据项的一样。

c) 若有关的数据项是字符型或字符编辑型，则求和计数器的长度是那个数据项的不包括任何编辑字符的长度或长度为 18 个字符位置，而不管哪个是小的，并且求和计数器是整数。

2) 在目标运行时，RWCS 把每个标识符 1 引用的数据项的值加进该求和计数器中。这个加法按算术语句的规则执行。

3) 对于一个初等报表描述款，只存在一个求和计数器而不管在这个初等报表描述款中指定的 SUM 子句的个数。

4) 若打印项的初等报表描述款含有一个 SUM 子句，该求和计数器用作一个源数据项。RWCS 按照 MOVE 语句的规则把包含在求和计数器中的数据传送到这个打印项。

5) 若一个数据名作为含有 SUM 子句的初等报表描述款的主体出现，则该数据名就是求和计数器的名；该数据名不是由该初等报表描述款定义的打印项的名。

6) 过程部的语句可允许改变求和计数器的内容。

7) 对由诸标识符引用的诸数值项之值求和并把它加到求和计数器是 RWCS 在执行 GENERATE 和 TERMINATE 语句期间完成的。求和计数器的增值分为三类，称为求部分和，交叉累加和向前滚动。求部分和仅在 GENERATE 语句执行期间，任何控制中止被处理之后，处理 DETAIL 报表栏之前完成的。交叉累加和向前滚动是在处理 CONTROL FOOTING 报表栏期间完成的。

8) 对 UPON 短语中被指名的 DETAIL 报表栏，UPON 短语提供了完成选择部分求和的能力。

9) 根据加数特性，RWCS 把每一个加数加到求和计数器中。

a) 当加数是由同一个 CONTROL FOOTING 报表栏中定义的求和计数器时，则求和计数器中的加数的累计称为交叉累加。当发生控制中止并且在 CONTROL FOOTING 报表栏处理时，产生交叉累加。交叉累加是按照求和计数器在 CONTROL FOOTING 报表栏中定义的顺序进行的，即累加到 CONTROL FOOTING 报表栏中定义的第一个求和计数器的这种所有交叉累加先完成，然后完成累加到在 CONTROL FOOTING 报表栏中定义的第二个求和计数器的这种所有交叉累加。重复这个过程直到所有的交叉累加操作完成为止。当某个加数是在 SUM 子句出现的数据描述款中定义的求和计数器时，在求和时该求和计数器的初值就用于求和运算。

b) 当加数是一个在较低层的 CONTROL FOOTING 报表栏中定义的求和计数器时，把这个加数加到该求和计数器中的这种累加称为向前滚动。当发生控制中止并且较低层的 CONTROL FOOTING 报表栏处理时，在较低层的 CONTROL FOOTING 报表栏内的求和计数器向前滚动。

c) 当加数不是求和计数器时，则这个加数的求和计数器的累计称为求部分和。若 SUM 子句含有 UPON 短语，对指定的 DETAIL 报表栏执行 GENERATE 语句时，则对诸加数求部分和。若 SUM 子句不含 UPON 短语，对 SUM 子句在其中出现的那个报表执行任何 GENERATE 数据名语句时，对那些不是求和计数器的诸加数求部分和。

10) 若两个或多个标识符规定了同一个加数，则该加数加到求和计数器中的次数与该加数在 SUM 子句中被引用的次数一样多。用两个或多个数据名指明同一个 DETAIL 报表栏是允许的。对这样一个 DETAIL 报表栏给出 GENERATE 数据名语句时，则重复增值的次数，与数据名在 UPON 短语中出现的次数相同。

11) 当 GENERATE 报表名语句被执行时，发生的求部分和见 14.8.15。

12) 在缺少明显的 RESET 短语的情况下，在 RWCS 处理定义求和计数器的 CONTROL FOOTING 报表栏时，RWCS 将一个求和计数器置以零。若规定一个明显的 RESET 语句，则当 RWCS 正在处理该控制层次的指定层时，将该求和计数器置以零。对含有该求和计数器的报表，在执行 INITIATE 语句期间，诸求和计数器一开始由 RWCS 置以零。

13.16.53 SYNCHRONIZED 子句

SYNCHRONIZED 子句指出初等项要按计算机存储区的自然边界对齐。

13.16.53.1 一般格式

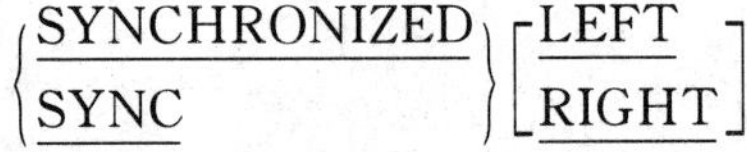

13.16.53.2 语法规则

1) 这个子句只能用于初等项。

2) SYNC 是 SYNCHRONIZED 的缩写。

13.16.53.3 一般规则

1) 这个子句指出：被该子句所描述的数据项，在计算机内是这样同步的：即使得这个数据项的最左和最右自然边界之间的任何字符位置，都不被其他数据项所占用。若存放这个数据项所需的字符位置数小于那对自然边界之间的字符位置数，则未使用的字符位置（或其部分）一定不能用于其他数据项。然而，这种未使用的字符位置要：

   a) 计入这个初等项所属组项的长度内。

   b) 当这样的组项是 REDEFINES 子句的对象时，则计入分配的字符位置的个数。当初等项是 REDEFINES 子句的对象时，在重定义的字符位置中并不包括这些未使用的字符位置。

2) 其后无 RIGHT 或 LEFT 的 SYNCHRONIZED 子句指出：初等项在自然边界之间是按这样一种方法来定位的，那就是要使得这个初等数据项能得到有效的利用。但是这种特殊的定位方法要由实现者决定。

3) SYNCHRONIZED LEFT 指出：初等项要这样来定位，使它从放置该初等项的自然边界的左字符位置开始。

4) SYNCHRONIZED RIGHT 指出：初等项要这样来定位，使它结束于放置该初等项的自然边界的右字符位置。

5) 无论何时，只要在源程序中引用 SYNCHRONIZED 数据项，则由 PICTURE、USAGE 和 SIGN 子句所示出的数据项的原有长度将用于判定与长度有关的，诸如对齐、截断或溢出的任何动作。

6) 若一个数据项的数据描述款含有 SYNCHRONIZED 子句和正负号，则该项的正负号出现在由 SIGN 子句显式或隐式指明的符号位上。

7) 当在一个数据项的数据描述款中，指明了 SYNCHRONIZED 子句，同时，该数据项又含有一个 OCCURS 子句，或者它隶属于一个含有 OCCURS 子句的数据描述款时，则：

   a) 数据项的每一次出现是 SYNCHRONIZED 的。

   b) 在同一个表中，对其他数据项产生的任何隐式 FILLER 同样对这些数据项的每一次出现也都要产生。

8) 这个子句与硬件有关，除规则 1 到规则 7 外，实现者应该指明如何处理与这个子句相关联的初等项：

   a) 数据描述中含有带 SYNCHRONIZED 子句之初等项的组项或记录在外部媒体上的格式。

   b) 若在含有 SYNCHRONIZED 子句的数据项之紧前面的初等项未终止于相应的自然边界，则必产生隐式 FILLER。这样自动产生的 FILLER 的位数包含在：

- 该 FILLER 项所属组项的长度中；且
- 当 FILLER 是组项的一部分，而该组项又作为 REDEFINES 子句的对象时，所分配的字符位置数中。

9） 实现者可以根据自己的选择指出内部数据格式的自动同步方法，但在一个记录内，用法是 DIS-PLAY 的那些数据项却为例外。然而，记录本身却可以进行同步。

10） 数据文件中记录的同步规则（当影响到初等项的同步时）由实现者规定。

13.16.54 TO 子句

TO 子句标识 ACCEPT 屏幕语句中数据的终点。

13.16.54.1 一般格式

$\underline{\text{TO}}$ 标识符 1

13.16.54.2 语法规则

1） 在 MOVE 语句中，标识符 1 的类型应是一个接收操作数许可的类型，且该语句中发送操作数与款主体具有相同的 PICTURE 子句。

2） 标识符 1 应该在文件、工作存储、局部存储或连接节中定义。

3） 若款主体附属于一个 OCCURS 子句，标识符 1 应该在没有通常的下标要求的情况下被指定。附加的要求在 13.16.36.2 语法规则 12）中说明。

13.16.54.3 一般规则

1） 款主体是一个输入屏幕项。

2） TO 子句仅在引用屏幕项的 ACCEPT 屏幕语句的执行期间有效。

13.16.55 TYPE 子句

TYPE 子句规定了由这个描述款描述的报表栏的具体类型，并指出该报表栏被报表编制控制系统处理的时间。

13.16.55.1 一般格式

$$\underline{\text{TYPE}}\ \text{IS}\left\{\begin{array}{l}\left\{\begin{array}{l}\underline{\text{REPORT}}\ \underline{\text{HEADING}}\\ \underline{\text{RH}}\end{array}\right\}\\ \left\{\begin{array}{l}\underline{\text{PAGE}}\ \underline{\text{HEADING}}\\ \underline{\text{PH}}\end{array}\right\}\\ \left\{\begin{array}{l}\underline{\text{CONTROL}}\ \underline{\text{HEADING}}\\ \underline{\text{CH}}\end{array}\right\}\left\{\begin{array}{l}\text{数据名 1}\\ \underline{\text{FINAL}}\end{array}\right\}\\ \left\{\begin{array}{l}\underline{\text{DETAIL}}\\ \underline{\text{DE}}\end{array}\right\}\\ \left\{\begin{array}{l}\underline{\text{CONTROL}}\ \underline{\text{FOOTING}}\\ \underline{\text{CF}}\end{array}\right\}\left\{\begin{array}{l}\text{数据名 2}\\ \underline{\text{FINAL}}\end{array}\right\}\\ \left\{\begin{array}{l}\underline{\text{PAGE}}\ \underline{\text{FOOTING}}\\ \underline{\text{PF}}\end{array}\right\}\\ \left\{\begin{array}{l}\underline{\text{REPORT}}\ \underline{\text{FOOTING}}\\ \underline{\text{RF}}\end{array}\right\}\end{array}\right\}$$

13.16.55.2 语法规则

1） RH 是 REPORT HEADING 的缩写。
PH 是 PAGE HEADING 的缩写。
CH 是 CONTROL HEADING 的缩写。
DE 是 DETAIL 的缩写。
CF 是 CONTROL FOOTING 的缩写。

PF 是 PAGE FOOTING 的缩写。

RF 是 REPORT FOOTING 的缩写。

2） REPORT HEADING、PAGE HEADING、CONTROL HEADING FIANL、CONTROL FOOTING FINAL、PAGE FOOTING 以及 REPORT FOOTING 指定的报表栏在一个报表描述中每个最多只能出现一次。

3） 仅当在相应的报表描述款中指定 PAGE 子句时，PAGE HEADING 和 PAGE FOOTING 报表栏才可指定。

4） 数据名 1、数据名 2 和 FINAL，若出现的话，应该在相应报表描述款的 CONTROL 子句中指定。对报表描述款的 CONTROL 子句中的每个数据名或 FINAL 至多只能指定一个 CONTROL HEADING 报表栏和一个 CONTROL FOOTING 报表栏。但是对在报表描述款的 CONTROL 子句中规定的数据名或 FINAL，CONTROL HEADING 报表栏和 CONTROL FOOTING 报表栏都不是必需的。

5） 在 CONTROL FOOTING、PAGE HEADING、PAGE FOOTING 和 REPORT FOOTING 报表栏中，SOURCE 子句和 USE 语句不能引用下面任何一个数据项：

a） 包括一个控制数据项的栏数据项。

b） 隶属于一个控制数据项的数据项。

c） 控制数据项的任何重定义或重命名的部分。

在 PAGE HEADING 和 PAGE FOOTING 报表栏中，SOURCE 子句和 USE 语句不应引用控制数据名。

6） 当在过程部指明一个 GENERATE 报表名语句时，相应的报表描述款应该包含不多于一个 DETAIL 报表栏。对这样一个报表若不指明 GENERATE 数据名语句时，则 DETAIL 报表栏是不需要的。

7） 一个报表描述应该至少包含一个报表栏。

13.16.55.3 一般规则

1） RWCS 将 DETAIL 报表栏作为 GENERATE 语句的一个直接结果处理。若一个报表栏不是 TYPE DETAIL，则它的处理是 RWCS 的一个自动功能。

2） REPORT HEADING 短语规定了一个报表栏，该报表栏作为那个报表的第一个报表栏，每个报表 RWCS 只处理一次。在执行那个报表的时序上第一个的 GENERATE 语句期间，处理 REPORT HEADING 报表栏。

3） 除下列条件外，PAGE HEADING 短语规定了一个由 RWCS 作为那个报表的每一页上的第一个报表栏处理的报表栏。

a） 在只含 REPORT HEADING 报表栏或 REPORT FOOTING 报表栏的一页上，则 PAGEHEADING 报表栏不处理。

b） 不单独呈现在一页上的一个 REPORT HEADING 报表栏在 PAGE HEADING 报表栏前面时，PAGE HEADING 报表栏作为一页上第二个报表栏处理。

4） 对一个指定的控制数据名，CONTROL HEADING 短语规定了一个报表栏，在一个控制栏的开头由 RWCS 处理该报表栏。或者在 FINAL 的情形，在执行时序上第一个 GENERATE 语句期间由 RWCS 处理该报表栏。在 RWCS 发现一个控制中止的任何 GENERATE 语句执行期间，任何与该中止的最高控制层与较低层有关的 CONTROL HEADING 报表栏被处理。

5） DETAIL 短语规定了一个在相应的 GENERATE 语句被执行时由 RWCS 处理的报表栏。

6） CONTROL FOOTING 短语规定了一个报表栏，对一个指定的控制数据名，该报表栏于控制栏的结尾处由 RWCS 处理。在 FINAL 情形下，CONTROL FOOTING 报表栏作为报表的最后一个报表栏时，每个报表只处理一次。在 RWCS 发现一个控制中止的任何 GENERATE 语句执行期间,呈现与控制中止的最高层或较低层有关的任何 CONTROL FOOTING 报表栏。对该报表若至少有一个 GENERATE 语句执行,则所有的 CONTROL FOOTING 报表栏在 TERMINATE 语句执行期间都被呈现(参见 14.8.42)。

7) 除下列条件外,PAGE FOOTING 短语规定了一个由 RWCS 作为每一页上最后一个报表栏处理的报表栏。

 a) 在只含 REPORT HEADING 报表栏或只含 REPORT FOOTING 报表栏的一页,则 PAGEFOOTING 报表栏不处理。

 b) 一个 PAGE FOOTING 报表栏当它后面跟以一个不是单独在一页上处理的 REPORT FOOTING 报表栏时,它作为一页上第二到最后一个报表栏来处理。

8) REPORT FOOTING 短语规定了一个报表栏,这个报表栏作为那个报表的最后一个报表栏和每个报表由 RWCS 只处理一次。对这个报表,若至少有一个 GENERATE 语句执行,则在执行相应的 TERMINATE 语句期间处理 REPORT FOOTING 报表栏(参见 14.8.42)。

9) 当 RWCS 处理一个 REPORT HEADING、PAGE HEADING、CONTROL HEADING、PAGE FOOTING 或 REPORT FOOTING 报表栏时,RWCS 执行的各个步骤的顺序描述如下:

 a) 若有一个引用该报表栏的数据名的 USE BEFORE REPORTING 过程,则执行 USE 过程。

 b) 若 SUPPRESS 语句已经被执行或若该报表栏是不可打印的,则对该报表栏不作进一步处理。

 c) 否则,按照那类报表栏的呈现规则,RWCS 格式化一个打印行并呈现该报表栏。

10) 当 RWCS 处理一个 CONTROL FOOTING 报表栏时,RWCS 执行的各步骤的顺序描述如下:GENERATE 规则规定:当一个控制中止发生时,RWCS 产生开始于较低层的 CONTROL FOOTING 报表栏,一直向前处理,直到发现最高的控制中止的那一层为止。关于这一点,应该注意的是对于一个给定的控制数据名即使没有定义 CONTROL FOOTING 报表栏,若在该报表描述内的一个 RE-SET 短语规定那个控制数据名,则 RWCS 仍然应该执行下面 f)中描述的步骤。

 a) 求和计数器要交叉累加,即在这个报表栏中定义的所有求和计数器被加到它们的求和计数器中,这些求和计数器是同一个报表栏中的 SUM 子句的操作数。

 b) 求和计数器要向前滚动,即在该报表栏中定义的所有求和计数器加到这个较高层的求和计数器中,这些求和计数器是较高层的控制 FOOTING REPORT 报表栏中的 SUM 子句的操作数。

 c) 若有一个引用该报表栏数据名的 USE BEFORE REPORTING 过程,则执行该 USE 过程。

 d) 若 SUPPRESS 语句已经被执行,或若该报表栏不可打印,则 RWCS 的下一个执行步骤在下面 f)中描述。

 e) 否则,RWCS 格式化这些打印行且按照 CONTROL FOOTING 报表栏的呈现规则呈现该报表栏。

 f) 然后 RWCS 处理该控制层次的这一层时,应该复位的那些求和计数器加以复位。

11) 为应答 GENERATE 数据名语句,RWCS 所执行的 DETAIL 报表栏的处理在下面的 a)~e)中描述。

当一个报表的描述恰好含有一个 DETAIL 报表栏时,为了响应 GENERATE 报表名语句,RWCS 所执行的有关细目的处理在下面的 a)~e)中描述。执行这些步骤就像正在执行一个 GENERATE 数据名语句。

当一个报表的描述不包括DETAIL报表栏时，为了响应GENERATE报表名语句，RWCS执行的有关细止的处理在下面a)中描述。执行这一步骤就像该报表的描述恰好含有一个DETAIL报表栏，并且正在执行GENERATE数据名语句。

a) 对该DETAIL报表栏，RWCS完成任何指定的求部分和(参见13.16.52)。

b) 若有一个引用该报表栏的数据名的USE BEFORE REPORTING过程，则执行该USE过程。

c) 若SUPPRESS语句已执行，或若该报表栏不可打印，则对该报表栏不作进一步的处理。

d) 若该DETAIL报表栏作为GENERATE报表名语句的结果正在处理，则对该报表栏不作进一步的处理。

e) 否则，RWCS格式化这些打印行并按照DETAIL报表栏的呈现规则呈现该报表栏。

12) 当RWCS按一般规则9)、10)和11)的描述正在处理CONTROL HEADING、CONTROL FOOTING或DETAIL报表栏时，RWCS在决定该报表栏呈现之后可以中断报表栏的处理，并在实际呈现该报表栏主体之前执行换页(并处理PAGE FOOTING和PAGE HEADING报表栏)。

13) 在控制中止处理期间，RWCS已经发现的控制中止的所有控制数据项的值为原先值。

a) 在CONTROL FOOTING报表栏的控制中止处理期间，对在与该CONTROL FOOTING报表栏相关联的USE过程或SOURCE子句中的控制数据项的任何引用均由先前值来提供。

b) 当执行TERMINATE语句时，RWCS使先前的控制数据项的值能为在CONTROL FOOTING报表栏和REPORT FOOTING报表栏中的SOURCE子句或USE过程引用所采纳的，就好像最高控制数据名已发现一个控制中止。

c) 在报表栏和它们的USE过程中的所有其他数据项的引用均存取该报表栏处理时包含在这些数据项中的当前值。

13.16.56 TYPEDEF 子句

TYPEDEF子句指定数据描述款是一个类型声明。

13.16.56.1 一般格式

IS TYPEDEF [STRONG]

13.16.56.2 语法规则

若款主体是一个初等项，STRONG短语不应被指定。

13.16.56.3 一般规则

1) 若TYPEDEF子句被指定，数据描述款就是一个类型声明。在款中指定的数据名就是类型名。从属数据描述款、条件名款和RENAMES子句都是该类型的类型声明的一部分。在这些从属款中描述的项的数据名仅可作为组的从属项被引用，且这些组定义了使用该类型名。若不止有一个这样的组，组名的限制是必要的。若没有这样的组，要是有其他的资源含有那个名字或有一个无效的引用，任何与从属款中数据名一样的名字的引用都是对另外一个资源的引用。

2) 一个类型声明没有与之相关联的存储。

3) GLOBAL子句应用于类型名的范围。所有其他数据描述子句和从属数据描述都被定义使用类型名的数据假定。

13.16.57 UNDERLINE 子句

UNDERLINE子句指定当这个区域的每个字符都显示在屏幕上时，它们都要加下划线。

13.16.57.1 一般格式

UNDERLINE

13.16.57.2 一般规则

1) 若 UNDERLINE 子句在组级被指定，它应用于那个组的每个初等屏幕项。

2) 当 UNDERLINE 子句被指定的时候，屏幕项将显示出来，致使当在 ACCEPT 或 DISPLAY 语句中引用该屏幕项时，组成屏幕项的字符都要加下划线。

13.16.58 **USAGE 子句**

USAGE 子句指明数据项在计算机存储区中的格式。

13.16.58.1 一般格式

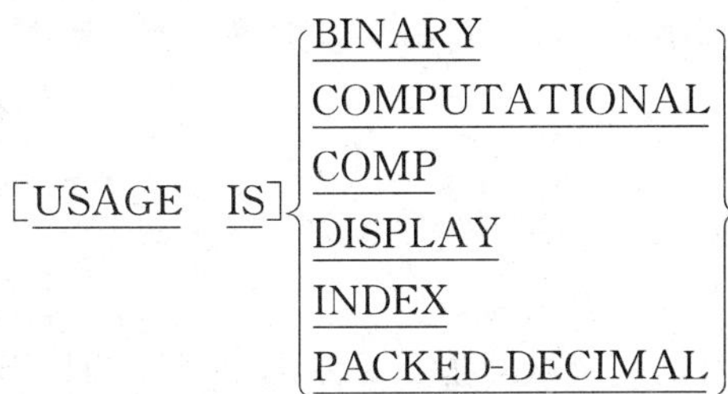

13.16.58.2 语法规则

1) USAGE 子句可以出现在任一数据描述款中，只要其层号不是 66 或 88 即可。

2) 若 USAGE 子句出现在组项的数据描述款中，则它亦可以出现在任一下属的初等项或组项的描述款中，只是两描述款的用法应该规定为相同的。

3) 若一个初等数据项或其上属的组项的描述中出现 USAGE 子句，且该子句中指定了 BINARY、COMPUTATIONAL 或 PACKED-DECIMAL 短语，则这个初等数据项的 PICTURE 字符串应该是只包含符号“P”、“S”、“V”和“9”的数值型字符串。

4) COMP 是 COMPUTATIONAL 的缩写。

5) 只有在 SEARCH 或 SET 语句中、在关系条件中、在过程部标题的 USING 短语中或在 CALL 语句的 USING 短语中，才能显示引用索引数据项。

6) 对于用法为 INDEX 的数据项不能规定 BLANK WHEN ZERO、JUSTIFIED、PICTURE、SYNCHRONIZED 和 VALUE 诸子句。

7) 用 USAGE IS INDEX 子句来描述的初等数据项不能是条件变量。

13.16.58.3 一般规则

1) 若 USAGE 子句出现在组项这一级上，则它适用于组项中的所有初等项。

2) 该子句指出数据项在计算机存储区中的表示方法。虽然过程部中某些语句的功能表述可以限制所引用的操作数的 USAGE 子句，但它并不影响数据项的使用。USAGE 子句可以影响到数基或数据项的字符表示类型。

3) USAGE IS BINARY 子句指明采用基数 2 来表示计算机存区中的数值项。实现者要精确地指明 USAGE IS BINARY 子句对计算机存区中数据项的对齐与表示方法的精确影响，包括对各种代数符号的表示方法。由实现者分配足够的存区来存放十进制的 PICTURE 字符串所表示的最大值。

4) USAGE IS COMPUTATIONAL 子句指出由实现者定义的基数和格式表示计算机存区中的数值项。实现者要精确定义 USAGE IS COMPUTATIONAL 子句对计算机存区中数据项的对齐与表示方法的精确影响，包括对各种代数符号的表示方法以及数据项取值范围。

5) USAGE IS DISPLAY 子句（无论是显式指明还是隐式指明）指出标准数据格式作为计算机存区中的数据项，且该数据项在字符边界上对齐。

6) 若未对一个初等项或包含它的组项指出 USAGE 子句，则用法隐式指明为 DISPLAY。

7) USAGE IS LNDEX 子句指出数据项是索引数据项且其值对应于表元素的出现号。实现者要精确定义 USAGE IS INDEX 子句对计算机存区中数据项的对齐和表示方法，包括对给定出现号的实际值。

8) 当执行到 MOVE 语句或输入输出语句且该句中引用了包含索引数据项的组项时，则不对索引数据项进行转换。

9) USAGE IS PACKED-DECIMAL 子句指明用基数 10 来表示计算机存区中的数值项。同时，该子句还指明所有数字位置应该占有计算机存区的最小配置。实现者要精确定义 USAGE IS PACKED-DECIMAL 子句对计算机存区中数据项的对齐和表示方法，包括对各种代数符号的表示方法。实现者要分配足够的存区来存放十进制 PICTURE 字符串所代表的最大值。

13.16.59 USING 子句

USING 子句标识这些数据，它们既是 ACCEPT 屏幕语句中的终点数据，又是 DISPLAY 屏幕语句中的源数据。

13.16.59.1 一般格式

<u>USING</u> 标识符 1

13.16.59.2 语法规则

1) 在 MOVE 语句中，标识符 1 引用的数据项的类型应是一个接收操作数许可的类型，且该语句中发送操作数与款主体具有相同的 PICTURE 子句。

2) 在 MOVE 语句中，标识符 1 引用的数据项的类型应是一个发送操作数许可的类型，且该语句中接收操作数与款主体具有相同的 PICTURE 子句。

3) 标识符 1 应该在文件、工作存储、局部存储或连接节中定义。

4) 若款主体附属于一个 OCCURS 子句，标识符 1 应该在没有通常的下标要求的情况下被指定。附加要求在 13.16.36 中说明。

13.16.59.3 一般规则

1) 指定 USING 子句等价于指定 TO 和 FROM 子句，且每次指定相同的标识符。

2) 款主体既是输入屏幕项，又是输出屏幕项。

13.16.60 VALIDATE-STATUS 子句

当一个指定的错误条件出现或没有作为 VALIDATE 语句的执行结果出现时，VALIDATE-STATUS 子句能自动产生信息和标志。

13.16.60.1 一般格式

{<u>VALIDATE-STATUS</u> | <u>VAL-STATUS</u>} IS {标识符 1 | 字值 1} WHEN {<u>ERROR</u> | <u>NO ERROR</u>} [<u>ON</u> {|<u>FORMAT</u> | <u>CONTENT</u> | <u>RELATION</u>|}]

<u>FOR</u> {标识符 2}…

13.16.60.2 语法规则

1) 标识符 1 引用的字值 1 或数据项在当作 MOVE 语句中的一个发送操作数时是应该有效的，MOVE 语句将款主体作为接收操作数。

2) 包含 VALIDATE-STATUS 子句的款不应含有或从属于包含 DEPENDING 短语的 OCCURS 子句。

3) 由标识符 2 引用的数据项应是 VALIDATE 语句的操作数，或是从属于这种项的项。

4) 标识符 2 不应是引用修改。

5) 标识符 2 不应是索引、对象或指针类型。

6) 若标识符 2 引用了一个数据项，且该数据项的数据描述款不从属于任何 OCCURS 子句的数据项，则 VALIDATE-STATUS 子句不应在从属于 OCCURS 子句的任意款中指定。若标识符 2引用了一个数据项，且该数据项的数据描述款从属于一个或多个 OCCURS 子句的数据项，则需要应用以下规则：

a) 若 VALIDATE -STATUS 子句在不从属于任何 OCCURS 子句的款中指定，则标识符 2 应是有下标的。下标数应与嵌套的 OCCURS 子句的数目相同，且标识符 2 引用的数据项从属于这些 OCCURS 子句。只可以指定字值下标。

b) 若 VALIDATE-STATUS 子句在从属于一个或多个 OCCURS 子句的款中指定，则标识符 2 应没有下标。标识符 2 引用的数据项和款主体都应含有相同的 OCCURS 子句数目，并且在相应的 OCCURS 子句中指定的出现的数目应该是相同的。若与标识符 2 相关的 OCCURS 子句有一个 DEPENDING 短语，则 TO 短语的最大整数决定了标识符 2 能出现的次数。

7) 若标识符 2 引用一个全局名，则这个款主体就是全局的。

8) VAL-STATUS 与 VALIDATE-STATUS 是等价的。

13.16.60.3 **一般规则**

1) 在直接或间接引用由标识符 2 引用的数据项的 VALIDATE 语句执行的最后阶段和错误显示阶段，VALIDATE-STATUS 子句才会生效。VALIDATE-STATUS 在除了 VALIDATE 语句的其他任何语句执行期间都被忽略。

2) ERROR 短语在下列情况下生效：

a) 若没有指定 ON 短语，则由标识符 2 引用的数据项的相关联的内部指示符不设置为初始有效值。

b) 若指定了 ON 短语，则由标识符 2 引用的数据项的相关联的内部指示符设置为初始有效值或者与 ON 短语中指定的有效阶段相对应的一个值。

3) NO ERROR 短语在下列情况下生效：

a) 若没有指定 ON 短语，则由标识符 2 引用的数据项的相关内部指示符仍然设置为初等有效值。

b) 若指定了 ON 短语，则由标识符 2 引用的数据项的相关内部指示符不设置为初始有效值或者与 ON 短语中指定的有效阶段相对应的一个值。

4) ERROR 和 NO ERROR 短语通过执行一个隐式 MOVE 语句生效，在这个 MOVE 语句中，字值 1 或由标识符 1 引用的数据项的当前内容是发送操作数，且该款主体的数据项是接收操作数。

5) 若一个数据描述款包含不止一个 VALIDATE-STATUS 子句，则这些子句直到在一般规则 4) 中定义的行为已经发生或所有子句已经被处理时，才会按照它们被指定的次序依次被应用。

6) 若在给定 VALIDATE 语句的执行期间，给定款的 ERROR 短语或 NO ERROR 短语都没有生效，则对款主体的数据项的影响如下：若在款中指定的任意 VALIDATE-STATUS 子句都有一个标识符 2，且标识符 2 作为 VALIDATE 语句操作数被直接或间接地引用。数据项通过执行一个不含有 VALUE 或 REPLACING 短语的隐式 INITIALIZE 语句来进行初始化；否则，数据项保持不变。

7) 如内部指示符中一个未被处理的值表明的一样，从属于 VALIDATE 语句操作数且在这个语句执行时没有被处理的数据项都被 VALIDATE-STATUS 子句认为非有效或非无效的，但将导致 VALIDATE-STATUS 子句的数据项初始化，可应用的地方在规则 6 中有描述。（参见 13.16.36 OCCURS 子句和 13.16.39 PRESENT WHEN 子句。）

8) 若含有 VALIDATE-STATUS 子句的款从属于一个或多个 OCCURS 子句，在上面一般规则中定义的处理过程可应用于款主体的每次出现和由标识符 2 引用的数据项的每次出现。

13.16.61 **VALUE 子句**

UALUE 子句定义通信节中数据项的初值、工作存储项的初值以及和条件名相关联的值。

13.16.61.1 **一般格式**

格式 1

VALUE IS 字值 1

格式 2

$$\left\{\begin{array}{l}\underline{\text{VALUE}}\ \ \text{IS}\\ \underline{\text{VALUES}}\ \text{ARE}\end{array}\right\}\left\{\text{字值 2}\left[\left\{\begin{array}{l}\underline{\text{THROUGH}}\\ \underline{\text{THRU}}\end{array}\right\}\text{字值 3}\right]\right\}\cdots$$

13.16.61.2 语法规则

1) 字 THRU 和 THROUGH 等价。

2) 有正负号的数值字值应该和一个有正负号的数值 PICTURE 字符串相关联。

3) 一个数据项的 VALUE 子句中的所有数值字值都应该落在 PICTURE 子句指出的值域中,且一定不能有非零数字被截断。一个数据项的 VALUE 子句中的非数值字值不能超过 PICTURE 子句所指出的长度。

4) 在作为外部数据记录的描述或重定义的一部分出现的款项中不能使用 VALUE 子句。但与这些数据描述款相关联的条件名描述款中可以使用 VALUE 子句。

13.16.61.3 一般规则

VALUE 子句不能和数据项的数据描述中的其他子句相矛盾,也不能和它所在层次中的数据描述里的其他子句相矛盾。其规则如下:

1) 若数据项的类型是数值型,则 VALUE 子句中的所有字值都应该是数值的。若字值定义工作存储项的值,则该字值在数据项中便根据标准对齐规则对齐。

2) 若数据项的类型是字母型、字符型、字符编辑型或数值编辑型,则 VALUE 子句中的所有字值都应该是非数值字值。字值在数据项中的对齐规则和字符型数据项的对齐规则相同。PICTURE 子句中的编辑字符计入数据项的长度中,但不影响数据项的初始化。因此,一个编辑项的 VALUE 要按编辑形式表示。

3) 初始化的进行不依赖于任何指定的 BLANK WHEN ZERO 或 JUSTIFIED 子句。

13.16.61.4 条件名规则

1) 在条件名的描述款中,VALUE 子句是应该的。在这种描述款中只允许有 VALUE 子句和条件名自身这两个子句。条件名的特性隐含着它的条件变量的特性。

2) 格式 2 只能和条件名连用(参见 8.4.3)。在使用 THRU 短语的地方,字值 2 应该小于字值 3。

13.16.61.5 非条件名的数据描述款

1) VALUE 子句的使用规则在数据部各节中是不同的:

   a) 在 1 级中,VALUE 子句不能用在文件节中。在文件节中,VALUE 子句只能用在条件名描述款中;因此文件节中数据项的初值是无定义的。

   b) 在 1 级中,VALUE 子句不能用在连接节里。VALUE 子句只能用在连接节的条件名描述款中。

   c) 在工作存储节和通信节中,条件名描述款应该使用 VALUE 子句。只有当程序进入初始状态时,工作存储节和通信节中的 VALUE 子句才起作用。若 VALUE 子句用在数据项的描述款中,就把指定值作为该数据项的初始值。若数据项不与 VALUE 子句相联系,则其初始值就是未定义的。

2) 在含有 REDEFINES 子句的数据描述款中,或者在一个隶属于包含有 REDEFINES 子句的描述款的数据描述款中,不允许使用 VALUE 子句。这个规则不适用于条件名描述款。

3) 若 VALUE 子句用在组项层的数据描述款中,则字值应该是一个象征常量或非数值字值,而初始化该组项区时并不考虑包含在这个组项中的个别初等项或组项的类型是什么。VALUE 子句不能再用在该组项中的下属层上。

   d) 对于含有 JUSTIFIED、SYNCHRONIZED 或 USAGE(非 USAGE IS DISPLAY)描述的数据项的组项,不允许使用 VALUE 子句。

4) 若 VALUE 子句出现在数据项的数据描述款中，且该数据项与可变出现数据项有关，则该数据项的初始化如同为可变出现数据项指定的 OCCURS 子句中 DEPENDING ON 短语所引用的数据项的初始化一样，把 OCCURS 子句所指定的最大出现号作为初始值。在下列情况下数据项与可变出现数据项有关：
   a) 该数据项是包含有可变出现数据项的组项；
   b) 该数据项是可变出现数据项；
   c) 该数据项从属于一个可变出现数据项。
   若 VALUE 子句与 DEPENDING ON 短语所引用的数据项有关，则对可变出现数据项进行初始化之后，VALUE 子句中的值就看作已被放入相应数据项中。
5) 格式 1 的 VALUE 子句若出现在包含 OCCURS 子句的数据描述款中，或出现在从属于 OCCURS 子句的描述款中，则其作用就是在相关数据项每次出现时都得到那个指定的值。

13.16.62 VARYING 子句

VARYING 子句建立一个计数器使不同的源项都被放置在报表记录器中重复可打印项的每个出现中。

VARYING 子句也建立一个计数器使 VALIDATE 语句能够将数据项的不同出现存储在终端数据项的不同出现中，或者在内容或关系校验中比较数据项的不同出现。

13.16.62.1 一般格式

VARYING {数据名 1 [FROM 算术表达式 1][BY 算术表达式 2]}…

13.16.62.2 语法规则

1) 包含 VARYING 子句的款也含有一个 OCCURS 子句，若 VARYING 子句出现在报表栏描述款中，它也应含有多个 LINE 或多个 COLUMN 子句。
2) 数据名 1 不应在源元素的别处定义，除非数据名 1 在不从属于当前款主体的另一个 VARYING 子句中。
   注：这种重用引用了一个完全独立数据项。
   数据名 1 的这种定义仅可在当前款或从属款中引用。
3) 数据名 1 不应在相同 VARYING 子句的算术表达式 1 中被引用，但可以在相同 VARYING 子句的算术表达式 2 中或从属款中 VARYING 子句的算术表达式 1 或算术表达式 2 中被引用。

13.16.62.3 一般规则

1) 含有 VARYING 子句的每个款都建立一个独立临时的整型数据项，这个数据项应足够大以至于可以包含最大期望值。
2) 若 VARYING 子句在报表描述款中没有被指定，在任何非 VALIDATE 语句的语句执行期间，它都可以忽略。
3) 当作为款主体的数据项被 VALIDATE 语句处理或作为款主体的报表项被处理时，在 VALIDATE 语句的执行阶段为相关数据项的每个副本或报表项的每个副本建立了数据名 1 的内容，如下：
   a) 首次出现时，算术表达式 1 的值被转移到数据名 1 中。若 FROM 短语是缺省的，算术表达式 1 的值也被转移到数据名 1 中。
   b) 在第二次和后面的出现中，算术表达式 2 的值被加到数据名 1 中。若不存在 BY 短语，算术表达式 1 的值被加到数据名 1 中。
4) 以这种方式建立的数据名 1 的每个值，则持续贯穿于数据项或报表项相关事件的处理中。
   注：例如，这就允许数据名 1 被用作源数据项，或源数据项的下标或 DEFAULT 子句中标识符的一部分。
5) 若对算术表达式 1 或算术表达式 2 的求值产生了一个非整值且在报表描述款中指定了 VARYING 子句，则 EC-REPORT-VARYING 异常条件就要设置为存在、GENERATE 语句

的执行是不成功的及打印行的内容是未定义的。

6) 若对算术表达式 1 或算术表达式 2 的求值产生了一个非整值且在报表描述款中没有指定 VARYING 子句，则 EC-VALIDATE-VARYING 异常条件就要设置为存在、VALIDATE 语句的执行是失败的且接收项的内容是未定义的。

14 过程部

在函数、方法或程序中的过程部包含将要执行的过程。

实例定义和工厂定义中的过程部包含的方法可以被实例对象或工厂对象调用。

接口中的过程部包括方法原型。

在函数原型、方法原型或程序原型的过程部中规定了参数、任意的返回项以及可能出现的任意异常。

14.1 过程部结构

14.1.1 一般格式

格式 1(带有节)

过程部首

[DECLARATIVES,

节名 1 SECTION,

使用的语句.

[句子]…[段名 1.[句子]…]…}…

END DECLARATIVES.]

[{节名 1 SECTION.

[句子]…[段名 1.][句子]…]…}…]

格式 2(不带节)

过程部分头

[句子]…[{段名 1.[句子]…}…]

格式 3(面向对象)：

PROCEDURE DIVISION.

[{方法定义}…]

其中，过程部首是：

PROCEDURE DIVISION [正在使用的短语]{RETURNING 数据名 2}

[RAISING {异常名 | [FACTORY]名 1 | 接口名 1}…].

其中，正在使用的短语如下：

USING {[BY REFERENCE]{[OPTIONAL]数据名 1}… | BY VALUE{数据名 1}…}…

其中，下面的元语言项在指名的子句中给出描述：

项	子句
方法定义	10.5，COBOL 编辑组
句子	14.4，过程语句和句子
使用语句	14.8.45，USE 语句

14.1.2 语法规则

格式 1 和格式 2

1) 数据名 1 在连接节中应被作为 01 层款或 77 层款来定义。一个特定的用户定义字不应以数据名 1 出现多于一次。数据名 1 的数据描述款不应包含一个 BASED 子句或是一个 REDEFINES 子句。

注 1：这个对基准项的限制并不禁止基准项作为参数来传递。

注 2：在连接节中，后面定义的数据项可以规定 REDEFINES 数据名 1。

2) 在 BY VALUE 短语中规定的每个数据名 1 都应该定义为一个数值类数据项、对象类数据项或指针数据项。

3) RETURNING 短语应在一个函数定义和一个函数原型定义中规定。

4) RETURNING 短语可以在一个方法定义、一个程序定义或是一个程序原型中规定。

5) 数据名 2 在连接节中应被作为 01 层款或 77 层款来定义。数据名 2 的数据描述款不应包含一个 BASED 子句或是一个 REDEFINES 子句。

注 1：这个对基准项的限制不禁止把一个基准项规定为激活元素的返回项。

注 2：在连接节中，后面定义的数据项可以规定 REDEFINES 数据名 2。

6) 数据名 2 不应和数据名 1 相同。

7) 对于一个 EC-USER 来说，异常名 1 应是一个 3 层异常名。

8) 类名 1 应是在 REPOSITORY 段中规定的一个类别名。

9) 接口名 1 应是在 REPOSITORY 段中规定的一个接口名。

10) 格式 1 和格式 2 可在一个源文件中规定当且仅当这个源文件是函数定义，函数类型定义，方法定义，程序定义，或是程序原型定义。

11) 方法原型的过程部应仅仅只包含一个程序部首。

格式 3

12) 格式 3 可以在源元素中规定当且仅当源元素是工厂定义、实例定义或是接口定义，而不是方法定义。

13) 过程部在接口定义、实例定义或是工厂定义中，并且不在方法定义中，它应是一个面向对象的格式过程部。

14.1.3 一般规则

格式 1 和格式 2

1) 执行开始于过程部的第一个语句，声明除外。除非规则中指明了另外的序列，否则语句应按它们编译的次序执行。

2) USING 短语标识了通过函数、方法或其他参数的程序来传递的形式参数。从激活元素传来的参数是：

——在 CALL 语句的 USING 短语中规定的变元；

——在 INVOKE 语句的 USING 短语中规定的变元；

——在方法的内嵌调用中规定的变元；

——在函数参数中规定的变元；

——通过面向对象的属性规则来调用隐含的 SET 属性方法来定义的变元。

变元和形参通过位置相对应。

对形参和返回项的一致要求在 14.7，参数和返回项的符合性中规定。

3) 若 OPTIONAL 短语规定了数据名 1，OMITTED 短语也可规定相应的变元；否则，OMITTED 短语不应规定相应的变元。

4) BY REFERENCE 和 BY VALUE 短语通过参数传递直到遇到另一个 BY REFERENCE 或 BY VALUE 短语。若既没有 BY REFERENCE 也没有 BY VALUE 短语规定优于第一个参数，于是就假定为 BY REFERENCE 短语。

5） 数据名 1 是一个函数、方法或程序的形参。

6） 数据名 2 是函数、方法或程序的名字，它们的结果是根据 14.5.5，运行时元素的执行结果返回的运行时元素。

注：在 COBOL 中，返回项的存储分配在激活源单元中。在连接节中，激活的元素仅仅只包含一个形式描述。

7） 返回项和数据名 2 的初始值是未定义的。

8） 若变元通过参数传递，被激活的运行时元素的操作就像形参占据了和变元相同的存储空间。

9） 若变元是通过内容传递的，被激活的运行时元素的操作就像连接节中由运行时元素分配记录，在初始激活的过程中，好像这条记录没有占据和激活运行时元素中变元相同的存储空间。

10） 若被激活的运行时元素是一个程序，该程序在运行时元素中的 REPOSITORY 段中没有程序说明符，并且在 CALL 语句中没有规定 NESTED 短语，则分配的记录和参数有相同长度。其中，若变元被描述为一个可变出现的数据项，就为它分配可分配的最大长度。那个变元传递到分配的记录中时无需转换。然后这个记录就被运行时元素看作是通过引用传递得到的变元。

11） 若运行时元素是下面的一种情况：

——在激活运行时元素的 REPOSITORY 段中有一个程序说明符的程序；

——程序和在 CALL 语句中规定的 NESTED 短语；

——方法；

——函数。

则这个分配记录是：

——若形参用 ANY LENGTH 子句来进行描述的话，数据项和变元有相同的类别、用法和长度；

——否则，这个数据项和形参有相同的描述和相同的字节数，其中若形参被描述为一个可变出现的数据项，它将使用最大的长度。

如下情况中，这个变元作为发送操作数并且分配记录作为接收操作数：

——若形参是数值类型，用没有 ROUNDED 短语的 COMPUTE 语句；

——若形参是索引类、对象类或指针类，用 SET 语句；

——否则，用 MOVE 语句。

然后这个分配的记录被看作是通过引用传递的变元。

12） 若变元通过值来传递，激活运行时元素的操作就像是记录在连接节中，由初始化激活过程中由运行时元素来分配。

分配记录是和形参有相同描述的一个数据项。如下情况中，变元作为发送操作数，分配记录作为接收操作数（其中，分配记录的描述在连接节中规定）：

——若形参是数值类型，用没有 ROUNDED 短语的 COMPUTE 语句；

——若形参是对象类或指针类，用 SET 语句。

被激活的运行时元素具有访问分配记录的权限。

13） 在激活的元素所有的时间段里，对数据名 1 和数据名 2 的引用与它们连接节中的描述一致。

14） 异常名 1 规定了这样一个异常，也就是激活运行时元素可以在 EXIT 或是 GOBACK 语句中出现，在表 13 中定义的异常除外。若规定了类别名 1，则一个类别名 1 的对象或类别名 1 的子类可以通过 EXIT 或 GOBACK 语句在运行时元素中出现。若规定了接口名 1，一个实现接口 1 的对象可以通过 EXIT 或 GOBACK 语句在运行时元素中出现。

15） 当激活运行时元素或是被激活的运行时元素不同于一个 COBOL 运行时元素，实现者应为所有支持的语言产品规定限制条件和机制。

注：这些约束条件和机制的细节可包括参数匹配、数据类型表达式、返回值和参数冗余。

14.2 声明

一个声明就是一个过程，在一个特定的异常或条件基于 USE 语句出现时执行。声明节应该组合在一起置于过程部的开始处，并用关键字 DECLARATIVES 起头，用关键字 ENDDECLARATIVES 结束。

在关键字 DECLARATIVES 和 END DECLARATIVES 之间规定的节组成了源元素的声明部分。源元素中所有其他的节组成了非声明部分。

14.3 过程

过程由过程部中的一段，或一组相继的段，或一节，或一组相继的节组成。若一段是在一个节中，则所有各段都得在节中。过程名是一个字，它用来指称它所出现的那个源程序中的段或节。过程名由段名(可以受限)或节名组成。

14.3.1 节

节由节首后接零个、一个或多个相继的段组成。一节终止于下一节的紧前面，或者终止于过程部的末端或过程部中声明部分的关键字 END DECLARATIVES。

14.3.2 段

段由段名后接一个句号和空格以及零个、一个或多个相继的句子组成。段终止于下一个段名或节名的紧前面，或终止于过程部的末端或过程部的声明部分中的关键字 END DECLARATIVES。

14.4 过程语句和句子

过程语句就是一个 COBOL 语言的单元，规定了一个将要发生的动作。语句名在表 12 中标识。

在过程部中，有下面的语句类型：

——声明语句，规定了在其他语句的处理中将要发生的动作；

——命令语句，规定了无条件动作；

——条件语句，规定或包含一个或多个短语，这些短语规定了根据条件的逻辑值要采取的动作。

声明语句起始于名为 USE 的语句，并且指示在其他语句的处理中为响应遇到的规定条件要采取的动作。

命令语句规定了一个由运行时元素执行的无条件动作，或由显式作用域终结符定界的条件语句。在表 12，过程语句中规定。

条件语句规定条件的真假值的判定以及取决于这个真假值的程序的后继动作。

句子是由一系列的一个或多个过程语句组成，最后以分隔符句号结束。

语句的一般格式中“命令语句”出现的任何地方，“命令语句”是指一个或更多个命令语句，这些语句以分隔符句号结束或以一般格式相关联的任意短语结束。

表 12 过程语句

语句名	条件短语	显式作用域终结符
ACCEPT	[NOT]ON EXCEPTION	END-ACCEPT
ADD	[NOT]ON SIZE ERROR	END-ADD
ALLOCATE		
CALL	ON OVERFLOW [NOT]ON EXCEPTION	END-CALL
CANCEL		
CLOSE		
COMPUTE	[NOT]ON SIZE ERROR	END-COMPUTE
CONTINUE		

表 12（续）

语句名	条件短语	显式作用域终结符
DELETE	[NOT]INVALID KEY	END-DELETE
DISABLE		
DISPLAY	[NOT]ON EXCEPTION	END-DISPLAY
DIVIDE	[NOT]ON SIZE ERROR	END-DIVIDE
ENABLE		
EVALUATE	WHEN	END-EVALUEATE
EXIT		
FREE		
GENERATE		
GOBACK		
GO TO		
IF	THEN ELSE	END-IF
INITIALIZE		
INITIATE		
INSPECT		
INVOKE		
MERGE		
MOVE		
MULTIPLY	[NOT]ON SIZE ERROR	END-MULTIPLY
OPEN		
PERFORM		END-PERFORM
PURGE		
RAISE		
READ	[NOT]AT END [NOT]INVALID KEY	END-READ
	NO DATA WITH DATA	END-RECEIVE
RELEASE		
RESUME		
RETURN	[NOT]AT END	END-RETURN
REWRITE	[NOT]INVALID KEY	END-REWRITE
SEARCH	WHEN	END-SEARCH
SEND		
SET		
SORT		

表 12（续）

语句名	条件短语	显式作用域终结符
START	[NOT]INVALID KEY	END-START
STOP		
STRING	[NOT]ON OVERFLOW	END-STRING
SUBTRACT	[NOT]ON SIZE ERROR	END-SUBTRACT
SUPPRESS		
TERMINATE		
UNLOCK		
UNSTRING	[NOT]ON OVERFLOW	END-UNSTRING
VALIDATE		
WRITE	[NOT]INVALID KEY [NOT]END-OF-PAGE	END-WRITE

14.4.1 条件短语

条件短语指定了将要采取的动作，它由执行一个条件语句而产生的条件的真假值来决定的。在表 12中规定了条件短语。

14.4.2 语句的作用域

过程部语句的作用域就是组成语句的字和分隔符之间的范围。语句的作用域起始于语句名的第一个字，直到语句显式或是隐式结束，并且包括出现在语句的开始与语句的结束之间的任意过程语句。

14.4.2.1 显式作用域终结符

语句的作用域可显式通过在表 12 中规定的相关联的终结符终止。带有显式作用域终结符的语句是一个命令语句的子集，并且以一个定界作用域语句为界。

显式作用域终结符终止这些作用域：

1） 最近的之前没有终止的语句，这个语句有语句名并且定义有作用域终结符；

2） 出现在语句名和显式作用域终结符之间的任意没有被终止的语句。

14.4.2.2 隐式作用域终结符

没有显式终结的语句的作用域隐式终止如下：

1） 对于一个没有包含在另一个语句中的单个命令语句，通过

  a） 遵循语句语法论述的任意元素，或者

  b） 下一个遇到的语句名，或者

  c） 一个句号。

2） 对于一个包含在另一个语句内的单个命令语句，通过

  a） 终止了一个没有包含在另一个语句中的命令语句的任意元素，

  b） 任意包含语句的作用域终结符，或者

  c） 任意包含语句的下一个短语。

3） 对于一个没有包含在另一个语句中的条件语句，通过句号结束。

4） 对于一个包含在另一个语句中的条件语句，通过

  a） 任意包含语句的终结符，或者

  b） 任意包含语句的下一个短语。

任意出现的短语就是最近的之前未终止语句的下一个短语，并且该语句与短语可以句法关联。对于一个给定的语句，若短语所有允许的出现都已经规定，则那个短语随后的出现与那个语句没有句法的

关联。一个非终止的语句就是那些已经开始,但是没有显式或隐式终止的任意语句。被包含的语句也叫嵌套语句。

14.5 执行

14.5.1 运行单元组织

在运行时,一个 COBOL 应用程序的最高层单元就是运行单元。运行单元是一个独立的款,它的执行可以无需与其他运行单元通信或协作,处理文件和消息、设置和测试写开关或通过其他运行单元来读取的运行单元除外。运行单元包含一个或多个运行时模块。

运行时模块由编译一个编译单元产生。每个运行时模块包含一个或更多个运行时元素。

运行时元素由函数、方法或程序的编译产生。当一个运行时元素被激活时,参数通过调用运行时元素来进行传递。

运行单元和它包含的运行时模块也可以包含执行时需要的资源和数据存储区,以及包含在运行单元中的运行时元素之间的内部通信。

运行单元又可以包含编译单元的编译产生的运行时模块和数据存储区,编译不是用 COBOLE 语言写的;在这种情况下,COBOL 和非 COBOL 模块之间的关系要求和交互是由实现者定义的。

14.5.2 函数,方法,对象或程序的状态

14.5.2.1 函数,方法或程序的状态

函数、方法或程序在一个运行单元时间内的任意点的状态是活动的或非活动的。当函数、方法或程序是激活的,它的状态可以是初始状态或上次使用的状态。

14.5.2.1.1 活动状态

函数、方法或程序将是递归激活的。因此,函数、方法或程序的一些实例可以同时被激活。当一个规则表明一个运行时元素的活动状态被验证了时,若该元素的任意实例是活动的,则它就是活动的。

当一个函数的实例被成功激活时,它就处于活动状态并且一直保持下去,直到执行了一个 GOBACK或 STOP 语句或是在该函数的实例中含有一个隐式或显式 EXIT 语句的函数格式。

当一个方法的实例被成功激活时,它就处于活动状态并且一直保持下去,直到执行了一个 GOBACK或 STOP 语句或是在该方法的实例中含有一个隐式或显式 EXIT 语句的函数格式。

当一个程序的实例被操作系统成功激活或从一个运行时元素成功调用时,它就处于活动状态。一个程序的实例保持活动状态直到有下面之一的执行出现:

——一个 STOP 语句;

——在一个调用程序中,在程序中含有一个隐式或显式 EXIT 语句的程序格式;

——在同一调用程序或一个不受运行时元素控制的程序中含有 GOBACK 语句。

在函数、方法或程序的一个实例被激活的任何时候,该实例所包含的所有 PERFORM 语句的控制机制,都被设置为它们的初始状态并且初始程序排序序列有效。

14.5.2.1.2 数据的初始和上次使用状态

当函数、方法或程序被激活时,它们中的数据或处于初始状态或处于上次使用的状态。

14.5.2.1.2.1 初始状态

每当描述自动数据和初始数据的函数、方法或程序是激活的时,自动数据盒初始数据就处于初始状态。

静态的数据处于初始状态:

1) 描述它的函数、方法或程序在运行单元中第一次被激活时。
2) 描述它的程序在一个激活语句执行之后第一次被激活时。且该激活语句引用了一个具有初始属性的程序并且该程序直接或间接的包含了那个被描述的程序。
3) 描述它的程序在 CANCEL 语句执行之后第一次被激活时。且这个 CANCLE 语句引用了该程序或引用了直接或间接包含该程序的另一个程序。

当函数、方法或程序的数据处于初始状态时，下面情况发生：

1) 在工作存储节中、工作存储节和通信节中描述的内部数据被初始化，如在 13.16.31，VALUE 语句中描述的那样。

2) 函数、方法或程序的内部文件连接符，通过设置它们不处于任意打开模式中来进行初始化。

3) 屏幕项属性按照屏幕描述款中的规定进行设置。

4) 每个基准项的地址都设置为空。

在数据处于初始状态之前，初始的字母数字和本土程序排序序列取决于 12.2.5，OBJECT-COMPUTER 段中的规定。

14.5.2.1.2.2 上次使用状态

处于上次使用状态的数据仅有静态数据和外部数据。外部数据总是处于上次使用状态—运行单元被激活时除外。除了处于上面定义中的初始状态，静态数据总是处于上次使用状态。

14.5.2.2 对象数据的初始状态

对象的初始状态是当对象刚创建时的状态。当函数、方法或程序的数据处于初始状态时，内部数据、内部文件连接符和屏幕项的属性以相同的方式进行初始化，参见 14.5.2.1.2.1。

在对象数据处于初始状态之前，初始的字母数字和本土程序排序序列取决于 12.2.5 中的规定。

14.5.3 显式和隐式控制转移

控制程序流程的机构按照在源程序中书写的语句顺序把控制从一个语句转移到另一个语句，除非有一个明显的控制转移取代这一顺序，或者不再有可控制到的下一个可执行语句。没有书写明显的过程部的语句而发生从语句到语句的控制转移便是隐式控制转移。

COBOL 提供了改变隐式控制转移机构的显式和隐式手段。

除相邻语句之间的隐式控制转移外，在未执行过程转移语句而改变正常流程时同样也发生隐式控制转移。COBOL 提供下面几类隐式更改控制流程的手段，它们抵消了语句到语句的控制转移。

1) 若一段在另一个 COBOL 语句(例如 PERFORM、USE、SORT 和 MERGE 语句)控制之下执行，且这个段是控制语句范围中的最末一段，则发生一个从这个段的最末一个语句转到最后被执行的控制语句的控制机构的隐式控制转移。进一步说，若一段是在引起它重复执行的 PERFORM 语句的控制下执行且该段是该 PERFORM 语句的作用范围内的第一段，则在与该 PERFORM 有关的控制机构和这个段的每次重复执行的那一段的第一个语句之间便发生一个隐式控制转移。

2) 当执行 SORT 或 MERGE 语句时，就发生到有关输入或输出过程的隐式控制转移。

3) 当引起声明节执行的任何一个 COBOL 语句执行时，则将发生一个转到声明节的隐式控制转移。

注：如前面规则 1 中所述，在声明节执行之后发生另一个隐式控制转移。

显式控制转移是由更改隐含的控制转移机构组成的。这种更改是通过执行过程转移语句或条件语句实现的。显式控制转移只能由过程转移语句或条件语句的执行而引起。过程转移语句 ALTER 的执行本身并不构成一个显式控制转移，但是它影响到执行有关 GO TO 语句时发生的显式控制转移。在被调用的程序节中执行过程转移语句 EXIT PROGRAM 时，这个语句引起一个显式控制转移。

在本标准中，“下一可执行语句”这一术语用来指称这样的下一个 COBOL 语句，即根据上述规则及过程部中和每一个语言元素有关的规则所控制转移到的语句。

没有下一可执行语句的情形是(当程序不含过程部或下列情形)：

1) 声明节中的最末一个语句所在的段在某些其他 COBOL 语句控制下未执行时，则该最末一个语句没有下一可执行语句。

2) 当一个语句在范围不同的节中执行的活动的 PERFORM 语句时，该语句是声明节中的最后一个语句并且这个声明节中的最后一个语句不存在于活动的 PERFORM 语句所在过程的最后一个语句。

3) 程序中最末一个语句所在段在某些其他 COBOL 语句控制之下未执行时，则该最末一个语句没有下一可执行语句。

4) 传送控制到 COBOL 程序外面去的 STOP RUN 语句或 EXIT PROGRAM 语句。

5) 程序末端标题。

当没有下一可执行语句及没有控制转移到 COBOL 程序外面去时，程序的控制流程无定义，除非程序的执行是在 CALL 语句控制下的一个程序的非声明过程部分，这种情况下执行一个隐式 EXIT PROGRAM 语句。

14.5.4 项标识

项标识是标识一个特定数据项的过程，其中通过计算所有该标识符的引用，该数据项被一个标识符引用。若标识符计算中的某一步骤需要另一个标识符的计算或者一个算术表达式，则在进行下一步骤之前，该计算应该完全完成。适用于该标识符的项标识步骤按如下顺序进行计算：

1) 本地环境标识；

2) 函数求值；

3) 内嵌方法调用；

4) 下标求值；

5) 对象属性求值；

6) 一个变长数据项的长度求值；

7) 引用修改。

除非有其他的规定，标识符的项标识在对该标识符求值的第一步完成，并且一个语句中的标识符按照从左向右的顺序求值，该求值操作是语句执行的第一步。

14.5.5 运行时元素执行的结果

在它们的过程部首规定了一个 RETURNING 短语的程序、函数或方法的执行结果，是被那个 RETURNING 短语引用的数据项的内容。

在激活的元素返回如下时，这个结果对于激活的元素是可用的：

——若运行时元素被 CALL 或 INVOKE 语句激活，结果位于激活语句的 RETURNING 短语引用的数据项中。

——若运行时元素被函数标识符或是内嵌方法调用激活，结果位于那个标识符引用的临时数据项中。

14.5.6 本地环境标识

本地环境标识就是标识一个用于 locale-based 处理的特定本地环境的过程。本地环境标识在以下情况出现：

1) 在运行单元激活时，用户缺省本地环境成为所有本地环境类别的运行单元的当前本地环境。

2) 注意：实现者规定了由 COBOL 设置的本地环境是否可以在一个非 COBOL 运行时模块中识别，以及由非 COBOL 运行时模块设置的本地环境是否可以在一个 COBOL 运行模块中识别。为了使用一个由非 COBOL 运行时模块设置的本地环境，就必须执行一个在 USER-DEFAULT 短语中规定的 SET 语句。

3) 在运行时元素的激活中，若在 OBJECT-COMPUTER 段规定了 CHARCTER CLASSIFICATION 子句，在规定的本地环境中的 LC_CTYPE 类别用于类测试中的字符分类以及 UPPER-CASE 和 LOWER-CASE 内部函数分类。

4) 当设置局部格式的 SET 语句的执行为一个或多个本地环境分类转换本地环境时，被转换的类别的运行单元中，新的本地环境成为当前的本地环境；对于那些没有转换的分类，当前的本地环境保持不变。

5） 若在 OBJECT-COMPUTER 段的 PROGRAM COLLATING SEQUENCE 子句规定的字母表名与一个本地环境相关联。在相关的本地环境中，类别 LC_COLLATE 用于比较和排序，参见 12.2.5。

6） 对于规定了一个字母表名的 SORT 或 MERGE 语句，其中，该字母表名与 COLLATING SEQUENCE短语中的本地环境相关联。被关联本地环境中的类别 LC_COLLATE 用在那个语句中。在 SORT 或 MERGE 语句的执行期间，本地环境转换对 SORT 或 MERGE 语句的处理没有影响。

7） 对于用 LOCALE 短语描述的数据项，若规定了一个本地环境名，则那个本地环境中的类别 LC_MONETARY 用于数据项的编辑和撤销编辑工作；若没有规定本地环境名，则那个本地环境中的类别 LC_MONETARY 在编辑或撤销编辑时使用。

8） 对于 LOCALE-COMPARE 内部函数，若它规定了一个本地环境为变元，则该本地环境的类别 LC_COLLATE 就用于那个函数标识符的求值；若没有本地环境规定为变元，则当前本地环境的类别 LC_COLLATE 用于那个函数标识符的求值。

9） 对于 LOCALE-DATE 或 LOCALE-TIME 内部函数，若它规定了一个本地环境为变元，则该本地环境的类别 LC_TIME 就用于那个函数标识符的求值；若没有本地环境规定为变元，则当前本地环境的类别 LC_TIME 用于那个函数标识符的求值。

10） 在另一个 COBOL 运行时元素控制返回后，每个本地环境类别的有效本地环境在从返回的运行时元素退出时，就成为那个本地环境类别的当前本地环境。

注：预期的行为可能是被调用的程序、函数或方法为它的调用者转换本地环境；否则，被调用的程序、函数或方法就负责保存款的本地环境，并且在返回前归还该本地环境。

14.5.7 发送和接收操作数

若一个操作数的内容在语句的执行之前就存在，并且在语句的执行过程中可以使用它，则这个操作数就是一个发送操作数。若一个操作数的内容通过语句的执行可以改变，则这个操作数就是一个接收操作数。操作数可以被一个语句显式或隐式引用。对于一些语句，一个操作数既是发送操作数又是接收操作数。当根据语句的上下文不能确定操作数的类型时，就由语句的规则来规定操作数是发送操作数、接收操作数还是两者都是。

14.5.8 数据项中数据的数据对齐

初等项中数据定位的标准规则取决于接收项的分类。这些规则是：

1） 若接收数据项是定点数值项：

a） 这按十进小数点来对齐数据，并把它传送到接收数字位置上去，根据需要用零填满或截断两端。

b） 若未显式指明虚小数点，则把这个数据项看成好像是有一个隐含的小数点紧接在其最右数字后面，并按上面 a)所述来对齐数据。

2） 若接收数据项是浮点数值项，数据的对齐由实现者来规定。

3） 若接收数据项是定点数值编辑项，并且在 PICTURE 子句的 LOCALE 短语没有在它的数据描述款中规定，则传送到编辑数据项中去的数据按十进小数点对齐，并根据需要用零填满或截断两端，但若编辑要求对各前置零进行置换时则除外。

若接收数据项是定点数值编辑项，并且在它的数据描述款中规定了 PICTURE 子句的 LOCALE 短语，则对齐和零填满或截断如在 13.16.38.4，编辑规则中的描述。

4） 若接收数据项是浮点数值编辑项，并且被编辑的值不为零，则传送到编辑数据项中去的数据是对齐的，以致最左边的数字不为零。

5） 若接收数据项是字母型、字母数字型、字母数字编辑型、本土型或本土编辑型数据项，在经过任意规定的转换后，发送数据应被传送到接收字符位置上去，并且以数据项的最左字符位置对齐,并根据需要用空格填满或截断右端。若对接收项指明 JUSTIFIED 子句,则对齐与 13.16.30 中的规定不同。

6) 若接收数据项是布尔型数据项,在经过任意规定的转换后,发送数据应被传送到接收布尔位置上去,并且以数据项的最左字符位置对齐,并根据需要用空格填满或截断右端。若对接收项指明 JUSTIFIED 子句,则对齐与 13.16.30 中的规定不同。

注:当一个项是用位表示时,这个项不需要在字节边界对齐,并且该项不需要占据一个整数字节。

14.5.9 重叠的操作数

当任一语句中发送数据项和接收数据项共享存储区的一部分或全部,并且未使用同一个数据描述款定义时,则这个语句的执行结果是未定义的。对于发送数据项和接收数据项由同一数据描述款定义的语句,它的执行结果是否被定义取决于与该语句相关联的一般规则。对于叠置操作数,若没有专门的规则,则这些执行结果就是未定义的。

在引用修改的情况下,由引用修改产生的唯一数据项与其他任意的数据描述款是不同的数据描述款。因此,若一个重叠情况存在,操作的结果就是未定义的。

14.5.10 正常的运行单元终止

正常的运行单元终止发生时,运行时系统执行如下:

1) 对于打开模式中的每个文件,执行了一个不带任何短语的隐含 CLOSE 语句。对于运行单元中的所有打开文件,即使一个或多个 CLOSE 语句的执行过程中出现错误,这些隐含的关闭语句也都应被执行。这些文件的声明都不执行。

2) 若运行时单元已经通过消息控制系统存取了消息,则从消息队列中除去没有接收完全的消息。通过 SEND 语句从运行单元中传输获得的并且不是由 EMI 或 EGI 终止的那部分消息,从系统中消除。

3) 释放 ALLOCATE 语句中占有的存储空间(若它还没有通过 FREE 语句释放)。

4) 所有的实例对象都销毁。

注:一个对象中的任意打开文件在对象删除前是关闭的。

5) 若一个本地环境在运行单元中使用,则当运行单元被激活时,由实现者决定本地环境是否重置到有效状态。

14.5.11 异常的运行单元终止

当异常运行单元终结发生时,运行时系统试图执行在 14.5.10,正常的运行单元终止中规定的操作。异常终止的情况可能是运行时系统执行了一些或全部不可能完成的操作。运行时系统只执行所有可能完成的操作。

若操作系统具备这样的性能,它应指明一个运行单元的异常终止。

14.5.12 条件控制

14.5.12.1 异常条件

异常条件是与一个特定的异常状态指示符相关联的条件或是一个异常对象。异常对象是在 RAISING 短语中出现的异常,它是由规定该对象的 RAISE 语句或 EXIT 语句或 GOBACK 语句的执行产生的。异常状态指示符是一个概念上的实体,异常条件的每个函数、方法或程序中都存在异常状态指示符。它有两个状态—设置或清除。所有异常状态指示符的初始状态都是清除状态。当相关的异常存在时,就对异常状态指示符就进行设置。每个异常状态指示符对应有一个或多个异常名。这些异常名与异常对象的接口名和类名一起用于检查异常条件,规定异常出现时应采取的动作,以及决定哪个异常条件会导致异常声明的执行。

除了异常状态指示符外,最后的异常状态存在于整个运行单元中。它是一个概念性的实体,用来指示在运行单元中出现的最后层(第三层)异常条件,其结果就是一个异常对象出现或者没有异常条件存在。SET 语句能够用来把指示符设置为没有异常条件存在。最后一个异常状态能够被 EXCEPTION-

STATUS 函数询问。与最后的异常状态相关的信息是通过 EXCEPTION-FILE、EXCEPTION-FILE-N、EXCEPTION-LOCATION、EXCEPTION-LOCATION-N 和 EXCEPTION-STATEMENT 函数来获得的。

异常条件不同于异常处理,它存在专门的设施或语句。输入—输出语句有一个与文件连接符相关的 I-O 状态。I-O 状态不是一个异常条件。当对 EC-I-O 异常条件的检查有效时,则基于 I-O 状态值的异常条件就会出现;但若对 EC-I-O 异常条件的检查无效,则 EC-I-O 异常条件和 I-O 状态值之间没有关联。

若对一个异常条件的检查有效,并且异常条件状态指示符被设置为一个语句执行期间异常检测的结果,则在相关的异常条件出现时,设置最后异常状态来指明异常条件,并且预定义的对象引用 EXCEPTION-OBJECT 被设置为 NULL。除非有其他的定义,否则若在一个语句执行期间,检测到不只一个异常,则设置未存在的那个异常是未定义的。这个语句的执行可以是成功的或也可以是不成功的,这取决于语句的规则、异常名表格中规定的异常条件的致命性以及实现者定义的行为。若在一个语句的执行期间,没有检测到异常或不能够检测出现的异常,则就没有异常条件出现。若出现了异常条件并且执行了相关联的异常声明,则声明中对 EXCEPTION-STATUS 函数的引用,返回引起声明执行的标识信息,并且该信息与异常条件相关联。所有的异常状态指示符,在任意语句的执行开始时是清空的。

注 1:当 I-O 状态指示符对应于异常条件时,I-O 状态指示符独立于这个条件控制设施。I-O 状态指示符一直有效并且不能被关掉。

异常条件的致命性分为致命的和非致命的。能引起数据崩溃、未定义执行路径以及错误结果的异常条件,是致命的异常条件。其他异常条件是非致命的异常条件。

为了检查异常、选择声明和报告异常,异常名被分为同一等级的三个不同层次。最高层,即层 1,是异常名 EC-ALL。层 2 由 EC-ARGUMENT、EC-BOUND、EC-DATA、EC-FLOW、EC-I-O、EC-IMP、EC-LOCALE、EC-OO、EC-ORDER、EC-OVERFLOW、EC-PROGRAM、EC-RANGE、EC-RAISING、EC-REPORT、EC-SCREEN、EC-SIZE、EC-SORT-MERGE、EC-STORAGE、EC-USER 和 EC-VALIDATE 这些异常名组成。最底层,即层 3,由层 2 名加上一个由连字符和附加字母组成的后缀构成。仅最底层的异常名和异常状态指示符相关。

注 2:没有消息控制系统异常提供异常名,因为该异常的致命性是过时的。

对于实现者定义的异常,层 3 异常名通过实现者创建一个异常名来定义的,该异常名一个以字符“EC-IMP-”开头、以一个后缀结束,且这个后缀只包含基础字母、基础数字、连接符和带下划线的专用字符。实现者定义了将要采取的动作、异常的致命性以及异常何时出现。

对于用户定义的异常,层 3 异常名通过用户创建一个异常名来定义,该异常名一个以字符“EC-USER-”开头、以一个后缀结束,且这个后缀只包含基础字母、基础数字、连接符和带下划线的专用字符。后缀的最后一个字符不能出现连字符和下划线。该名字是通过在异常名可以出现的任何地方来规定它的方式来定义的。所有的用户定义异常条件应是非致命的。只有 TURN 指令用于检查异常时,检查异常才能有效。只有通过带有 RAISING 短语的 RAISE 语句或 EXIT 或 GOBACK 语句,才可能引起用户定义的异常条件出现。

所有的异常名可以规定在 TURN 编译器指令中,使检查一个特定的异常条件或检查从属于该异常条件的其他异常条件的功能有效或无效。缺省来说,对于任何异常条件,是不对它进行异常条件检查的。在任意语句的执行期间,若检查一个异常条件是无效的,则异常条件将不会出现,即使这些事件引起了正常的异常条件出现。因此,当语句的一般的规则表明了一个特定的异常条件存在时,只有检查异常条件有效时,异常条件才会出现。

异常对象是非致命的异常条件;在表 13 中指明了其他异常条件是致命的还是非致命的。

14.5.12.1.1 声明过程正常的完成

在声明过程的执行中,若声明正常完成,则不会出现下列情况:

1) 在函数、方法或程序中规定的 EXIT FUNCTION、EXIT METHOD、EXIT PROGRAM,GOBACK、RESUME 或 STOP 语句在声明作用域内被执行。

2) 任意直接的或间接的激活运行时元素终止了运行单元。

14.5.12.1.2 致命的异常条件

若致命的异常条件存在,则语句的处理中断,且下列情况按规定的次序出现:

1) 若中断语句中规定了一个不带 NOT 短语的条件短语,并且语句的规则指明了致命的异常条件由条件短语来处理,则在 14.5.12.1.3,非致命的异常条件中的规定适用于这个非致命异常的过程。

2) 若检查异常条件有效,并且源单元中有一个可用的 USE 语句,这个 USE 语句规定了与该异常条件相关联的异常名或同一等级中更高层次的异常名,则相关联的声明将被执行。若声明的执行正常的完成,则运行单元的执行异常终止如 14.5.11,异常的运行单元终止中规定的那样。

3) 若检查异常条件有效,异常条件既不是 EC-FLOW-GLOBAL-EXIT,也不是 EC-FLOW-GLOBAL-GOBACK,并且有一个可用的 PROPAGATE ON 指令,则异常条件被传播,就好像是执行了带有 RAISING LAST EXCEPTION 短语 GOBACK 语句中。

4) 若检查异常条件有效,则运行单元的执行异常终止,如 14.5.11,异常的运行单元终止中规定的那样。

5) 若检查异常条件无效,无论它将如何继续,无论接收操作数如何受影响,是否继续执行是由实现者决定的。

若对于致命的异常条件,检查是无效的,并且通过编译器检测到了致命的异常条件,则这不要求实现者产生可执行代码。在编译时检测到的致命的异常条件(若有)以及检测到它的环境,都是实现者定义的。

14.5.12.1.3 非致命的异常条件

若非致命的异常条件而不是异常对象被设置为存在的,则对该异常条件的处理取决对它的检查是否有效。若是无效的,处理按照语句的指示进行下去,这个语句中异常条件被设置为存在的。若没有特定的规则,则异常条件是忽略的,处理过程就好像异常条件不存在。若检查异常条件是有效的,则语句的处理中断,且下列情况按规定的次序出现:

1) 若中断语句中规定了一个不带 NOT 短语的条件短语,则与该条件短语关联的命令语句按照特定语句规则中的规定执行。

2) 若源单元中有一个可用的 USE 语句,并且这个 USE 语句规定了与该异常条件相关联的异常名或同一等级中更高层次的异常名,则相关联的声明将被执行。若声明的执行正常完成,执行按照正常执行的语句中的规定继续进行。若中断语句中规定了一个不带 NOT 短语的条件语句,则那个短语中的命令语句将不被执行。

3) 语句的执行按照那个语句规则中的规定继续进行。

14.5.12.1.4 异常对象

当异常对象产生时,下列情况发生:

1) 预定义的对象引用 EXCEPTION-OBJECT 被设置为对象引用的内容,该对象引用在引起异常对象出现的 RAISE 语句或 EXIT 的 RAISING 短语或 GOBACK 语句中规定。

2) 最后一个异常状态的设置,用来指明一个异常对象已经产生。

若一个异常对象的出现由 RAISE 语句引起,则相关联的声明会被执行。若这个声明的执行正常完成,则 RAISE 语句后的语句继续执行。

若一个异常对象的出现由 EXIT 或 GOBACK 语句引起,有下列的情况之一发生:

1) 若异常对象不是下面的任何一种:

a) 在包含这个 EXIT 或 GOBACK 语句的源元素的过程部首的 RAISING 短语中,规定的类或子类的对象。并且在该对象引用的描述中,FACTORY 短语的存在或不存在是一样的,其中这个对象引用是由该 EXIT 或 GOBACK 语句引起的,如在包含源元素的过程部首的 RAISING 短语中的描述。

b) 一个短语中规定的实现了一个接口的对象,这个接口是在包含 EXIT 或 GOBACK 语句的源元素的过程部首的 RAISING 短语中规定的;

EXIT 或 GOBACK 语句的执行效果好像是:EXIT 或 GOBACK 语句的 RAISING 短语中规定 EXCEPTION EC-OO-EXCEPTION 代替了一个异常对象,并且处理继续进行,如 14.5.12.1.2 中规定的那样。

2) 否则,若激活运行时元素中的一个 USE 语句规定一个可应用的类或接口,则相关的声明被执行。若声明的执行正常完成,则执行继续进行如激活语句中为正常执行所规定的那样。

3) 否则,对于激活运行时元素来说,若 PROPAGATE ON 指令有效,则异常就会被传播,就好像在这个激活运行时元素中被规定了带 RAISING LAST EXCEPTION 短语的 GOBACK 语句一样。然而,若激活元素中没有可应用的类或接口在过程部首的 RAISING 短语中规定,则 RAISING 短语是 EXCEPTION EC-OO-EXCEPTION,这代替了 LAST EXCEPTION。

4) 否则,激活元素中 EXIT 或 GOBACK 语句的执行就好像在 RAISING 短语中规定的 EXCEPTION EC-OO-EXCEPTION 代替了一个异常对象。

14.5.12.1.5 异常名和异常条件

表 13 是一个异常名和它们属性的列表。表中列的具体含义是:

异常名:与一个异常条件或异常名的层次相关联的异常名。

Cat(异常条件的类别):非致命的(NF)、致命的(Fatal)或实现者定义的(Imp)。层 1 和层 2 异常条件的类别是引起层 3 异常条件的类别。

描述:异常条件含义的概要描述。

表 13 异常名和异常条件

异 常 名	异常类别	描 述
EC-ALL		任意异常
EC-ARGUMENT		参数错误
EC-ARGUMENT-FUNCTION	Fatal	函数参数错误
EC-ARGUMENT-IMP	Imp	实现者定义参数错误
EC-BOUND		越界
EC-BOUND-IMP	Imp	实现者定义的越界
EC-BOUND-ODO	Fatal	OCCURS…DEFENDING ON 数据项越界
EC-BOUND-PTR	Fatal	数据指针所指向的地址越界
EC-BOUND-REF-MOD	Fatal	引用修改越界
EC-BOUND-SUBSCRIPT	Fatal	下标越界
EC-DATA		数据异常
EC-DATA-CONVERSION	NF	字符不完全对应引起的转换失败
EC-DATA-IMP	Imp	实现者定义的数据描述
EC-DATA-INCOMPATIBLE	Fatal	不兼容的数据异常
EC-DATA-PTR-NULL	Fatal	引用时基准项数据指针被设置为 NULL

表 13（续）

异　常　名	异常类别	描　　述
EC-FLOW		执行控制流溢出
EC-FLOW-GLOBAL-EXIT	Fatal	全局声明中的 EXIT PROGRAM
EC-FLOW-GLOBAL-GOBACK	Fatal	全局声明中的 GOBACK
EC-FLOW-IMP	Imp	实现者定义的控制流溢出
EC-FLOW-RELEASE	Fatal	RELEASE 不在 SORT 范围内
EC-FLOW-REPORT	Fatal	USE BEFORE REPORTING 声明过程中的 GENERA、INITIATE 或 TERMINATE
EC-FLOW-RETURN	Fatal	RETURN 不在 MERGE 或 SORT 范围内
EC-FLOW-USE	Fatal	USE 语句引起执行另一个语句
EC-I-O		输入—输出异常
EC-I-O-AT-END	NF	I-O 状态“1x”
EC-I-O-EOP	NF	页面结束条件发生
EC-I-O-EOP-OVERFLOW	NF	页面溢出条件发生
EC-I-O-FILE-SHARING	NF	I-O 状态“6x”
EC-I-O-IMP	Imp	I-O 状态“9x”
EC-I-O-INVALID-KEY	NF	I-O 状态“2x”
EC-I-O-LINAGE	Fatal	LINAGE 数据项的值不在要求的范围内
EC-I-O-LOGIC-ERROR	Fatal	I-O 状态“4x”
EC-I-O-PERMANENT-ERROR	Fatal	I-O 状态“3x”
EC-I-O-RECORD-OPERATION	NF	I-O 状态“5x”
EC-IMP		实现者定义的异常条件
EC-IMP-suffix(实现者定义了后缀)	Imp	层 3 实现者定义的异常条件
EC-LOCALE		任意与本地环境相关的异常
EC-LOCALE-IMP	Imp	实现者定义的本地环境相关的异常
EC-LOCALE-INCOMPATIBLE	Fatal	LC_COLLATE 中引用的本地环境没有规定期望的字符
EC-LOCALE-INVALID	Fatal	本地环境内容无效或不完整
EC-LOCALE-INVALID-PTR	Fatal	指针没有引用一个保存的本地环境
EC-LOCALE-MISSING	Fatal	规定的本地环境不可用
EC-LOCALE-SIZE	Fatal	在本地环境编辑中数字被截断
EC-OO		任意预定义的与 OO 相关的异常
EC-OO-CONFORMANCE	Fatal	对象视图创建失败
EC-OO-EXCEPTION	Fatal	异常对象没有被控制
EC-OO-IMP	Imp	实现者定义的 OO 异常
EC-OO-METHOD	Fatal	请求方法是不可用

表 13（续）

异常名	异常类别	描述
EC-OO-NULL	Fatal	试图用一个空对象引用进行方法调用
EC-OO-RESOURCE	Fatal	没有足够的系统资源来创建或扩充对象
EC-OO-UNIVERSAL	Fatal	运行时类型检查失败
EC-ORDER		排序异常
EC-ORDER-IMP	Imp	实现者定义的排序异常
EC-ORDER-NOT-SUPPORTED	Fatal	ISO/IEC 1485:2001 排序表或排序层不支持
EC-OVERFLOW		溢出条件
EC-OVERFLOW-IMP	Imp	实现者定义的溢出条件
EC-OVERFLOW-STRING	NF	字符串溢出条件
EC-OVERFLOW-UNSTRING	NF	非字符串溢出条件
EC-PROGRAM		内部程序通信异常
EC-PROGRAM-ARG-MISMATCH	Fatal	参数不匹配
EC-PROGRAM-ARG-OMITTED	Fatal	引用了一个省略的变元
EC-PROGRAM-CANCEL-ACTIVE	Fatal	取消的正在运行的程序
EC-PROGRAM-IMP	Imp	实现者定义的内部程序通信异常
EC-PROGRAM-NOT-FOUND	Fatal	被调用的程序没有找到
EC-PROGRAM-PTR-NULL	Fatal	在 CALL 中使用的程序指针设置为 NULL
EC-PROGRAM-RECURSIVE-CALL	Fatal	调用正在运行的程序
EC-PROGRAM-RESOURCES	Fatal	资源对被调用程序不可用
EC-RAISING		EXIT…RAISING 或 GOBACK RAISING 异常
EC-RAISING-IMP	Imp	实现者定义的 EXIT…RAISING 或 GOBACK RAISING 异常
EC-RAISING-NOT-SPECIFIED	Fatal	在过程首部的 RAISING 短语中没有规定 EXIT…RAISING 或 GOBACK RAISING an EC-IMP 或 EC-USER 异常条件
EC-RANGE		界限异常
EC-RANGE-IMP	Imp	实现者定义的界限异常
EC-RANGE-INDEX	Fatal	索引为负或者超出容器范围
EC-RANGE-INSPECT-SIZE	Fatal	INSPECT 中替换项的大小不同
EC-RANGE-INVALID	NF	THROUGH 范围的初始值大于结束值
EC-RANGE-PERFORM-VARYING	Fatal	PERFORM 中变化项的设置为负
EC-RANGE-PTR	Fatal	指针 SET UP 或 DOWN 在范围之外
EC-RANGE-SEARCH-INDEX	NF	初始索引越界引起在 SEARCH 中找不到表款
EC-RANGE-SEARCH-NO-MATCH	NF	没有款匹配条件引起在 SEARCH 中找不到表款
EC-REPORT		报表计数器异常
EC-REPORT-ACTIVE	Fatal	对活动报表进行 INITIATE

表 13（续）

异 常 名	异常类别	描 述
EC-REPORT-COLUMN-OVERLAP	NF	覆盖报表项
EC-REPORT-FILE-MODE	Fatal	对一个文件连接符执行 INITIATE 语句，该文件连接符没有在扩充或输出模式中打开
EC-REPORT-IMP	Imp	实现者定义的报表写异常
EC-REPORT-INACTIVE	Fatal	GENERATE 或 TERMINATE 在一个非活动状态的报表上
EC-REPORT-LINE-OVERLAP	NF	覆盖报表行
EC-REPORT-NOT-TERMINATED	NF	带有活动报表的报表文件关闭
EC-REPORT-PAGE-LIMIT	NF	超过了垂直定向页面的限制
EC-REPORT-PAGE-WIDTH	NF	超过了页面宽度
EC-REPORT-SUM-SIZE	Fatal	求和计数器的溢出
EC-REPORT-VARYING	Fatal	VARYING 子句表达式不是整数
EC-SCREEN		屏幕控制异常
EC-SCREEN-FIELD-OVERLAP	NF	屏幕域覆盖
EC-SCREEN-IMP	Imp	实现者定义的屏幕控制异常
EC-SCREEN-ITEM-TRUNCATED	NF	对行来说屏幕域太长
EC-SCREEN-LINE-NUMBER	NF	屏幕项行数超出极限大小
EC-SCREEN-STARTING-COLUMN	NF	屏幕项起始列超出行的大小
EC-SIZE		大小错误异常
EC-SIZE-ADDRESS	Fatal	无效的指针运算
EC-SIZE-EXPONENTIATION	Fatal	违反求幂规则
EC-SIZE-IMP	Imp	实现者定义的大小错误异常
EC-SIZE-OVERFLOW	Fatal	计算中算术溢出
EC-SIZE-TRUNCATION	Fatal	存储中重要的数字被截断
EC-SIZE-UNDERFLOW	Fatal	浮点下溢
EC-SIZE-ZERO-DIVIDE	Fatal	除数为零
EC-SORT-MERGE		SORT 或 MERGE 异常
EC-SORT-MERGE-ACTIVE	Fatal	当其中一个处于激活状态时，文件 SORT 或 MERGE 被执行
EC-SORT-MERGE-FILE-OPEN	Fatal	USING 或 GIVINE 文件在 SORT 或 MERGE 的执行上打开
EC-SORT-MERGE-IMP	Imp	实现者定义的 SORT 或 MERGE 异常
EC-SORT-MERGE-RELEASE	Fatal	RELEASE 记录太长或太短
EC-SORT-MERGE-RETURN	Fatal	结束条件存在时 RETURN 被执行
EC-SORT-MERGE-SEQUENCE	Fatal	MERGE USING 文件上的序列错误
EC-STORAGE		存储分配异常

表 13（续）

异　常　名	异常类别	描　　述
EC-STORAGE-IMP	Imp	实现者定义的存储分配异常
EC-STORAGE-NOT-ALLOC	NF	在 FREE 语句中规定的数据指针没有标识当前分配的存储
EC-STORAGE-NOT-AVAIL	NF	ALLOCATE 语句请求的存储空间的数目无效
EC-USER		用户定义的异常条件
EC-USER-suffix(用户定义后缀)	NF	层 3 用户定义的异常条件
EC-VALIDATE		VALIDATE 异常
EC-VALIDATE-CONTENT	NF	VALIDATE 内容错误
EC-VALIDATE-FORMAT	NF	VALIDATE 格式错误
EC-VALIDATE-IMP	Imp	实现者定义的 VALIDATE 异常
EC-VALIDATE-RELATION	NF	VALIDATE 关系错误
EC-VALIDATE-VARYING	Fatal	VARYING 子句表达式不是整数

14.5.12.2 不兼容的数据

当发送操作数的内容无效时，不兼容的数据仅在如下情况中存在：

1) 在一个语句执行期间引用了布尔型或数值型发送操作数的内容且发送操作数的内容将分别在布尔值或数值类条件中赋 false 值时，引用的结果是未定义的且一个 EC-DATA-INCOMPATIBLE 异常条件被设置为存在，下列情况除外：

——发送项在一个类条件中引用，或者

——发送项一个 VALIDATE 语句中处理。

对于一个类条件和一个 VALIDATE 语句，当在项标识过程检测到无效数据时，EC-DATA-INCOMPATIBLE 异常条件设置为存在。

注：例如，在一个类测试过程中的下标引用能引起 EC-DATA-INCOMPATIBLE 异常条件出现。

2) 当一个数值编辑的数据项是一个删除编辑 MOVE 语句的发送操作数且那个数据项的内容不是那个数据项中任何编辑操作的可能结果时，MOVE 操作的结果是未定义的而且一个 EC-DATA-INCOMPATIBLE 异常条件设置为存在。

若一个发送操作的内容没有被一个给定的语句的执行引用，则任意不兼容的数据在那个操作数中是不能被检测的。若一个发送操作的部分内容被一个给定的语句的执行引用，则未引用内容中的不兼容数据是否被检测是未定义的。

注：当数据项是一个接收操作数时，则该数据项的内容不被引用，除非它也是一个发送数据项。

14.6 语句的公共短语和特征

这个子句提供了从属于几个不同语句或在这些不同语句中出现的公共短语和特征的描述。

14.6.1 结束条件

结束条件与一个排序合并文件或一个文件连接符的 I-O 状态有关。对于一个排序合并文件来说，当排序或合并操作已经返回所有发送给它的记录且这里没有记录要被排序或合并时，结束条件被设置为存在。当 SORT 或 MERGE 操作的执行终止引用排序合并文件时，结束条件不再存在。对于其他文件，当与它相关的文件连接符的 I-O 状态值的第一个字符为“1”时，结束条件存在。

14.6.2 无效键条件

无效键条件与文件连接符的 I-O 状态有关，且该文件连接符与排序合并文件无关。当与它有关的文件连接符的 I-O 状态值的第一个字符为“2”时，无效键条件存在。

14.6.3 ROUNDED 短语

在十进制小数对齐后，若一个算术运算结果的小数位数大于给结果标识符的小数部分提供的位数时，截断是按为结果标识符提供的位数为准。需要舍入时，当超过部分的最高有效数字大于或等于5时，结果标识符的结果的低端绝对值增加1。

当结果标识符中的低位整数位置是用其 PICTURE 描述中的字符“P”来表示时，舍入或截断出现和最右整数位置的存储分配有关。

14.6.4 SIZE ERROR 短语和长度错误条件

在下列情况下会出现长度错误：

1） 违反了乘幂的求值规则就一定会中止算术操作且产生长度错误条件。

2） 除数为0时，中止算术操作且产生长度错误条件。

3） 十进制小数点对齐后，若结果的绝对值超过相应的结果标识符所能包含的最大值时，则出现一个长度错误条件。若对结果标识符指定了 USAGE IS BINARY 子句，则结果标识符所容纳的最大值就是由相关联的十进制的 PICTURE 字符串所隐含的最大值。若指定 ROUNDED 子句，在检查长度错误之前，先进行舍入。

若指定了 ON SIZE ERROR 短语并且算术语句所代表的算术操作执行后出现了长度错误，则结果标识符的值保持不变，即与执行算术语句之前的值相同。不存在长度错误条件的结果标识符之值与没有产生长度错误条件的结果标识符之值相同。算术操作结束之后，控制转到 ON SIZE ERROR 短语所指明的命令语句，并且根据这些命令语句中的每个语句的规则继续执行下去。若执行到一个产生明显控制转移的过程分支或条件语句时，则根据语句的规则来确定控制的转移，否则的话，执行完 ON SIZE ERROR 短语所指定的命令语句之后，控制转移到算术语句结束处，并跳过所指定的 NOT ON SIZE ERROR 语句。

若未给出 ON SIZE ERROR 短语并且执行完算术语句指定的算术操作之后出现了长度错误条件，则结果标识符值是不确定的。没有长度错误条件出现的结果标识符之值与没有产生长度错误条件的任一结果标识符之值一样。执行完算术操作之后，控制转到算术语句结束处，跳过指定的 NOT ON SIZE ERROR 短语。

若执行过算术语句所指定的算术操作之后，没有出现长度错误条件，则跳过指定的 ON SIZE ERROR 短语，并把控制转到算术语句结束处或转移到指定的 NOT ON SIZE ERROR 中出现的命令语句。在后一种情况下，按照该命令语句中每一语句的规则执行下去。若执行到一个产生明显控制转移的过程分支或条件语句，则根据该语句的规则进行控制转移；否则的话，执行完 NOT ON SIZE ERROR 短语所指定的命令语句之后，控制转到算术语句的结束处。

对带有 CORRESPONDING 短语的 ADD 语句和带有 CORRESPONDING 短语的 SUB-TRACT 语句，若各个对应项运算中的任何一个运算产生长度错误条件，则直到所有对应项的加法或减法完成之后，再执行 ON SIZE ERROR 短语中的命令语句1。

14.6.5 CORRESPONDING 短语

为讨论计，D1 和 D2 中每一个应该是组项标识符。两个数据项，一个在 D1 中，另一个在 D2 中，若下列条件成立，则它们有对应关系：

1） D1 中的数据项和 D2 中的数据项都不是用关键字 FILLER 指明的，并且有相同的数据名和达到 D1 和 D2 的但不包括 D1 和 D2 在内的相同的限定符。

2） 在带有 CORRESPONDING 短语的 MOVE 语句的情况，对应项中至少有一个数据项是初等数据项，在带有 CORRESPONDING 短语的 ADD 语句和带有 CORRESPONDING 短语的 SUB-TRACT 语句的情况，对应项中两个数据项均是初等数值数据项。

3） D1 和 D2 的描述不能包含层号 66、77、88 或 USAGE IS INDEX 子句。

4） 直接隶属于 D1 或 D2 并包含有 REDEFINES、RENAMES、OCCURS 或 USAGE IS IN-DEX

子句的数据项被忽略，同样地，隶属于包含 REDEFINES、OCCURS 或 USAGE IS INDEX 子句的数据项的那些数据项也被忽略。D1 和 D2 都不能被变更地引用。

5） 满足上述条件的每个数据项名在应用了隐含的标识符之后都应该是惟一的。

14.6.6 算术语句

算术语句是 ADD、COMPUTE、DIVIDE、MULTIPLY 和 SUBTRACT 语句。它们有一些共同的特点。

1） 诸操作数的数据描述不要求相同；在整个计算过程中进行必要的转换和十进小数点对齐。

2） 每个操作数的最大长度是 18 个十进数字。操作数的复合是一个从一个语句的特定操作数按其十进小数点不超过 18 个十进数字对齐迭加出来的假想数据项。

14.6.7 THROUGH 短语

这个规范应用于 THROUGH 短语，其中该短语规定在 VALUE 子句和 EVALUATE 语句中。

一个 THROUGH 短语规定了一个从字值 1 到字值 2 值域，这个范围内包含的值的集合是由下面规则确定的：

1） 当使用数值字值定义值域时，值域包括字值 1、字值 2 以及字值 1 和字值 2 之间的所有代数值。

2） 当使用字母数字或本土字值定义值域时，值域取决于用于计算该域的排序序列。

当这里没有为该域指定 IN 字母表名短语时，排序序列由实现者定义。

注：其目的是允许实现者以一种与以前 COBOL 实现兼容的方式定义排序序列。

当规定了 IN 字母表名短语时，用于域计算的排序序列是那个字母表定义的排序序列。当字母表名与一个本地环境有关联时，值域就由与那个字母表名 1 相关联的特定本地环境中的本地环境类别 LC_COLLATE决定，若没有这样一个本地环境，那就在当前的本地环境中。另外当字母表名与本原排序序列相关联时，计算机的运行时排序序列应用于执行中使用该值时。

该值域包括：在开始值处排列的所有值，适用的排序序列中所有按升序排列的连续值，直到且包括在结束值处排列的所有值。

在运行时排序序列有效，且当字值 1 的值大于字值 2 的值时，EC-RANGE-INVALID 异常条件设置为存在，同时，随着任何异常处理的完成，按照值域为空来继续执行。

14.6.8 RETRY 子句

RETRY 短语规定在输入输出语句中，其目的是为了指明 MSCS 是否将继续尝试访问一个被锁定的文件或记录。

14.6.8.1 一般格式

```
        ┌算术表达式 1 TIMES          ┐
RETRY   ┤FOR 算术表达式 2 SECONDS    ├
        └FOREVER                     ┘
```

14.6.8.2 一般规则

1） 算式表达式 1 规定在初始化失败后的次数，也即 MSCS 尝试访问锁定的记录及完成要求的输入输出操作的次数。其中，这些尝试的间隔由实现者决定。若算式表达式 1 没有被赋整数值，则它的值上舍入为下一个整数。

2） 算式表达式 2 规定超时周期的秒数。按这条规则规定的方式，该 I-O 语句的执行就好像是超时周期的长度存放在一个临时的数据项中，而该数据项的形式是 9(n)V9(m)。实现者应规定 m 和 n 的值，其中 m 可以为零，而 n 的值大于零。实现者应为算式表达式 2 规定其最大的有意义的值。若算式-表达式 2 大于该最大的有意义的值，则将该最大值就装入临时数据项中；否则，在一个不带 ROUNDED 短语的隐含 COMPUTE 语句中，算式表达式 2 作为发送项，而临时数据项作为接收项。在超时周期期间，MSCS 应尝试访问锁定的记录及完成要求的输入输出操作。实现者应该规定用以决定超时周期期间重试次数的方法。

3) 若已规定 FOREVER 语句,则 MSCS 应尝试访问一个锁定的资源直至输入输出操作完成。

4) 若是因为一个文件的共享冲突条件或记录操作冲突条件,使得 I/O 操作在第一个尝试后不成功,则应用以下规定:

a) 若没有规定 RETRY 语句,或者算式表达式 1 或算式表达式 2 的赋值为负数或零,则语句失败,适当的值将被装入与该文件连接符相关联的 I-O 状态中,且执行将按照为适当语句执行失败而指明的那样继续;否则,

b) MSCS 试图按照一般规则 1),2)或者 3)中规定的那样完成输入输出操作。

若 MSCS 允许这些访问请求的尝试之一,则语句是成功的,且结果就如同文件共享和记录操作冲突从未发生。

否则,该语句是失败的,适当的值将被装入与该文件连接符相关联的 I-O 状态中,且执行将按照为适当语句执行失败而指明的那样继续。

14.7 参数和返回项的符合性

当按照语法规则进行显式引用时,编译时应用参数和返回项的符合性规则。

注 1:在编译时参数和返回项的符合性检查:

——对象引用上的一个 INVOKE 语句,其中该对象引用不是一个通用对象引用;

——对一个用户定义函数的引用;

——CALL 语句的程序原型格式。

当按照语法规则进行显式引用时,运行时应用参数和返回项的符合性规则。

注 2:在运行时参数和返回项的符合性检查:

一个通用对象引用,若异常条件 EC-OO-UNIVERSAL 有效。

CALL 语句的溢出和异常格式,若异常条件 EC-PROGRAM-ARG-MISMATCH 有效。

注 3:在编译时对一个对象视图进行参数和返回项的符合性检查。对于对象视图所引用对象的其他符合性规则在对象视图规则中给出;若异常条件 EC-OO-CONFORMANCE 有效,则该检查是在运行时进行的。

14.7.1 参数

激活元素中变元的数目应等于被激活元素中形式参数数目,但跟踪形式参数除外,而该参数规定在被激活元素过程部首中的 OPTIONAL 短语中,且在激活元素的变元列表中是省略的。

若变元和它相应的形式参数都是初等项,则应用初等项的符合性规则;否则,应用组项的符合性规则。

注:位组或者本土组都视为初等项。

14.7.1.1 组项

若形式参数或者变元是一个字母数字组项,且都不是强类型,则:

1) 若变元通过引用传递,则该变元或者对应于该变元的形式参数应该是一个字母数值组项或一个字母数值类别的初等项,且形式参数应该用等于或小于其对应的变元的字节数来描述。

2) 若变元通过内容传递,则符合性规则等同于对于一个 MOVE 语句的规则,其中该语句将变元作为发送操作数,将对应的形式参数作为接收操作数。

注:若变元是一个层号不为 1 的组,且它的从属项在实现时插入了无效位或无效字节,则在变元和形式参数之间,这些从属初等项的排列可以不一致。

若形式参数或者相应的变元是一个强类型组项,则两者应该是同一类型。

对于一个描述为可变出现次数数据项的变元或者形式参数,其中该数据项通过引用来传递,使用最大长度。对于通过内容传递的可变出现次数数据项,一个发送数据项的变元长度由 OCCURS 子句的规则决定。

14.7.1.2 初等项

初等项的符合性规则取决于变元是通过引用传递、内容传递还数值传递。

14.7.1.2.1 通过引用传递的初等项

若形式参数或者对应的变元是一个对象引用，则对应的变元或者形式参数是一个按照下列规则的对象引用：

1) 若变元或者形式参数是一个通用对象引用，则对应的形式参数或者变元也应是一个通用对象引用。

2) 若变元或者形式参数是用接口名描述的，则对应的形式参数或者变元也应用同一接口名描述。

3) 若变元或者形式参数是用类名描述的，则对应的形式参数或者变元也应用同一类名描述，且 FACTORY 和 ONLY 语句也应是一样的。

4) 若形式参数是用 ACTIVE-CLASS 子句描述的，则下面条件之一应该为真：

a) 变元应该是一个用 ACTIVE-CLASS 短语描述的对象引用，其中 FACTORY 语句的出现与否和形式参数相同，且被激活的方法应该由预定义的对象引用 SELF 或 SUPER 调用，或由用 ACTIVE-CLASS 短语描述的对象引用调用。

b) 变元应该是一个用类名和 ONLY 短语描述的对象引用，其中 FACTORY 短语的出现与否和形式参数相同，且被激活的方法应该由该类名调用，或由用该类名和 ONLY 短语描述的对象引用调用。被一个类名和 ONLY 语句描述的对象引用，FACTORY 语句的出现或者缺少与形式参数中的出现与缺失是一样的，被激活的方法应该是带类名或使用类名和 ONLY 子句描述的一个对象引用的调用。

若变元或者形式参数是一个指针类，则对应的形式参数或者变元也应是指针类，且对应的项也应是同一类别。若两者中的任意一个是受限制的指针，则这两个都应该是受限制的且也都是同一类型。

若形式参数或者变元都不是对象类或指针类，则符合性规则如下：

1) 若被激活的元素是一个程序，其中对于该程序，在激活元素的 REPOSITORY 段中没有程序说明符，且 CALL 语句中没有规定 NESTED 短语，则该形式参数应具有与对应的变元相同的长度。

2) 若被激活的元素是下列之一：

——一个程序，其中在激活元素的 REPOSITORY 段中有程序说明符。

——一个程序且 CALL 语句规定了 NESTED 短语。

——一个方法。

——一个函数。

则形式参数的定义和变元的定义应有相同的 BLANK WHEN ZERO、JUSTIFIED、PICTURE、USAGE 和 SIGN 子句，但以下除外：

a) 货币符号匹配当且仅当相应的货币字符串相同。

b) 句号图片符号匹配当且仅当对于激活和被激活的运行时元素，DECIMAL-POINT IS COMMA 子句都生效或者都不生效。逗号图片符号匹配当且仅当对于激活的和被激活的运行时元素，DECIMAL-POINT IS COMMA 语句都生效或者都不生效。

另外：

a) PICTURE 子句中本地环境规格匹配当且仅当：

——在 PICTURE 子句的 LOCALE 短语中，两者都规定了相同的 SIZE 短语。

——两者都没有用本地环境名规定了 LOCALE 短语，或都用相同的外部标识规定了 LOCALE 短语，其中该外部标识是一个外部本地环境名或字值，而该字值是与 SPECIAL-NAMES 段的 LOCALE 子句中的本地环境名相关的。

b) 一个位组项与一个初等位数据项相匹配，其中该数据项是用相同的布尔位置数描述的。

c) 一个本土组项与一个本土使用的初等数据项，其中该数据项是用相同的本土字符位置数描述的。

d) 若形式参数是用 ANY LENGTH 子句描述的，则它的长度被认为和对应的变元长度相匹配。

e) 若变元是用 ANY LENGTH 子句描述的，则对应的形式参数也应用 ANY LENGTH 子句描述。

14.7.1.2.2 通过内容或值传递的初等项

若形式的参数是一个用 ACTIVE-CLASS 短语描述的对象引用，则下列条件之一应为真：

1) 被激活的方法应通过预定义对象引用 SELF 或 SUPER 来调用，或者通过用 ACTIVE-CLASS 短语描述的对象引用来调用，且激活单元的 SET 语句应是有效的，这里的激活单元将变元作为发送操作数，将对象引用作为接收操作数，其中该对象引用是用 ACTIVE-CLASS 短语描述的，而 FACTORY 短语的出现与否与形式参数相同。

2) 被激活的方法应通过类名或对象引用来调用，其中该对象引用是用类名和 ONLY 短语描述的，且激活单元的 SET 语句应是有效的，这里的激活单元将变元作为发送操作数，将对象引用作为接收操作数，其中该对象引用是用该类名和 ONLY 短语描述的，而 FACTORY 短语的出现与否与形式参数相同。

若形式参数是指针类或未用 ACTIVE-CLASS 短语描述的对象引用，则符合性规则就如同在激活运行时元素中执行的 SET 语句，其中该运行时元素将变元作为发送操作数，将对应的形式参数作为接收操作数。

若形式参数不是对象类或者指针类，符合性规则就如下：

1) 若激活的元素是一个程序，其中对于该程序，在激活元素的 REPOSITORY 段中没有程序说明符，且 CALL 语句中没有规定 NESTED 短语，则该形式参数应具有与对应的变元相同的长度。

2) 若被激活的元素是下列之一：

——一个程序，其中在激活元素的 REPOSITORY 段中有程序说明符。

——一个程序且 CALL 语句规定了 NESTED 短语。

——一个方法。

——一个函数。

则符合性规则取决于按照以下规则规定的形式参数的类型：

a) 若形式参数是数值型，则符合性规则就与为 COMPUTE 语句规定的一样，将变元作为发送操作数，将对应的形式参数作为接收操作数。

b) 若形式参数是一个索引数据项，则符合性规则就与为 SET 语句规定的一样，将变元作为发送操作数，将对应的形式参数作为接收操作数。

c) 若形式参数是用 ANY LENGTH 子句描述的，则它的长度被认为和对应的变元长度相匹配。

d) 否则，符合性规则就与为 MOVE 语句规定的一样，这将变元作为发送操作数，将对应的形式参数作为接收操作数。

14.7.2 返回项

一个返回项应规定在激活语句中当且仅当一个返回项规定在激活元素的过程部首中。当一个函数或内嵌方法调用被引用时，在激活元素中，返回项是隐式规定的。

激活的元素中的返回项作为发送操作数，激活元素中的相应的返回项作为接收操作数。

接收操作数和发送操作数之间的符合性规则取决于两个操作数中至少有一个是字母数字组项或两个都是初等项。

注：位组或本土组都被视为初等项。

14.7.2.1 组项

若发送操作数或者接收操作数是一个字母数字组项,且两者都不是强制类型,则对应的返回项应该是一个字母数字组项,或者是一个字母数字类别的初等项,且接收操作数与发送操作数的长度应相同。

注:若激活元素中的返回项是一个层号不是1的组,且它的从属项在实现时插入了无效位或无效字节,则在激活运行时元素的返回项和激活的运行时元素的返回项之间,从属项的排列可以不一致。

若这两个操作数之一是强制类型组项,则这两者都是同一类型。

对于描述为变长出现次数数据项的操作数,使用最大长度。

14.7.2.2 初等项

若其中一个操作数是一个引用对象,则相应的项也应是对象引用,且遵循下面的规则:

1) 若被激活元素中的返回项没有被ACTIVE-CLASS短语描述,则符合性规则与一个SET语句的一样,它们都在运行时执行,其中被激活的元素中返回项作为发送操作数,相应的激活元素中的返回项作为接收操作数。

2) 若被激活元素中的返回项被ACTIVE-CLASS语句描述,则符合性规则和一个SET语句的一样,都在激活的运行时元素中执行,激活元素中的返回项作为接收操作数,且用USAGE OBJECT REFERENCE描述的一个发送操作数由下面的规则决定:

   a) 若被激活的方法使用一个类名调用,则发送操作数就用相同的类名和ONLY短语来描述。

   b) 若被激活的方法使用预定义的对象引用SELF或者SUPER来调用,则发送操作数用ACTIVE-CLASS短语来描述。

   c) 若被激活的方法是用接口名描述的对象引用来调用,则发送操作数是一个通用的引用对象。

   d) 若被激活的方法是用任何其他对象引用进行调用,则这个标识符可用作发送操作数,且包含ONLY短语(若规定的话)。

   e) 若采用上面规则所选择的发送操作数用一个类名或一个ACTIVE-CLASS短语来描述,则FACTORY语句的出现或者缺少是与在被激活元素的返回项中的出现和缺少是相同的。

若发送操作数不是一个引用对象,则接收操作数应该与它具有相同的BLANK THEN ZERO、JUSTIFIED、PICTURE、USAGE和SIGN子句,以下情况除外:

1) 货币符号匹配当且仅当相应的货币字符串相同。

2) 句号图片符号匹配当且仅当DECIMAL-POINT IS COMMA语句对激活和被激活的运行元素都有效,或者对两者都不生效。

3) 逗号图片符号匹配当且仅当DECIMAL-POINT IS COMMA语句对于激活和被激活的运行元素都有效,或者对两者都不生效。

除此之外,若发送操作数不是一个引用对象:

1) PICTURE子句中的本地环境规范匹配当且仅当:

   ——两者在PICTURE子句的LOCAL短语中规定了相同的SIZE语句,并且

   ——两者都规定了一个没有本地环境名的本地环境短语,或者两者都规定本地环境语句具有相同的外部标识,外部标识是与一个在SPECIAL-NAMES段落中的LOCAL子句中的本地环境名有关的外部本地环境名或者字值值。

2) 一个位组项匹配一个使用位的初等布尔数据项,且该数据项与这个位组项具有相同的布尔位置数。

3) 一个本土组项匹配使用本土型的初等数据项,且该数据项与这个位组项具有相同的本土字符位置。

4) 若接收操作数用 ANY LENGTH 子句描述，则发送操作数应该用 ANY LENGTH 子句描述。

5) 若发送操作数用 ANY LENGTH 子句描述，则发送操作数的长度要和接收操作数的长度匹配。

14.8 语句

14.8.1 ACCEPT 语句

ACCEPT 语句使少量数据对指明的数据项成为可用的。

14.8.1.1 一般格式

格式 1

ACCEPT 标识符 1[FROM 助忆名 1]

格式 2

ACCEPT 标识符 2 FROM {DATE | DAY | DAY-OF-WEEK | TIME}

14.8.1.2 语法规则

格式 1 中的助忆名 1 必须在环境部的 SPECIAL-NAMES 段中指明，并且必须和一个硬设备相联系。

14.8.1.3 一般规则

格式 1

1) ACCEPT 语句传送从硬设备来的数据，该数据取代了由该标识符 1 命名的数据项的内容。由实现者来定义硬设备与标识符 1 引用的数据项之间的转换。

2) 对各个硬设备，实现者决定数据传送的长度。

3) 若硬件设备传送的数据项长度与接收数据项的长度相同，则传送的数据存入接收数据项中。

4) 若硬设备传送的数据项长度与接收数据项的长度不同时，则：

a) 若接收项的长度(或者至今尚未被已传送数据占据的接收数据项的部分的长度)超过传送数据的长度，则所传送的数据按左对齐存入接收数据项中(或存入至今尚未被占据的接收数据项的部分中)，并且需要另外的数据。在 1 级中，只提供一种数据传送。

b) 若所传送的数据的长度超过接收数据项的长度(或接收数据项至今尚未被已传送数据占据的部分的长度)，仅将传送数据的最左端的若干字符存入接收数据项中(或存入留下的部分中)。未送入接收数据项的剩余传送数据的字符是不加处理的。

5) 若未给出 FROM 短语，就使用由实现者作为标准指定的设备。

格式 2

6) ACCEPT 语句根据 MOVE 语句的规则，把需要传送的信息送入由标识符 2 表示韵数据项中(参见 14.8.24)。DATE、DAY、DAY-OF-WEEK 和 TIME 是系统提供的数据项，因而在 COBOL程序中不必加以描述。

7) DATE 由下列数据元素组成：世纪中那一年，年中的月和月中的日。数据元素编码的顺序从高到低(从左到右)为年月日。因而，1985 年 2 月 14 日将表示成 850214。当 COBOL 程序存取 DATE 时，就把它看作是已经在 COBOL 程序中描述成长度为 6 个数字的无正负号的整型数值初等项。

8) DAY 是由下列元素组成的：世纪中的年和年中的日。数据元素编码的顺序将是从高到低(从左到右)为世纪的年，年中的日，因而，1985 年 2 月 14 日将表示成 85045，当 COBOL 程序存取 DAY 时，就把它看作是已经在 COBOL 程序中描述成一个具有 5 个数字的无正负号的整型数值初等项。

9） TIME 是由下列元素组成的：小时、分、秒和百分之一秒。TIME 以 24 小时为基准且以午夜开始计算时间，因此，中午 2:41 将表示成 14410000。在 COBOL，程序中存取 TIME 时，就把它看作是已经在 COBOL 程序中描述成具有 8 位数字的无正负号的整型数值初等项。TIME 的最小值是 00000000；而其最大值为 23595999。若系统没有提供 TIME 的分数部分的设施，则，就把这个值换成最接近的十进制近似值。

10） DAY-OF-WEEK 由单个数据项组成，其内容表示星期中某一天。当 COBOL 程序存取 DAY-OF-WEEK 时，就把它看作已在 COBOL 程序中描述为具有 1 位数字的无正负号的整型数值初等项。在 DAY-OF-WEEK 中，值 1 代表星期一、2 代表星期二、…、7 代表星期天。

14.8.2 ADD 语句

ADD 语句对两个或更多个数值操作数求和，且存放该结果。

14.8.2.1 一般格式

格式 1

```
ADD {标识符 1} ... TO{标识符 2[ROUNDED]}...
    {字值 1  }
[ON SIZE ERROR 命令语句 1]
[NOT ON SIZE ERROR 命令语句 2]
[END-ADD]
```

格式 2

```
ADD {标识符 1} ... TO {标识符 2} ...
    {字值 1  }        {字值 2  }
GIVING{标识符 3[ROUNDED]}...
[ON SIZE ERROR 命令语句 1]
[NOT ON SIZE ERROR 命令语句 2]
[END-ADD]
```

格式 3

```
ADD {CORRESPONDING} 标识符 1 TO
    {CORR         }
标识符 2[ROUNDED]
[ON SIZE ERROR 命令语句 1]
[NOT ON SIZE ERROR 命令语句 2]
[END-ADD]
```

14.8.2.2 语法规则

1） 在格式 1 和格式 2 中，每个标识符必须指的是数值初等项，除在格式 2 中字 GIVING 之后的每个标识符必须指的是数值初等项或是数值编辑初等项外，其余的标识符必须指的是数值初等项。在格式 3 中，每个标识符必须指的是组项。

2） 每一个字值必须是数值字值。

3） 操作数的复合不能多于 18 个数字。

   a） 在格式 1 中，操作数的复合是由给定语句中的全部操作数决定的。

   b） 在格式 2 中，操作数的复合是由 GIVING 后的数据项除外的所有数据项决定的。

   c） 在格式 3 中，操作数的复合是分别由每对对应的数据项决定的。

4） CORR 是 CORRESPONDING 的缩写。

14.8.2.3 一般规则

1） 若应用格式 1，把单词 TO 前的所有操作数的值加起来并把结果存入临时数据项中。把临时数据项中的值加上标识符 2 所引用的数据项之值，把结果放入标识符 2 所引用的数据项中，对每个标识符 2 后继出现按其指明的从左到右的顺序重复这个处理过程。

2) 若应用格式 2，就把单词 GIVING 前的所有操作数的值加起来并把和作为标识符 3 引用的数据项的新内容存储。

3) 若应用格式 3，就把标识符 1 中的数据项相加并把结果存入标识符 2 中的对应数据项。

4) 编译程序保证在执行期间有足够的空间以便不丢失有效数字。

5) 有关这个语句的其他规则及说明见其他相应各段。

14.8.3 ALLOCATE 语句

ALLOCATE 用来获得动态存储空间。

为基准项请求存储空间时，为这个基准项指派获得空间的地址，并且返回包含这些地址的数据指针(若规定了指针的话)。

若正在请求指定的存储器的字符数，则将返回一个对获得的存储编址的指针。

14.8.3.1 一般格式

ALLOCATE {算术表达式 1 CHARACTERS | 数据名 1} [INITIALIZED] [RETURNING 数据名 2]

14.8.3.2 语法规则

1) 由数据名 1 引用的数据项应由 BASED 子句来描述。

2) 若规定了数据名 1，则可以省略 RETURNING 短语；否则，应规定 RETURNING 短语。

3) 数据名 2 应该引用一个数据项类别的数据指针。

4) 若数据名 2 引用了一个受限制的数据指针，应该规定数据名 1 并且数据名 1 应引用了一个数据项类型，由数据名 2 引用的数据项应该受到数据名 1 的限制。

5) 若对数据名 1 和数据名 2 都进行了规定，数据名 1 引用了一个强制类型的组项，则数据名 2 的引用数据项应该受到数据名 1 的类型限制。

14.8.3.3 一般准则

1) 算式表达式 1 指定了分配的存储字节数。若算式表达式 1 没有赋值为一个整数，则结果就舍入到下一个整数。

2) 若对算式表达式 1 赋以零或者负数值，则由数据名 2 引用的数据项被设置为预定义的 NULL。

3) 若规定了数据名 1，分配存储空间的数目就是保存一个项所需要的字节数，这个项被看作是由数据名 1 描述的。若一个从属于数据名 1 的数据描述款包含一个 OCCURS DEPENDING ON 子句，则记录的最大长度被分配。

4) 若规定的存储空间数目可用于分配，那它应该被获得且：

   a) 若规定了 RETURNING 子句，则由数据名 2 引用的数据项就设置为那个存储空间的地址。

   b) 若规定了数据名 1，则由数据名 1 引用的基准数据项的地址被设置为那个存储空间的地址。

5) 若规定的存储数目不可用于分配，则：

   a) 若规定了 RETURING 短语，则由数据名 2 引用的数据项就设置为预定义的地址 NULL。

   b) 若规定了数据名 1，则由数据名 1 引用的基准数据项的地址设置为预定义的地址 NULL。

   c) 异常条件 EC-STORAGE-NOT-AVAIL 设置为存在。

6) 若 INITIALIZED 短语和算式表达式 1 都被规定，所有分配存储的字节初始化成二进制零。

7) 若 INITIALIZED 语句和数据名 1 都被规定，分配存储的初始化就好像是执行了一个 INITIALIZE 数据名 1 WITH FILLER ALL TO VALUE THEN TO DEFAULT 语句。

8) 若没有规定 INITIALIZED 语句而规定了算式表达式 1，则分配的存储空间的内容是没有未定义的。

9） 若没有 INITIALIZED 语句而规定了数据名 1，分配的存储中对象类或者指针类的数据项被初始化为空，而分配存储中其他数据项的内容是未定义的。

10） 分配的存储空间将保持，直到用一个 FREE 语句显示释放或者运行单元终止。

14.8.4 CALL 语句

CALL 语句导致在一个运行单位中将控制从一个目标程序转到另一个目标程序。

14.8.4.1 5.2.2 一般格式

格式 1

CALL {标识符 1 | 字值 1} [USING {[BY REFERENCE]{标识符 2}… | BY CONTENT{标识符 2}…}…]

[ON OVERFLOW 命令语句 1[END-CALL]]

格式 2

CALL {标识符 1 | 字值 1} [USING {[BY REFERENCE]{标识符 2}… | BY CONTENT{标识符 2}…}…]

[ON EXCEPTION 命令语句 1]

[NOT ON EXCEPTION 命令语句 2]

[END-CALL]

14.8.4.2 语法规则

1） 字值 1 应该是一个非数值字值。

2） 标识符 1 应该定义为一个字符数据项以便它的值可以作为程序名。

3） USING 短语中的各个数据项应该定义为文件节、工作存储节、通信节或连接节中的数据项，并且应该是一个 01 层数据项、77 层数据项或一个初等数据项。

14.8.4.3 一般规则

1） 字值 1 或标识符 1 引用的数据项的内容是被调用程序的名字。出现 CALL 语句的那个程序为调用程序。若被调用程序是一个 COBOL 程序，则字值 1 或标识符 1 指出的数据项的内容应该是被调用程序的 PROGRAM-ID 段所包含的程序名。若被调用程序不是 COBOL 程序，则由实现者定义形成程序名的规则。

2） 当 CALL 语句执行时，若由 CALL 语句指定的程序可以执行，则控制转到被调用程序。当控制从被调用程序返回时，若指定了 ON OVERFLOW EXCEPTION 短语的话，将被忽略，控制转到 CALL 语句的结束处，或者，若指定了 NOT ON EXCEPTION 短语，则转到命令语句 2。若控制转到命令语句 2，则按照命令语句 2 中指定的各语句的规则继续执行。若导致显式控制转移的过程分支或条件语句执行，则控制按那条语句的规则转移。否则，命令语句 2 执行完成后，控制转到 CALL 语句的结束处。

3） 当 CALL 语句执行时，若判别出在那时由 CALL 语句指定的那个程序不可用于执行，则下列两个动作之一将出现。用于判别被调用程序可用于执行与否而应该检查的目标时刻资源由实现者确定。

   a） 若在 CALL 语句中指出了 ON OVERFLOW 或 ON EXCEPTION 短语，则控制转到命令语句 1，按照命令语句 1 指定的各语句的规则继续运行。若导致显式控制转移的过程分支或条件语句执行，则控制按那条语句的规则转移，否则，命令语句 1 执行完成后，控制转到 CALL 语句的结束处，并且，若指出 NOT ON EXCEPTION 的话，将被忽略。

   b） 若在 CALL 语句中未指出 ON OVERFLOW 或 ON EXCEPTION 短语而又指出 NOT ON EXCEPTION 短语，则后者被忽略。CALL 语句的所有其他效果由实现者定义。

4） 运行单位中的两个或多个程序可以具有相同的程序名，CALL 语句中对这一程序名的引用通过使用程序名的作用域规则而决定。

例如，若运行单位中在 CALL 语句中指明同程序名的程序只有两个：

a) 这两个程序中的一个必然直接或间接地包含于含有 CALL 语句的分别编译的程序，或者直接或间接地包含于本身直接或间接包含含有该 CALL 语句的程序的分别编译的程序。

b) 这两个程序中的另一个必是别个不同的分别编译的程序。

这个例子使用的机制如下：

a) 若具有 CALL 语句中指定的程序名的两个程序之一直接或间接包含于含有 CALL 语句的程序中，则该程序为被调用程序。

b) 若具有 CALL 语句中指定的程序名的两个程序之一具有公共属性并且直接或间接包含于另一个直接或间接包含含有该 CALL 语句的程序的程序，则这个公共程序就被调用，除非调用程序包含于那个公共程序之中。

c) 否则，分别编译的那个程序被调用。

5) 若被调用程序不具初始属性，则它及直接或间接包含于它的各个程序，在运行单位中第一次被调用时，或在对该被调用程序执行 CANCEL 语句后第一次被调用时，处于其初始状态。在其他所有情况下进入该被调用程序时，该程序及直接或间接包含于它的各个程序保持上次退出它时的状态不变。

6) 若被调用程序具有初始属性，则它及直接或间接包含于它的程序在运行单位中每次对它调用时被置于其初始状态。

7) 与被调用程序的内部文件连接符相关的文件在程序处于初始状态时不处于打开方式在其他所有情况下进入被调用程序时，这些文件的状态和位置与上次退出它时的状态和位置一样。

8) 调用一个程序或从被调用程序返回的处理并不改变与外部文件连接符相关的文件的状态和位置。

9) 若将被调用的是一 COBOL 程序，只在被调用程序的过程部首中含有 USING 短语时 CALL 语句中才需包含 USING 短语，这时，USING 短语中操作分量的个数应该相同。若将被调用的程序不是 COBOL 程序，则 USING 短语的使用由实现者定义。

10) CALL 语句的 USING 短语中数据名出现的次序与被调用程序的过程部首中相应的 USING 短语中数据名出现的次序决定了由调用程序和被调用程序使用的数据名之间的对应关系。这种对应是按位置相同而不是按名字相同的。USING 短语中的第一个数据名与另一短语中的第一个数据名对应，第二个对应第二个，依此类推。

11) CALL 语句中 USING 短语指出的参数的值在执行 CALL 语句时，对被调用程序是可用的。

12) BY CONTENT 和 BY REFERENCE 短语对跟在它们后面的参数是可传递的，直至遇到下一个 BY CONTENT 或 BY REFERENCE 短语为止。若在第一个参数前既无 BY CONTENT 也无 BY REFERENCE 短语，则认为是有 BY REFERENCE 短语。

13) 若对一个参数指定了或隐含为 BY REFERENCE 短语，则目标程序处理时就好像被调用程序中的数据项与调用程序中对应的数据项占有相同的存储区域。被调用程序中的数据项应该与调用程序的对应数据项描述有相同个数的字符位置。

14) 若对一个参数指定了或隐含有 BY CONTENT 短语，则被调用程序不能改变 CALL 语句的 USING 短语中指出的这个参数的值，但它能改变被调用程序的过程部首中对应的数据名所代表的数据项的值。CALL 语句的 BY CONTENT 短语中的各个参数的数据描述应该与过程部首的 USING 短语中对应的参数的数据描述相同，即不须转换、扩充或截断。

15) 被调用程序可包含 CALL 语句。但是，被调用程序不可执行直接或间接再调用程序的 CALL 语句。若在声明的范围内执行 CALL 语句，则这条 CALL 语句不可直接或间接引用任何控制已转到且执行未结束的被调用程序。

16） END-CALL 短语限定 CALL 语句的作用域(见 14.4.2)。

14.8.5 CANCEL 语句

CANCEL 语句保证所引用的程序在下次被调用时将处于它的初始状态。

14.8.5.1 一般格式

$$\underline{\text{CANCEL}}\left\{\begin{array}{l}\text{标识符 1}\\ \text{字值 1}\end{array}\right\}\cdots$$

14.8.5.2 语法规则

1） 字值 1 应该是一非数值字值。

2） 标识符 1 应该引用一字符数据项。

14.8.5.3 一般规则

1） 字值 1 或由标识符 1 所引用的数据项的内容标识了将被撤销的程序。

2） 在显式或隐式 CANCEL 语句执行之后，语句中指出的程序停止与 CANCEL 语句出现的运行单位有任何逻辑联系。若运行单位中显式或隐式 CANCEL 语句执行后，语句中引用的程序在该运行单位中又再次被调用，则该程序处于它的初始状态。

3） 在另一程序的 CANCEL 语句中列出的程序，应该对该另一程序是可调用的。

4） 当显式或隐式 CANCEL 语句执行后，包含在由 CANCEL 语句指出的程序中的所有程序也被撤销。结果与以各个被包含程序在分别编译程序组中出现的相反次序对每个所包含的程序执行有效的 CANCEL 语句一样。

5） CANCEL 语句中列出的程序不可直接或间接地引用任何已被调用且未执行 EXIT PROGRAM 语句的程序。

6） 只在后继的含有被撤销程序名字的 CALL 语句执行后，与该程序的逻辑关系才被重新建立。

7） 被调用程序被撤销，要么由于作为 CANCEL 语句的一个操作分量而引用，要么由于该程序为其成员的运行单位终止，要么由于具有初始属性的被调用程序执行了 EXIT PROGRAM 语句。

8） 在显式和隐式 CANCEL 语句执行时，若所命名的程序在运行单位中未被调用，或已被调用但现已撤销，则为空操作。控制转到跟在显式 CANCEL 语句之后下一条可执行的语句。

9） 由程序描述的外部数据记录中的数据项的内容在程序被撤销时不改变。

10） 在显式或隐式 CANCEL 语句执行过程中，对在 CANCEL 语句中显式列出的程序中的内部文件连接符相关的处于打开方式的各个文件执行一不带任何任选项的隐式 CLOSE 语句。与这些文件相关的任何 USE 过程都不执行。

14.8.6 CLOSE 语句

CLOSE 语句终止卷或单位和文件的处理，而且在可能时也终止具有反绕选用和/或锁选用或撤销选用的文件的处理。

14.8.6.1 一般格式

$$\underline{\text{CLOSE}}\left\{\text{文卷名 1}\left[\begin{array}{l}\left\{\begin{array}{l}\underline{\text{REEL}}\\ \underline{\text{UNIT}}\end{array}\right\}[\text{FOR }\underline{\text{REMOVAL}}]\\ \text{WITH}\left\{\begin{array}{l}\underline{\text{NO}}\ \underline{\text{REWIND}}\\ \underline{\text{LOCK}}\end{array}\right\}\end{array}\right]\right\}\cdots$$

14.8.6.2 语法规则

在 CLOSE 语句中引用的文件无须全都具有相同组织或存取方式。

14.8.6.3 一般规则

除在下面的一般规则中另有说明的情形外，“卷”和“单位”这两个术语是同义的并且在 CLOSE 语句中完全可以互用。顺序海量文件的处理逻辑上等价于磁带或类似的顺序媒体上文件的处理。在多文件带环境中的文件处理逻辑上等价于顺序的单卷或单单位文件的处理，只要文件整个包含在一卷中就行。

1） 只对处于打开方式的文件才能执行 CLOSE 语句。

2） 为了说明应用于不同存储媒体的各种 CLOSE 语句的效果，将所有文件分成下述几类：

a） 非卷或非单位文件。这种输入或输出媒体的文件对反绕和卷或单位的概念是没有意义的。

b） 顺序单卷或单单位文件。全部包含在一个卷或一个单位上的顺序文件。

c） 顺序多卷或多单位文件。包含在多于一卷或多于一个单位上的顺序文件。

3） 对各类文件的每一种 CLOSE 语句执行结果概括在表 14 中。

表 14 文件类型和 CLOSE 语句格式关系表

CLOSE 语句格式	文件类型		
	非卷或非单位	顺序单卷或单单位	顺序多卷或多单位
CLOSE	C	C,G	A,C,G
CLOSE WITH LOCK	C,E	C,E,G	A,C,E,C
CLOSE WITH NO REWIND	C,H	B,C	A,B,C
CLOSE REEL/UNIT	F	F,G	F,G
CLOSE REEL/UNIT FOR REMOVAL	F	D,F,G	D,F,G

下面给出表中各个符号的定义。这是根据文件是输入文件、输出文件还是输入-输出文件而分别给出相应的定义；否则，一个定义就适用于输入文件、输出文件、以及输入-输出文件。

A——对前面的卷或单位的影响

输入文件和输入-输出文件：

在当前卷或单位以前的文件中所有的卷或单位都被关闭，但由以前的 CLOSE REEL/UNIT 语句控制的那些卷或单位则为例外。若当前卷或单位不是文件的最末一卷或最末一个单位，则不处理紧接在文件的当前卷或当前单位之后的那些卷或单位。

输出文件：

在当前卷或单位以前的文件中所有的卷或单位都被关闭。但由先前的 CLOSE REEL/UNIT 语句控制的那些卷或单位则为例外。

B——当前的卷不反绕

当前的卷或设备在当前的位置离开。

C——关闭文件

输入文件和输入-输出文件：

若文件位于它的末端并且对该文件指明了标号记录，则按照实现者的标准标号约定处理标号。当指明有标号记录但不出现或当未指出标号记录而出现时，CLOSE 语句的行为是未定义的。但系统执行由实现者指定的关闭操作。若文件定位在它的末端位置，而对该文件没有指明标号记录，则不处理标号，而执行实现者指出的其他关闭操作。若文件未定位在它的末端位置，则执行由实现者指出的关闭操作，但不进行尾标处理。

输出文件：

若对文件指明了标号记录，则按实现者的标准标号约定处理标号。当指明了标号记录但不出现或未指明标号记录而出现时，CLOSE 语句的行为是未定义的。系统执行由实现者指出的关闭操作。若对该文件没有指明标号记录，则不处理标号，但执行由实现者指出的其他关闭操作。

D——卷或单位的撤销

适用的话反绕当前的卷或单位。该卷或单位逻辑上从该运行单位撤销。然而若跟着执行不带REEL或UNIT短语的CLOSE语句，接着对该文件执行OPEN语句则按照该文件中卷或单位的适当次序，该卷或单位可以再次被存取。

E——文件锁

给文件加锁来保证在运行单位的执行期间该文件不能再次被打开。

F——关闭卷或单位

输入文件和输入-输出文件：

进行下列操作：

1) 若当前卷或单位是文件的最后或仅有的一个卷或单位，或者卷位于非卷或非单位媒体上，则不进行卷或单位对换且当前卷指针保持不变。

2) 若文件存在另一卷或单位，就对换卷或单位，当前卷指针值改变以指向文件中下一卷或单位，执行标准开始卷或单位的标号过程。若当前不存在数据记录，就再对换一次。

输出文件(卷或单位媒体)：

进行下列操作：

1) 执行标准结束卷或单位的标号过程。

2) 对换卷或单位。改变当前卷指针值以指向下一卷或单位。

3) 执行标准开始卷或单位的标号过程。

4) 引用该文件的下一次执行的WRITE语句，把下一逻辑数据记录送到该文件的下一卷或单位。

输出文件(非卷或非单位媒体)：

该语句的执行被认为是成功的，文件保持打开方式且除了一般规则1中指明的动作以外，不采取其他动作。

G——反绕

当前卷或类似的设备定位在行始物理位置。

H——未考虑的任选短语

CLOSE语句执行时假定不出现任选短语：

1) 执行CLOSE语句使得与文件名1相关的I-O状态之值改变。

2) 若不出现任选的输入文件，则不对文件进“文件末端”或“卷或单位末端”处理，并且文件位置指示符和当前卷指针保持不变。

3) 对文件成功地执行了不带REEL或UNIT短语的CLOSE语句之后，与文件名1相关的记录区就不再是可用的了。若这样的CLOSE语句执行不成功，则记录区的可用性就是未定义的。

4) 对文件成功地执行了不带REEL或UNIT短语的CLOSE语句之后，文件从打开方式下撤销，并且不再与文件连接符相关联。

5) 若在一个CLOSE语句中指定的文件名1多于一个，则执行这个CLOSE语句的结果，就如同对CLOSE语句中的每个文件名1以同样的顺序分开写出的一串CLOSE语句一样。

14.8.7 COMPUTE语句

COMPUTE语句把算术表达式的值赋给一个或多个数据项。

14.8.7.1 一般格式

COMPUTE{标识符1[ROUNDED]}

=算术表达式1[ON SIZE ERROR 命令语句1][NOT ON SIZE ERROR 命令语句2][END-COMPUTE]

14.8.7.2 语法规则

标识符1应该指称数值初等项或数值编辑初等项。

14.8.7.3 一般规则

1) 由单个标识符或字值组成的算术表达式提供了对标识符 1 赋值的方法，所置的值等于单个标识符或字值的值。

2) 若“=”前的结果标识符多于一个时，则计算算术表达式的值后，将此值作为新值依次赋给由标识符 1 引用的数据项。

3) COMPUTE 语句允许用户组合算术运算，而毋须考虑操作数的组成和/或算术语句 ADD、SUBTRACT、MULTIPLY 和 DIVIDE 施加给接收数据项的限制。因此，每一个实现者应该指明用于处理算术表达式的技术。

4) 与这个语句有关的其他规则和说明见各相应段（参见 14.4.2，14.6.3，14.6.4，14.5.9，14.6.6）。

14.8.8 **CONTINUE 语句**

CONTINUE 语句不是操作语句。它指明无可执行的语句存在。

14.8.8.1 一般格式

<u>CONTINUE</u>

14.8.8.2 语法规则

条件语句或命令语句可以出现的地方，也可以出现 CONTINUE 语句。

14.8.8.3 一般规则

CONTINUE 语句对程序的执行无影响。

14.8.9 **DELETE 语句**

DELETE 语句从海量存储文件中逻辑地除去一个记录。

14.8.9.1 一般格式

<u>DELETE</u> 文件名 1RECORD

[<u>INVALID</u> KEY 命令语句 1]

[<u>NOT</u> <u>INVALID</u> KEY 命令语句 2]

[<u>END-DELETE</u>]

14.8.9.2 语法规则

1) 对于引用顺序存取方式文件的 DELETE 语句，不能指出 INVALID KEY 和 NOT INVALID KEY 短语。

2) 对于引用非顺序存取方式且未指出可应用 USE AFTERSTANDARD EXCEPTION 过程的文件的 DELETE 语句，则应该指明 INVALID KEY 短语。

14.8.9.3 一般规则

1) 在执行这个语句时，由文件名 1 引用的文件应该是海量存储文件且应该已用 I-O 方式打开。

2) 对顺序存取方式的文件而言，在 DELETE 语句执行之前，对文件名 1 最近执行的输入输出语句应该是成功执行的 READ 语句。海量存储控制系统（MSCS）逻辑地从该文件中除去由 READ 语句存取的记录。

3) 对随机或动态存取方式的文件而言，MSCS 从该文件中逻辑地除去由与文件名 1 相关联的主记录键数据项的内容标识的那个记录。若该文件不包含由该键指出的记录，则就产生一个 INVALIDKEY 条件。

4) 成功地执行 DELETE 语句之后，指定的记录已被逻辑地从文件中删去，并且不能再被存取。

5) DELETE 语句的执行，不影响记录区的内容或与文件名 1 相关联的 RECORD 子句内 DEPENDING ON短语中规定的数据名所引用数据项的内容。

6) 文件位置指示符不受 DELETE 语句执行的影响。

7) DELETE 语句的执行使得与文件名 1 相关联的 I-O 状态值被更新。

8) 在 DELETE 操作的成功或不成功的执行之后，控制转移依赖于 DELETE 语句中是否存在

IN-VALID KEY 和 NOT INVALID KEY 短语。

9） END-DELETE 短语限定 DELETE 语句的作用域(参见 14.4.2)。

14.8.10 DISPLAY 语句

DISPLAY 语句使小容量数据传送给适当的硬设备。

14.8.10.1 一般格式

DISPLAY {标识符 1 | 字值 1}…[UPON 助记名 1][WITH NO ADVANCING]

14.8.10.2 语法规则

1） 助忆名 1 和环境部的 SPECIAL-NAMES 段中一个硬设备相关联。

2） 若字值 1 是数值的,则应该是一个无正负号的整数。

14.8.10.3 一般规则

1） DISPLAY 语句将每个操作数的内容按照列出的顺序传送给硬设备。由实现者定义字值 1 或由标识符 1 引用的数据项和硬设备之间的数据转换。

2） 对于每个硬设备,实现者应该规定数据传送的长度。

3） 若把象征常量指明为操作数中的一个,则只显示象征常量的单次出现。

4） 若硬设备能接收的数据项的长度与正被传送的数据项的长度相同,则传送该数据项。

5） 若硬设备所能接收的数据项的长度与正被传送的数据项的长度不同,则应用下列规定:

a） 若正在传送的数据项的长度超过硬设备一次传送能接收的数据的长度时,则数据从最左字符开始且从左方对齐存入接收硬设备中,然后根据一般规则 4)和 5)传送其余的数据,直到所有数据都传送完毕。在 1 级中,仅提供数据的一次传送。

b） 若硬设备能接收的数据长度超过要传送的数据长度,则传送的数据从左边对齐存入接收的硬设备中。

6） 若 DISPLAY 语句含有多个操作数时,则发送项的长度等于相关操作数的长度之和,并且这些操作数的值按照操作数出现的顺序传送,相邻的操作数之间不更改硬设备的定位。

7） 若未使用 UPON 短语,则使用实现者规定的标准显示设备。

8） 若指定了 WITH NO ADVANCING 短语,则在显示最后的操作数之后,硬设备的定位并不被置为下一行或作任何其他方法改变。若硬设备能定位到特定的字符位置,则它始终定位到最后显示出的操作数的最后一个字符之后的位置上。若硬设备不能定位到特定的字符位置,则只有用到的垂直位置受到影响。若硬设备支持覆盖打印,则这可以进行覆盖打印。

9） 若 WITH NO ADVANCING 短语未指明,则在最后操作数传送到硬设备后,硬设备的定位将重置成该设备的下一行的最左位置。

10） 若在硬设备上不能用到垂直位置,则操作系统将不考虑指定的或隐含的垂直位置。

14.8.11 DIVIDE 语句

DIVIDE 语句用一个数值数据项去除另一些数值数据项,并且置这些数据项的值为其商和余数。

14.8.11.1 一般格式

格式 1

DIVIDE {标识符 1 | 字值 1} INTO {标识符 2[ROUNDED]}…

[ON SIZE ERROR 命令语句 1][NOT ON SIZE ERROR 命令语句 2]

[END-DIVIDE]

格式 2

DIVIDE {标识符 1 | 字值 1} INTO {标识符 2 | 字值 2} GIVING {标识符 3[ROUNDED]}…

[ON SIZE ERROR 命令语句 1]

[NOT ON SIZE ERROR 命令语句 2][END-DIVIDE]

格式 3

DIVIDE {标识符 1 | 字值 1} BY {标识符 2 | 字值 2} GIVING{标识符 3[ROUNDED]}…

[ON SIZE ERROR 命令语句 1]

[NOT ON SIZE ERROR 命令语句 2][END-DIVIDE]

格式 4

DIVIDE {标识符 1 | 字值 1} INTO {标识符 2 | 字值 2} GIVING 标识符 3[ROUNDED]

REMAINDER 标识符 4[ON SIZE ERROR 命令语句 1]

[NOT ON SIZE ERROR 命令语句 2][END-DIVIDE]

格式 5

DIVIDE {标识符 1 | 字值 1} BY {标识符 2 | 字值 2} GIVING 标识符 3[ROUNDED]

REMAINDER 标识符 4[ON SIZE ERROR 命令语句 1]

[NOT ON SIZE ERROR 命令语句 2][END-DIVIDE]

14.8.11.2 语法规则

1) 每个标识符应该指称一个数值初等项，但和 GIVING 或 REMAINDER 短语有关的任何标识符应该指称一个数值初等项或一个数值编辑初等项。
2) 每个字值应该是一个数值字值。
3) 诸操作数的复合不能多于 18 个数字。该复合是一个假想的数据项，它是从给定语句中的(REMAINDER 数据项除外)所有接收数据项的经过叠置，按十进制小数点对齐后得到的。

14.8.11.3 一般规则

1) 当使用格式 1 时，把字值 1 或标识符 1 所引起的数据项之值存入临时数据项。再用临时数据项的值去除以标识符 2 引用的数据项之值。用商代替被除数的值(即标识符 2 引用的数据项之值)，按照标识符 2 所指定的从左到右的顺序用临时数据项去除以连续出现的标识符 2。
2) 当使用格式 2 时，用字值 1 或标识符 1 所引用的数据项之值去除以字值 2 或标识符 2 所引用的数据项之值，并把结果存入标识符 3 引用的所有数据项中。
3) 当使用格式 3 时，用字值 1 或标识符 1 所引用的数据项之值去除以字值 2 或标识符 2 引用的数据项之值，并把结果存入标识符 3 引用的数据项中。
4) 当使用格式 4 时，用字值 2 或标识符 2 所引用的数据项的值除以字值 1 或标识符 1 引用的数据项之值并把结果存于标识符 3 引用的数据项。再计算出余数并存入标识符 4 引用的数据项中。若标识符 4 带有下标，则在把余数存入标识符 4 引用的数据项之前先计算下标之值。
5) 当使用格式 5 时，用字值 1 或标识符 1 引用的数据项之值去除以字值 2 或标识符 2 引用的数据项之值，除法运算过程同格式 4 中所述。
6) 若要求从除法运算中得到余数(即标识符 4)时，则使用格式 4 和格式 5。COBOL 中的余数定义为从被除数中减去除数和商(标识符 3)的积。若标识符 3 定义为数值编辑项，则用于计算余数的商是一个中间域，它含有未经编辑过的商。若使用 ROUNDED，用于计算余数的商是一个中间域，它含有的值是 DIVIDE 语句截断过而不是舍入过的商。该中间域定义为数值域，其中包含的十进位数、小数点位置、带或不带符号都和商(标识符 3)一样。
7) 在格式 4 和格式 5 中，REMAINDER 数据项(标识符 4)的精确度是由上面描述的计算来确定的。当需要时，对由标识符 4 指称的数据项的值进行适当的十进制对齐和截断(而不是舍入)。

8） 当在格式 4 和格式 5 中使用 ON SIZE ERROR 短语时，则有下列规则

a） 若商发生长度错误，则余数计算便是没有意义的。因此，由标识符 3 和标识符 4 指称的数据项的内容保持不变。

b） 若余数发生长度错误，则由标识符 4 指称的数据项的内容保持不变。然而，同算术语句的多重结果的其他情况一样，用户应该自己分析发生的是哪种情况。

9） 有关这个语句的其他规则及说明在相应段中给出（参见 14.4.2，14.6.3，14.6.6，14.5.9，同时见有关 ROUNDED 和 ON SIZE ERROR 短语的表示的规则 6）到规则 8），这两个短语是从属于格式 4 和格式 5 的。）

14.8.12 EVALUATE 语句

EVALUATE 语句描绘了多分支，多汇合的结构。它能对多重条件求值，且目标程序的后续动作就取决于这些求值结果。

14.8.12.1 一般格式

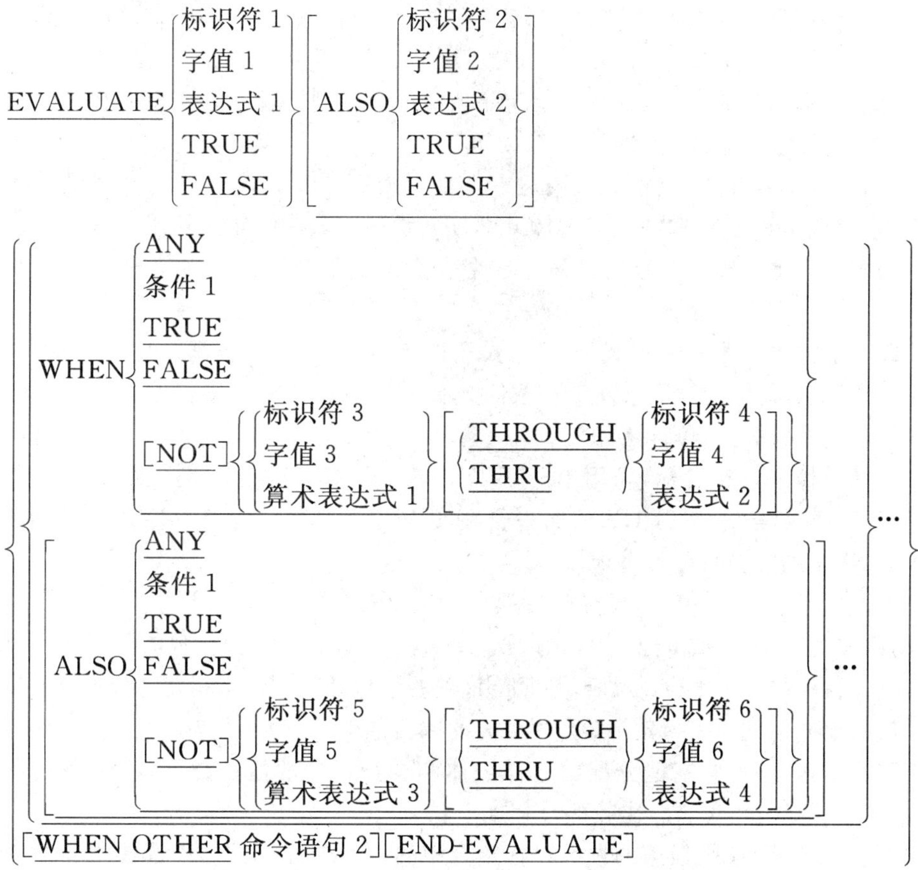

14.8.12.2 语法规则

1） 在 EVALUATE 语句的第一个 WHEN 短语之前出现的操作数或单词 TRUE 或 FALSE，当它们被个别地引用时，就看作是选择主体，而整体被引用（即所指定的成分都被引用）时，则作为选择主体的集合。

2） 在 EVALUATE 语句的 WHEN 短语中出现的操作数或单词 TRUE、FALSE 和 ANY，当它们被个别地引用时，就看作是选择目标，而被整体引用（即在 WHEN 语句中出现的所有成分都被引用）时，则作为选择目标的集合。

3） 单词 THROUGH 和 THRU 是等价的。

4） 由 THROUGH 短语连接的两个操作数应该属于同一类别，这样连接在一起的两个操作数构成一个选择目标。

5） 每一选择目标集合内的选择目标的数目应该和选择主体的数目相同。

6） 选择目标集合中的每一选择目标应该与选择主体集合中具有相同序位的选择主体相对应，其对应规则如下：

a） 在选择目标中出现的标识符、字值或算术表达式应该是有效的操作数，能够和选择主体集合中相应的操作数相比较。

b） 作为选择目标出现的条件1、条件2或单词TRUE或FALSE应该与选择主体集合中出现的条件表达式或单词TRUE或FALSE相对应。

c） 单词ANY可以和任何类型的选择主体相对应。

14.8.12.3 一般规则

1） EVALUATE语句在执行时，假定已对选择主体和选择目标求值并已分配给它们一个数值或非数值之值、一个数值或非数值的范围、或一逻辑值。这些值按下列方法确定：

a） 由标识符1、标识符2指定的任一选择主体和由标识符3、标识符5指定的任一选择目标，在没有NOT和THROUGH短语时，都被赋以由那个标识符引用的数据项的值和类别。

b） 由字值1、字值2指定的任一选择主体和由字值3、字值5指定的任一选择目标，在没有NOT和THROUGH短语时，被赋以指定字值的值和类别。若字值3和字值5是象征常量ZERO，则被赋值为相应选择目标的类别。

c） 对任一选择主体，（其中的表达式1、表达式2指定为算术表达式）赋给它一个数值型值；对任一选择目标，在没有NOT和THROUGH短语时，（其中指定了算术表达式1和算术表达式3）则对它也赋给一个数值型值。这个数值型值是根据算术表达式的求值规则得到的。

d） 对任一选择主体，（其中的表达式1、表达式2指定为条件表达式）赋给它一个数值型值；对任一选择目标，其中指定了条件1和条件2，则对它也赋给一个逻辑值。这个逻辑值是根据条件表达式的求值规则得到的。

e） 对任一选择主体或选择目标，如用单词TRUE或FALSE来指定，则赋给它们一个逻辑值。逻辑值真赋给指定为TRUE的那些项，而逻辑值假则赋给指定为FALSE的那些项。

f） 对由ANY指定的选择目标不再求值。

g） 若对一选择目标指定了THROUGH短语但没有NOT短语，则选择主体的取值范围包括（根据比较规则）大于或等于第一运算分量且小于或等于第二操作数的所有允许值。

h） 若对一选择目标指定了NOT短语，则赋给该项的值包括不同于未指定NOT短语时赋给该项的值的那些值或在未指定NOT短语时的取值范围之外的值。

2） EVALUATE语句执行时，假定把分配给选择主体和选择目标的值进行比较，以确定是否有WHEN短语满足选择主体集合。比较的过程如下：

a） 把对应于第一个WHEN短语的选择目标集合中的每一个选择目标和选择主体集合中具有相同序位的选择主体相比较，若比较成功的话，选择应该满足下列条件之一：

- 若赋给被比较的数据项以数值型或非数值型的值，或是数值型或非数值型的取值范围之一，则根据比较规则，若赋给选择目标的值或取值范围之一与赋给选择主体的值相同，则比较是成功的。
- 若把逻辑值赋给被比较的数据项，则当它们被赋以相同逻辑值时比较才成功。
- 若对被比较地选择目标指定了单词ANY，则不管选择主体的值如何，比较总是成功的。

b） 若要比较的选择目标集合中每一选择目标其比较都是成功的，就把包含该选择目标的WHEN短语作为满足选择主体的WHEN短语。

c） 若要比较的选择目标集合中有一个或多个选择目标其比较不成功，则该选择目标集合不满足选择主体集合。

d) 对余下的选择目标，按其在源程序中的出现顺序，重复上述过程，直到找到一个满足选择主体的 WHEN 短语或比较完所有的选择目标集合为止。

3) 完成比较操作之后，就继续执行 EVALUATE 语句，其过程如下：

a) 若选择到 WHEN 短语，则执行紧跟在该被选到的 WHEN 短语之后的第一个命令语句 1。

b) 若没有选择到 WHEN 短语但指定了 WHEN OTHER 短语，则执行命令语句 2。

c) 当执行到达被选到的 WHEN 短语的命令语句 1 的结束处或命令语句 2 的结束处，或者，当没有 WHEN 短语被定义且没有指明 WHEN OTHER 短语时，执行 EVALUATE 语句的指示就结束了。

14.8.13 EXIT 语句

14.8.13.1 功能

EXIT 语句为一系列的过程提供公共的结束点。

14.8.13.2 一般格式

EXIT

14.8.13.3 语法规则

EXIT 语句应该单独组成一个句子，且应该单独组成一段。

14.8.13.4 一般规则

EXIT 语句仅仅使用户能在程序的给定点指派一个过程名，这样的 EXIT 语句在程序编译或执行中并没有其他的作用。

14.8.14 FREE 语句

FREE 语句释放先前由 ALLOCATE 语句获得的动态存储空间。

14.8.14.1 一般格式

FREE{数据名 1}…

14.8.14.2 语法规则

数据名 1 引用的数据项应是数据指针类型。

14.8.14.3 一般规则

1) FREE 语句操作过程如下：

a) 若数据名 1 引用的数据指针确定当前 ALLOCATE 语句分配的存储空间的开始位置，则那个存储空间被释放且数据名 1 引用的数据指针置为 NULL，而被释放的存储空间的长度就是 ALLOCATE 语句获得的存储空间长度，任何位于该被释放存储空间的数据项的内容都成为未定义的。

b) 否则，若数据名 1 引用的数据指针包含预定义的地址 NULL，则那个操作数没有操作。

c) 否则，EC-STORAGE-NOT-ALLOC 异常条件存在。

2) 若在 FREE 语句中规定了不止一个数据名 1，则执行该 FREE 语句的结果就如同为每一个数据名 1 以在 FREE 语句中规定的相同顺序书写一个单独的 FREE 语句。若一个隐含的 FREE 语句导致执行含 NEXT STATEMENT 短语的 RESUME 语句的声明过程的完成，则若有下一个隐含 FREE 语句的话，处理继续进行。

14.8.15 GENERATE 语句

GENERATE 语句指使 RWCS 按照数据部报表节中规定的报表描述产生一个报表。

14.8.15.1 一般格式

GENERATE {数据名 1 | 报表名 1}

14.8.15.2 **语法规则**

1) 数据名 1 应该命名一个 TYPE DETAIL 报表栏,并可由报表名限定。

2) 仅当被引用的报表描述含有:

a) 一个 CONTROL 子句,及

b) 不多于一个 DETAIL 报表栏,及

c) 至少一个报表体栏时方可使用报表名 1。

14.8.15.3 **一般规则**

1) 为响应 GENERATE 报表名 1 语句,RWCS 执行累计处理。对一个报表,若要执行的所有 GENERATE 语句都有形式 GENERATE 报表名 1,则产生的报表称为累计报表。累计报表是 DE-TAIL 报表栏不呈现的报表。

2) 为响应 GENERATE 数据名 1 语句,RWCS 执行细目处理。包括对 GENERATE 语句指定的那个 DETAIL 报表栏所特有的某些处理。一般说来,GENERATE 数据名 1 语句的执行使 RWCS 呈现指定的 DETAIL 报表栏。

3) 对一个给定的报表,在执行时序上第一个 GENERATE 语句的期间,RWCS 保存控制数据项中的值。对同一个报表,在第二及以后的 GENERATE 语句执行期间,直到检测到一个控制中止,RWCS 利用这组控制值以决定是否要发生控制中止。当一个控制中止发生时,RWCS 保存这组新的控制值。此后,RWCS 用它去检测控制中止直到另一个控制中止发生为止。

4) 在报表呈现期间,当为了呈现一个报表体栏而 RWCS 应该将报表推进到一个新页时,若定义了 PAGE HEADING 和 PAGE FOOTING 报表栏的话,RWCS 的一个自动功能是处理 PAGE HEADING 和 PAGE FOOTING 报表栏。

5) 对给定的报表,只要下述的报表栏在报表描述中定义,在时序上第一个 GENERATE 语句被执行时,RWCS 顺序地处理这些列出的报表栏,RWCS 也处理一般规则 4)中描述的 PAGE HEADING 和 PAGE FOOTING 报表栏。当处理每类报表栏时,RWCS 所采取的动作为:

a) 处理 REPORT HEADING 报表栏。

b) 处理 PAGE HEADING 报表栏。

c) 由高层到低层处理所有的 CONTROL HEADING 报表栏。

d) 若 GENERATE 数据名 1 语句正在执行,则进行指定的 DETAIL 报表栏的处理。若 GENERATE 报表名 1 语句正在执行,处理 DETAIL 报表栏所涉及到的某些步骤亦执行。

6) 对一个给定的报表,当时序上非第一个 GENERATE 语句执行时,RWCS 执行下面列举的各步骤。RWCS 也处理一般规则 4)中描述的 PAGE HEADING 和 PAGE FOOTING 报表栏。RSCS 处理每类报表栏时所采取的动作见 TYPE 子句的解释。

a) 检测控制中止。确定控制数据项相等的规则,与关系条件所规定的那些规则相同。若一个控制中止已经发生,则,

- 使 CONTROL FOOTING USE 过程和 CONTROL FOOTING SOURCE 子句能够存取 RWCS 用来检测给定的控制中止的控制数据项的值。
- 按由低层到高层的顺序处理 CONTROL FOOTING 报表栏。只有那些层次不高于发生控制中止的最高层的 CONTROL FOOTING 报表栏才被处理。
- 按由高层到低层的顺序处理 CONTROL HEADING 报表栏。只有那些不比发生控制中止的最高层更高层的 CONTROL HEADING 报表栏才被处理。

b) 若 GENERATE 数据名 1 语句正在被执行,就对指定的 DETAIL 报表栏进行处理。若 GENERATE 报表名 1 语句正在执行,则处理 DETAIL 报表栏所涉及的某些步骤。

7) 对一个报表,GENERATE 语句只能在 INITIATE 语句执行后和 TERMINATE 语句执行之

前执行。

14.8.16 GO TO 语句

GO TO 语句使控制从过程部的某一部分转移到另一部分。在标准 COBOL 的这一版本中视 GO TO 语句的格式 1 中的过程名 1 是过时成分，因为在标准 COBOL 的以后的修改版中要把它删掉。

14.8.16.1 一般格式

格式 1

GO TO [1 过程名 1]

格式 2

GO TO{过程名 1}…

DEPENDING ON 标识符 1

14.8.16.2 语法规则

1) 标识符 1 是数值初等项名，且该初等项为整数。

2) 若一个段被 ALTER 语句引用，则该段只能由段首后接一个格式 1 的 GO TO 语句组成。

3) 在格式 1 中，不含有过程名的 GO TO 语句，应该是段中惟一的一个语句。

4) 若格式 1 的 GO TO 语句出现在一个由一串命令语句组成的句子中，则它应该是该语句串的最末一个语句。

14.8.16.3 一般规则

1) 当执行格式 1 的 GO TO 语句时，控制便转移到过程名 1。

2) 若过程名 1 在格式 1 中并未指明，则更改该 GO TO 语句的 ALTER 语句应该在执行该 GO TO 语句之前先执行。

3) 当执行格式 2 的 GO TO 语句时，根据标识符 1 的值是 1,2,…,n，控制将分别转移到过程名 1 等。若标识符 1 的值不是正数或不是无正负号的整数 1,2,3,…,n，则控制将不转移并按照通常的次序执行下一个语句。

14.8.17 GOBACK 语句

GOBACK 语句标记一个函数、方法或程序的逻辑末端。

14.8.17.1 一般格式

```
          ┌          ┌ EXCEPTION 异常名 1 ┐ ┐
GOBACK    │ RAISING  ┤ 标识符 1            ├ │
          └          └ LAST EXCEPTION     ┘ ┘
```

14.8.17.2 语法规则

若为了一个声明过程而在与之相关的 USE 语句中规定 GLOBAL 短语，则在该声明过程中不应再规定 GOBACK 语句。

14.8.17.3 一般规则

1) 若在一个调用运行时元素控制下的程序中执行 GOBACK 语句，则该程序运行就如同执行一个含 RAISING 短语的 EXIT PROGRAM，若有 RAISING 短语的话，则在 GOBACK 语句中规定它。

2) 若在一个不在调用运行时元素控制下的程序中执行 GOBACK 语句，则该程序运行就如同执行一个不含任何选择性短语的 STOP 语句。若规定了 RAISING 短语，则可以忽略。

3) 若在一个函数中执行 GOBACK 语句，则该函数运行就如同执行一个含 RAISING 短语的 EXIT FUNCTION 语句，若有 RAISING 短语的话，则在 GOBACK 语句中规定它。

4) 若在一个方法中执行 GOBACK 语句，则该方法运行就如同执行一个含 RAISING 短语的 EXIT METHOD 语句，若有 RAISING 短语的话，则在 GOBACK 语句中规定它。

5) 若 GOBACK 语句的执行是在这样一个声明过程的范围内，即其 USE 语句包含 GLOBAL 短语且 USE 语句和 GOBACK 语句一样规定在同一个程序中，则 EC-FLOW-GLOBAL-GOBACK 异常条件存在。

14.8.18 IF 语句

IF 语句用来对条件求值。目标程序的下一动作取决于条件的“真”、“假”值。

14.8.18.1 一般格式

$$\underline{\text{IF}}\ \text{条件 1}\ \text{THEN}\left\{\begin{array}{l}\{\text{语句 1}\}\cdots\\ \underline{\text{NEXT}}\ \underline{\text{SENTENCE}}\end{array}\right\}\left\{\begin{array}{l}\underline{\text{ELSE}}\{\text{语句 2}\}\cdots[\underline{\text{END-IF}}]\\ \underline{\text{ELSE}}\ \underline{\text{NEXT}}\ \underline{\text{SENTENCE}}\\ \underline{\text{END-IF}}\end{array}\right\}$$

14.8.18.2 语法规则

1） 语句 1 和语句 2 表示一个命令语句或是一个命令语句，其后任选地跟着一个条件语句。有关语句 1 和语句 2 的规则的进一步描述在其他地方给出(参见 14.4.2)。

2） 若 ELSE NEXT SENTENCE 短语紧接位于句子的结束句号之前，则该语句可以省略。

3） 若指定 END-IF 短语，就不能出现 NEXT SENTENCE 短语。

14.8.18.3 一般规则

1） IF 语句的作用域由下列之一结束：

   a） 同一嵌套层次的 END-IF 语句。

   b） 句号分隔符。

   c） 出现嵌套时的一个与较高嵌套层次中的 IF 语句相关联的 ELSE 短语

2） 当执行 IF 语句时，出现如下的控制转移：

   a） 若条件为真且指定了语句 1，则控制转移到语句 1 的第一个语句，根据语句 1 中指定的语句规则执行各语句。若执行到一个产生明显控制转移的过程分支或条件语句时，则根据该语句的规则明显地进行控制转移。语句 1 执行完后，则跳过 ELSE 短语(若指明的话)且把控制转移到 IF 语句的结束处。

   b） 若条件是真且在语句 1 处代以 NEXT SENTENCE 短语，则跳过 ELSE 短语(若指明的话)且把控制转移到下一可执行的句子。

   c） 若条件是假且指定了语句 2，则跳过语句 1 或它的代替成分 NEXT SENTENCE，把控制转移到语句 2 的第一个语句，并根据语句 2 中指定的语句的规则执行各语句。若执行到一个产生明显控制转移的过程分支或条件语句时，则根据该语句的规则明显地进行控制转移。执行完语句 2 后，控制转移到 IF 语句的结束处。

   d） 若条件是假，且未指定 ELSE 短语，则跳过语句 1，控制转移到 IF 语句的结束处。

   e） 若条件是假且有 ELSE NEXT SENTENCE 短语，则跳过语句 1，控制转移到下一可执行的句子。

3） 语句 1 和/或语句 2 可以包含 IF 语句，这样的 IF 语句称为嵌套的。有关嵌套的其他细节见相应各段(参见 14.4.2)。

IF 语句中的 IF 语句可以认为是从左到右进行 IF、ELSE 和 END-IF 的配对组合。因此，遇见任一 ELSE 或 END-IF 就要考虑用紧前的尚未和 ELSE 或 END-IF 配对的 IF。

14.8.19 INITIALIZE 语句

INITIALIZE 语句提供一种功能，把预先确定的值放入选定类型的数据域中，例如：把零放入数值型数据中，把空格放入字符型数据中。

14.8.19.1 一般格式

$\underline{\text{INITIALIZE}}\{\text{标识符 1}\}\cdots$

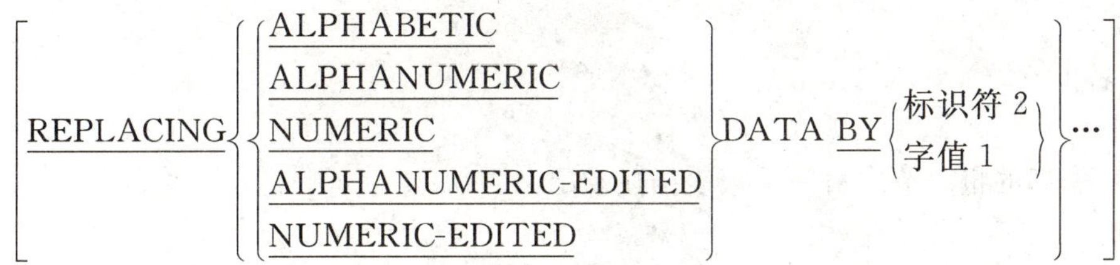

14.8.19.2 **语法规则**

1) 字值1和由标识符2引用的数据项表示发送区,由标识符1引用的数据项表示接收区。
2) 在REPLACING短语中出现的任一类别都应该是在MOVE语句允许作为接收操作数的类别,并且由标识符2引用的数据项或字值1则作为该MOVE语句的发送操作数。
3) REPLACE短语中不允许重复出现同样的类别。
4) 由标识符1引用的数据项或从属于标识符1的所有项的描述中都不能包含OCCURS子句的DEPENDING短语。
5) 索引数据项不能作为INITIALIZE语句的操作数出现。
6) 标识符1引用的数据项的数据描述款中不能出现RENAMES子句。

14.8.19.3 **一般规则**

1) 紧跟在字REPLACING之后的关键字对应于一数据类别。
2) 不论标识符1引用的是初等项还是组项,所有的操作在执行时,都假定已给出一系列的MOVE语句,且每个MOVE语句都有一初等项作为其接收域。主体应该遵守下列规则:
3) 若指明了REPLACING短语:
   a) 若标识符1引用的是组项,则只有当该组项中的初等项属于REPLACING短语所指定的类别时,才对它进行初始化。
   b) 若标识符1引用的是初等项,则只有当该初等项属于REPLACING短语所指定的类别时,才对它进行初始化。

   初始化如下进行:把标识符2引用的数据项或字值1当作隐含的MOVE语句中操作数发送到所标识的项中。

   所有这些初等接收域,包括组项中表项的所有出现,都要受到影响;惟一的例外是在一般规则3)和一般规则4)中指明的那些域。
4) 索引数据项和初等FILLER数据项在INITIALIZE语句执行过程中不受影响。
5) 任何从属于一个接收域标识符且包含REDEFINES子句的数据项,或者任何从属这种项的数据项都不受本操作的影响。不过,接收域标识符本身可以带有REDEFINES子句或从属于一个带有REDEFINES子句的数据项。
6) 当语句中不出现REPLACING短语时,把空格赋给类型为字母型、字符型或字符编辑型的数据项;把零赋给类型为数值型或数据编辑型的数据项。

   在这种情况下,操作就相当于把每个受影响的数据项作为初等MOVE语句的接收域,并带有指定的源字值(即:空格或零)。
7) 在所有情况下,都根据INITIALIZE语句中标识符1出现的顺序(从左到右)把指定值存入标识符1所引用的数据项中。在这个序列中,标识符1引用的是组项,按照受影响的初等项在组项中定义的顺序进行初始化。
8) 若标识符1的存区与标识符2相同,即使它们是由同一数据描述款定义的,该语句的执行结果仍然是不确定的。

14.8.20 **INITIATE语句**

INITIATE语句使报表编制控制系统(RWCS)开始一个报表的处理。

14.8.20.1 一般格式

INITIATE{报表名 1}…

14.8.20.2 语法规则

报表名 1 应该在数据部的报表节中由一个报表描述款定义。

14.8.20.3 一般规则

1) 对每个指名的报表，INITIATE 语句执行下列初始化功能：
   a) 所有的求和计数器置零。
   b) LINE-COUNTER 置零。
   c) PAGE-COUNTER 置 1。
2) INITIATE 语句不打开与该报表相关联的文件。因此对该文件，一个带有 OUTPUT 短语或 EXTEND 短语的 OPEN 语句应该在 INITIATE 语句执行之前执行。
3) 对报表名 1，除非执行一个插在中间的该报表名 1 的 TERMINATE 语句，否则不应执行随后的 INITIATE 语句。
4) 若在 INITIATE 语句中指出多于一个报表名，则执行这种 INITIATE 语句的结果与执行对每个报表名书写了各个 INITIATE 语句的结果一样，其各语句的顺序与 INITIATE 语句中指明的各报表名的顺序相同。

14.8.21 INSPECT 语句

INSPECT 语句提供了计数或替代数据项中出现的单个字符或字符组的能力。

14.8.21.1 一般格式

格式 1

```
INSPECT 标识符 1 TALLYING
 ┌ 标识符 2 FOR                                                                 ┐
 │ ┌ CHARACTERS [{BEFORE} INITIAL {标识符 4}]…                               ┐ │
 │ │             {AFTER }         {字值 2  }                                 │ │
 {  {                                                                        }…}…
 │ │ {ALL    } {{标识符 3} [{BEFORE} INITIAL {标识符 4}]…}…                  │ │
 │ └ {LEADING} {{字值 1  } [{AFTER }         {字值 2  }]   }                 ┘ │
 └                                                                             ┘
```

格式 2：

```
INSPECT 标识符 1 REPLACING
 { CHARACTERS BY {标识符 5} [{BEFORE} INITIAL {标识符 4}]…                                       }
 {               {字值 3  } [{AFTER }         {字值 2  }]                                        }
 {                                                                                               }…
 { {ALL    }                                                                                     }
 { {LEADING} {{标识符 3} BY {标识符 5} [{BEFORE} INITIAL {标识符 4}]…}…                          }
 { {FIRST  } {{字值 1  }    {字值 3  } [{AFTER }         {字值 2  }]   }                         }…
```

格式 3

```
INSPECT 标识符 1 TALLYING
 ┌ 标识符 2 FOR                                                                 ┐
 │ ┌ CHARACTERS [{BEFORE} INITIAL {标识符 4}]…                               ┐ │
 │ │             {AFTER }         {字值 2  }                                 │ │
 {  {                                                                        }…}…
 │ │ {ALL    } {{标识符 3} [{BEFORE} INITIAL {标识符 4}]…}…                  │ │
 │ └ {LEADING} {{字值 1  } [{AFTER }         {字值 2  }]   }                 ┘ │
 └                                                                             ┘
REPLACING
```

$$\left\{\left\{\begin{array}{l}\underline{\text{CHARACTERS}}\ \underline{\text{BY}}\left\{\begin{array}{l}\text{标识符 5}\\\text{字值 3}\end{array}\right\}\left[\left\{\begin{array}{l}\underline{\text{BEFORE}}\\\underline{\text{AFTER}}\end{array}\right\}\text{INITIAL}\left\{\begin{array}{l}\text{标识符 4}\\\text{字值 2}\end{array}\right\}\right]\cdots\\\left\{\begin{array}{l}\underline{\text{ALL}}\\\underline{\text{LEADING}}\\\underline{\text{FIRST}}\end{array}\right\}\left\{\left\{\begin{array}{l}\text{标识符 3}\\\text{字值 1}\end{array}\right\}\underline{\text{BY}}\left\{\begin{array}{l}\text{标识符 5}\\\text{字值 3}\end{array}\right\}\left[\left\{\begin{array}{l}\underline{\text{BEFORE}}\\\underline{\text{AFTER}}\end{array}\right\}\text{INITIAL}\left\{\begin{array}{l}\text{标识符 4}\\\text{字值 2}\end{array}\right\}\right]\cdots\right\}\cdots\end{array}\right\}\cdots\right\}\cdots$$

格式 4

$$\underline{\text{INSPECT}}\ \text{标识符 1}\ \underline{\text{CONVERTING}}\left\{\begin{array}{l}\text{标识符 6}\\\text{字值 4}\end{array}\right\}\underline{\text{TO}}\left\{\begin{array}{l}\text{标识符 7}\\\text{字值 5}\end{array}\right\}$$

$$\left[\left\{\begin{array}{l}\underline{\text{BEFORE}}\\\underline{\text{AFTER}}\end{array}\right\}\text{INITIAL}\left\{\begin{array}{l}\text{标识符 4}\\\text{字值 2}\end{array}\right\}\right]\cdots$$

14.8.21.2 语法规则

所有格式：

1) 标识符 1 应该引用的是一个组项或任何显式或隐式作为 USAGE IS DISPLAY 那类初等项。

2) 标识符 3…标识符 n 引用的应该是(显式或稳式地)作为 USAGE IS DISPLAY 的初等项。

3) 每个字值应该是非数值的，且不能是由单词 ALL 开头的象征常量。若字值 1、字值 2 或字值 4 是象征常量，则它指向一个隐含的单字符数据项。

4) 对任一 ALL、LEADING、CHARACTERS、FIRST 或 CONVERTING 短语不能指定一个以上的 BEFORE 短语和 AFTER 短语。

5) 在 1 级中，字值 1、字值 2 和字值 3，以及由标识符 3、标识符 4 和标识符 5 所引用的数据项的长度应该是一个字符，在语法规则和一般规则中若无特别注明，这个有关长度的限制并不适用于 2 级。

格式 1 和 3

6) 标识符 2 应该引用一数值型初等数据项。

格式 2 和 3

7) 字值 3 或标识符 5 引用的数据项的长度应该等于字值 1 或标识符 3 引用的数据项的长度。当一象征常量用作字值 3 时，该象征常量的长度等于字值 1 或标识符 3 引用的数据项的长度。

8) 当使用 CHARACTERS 短语时，字值 2、字值 3 或由标识符 4、标识符 5 引用的数据项的长度应该是一个字符。

格式 4

9) 字值 5 或标识符 7 引用的数据项的长度应该等于字值 4 或标识符 6 引用的数据项的长度。当一象征常量用作字值 5 时，该象征常量的长度等于字值 4 或标识符 6 引用的数据项的长度。

10) 无论在字值 4 中还是在标识符 6 引用的数据项中均不允许同一字符出现多于一次。

14.8.21.3 一般规则

所有格式：

1) 检测(包括比较循环、为 AFTER 或 BEFORE 短语建立边界，以及计数和/或替代的机制)从标识符 1 所引用的各类数据项的最左字符位置开始，按照一般规则 5)到 7)中所述从左到右进行，直到最右字符位置为止。

2) 对于 INSPECT 语句的使用，标识符 1、标识符 3、标识符 4、标识符 5、标识符 6 或标识符 7 所引用的数据项的内容应按以下方法处理：

   a) 若标识符 1、标识符 3、标识符 4、标识符 5、标识符 6 或标识符 7 中的任一个引用字母型或字符型数据项，则 INSPECT 语句把上述每个标识符的内容都看作字符串。

   b) 若标识符 1、标识符 3、标识符 4、标识符 5、标识符 6 或标识符 7 中的任一个引用字符编辑型，数值编辑型或无正负号数值型的数据项，则将该数据项看作已重新定义为字符型进行检测(见一般规则 2)a),而 INSPECT 将引用上述重新定义的数据项。

c) 若标识符 1、标识符 3、标识符 4、标识符 5、标识符 6 或标识符 7 中的任一个引用有正负号的数值数据项,则检测该数据项就看作它已被传送到一个长度相同(但不包括任何独立符号位置)的无正负号的数值数据项中一样。于是就可应用一般规则 2)b)中的各项规定(参见 14.8.24)。若标识符 1 是带有正负号的数值型数据项,则在 INSPECT 语句执行完后保留原来的正负号。

3) 在一般规则 5)到 17)中所有涉及到字值 1、字值 2、字值 3、字值 4、字值 5 的规定同样适用于由标识符 3、标识符 4、标识符 5、标识符 6 和标识符 7 所引用的数据项的内容。

4) 与每个标识符相关联的下标只求值一次,并作为 INSPECT 语句执行过程中的第一个操作。

格式 1 和 2

5) 在检测标识符 1 所引用的数据项的内容时,每出现一次字值 1 的合适匹配,就进行计数(对格式 1 而言)或用字值 3 替代(对格式 2 而言)。

6) 确定被计数或被替代的字值 1 的出现所进行的比较操作,按下列方法进行:

a) TALLYING 和 REPLACING 短语的操作数按它们在 INSPECT 语句中所指明的顺序从左到右进行检测。从标识符 1 所引用的数据项的最左字符位置开始,以第一个字值 1 与个数相同的相邻接的字符进行比较。当字值 1 和标识符 1 所引用的数据项内容中的那部分逐个字符相等且满足下列条件时它们才算匹配:

- 若没有指定 LEADING 也没有指定 FIRST;或
- 若 LEADING 短语适用于字值 1 且字值 1 是先导出现像一般规则 10)和 13)定义的那样;或
- 若 FIRST 短语适用于字值 1 且字值 1 是首次出现像一般规则 10)和 13)定义的那样。

b) 若在和第一个字值 1 的比较中没有出现匹配,则再用后继的字值 1 来重复这种比较,直至出现匹配或没有下一个后继的字值 1 时为止。当没有下一个后继的字值 1 时,标识符 1 所指的数据项中紧靠在上次比较循环中作为最左字符位置右边的那个字符位置被当作最左字符位置,而比较循环再从第一个字值 1 开始。

c) 每出现一次匹配,便按照一般规则 10)和 13)中所述来进行计数和/或替代,在标识符 1 引用的数据项中,紧挨在参加该匹配的最右边一个字符的右边的那个字符位置,现在被当作是标识符 1 引用数据项的最左字符位置,而比较循环再由第一个字值 1 开始。

d) 比较操作一直继续到标识符 1 引用的数据项的最右字符位置已经参与了一次匹配或已被认为是最左字符位置时为止。这时,检测结束。

e) 若指明 CHARACTERS 短语,则一个隐含的单字符的操作数参与前面段 6)a)到 6)d)中描述的循环,只是不需和标识符 1 引用的数据项的内容进行比较。这个隐含的字符总被认为是与标识符 1 所引用的数据项的内容中参加当前比较循环的最左字符相匹配的。

7) 一般规则 6)中定义的比较操作受 BEFORE 和 AFTER 短语的影响如下:

a) 若未指明 BEFORE 或 AFTER 短语,字值 1 或 CHARACTERS 短语隐含的操作数按一般规则 6)中所述参加比较操作。字值 1 或 CHARACTERS 短语中隐含的操作数优先参加标识符 1 的最左字符位的匹配。

b) 若指明了 BEFORE 短语,有关的字值 1 或 CHARACTERS 短语所隐含的操作数,只参加一部分的比较循环,即下述从标识符 1 所引用的数据项内容的最左字符位置开始直到(但不包括)标识符 1 引用的数据项内容中的字值 2 的第一次出现时为止的那段数据项内容。这个第一次出现的位置,是在一般规则 6)中描述的比较操作的第一次循环开始之前确定的。若在任何一次比较循环中,字值 1 或 CHARACTERS 短语所隐含的操作数不适合参加比较,则认为与标识符 1 引用的数据项的内容不匹配。若在标识符 1 引用的数据项的内容中不出现字值 2,则与之相应的字值 1 或 CHARACTERS 短语所隐含的操作数就象没有指明 BEFORE 短语一样参加比较操作。

c) 若指明了 AFTER 短语,相应的字值 1 或 CHARACTERS 短语所隐含的操作数只能参加各个部分的比较循环,即标识符 1 引用的数据项的内容中,从字值 2 的第一次出现的最右字符位置紧右边的那个字符位置起,直到标识符 1 引用的数据项的最右字符位置为止的那段数据项内容。这个第一次出现的位置是在一般规则 6)中描述的比较操作的第一次循环开始之前确定的。若在任何一次比较循环中,字值 1 或 CHARACTERS 短语所隐含的操作数不适合参加比较,就认为与标识符 1 引用的数据项的内容不匹配。若标识符 1 所引用的数据项的内容不出现字值 2,则它的相应的字值 1 或 CHARACTERS 短语所隐含的操作数,完全不适合参加比较操作。

格式 1

8) 必需字 ALL 和 LEADING 是修饰语,它们适用于每个相继的字值 1,直到出现另一个修饰语为止。

9) INSPECT 语句的执行不初始化标识符 2 引用的数据项的内容。

10) 计数的规则如下:

a) 若指明了 ALL 短语,在标识符 1 引用的数据项的内容中,每出现一次相匹配的字值 1,则标识符 2 引用的数据项的内容就增加 1。

b) 若指明了 LEADING 短语,在标识符 1 引用的数据项的内容中,相匹配的字值 1 每相继出现一次,则标识符 2 所引用的数据项的内容就增加 1,但假定这种匹配出现的最左点是字值 1 适合参加的第一次比较循环的开始点。

c) 若指明了 CHARACTERS 短语,在标识符 1 所引用的数据项的内容中,在一般规则 6)e)的意义下,对于相匹配的每个字符,标识符 2 所引用数据项的内容就增加 1。

11) 若标识符 1、标识符 3 或标识符 4 占用的存区与标识符 2 相同,则即使它们是用同一数据描述款定义的,该语句的执行结果也是未定义的。

格式 2

12) 必需字 ALL、LEADING 和 FIRST 是修饰语。它应用于每个后继的 BY 短语,直到下一个修饰语句出现为止。

13) 替代规则如下:

a) 当指明了 CHARACTERS 短语时,在一般规则 6)e)的意义下标识符 1 引用的数据项的内容中每一个相匹配的字符均用字值 3 替代。

b) 当指明了修饰语 ALL 时,标识符 1 引用的数据项中每次出现的相匹配的字值 1 都用字值 3 替代。

c) 当指明了修饰语 LEADING 时,标识符 1 引用的数据项的内容中相匹配的字值 1 的第一次及每次相邻出现都用字值 3 替代。这是假定匹配出现的最左边的位置是在字值 1 适合参加的第一次比较循环中的开始点。

d) 当指明了修饰语 FIRST 时,标识符 1 引用的数据项的内容中最左边出现的那个相匹配的字值 1 用字值 3 替代。这条规则适用于相邻的 FIRST 短语而不管字值 1 内容如何。

14) 若标识符 3、标识符 4 或标识符 5 占有的存区和标识符 1 相同,则即使它们是由同一数据描述款定义的,该语句的执行结果仍然是无定义的。

格式 3

15) 解释和执行格式 3 的 INSPECT 语句就好像对同一个标识符 1 写了两个相继的 INSPECT 语句一样,一个是与格式 3 语句中指明相同的带有 TALLING 短语的格式 1 语句,另一个是与格式 3 语句中说明相同的带有 REPLACING 短语的格式 2 语句。对匹配和计数给出的一般规则适用于该格式 1 语句，对匹配和替代给出的一般规则适用于该格式 2 语句。与格式 2 语句中任一标识符相关联的下标在执行格式 1 语句之前求值一次。

格式 4

16） 解释和执行格式 4 的 INSPECT 语句就好像对同一个标识符 1 写出了一个带有一串 ALL 短语的格式 2 INSPECT 语句一样，每个短语对应于字值 4 中每个字符。其结果就好像每个 ALL 短语，作为字值 1 引用时是字值 4 的单个字符，而作为字值 3 引用时是字值 5 中相应的单个字符。字值 4 和字值 5 的字符之间的对应关系由数据项中的序位决定。

17） 若标识符 4、标识符 6 或标识符 7 占用的存区和标识符 1 相同，则即使它们是由同一数据描述款定义的，该语句的执行结果仍然是无定义的。

14.8.22 INVOKE 语句

INVOKE 语句产生一个调用的方法。

14.8.22.1 一般格式

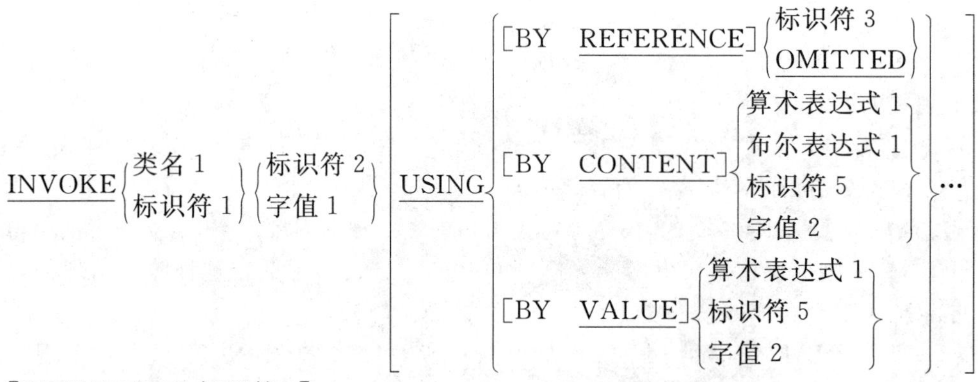

[RETURNING 标识符 4]

14.8.22.2 语法规则

1） 标识符 1 应是一个对象引用。

2） 字值 1 应是字母数值类型或本土类型。

3） 若类别名 1 已规定，则字值 1 也应规定。字值 1 的值应是在类别名 1 的工厂接口中定义的方法名称。

4） 若标识符 1 已规定且没有引用通用对象引用，则应规定字值 1。字值 1 的值应是一个方法的名称，依以下条件而定：

a） 若标识符 1 引用了一个用类别名和 FACTORY 短语描述的对象引用，则字值 1 应是那个类别名的工厂接口中包含的方法名称。

b） 若标识符 1 引用了一个用类别名而不用 FACTORY 短语描述的对象引用，则字值 1 应是那个类别名的实例接口中包含的方法名称。

c） 若标识符 1 引用了一个用 ACTIVE-CLASS 短语和 FACTORY 短语描述的对象引用，则字值 1 应是那个包含 INVOKE 语句的类的工厂接口中包含的方法名称。

d） 若标识符 1 引用了一个用 ACTIVE-CLASS 短语而不用 FACTORY 短语描述的对象引用，则字值 1 应是那个包含 INVOKE 语句的类的实例接口中包含的方法名称。

e） 若标识符 1 引用了一个用接口名描述的对象引用，则字值 1 应是那个接口名引用的接口中包含的方法名称。

f） 若标识符 1 引用了预定义的对象引用 SELF 并且包含了 INVOKE 语句的方法是一个工厂方法，则字值 1 应是那个包含 INVOKE 语句的类的工厂接口中包含的方法名称。

g） 若标识符 1 引用了预定义的对象引用 SELF 并且包含了 INVOKE 语句的方法是一个实例方法，则字值 1 应是那个包含 INVOKE 语句的类的实例接口中包含的方法名称。

h) 若标识符 1 引用了预定义的对象引用 SUPER 并且包含了 INVOKE 语句的方法是一个工厂方法，则字值 1 应是那个由包含 INVOKE 语句的类所继承的类的工厂接口中包含的方法名称。

i) 若标识符 1 引用了预定义的对象引用 SUPER 并且包含了 INVOKE 语句的方法是一个实例方法，则字值 1 应是那个由包含 INVOKE 语句的类所继承的类的实例接口中包含的方法名称。

5) 若类别名 1 已规定或标识符 1 引用的数据项不是一个通用对象引用，则应用如下规则：

a) 若为变元规定了 BY CONTENT 短语或 BY REFERENCE 短语，则也应为过程部首中相应的形式参数规定或隐含 BY REFERENCE 短语。

b) 若为变元规定了 BY VALUE 短语，则也应为过程部首中相应的形式参数规定 BY VALUE 短语。

c) 符合性规则适用 14.7 所规定的。

6) 若标识符 1 引用了一个通用对象引用，则无需规定 BY CONTENT 短语或 BY VALUE 短语，而且若没有显式规定，则设定隐含 BY REFERENCE 短语。

7) 当标识符 1 是一个通用对象引用时，只可以规定标识符 2。

8) 标识符 2 应引用一个字母数值型或本土型数据项。

9) 标识符 3 应是一个地址标识或应引用一个定义在文件节、工作存储节、本土存储节、连接节或通信节中的数据项。

10) 标识符 3 不应引用定义在工厂对象或实例对象的文件节或工作存储节中的数据项。

11) 标识符 4 应引用一个定义在文件节、工作存储节、本土存储节、连接节或通信节中的数据项。

12) 若标识符 3 或标识符 4 引用一个位数据项，则应描述如下：

a) 在该标识符中加下标和引用修改符，而这个标识符只有定点数值型字值或算术表达式组成，且在算术表达式中所有操作数都是定点数值型字值以及不规定求幂运算；

b) 它按一个字节的宽度排列。

13) 若标识符 3、标识符 4 或标识符 5 引用一个组项，则不应有一个从属于该组项的的项该组项是一个 ACTIVE-CLASS 短语描述的对象引用。

14) 若一个变元不是用任何 BY 短语规定的，则对于那个变元而言就在以下情况隐含 BY REFERENCE 短语：

a) 对于通过引用的传递，该变元有效；

b) 相应的形式参数不用 BY VALUE 短语规定。

15) 若标识符 5 或它相应的形式参数用 BY VALUE 短语规定，则标识符 5 应是数值类、对象类或指针类。

16) 若字值 2 或它相应的形式参数用 BY VALUE 短语规定，则字值 2 应是数值型字值。

17) 若已规定 OMITTED 短语，则应为过程部首中的相应形式参数规定 OPTIONAL 短语。

18) 若标识符 3 引用地址标识符，则标识符 3 是一个发送的操作数。

19) 若标识符 3 不引用地址标识符，则标识符 3 是一个接收的操作数。

20) 标识符 5 和任何在算术表达式 1 或布尔表达式 1 中规定的标识符是一个发送的操作数。

21) 标识符 4 是一个接收的操作数。

14.8.22.3 一般规则

1) 执行 INVOKE 语句的程序、函数或方法的实例是激活运行时元素。

2) 标识符 1 标识一个实例对象。若类别名 1 已规定，则它标识被那个类名引用的类的工厂对象。字值 1 或被标识符 2 引用的数据项的内容标识遵照该实例对象的那个对象的方法：

a) 若调用的方法是一个 COBOL 方法，则字值 1 或标识符 2 引用的数据项的内容就是

8.3.1.1.1中描述的所调用的方法名。

b) 若调用的方法不是一个 COBOL 方法，则 INVOKE 语句的行为是由实现者定义的。

3) INVOKE 语句的 USING 短语中的变元和所调用方法的过程部首的 USING 短语中相应的形式参数的序列决定了变元和形式参数间的符合性。这种符合性是位置上的而非名称等价。

注：第一个变元对应于第一个形式参数，第二个对应第二个，依此类推。

USING 短语在激活运行时元素上的作用已在 14.3 的一般规则中描述。

4) 仅由单个标识符或字值组成的变元被认为是标识符或字值而非算术表达式或布尔表达式。

5) 若标识符 1 为空，则 EC-OO-NULL 异常条件存在且 INVOKE 语句的执行终止。

6) 若类别名 1 已规定或标识符 1 引用的数据项不是一个通用对象引用，则有：若没有用任何关键字 BY REFERENCE、BY CONTENT 或 BY VALUE 规定变元，则用来传送该变元的方法由以下规则决定：

a) 对于相应的形式参数，当 BY REFERENCE 短语已规定或隐含时：

- 若变元受语法规则 9 和 10 的限制，则采用 BY REFERENCE。
- 若变元没有受语法规则 9 和 10 的限制，则采用 BY CONTENT。

b) 对于相应的形式参数，当 BY VALUE 短语已规定或隐含时，则采用 BY VALUE。

7) INVOKE 语句的执行按如下进行：

a) 对算术表达式 1、布尔表达式 1、标识符 1、标识符 2、标识符 3 和标识符 5 求值，并且在 INVOKE 语句执行开始时为标识符 4 进行项标识。若异常条件存在，则不调用任何方法且执行按一般规则 7f 继续进行。若异常条件不存在，则在控制传送给该方法时，标识符 3、标识符 5、算术表达式 1、布尔表达式 1 或字值 2 的值对于它都是有效的。

b) 运行时的系统试图通过规则来定位调用的方法，而这些规则在 8.4.5，8.4.5.4 中的方法名范围、9.3.5 的方法调用以及 12.2.7 中的 REPOSITORY 短语中规定。若没有找到该方法或需要执行该方法的资源不可用，则 EC-OO-METHOD 异常条件存在，方法不可用，然后执行按一般规则 7f 继续。

c) 若标识符 1 是一个通用对象引用且被调用的方法是一个 COBOL 方法，则形式参数和调用的方法的返回项都不用 ANY LENGTH 子句描述，并且 14.7 中的符合性规定的符合性规则也无效。若发现违背这些规则，同时在被调用的方法和激活运行时元素中都检测到这一情况，则 EC-OO-UNIVERSAL 异常条件存在，然后执行按一般规则 7f 继续。

d) INVOKE 语句规定的方法对执行有效且控制被传送给被调用的方法。通过与为该方法规定的款约定一致的方式，控制传送给了被调用的方法。若调用的方法是 COBOL 方法，则它的执行如 14.1.3 过程部的一般规则描述的那样；否则执行由实现者定义。

e) 控制从被调用的方法返回以后，若异常条件来自被调用的方法，则执行按一般规则 7f 继续；否则控制被传送给 INVOKE 语句的末端。

f) 若异常条件已经出现，则任何与该异常条件相关的声明都被执行。然后执行按照为异常条件和声明的执行而进行。

8) 若已规定 RETURNING 短语，则激活的方法的结果赋给标识符 4。

9) 若规定了 OMITTED 短语或末尾变元被省略，则在被调用的方法中，为那个参数设定的省略变元条件应为真。

10) 若那个参数设定的省略变元条件应为真且该参数在被调用的方法中被引用，则除了作为变元或在省略变元条件中，EC-PROGRAM-ARG-OMITTED 异常条件存在。

14.8.23 MERGE 语句

MERGE 语句按照一组指定的键，把两个或多个有相同顺序的文件合并在一起。在这一处理期间，MERGE 语句按合并次序使记录对输出过程或输出文件可用。

14.8.23.1 **一般格式**

```
                    ⎧ASCENDING ⎫
MERGE 文卷名 1 ⎨ON ⎨          ⎬KEY{数据名 1}…⎬…
                    ⎩DESCENDING⎭
[COLLATING SEQUENCE IS 字母表名 1]
USING 文卷名 2{文卷名 3}…
⎧OUTPUT PROCEDURE IS 过程名 1 [{THROUGH} 过程名 2]⎫
⎨                              {THRU   }          ⎬
⎩GIVING{文卷名 4}                                  ⎭
```

14.8.23.2 **语法规则**

1) MERGE 语句可以在过程部中除声明部分以外的任何地方出现。
2) 文件名 1 应该在数据部的排序合并文件描述款中被描述。
3) 若文件名 1 引用的文件包含变长记录，则文件名 2 及文件名 3 引用的文件中所含记录的长度不能小于文件名 1 描述的最小记录也不能大于文件名 1 描述的最大记录。若文件名 1 引用的文件含有定长记录，则文件名 2 及文件名 3 引用的文件中所含记录的长度不能大于文件名 1 描述的最大记录。
4) 数据名 1 是键数据名并且遵守下列规则：
   a) 由键数据名标识的数据项应该在文件名 1 相关联的记录中描述。
   b) 键数据名可以受限。
   c) 键数据名标识的数据项不能是包含变长数据项的组项。
   d) 若文件名 1 有多个记录描述，则要求由键数据名指出的数据项仅能在一个记录描述中描述。把在一个记录描述款中，键数据名引用的相同字符位置作为该文件所有记录的键。
   e) 由键数据名指出的那些数据项不可以在包含有 OCCURS 子句或隶属于包含有 OCCURS 子句的款中描述。
   f) 若文件名 1 引用的文件含有变长记录，则由键数据名标识的全部数据项应该被包含在记录的开始的 X 个字符位置中，这里 X 等于文件名 1 引用的文件所规定的最小记录长度。
5) 文件名 2、文件名 3 和文件名 4 应该在数据部的文件描述款，而不在排序合并描述款中描述。
6) 多文件带卷中的文件名最多只能有一个出现在 MERGE 语句中。
7) MERGE 语句中同一文件名不可以重复出现。
8) 在 MERGE 语句中没有一对文件名可以被规定在同一 SAME AREA、SAME SORT AREA。
9) 或 SAME SORT-MERGE AREA 子句中。MERGE 语句中能被规定在同一 SAME RECORD AREA 子句中的仅是那些与 GIVING 短语相关联的文件。
10) 字 THRU 和 THROUGH 是等价的。
11) 若文件名 4 引用索引文件，则数据名 1 的第一个说明应该与 ASCENDING 短语有关，并且由数据名 1 引用的数据项在记录中占有的字符位置应该与那个文件的主记录键相关的数据项相同。
12) 若指定了 GIVING 短语，且文件名 4 引用的文件含有变长记录，则文件名 1 引用的文件中所含的记录长度不能小于文件名 4 描述的最小记录，也不能大于其最大记录的长度。
13) 若文件名 4 引用的文件包含定长记录，则文件名 1 引用的文件中所含的记录长度不能大于文件名 4 描述的最大记录长度。

14.8.23.3 **一般规则**

1) MERGE 语句将合并所有包含在文件名 2 和文件名 3 引用的文件中的记录。
2) 若文件名 1 引用的文件仅含定长记录，则对文件名 2 或文件名 3 引用的文件中，任何长度小于那个定长的记录，当记录被发送到文件名 1 引用的文件上时，在那个记录的最后一个字符之后，从其后右边第一字符位置开始填以空格，空格的数目就是比定长少的那些字符位置数。

3） 跟在字 KEY 后面的数据名，在 MERGE 语句中按其重要性的递降次序从左到右地排列而不管它们是如何被划分到备 KEY 短语中去的。最左边的数据名是主键，下个数据名是下一个重要的键，依此类推。

a） 当指出 ASCENDING 短语时，合并顺序是键数据名指出的数据项内容从最低值到最高值的顺序，这根据关系条件中操作数比较的规则进行。

b） 当指出 DESCENDING 短语时，合并顺序是键数据名指出的数据项内容从最高值到最低值的顺序，这根据关系条件中操作数的比较规则进行。

4） 按照关系条件中操作数的比较规则，当一个数据记录的所有键数据项的内容等于一个或多个其他数据记录的相应键数据项的内容时，这些记录的回送次序是：

a） 按照 MERGE 语句中指出的相关输入文件的次序进行。

b） 与一个输入文件相关的所有记录在另一个输入文件的记录回送之前被回送。

5） 用于非数值键数据项比较的排序序列在 MERGE 语句执行开始时，按下列优先次序决定：

a） 首先，若 MERGE 语句中指出 COLLATING SEQUENCE 短语的话，就根据 COLLAT-INGSEQUENCE 短语建立排序序列。

b） 其次，建立和程序的排序序列一样的排序序列。

6） 仅当文件名 2 和文件名 3 所引用之文件的记录按 MERGE 语句中 ASCENDING 或 DE-SCENDING KEY 短语的规定排序时，合并操作的结果才是可预测的。

7） 文件名 2 和文件名 3 引用的文件中的全部记录被传送到文件名 1 引用的文件中。在执行 MERGE 语句的开始时，文件名 2 和文件名 3 引用的文件不能处于打开状态。对文件名 2 和文件名 3 引用的每一个文件，MERGE 语句的执行引起下述动作：

a） 初始化文件处理。执行初始化就象执行了具有 INPUT 短语的 OPEN 语句一样。若输出过程被指出，则在控制转到输出过程之前执行这个初始化。

b） 逻辑记录被获取并被发放给合并操作。获取每个记录就象执行了具有 NEXT 和 AT END 短语的 READ 语句一样。

c） 终止文件处理。执行终止就象执行了没有任选短语的 CLOSE 语句一样。若输出过程被指出，则直到控制通过输出过程的最后一个语句之后才执行这个终止。执行这些隐式功能，犹如执行相关的 USE AFTER EXCEPTION 或 ERROR 过程一样。

8） 输出过程可以由这样一些过程组成，这些过程是从文件名 1 引用的文件上选择、修改或复制记录所必需的，RETURN 语句依合并次序一次可使一个记录成为可用的。范围包括：在输出过程范围内由执行 CALL、EXIT、GO TO 和 PERFORM 语句引起控制转移的全部语句；还有声明过程中的全部语句，这些语句由输出过程范围中语句的执行引起其执行。输出过程的范围内不能导致任何 MERGE、RELEASE 或 SORT 语句执行。

9） 若指出输出过程，则在 MERGE 语句执行期间转向它。编译程序在输出过程最后一句的结束处插入返回机制。在控制到达输出过程的最后一个语句时，返回机制终止合并处理然后把控制转移到 MERGE，语句后的下一个可执行语句。在进入输出过程之前，合并过程到达这样的一点，在这一点处可以按合并次序选取需要的记录。在输出过程中为了取得下一个记录，RE-TURN 语句是必需的。

10） 输出过程的执行期间，不能执行对文件名 2 或文件名 3 引用的文件进行管理或访问其有关的记录区的语句。在执行 MERGE 语句时隐式引用的任何 USE AFTER EXCEPTION 过程的执行期间，不能执行对文件名 2、文件名 3 或文件名 4 引用的文件进行管理，或访问其有关的记录区的语句。

11） 若GIVING短语被指出，则所有已合并的记录书写到文件名4引用的文件上，如同MERGE语句所隐含的输出过程一样。在执行MERGE语句的开始处，文件名4引用的文件不能处于打开状态。对文件名4引用的每一个文件，MERGE语句的执行导致下述动作：

  a） 初始化文件处理。执行初始化就象执行了具有OUTPUT短语的OPEN语句。

  b） 已合并的逻辑记录被回送并被写到该文件。写出每个记录就象执行了不带任何任选短语的WRITE语句。

  对于相对文件，回送的第一个记录的相对键数据项值为“1”；回送的第二个记录，值为“2”，等等。MERGE语句执行以后，相对键数据项的内容指示回送到该文件的最后记录。

  c） 终止文件处理。执行终止就象执行了不带任选短语的CLOSE语句。

  执行这些隐含功能，犹如执行相关的USE AFTER EXCEPTION或ERROR过程一样；然而，执行这种USE过程不能引起管理由文件名4引用的文件或访问与其相关的记录区的语句的执行。在第一次企图往文件定义的边界之外写记录时，就执行对该文件规定的任一USEAFTER STANDARD EXCEPTION或ERROR过程；当控制从那个USE过程返回或若没指出这种USF过程时，如同上述11C段一样，终止对文件的处理。

12） 若文件名4引用的文件只含定长记录，则对文件名1引用的文件中任一长度小于那个定长的记录，当记录被回送到文件名4引用的文件上时，在那个记录的最后一个字符之后，其右边第一字符位置开始填以空格，空格的数目就是比定长少的那些字符位置数。

13） 程序分段可以应用于包含MERGE语句的程序。然而要应用如下限制：

  a） 若MERGE语句不是在独立程序段中出现，则MERGE语句引用的任何输出过程应该：
  - 全部出现在非独立的程序段中，或
  - 全部包含在一个独立的程序段中。

  b） 若MERGE语句出现在独立的程序段中，则MERGE语句引用的任何输出过程应该：
  - 全部包含在非独立程序段中，或
  - 全部包含在MERGE语句所在的同一个独立程序段中。

14.8.24 MOVE 语句

MOVE语句按照编辑规则，将数据传送到一个或几个数据区中。

14.8.24.1 一般格式

格式1

<u>MOVE</u> {标识符1 | 字值1} <u>TO</u> {标识符2}…

格式2

<u>MOVE</u> {<u>CORRESPONDING</u> | <u>CORR</u>} 标识符1 <u>TO</u> 标识符2

14.8.24.2 语法规则

1） 标识符1引用的数据项和字值1表示发送区；标识符2引用的数据项表示接收区。

2） CORR是CORRESPONDING的缩写。

3） 当使用CORRESPONDING短语时，所有标识符都应该是组项。

4） 索引数据项不能作为MOVE语句的操作数出现。

14.8.24.3 一般规则

1） 若使用CORRESPONDING短语，按照相应段中给出的规则，把标识符1中选定的项传送到标识符2中选定的项。其结果和用户对每对相应的标识符使用各别的MOVE语句一样。

2） 把字值1或标识符1引用的数据项内容根据标识符2所指定的次序传送到由标识符2引用的

数据项中。有关标识符2的规则也适用于其他接收域。任何与标识符2相关联的长度或下标,在该数据被传送到各数据项之前求值。任何与标识符1相关联的下标,在传送给第一个接收操作数之前,只求值一次。标识符1引用的数据项的长度在数据传送给第一个接收操作数之前,只求值一次。标识符1或标识符2的长度的求值可能受到OCCURS子句中DEPENDING ON短语的影响。

语句MOVE a(b)TO b,C(b)的结果等价于:

MOVE a(b)TO temp

MOVE temp TO b

MOVE temp TO C(b)

这里的"temp"是由实现者提供的中间结果数据项。

3) 接收操作数是初等项和发送操作数是字值或初等项的任何传送是初等传送。每个初等项属于下列类型之一:数值型的、字母型的、数值编辑型的、字符编辑型的。这些类型在PICTURE子句中描述。数值字值属于数值型,而非数值字值属于字符型。象征常量ZERO属于数值型,象征常量SPACE属于字母型,所有其他的象征常量都属于字符型。

   下列规则适用于这些类型之间的初等传送:

   a) 象征常量SPACE,字符编辑型数据项或字母型数据项决不能传送给数值型的或数值编辑型的数据项。

   b) 数值字值、象征常量ZERO、数值数据项或数值编辑数据项,决不能传送给字母型的数据项。

   c) 一个非整数的数值字值或一个非整数的数值数据项决不能传送给字符型或字符编辑型的数据项。在1级中,数值编辑型数据项不能传送给数值型或数值编辑型数据项。所有其他的初等传送都是受限的,并且按照在一般规则4)中给出的规则执行。

4) 在受限的初等传送中,会发生数据从一种内部形式到另一种内部形式的必要转换,同时伴随有对接收数据项所要求的编辑或隐含的去编辑。

   a) 当一个字符编辑型的或字符型的项用作接收项时,则按以前定义的方式进行对齐并填以必要的空格。若发送操作数描述为带正负号的数值型时,则正负号不传送;若正负号单独占有一个字符位置,则这个正负号不传送,并把发送操作数的长度看成是比它的实在长度少1。若发送操作数是数值编辑型的,则不进行去编辑。若发送操作数的用法不同于接收操作数的用法,则进行发送操作数到接收对象的中间表示形式之间的转换。若发送操作数是数值型的且包含有PICTURE符号"P",则认为该符号指明的所有数字位置上都有值零且计入发送操作数的长度中。

   b) 当接收项是数值型或数值编辑型时,则按照以前定义的方式按十进小数点对齐并填以必要的零。此处由于编辑要求,要替换其中的一些零。当发送操作数是数值编辑型时,就隐含了要求去编辑来建立操作数的未编辑的数值型的值(该值可以带正负号),然后把这个未编辑的数值型的值传送给接收域。

      - 若接收项是带正负号的数值项,则把发送操作数的正负号放到接收项中,必要时,对正负号的表示进行转换。若发送操作数是无正负号的,则生成一个正号给接收项。
      - 若接收项是无正负号的数值项,则传送发送操作数的绝对值,而接收项并不产生正负号。
      - 若发送操作数描述为字符型,则数据就像发送操作数作为无正负号整数一样进行传送。

   c) 若接收域描述为字母型,则按以前定义的方式进行对齐并填入必要的空格。

5) 任何非初等传送均可看作是从字符型到字符型的初等传送,不存在从一种内部表示到另一种表示的转换。在这种传送中,除非在 OCCURS 子句中指明的。

填充接收区并不考虑包含在发送区或接收区中的个别的初等项或组项。

6) 表 15 中的数据概括了各种类型的 MOVE 语句的受限性。这个一般规则指南指明了禁止的传送或者受限传送的动作。

表 15 各种类型的 MOVE 语句的受限性

发送操作数的类型		接收数据项的类型		
		字母型	字符编辑型、字符型	整数型、非整数型、数值编辑型
字母型		是/4c	是/4a	否/3a
字符型		是/4c	是/4a	是/4b
字符编辑型		是/4c	是/4a	否/3a
数值型	整数型	否/3b	是/4a	是/4b
	非整数型	否/3b	否/3c	是/4b
数值编辑型		否/3b	是/4a	否/4b

14.8.25 MULTIPLY 语句

MULTIPLY 语句将数值数据项相乘,并令数据项的值等于其结果。

14.8.25.1 一般格式

格式 1

MULTIPLY {标识符 1 | 字值 1} BY {标识符 2[ROUNDED]}…

[ON SIZE ERROR 命令语句 1][NOT ON SIZE ERROR 命令语句 2][END-MULTIPLY]

格式 2

MULTIPLY {标识符 1 | 字值 1} BY {标识符 2 | 字值 2} GIVING {标识符 3[ROUNDED]}…

[ON SIZE ERROR 命令语句 1][NOT ON SIZE ERROR 命令语句 2][END-MULTIPLY]

14.8.25.2 语法规则

1) 每个标识符应该指称一个数值初等项,但格式 2 中接在字 GIVING 后面的每个标识符应该指称数值初等项或数值编辑初等项。

2) 每个字值都应该是数值字值。

3) 操作数的复合结果不应包含多于 18 位数字,该复合结果是从给定语句中的所有接收数据项,当它们的十进小数点对齐时进行叠置而得到的假想的数据项。

14.8.25.3 一般规则

1) 当使用格式 1 时,字值 1 或标识符 1 引用的数据项之值存于临时数据项中。然后把该临时数据项中之值与标识符 2 引用的数据项之值相乘。乘数的值(即标识符 2 引用的数据项之值)被乘积所替代;类似地,按照指定标识符 2 的从左到右的顺序把临时数据项与每一连续出现的标识符 2 相乘。

2) 当使用格式 2 时,把字值 1 或标识符 1 引用的数据项之值与字值 2 或标识符 2 引用的数据项之值相乘,且把结果存入标识符 3 引用的数据项中。

3) 有关该语句的其他规则及说明见相应各段(参见 14.4.2,14.6.3,14.6.6,14.5.9)。

14.8.26 OPEN 语句

OPEN 语句对文件的处理进行初始化。

14.8.26.1 一般格式

OPEN { INPUT{文件名 1}… | OUTPUT{文件名 2}… | I-O{文件名 3}… | EXTEND{文件名 4}… }…

14.8.26.2 语法规则

1) EXTEND 短语只能用于顺序存取方式的文件。

2) 所有在 OPEN 语句中引用的文件不要求有相同的组织或存取方式。

14.8.26.3 一般规则

1) OPEN 语句的成功执行确定文件的可用性，使文件处在打开方式，并且通过文件连接符把该文件与文件名联系起来。

若文件物理地址存在且被输入输出控制系统识别，则该文件是可用的。表 16 给出打开可用文件和不可用文件的结果。

表 16 文件的可用性

	文件可用	文件不可用
输入	正常打开	打开不成功
输入(任选文件)	正常打开	正常打开;第一次读产生末端条件或无效键条件
I-O	正常打开	打开不成功
I-O (任选文件)	正常打开	打开使文件产生
输出	正常打开,文件不包含记录	打开使文件产生
EXTEND	正常打开	打开不成功

2) OPEN 语句的成功执行，使得相关记录区可用于程序。若与文件名相关联的文件连接符是外部文件连接符，则该运行单位仅有一个记录区与这文件连接符相关。

3) 当文件未打开时，不能显式或隐式执行引用该文件的语句，带有 USING 或 GIVING 短语的 MERGE 语句、OPEN 语句，或带有 USING 或 GIVING 短语的 SORT 语句除外。

4) 在执行任何允许的输入输出语句之前，应该首先成功地执行 OPEN 语句。在表 17 中，在交叉点上×指出可允许的语句。这些语句按所在行左边指出的存取方式使用，且可以和索引文件组织以及在列的顶部给出的打开方式一起使用。

表 17 可允许语句

文件存取方式	语 句	打 开 方 式			
		输入	输出	输入—输出	扩充
顺 序	READ	×		×	
	WRITE		×		×
	REWRITE			×	
	START	×		×	
	DELETE			×	

表 17（续）

文件存取方式	语　句	打　开　方　式			
		输入	输出	输入—输出	扩充
随　　机	READ	×		×	
	WRITE		×	×	
	REWRITE			×	
	START				
	DELETE			×	
动　　态	READ	×		×	
	WRITF		×	×	
	REWRITE			×	
	START	×		×	
	DELETE			×	

5）一个文件可以在同一个运行单位中用 INPUT、OUTPUT、EXTEND 和 I-O 短语打开。一个文件的 OPEN 语句初次执行之后，对该文件再执行 OPEN 语句之前，应该对该文件先执行一个不带 LOCK 短语的 CLOSE 语句。

6）OPEN 语句的执行并不获得或释放第一个数据记录。

7）若对文件指出有标号记录，则文件开始的标号处理如下：

a）当指出 INPUT 短语时，OPEN 语句的执行将根据实现者规定的输入标号核对的约定核对标号。

b）当执行 OUTPUT 短语时，OPEN 语句的执行将根据实现者规定的输出标号的约定写标号。

c）当指出有标号记录而又未出现，或未指出标号记录却又出现了标号时，OPEN 语句的行为是未定义的。

8）在 OPEN 语句的执行期间，若出现文件属性冲突条件，则 OPEN 语句的执行是不成功的。

9）若带有 INPUT 短语打开的文件是尚不存在的任选文件，则 OPEN 语句用文件位置指示符来指明该任选输入文件尚不存在。

10）对于带有 INPUT 或 I-O 短语打开的文件，把文件位置指示符置为具有与文件相关的排序序列中最低起始位置的字符，而且把主记录键建立为引用键。

11）指出 EXTEND 短语时，OPEN 语句定位文件于该文件的最后逻辑记录的紧后面。对索引文件，最后逻辑记录是当前存在的具有最高主键值的记录。

12）在指出 EXTEND 短语且 LABEL RECORD 子句指出有标号记录时，OPEN 语句的执行含有如下几步：

a）在单卷或单位文件情况，仅处理开始文件标号。

b）处理最后存在的卷或单位上的开始卷或单索引号，如同该文件已用 INPUT 短语打开了一样。

c）处理现存的末尾文件标号，如同文件正在用 INPUT 短语打开一样。然后这些标号被清除。

13）带有 I-O 短语的 OPEN 语句应该引用支持输入和输出两种操作的文件，这些操对索引文件以 I-O 方式打开时是允许的。执行具有 I-O 短语的 OPEN 语句使被引用的文件对输入和输出操作均处于打开方式。

14） 在指出 I-O 短语且 LABEL RECORD 子句指出有标号记录时，执行 OPEN 语句包括如下几步：

a） 根据实现者规定的输入输出标号核对的约定核对标号。

b） 根据实现者规定的写输入输出标号的约定写新标号。

15） 对于非可用的任选文件，成功地执行带有 EXTEND 或 I-O 短语的 OPEN 语句就建立了该文件。这种建立采取的动作如同按序执行下列语句：

OPEN OUTPUT 文件名。

CLOSE 文件名。

这些语句之后执行源程序里指出的 OPEN 语句。成功地执行带有 OUTPUT 短语的 OPEN 语句建立文件。在文件建立以后，该文件还不包含有数据记录。

16） OPEN 语句的执行使与该文件名相关的 I-O 状态值被更新。

17） 若在一个 OPEN 语句中指定的文件名多于一个，则执行这种 OPEN 语句的结果就如同对 OPEN 语句中的每个文件名以同样的顺序分开写出的一串 OPEN 语句一样。

18） 文件的最小和最大记录长度在文件创建时建立，而且以后不能改变。

14.8.27 PERFORM 语句

PERFORM 语句用来指明显式控制转向一个或多个过程，并且在执行完指定的过程后隐式返回。PERFORM 语句还用来控制在 PERFORM 语句作用域内一个或多个命令语句的执行。

14.8.27.1 一般格式

格式 1

$$\underline{\text{PERFORM}}\left[\text{过程名 1}\left[\left\{\begin{array}{l}\underline{\text{THROUGH}}\\ \underline{\text{THRU}}\end{array}\right\}\text{过程名 2}\right]\right]\left[\text{命令语句 1 }\underline{\text{END-PERFORM}}\right]$$

格式 2

$$\underline{\text{PERFORM}}\left[\text{过程名 1}\left[\left\{\begin{array}{l}\underline{\text{THROUGH}}\\ \underline{\text{THRU}}\end{array}\right\}\text{过程名 2}\right]\right]\left\{\begin{array}{l}\text{标识符 1}\\ \text{整数 1}\end{array}\right\}\underline{\text{TIMES}}\left[\text{命令语句 1 }\underline{\text{END-PERFORM}}\right]$$

格式 3

$$\underline{\text{PERFORM}}\left[\text{过程名 1}\left[\left\{\begin{array}{l}\underline{\text{THROUGH}}\\ \underline{\text{THRU}}\end{array}\right\}\text{过程名 2}\right]\right]\text{WITH }\underline{\text{TEST}}\left\{\begin{array}{l}\underline{\text{BEFORE}}\\ \underline{\text{AFTER}}\end{array}\right\}$$

$$\underline{\text{UNTIL}}\text{ 条件 1}\left[\text{命令语句 1 }\underline{\text{END-PERFORM}}\right]$$

格式 4

$$\underline{\text{PERFORM}}\left[\text{过程名 1}\left[\left\{\begin{array}{l}\underline{\text{THROUGH}}\\ \underline{\text{THRU}}\end{array}\right\}\text{过程名 2}\right]\right]\left[\text{WITH }\underline{\text{TEST}}\left\{\begin{array}{l}\underline{\text{BEFORE}}\\ \underline{\text{AFTER}}\end{array}\right\}\right]$$

$$\underline{\text{VARYING}}\left\{\begin{array}{l}\text{标识符 2}\\ \text{位标名 1}\end{array}\right\}\underline{\text{FROM}}\left\{\begin{array}{l}\text{标识符 3}\\ \text{位标名 2}\\ \text{字值 1}\end{array}\right\}\underline{\text{BY}}\left\{\begin{array}{l}\text{标识符 4}\\ \text{字值 2}\end{array}\right\}\underline{\text{UNTIL}}\text{ 条件 1}$$

$$\left[\underline{\text{AFTER}}\left\{\begin{array}{l}\text{标识符 5}\\ \text{位标名 3}\end{array}\right\}\underline{\text{FROM}}\left\{\begin{array}{l}\text{标识符 6}\\ \text{位标名 4}\\ \text{字值 3}\end{array}\right\}\underline{\text{BY}}\left\{\begin{array}{l}\text{标识符 7}\\ \text{字值 4}\end{array}\right\}\underline{\text{UNTIL}}\text{ 条件 2}\right]\cdots$$

$$\left[\text{命令语句 1 }\underline{\text{END-PERFORM}}\right]$$

14.8.27.2 语法规则

1） 若省略了过程名 1，则应该指定命令语句 1 和 END-PERFORM 短语；若指定了过程名 1，则不能指定命令语句 1 和 END-PERFORM 短语。

2） 在格式 4 中，若过程名 1 省略，则不能出现 AFTER 短语。

3） 若 TEST BEFORE 和 TEST AFTER 短语均未指定，则假定指明了 TEST BEFORE 短语。

4) 每个标识符代表一个在数据部已描述过的数值初等项，在格式 2 中，标识符 1 应该描述为整数型。
5) 每个字值都是数值字值。
6) 字 THRU 与 THROUGH 是等价的。
7) 若在 VARYING 或 AFTER 短语中指明了一个索引名，则
   a) 在相应的 FROM 和 BY 短语中的标识符应该是整数数据项。
   b) 在相应的 FROM 短语中的字值应该是正整数。
   c) 在相应的 BY 短语中的字值应该是非零整数。
8) 若在 FROM 短语中指明了一个索引名，则
   a) 在相应的 VARYING 或 AFTER 短语中的标识符应该是整数数据项。
   b) 在相应的 BY 短语中的标识符应该是整数数据项。
   c) 在相应的 BY 短语中的字值应该是整数。
9) 在 BY 短语中的字值应该是非零字值。
10) 条件 1、条件 2 可以是任一条件表达式。
11) 当过程名 1 和过程名 2 两者同时被指明，且其中的任一个是过程部的声明节中的一个过程名时，则两者应该是同一声明节中的过程名。
12) 在格式 4 的 PERFORM 语句中，至少允许出现 6 个 AFTER 短语。

14.8.27.3 一般规则

1) 若在 VARYING 或 AFTER 短语中指明了一个索引名，且在相应的 FROM 短语中指明了一个标识符，则由该标识符引用的数据项应该有正值。
2) 当指定过程名 1 时，引用的 PERFORM 语句是外部 PERFORM 语句；当过程名 1 省略时，引用的 PERFORM 语句是内部 PERFORM 语句；
3) 包含在外部 PERFORM 语句的过程名 1 到过程名 2(若指定过程名 2 的话)之间的语句以及包含在对应于内部 PERFORM 语句的 PERFORM 语句之中的语句作为指定的语句集合被引用。
4) END -PROGRAM 短语标志着内部 PERFORM 语句作用域的界限(参见 14.4.2)。
5) 内部 PERFORM 语句执行时按照下列的一般规则，这些规则适用于与该内部 PERFORM 语句完全相同的外部 PERFORM 语句，惟一的例外是在执行时用内部 PERFORM 语句中包含的语句来代替过程名 1 到过程名 2(若指定过程名 2 的话)之间包含的语句。除非特别地指明单词“内部”或“外部”，适用于外部 PERFORM 语句的所有规则都适用于内部 PERFORM 语句。
6) 当执行 PERFORM 语句时，控制转到指定语句集合中的第一个语句(在一般规则 10)b)、10)c)和 10)d)中指出的除外)。每执行一次 PERFORM 语句，控制转移只出现一次，对于不发生控制转移到指定的语句集合的情况，一个隐含的控制转移到该 PERFORM 语句的结束处将确定如下：
   a) 若过程名 1 是段名，且过程名 2 未指明，则执行完过程名 1 的最后一个语句后返回。
   b) 若过程名 1 是节名，且未指明过程名 2，则执行完过程名 1 的最后一段的最后一个语句后返回。
   c) 若指明了过程名 2，且它是一个段名，则执行完该段最后一个语句后返回。
   d) 若指明了过程名 2，且它是一个节名，则执行完该节最后一段的最后一个语句后返回。
   e) 若指定了内部 PERFORM 语句，在执行该语句内部包含的最后一条语句之后，这条 PERFORM 语句的执行才结束。
7) 除了从过程名 1 命名的过程开始到过程名 2 命名的过程结束，一系列的操作要被执行外，在过

程名 1 和过程名 2 之间不存在任何必然关系。特别地，在过程名 1 和过程名 2 的末端之间可以出现 GO TO 语句和 PERFORM 语句。若有两条或几条逻辑路径通到返回点，则过程名 2 可以是由 EXIT 语句组成的段的名，且所这些路径都通到它。

8) 若控制转到指定的语句集合但不是通过 PERFORM 语句实现的，则经过该语句集合的最后一个语句控制转移到下一个可执行的语句，如同没有 PERFORM 语句调用该语句集合一样。

9) PERFORM 语句的操作如下：

 a) 格式 1 是基本的 PERFORM 语句。被这类 PERFORM 语句引用的过程仅执行一次，然后控制转移到跟着该 PERFORM 语句的结束处。

 b) 格式 2 是 PERFORM…TIMES。执行这些指定的语句集合的次数由整数 1 或该 PERFORM 语句执行时由标识符 1 引用的数据项的初始值来决定。若在 PERFORM 语句执行时，由标识符 1 引用的数据项的值等于零或是负数，则控制转移到该 PERFORM 语句的结束处。指定的语句集合执行指定的次数后，控制转移到该 PERFORM 语句的结束处。在 PERFORM 语句执行期间，对标识符 1 的引用不能改变指定的语句集合被执行的次数，该次数是由标识符 1 所引用的数据项的初值所指定的。

 c) 格式 3 是 PERFORM…UNTIL。执行指定的语句集合直到 UNTIL 短语中指明的条件为真时为止。当条件为真，则控制转移到 PERFORM 语句的结束处，当进入 PERFORM 语句时，若条件为真，并且指明或隐含了 TEST BEFORE 短语，则不转向过程名 1，而直接控制转到该 PERFORM 语句的结束处。若指定了 TEST AFTER 短语，则 PERFORM 语句的功能和指定了 TEST BEFORE 短语一样，只是条件的检测是在指定的语句集合执行之后进行的。与条件 1 中操作数有关的下标或引用修改每次在条件检测时都要求值。

 d) 格式 4 是 PERFORM…VARYING。这种 PERFORM 语句的变形常用于在 PERFORM 语句执行期间有序地增加由一个或多个标识符或索引名所引用的值。在下面讨论中，在对作为 VARYING、AFTER 和 FROM(当前值)短语的对象的标识符的每个引用，都指称索引名。若指定了索引名 1 或索引名 3，则应该在 PERFORM 语句开始执行时把一个元素在表中的出现号赋给相关联的索引。若指定了索引名 2 或索引名 4，在 PERFORM 语句开始执行时，由标识符 2 或标识符 5 引用的数据项之值应该等于和索引名 2 或索引名 4 相关联的表元素的出现号。正如下面所述，索引名 1 或索引名 3 的连续增值不能导致相关联的索引之值超出与索引名 1 或索引名 3 相关联的表的范围，但是，在 PERFORM 语句结束时，与索引名 1 相关联的索引之值可以超过相关表的范围一个增量或减量。若标识符 2 或标识符 5 是带下标的，则在标识符引用的数据项赋值或增值时对其下标求值。若标识符 3 标识符 4 标识符 6 和标识符 7 是带下标的，当标识符引用的数据项用于赋值或增值操作时，对其下标进行求值。每次检测条件时，与条件 1 或条件 2 中操作数相关联的下标或索引就进行求值。

10) PERFORM 语句的范围逻辑上包括所有通过把控制隐含地转到 PERFORM 语句结束处来执行 PERFORM 语句的那些语句。这其中包括所有那些作为控制转移的结果而执行的语句，这些控制转移是由 PERFORM 语句的范围中的 CALL、EXIT、GO TO 和 PERFORM 语句产生的；还包括声明过程中的所有语句，这些语句是作为 PERFORM 语句范围内的语句的执行结果而执行的。PERFORM 语句范围内的语句在源程序中不必紧靠在一起。

11) 在下列情况下，作为执行 EXIT PROGRAM 语句产生的控制转移的结果而执行的语句不认为是 PERFORM 语句范围内的一部分：

 a) 该 EXIT PROGRAM 语句与所指定的 PERFORM 语句位于同一源程序中；

 b) 该 EXIT PROGRAM 语句位于 PERFORM 语句的范围之内。

12) 过程名 1 和过程名 2 不能是命名同一运行单位中另一程序的节或段，不管这另一程序是包含还是被包含于含有 PERFORM 语句的这个程序。若 PERFORM 语句中包括 CALL 和 EXIT PROGRAM 语句的话，则运行单位中另一程序的语句只能在执行 PERFORM 语句之后执行(见 8.4.5)。

13) 若由 PERFORM 语句引用的语句序列中包含另一个 PERFORM 语句，则与被包含的 PERFORM 语句相关联的一系列过程应该全部包含在或全部不在第一个 PERFORM 语句所引用的逻辑序列中。于是，对于一个活动的 PERFORM 语句，若其执行点始自另一个活动的 PERFORM 语句范围之内，则决不允许控制通过另一个活动的 PERFORM 语句的出口；此外，两个或更多个这样活动的 PERFORM 语句，不能有公共出口。

14) 不在独立程序段中出现的 PERFORM 语句。在它的范围之内只能有下列情况之一，但在该范围内会导致任何声明节执行的情况却除外。
   a) 节和/或段完全被包含在一个或几个非独立程序段中。
   b) 节和/或段完全被包含在单个的独立程序段中。

15) 出现在一个独立程序段中的 PERFORM 语句，除非在该范围内引起任何声明节的执行。在它执行范围内只能有下列情况之一。
   a) 节和/或段完全包含在一个或几个非独立程序段中。
   b) 节和/或段与包含在该 PERFORM 语句所在的在与该 PERFORM 语句相同的独立程序段中。

14.8.28 RAISE 语句

RAISE 语句产生规定的异常条件。

14.8.28.1 一般格式

<u>RAISE</u> { <u>EXCEPTION</u> 异常名 1 | 标识符 1 }

14.8.28.2 语法规则

1) 正如 14.5.12.1 中规定的那样，异常名 1 应是一个 3 层异常名。
2) 标识符 1 应是一个对象引用；预定义的对象引用 NULL 和 SUPER 不应规定。
3) 标识符 1 是一个发送操作数。

14.8.28.3 一般规则

1) 若异常名 1 已规定，则相关的异常条件出现且 EXCEPTION-OBJECT 置为空。
2) 若标识符 1 已规定，则 EXCEPTION-OBJECT 置为引用标识符 1 所引用的对象。
3) 若以下条件有一个为真，则 RAISE 语句的作用跟 CONTINUE 语句的作用一样：
   a) 异常名 1 已规定，异常条件是非致命的且没有可用的声明。
   b) 标识符 1 已规定且没有可用的声明。

14.8.29 READ 语句

对于顺序存取方式，READ 语句使文件中的下一个逻辑记录成为可用。对随机存取方式，READ 语句使海量存储文件中的一个指定的记录成为可用。

14.8.29.1 一般格式

格式 1

<u>READ</u> 文件名 1[<u>NEXT</u>]RECORD[<u>INTO</u> 标识符 1]
　　[AT <u>END</u> 命令语句 1]
　　[<u>NOT</u> AT <u>END</u> 命令语句 2]
　　[<u>END -READ</u>]

格式 2

<u>READ</u> 文件名 1 RECORD[<u>INTO</u> 标识符 1]

[KEY IS 数据名 1]
[INVALID KEY 命令语句 3]
[NOT INVALID KEY 命令语句 4]
[END -READ]

14.8.29.2 **语法规则**

1) 与标识符 1 相关的存储区和与文件名 1 相关的记录区不能是同一存储区。
2) 数据名 1 应该是被指明为与文件名 1 相关的记录键数据项的名。
3) 数据名 1 可以受限。
4) 对于所有顺序存取方式的文件应该使用格式 1。
5) 对动态存取方式的文件，在顺序检索记录时应该指出 NEXT 短语。
6) 对随机存取或动态存取方式的文件，在随机地检索记录时，使用格式 2。
7) 若未对文件名 1 指出可应用的 USE AFTER STANDARD EXCEPTION 过程，则应该指出 INVALID KEY 短语或 AT END 短语。

14.8.29.3 **一般规则**

1) 在执行这个语句时，由文件名 1 引用的文件应该已用输入或 I-O 方式打开。
2) 以顺序存取方式的文件，NEXT 短语是任选的而且对 READ 语句的执行没有影响。
3) READ 语句的执行引起与文件名 1 相关的 I-O 状态值被更新。
4) 在格式 1 READ 语句开始执行时，利用设置文件位置指示符使记录成为可用是按如下规则确定。索引文件中关于记录的比较涉及当前引用键的值。对索引文件，按文件的排序序列进行比较。
   a) 若文件位置指示符指出还没有建立好有效的下一个记录，则 READ 语句的执行是不成功的。
   b) 若文件位置指示符指出任选的输入文件不存在，则按一般规则 10 中指出的那样执行。
   c) 若文件位置指示符由前面的 OPEN 或 START 语句建立，则选择文件中记录键值大于或等于文件位置指示符的第一个现存记录。
   d) 若文件位置指示符由前面的 READ 语句建立，并且当前引用键不允许重复，则选择文件中记录键值大于文件位置指示符的第一个现存记录。
   e) 若文件位置指示符由前面的 READ 语句建立，并且当前引用的键允许重复，则或者选择文件中记录键值等于文件位置指示符的第一个现存记录且该记录在这组重复键记录中的逻辑位置是紧跟在前面 READ 语句使其可用的那个记录之后；或者选择文件中记录键值大于文件位置指示符的第一个现存记录。若找到满足上述规则的记录，则使它在与文件名 1 相关的记录区中成为可用的。若未找到满足上述规则的记录，则用文件位置指示符指示下个逻辑记录不存在，而且象一般规则 10 中指出的那样进行处理。若某记录成为可用的，则置文件位置指示符为该记录的当前引用键的值。
5) 无论存取时间和处理时间使用何种重叠方法，READ 语句的概念不变；若指出命令语句 2 或命令语句 4，则在其执行之前，记录对目标程序是可用的，或者若既没有指出命令语句 2 又没有指出命令语句 4，则在 READ 语句之后的任何语句执行之前，记录对目标程序是可用的。
6) 当文件的逻辑记录由多个记录描述款来描述时，这些记录自动地共享同一个存储区域，这等价于对该区域的隐含重定义。在 READ 语句执行完毕时，对于当前数据记录范围之外的任何数据项的内容是不确定的。
7) 在 READ 语句中可以指出 INTO 短语：
   a) 若仅当一个记录描述属于这个文件描述款时，或
   b) 若与文件名 1 相关的全部记录名以及由标识符 1 引用的数据项描述一个组项或字符型初

等项时。

8) 执行带有 INTO 短语的 READ 语句,其结果等价于按序应用下面规则:
   a) 执行不带 INTO 短语的同一 READ 语句。
   b) 把当前记录从记录区传送到标识符 1 指出的区域中,这种传送按照无 CORRESPONDING 短语的 MOVE 语句的规则进行。当前记录的长度由 RECORD 子句指出的规则确定。若文件描述款包含 RECORD IS VARYING 子句,则隐含的传送是成组传送。若 READ 语句执行不成功,这种隐含的 MOVE 语句就不发生。与标识符 1 相关的任何下标在记录被读入之后以及即将传送到数据项之前计算。该记录在记录区以及标识符 1 引用的数据项里两处均为可用。
9) 在格式 2 READ 语句执行时,若文件位置指示符指出任选输入文件不存在,则无效键条件产生并且 READ 语句的执行是不成功的。
10) 对格式 1 READ 语句,若文件位置指示符指出下个逻辑记录不存在,或任选输入文件不存在,则跟着执行下列动作:
   a) 从文件位置指示符所置的值中导出一个值放到与文件名 1 相关的 I-O 状态中以指出末端条件。
   b) 若引起该条件的语句中指明了 AT END 短语,则控制转到 AT END 短语中的命令语句 1。任何与文件名 1 相关的 USE AFTER STANDARD EXCEPTION 过程均不执行。
   c) 若未指明 AT END 短语,则应该有与文件名 1 相关的 USE AFTER ATANDARD EXCEPTION 过程,而且该过程被执行。从该过程返回后,控制转到 READ 语句结束处之后的下一个可执行语句。当末端条件出现时,READ 语句的执行认为是不成功的。
11) 若在 READ 语句执行期间,既没有产生末端条件又没有产生无效键条件,则若指明有 AT END短语或 INVALID KEY 短语就忽略它,并且执行下述动作:
   a) 文件位置指示符被置值,并且与文件名 1 相关的 I-O 状态被更新。
   b) 若出现一个不是末端条件又不是无效键条件的例外条件,则在执行对文件名 1 可应用的任何 USE AFTER EXCEPTION 过程之后,按 USE 语句的规则进行控制转移。
   c) 若无例外条件出现,则记录在记录区中是可用的,而且执行 INTO 短语引起的隐式传送。控制转到 READ 语句的结束处或若指出命令语句 2 就转向它。在后一种情况,按照命令语句 2 中指出的相应各语句的规则继续执行。若执行明显引起控制转移的过程分支或条件语句,则按那个语句的规则进行转移;否则在命令语句 2 执行完后,控制转到 READ 语句结束处。
12) 若 READ 语句执行不成功,则相关联的记录区中的内容是不确定的,对索引文件而言,引用键是不确定的,并且文件位置指示符指出没有已建立好的下一个有效记录。
13) 对于指出为动态存取方式的索引文件,带有 NEXT 短语的格式 1 的 READ 语句,从文件中检索下一个逻辑记录。
14) 对顺序存取的索引文件,在引用的次记录键中有相同重复值的记录成为可用,它是依照执行 WRITE 语句释放的次序,或者执行建立重复值的 REWRITE 语句所释放记录的次序使用。
15))对于索引文件,若在格式 2 的 READ 语句中指出了 KEY 短语,则数据名 1 就作为这一检索的引用键而建立。若指出动态存取方式,引用这个键也用于对该文件的格式 1 READ 语句的后继执行进行检索,直到为该文件建立不同的引用键时为止。
16))对索引文件,若在格式 2 的 READ 语句中未指出 KEY 短语,则主记录键作为这一语句的引用键而建立。若指明动态存取方式,引用的这个键同样用于该文件的格式 1 的 READ 语句的后继执行进行检索,直到为该文件建立不同的引用键时为止。

17) 对索引文件,格式 2 READ 语句的执行把文件位置指示符置为引用键的值。这个值与该文件存储记录中相应数据项的值进行比较,直到具有相等值的第一个记录被找到为止。在具有重复值的次记录键情况,找到的第一个记录是释放给海量存储控制系统(MSCS)的重复序列中的第一个记录。这样找到的记录在文件名 1 相关的记录区里是可用的。若没有可以如此标识的记录,则无效键条件就发生,并且 READ 语句的执行是不成功的。

18) 若被读记录中字符位置数小于相应文件名 1 记录描述款指出的最小长度,则记录区中所读的最后一个有效字符右边的那部分是未定义的。若被读记录中字符位置数大于相应文件名 1 记录描述款指出的最大长度,记录被截断于最大长度的右边。这两种情况之任何一种,READ 语句是成功的,但 I-O 状态被置为记录长度出现了矛盾。

19) END -READ 短语限定 READ 语句的作用域(参见 14.4.2)。

14.8.30 RELEASE 语句

RELEASE 语句传送记录给 SORT 操作的初始阶段。

14.8.30.1 一般格式

<u>RELEASE</u> 记录名 1[<u>FROM</u> 标识符 1]

14.8.30.2 语法规则

1) 记录名 1 应该是排序合并文件描述款中的逻辑记录名,并且可以受限。

2) RELEASE 语句只能在与某一个文件的 SORT 语句相关联的输入过程范围内使用,该文件的排序合并文件描述款包含有记录名 1。

3) 记录名 1 和标识符 1 不能引用同一个存储区。

14.8.30.3 一般规则

1) RELEASE 语句的执行使得记录名 1 指称的记录被发放给排序操作的初始阶段。

2) RELEASE 语句执行之后,除非与记录名 1 有关的排序合并文件已在 SAME RECORD AREA子句中指出,否则记录区中的逻辑记录不再可用。和输出文件有关的在同一个 SAME RECORD AREA 子句中引用的其他文件的记录,以及记录名 1 相关的文件对程序都还是可用的。

3) 具有 FROM 短语的 RELEASE 语句的执行结果与按指明的顺序执行下述语句的结果等价:

   a) 按照对 MOVE 语句所指明的规则执行:
      MOVE 标识符 1 TO 记录名 1

   b) 不带 FROM 短语的同一 RELEASE 语句。

4) RELEASE 语句的执行完成以后,与标识符 1 相关联的数据区的内容是可用的。记录名 1 引用的数据区中的信息已不再可用,用 SAME RECORD AREA 子句规定时为例外。

14.8.31 RESUME 语句

RESUME 语句传送控制给过程名或跟在执行一个声明的语句之后的语句。

14.8.31.1 一般格式

<u>RESUME</u> AT $\left\{\begin{array}{l}\underline{\text{NEXT}}\ \underline{\text{STATEMENT}} \\ \text{过程名 1}\end{array}\right\}$

14.8.31.2 语法规则

1) RESUME 语句只可以在声明中规定。

2) 如为声明过程在与之相关的 USE 语句中规定 GLOBAL 短语,则在该过程中不应规定 RESUME 语句。

3) 过程名 1 应是函数、方法或程序的未声明部分中的过程名。

14.8.31.3 一般规则

1) 若 RESUME 语句在全局声明执行范围内执行,则该执行就相当于 CONTINUE 语句的执行。

2) 若已规定 NEXT STATEMENT 短语，则当控制传送给该声明时，控制就传送给直接紧跟在正在执行的语句末端之后的一个隐式 CONTINUE 语句，除非与可用语句相关的一般规则规定其他操作。当异常条件引起执行该声明，则可用语句是如下之一：

a) 若异常条件出现在运行时实体中的某个语句，并且不是一个可传递的异常条件，则可用语句是异常条件出现的那个语句。若异常条件从一个激活运行时实体传递而来，则可用语句是那个被激活的实体的 CALL 语句或 INVOKE 语句。或对于一个联机调用或函数调用，该语句就是规定联机调用或函数调用的语句。若该语句包含在其他语句中，则可用语句是最低层语句而非那个包含语句。

b) 若因为异常条件声明不被执行却通过声明过程调用的源元素的未声明部分中 PERFORM 语句而被执行，则控制传送给隐含的 CONTINUE 语句，该 CONTINUE 语句直接紧跟 PERFORM 语句中调用的终止过程的最后语句。

注：NEXT STATEMENT 的使用可以导致控制转移给一个在正常事件中将不被执行的语句。比如 IF a GO TO x ELSE GO TO y END -IF。若在“a”求值时出现异常条件，则转移可以发生在 END -IF 之后甚至通常将不用经过那个过程。

3) 若过程名 1 已规定，则控制传送给过程名 1 就如同执行了 GO TO 过程名 1。

注：这种重获方法的使用可能导致 PERFORM 语句的控制流未定义，正如 14.8.24 中的一般规则 11)描述的。

14.8.32 RETURN 语句

RETURN 语句从 SORT 操作的最后阶段获得排序好的记录或在 MERGE 操作期间获得合并好的记录。

14.8.32.1 一般格式

RETURN 文件名 1 RECORD[INTO 标识符 1]
AT END 命令语句 1
[NOT AT END 命令语句 2.]
[END-RETURN]

14.8.32.2 语法规则

1) 跟标识符 1 相关联的存储区和跟文件名 1 相关联的记录区不能是同一个存储区。

2) 文件名 1 应该在数据部的排序合并文件描述款中描述。

3) RETURN 语句只能在和 SORT 或 MERGE 语句相关联的输出过程范围内对文件名 1 使用。

14.8.32.3 一般规则

1) 当一个文件的逻辑记录用一个以上的记录描述来描述时，这些记录自动地共享同一个存储区，这等价于隐含的区重定义。任何落在当前数据记录范围之外的数据项的内容，在 RETURN 语句执行完成后是无定义的。

2) RETURN 语句的执行使得文件名 1 的下一个现存记录在与文件名 1 相关联的记录区里成为可用的。这下一个记录根据 SORT 或 MERGE 语句中列出的键指出的次序来决定。若文件名 1 不存在下一个逻辑记录，则出现末端条件并把控制转到 AT END 短语的命令语句 1。按照命令语句 1 中指出的各语句的规则继续执行。若执行了过程分支或显式引起控制转移的条件语句，则按照那个语句的规则执行控制转移；否则，在命令语句 1 执行完成后，控制转向 RETURN语句的结尾处并且忽略 NOT AT END 短语(若被指出)。当末端条件出现时，RETURN语句的执行是不成功的而且与文件名 1 相关联的记录区的内容是无定义的。在 AT END 短语中的命令语句 1 执行以后，RETURN 语句不能再作为当前输出过程中的一部分执行。

3) 若在 RETURN 语句执行期间，未出现末端条件，则记录是可利用的并且根据 INTO 短语的存在情况执行隐含的 MOVE 操作，控制转向命令语句 2(若指出)；否则，控制转向 RETURN 语句的结尾处。

4) END-RETURN 短语限定 RETURN 语句的作用域。
5) RETURN 语句中可以规定 INTO 短语：
   a) 仅当一个记录描述从属于排序合并文件描述款时，或
   b) 与文件名 1 相关联的全部记录名及标识符 1 引用的数据项描述组项或初等字符项时。
6) 具有 INTO 短语的 RETURN 语句的执行结果等价于按序应用下述规则：
   a) 不带 INTO 短语的同一 RETURN 语句的执行。
   b) 按照不带 CORRESPONDING 短语的 MOVE 语句的规则把当前记录从记录区送到标识符 1 指定的区。根据 RECORD 子句指出的规则确定当前记录的长度。若文件描述款包含 RECORD IS VARYING 子句，则隐含的移动是成组移动。当 RETURN 语句执行失败时，不出现隐含的 MOVE 语句。与标识符 1 相关联的任何下标在记录被读以后和传送到数据项之前立即计算。在记录区和标识符 1 引用的数据项里的数据均是可用的。

14.8.33 REWRITE 语句

REWRITE 语句逻辑地替换海量存储文件中存在的记录。

14.8.33.1 一般格式

REWRITE 记录名 1[FROM 标识符 1]
[INVALID KEY 命令语句 1]
[NOT INVALID KEY 命令语句 2]
[END -REWRITE]

14.8.33.2 语法规则

1) 记录名 1 和标识符 1 不能引用同一个存储区。
2) 记录名 1 是数据部文件节中逻辑记录名并且可以限定。
3) 若对相关文件名没有指出可应用的 USE AFTER STANDARD EXCEPTION 过程，则应该指出 INVALID KEY 和 NOT INVALID KEY 短语。

14.8.33.3 一般规则

1) 由记录名 1 相关的文件名所引用的文件应该是海量存储文件，并且在该语句执行时应该已用 I-O 方式打开。
2) 对于用顺序存取方式的文件，在 REWRITE 语句执行之前，对相关文件的最后一个输入输出语句应该是成功执行的 READ 语句。MSCS 逻辑地替换 READ 语句存取过的记录。
3) 对 1 级，由记录名 1 引用的记录中的字符数应该等于被替换的记录中字符数。对 2 级，由记录名 1 引用的记录中的字符数可以等于或不等于被替换的记录中的字符数。
4) 在成功地执行 REWRITE 语句后，所释放的逻辑记录在记录区中不再可用，除非相应的文件名在 SAME RECORD AREA 子句中指明外。该逻辑记录对程序仍然是可用的，但它是作为与相关输出文件同一 SAME RECORD AREA 子句中出现的其他文件的一个记录。此外，它对于和记录名 1 相关联的文件也是可用的。
5) 带有 FROM 短语的 REWRITE 语句的执行等价于按序执行如下语句。
   a) 按 MOVE 语句指定的规则执行语句：MOVE 标识符 1 TO 记录名 1。
   b) 无 FROM 短语的同一个 REWRITE 语句。
6) REWRITE 语句执行完成以后，标识符 1 所引用的区中的信息是可用的。记录名 1 所引用的区中的信息不可用，指明 SAME RECORD AREA 子句时除外。
7) REWRITE 语句的执行不影响文件位置指示符。
8) REWRITE 语句的执行引起与记录名 1 相关文件名的 I-O 状态值被更新。

9） REWRITE 语句的执行把逻辑记录释放给操作系统。

10） REWRITE 语句成功或不成功地执行之后，控制转移依赖于 REWRITE 语句中是否存在任选的 INVALID KEY 和 NOT INVALID KEY 短语。

11） END-REWRITE 短语限定 REWRITE 语句的作用域。

12） 由记录名 1 引用的记录中字符位置数不能大于 RECORD IS VARYING 子句所允许的最大字符位置数或小于最小字符位置数，该子句与记录名 1 相关的文件名相关联。不论两种情况的哪一种，REWRITE 语句的执行是不成功的，更新的操作不进行，记录区的内容不受影响而与记录名 1 相关的文件的 I-O 状态指出所发生的条件。

13） 对于顺序存取方式的文件，被替换的记录由包含在主记录键中的值指出。当执行 REWRITE 语句时，包含在被替换之记录的主记录键数据项的值应该等于上次读入的文件中记录的主记录键的值。

14） 对随机存取或动态存取方式的文件，被替换的记录由主记录键数据项指出。

15） 对具有次记录键的记录，REWRITE 语句的执行如下：

a） 当特定次记录键的值不改变时，在那个键是引用键的时候，检索的次序保持不变。

b） 当特定次记录键的值改变时，在那个键是引用键时，那个记录后继的检索次序可以被改变。当允许重复键值时，记录逻辑地被定位在一组重复记录的最后位置，这组重复记录包含与记录中被替换的次记录键值相同的次记录键值。

16） 无效键条件在下列几种情况下存在：

a） 文件的存取方式是顺序的，且被替换之记录的主记录键的值不等于上次读入的记录的主记录键的值，或

b） 文件是动态或随机的存取方式，并且被替换之记录的主记录键值不等于现存在文件中的任何记录的主记录键值，或

c） 当不允许重复次记录键时，被替换记录的次记录键值等于已存于文件中记录的对应数据项值。

17） 识别出无效键条件时，REWRITE 语句的执行是不成功的，不执行更新操作，记录区的内容不受影响而与记录名 1 相关联的文件名的 I-O 状态指出所发生的条件。

14.8.34 SEARCH 语句

SEARCH 语句用来在一个表中找出满足一定条件的表元并调整相关的索引来指示该表元。

14.8.34.1 一般格式

格式 1

```
SEARCH 标识符 1 [VARYING {标识符 2 }]
                         {位标名 1 }
[AT END 命令语句 1]
{WHEN 条件 1 {命令语句 2      }} …
             {NEXT SENTENCE  }
[END-SEARCH]
```

格式 2

```
SEARCH ALL 标识符 1 [AT END 命令语句 1]
                                     {标识符 3       }
WHEN {数据名 1 {IS EQUAL TO}         {字值 1         }}
     {         {IS=        }         {算术表达式 1   }}
     {条件名 1                                        }
```

$$\left[\text{AND}\left\{\begin{array}{l}\text{数据名 2}\\ \text{条件名 2}\left\{\begin{array}{l}\text{IS }\underline{\text{EQUAL}}\text{ TO}\\ \text{IS=}\end{array}\right\}\left\{\begin{array}{l}\text{标识符 4}\\ \text{字值 2}\\ \text{算术表达式 2}\end{array}\right\}\end{array}\right\}\right]\cdots$$

$$\left\{\begin{array}{l}\text{命令语句 2}\\ \underline{\text{NEXT}}\ \underline{\text{SENTENCE}}\end{array}\right\}$$

[END -SEARCH]

14.8.34.2 语法规则

1) 在格式 1 和 2 中,标识符 1 不能带下标或带更新引用,但它的描述中应该包含带 INDEXED BY 短语的 OCCURS 子句。格式 2 中标识符 1 的描述还要包含带 KEY IS 短语的 OCCURS 子句。

2) 标识符 2 引用的数据项应该描述为 USAGE IS INDEX 或是一数值型初等数据项,没有数字位置会位于假想小数点的右侧。与标识符 1 有关的 OCCURS 子句中 INDEXED BY 短语所指定的第一个(或惟一的)索引名不能作为标识符 2 的下标。

3) 在格式 1 中,条件 1 可以是任一条件表达式。

4) 在格式 2 中,所有被引用的条件名都要定义为仅有一个值。与条件名相关的数据名应该出现在标识符 1 引用的 OCCURS 子句的 KEY IS 短语中。每个数据名 1 和数据名 2 都要受限。每个数据名 1 和数据名 2 都要用与标识符 1 相关的第一个索引名和其他所需要的下标作为它们的下标,且它们应该在标识符 1 引用的 OCCURS 子句的 KEY IS 短语中被引用。标识符 3、标识符 4 以及在算术表达式 1 和算术表达式 2 中出现的标识符不能在标识符 1 引用的 OCCURS子句的 KEY IS 短语中被引用,也不能用与标识符 1 相关的第一个索引名作为它们的下标。在格式 2 中,当引用标识符 1 所引用的 OCCURS 子句的 KEY IS 短语中的一个数据项时,或引用与标识符 1 引用的 OCCURS 子句的 KEY IS 短语中某数据名有关的条件名时,所有出现在前面的标识符 1 引用的 OCCURS 子句的 KEY IS 短语中的数据名或相关的条件名也应该同时被引用。

5) 若指定 END -SEARCH 短语,就不能出现 NEXT SENTENCE 短语。

14.8.34.3 一般规则

1) 由下列三者之一就能限定 SEARCH 语句的作用域:
   a) 同一嵌套层次的 END -SEARCH 短语。
   b) 句号分隔符。
   c) 与前面的 IF 语句相关的 ELSE 或 END -IF 短语(参见 14.4.2)。

2) 若使用格式 1 的 SEARCH 语句,则要从当前索引置值开始,进行一系列类型的查找操作。
   a) 若在 SEARCH 语句开始执行时,与标识符 1 相关的索引名之值对应于一个出现号大于标识符 1 允许的最高出现号,则立即结束查找。标识符 1 的出现号(最后一个就是允许的最高出现号)在 OCCURS 子句中讨论。接着,若指定了 AT END 短语,就执行命令语句 1;否则控制转到 SEARCH 语句结束处。
   b) 若在 SEARCH 语句开始执行时,与标识符 1 相关的索引名之值对应的出现号不大于标识符 1 允许的最高出现号(标识符 1 的出现号在 OCCURS 子句中讨论,最后的出现号就是允许的最大出现号),就执行 SEARCH 语句,按照书写顺序对条件求值,利用(指定的)索引值来确定要检测的那些项的出现。若条件一个也不满足,标识符 1 的索引名值增加以指向下一出现。利用新的索引值重复上述处理过程,一直到标识符 1 的索引名的新值对应一个超过出现值的允许范围的表元为止,这时,如上述 2)a)中指出的那样,查找就结束了。若在对条件求值时,有一个条件满足,立即终止查找,控制转到与那个条件相关联的命令语句(若出现的话);或者,若 NEXT SENTENCE 短语与该条件相关联,则控制转到下一可执行的句子;索引名的值仍然指向使条件满足的那个出现上。

3) 在格式 2 的 SEARCH 语句中,只有在下列情况下,才能预期 SEARCH ALL 操作的结果:
   a) 表中数据排列的方式与标识符 1 引用的 OCCURS 子句的 KEY IS 短语描述的方式一样;
   b) WHEN 短语所引用的键的值足够用来标识惟一的表元。

4) 若使用格式 2 的 SEARCH 语句,则查找操作的类型可以是不连贯的;不对标识符 1 的索引名赋初值,在查找过程中由实现者根据需要对其进行赋值,不过有一个限制,就是在任何时候赋给它的值既不能超过对应于最后表元的值也不能小于对应最先表元的值。表长的讨论在 OCCURS子句中(参见 13.16.36)。若在允许的范围内对于索引的任何值,WHEN 短语中任何条件都不满足,则控制转向 AT END 短语(若指定的话)中的命令语句 1,或转向 SEARCH 语句结束处(当未指定 AT END 短语时),在这两种情况下,索引的终值都是不能预知的。若所有条件都能满足,则索引就指明了使条件满足的那个出现号,控制转到命令语句 2(若指定的话),或转到下一可执行的句子(若指定 NEXT SENTENCE 短语的话)。

5) 命令语句 1 和命令语句 2 都不能以 GO TO 语句结尾,因此,执行完命令语句 1 或命令语句 2 之后,控制转到 SEARCH 语句结束处。

6) 在格式 2 中,查找操作中使用到的索引名是与标识符 1 相关联的 OCCURS 子句的 INDEXED BY 短语中指定的第一个(或惟一的)索引名。

7) 在格式 1 中,若未使用 VARYING 短语,查找操作中用到的索引名是与标识符 1 相关联的 OCCURS 子句的 INDEXED BY 短语中指定的第一个(或惟一的)索引名。

8) 在格式 1 中,若指定了 VARYING 短语,并且索引 1 出现在标识符 1 引用的 OCCURS 子句的 INDEXED BY 短语中,则查找中要用到该索引名。若不是这样,或指定了 VARYING 标识符 2 短语,则查找中用到的索引名是标识符 1 引用的 OCCURS 子句的 INDEXED BY 短语中给出的索引名。此外,还会发生下列操作:
   a) 若用到了 VARYING 索引名 1 短语,且索引名 1 出现在另一表项引用的 OCCURS 子句的 INDEXED BY 短语中,则索引名 1 所代表的出现号增以同样的量值。同时,与标识符 1相关联的索引名所代表的出现号也增以同样的量值。
   b) 若指定了 VARYING 标识符 2 短语,并且标识符 2 是索引数据项,则标识符 2 引用的数据项增以同样的量值。同时,与标识符 1 相关联的索引也增以同样的量值,同时,若标识符 2 不是索引数据项,则标识符 2 引用的数据项增加 1,同时与标识符 1 相关联的索引名所引用的索引也增加 1。

9) END -SEARCH 短语限定了 SEARCH 语句的作用域。

14.8.35 SET 语句

1) SET 语句通过设定与表元素的索引来为表处理操作建立引用点。
2) SET 语句还用来改变外部开关的状态。
3) SET 语句还用来改变条件变量的值。

14.8.35.1 一般格式

格式 1

$$\underline{\text{SET}}\left\{\begin{array}{l}\text{位标名 1}\\ \text{标识符 1}\end{array}\right\}\cdots\underline{\text{TO}}\left\{\begin{array}{l}\text{位标名 2}\\ \text{标识符 2}\\ \text{整数 1}\end{array}\right\}$$

格式 2

$$\underline{\text{SET}}\left\{\text{位标名 3}\right\}\cdots\left\{\begin{array}{l}\underline{\text{UP}}\ \underline{\text{BY}}\\ \underline{\text{DOWN}}\ \underline{\text{BY}}\end{array}\right\}\left\{\begin{array}{l}\text{标识符 3}\\ \text{整数 2}\end{array}\right\}$$

格式 3

$\underline{\text{SET}}\left\{\{\text{助记名 1}\}\cdots\underline{\text{TO}}\left\{\begin{array}{l}\underline{\text{ON}}\\\underline{\text{OFF}}\end{array}\right\}\right\}\cdots$

格式 4

$\underline{\text{SET}}\{\text{条件名 1}\}\cdots\underline{\text{TO}}\ \underline{\text{TRUE}}$

14.8.35.2 **语法规则**

1) 对索引名 1、标识符 1 和索引名 3 的所有引用也同样适用于所有的递归。

2) 每个标识符 1 和每个标识符 2 都应该引用索引数据项或描述为整数的初等项。

3) 标识符 3 应该引用初等的数值型整数。

4) 整数 1 和整数 2 可带正负号，整数 1 应该是正的。

5) 助忆名 1 应该与外部开关相关联，开关的状态能改变。由实现者规定哪些外部开关能被 SET 语句引用。

6) 条件名 1 要和条件变量相关联。

14.8.35.3 **一般规则**

格式 1 和格式 2

1) 索引名通过为给定表指明 OCCURS 子句的 INDEXED BY 短语来与该表相关联。

2) 若指定索引名 1，则执行 SET 语句之后索引之值就对应于索引名 1 相关的表中的一个元素的出现号。执行过 PERFORM 语句或 SEARCH 语句之后，与索引名关联的索引值可以被置为超过相关表范围的出现号(参见 14.8.27 PERFORM 语句；14.8.34 SEARCH 语句)。

若指定了索引名 2，则 SET 语句执行之前索引之值对应于与索引名 1 关联的表元的出现号。

若指定了索引名 3，则 SET 语句执行之前或之后索引之值应对应于与索引名 3 关联的表元出现号。

3) 在格式 1 中，会出现下列动作：

   a) 对索引名 1 置值，使它指向一表元，该表元的出现号与索引名 2、标识符 2 或整数 1 所引用的表元的出现号相一致。若标识符 2 引用的是索引数据项，或索引名 2 和索引名 1 与同一表相联系，则不进行任何转换。

   b) 若标识符 1 引用一索引数据项，则对它赋值使之等于索引名 2 或标识符 2 的内容，这里的标识符 2 也引用一索引数据项；在两种情况下都不进行转换。

   c) 若标识符 1 引用的不是索引数据项，则赋给它的值只能是对应于索引名 2 之值的出现号，而不是标识符 2 或整数 1 的值。

   d) 对索引名 1 或标识符 1(若指定的话)的每次出现都重复上述过程。索引名 2 或标识符 2 引用的数据项之值每次使用时都和语句初始执行时的值一样。与标识符 1 相关联的下标在相应数据项之值改变之前进行求值。

4) 在格式 2 中，对索引名 3 的内容进行增值(UP BY)或减值(DOWN BY)。增、减量的大小对应于整数 2 之值或标识符 3 引用的数据项之值所代表的出现号。此后，对索引名 3 的每次出现都重复该处理过程。在每个重复处理过程中由标识符 3 引用的数据项之值与语句初始执行时一样。

5) 表 18 中的数据表示格式 1 的 SET 语句中各种有效的操作数组合。适用的一般规则用相应的索引指出。

表 18　格式 1 的 SET 语句中的操作数组合的有效性

发 送 项	接 收 项		
	整数数据项	索引	索引数据项
整数字值	否/3c	有效/3a	否/3b
整数数据项	否/3c	有效/3a	否/3b
索引	有效/3c	有效/3a	有效/3b[1)]
索引数据项	否/3c	有效/3a[1)]	有效/3b[1)]

格式 3

6） 改变与指定助忆名 1 相关联的外部开关的状态，使得与该开关相联系的条件名的逻辑值能反映出下列两种情况：当指定 ON 短语时，状态为开；当指定 OFF 短语时，状态为关（参见 8.8.4.1.5）。

格式 4

7） 根据 VALUE 子句的规则，把与条件名 1 相关联的 VALUE 子句中的字值放入条件变量中（参见 13.16.61）。若 VALUE 子句中出现了多于一个字值，则把出现在 VALUE 子句中的第一个字值赋给条件变量。

8） 若指定了多重条件名，其结果就如同对每个条件名，按其在 SET 语句中出现的顺序写出一个独立的 SET 语句。

14.8.36　SORT 语句

SORT 语句通过执行输入过程或传送另一个文件的记录以建立排序文件，在排序文件中按照指出的一组键对记录排序。然后，在排序操作的最后阶段，使得排序文件中的每一个记录按照排序的次序，对某些输出过程或输出文件可用。

14.8.36.1　一般格式

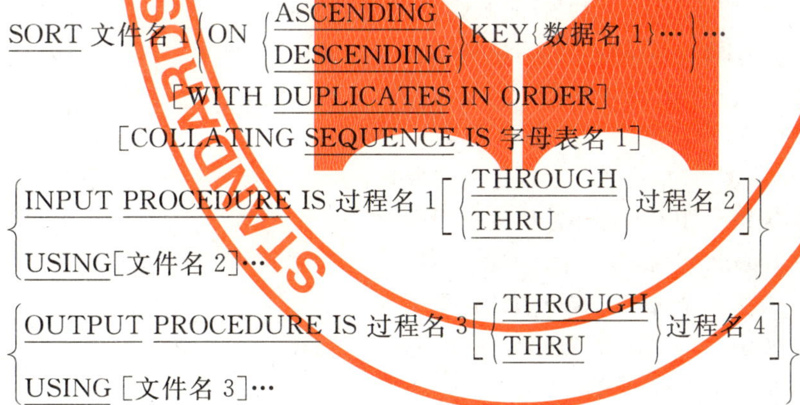

```
SORT 文件名 1 {ON {ASCENDING | DESCENDING} KEY {数据名 1}…}…
        [WITH DUPLICATES IN ORDER]
        [COLLATING SEQUENCE IS 字母表名 1]
{INPUT PROCEDURE IS 过程名 1 [{THROUGH | THRU} 过程名 2]
 USING [文件名 2]…}
{OUTPUT PROCEDURE IS 过程名 3 [{THROUGH | THRU} 过程名 4]
 USING [文件名 3]…}
```


14.8.36.2　语法规则

1） SORT 语句可以在过程部中除声明部分以外的任何地方出现。

2） 文件名 1 应该在数据部排序合并文件描述款中描述。

3） 若指明 USING 短语，而且文件名 1 引用的文件包含变长记录，则文件名 2 引用之文件所包含记录的长度不能小于文件名 1 描述的最小记录，也不能大于其最大记录的长度。若文件名 1 引用的文件包含定长记录，则文件名 2 引用之文件所含记录的长度不能大于文件名 1 引用文件描述的最大记录长度。

4） 数据名 1 是键数据名，并且要遵守下列规则：

a） 由键数据名标识的数据项应该在相关联的文件名 1 的记录中描述。

b） 键数据名可以受限。

c) 由键数据名标识的数据项不能是包含变长数据项的组项。

d) 若文件名 1 有多个记录描述,则由键数据名标识的那些数据项只在惟一的一个记录描述中描述。把在一个记录描述中,键数据名引用的相同字符位置作为该文件所有记录的键。

e) 由键数据名标识的数据项不能在被包含 OCCURS 子句的描述款中,或隶属于包含 OCCURS子句的描述款中描述。

f) 若文件名 1 引用的文件包含定长记录,则由键数据名标识的全部数据项应该被包含在记录的开始 X 个字符位置中,这里 X 等于文件名 1 引用的文件所指明的最小记录长度。

5) 字 THRU 和 THROUGH 是等价的。

6) 文件名 2 和文件名 3 应该在数据部的文件描述款,而不在排序合并文件描述款中描述。

7) 文件名 2 和文件名 3 引用的文件可以驻留在同一个多文件卷上。

8) 若文件名 3 引用了索引文件,则数据名 1 的第一个说明应该与 ASCENDING 短语相关,并且由数据名 1 引用的数据项在记录中占有的字符位置应该与那个文件的主记录键相关的数据项一样。

9) 在同一 SORT 语句中,没有一对文件名可以被规定在同一个 SAME SORT AREA 或 SAME SORT-MERGE AREA 子句中。与 GIVING 短语相关联的文件名不能在同一 SAME 子句中指出(参见 12.3.6)。

10) 若指明了 GIVING 短语,且文件名 3 引用的文件包含变长记录,则文件名 1 引用之文件所含记录的长度不能小于文件名 3 描述的最小记录,也不能大于其最大记录的长度。若文件名 3 引用的文件含有定长记录,则文件名 1 引用文件所含记录的长度不能大于文件名 3 引用的文件的最大记录长度。

14.8.36.3 一般规则

1) 若文件名 1 引用的文件仅含定长记录,则对文件名 2 引用的文件中任何长度小于那个定长的记录,当记录被发放到文件名 1 引用的文件上时,在那个记录的最后一个字符之后,其右边第一字符位置开始填以空格,空格的数目就是比定长少的那些字符位置数。

2) 在 SORT 语句中,跟在字 KEY 后面的数据名,按照重要程度的递减次序从左到右地列出,而不考虑它们如何被划分到各 KEY 短语中去。最左边的数据名是主键,下一个数据名是下一个最重要的键,依此类推。

a) 当指出 ASCENDING 短语时,排序顺序将是按键数据名指出的数据项内容的最低值到最高值顺序。这依据关系条件中的操作数比较规则进行。

b) 当指出 DESCENDING 短语时,排序顺序将是按键数据名指出的数据项内容的最高值到最低值顺序。这依据关系条件中的操作数比较规则进行。

3) 若指出 DUPLICATES 短语,并且与一个数据记录相关的所有键数据项的内容等于与一个或多个其他数据记录相关的相应键数据项的内容,则这些记录的回送次序是:

a) 按照 SORT 语句中指明的相关输入文件的次序。在给定的输入文件中,按对该文件存取记录的次序。

b) 当输入过程被指出时,按照输入过程发送这些记录的次序。

4) 若未指出 DUPLICATES 短语,而与一个数据记录相关的所有键数据项的内容等于与一个或多个其他数据记录相关的相应键数据项的内容,则这些记录的回送次序是未定义的。

5) 应用于非数值键数据项比较的排序序列在执行 SORT 语句的开始时按下列优先次序决定:

a) 首先,若在 SORT 语句中指出 COLLATING SEQUENCE 短语,则根据 COLLATING SEQUENCE 短语建立的排序序列。

b) 其次,建立和程序的排序序列一样的排序序列。

6) SORT 语句的执行由下面三个不同的阶段组成:

a) 使记录对文件名 1 引用的文件成为可用的。为达此目的,或通过执行输入过程中的 RELEASE 语句或通过隐含执行对文件名 2 的 READ 语句。在本阶段开始时,文件名 2 引用的文件不能处于打开方式。在本阶段终止时,文件名 2 引用的文件不是处于打开方式。

b) 文件名 1 引用的文件是顺序的。在这阶段期间,对文件名 2 和文件名 3 引用的文件不作处理。

c) 文件名 1 引用的文件记录可按排序好的次序应用。排序好的记录或者写到文件名 3 引用的文件中,或者通过执行 RETURN 语句使记录成为可用的以便输出过程处理。在本阶段开始时,文件名 3 引用的文件不能处于打开方式。在本阶段终止时,文件名 3 引用的文件不是处于打开方式。

7) 输入过程可以由这样一些过程组成,这些过程是从文件名 1 引用的文件上选择、修改或复制记录所必需的,RELEASE 语句一次使一个这样的记录成为可用的。范围包括:在输入过程范围内由执行 CALL、EXIT、GO TO 和 PERFORM 语句引起控制转移的全部语句;还有声明过程中的全部语句,这些语句由输入过程范围中语句的执行引起其执行。输入过程的范围不能导致任何 MERGE,RETURN 或 SORT 语句执行。

8) 若指出输入过程,则在文件名 1 由 SORT 语句排序之前。控制转到输入过程。编译程序在输入过程的最后语句的末端插入返回机制,当控制达到输入过程中的最后一个语句时,被释放到文件名 1 上的记录已排序。

9) 若指出 USING 短语,由文件名 2 引用的诸文件的全部记录被送到文件名 1 引用的文件中。对文件名 2 引用的每个文件,执行 SORT 语句导致下列动作:

a) 初始化文件处理。执行初始化就像执行具有 INPUT 短语的 OPEN 语句一样。

b) 逻辑记录被获取并发送给排序操作。获取每个记录就像执行了具有 NEXT 和 AT END 短语的 READ 语句一样。对相对文件,若文件名 2 在 GIVING 短语中被引用,则在 SORT 语句执行以后,相对键数据项的内容是无定义的。

c) 终止文件处理。执行终止就像执行了不带任选短语的 CLOSE 语句一样。在文件名 1 引用的文件被 SORT 语句排序之前执行这个终止。执行这些隐含功能,犹如执行相关的 USE AFTER EXCEPTION 或 ERROR 过程一样;然而,执行这种 USE 过程不能引起管理由文件名 2 引用的文件或访问与其相关的记录区的语句的执行。

10) 输出过程可以由这样一些过程组成,这些过程是从文件名 1 引用的文件上选择,修改或复制记录所必需的,RETURN 语句一次可使一个记录成为可用的。范围包括:在输出过程范围内由执行 CALL,EXIT,GO TO 和 PERFOM 语句引起控制转移的全部语句;还有声明过程中的全部语句,这些语句由输出过程范围中语句的执行引起其执行。输出过程的范围不能导致任何 MERGE,RELEASE 或 SORT 语句的执行。

11) 若指出输出过程,则文件名 1 引用的文件被 SORT 语句排序以后控制转向它。编译程序在输出过程最后语句的末端插入一个返回机制,当控制转移到输出过程的最后一个语句时,返回机制就结束排序,然后控制转移到 SORT 语句后的下一个可执行语句。在进入输出过程之前,排序过程到达这样的一点,在这一点处可以按排序次序选取需要的记录。在输出过程中为了取得下一个记录,RETURN 语句是必需的。

12) 若指出 GIVING 短语,在文件名 1 上的所有排序过的记录自动地被写到文件名 3 上去,犹如 SORT 语句隐含的输出过程一样。对文件名 3 引用的每个文件,SORT 语句的执行导致下述动作:

a) 初始化文件处理。执行初始化就像执行了具有 OUTPUT 短语的 OPEN 语句。在任一输入过程执行以后,执行这个初始化。

b） 排序好的逻辑记录被回送并写往该文件。写记录就像执行了不带任何任选短语的WRITE语句。对相对文件，回送的第一个记录的相对键数据项值为“1”；回送的第二个记录，值为“2”，等等。SORT语句执行以后，相对键数据项的内容指出回送该文件的最后记录。

c） 终止文件处理。执行终止就像执行了不带任选短语的CLOSE语句。执行这些隐含功能，犹如执行了相关的USE AFTER EXCEPTION或ERROR过程一样；然而，执行这种USE过程不能引起管理由文件名3引用的文件或访问其相关的记录区的语句的执行。在第一次企图往文件定义的边界之外写记录时，就执行对该文件规定的任一USE AFTER STANDARD EXCEPTION或ERROR过程，当控制从USE过程返回或若没指出这种USE过程时，如同上述12C段一样，终止文件处理。

13） 若文件名3引用的文件只含定长记录，则对文件名1引用的文件中任一长度小于那个长度的记录，当记录被回送到文件名3引用的文件上时，在那个记录的最后一个字符之后，其右边第一字符位置开始填以空格，空格的数目就是比定长少的那些字符位置数。

14） 程序分段可以应用于含有SORT语句的程序。然而有下列限制；

a） 若SORT语句出现在非独立程序段的节中。则SORT语句引用的任何输入过程或输出过程应该：

- 全部出现在非独立程序段中，或
- 全部包含在一个独立程序段中。

b） 若SORT语句出现在一独立程序段中，则由SORT语句引用的任何输入过程或输出过程应该：

- 全部包含在非独立程序段中，或
- 全部包含在SORT语句所在的同一个独立程序段中。

14.8.37 START 语句

为了顺序地检索后继记录，START语句为相对文件内的逻辑定位提供一个基点。

14.8.37.1 一般格式

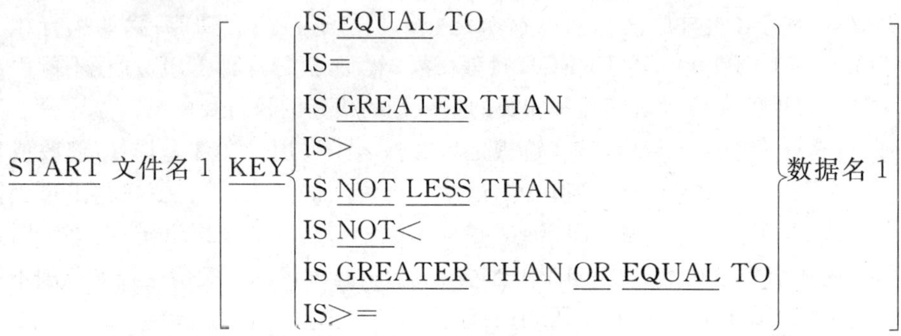

[INVALID KEY 命令语句 1]

[NOT INVALID KEY 命令语句 2]

[END -START]

14.8.37.2 语法规则

1） 文件名1应该是顺序存取方式或动态存取方式的文件的名。

2） 数据名1可以受限。

3） 若对文件名1未指出可应用的USE AFTER STANDARD EXCEPTION过程，则应该指出INVALID KEY短语。

4） 若有数据名1，则它应该是相关文件控制款的ACCESS MODE子句中的RELATIVE KEY短语中所指出的数据项。

14.8.37.3 一般规则

1) 在 START 语句执行时,以文件名 1 命名的文件应该以输入或 I-O 方式打开。

2) 若未指出 KEY 短语,则隐含指出关系运算符“IS EQUAL TO”。

3) START 语句的执行既不更改记录区的内容也不更改与文件名 1 有关的 RECORD 子句的 DEPENDING ON 短语规定的数据名所引用的数据项内容。

4) KEY 短语中的关系运算符指出的比较种类在由文件名 1 引用的文件的相关联记录中的键和按一般规则 10)中指出的数据项之间进行。应用数值比较规则:

   a) 文件位置指示符定位于文件中其键满足比较关系的第一个逻辑记录的相对记录号。

   b) 若文件中的任何记录都不满足这个比较关系,则存在 INVALID KEY 条件且 START 语句的执行是不成功的。

5) START 语句的执行引起更新相关联的文件名 1 的 I-O 状态数据项(若有的话)的值。

6) 在执行 START 语句时,若文件位置指示符指出任选输入文件不存在,则存在无效键条件而且 START 语句的执行是不成功的。

7) 成功或不成功执行 START 语句之后的控制转移是根据在 START 语句中是否出现任选的 INVALID KEY 短语和 NOT INVALID KEY 短语来决定的。

8) 执行不成功的 START 语句之后,置文件位置指示符以指出没有建立下一个有效的记录。

9) END-START 短语限定 START 语句的作用域。

10) 一般规则 4)描述的比较使用与文件名 1 相关的 ACCESS MODE 子句的 RALATIVE KEY 短语引用的数据项。

14.8.38 **STOP 语句**

STOP 语句使得该运行单位的执行暂时或永久地挂起。在标准 COBOL 的这一版本中视 STOP 语句的字值变形是过时成分,因为在标准 COBOL 的以后的修改版中要把它删掉。

14.8.38.1 一般格式

$$\underline{\text{STOP}}\begin{Bmatrix}\underline{\text{RUN}}\\ \text{字值 1}\end{Bmatrix}$$

14.8.38.2 语法规则

1) 字值 1 不能是以 ALL 开头的象征常量。

2) 若 STOP RUN 语句出现在一个句子中的相继命令语句序列中,则它应该是这个序列中的最后一个语句。

3) 若字值 1 是数值的,则它应该是一个无正负号整数。

14.8.38.3 一般规则

1) 若指定了 RUN 短语,则终止该运行单位的执行且控制转移到操作系统。

2) 在 STOP RUN 语句的执行期间,对该运行单位中每个处于打开状态的文件执行一条不带任选成分的隐含的 CLOSE 语句。不执行与这些文件相联系的任何 USE 过程。

3) 若运行单位已经在存取信息,则 STOP RUN 语句使信息控制系统(MCS)从信息队列中删去那些被运行单位部分接收的信息。通过 SEND 语句从运行单位中传送出来但不是由 EMl 或 EGI 结束的部分信息则从程序中清除。

4) 若指定了 STOP 字值 1,则运行单位的执行被挂起,该字值 1 用于和操作员通信。当实现者定义的支配运行单元重新初始化的过程被建立之后,运行单位的继续执行就从下一可执行的语句开始。

14.8.39 **STRING 语句**

STRING 语句提供把一个或多个数据项的部分或全部内容连成一个数据项的并置。

14.8.39.1 一般格式

$$\underline{\text{STRING}}\left\{\left\{\begin{matrix}\text{标识符 1}\\ \text{字值 1}\end{matrix}\right\}\cdots\underline{\text{DELIMITED}}\ \text{BY}\left\{\begin{matrix}\text{标识符 2}\\ \text{字值 2}\\ \underline{\text{SIZE}}\end{matrix}\right\}\right\}\cdots$$

INTO 标识符 3[WITH POINTER 标识符 4]
[ON OVERFLOW 命令语句 1][NOT ON OVERFLOW 命令语句 2]
[EDN-STRING]

14.8.39.2 语法规则

1) 字值 1 或字值 2 不能是以单词 ALL 开头的象征常量。
2) 所有字值应该描述为非数值字值;除标识符 4 外,所有的标识符应该隐式或显式描述为 USAGE IS DISPLAY 型的。
3) 标识符 3 不能是引用修改。
4) 标识符 3 应该表示一个不带编辑符号或 JUSTIFIED 子句的初等字符数据项。
5) 标识符 4 应该描述为一个初等整数数据项。其长度足够容纳标识符 3 所引用的区域的长度加 1 的值。符号"P"不能用在标识符 4 的 PICTURE 字符串中。
6) 当标识符 1 或标识符 2 是初等数值数据项时,它应该在它的 PICTURE 字符串中描述为一个没有符号"P"的整数。

14.8.39.3 一般规则

1) 标识符 1 或字值 1 代表发送项,标识符 3 代表接收项。
2) 字值 2 或标识符 2 引用的数据项的内容指明了对传送定界的字符。若使用了 SIZE 短语,就传送标识符 1 定义的完整的数据项内容或字值 1。当一象征常量用作界限符时,该象征常量是一个单字符的非数值字值。
3) 当一个象征常量被指明为字值 1、字值 2 时,它指称一个隐含的用法是 USAGE IS DISPLAY 的单字符数据项。
4) 当执行 STRING 语句时,传送数据由下列规则决定:
   a) 字值 1 中的字符或由标识符 1 引用的数据项内容所含的字符,按照字符到字符的传送规则传送到标识符 3 的内容中,但不满部分不填空格。
   b) 若指明了不带 SIZE 的 DELIMITED 短语,则标识符 1 所引用的数据项的内容或字值 1 的值,按照 STRING 语句中指明的顺序传送到接收数据项中,从最左字符开始,连续地从左到右直至达到该数据项的末尾或遇到字值 2 或标识符 2 引用的数据项的内容所指的一个或几个字符为止。由字值 2 或由标识符 2 引用的数据项所确定的字符并不传送。
   c) 若指明了带有 SIZE 的 DELIMITED 短语,字值 1 或标识符 1 所引用的数据项的整个内容按 STRING 语句中规定的顺序传送到标识符 3 所引用的数据项中,直至全部数据项都已传送或达到标识符 3 所引用的数据项的末尾为止。重复上述过程,直到所有出现的字值 1,或标识符 1 引用的数据项都处理为止。
5) 若指定了 POINTER 短语,则在 STRING 语句执行之前,对标识符 4 引用的数据项赋初值,该值大于零。
6) 若未指定 POINTER 短语,则下列规则适用,且假定用户已指定标识符 4 引用一初值为 1 的数据项。
7) 当字符传送到标识符 3 所引用的数据项时,这些字符就一次一个地从源区传送到标识符 3 引用的数据项,其所在的位置由标识符 4 引用的数据项之值指定(假设标识符 4 引用的数据项之值不超过标识符 3 所引用的数据项的长度)。然后,在传送下一个字符之前或在 STRING 语句执行结束之前,标识符 4 引用的数据项加 1。在执行该 STRING 语句期间标识符 4 引用的数据项的值只能通过上述指明的方式改变。

8) 在 STRING 语句执行结束时，在标识符 3 所引用的数据项中，改变的只是在执行 STRING 语句时被涉及到的部分，标识符 3 所指的数据项的所有其他部分仍将是该 STRING 语句在本次执行前所含的数据。

9) 在把一个字符传送给标识符 3 引用的数据项之前，若与标识符 4 引用的数据项相联系的值小于 1 或者超过标识符 3 引用的数据项中的字符位置数，则不再对标识符 3 引用的数据项传送数据；若指定 NOT ON OVERFLOW 短语的话，则跳过该短语且控制转移到 STRING 语句结束处；若指定了 ON OVERFLOW 短语，则控制转向命令语句 1。若控制转向命令语句 1，则根据命令语句 1 中各语句的规则执行这些语句。当执行到一条产生明显控制转移的过程分支语句或条件语句时，控制根据该语句的规则进行转移；否则的话，命令语句 1 执行过后，控制转移到 STRING 语句结束处。

10) 若 STRING 语句带有 NOT ON OVERFLOW 短语，则在该语句执行过后，一般规则 9 中描述的条件不会出现；若指定了 ON OVERFLOW 短语，则根据其他一般规则完成数据传送之后，跳过该 ON OVERFLOW 短语，控制转到 STRING 语句结束处；若指定了 NOT ON OVERFLOW 短语，则控制转向命令语句 2。若控制转向命令语句 2，则根据命令语句 2 中每个语句的规则执行这些语句；否则的话，命令语句 2 执行过后，控制转到 STRING 语句结束处。

11) END-STRING 短语限定了 STRING 语句的作用域。

12) 若标识符 1 或标识符 2 占用的存区与标识符 3 或标识符 4 占用的相同，或标识符 3 和标识符 4 占用相同的存区，则即使它们是由同一数据项描述款定义的，该语句的执行仍然是未定义的。

14.8.40 SUBTRACT 语句

SUBTRACT 语句用于从一个或多个数据项中减去一个数值数据项或减去两个或多个数值数据项的和，并使一个或多个数据项的值等于该结果。

14.8.40.1 一般格式

格式 1

<u>SUBTRACT</u> {标识符 1 | 字值 1} … <u>FROM</u> {标识符 2 [<u>ROUNDED</u>]} …

[ON <u>SIZE</u> <u>ERROR</u> 命令语句 1] [<u>NOT</u> ON <u>SIZE</u> <u>ERROR</u> 命令语句 2]

[<u>END -SUBTRACT</u>]

格式 2

<u>SUBTRACT</u> {标识符 1 | 字值 1} … <u>FROM</u> {标识符 2 | 字值 2}

<u>GIVING</u> {标识符 3 [<u>ROUNDED</u>]} … [ON <u>SIZE</u> <u>ERROR</u> 命令语句 1]

[<u>NOT</u> ON <u>SIZE</u> <u>ERROR</u> 命令语句 2] [<u>END -SUBTRACT</u>]

格式 3

<u>SUBTRACT</u> {<u>CORRESPONDING</u> | <u>CORR</u>} 标识符 1 <u>FROM</u> 标识符 2 [<u>ROUNDED</u>]

[ON <u>SIZE</u> <u>ERROR</u> 命令语句 1] [<u>NOT</u> ON <u>SIZE</u> <u>ERROR</u> 命令语句 2] [<u>END -SUBTRACT</u>]

14.8.40.2 语法规则

1) 每一个标识符应该指称一个数值初等项，但下述情况除外。

   a) 在格式 2 中，接在字 GIVING 后面的每个标识符应该指称一个数值初等项，或一个初等数值编辑项。

b) 在格式 3 中，每个标识符应该指称一个组项。

2) 每个字值应该是数值字值。

3) 操作数的复合不能含有多于 18 位数字。

a) 在格式 1 中，操作数的复合是由给定语句中的所有操作数来决定的。

b) 在格式 2 中，操作数的复合是由 GIVING 后的数据项除外的所有操作数来决定的。

c) 在格式 3 中，操作数的复合分别由每对对应的数据项决定。

4) CORR 是 CORRESPONDING 的缩写。

14.8.40.3 一般规则

1) 使用格式 1 时，字 FROM 前的所有操作数加在一起，并把和存入临时数据项。从标识符 2 引用的数据项之值中减去临时数据项的值，把结果存入标识符 2 引用的数据项中。根据指定的标识符 2 的从左到右的顺序对顺序出现的标识符 2 重复上述处理过程。

2) 在格式 2 中，字 FROM 前面的所有字值和标识符引用的数据项的值加在一起，从字值 2 或标识符 2 引用的数据项之值中减去这个总和，并将其结果作为新值存入标识符 3 引用的数据项中。

3) 若使用格式 3，从标识符 2 的对应数据项中减去标识符 1 中的数据项，并将其结果存入标识符 2 的对应数据项中。

4) 编译程序保证参与运算的数据具有足够的位数以使在执行期间不丢失有效数字。

5) 有关这个语句的其他规则及说明在相应条中给出（参见 14.4.2；14.6.3；14.6.3，14.6.6，14.5.9）。

14.8.41 SUPPRESS 语句

SUPPRESS 语句使报表编制控制系统（RWCS）禁止一个报表栏的呈现。

14.8.41.1 一般格式

SUPPRESS PRINTING

14.8.41.2 语法规则

1) SUPPRESS 语句只能出现在 USE BEFORE REPORTING 过程中。

14.8.41.3 一般规则

1) SUPPRESS 语句只禁止在含有 SUPPRESS 语句的 USE 过程中指名的报表栏的呈现。

2) 每当报表栏的呈现应被禁止时，SUPPRESS 语句应该被执行。

3) 当 SUPPRESS 语句被执行时，RWCS 制止下列报表栏功能的处理：

a) 报表栏打印行的呈现。

b) 报表栏中所有 LINE 子句的处理。

c) 报表栏中 NEXT GROUP 子句的处理。

d) LINE-COUNTER 的调整。

14.8.42 TERMINATE 语句

TERMINATE 语句引起报表编制控制系统（RWCS）完成规定的那些报表的处理。

14.8.42.1 一般格式

TERMINATE{报表名 1}…

14.8.42.2 语法规则

报表名 1 应该由数据部报表节中的报表描述款定义。

14.8.42.3 一般规则

1) TERMINATE 语句引起 RWCS 产生由较低层 CONTROL FOOTING 报表栏开始的全部 CONTROL FOOTING 报表栏。然后产生该 REPORT FOOTING 报表栏。RWCS 使一组控制数据项的先前值能够为 CONTROL FOOTING 和 REPORT FOOTING SOURCE 子句以

及 USE 过程所使用，就好像已在最高控制数据名发现控制中止一样。

2） 对一个报表，若在 INITIATE 语句和 TERMINATE 语句执行之间没有执行 GENERATE 语句，则 TERMINATE 语句不会使 RWCS 产生任何报表栏或进行任何有关的处理。

3） 在报表呈现期间，若定义了 PAGE HEADING 和 PAGE FOOTING 报表栏，RWCS 的一个自动功能是处理 PAGE HEADING 和 PAGE FOOTING 报表栏，这时 RWCS 应该将报表换页以便呈现一个报表体栏。

4） 对一个报表不能使 TERMINATE 语句执行，除非在时序上 TERMINATE 语句前面有一个该报表的 INITIATE 语句，并且 TERMINATE 语句尚未被执行。

5） 若在 TERMINATE 语句中指出多于一个的报表名，则执行这种 TERMINATE 语句的结果与执行对每个报表名书写了各个 TERMINATE 语句的结果一样，其各语句的顺序与 TERMINATE 语句中规定的各报表名的顺序相同。

6） TERMINATE 语句不关闭与该报表相关联的文件；对此文件，应该执行一个 CLOSE 语句，一个处于初始状态的文件中的每个报表，应该在对该文件执行 CLOSE 语句之前予以结束。

14.8.43 UNLOCK 语句

UNLOCK 语句显式释放任何与文件连接符相关联的记录锁。

14.8.43.1 一般格式

UNLOCK 文件名 1 [RECORD | RECORDS]

14.8.43.2 语法规则

文件名 1 不应引用排序文件或合并文件。

14.8.43.3 一般规则

1） 文件名 1 引用的任何与该文件连接符相关联的记录锁是通过执行 UNLOCK 语句来实现释放的。记录锁的出现与否并不影响 UNLOCK 语句的执行成功。

注：为了释放某个特定记录，可以使用带 NO LOCK 短语的 READ 语句。

2） 文件名 1 应以打开模式引用一个文件连接符。

3） UNLOCK 语句的执行更新文件连接符的 I-O 状态值，其中该文件连接符由文件名 1 引用。

14.8.44 UNSTRING 语句

UNSTRING 语句将发送域中相邻的数据分开并放到多个接收域中。

14.8.44.1 一般格式

UNSTRING 标识符 1

[DELIMITED BY [ALL] {标识符 2 | 字值 1} [OR [ALL] {标识符 3 | 字值 2}]…] INTO

{标识符 4 [DELIMITED IN 标识符 5][COUNT IN 标识符 6]}…

[WITH POINTER 标识符 7]

[TALLYING IN 标识符 8][ON OVERFLOW 命令语句 1]

[NOT ON OVERFLOW 命令语句 2][END -UNSTRING]

14.8.44.2 语法规则

1） 字值 1 和字值 2 应是非数值字值，而且两者都不可是以 ALL 字值开头的象征常量。

2） 标识符 1、标识符 2、标识符 3 和标识符 5 应该显式或隐式描述为字符数据项类。

3） 标识符 4 可以描述为字母的、字符的或数值的（此外，符号“P”不能用在 PICTURE 字符串中），且应该显式或隐式描述为 USAGE IS DISPLAY。

4） 标识符 6 和标识符 8 应该引用数值整数数据项（此外，符号“P”不能用在 PICTURE 字符串中）。

5） 标识符 7 应该描述为初等的数值型整数数据项，它具有足够的长度来存放 1 加上标识符 1 引用的数据项的长度。符号“P”不能用在标识符 7 的 PICTURE 字符串中。

6） 只有指明了 DELIMITED BY 短语时，才能指明 DELIMITED IN 和 COUNT IN 短语。

7） 标识符 1 不能是引用修改。

14.8.44.3 一般规则

1） 对标识符 2 和字值 1 的所有引用分别适用于标识符 3 和字值 2。也适合于所有的递归。

2） 标识符 1 引用的数据项表示发送区。

3） 标识符 4 引用的数据项表示数据接收区，标识符 5 引用的数据项表示定界符的接收区。

4） 字值 1 或标识符 2 引用的数据项指明一个定界符。

5） 标识符 6 引用的数据项表示在标识符 1 引用的数据项内被诸定界符隔开而传送到标识符 4 引用的数据项的字符数的计数。这个值不包括定界符的计数在内。

6） 标识符 7 所指的数据项含有一个值，该值指明在标识符 1 引用的区域内的一个相对字符位置。

7） 标识符 8 引用的数据项是一个计数器，在执行 UNSTRING 语句时对标识符 4 引用的数据项的每个出现，该计数器都加 1。

8） 当一个象征常量作定界符时，它代表一个单字符非数值字值。当指明了 ALL 短语时，字值 1（象征常量或非象征常量）或标识符 2 引用的数据项的内容的一次出现或两次或多次相邻出现只看作是一次出现，这个出现按一般规则 13）d）中的规则传送到接收数据项中。

9） 当任何一次检查遇到两个相邻的定界符时。当前的接收区若描述为字母型或字符型的就填空格；若描述为数值型就填零。

10） 字值 1 或标识符 2 引用的数据项的内容可以含有计算机字符集合中的任何字符。

11） 每个字值 1 或标识符 2 引用的数据项表示一个定界符，当一个定界符含有两个或多个字符时，所有这些字符都应该按定界符给定的顺序出现在发送项的相邻位置上。

12） 在 DELIMITED BY 短语中指明两个或多个定界符时，它们之间存在一个“OR”条件。每个定界符都要和发送域比较，若出现匹配，则发送域中的这个（几个）字符就认为是一个定界符。发送域中的这个（几个）字符不能同时当作一个以上的定界符的组成部分。每个定界符按 UNSTRING 语句中指明的顺序应用于发送域。

13） 当开始执行 UNSTRING 语句时，当前的接收区是标识符 4 引用的数据项，按下列规则数据从标识符 1 引用的数据项传送到标识符 4 引用的数据项：

a） 若指明了 POINTER 短语，则由标识符 7 引用的数据项的内容所指出的相对字符位置开始。检查标识符 1 引用的字符串，若未指明 POINTER 短语，则字符串从最左字符位置开始检查。

b） 若指明了 DELIMITED BY 短语，检查从左到右进行。直至遇到字值 1 的值所指定的定界符或者标识符 2 引用的数据项指定的定界符为止（参见一般规则 11）），若未指明 DELIMITED BY 短语，则被检查的字符数目等于当前接收域的长度。然而，若接收项的正负号定义为单独占有一个字符位置时，则被检查的字符数比当前接收区的长度少 1。若在限界条件满足前就遇到标识符 1 引用的数据项的末尾，则在最后那个字符被检查后，检查结束。

c） 用上述方式检查过的字符（不包括定界符的字符，若有的话）看作一个初等字符数据项并按 MOVE 语句规则传送到当前的接送区中。

d） 若指明了 DELIMITER IN 短语，则定界的字符看作一个初等字符数据项并按 MOVE 语句的规则传送到标识符 5 所引用的数据项中去。若定界条件是标识符 1 引用的数据项的结尾，则标识符 5 引用的数据项填以空格。

e） 若指明了 COUNTER IN 短语，一个等于用上述方式检测过的字符个数（不包括定界符的字符，若有的话）的值按初等传送的规则送到标识符 6 所引用的域中。

f) 若指明了 DELIMITED BY 短语，字符串从定界符右边的第一个字符起被进一步检测。若未指明 DELIMITED BY 短语，字符串从被传送的最后一个字符左边的那个字符开始进一步检测。

g) 数据传送到标识符 4 引用的数据项后，当前的接收区是下一个标识符 4 引用的数据项。在 13)b)到 13)f)中描述的所有动作，一直到标识符 1 引用的数据项中的全部字符都被查完或直到不再有接收区为止。

14) 与 POINTER 短语或 TALLYING 短语有关的数据项的内容的初始化是用户的责任。

15) 标识符 1 引用的数据项中每检查一个字符，标识符 7 引用的数据项的内容就加 1。当带有 POINTER 短语的 UNSTRING 语句执行完毕时，标识符 7 引用的数据项的内容所含的值应等于初值加上标识符 1 引用的数据项中被检测过的字符个数。

16) 当一个带有 TALLYING 短语的 UNSTRING 语句执行完成时，标识符 8 引用的数据项的内容所含的值应等于语句执行前它的初值加上语句中被作用到的标识符 4 接收项数据的个数。

17) 下面两种情况之一会产生溢出条件：

a) 开始执行 UNSTRING 时，标识符 7 引用的数据项中的值小于 1 或大于标识符 1 引用的数据项长度。

b) 在执行 UNSTRING 语句期间，若所有的数据接收区都已起作用，但标识符 1 引用的数据项中还有仍未检测过的字符。

18) 当溢出条件存在，UNSTRING 操作结束。若指明了 NOT ON OVERFLOW 短语，则跳过该短语且控制转向 UNSTRING 语句结束处；若指定了 ON OVERFLOW 短语，则控制转向命令语句 1。若控制转向命令语句 1，则根据其中各语句的规则执行这些语句。若执行到一条产生明显控制转移的过程分支语句或条件语句，则根据该语句的规则进行控制转移；否则，在命令语句 1 执行后，控制转到 UNSTRING 语句结束处。

19) END -UNSTRING 短语限定了 UNSTRING 语句的作用域(参见 14.4.2)。

20) 执行 UNSTRING 语句期间，若一般规则 17)中描述的条件不满足，则根据其他规则进行数据传送完毕之后，若指定了 ON OVERFLOW 短语，该短语被跳过且控制转到 UNSTRING 语句结束处；若指定了 NOT ON OVERFLOW 短语，则控制转向命令语句 2。若控制转向命令语句 2，则根据其中各语句的规则执行这些语句。若执行到一条产生明显控制转移的过程分支语句或条件语句，则根据该语句的规则进行控制转移；否则，命令语句 2 执行过后，控制转移到 UNSTRING 的结束处。

21) 若标识符 1、标识符 2 或标识符 3 与标识符 4、标识符 5、标识符 6、标识符 7 或标识符 8 所占用的存区相同，或者，标识符 4、标识符 5 或标识符 6 与标识符 7 或标识符 8 占用相同的存区，则即使它们由同一数据项描述款定义，该语句的执行结果还是未定义的。

14.8.45 USE 语句

USE 语句指明输入-输出错误处理用的过程，这些过程是输入-输出控制系统提供的标准过程之外的过程。

14.8.45.1 一般格式

USE AFTER STANDARD { EXCEPTION | ERROR }

PRDCEDURE ON { {文件名 1}… | INPUT | OUTPUT | I-O | EXTEND }

14.8.45.2 语法规则

1) 当 USE 语句出现时,应该紧接在过程部的中述节中的节首之后,并且 USE 语句出现其中的句子只包含一个语句。该节的其余部分应该由零个、一个或多个用于定义要使用的过程的过程段组成。

2) USE 语句本身从不执行;它只是定义了要求执行 USE 过程的条件。

3) 在 USE 语句中出现的文件名 1 不能同时引起要求执行一个以上的 USE 过程。

4) ERROR 和 EXCEPTION 是同义字,并且可以交换使用。

5) 在 USE 语句中隐式或显式引用的文件无须全都具有相同的组织方式或存取方式。

6) INPUT、OUTPUT、I-O 和 EXTEND 短语在给定过程部的声明部分里只能分别出现一次。

14.8.45.3 一般规则

1) 一个 COBOL 源程序中可以包括声明过程,而不管它包含另一程序或包含于另一程序之中。程序执行过程中,若声明前的 USE 语句中描述的条件发生,则调用该声明。在一分别编译的程序执行时,若声明前的 USE 语句中描述的条件发生,则该分别编译的程序中只有一个声明被调用。这里的分别编译的程序包含引起限制条件的语句。若分别编译的程序中不存在限定声明,则不执行任何声明。

2) 在声明过程中,不能引用非声明过程。

14.8.46 VALIDATE 语句

VALIDATE 语句为数据项调用数据有效性、输入分布和错误指示。

14.8.46.1 一般格式

<u>VALIDATE</u>{标识符 1}…

14.8.46.2 语法规则

1) 标识符 1 应引用文件节、连接节、工作存储节或工作存储节中描述的数据项。标识符 1 不能被引用修改。

2) 标识符 1 不应引用索引类、对象类或指针类的数据项。

3) 标识符 1 引用的数据项的数据描述款或从属于标识符 1 的任何数据项都不应包含引用了标识符 1 的 VALIDATE-STATUS 子句或从属于标识符 1 的项。

4) 标识符 1 不应引用 66 层描述款。

5) 标识符 1 不应用 ANY LENGTH 子句描述。

14.8.46.3 一般规则

1) 若用 GROUP-USAGE 子句描述标识符 1 或一个从属于标识符 1 的组,则位组或本土组中的每个初等项都格式有效。任何规定的 DEFAULT 子句、DESTINATION 子句或 VALUE 子句都适用于规定的初等项或组项,即便是用 GROUP-USAGE 子句显示或隐式描述该项时。

2) 除了索引类、对象类或指针类的数据项外,标识符 1 规定的数据项和任何从属于它的数据项在以下规则中都被视为“操作数的元素”。

3) 若在 VALIDATE 语句中规定了不止一个标识符 1,则该语句的执行结果如同是为每一个标识符 1 用语句中规定的顺序书写一个单独的 VALIDATE 语句。若一个隐含 VALIDATE 语句致使一个用 NEXT STATEMENT 短语执行 RESUME 语句的声明过程执行,则若还有下一个隐含 VALIDATE 语句的话,处理继续。

4) VALIDATE 语句分五个阶段执行。在每个下一阶段之前,所有操作数元素都在每个阶段执行。任何给定的阶段都可以被省略,要么是因为应用到那个阶段的任何子句缺省,要么是因为该操作数的元素在前一个阶段失败。五个阶段及应用到每个阶段的子句如下所列:

 a) 格式有效性:DEFAULT 子句、PICTURE 子句、SIGN 子句和 USAGE 子句。

b) 输入有效性:DESTINATION 子句。

c) 内容有效性:CLASS 子句和 VALUE 子句。

d) 关系有效性:INVALID 子句。

e) 错误指示性:VALIDATE-STATUS 子句。

在每个阶段,VALIDATE 语句的执行都将被任意 OCCURS 子句、REDEFINES 子句或 PRESENT WHEN 子句影响,其中子句是为任意操作数元素在数据描述款中规定的。

5) 每个操作数的元素都指派了一个内部指示符,该操作数的数据描述包含了(或与之相关,在 88 层款的情况下)一个使数据项参与格式有效性、内容有效性或关系有效性的子句。若检测到有任何有效状态在数据项中作为这些数据描述子句中任意一个的结果,则 VALIDATE 语句的执行不终止且无效数据项的内容不改变。相反,通过设置数据项内部指示符给三个标识无效数据的不同值中的一个,从而记录下无效条件。

一个格式无效的初等项无需进内嵌容检测,而内容无效的数据项也无需进行关系检测。

注:因此,内部指示符不从格式无效变成内容无效或关系无效,或从内容无效变成关系无效。只有当指示符在初始有效状态时,它才用来指示错误。

若有任何数据描述包含 OCCURS 语句,则内部指示符单独指派给每一个数据项的出现,或者若出现 TO 短语,则指派出现的最大次数。

在 VALIDATE 语句执行的开始时,所有操作数元素的内部指示符都被指派了初始有效值。对于任何后来 VALIDATE 语句没有处理的数据项,都要为内部指示符设置一个表示未处理的惟一值。

6) 有效性过程由以下段落中列出的五个阶段。在这些阶段的执行期间若存在一个除 EC-DATA-INCOMPATIBLE 意外的致命异常条件,则 VALIDATE 语句的执行停止然后控制按照对致命异常条件定义的那样进行。VALIDATE 语句执行期间,设置 EC-DATA-INCOMPATIBLE 异常条件存在的条件已在 14.5.12.2 中规定。若出现一个非致命异常条件,则按照为非致命异常条件定义的那样处理。若有异常条件的话,随着它的异常处理的完成,执行将继续下去就如同异常条件从未出现过一样。有效性阶段如下:

a) 阶段一(格式有效性)

对于每个初等数据项,用它数据项描述中合适的 PICTURE 子句、USAGE 子句和 SIGN 子句检测它的相容性。

若有任何数据项检测失败,则它的内部指示符设置成格式无效。

为 13.16.16 中的 DEFAULT 子句定义的环境所应用的每个数据项都设置一个缺省值,即便没有与数据项相关的 DEFAULT 子句。

b) 阶段二(输入分布)

任何操作数元素的数据描述款中规定的 DESTINATION 子句使该数据项的值根据 MOVE 语句移至接收数据项。

c) 阶段三(内容有效性)

每一个描述中包含 CLASS 子句或跟着一个或多个带 VALID 或 INVALID 短语的 88 层款的操作数的数据项,如 VALUE 子句中描述的那样,都用 SPECIAL-NAMES 款或 88 层款中相应的 CLASS 定义来检测相容性。

d) 阶段四(关系有效性)

每一个描述中包含 INVALID 子句的操作数的数据项根据该子句规定的关系有效性规则进行检测。若有任何数据项的关系有效性检测失败,则它的内部指示符设置为关系无效。许多 INVALID 子句可以出现在同一个数据描述款中。

若已经规定了几个条件，则效果就如同用一个条件规定一个单一的 INVALID 子句，该条件是通过将每个原始条件加上括号并用逻辑连接符 OR 得到的。

若一个组项和一个该组的从属数据项受关系有效性约束，则从属数据项的关系有效性的应用在该组项的关系有效性之前。

e) 阶段 5(错误指示)

若任何操作数的数据项的内部指示符被设置成它初始值以外的值，则 EC-VALIDATE 异常条件存在。若这些内部指示符中的任意一个被设置成格式无效，则 EC-VALIDATE-FORMAT 异常条件存在；若这些内部指示符中的任意一个被设置成内容无效，则 EC-VALIDATE-CONTENT 异常条件存在；若这些内部指示符中的任意一个被设置成关系无效，则 EC-VALIDATE-RELATION 异常条件存在。

相应的内部指示符被设置成表示无效数据的初等数据项将被认为是格式无效、内容无效或关系无效，这要取决于内部指示符的值。若一个组数据项有一个格式无效的从属项，则它被认为是格式无效。若一个组数据项有一个内容无效或关系无效的从属项，或者若该组项自身的内部指示符表明它已在那个阶段被拒绝，则它被认为是内容无效或关系无效。按照 13.16.60 中的 VALIDATE-STATUS 子句规定的规则，更新数据描述款包含一个 VALIDATE-STATUS 子句的数据项，其中该子句带有一个引用该操作数一个元素的 FOR 短语，而更新次序则按照数据部中规定数据描述款的顺序。

7) OCCURS 子句在 VALIDATE 语句执行上的作用如下：

a) 若标识符 1 的数据描述款包含或从属于一个包含 OCCURS 子句的款，则标识符 1 本身应使用下标并且下标的值应指明 VALIDATE 语句处理的数据项的特定出现。

b) 若标识符 1 引用的数据项是一个组数据项且有一个或多个从属的 OCCURS 子句，则 VALIDATE 语句的执行使得数据项的每次出现在处理的所有五个阶段都单独地处理。若这里有一个与 OCCURS 子句相关的 VARYING 子句，则许多在 VARYING 子句中定义为数据名的计数器被初始化设定并对每次出现都缺省增加，而这时不论重复数据项是否已经处理过。

c) 若任何从属于标识符 1 的 OCCURS 子句有一个 DEPENDING 短语，则在 VALIDATE 语句的格式有效性阶段里，该子句一出现，就计算 DEPENDING 短语引用的数据项的值。得到的值就为该阶段及所有当前 VALIDATE 语句处理的后来阶段确定了被处理数据项的出现次数。

8) 若标识符 1 全部或部分引用文件节中的一条记录，其中该文件节的 FD 款包含一个带 VARYING 短语的 RECORD 子句，则标识符 1 应被 VALIDATE 语句处理，可以在标识符右边用空格填充或扩充。

9) 标识符 1 引用的数据项不应包含或重复 DESTINATION 子句规定的任何数据项，其中该子句包含在或从属于标识符 1 的描述。

10) 除非标识符 1 的从属项中 DEFAULT 子句跟在该子句引用的数据项描述之后，否则标识符 1 引用的数据项不应包含或重复 DEFAULT 子句规定的任何数据项，其中该子句包含在或从属于标识符 1 的描述。

14.8.47 WRITE 语句

WRITE 语句释放一个逻辑记录到输出文件，它还能用于逻辑页中行的垂直定位。

14.8.47.1 一般格式

WRITE 记录名 1[FROM 标识符 1]

```
  ┌                                  ┌ ┌标识符 2┐ ┌LINE ┐ ┐ ┐
  │ ┌BEFORE┐             │ │整数 1  │ └LINES┘ │ │
  │ │AFTER │ ADVANCING   │ │        │         │ │
  │ └      ┘             │ │助记名 1│         │ │
  └                      └ └PAGE    ┘         ┘ ┘

[AT {END-OF-PAGE | EOP} 命令语句 1]

[NOT AT {END-OF-PAGE | EOP} 命令语句 2]

[END-WRITE]
```

[{BEFORE | AFTER} ADVANCING {{标识符 2 | 整数 1} [LINE | LINES] | {助记名 1 | PAGE}}]

[AT {END -OF-PAGE | EOP} 命令语句 1]

[NOT AT {END -OF-PAGE | EOP} 命令语句 2]

[END -WRITE]

14.8.47.2 语法规则

1) 记录名 1 和标识符 1 不能指称同一存储区。
2) 记录名 1 是数据部的文件节中逻辑记录的名字，并且可以受限。
3) 当写一个记录到与包含有 LINAGE 子句的文件描述款相关的文件上时，不能指明 AD -VANCING 助忆名 1 短语。
4) 标识符 2 应该引用整数数据项。
5) 整数 1 可为正或零，但不能为负。
6) 当指明了助忆名 1 时，该名字与实现者指定的特定的要点相关联。该助忆名 1 在环境部的 SPECIAL-NAMES 段中定义。
7) 短语 ADVANCING PAGE 和 END -OF-PAGE 不能同时出现在同一 WRITE 语句中。
8) 若指定了 END -OF-PAGE 或 NOT END-OF-PAGE 短语，则在相关文件的文件描述款中应该指明 LINAGE 子句。
9) END-OF-PAGE 和 EOP 这两个字是等价的。

14.8.47.3 一般规则

1) 在执行这个语句时，与记录名 1 有关的文件应该是以 OUTPUT 或 EXTEND 方式打开的。
2) 执行 WRITE 语句所释放的逻辑记录，在该记录区中不再可用。与记录名 1 有关的文件名在一个 SAME RECORD AREA 子句中被命名时则为例外。该逻辑记录对该程序也是可用的。但这时它是作为与相关输出文件同一 SAME RECORD AREA 子句中出现的其他文件的一个记录。该逻辑记录对于和记录名 1 相关的文件同样也是可用的。
3) 带有 FROM 短语的 WRITE 语句的执行结果等价于执行：
   a) 按照对 MOVE 语句所指明的规则执行：MOVE 标识符 1 TO 记录名 1 接着执行。
   b) 不带 FROM 短语的同一个 WRITE 语句。
4) 在 WRITE 语句执行完毕后，尽管由记录名 1 引用的区中的信息是不可用的，但由标识符 1 引用的记录区中的信息却是可用的，但由 SAME RECORD AREA 子句指定的则除外。
5) 文件位置指示符不受 WRITE 语句执行的影响。
6) 执行 WRITE 语句引起更新与文件名 1 相关的文件的 I-O 状态的值。
7) WRITE 语句的执行把一逻辑记录释放给操作系统。
8) 记录名 1 引用的记录中的字符位置数不能大于和记录名 1 有关的文件名相关的 RECORD IS VAR YING 子句中允许的字符位置的最大数，也不能小于上述字符位置的最小数。无论哪一种情况下，WRITE 语句的执行不成功，不进行 WRITE 操作，记录区的内容不受影响，并对与记录名 1 有关的文件的 I-O 状态赋值以指明条件的原因。
9) 执行带有 NOT END -OF-PAGE 短语的 WRITE 语句时，若不发生页结束条件，则控制在适当时刻转到命令语句 2，这些时刻是：
   a) 若写语句执行成功，在写过记录并更新过与记录名 1 相关的文件名的 I-O 状态之后。

b) 当 WRITE 语句执行不成功,则在更新过与记录名 1 有关的文件名的 I-O 状态并且执行过应用于与记录名 1 相关的文件名的 USE AFTER STANDARD EXCEPTION PROCEDURE 语句中指定的过程(若有的话)之后。

10) END -WRITE 短语限定了 WRITE 语句的作用域(参见 14.4.2)。

11) 根据执行 WRITE 语句时建立文件的顺序,建立顺序文件的后继关系。这个关系不会改变,但往一文件末端增加记录时就会改变。

12) 若顺序文件以扩充方式打开,WRITE 语句的执行将记录加到文件末端,就好像文件是以输出方式打开的一样。若文件中有记录,则执行带有 EXTEND 短语的 OPEN 语句之后所写的第一个记录是文件中最后一个记录的后继记录。

13) 当试图写到顺序文件外部定义的边界之外时,便存在例外条件并且不影响记录区的内容,进行如下的动作:

a) 设定与记录名 1 相关文件的 I-O 状态的值指出越界。

b) 若对与记录名 1 有关的文件显式或隐式指明有 USE AFTER STANDARD EXCEPTION 声明,便执行这个声明过程。

c) 若对与记录名 1 有关的文件没有显式或隐含地指明有 USE AFTER STANDARD EXCEPTION 声明,则结果无定义。

14) 识别出卷或单位末端并且没有超过文件的外部定义边界时,执行如下操作:

a) 标准结束卷或单位的标号过程。

b) 对换卷或单位。更新当前卷指针指出文件现存的下一卷或单位。

c) 标准开始卷或单位的标号过程。

15) ADVANCING 短语和 END -OF-PAGE 短语两者允许控制打印页上每行的垂直定位。若没有使用 ADVANCING 短语,则由实现者提供自动推进,其作用和用户指出了 AFTER ADVANCING 1 LINE 完全一样。若使用了ADVANCING 短语,则提供如下推进规则:

a) 若整数 1 或标识符 2 引用的数据项之值为正,则表示打印页上推进的行数等于该值。

b) 若标识符 2 引用的数据项之值为负,则结果无定义。

c) 若整数 1 或标识符 2 引用的数据项之值为零,则表示对打印页不进行重定位。

d) 若指明了助忆名 1,则表示打印页按照实现者对硬设备指出的规则推进。

e) 若使用 BEFORE 短语,则在按照上述规则 a)、b)、c)和 d)推进打印页前呈现此行。

f) 若指明了 AFTER 短语,则在按照上述规则 a)、b)、c)和 d)推进打印页后呈现此行。

g) 若指明 PAGE 且 LINAGE 子句在相关的文件描述款中指明,则该记录出现在该设备重定位到下一个逻辑页之前或之后的(取决于所用的短语)逻辑页上。如在 LINAGE 子句中指出的那样,重定位到下一逻辑页上可写的第一行。

h) 若指明了 PAGE 并且在相关的文件描述款中未指明 LINAGE 子句,则该记录出现在该设备重定位到下一个物理页之前或之后的(取决于所用的短语)逻辑页上。按照实现者定义的方法重定位到下一物理页。若物理页连同特定的设备无意义,则推进由实现者提供,其作用和用户指出的 BE-FORE 或 FTER(取决于所用的短语)ADVANCING 1 LINE 相同。

16) 在带有 END -OF-PAGE 短语的 WRITE 语句的执行期间若到达了打印页的逻辑末端,则执行 END -OF-PAGE 短语中所指定的命令语句 1。逻辑末端在与记录名 1 相关的 LINAGE 子句中指出来。

17) 每当执行一个给出的带有 END -OF-PAGE 短语的 WRITE 语句而引起打印或在页体的页末区中留出空白时,便达到页的末端条件。当指出了执行这样的 WRITE 语句使 LINAGE-COUNTER 等于或超过由整数 2 所指出的值或者由数据名 2 引用的数据项值时,便产生这个条件。在这种情形,执行 WRITE 语句。然后执行 END -OF-PAGE 短语中的命令语句 1。

18) 每当执行一个给定的 WRITE 语句(带或不带 END -OF-PAGE 短语的)而在当前的页体中又不能完全容纳时,则总是产生自动页溢出条件。

19) 当执行 WRITE 语句,导致 LINAGE-COUNTER 超过由整数 1 或由 LINAGE 子句中数据名 1 引用的数据项值时则发生这种情况。在这种情形,在 LINAGE 子句中指出的设备重定位到下一个逻辑页可写的第一行之前或之后(这取决于所使用的短语),记录出现在该设备上。若指明了 END -OF-PAGE 子句中的命令语句。则它在记录被写以后和设备被重新定位以后才执行。

20) 执行给定 WRITE 语句引起 LINAGE-COUNTER 同时超过 LINAGE 中的整数 2 或由数据名 2 引用的数据项之值和整数 1 或数据名 1 引用的数据项之值,则发生页溢出条件。

15 内部函数

每种内部函数主要从以下几点讲述:

1) 函数的名称和说明;
2) 函数的类型;
3) 函数的一般格式;
4) 函数的变元(若有的话);
5) 函数的返回值。

15.1 函数类型

内部函数的类型主要有以下几种:

1) 字母数字函数。这些都属于字母数字的类。函数定义中指明了数据项中字符所占位置的个数。字母数字函数有一种隐式显示方式。除非特殊指定,否则在函数定义中,若运行过程中引用了此函数,数据项会以有效的字母数字编码的字符组表示。
2) 布尔函数。这些都属于是布尔类。函数定义中指定了数据项中布尔位置所占的个数。布尔函数有一种隐式位用法。
3) 本土函数。这些都属于是本土类。函数定义在数据项中指定了字符所占位置的个数。本土函数有一种隐式本土用法。除非特殊指定,否则在函数定义中,若运行过程中引用了此函数,数据项会以本土有效的编码字符组形式表现。
4) 数字函数。这些都属于数字类。每个数字函数都有一个运算符号。
5) 整型函数。这些都属于数字类。每个取整函数都有一个运算符号而且小数点右边没有数字。
6) 索引函数。这些都索引类。

15.2 函数变元

函数变元指定了函数求值时所用的值。在函数标识符里指明了变元。函数定义中指定了所需变元需要的个数,也许是 0 也许是 1 或者更多。对于某些函数,变元的个数是可变的。变元在函数标识符里的顺序决定了函数值所赋予的意思。

函数变元需要有某个关键字、某种类型说明或助记名的类或类的子集。变元类型有如下:

1) 字母型。应指定仅包含字母字符的字母类或是字母数字常量的基本数据项。变元大小用来确定函数值。
2) 字母数字型。应指定字母类或是数字类或是字母数字常量的数据项。变元的大小用来确定函数值。除非被禁止看成函数变元,强制类型的组合项应看成字母数字类。
3) 布尔型。位组合项,应指定布尔表达式或常量或基本布尔数据项。变元大小用来确定函数值。
4) 索引型。应指定索引数据项。变元大小用来确定函数值。
5) 整数型。应指定会产生整数值结果或整数数据项的算术表达式。算术表达式的值(包括运算符号)用来确定函数值。

6) 关键字。关键字应和函数定义保持一致。

7) 本地环境名。应指定在 SPECIAL-NAMES 段名下定义的本地环境名。

8) 本土型。应指定本土用法的本土组合项,本土常量,或者基本数据项。变元大小用来确定函数值。

9) 数值型。应指定算术表达式或者数值数据项。算术表达式的值用来确定函数值。

10) 对象型。应指定对象引用,但不应指定预定义的对象引用 SUPER。变元大小用来确定函数值。

11) 排序名。应指定在 SPECIAL-NAMES 段名下定义的排序名。和排序名有关的排序表格用来确定函数值。

12) 指针型。应指定类指针的数据项。变元大小用来确定函数值。

13) 类型声明。应指定类型名。语句类型的大小用来确定函数值。

函数规则会对函数变元所允许的变量值加以约束,其目的是所判定的函数值要有意义。依据函数定义规则而且在项的识别或表达式求值时没有异常条件出现,若变元求值导致不正确的结果,EC-ARGUMENT-FUNCTION 就会设定为出现。若在项识别和表达式求值时出现异常条件,则是异常出现而不是 EC-ARGUMENT-FUNCTION。若 EC-ARGUMENT-FUNCTION 异常条件设定为出现而且不能检测 EC-ARGUMENT-FUNCTION,则就由实现者来定义函数引用结果。

注:当下标求值或是算术表达式求值时,可能会出现的另外一种异常条件是 EC-SIZE-OVERFLOW。

当函数定义允许一个变元可以重复使用多次时,就需要用到表,表中指定了数据名和识别表的限定符,其后紧跟标有 ALL 字样的下标。

ALL 被指定为下标,其作用是指定和下标位置有关的每个表元素。每个当前值隐式说明顺序是从左到右。第一个(也是最左边的)带有 ALL 字样作为下标的标识符被一代替,最右边带有 ALL 字样作为下标同样的标识符再加一。这个过程随着最右边 ALL 下标增加一,一直持续到最右边 ALL 下标增加到所允许的范围。若有其他多余的 ALL 下标,在最右边的左侧,ALL 下标再增加一,最右边下标又被重新设定为一,然后重复改变最右边 ALL 下标的过程。在最右边的左侧 ALL 下标也是在允许值的范围内逐次增加。对于每一个多余的 ALL 下标,这个过程一直重复到最左边 ALL 下标已经增加到允许值最后。若所有的 ALL 下标和 OCCURS DEPENDING ON 子句的数据项联系在一起,值的范围依 OCCURS DEPENDING ON 子句的对象而定。

ALL 下标求值应至少生成一个变元,否则,对函数标识符的引用结果就是未定义的。

15.3 返回值

函数求值会在临时的基本数据项中生成返回值。函数类型决定返回值类型(参见 15.1)。

15.3.1 数值型和整数型函数

对某些整数和数值函数来说,返回值规则包括 个或多个等价的算术表达式。等价的算术表达式是一种格式上的定义,即定义了函数、函数变元及其返回值之间的关系。在显示有很多的等价算术表达式时,其中表达式中变元的当前值可变时,规则中就应包含一个、两个或 n 个当前值的等价算术表达式。

数值函数和整数函数的返回值取决于有效的运算模式(本机模式或标准模式),而且还取决于等价算术表达式是否专为这个函数而定。

当使用标准运算模式时,数值函数和整数函数的返回值会包含在临时的标准中间数据项里。除了以下几种情况外,即 DATE-TO-YYYYMMDD 函数中没有指定第三个变元,DAY-TO-YYYYDDD 函数中没有指定第三个变元,RANDOM 函数没有指定变元,YEAR-TO-YYYY 函数没有指定第三个变元,只要变元的值和次序,排序以及设置都没有改变,运行单元单独执行的给定函数的实例返回值都一样。

当使用本机运算模式时,返回值的特征和表示方法由实现者定义。

当使用本机运算模式而且指定了等价的算术表达式时，返回值是由实现者定义的那个表达式的近似值。

注：等价算术表达式的结果是由实现者定义的，若以下一个或多个起作用的话：

——本机运算模式有效。

——一个或多个变元由实现者定义。

——一个或多个组成等价算术表达式的算术表达式生成由实现者定义的结果。

——结果是显式的实现者定义。

当使用标准运算模式而且指定了等价算术表达式时：

1） 返回值应该等于等价算术表达式的值。

注：作为结果，当存在功能标识符＝等价算术表达式这种关系时，求值是才正确的。

2） 等价算术表达式的结果是实现者定义的，若以下一个或多个起作用的话。

a） 一个或多个变元由实现者定义。

b） 一个或多个组成等价算术表达式的算术表达式生成由实现者定义的结果。

c） 返回值很明显是由实现者定义的。

不管是标准运算模式有效还是本机运算模式有效，不管数值函数没有等价算术表达式还是整数函数不存在等价算术表达式，返回值都是由实现者定义的，除非返回值已经在在函数定义中明确指定。

15.4 日期转换函数

日期转换函数采用用格里高里日历。检测闰年的方法在 ISO 861:2000，4.3.2.1“格里高里日历”中已指定。

用于日期转换函数的整数日期格式中，开始日期是 1601 年 1 月星期一，选择这一天来建立整数日期和 DAY-OF-WEEK 函数之间的简单关系。整数日期 1 就是星期一，即 DAY-OF-WEEK1。

标准日期格式是 YYYYMMDD，式中 YYYY 代某个年份，MM 代表这个年份的某月，DD 代表这个月中的某天。

儒略日期格式是 YYYYDDD，式中 YYYY 代表某个年份，DDD 代表那年按序数排的天数。

15.5 函数归纳

表 19 总结了可用的函数。

“变元”这一栏定义了变元类型，“类型”这一栏定义了函数类型，如下：

Alph 代表字母型

Anum 代表字母数值型

Bool 代表布尔型

Ind 代表检索型

Int 代表整数型

Key 代表关键字型

Loc 代表本地环境型

Nat 代表通用型

Num 代表数值类型

Obj 代表对象型

Ord 代表排序表格

Ptr 代表指针型

Type 代表类型声明

变元栏中 Num 包括 Int。当变元类型决定函数类型时，Int 和 Num 两个才都被列于变元栏中。

变元栏中 Anum 包括强制类型的组合项。当变元类型决定函数类型时，而且任意变元是强制类型的甚至所有变元是同一类型时，函数是一个字母数字型函数。

“返回值”栏给出了返回值的一览表，其他细节在函数定义中指定。

表 19 内部函数

内部函数名称	变元类型	函数类型	返回值
ABS	Int1 或者 Num1	取决于变元类型	变元的绝对值
ACOS	Num1	Num	Num1 的反余弦值
ANNUITY	Num1,Int2	Num	Num1 的利率和 Int2 的期限指定的年支付率
ASIN	Num1	Num	Num1 的反正弦值
ATAN	Num1	Num	Num1 的反正切值
BOOLEAN-OF-INTEGER	Int1,Int2	Bool	布尔项,代表变元的二进制值
BYTE-LENGTH	Alph1 或者 Anum 或者 Bool1 或者 Ind1 或者 Nat1 或者 Num1 或者 Obj1 或者 Ptr1 或者 Type1	Int	用字节表示的变元长度
CHAR	Int1	Anum	依照字母数字程序排序序列,Int1 所处位置的字符
CHAR-NATIONAL	Int1	Nat	依照本土字符程序排序序列,Int1 所处位置的字符
COS	Num1	Num	Num1 的余弦值
CURRENT-DATE		Anum	当前日期和时间与本机时间差异
DATE-OF-INTEGER	Int1	Int	和整型日期等价的标准日期(YYYYMMDDD)
DATE-TO-YYYYMMDD	Int1,Int2,Int3	Int	基于 Int2 和 Int3 的值,Int1 从 YYMMDD 到 YYYYMMDD 的转换
DAY-OF-INTEGER	Int1	Int	和整型日期等价的儒略日期(YYYYMMDDD)
DAY-TO-YYYYDDD	Int1,Int2,Int3	Int	基于 Int2 和 Int3 的值,Int1 从 YYMMDD 到 YYYYMMDD 的转换
DISPLAY-OF	Nat1,Anum2	Anum	变元 Nat1 的显示方式
E		Num	自然底数 e 的值
EXCEPTION-FILE		Anum	有关出现异常条件文件的信息
EXCEPTION-FILE-N		Nat	有关出现异常条件文件的信息
EXCEPTION-LOCATION		Anum	实现者定义的引起异常条件的语句的位置
EXCEPTION-LOCATION-N		Nat	实现者自定义的引起异常条件的语句的位置

表 19（续）

内部函数名称	变元类型	函数类型	返回值
EXCEPTION-STATEMENT		Anum	引起异常条件语句的名字
EXCEPTION-STATUS		Anum	标识最后异常条件的异常名字
EXP	Num1	Num	e 的 Num1 次幂
EXP10	Num1	Num	10 的 Num1 次幂
FACTORIAL	Int1	Int	Int1 的阶乘
FRACTION-PART	Num1	Num	Int1 的小数部分
HIGHEST-ALGEBRAIC	Anum1 或者 Int1 或者 Nat1 或者 Num1	Int Num	变元中出现的最大的代数值
INTEGER	Num1	Int	Num1 的整数部分
INTEGER-OF-BOOLEAN	Bool1	Int	BINARY-DOUBLE 项的数值，其结构位与 Bool1 一样，右对齐
INTEGER-OF-DATE	Int1	Int	和标准日期(YYYYMMDD)等价的整型日期
INTEGER-OF-DAY	Int1	Int	和儒略日期(YYYYMMDD)等价的整型日期
INTER-PART	Num1	Int	Num1 的整数部分
LENGTH	Alph1 或者 Anum1 或者 Bool1 或者 Ind1 或者 Nat1 或者 Num1 或者 Obj1 或者 Ptr1 或者 Type1	Int	变元长度
LOCALE-COMPARE	Alph1，Anum1 或者 Nat1，Alph2，Anum2 或者 Nat2，Loc3	Anum	一个字符，它是依照本地环境定义的序列比较两个变元 1 和变元 2 的结果
LOCALE-DATE	Anum1 或者 Nat1，Loc2	Anum	一个包含由变元 1 指定的日期的字符串，日期的格式由变元 2 和本地环境指定
LOCALE-TIME	Anum1 或者 Nat1，Loc2	Num	一个包含由变元 1 指定的时间的字符串，时间的格式由本地环境指定
LOG	Num1	Num	Num1 的自然对数
LOG10	Num1	Num	Num1 的以 10 为底的对数

表 19（续）

内部函数名称	变元类型	函数类型	返回值
LOWER-CASE	Alph1 或者 Anum1 或者 Nat1	取决于变元类型[a]	变元所有字母变成小写后的字符串
LOWEST-ALGEBRAIC	Anum1 或者 Int1 或者 Nat1 或者 Num1	Int Num	变元中出现的最小代数值
MAX	Alph1…或者 Anum1…或者 Ind1…或者 Int1…或者 Nat1…或者 Num1…	取决于变元类型[a]	最大的变元值
MEAN	Num1…	Num	变元的算术平均值
MEDIAN	Num1…	Num	变元的中值
MIDRANGE	Num1…	Num	变元最大值和最小值的平均值
MIN	Alph1…或者 Anum1…或者 Ind1…或者 Int1…或者 Nat1…或者 Num1…	取决于变元类型[a]	最小的变元值
MOD	Int1,Int2	Int	Int1 以 Int2 为模的值
NATIONAL-OF	Anum1,Nat2	Nat	Anum1 的本土使用
NUMVAL	Anum1 或者 Nat1	Num	简单数值字符串的数值型值
NUMVAL-C	Anum1 或者 Nat1,Anum2 或者 Nat2 或者 Key2,Loc2,Key3	Num	带有逗号或者货币号的数值字符串的数值型值
NUMVAL-F	Anum1 或者 Nat1	Int	表示浮点数的数值字符串的数值型值
ORD	Alph1 或者 Anum1 或者 Nat1 或者	Int	变元在排序序列中的序号
ORD -MAX	Alph1…或者 Anum1…或者 Ind1…或者 Nat1…或者 Num1…	Int	最大变元的序号

表 19（续）

内部函数名称	变元类型	函数类型	返回值
ORD-MIN	Alph1…或者 Anum1…或者 Ind1…或者 Nat1…或者 Num1…	Int	最小变元的序号
PI		Num	π的值
PRESENT-VALUE	Num1，Num2…	Num	贴现率为 Num1 时，Num2 及其后变元的现值
RANDOM	Int1	Num	随机数
RANGE	Int1…或者 Num1…	取决于变元类型	最大值减去最小值得出的数值
REM	Num1，Num2	Num	第一个数值变元除以第二个数值变元得出的余数
REVERSE	Alph1 或者 Anum1 或者 Nat1	取决于变元类型[a]	字符变元的顺序逆转
SIGN	Num1	Int	Num1 的符号
SIN	Num1	Num	Num1 的正弦值
SQRT	Num1	Num	Num1 的平方根
STANDARD-COMPARE	Alph1，Anum1 或者 Nat1， Alph2， Anum2 或者 Nat2，Ord2，Int4	Anum	表明变元 1 和变元 2 比较结果的字符，依照的是变元 3 和变元 4 比较时指定的排序规则
STANDARD-DEVIATION	Num1…	Num	标准偏差
SUM	Int1…或者 Num1…	取决于变元类型	变元的求和
TAN	Num1	Num	Num1 的正切值
TEST-DATE-YYYYMMDD	Int1	Int	若 Int1 是有效的标准日期，返回 0；否则表明子域是错误的
TEST-DAY-YYYYDDD	Int1	Int	若 Int1 是有效的儒略日期返回 0；否则表明子域是错误的
TEST-NUMVAL	Anum1 或者 Nat1	Int	若变元 1 符合 NUMVAL 函数的要求，返回 0；否则表明字符是错误的
TEST-NUMVAL-C	Anum1 或者 Nat1，Anum2 或者 Nat2 或者 Key2，Loc2，Key3	Int	若变元符合 NUMVAL-C 函数的要求，返回 0；否则表明字符是错误的
TEST-NUMVAL-F	Anum1 或者 Nat1	Int	若变元符合 NUMVAL-F 函数的要求，返回 0；否则表明字符是错误的

表 19（续）

内部函数名称	变元类型	函数类型	返回值
UPPER-CASE	Alph1 或者 Anum1 或者 Nat1	取决于变元类型[a]	变元所有字母变成大写后的字符串
VARIANCE	Num1…	Num	变元的方差
WHEN-COMPILED		Anum	编辑单元被编译的日期和时间
YEAR-TO-YYYY	Int1，Int2，Int3	Int	根据变元 2 和变元 3 的值，变元 1 从 YY 转换成 YYYY
[a] 只有字母变元的函数是字母数字型的。			

15.6 **ABS 函数**

ABS 函数返回变元的绝对值。此函数的类型取决于以下变元类型：

变元类型	函数类型
整型	整型
数值型	数值型

15.6.1 **一般格式**

FUNCTION ABS(变元 1)

15.6.2 **变元**

变元应属于数值类型。

15.6.3 **返回值**

等价的算术表达式如下：

a) 当变元的返回值是 0 或者为正时，(变元 1)

b) 当变元的返回值为负时，(－(变元 1))

15.7 **ACOS 函数**

该函数返回用弧度表示的数值，该值近似于变元的反余弦值。

该函数类型是数值类型的。

15.7.1 **一般格式**

FUNCTION ACOS(变元 1)

15.7.2 **变元**

1) 变元应属于数值类型。

2) 变元的值应该大于等于－1 而且小于等于＋1。

15.7.3 **返回值**

1) 返回值是变元反余弦的近似值，范围是大于等于 0 而且小于等于 π。

15.8 **ANNUITY 函数**

ANNUITY 函数(即期年金)返回每期期末支付的指定利率和每期期末支付时，1.0 初始投资金额的年支付率。

该函数类型是数值类型的。

15.8.1 **一般格式**

FUNCTION ANNUITY(变元 1 变元 2)

15.8.2 **变元**

1) 变元 1 应属于数值类型。

2) 变元 2 的值应大于等于 0。

3) 变元 2 应是正整数。

15.8.3 返回值

等价的算术表达式如下：

当第一个变元的值为 0 时，1/(变元 2))

当第一个变元的值不为 0 时，(变元 1/(1－(1＋ 变元 1) ** (－(变元 2))))

15.9 ASIN 函数

ASIN 函数返回用弧度表示的数值，近似于变元的正余弦值。

该函数类型是数值类型的。

15.9.1 一般格式

FUNCTION ASIN(变元 1)

15.9.2 变元

1) 变元 1 应属于数值类型。

2) 变元 1 的值应大于等于－1 而且小于等于＋1。

15.9.3 返回值

返回值是变元正余弦的近似值，范围是大于等于－π/2 而且小于等于＋π/2。

15.10 ATAN 函数

ATAN 函数返回用弧度表示的数值，该值近似于变元的反正切值。

该函数类型是数值类型的。

15.10.1 一般格式

FUNCTION ATAN(变元 1)

15.10.2 变元

变元应属于数值类型。

15.10.3 返回值

返回值是变元反正切的近似值，范围是大于等于－π/2 而且小于等于＋π/2。

15.11 BOOLEAN-OF-INTEGER 函数

BOOLEAN-OF-INTEGER 函数返回一个使用位的布尔项，该使用位表示变元 1 的二进制值。变元 2 规定了返回的布尔数据项的长度。

该函数的类型是布尔型。

15.11.1 一般格式

FUNCTION BOOLEAN-OF-INTEGER(变元 1，变元 2)

15.11.2 变元

1) 变元 1 应是一个正整数。

2) 变元 2 应是一个非零正整数。

15.11.3 返回值

1) 返回值是一个使用位的布尔项，这个布尔项和变元 1 的值的二进制表示具有相同的位配置，该配置中最右边的布尔位置是低排序的二进制数值。为了返回一个与变元 2 根据布尔位规定的长度相同的布尔项，若必要的话，布尔值用 0 填充或从左端截断。

注：二进制表示是一个数学概念。这种表示不要求与 COBOL 表示相同。

15.12 BYTE-LENGTH 函数

BYTE-LENGTH 函数返回一个等于用字节表示的变元长度的整数。

该函数的类型是整型。

15.12.1 一般格式

FUNCTION BYTE-LENGTH(变元 1)

15.12.2 变元

1) 变元 1 应是字母数值型或本土型字值、基准款、类型名或者任意类或类型的数据项。

15.12.3 返回值字母数值

1) 返回值是一个整数,该整数是用字节表示的变元 1 的长度。

2) 若从属于变元 1 的数据描述款的任意数据描述款是由 OCCURS 子句的 DEPENDING 短语描述的,则

a) 若变元 1 是一个与实际数据无关的基准款或是一个数据声明,则变元 1 的长度是由接收数据项的 OCCURS 子句的规则决定的,否则

b) 变元 1 的长度由接收数据项的 OCCURS 子句的规则决定。

3) 若有的话,返回值应包含在参数 1 中的任意隐式填充符位置的数目。

4) 当变元 1 没有占用完整的字节数时,返回值为次大整数值。

15.13 CHAR 函数

CHAR 函数返回一个单个字符的字母数字值,这个字符在字母数字程序排序序列中的排序位置等于变元 1 的值。

该函数的类型是字母数字型。

15.13.1 一般格式

FUNCTION CHAR(变元 1)

15.13.2 变元

1) 变元 1 应该是一个整数。

2) 变元 1 的值应该大于 0 且小于或等于字母数值程序排序序列中的位置数目。

15.13.3 返回值

1) 返回值应该是字母数字程序排序序列中由变元 1 规定的排序位置处的值。

2) 若不只一个字符在字母程序排序序列中有相同的位置,则返回的字符是为那个字符位置定义的第一个字符。若具有相同位置的多个字符的排序没有定义,则实现者应该定义将要返回哪些字符;对于一个给定的实现、排序序列和排序位置,对 CHAR 函数的每一次调用都应该返回相同的字符。

15.14 CHAR-NATIONAL 函数

CHAR-NATIONAL(本土字符)函数返回一个单字符值,这个字符在本土程序排序序列中的排序位置等于变元 1 的值。

该函数的类型是本土型。

15.14.1 一般格式

FUNCTION CHAR-NATIONAL(变元 1)

15.14.2 变元

1) 变元 1 应是一个整数。

2) 变元 1 的值应是一个大于 0 且小于或等于本土程序排序序列中的位置数目。

15.14.3 返回值

1) 返回值应是本土程序排序序列中,由变元 1 规定的排序位置处的值。

2) 若不只一个字符在字母程序排序序列中有相同的位置,则返回的字符是为那个字符位置定义的第一个字符。若具有相同位置的多个字符的排序没有定义,则实现者应该定义将要返回哪些字符;对于一个给定的实现、排序序列和排序位置,对 CHAR-NATIONAL 函数的每一次调用都应该返回相同字符。

15.15 COS 函数

COS 函数返回一个数值型的值，这个值是一个由弧度表示的角或弧的余弦的近似值，这角或弧是由变元 1 指明的。

该函数的类型为数值型。

15.15.1 一般格式

FUNCTION COS(变元 1)

15.15.2 变元

变元 1 应该数值类型。

15.15.3 返回值

返回值是变元 1 的余弦的近似值且大于等于－1、小于等于＋1。

15.16 CURRENT-DATE 函数

CURRENT-DATE 函数返回一个 21 字符的字母数字值，它用来表示日历日期、一天内的时间和函数求值所在的系统提供的本土时间差动因数。

该函数的类型是字母数字型的。

15.16.1 一般格式

FUNCTION CURRENT-DATE

15.16.2 返回值

1) 返回的字符位置，从左到右的已编号数为：

字符位置	内容
1～4	格里高里日历年数的四个数值型数字
5～6	年中月份的两个数值型数字，范围是 01～12。
7～8	月份中天的两个数值型数字，范围是 01～31。
9～10	午夜过后的小时的两个数值型数字，范围是 00～23。
11～12	小时过后的分钟数的两个数值型数字，范围是 00～59。
13～14	分钟过后的秒数的两个数值型字符，范围是： ——当 LEAP-SECOND 指令的 OFF 短语是有效时，范围为 00～59； ——当 LEAP-SECOND 指令的 ON 短语是有效时，则范围是：00～nn。其中，nn 是由实现者定义的。
15～16	秒过后的秒数的百分之一的两个数值型数字，范围是 00～99。如果函数求值所在的系统没有能提供秒数的分数部分的设施，那么返回值为 00。
17	字符"－"，字符"＋"或字符"0"。如果前面的字符位置指明的本土时间晚于相应的格林尼治时间，那么返回字符"－"；如果前面的字符位置指明的本土时间早于相应的格林尼治时间，那么返回字符"＋"；如果函数求值所在的系统没有能提供本土时间差动因数的设施，那么返回字符"0"。
18～19	如果字符位置 17 是"－"，返回的两个范围为 00～12 的数值型数字，来指明当地时间晚于格林尼治时间的小时数；如果字符位置 17 是"＋"，这返回的两个范围为 00～13 的数值型数字，来指明当地时间早于格林尼治时间的小时数；如果字符位置 17 是"0"，返回 00。
20～21	返回的两个范围为 00～59 数值型数字，用来指明当地时间超出或落后于格林尼治时间的附加分钟数。这分别依赖于字符位置 17 是"＋"还是"－"。如果字符位置 17 是"0"，那么返回 00。

15.17 DATE-OF-INTEGER 函数

函数 DAY-OF-INTEGER 把的日期从整数日期的格式转换成标准日期格式(YYYYMMDD)。

该函数的类型是整型。

15.17.1 一般格式

FUNCTION DATE-OF-INTEGER(变元 1)

15.17.2 变元

变元 1 是一个正整数,在格里高里历中表示 1600 年 12 月 31 日以后的天数,不应超过函数 INTEGER-OF-DATE(99991231)的值,即不应超过 3067671。

15.17.3 返回值

1) 返回值表示与整数变元 1 等价的标准日期。

2) 返回值的格式是(YYYYMMDD)的整数,其中 YYYY 代表格里高里日历的年数,MM 代表那一年中的月份,DD 代表那一年的日期。

15.18 DATE-TO-YYYYMMDD 函数

DATE-TO-YYYYMMDD 函数中把变元 1 从格式 YYmmdd 转换成 YYYmmdd 的格式。当在当前的时间上增加年数时,变元 2 规定了 100 年的增加间隔,即滑动窗口,成为变元 1 的年数。变元 3 表示当前的运行时间。

15.18.1 一般格式

FUNCTION DATE-TO-YYYYMMDD(变元 1[变元 2[变元 3]])

15.18.2 变元

1) 变元 1 应是小于 1000000 的正整数。

注:数没有验证变元 1 是否是有效的日期,其返回值可作为函数 TEST-DATE-YYYYMMDD 的变元来验证其有效性。

2) 变元 2 应是整数。

3) 若变元 2 被省略,变元 2 的默认值应为 50。

4) 变元 3 应是大于 1600 小于 10000 的整数。

5) 若变元 3 被省略,变元 3 的默认值应为下列表达式的值:

(FUNCTION NUMVAL(FUNCTION CURRENT-DATE(1:4)))

6) 当前所在的年数与变元 20 之和应大于 1699 小于 10000。

15.18.3 返回值

等价的算术表达式如下:

(FUNCTION YEAR-TO-YYYY(YY,变元 2,变元 3) * 10000+mmdd)

其中,

YYYY=FUNCTION INTEGER(变元 1/10000)

mmdd=FUNCTION MOD(变元 1,10000)

且变元 1、变元 2 和变元 3 与函数 DATE-TO-YYYYMMDD 中的变元 1,变元 2 和变元 3 相同。

注 1:在 2002 年函数 DATE-TO-YYYYMMDD(851003,10)的返回值是 19851003,在 1994 年函数 DATE-TO-YYYYMMDD(981002,(-10))的返回值是 18981002。

注 2:参看函数 YEAR-TO-YYYY 的注释来探讨固定窗口或滑动窗口的运算法则。

15.19 DAY-OF-INTEGER 函数

函数 DAY-OF-INTEGER 把格里高里日历的日期从整数日期的格式转换成儒略日格式(YYYYDDD)。

该函数的类型是整数型。

15.19.1　**一般格式**

FUNCTION DAY-OF-INTEGER(变元 1)

15.19.2　**变元**

变元 1 是一个正整数在格林历中表示 1600 年 12 月 31 日以后的天数，不应超过函数 INTEGER-OF-DATE(99991231)的值，即 3067671。

15.19.3　**返回值**

1)　返回值表示与整数变元 1 等价的儒略日。

2)　返回值是格式(YYYYDDD)的整数，其中 YYYY 代表格里高里日历的年数 DDD 代表那一年的日期。

15.20　DAY-TO-YYYDDD 函数

DAY-TO-YYYYDDD 函数把变元 1，从 YYnnn 格式转换到 YYYYnnn 格式。变元 2 表示当在当前的运行时间添加年数时，定义了 100 年的时间间隔。变元 3 指定了当前运行的年数。

该函数的类型是整数型。

15.20.1　**一般格式**

FUNCTION DAY-TO-YYYYDDD(变元 1[变元 2[变元 3]])

15.20.2　**变元**

1)　变元 1 应是小于 100000 的正整数。

注：函数不能检查变元 1 来确定它的日期是否有效，返回值作为 TEST-DAY-YYYYDDD 函数的变元，来检查其有效性。

2)　变元 2 应是正数。

3)　若变元 2 被省略，函数会给它赋默认值 50。

4)　变元 3 应该是 1600 到 10000 之间的整数。

5)　若变元 3 被省略，函数则把下面的值赋给变元 3：

(FUNCTION NUMVAL(FUNCTIONCURRENT-DATE(1:4)))

6)　变元 2 与变元 3 之和应小于 10000 大于 1699。

15.20.3　**返回值**

等价的算术表达式如下：

(FUNCTIONYEAR-TO-YYYY(YY，变元 2，变元 3) * 1000＋nnn)

其中，

YY＝FUNCTION INTEGER(变元 1/1000)

nnn＝FUNCTION MOD(变元 1，1000)

这里的变元 1，变元 2 和变元 3 与在 DAY-TO-YYYYDDD 函数中的变元相同。

注 1：在 2002 年函数 DAY-TO-YYYYDDD(10004，20)的返回值是 2010004，在 2013 年函数 DAY-TO-YYYYDDD(95005，(－10))的返回值是 1995005。

注 2：参照函数 YEAR-TO-YYYY 的注释并讨论怎样明确固定窗口和滑动窗口的算法。

15.21　DISPLAY-OF 函数

函数 DISPLAY-OF 返回一个字符串，这个字符串包含表示本土字符变元的字符数字编码字符集。

该函数的类型是字符数字类型的。

15.21.1　**一般格式**

FUNCTION DISPLAY-OF(变元 1[变元 2])

15.21.2　**变元**

1)　变元 1 应是本土类型。

2)　变元 2 应是字母或字母数字类型并且长度为一个字符长度。变元 2 表示用来进行本土字符转变的时候没有相应的字母数字字符时的字母数字代替字符。

15.21.3 返回值

1) 对于每一个本土字符变元 1 转变成相应的字母数字字符表达式时返回一个字符串。为了用函数 DISPLAY-OF 来转换，实现者应该规定在字母数字字符集和本土字母字符集之间相应的转换字符。

2) 若对变元 2 赋值，对于每一个本土字符变元 1 当没有相应的字母数字字符来表示时，就返回一个字母数字代替字符。

3) 若没有对变元 2 赋值并且变元 1 包含一个没有相应字母数字字符的本土字符，一个定义实现代替字符被用作相应的字母数字字符并且 EC-DATA-CONVERSION 异常条件被设置成存在的。

4) 返回值的长度是是用来显示所要转换的变元的字符所占位置的个数并取决于变元 1 包含的字符的个数。

15.22 E 函数

E 函数返回的是以 e 为底的自然对数的近似值。

该函数类型是数值类型。

15.22.1 一般格式

FUNCTION E

15.22.2 返回值

等价的算术表达式如下：

(2+.7182818284590452353602874713526)

15.23 EXCEPTION-FILE 函数

函数 EXCEPTION-FILE 返回一个字母数字字符串，它包括 I-O 状态值和文件连接符的文件名(若有最后的异常状态，该字符串中，文件名就会跟在最后的异常状态之后)。

该函数的类型是字母数字型的。

15.23.1 一般格式

FUNCTION EXCEPTION-FILE

15.23.2 返回值

返回值是一个字母数字字符串，且字符串的长度由下面的内容决定：

1) 若最后的异常状态不是 EC-I-O 异常条件，返回值是两个字母数字零。

2) 否则，返回值是一个字符串，且字符串足够长能够包含 I-O 状态值和文件名。该字符串的前两个字符是字母数字型的 I-O 状态值，接下来的字符包含了在 SELECT 条款中指定的文件名并且这些字符在运行时转变成了运行时字母数字字符集。

15.24 EXCEPTION-FILE-N 函数

函数 EXCEPTION-FILE-N 返回一个字母数字字符串，它包括 I-O 状态值和文件连接符的文件名(若有最后的异常状态，该字符串中，文件名就会跟在最后的异常状态之后)。

该函数的类型是字母数字类型的。

15.24.1 一般格式

FUNCTION EXCEPTION-FILE-N

15.24.2 返回值

返回值是一个本土字符串，且字符串的长度下面的内容决定：

1) 若最后的异常状态不是 EC-I-O 异常条件，返回值是两个本土数字零。

2) 否则，返回值是一个字符串，且字符串足够长能够包含 I-O 状态值和文件名。该字符串的前两个字符是本土型的 I-O 状态值，接下来的字符包含了在 SELECT 条款中指定的文件名并且这些字符在运行时转变成了运行时本土字符集。

15.25 EXCEPTION-LOCATION 函数

EXCEPTION-LOCATION 函数返回一个字母数字字符串，该字符串是和最后异常状态相关联语句的位置且该位置是实现者定义的。

该函数的类型是字母数字类型。

15.25.1 一般格式

<u>FUNCTION</u> <u>EXCEPTION-LOCATION</u>

15.25.2 返回值

1) 若 TURN 指令的 LOCATION 选项没有指定，而且实现者也没有保存位置信息，返回值就是一个字母数字空格符。其中，LOCATION 选项能够检查与最后异常状态相关联的异常条件。

2) 若指定了 TURN 指令的 LOCATION 选项，返回值就是一个字母数字字符串，该字符串的长度由下面的内容决定：

   a) 若最后的异常状态表明没有异常，返回值就是一个字母数字空格符。

   b) 否则，返回值就是一个字符串，其长度就是其能够包含的位置信息的长度。在包含了该语句的源程序中指定了所有的名字，并且这些名字在运行时转换成了运行时字母数字字符集。该字符串由下列三部分组成：

      - 运行元素的名字。该名字是在包含该语句的函数、方法或者程序的 FUNCTION-ID 段、METHOD-ID 段或 PROGRAM-ID 段中指定的。在有异常条件传播的情况下，该名字就是出现了传播的异常条件的函数、方法或程序的名字。该名字后面应该紧跟一个分号和一个空格符。
      - 该过程的过程名包含如下语句：

        ——若在源程序中没有段名或节名，后面就加上分号或空格符。

        ——若有程序段名，就加上该段名；若该段在一个节里，则该节的节名就通过前面加上字母数字字符“OF”的方式跟在段名后。后面跟上分号和空格符。

        ——若有节名而没有段名，就加上该节名，且节名的后面就跟上分号和空格符号。
      - 然后，一个包含该语句开始部分的源方法的实现者自定义标识符也附加在后面。

15.26 EXCEPTION-LOCATION-N 函数

EXCEPTION-LOCATION-N 函数返回一个本土型字符串，该字符串是和最后异常状态相关联语句的位置且该位置是实现者定义的。

该函数的类型是本土类型。

15.26.1 一般格式

<u>FUNCTION</u> <u>EXCEPTION-LOCATION-N</u>

15.26.2 返回值

1) 若 TURN 指令的 LOCATION 选项没有指定，而且实现者也没有保存位置信息，返回值就是一个本土型空格符。其中，LOCATION 选项能够检查与最后异常状态相关联的异常条件。

2) 若指定了 TURN 指令的 LOCATION 选项，返回值就是一个本土字符串，该字符串的长度由下面的内容决定：

   a) 若最后的异常状态表明没有异常，返回值就是一个本土型空格符。

   b) 否则，返回值就是一个字符串，其长度就是其能够包含的位置信息的长度。在包含了该语句的源程序中指定了所有的名字，并且这些名字在运行时转换成了运行时本土字符集。该字符串由下列三部分组成：

      - 运行元素的名字。该名字是在包含该语句的函数、方法或者程序的 FUNCTION-ID

段、METHOD-ID 段或 PROGRAM-ID 段中指定的。在有异常条件传播的情况下，该名字就是出现了传播的异常条件的函数、方法或程序的名字。该名字后面应该紧跟一个分号和一个空格符。

- 该过程的过程名包含如下语句：
  ——若在源程序中没有段名或节名，后面就加上分号或空格符。
  ——若有程序段名，就加上该段名；若该段在一个节里，则该节的节名就通过前面加上本土字符“OF”的方式跟在段名后。后面跟上分号和空格符。
  ——若有节名而没有段名，就加上该节名，且节名的后面就跟上分号和空格符号。
- 然后，一个包含该语句开始部分的源方法的实现者自定义标识符也附加在后面。

15.27 EXCEPTION-STATEMENT 函数

函数 EXCEPTION-STATEMENT 返回一个字母数字值，该值是产生相关联异常条件的语句的名字。

该函数的类型是字母数字类型。

15.27.1 一般格式

FUNCTION EXCEPTION-STATEMENT

15.27.2 返回值

1) 若 TURN 指令的 LOCATION 选项没有指定，而且实现者也没有保存位置信息，返回值就是 31 个空格符。其中，LOCATION 选项能够检查与最后异常状态相关联的异常条件。

2) 若指定了 TURN 指令的 LOCATION 选项，则返回值是含有 31 个字符的字母数字字符串，该字符串是产生异常条件的语句的名字，且它是大写字母、左对齐和右侧用空格符填充的。

3) 表 12 过程语句中“语句”列给出了语句的名字。

15.28 EXCEPTION-STATUS 函数

EXCEPTION-STATUS 函数返回一个字符数字值，该值是与最后一个异常状态相关的异常名。

该函数的类型是字母数字类型。

15.28.1 一般格式

FUNCTION EXCEPTION-STATUS

15.28.2 返回值

返回值是一个含有 31 字符、左对齐的字符数字字符串，该字符串是与上次异常条件相关的异常名字或“EXCEPTION-OBJECT”的值。异常名字中的所有字母以大写字母的形式返回并且没有用到的字符是字母数字空格符。若最后的异常状态表明没有出现异常，则返回字母数字空格符。

15.29 EXP 函数

EXP 函数返回的是变元为 e 的幂的近似值。

该函数的类型是数值型。

15.29.1 一般格式

FUNCTION EXP(变元 1)

15.29.2 变元

变元 1 应是数值类型的。

15.29.3 返回值

等价的算术表达式如下：

(函数 E**(变元 1))

15.30 EXP10 函数

EXP10 函数返回的是变元为 10 的幂的近似值。

该函数的类型是数值型。

15.30.1 **一般格式**

FUNCTION EXP10(变元 1)

15.30.2 **变元**

变元 1 应是数值类型的。

15.30.3 **返回值**

等价的算术表达式如下：

(10**(变元 1)

15.31 **FACTORIAL 函数**

FACTORIAL 函数返回一个整数，它是变元 1 的阶乘值。

该函数的类型是整数型。

15.31.1 **一般格式**

FUNCTION FACTORIAL(变元 1)

15.31.2 **变元**

变元 1 应是大于或等于 0 的整数。

15.31.3 **返回值**

等价的算术表达式如下：

1) 当变元 1 的值是 0 或 1 时，返回值为 1。

2) 当变元 1 的值是 2 时，返回值为 2。

3) 当变元 1 的值是 n 时，返回值为
(n*(n−1)*(n−2)*…1)。

15.32 **FRACTION-PART 函数**

FRACTION-PART 函数返回一个数值，这个数值是变元的分数部分。

该函数的类型是数值型。

15.32.1 **一般格式**

FUNCTION FRACTION-PART(变元 1)

15.32.2 **变元**

变元 1 应该是数值类型。

15.32.3 **返回值**

等价的算术表达式是：

(变元 1-FUNCTION INTEGER-PART(变元 1))

其中，INTEGER-PART 函数的变元与 FRACTION-PART 函数的变元是相同的。

注：若变元 1 的值为＋1.5，则该函数的返回值为＋0.5。若变元 1 的值为－1.5，则该函数的返回值为－0.5。

15.33 **HIGHEST-ALGEBRAIC 函数**

HIGHEST-ALGEBRAIC 函数的返回值等于变元 1 可以表示的最大代数值。

函数的类型取决于如下变元类型：

变元类型	函数类型
字母数字型	数值型
整型	整型
本土型	数值型
数值型	数值型

15.33.1 **一般格式**

FUNCTION HIGHEST-ALGEBRAIC(变元 1)

15.33.2 变元

1） 变元1应该是数值或数值编辑类型的数据项而不应该是一个整数或数值函数。

15.33.3 返回值

返回值等于变元1中可以表示的最大的正代数值。

下面的例子说明变元1的一些值的期望结果。

变元1的特征	返回值
S999	＋999
S9(4) BINARY	＋9999
99V9(3)	＋99.999
$ * *, * *9.99BCR	＋99999.99
$ * *, * *9.99	＋99999.99
BINARY-CHAR SIGNED	＋127(假设8位表示)
BINARY-CHAR UNSIGNED	＋255(假设8位表示)

15.34 INTEGER 函数

INTEGER 函数返回小于或等于该变元的最大整数值。

该函数的类型是整型。

15.34.1 一般格式

<u>FUNCTION</u> <u>INTEGER</u>(变元1)

15.34.2 变元

变元1应该是数值类型的。

15.34.3 返回值

1） 当规定了标准算法时，变元1不能省略。

2） 返回值是小于或等于变元1值的最大整数值。

例如：

——若变元1的值是－1.5，返回值为－2。

——若变元1的值是＋1.5，返回值为＋1。

——若变元1的值是0，返回值为0。

INTEGER-PART 函数与本函数相似，但是负数的返回值不同。

15.35 INTEGER-OF-BOOLEAN 函数

INTEGER-OF-BOOLEAN 函数返回变元1中布尔串的数值型的值。

该函数类型是整型。

15.35.1 一般格式

<u>FUNCTION</u> <u>INTEGER-OF-BOOLEAN</u>(变元1)

15.35.2 变元

变元1应该是布尔类型。

15.35.3 返回值

返回值定义如下：

1） 给变元1指派一个临时布尔数据项的使用位，该使用位与变元1具有相同数目的布尔位置。

2） 由决定临时布尔数据项的位配置表示的无符号二进制值。

注：二进制表示的是数学概念。这种表示不要求与 COBOL 表示一样。

3） 由子规则2)决定的数值型的值就是返回值。

15.36 INTEGER-OF-DATE 函数

INTEGER-OF-DATE 函数将一个格里高里日历日期从标准日期形式(YYYYMMDD)转换成整型

日期形式。

该函数类型是整型。

15.36.1 一般格式

FUNCTION INTEGER-OF-DATE(变元 1)

15.36.2 变元

变元 1 应该是 YYYYMMDD 形式的一个整数，变元 1 的值可以通过计算公式(YYYY×10000)+(MM* 100)+DD 获得。

1) YYYY 表示格里高里日历的年份，它应该是一个大于 1600 且小于 10000 的正整数。

2) MM 表示月份并且应该是一个小于 13 的正整数。

3) DD 表示天数，它应该是个小于 32 的正整数并且对规定的月和年是有效的。

15.36.3 返回值

返回值是一个整数，这个整数是从格里高里日历日期 1600 年 12 月 31 日起，到变元 1 表示的日期之间的天数。

15.37 INTEGER-OF-DAY 函数

INTEGER-OF-DAY 函数转换将一个格里高里日历日期从儒略日期形式(YYYYDDD)转换成整型日期形式。

该函数类型是整型。

15.37.1 一般格式

FUNCTION INTEGER-OF-DAY(变元 1)

15.37.2 变元

变元 1 应该是 YYYYDDD 形式的一个整数，这个值是通过计算公式(YYYY×1000)+DDD 获得的。

1) YYYY 表示格里高里日历的年份，它应该是一个大于 1600 且小于 10000 的整型数。

2) DDD 表示年份里的天数，它应是一个小于 367 的正整数，并且对于规定的年它时有效的。

15.37.3 返回值

返回值是一个整数，这个整数是从格里高里日历日期 1600 年 12 月 31 日起，到变元 1 表示的日期之间的天数。

15.38 INTEGER-PART 函数

INTEGER-PART 函数返回变元 1 的整数部分。

该函数的类型是整型。

15.38.1 一般格式

FUNCTION INTEGER-PART(变元 1)

15.38.2 变元

变元 1 应该是数值类。

15.38.3 返回值

等价的数学表达式是：

((FUNCTION SIGN(变元 1)×FUNCTION INTEGER(FUNCTION ABS(变元 1)))

其中，SIGN 函数和 ABS 函数与 INTEGER-PART 的变元是相同的。

例如：

——若变元 1 的值是−1.5，返回值是−1

——若变元 1 的值是+1.5，返回值是+1

——若变元 1 的值是 0，返回值是 0

——若变元 1 的值是−1.0，返回值是−1

——若变元 1 的值是+1.0,返回值是+1

15.39 LENGTH 函数

LENGTH 函数返回一个整数,根据变元类型的不同,它的值等于变元在字母数字字符位置、本土字符位置或布尔位置中的长度。

该函数的类型是整型。

15.39.1 一般格式

FUNCTION LENGTH(变元 1)

15.39.2 变元

变元 1 应该是一个字母数字型、本土型或者布尔字值;一个类或者类别的数据项;一个基准款;或者一个类型名。

15.39.3 返回值

1) 若变元 1 是一个位组项、初等布尔数据项、布尔字值或者布尔项的类型声明,则返回值就是这样一个整数,它的值等于变元 1 在布尔位置中的长度。

2) 若变元 1 是一个本土组项,除了布尔型数据项之外,使用的本土初等数据项、本土字值或使用的本土数据项的类型声明,则返回值就是这样一个整数,它的值等于变元 1 在本土字符位置中的长度。

3) 若变元 1 不是布尔类别或者使用的本土型,则返回值就是这样一个整数,它的值等于变元 1 在字母数字字符中的长度。

4) 若附属于变元 1 的数据描述款的任意数据描述款是由 OCCURS 子句的 DEPENDING 短语描述的,则

   a) 若变元 1 是一个与实际数据无关的基准项或者是一个类型声明,则变元 1 的长度是由接收数据项的 OCCURS 子句的规则决定的,否则

   b) 变元 1 的长度是由发送数据项的 OCCURS 子句的规则决定的。

5) 返回长度应包括隐式填充符位置数,若变元 1 中有的话。

6) 当返回值被表示为字母数字字符位置数并且变元 1 没有占用完整的位置数时,返回值是次大整数值。

15.40 LOCALE-COMPARE 函数

LOCALE-COMPARE 函数返回一个字符,该字符表示变元 1 与变元 2 按照本地环境定义的文化首选序列进行比较的结果。

该函数的类型为字母数字型。

15.40.1 一般格式

FUNCTION LOCALE-COMPARE(变元 1 变元 2[本地环境名 1])

15.40.2 变元

1) 变元 1 应该是一个字母类、字母数字类或本土类。

2) 变元 1 应该是一个字母类、字母数字类或本土类。

3) 变元可以是不同的类。

4) 本地环境名 1 应该与 SPECIAL-NAMES 段的一个本地环境相关。

15.40.3 返回值

1) 若两个变元是不同的类且其中一个为本土型,则另一个变元要转换成本土型以便作比较。

2) 为了便于比较,除了由多个空格组成的操作数被缩减为一个空格外,操作数的结尾空格将被截去。

3) 若规定了本地环境名 1,则用来比较的本地环境就是与本地环境名 1 相关联的那个;否则,就使用当前本地环境来比较。若与本地环境名 1 相关联的本地环境不可用,EC-LOCALE-

MISSING 异常条件就设置为存在。

4) 变元 1 和变元 2 用由正在使用的本地环境定义的文化序列来进行比较。

注：对于字符之间的比较来说，基于本地环境的排序是不必要的。

5) 返回值是：

"="若变元相等。

"<"若变元 1 小于变元 2

">"若变元 1 大于变元 2

6) 返回值的长度为 1。

15.41 LOCALE-DATE 函数

LOCALE-DATE 函数返回一个包含文化适宜性格式的日期的字符串，文化适宜性格式是由本地环境规定的。

该函数的类型是字母数字型。

15.41.1 一般格式

FUNCTION LOCALE-DATE(变元 1[本地环境名 1])

15.41.2 变元

1) 变元 1 应该是字母数字类型或者本土型并且长度为 8 字符位。

2) 变元 1 的内容应该是一个日期，这个日期的格式同 CURRENT-DATE 函数的返回值的字符位的 1 到 8 位的年月日的格式相同。而且变元 1 的内容应该对 CURRENT-DATE 函数返回值的定义要有效。

3) 本地环境名 1 应该与 SPECIAL-NAMES 段落中的一个本地环境相关联。

15.41.3 返回值

1) 若规定了本地环境名 1，则用于格式化日期的本地环境是与本地环境名 1 相关联的那个本地环境。否则，就使用当前本地环境。若与本地环境名 1 相关联的本地环境不可用，EC-LOCALE-MISSING 异常条件就设置为存在。

2) 返回值是一个包含变元 1 规定的日期的字符串，这个字符串的适当格式如本地环境中由本地环境域 d_fmt 所指明的那样。

3) 返回值的长度取决于在本地环境中指定的日期格式。

15.42 LOCALE-TIME 函数

LOCALE-DATE 函数返回一个包含文化适宜性格式的时间的字符串，文化适宜性格式是由本地环境规定的。

该函数的类型为字母数字型。

15.42.1 一般格式

FUNCTION LOCALE-TIME(变元 1[本地环境名 1])

15.42.2 变元

1) 变元 1 应该是字母数字类型或者本土型并且长度为 6 字符位。

2) 变元 1 的内容应该与 CURRENT-DATE 函数返回值的 9～14 位的小时，分钟，秒数的格式相同，并且应该对 CURRENT-DATE 函数的返回值的定义有效。

3) 变元 1 的内容应该对 CURRENT-DATE 函数返回值的定义有效，如下要求除外：

a) 小时采用 24 进制格式。

b) 分钟内的秒数采用百进制。

注：分钟的秒没有被精确规定，是因为最大润秒数可以无限制的在用户数据中出现。润秒直接相关的 ON 短语实际不需要用户数据包含润秒。为了使用户数据限制闰秒，带有 ON 短语的 ALEAP-SECOND 指令不需要是有效的。

4) 本地环境名1应该与SEPCIAL-NAMES段里的一个本地环境相关联。

15.42.3 返回值

若规定了本地环境名1,则用于格式化时间的本地环境是与本地环境名1相关联的那个本地环境。否则,就使用当前本地环境。若与本地环境名1相关联的本地环境不可用,EC-LOCALE-MISSING异常条件就设置为存在。

1) 返回值是一个包含变元1规定的日期的字符串,这个字符串的适当格式如本地环境中由本地环境域t_fmt所指明的那样。

2) 返回值的长度取决于在本地环境中指定的时间格式。

15.43 LOG函数

LOG函数返回一个数值型的值,这个数值型的值是变元1以e为底(自然对数)的对数的近似值。

该函数的类型是数值型。

15.43.1 一般格式

FUNCTION LOG(变元1)

15.43.2 变元

1) 变元1应该是数值类型的。

2) 变元1的值应该大于0。

15.43.3 返回值

返回值是变元1的自然对数的近似值。

15.44 LOG10函数

LOG10函数返回一个数值型的值,该数值型的值是变元1以10为底的对数的近似值。

该函数的类型为数值型。

15.44.1 一般格式

FUNCTION LOG10(变元1)

15.44.2 变元

1) 变元1应该是数值类型。

2) 变元1应该大于0。

15.44.3 返回值

1) 返回值是变元1以10为底的对数的近似值。

15.45 LOWER-CASE函数

LOWER-CASE函数返回一个字符串,这个字符串包含将变元1中所有大写字母用相应的小写字母代替后的值。

函数的类型取决于变元的类型,具体如下:

变元类型	函数类型
字母型	字母数字型
字母数字型	字母数字型
本土型	本土型

15.45.1 一般格式

FUNCTION LOWER-CASE(变元1)

15.45.2 变元

变元1应是本土型,字符数值型或字符类型,且至少应具有一个字符位的长度。

15.45.3 返回值

1) 返回一个带有变元1内容的字符串,这个字符串是将变元1中的大写字母替换成相应的小写字母后得到的。

2） 当一个本地环境是如 12.2.5 中 OBJECT-COMPUTER 段落所描述的那样对字符分类有效，则相应的从大写字母向小写字母的转换是由本地环境种类 LC_CTYPE 决定的。

3） 当大写字母与小写字母有一对一的关系时，返回的字符串与变元 1 有相同的长度。当大写字母与小写字母的对应关系不是一对一时，返回值可以比变元 1 长或比变元 1 短，这取决于变元 1 的内容和本地环境的规格。

4） 若对于给定的大写字母没有对应的小写字母，则那个给定的大写字母将无变化的返回；当一个本地环境对字符分类有效且没有规定对应的小写字母时，这个字母或这些字母将无变化的返回。

15.46 LOWEST-ALGEBRAIC 函数

LOWEST-ALGEBRAIC 函数返回一个值，这个值等于变元 1 中可以表示的最小代数值。

函数的类型取决于变元类型，如下：

变元类型	函数类型
字母数字型	数值型
整型	整型
本土型	本土型
数值型	数值型

15.46.1 一般格式

FUNCTION LOWEST-ALGEBRAIC(变元 1)

15.46.2 变元

变元 1 应该是一个数值类型或编辑的数值类型的数据项，并且不应该是一个整型或数值型函数。

15.46.3 返回值

返回值等于变元 1 中可以表示的最小代数值。

注：下面举例说明变元 1 的一些值的期望结果。

变元 1 的特征	返回值
S999	999
S9(4) BINARY	−9999
99V9(3)	0
$ * *，* *9.99BCR	−99999.99
$ * *，* *9.99	0
BINARY-CHAR SIGNED	−128(假定 8 位二进制补码表示)
BINARY-CHARUNSIGNED	0(假定 8 位二进制补码表示)

15.47 MAX 函数

MAX 函数返回变元 1 中含有最大值的内容。

该函数的类型取决于变元类型，如下：

变元类型	函数类型
字母型	字母数字型
字母数字型	字母数字型
索引型	索引型
所有变元都是整型	整型
本土型	本土型
数值型(某些变元可为整型)	数值型

15.47.1 一般格式

FUNCTION MAX({变元 1}…)

15.47.2 变元

1) 变元1不应是布尔类型、对象或指针，也不应该是强制类型组项。

2) 所有的变元应都是相同的类型，除非是字母变元和字母数字变元的混合。

15.47.3 返回值

1) 返回值是变元1中含有最大值的内容。用于确定最大值的比较方法是依据简单条件规则制定的(参见8.8.4.1)

2) 若变元1中有不止1个值等于最大值，则返回最左边的含最大值的变元1的内容。

3) 若函数的类型是字母数字型或本土型，返回值的大小与被选定的变元1的大小相同。

15.48 MEAN 函数

MEAN 函数返回变元的算术平均值。

该函数的类型是数值型。

15.48.1 一般格式

FUNCTION MEAN({变元1}…)

15.48.2 变元

等价的算术表达式如下：

1) 变元1只出现一次，

(变元1)

2) 变元1出现两次，

((变元1的第一种可能+变元1的第二种可能)/2)

3) 变元1出现n次，

((变元1的第一种可能+变元1的第二种可能+…+变元1的第n种可能)/n)

15.49 MEDIAN 函数

MEDIAN 函数返回一个变元的内容，这个变元的值是将变元按类别次序排序形成的列表的中间值。

该函数的类型是数值型。

15.49.1 一般格式

FUNCTION MEDIAN({变元1}…)

15.49.2 变元

变元1应该是数值类型。

15.49.3 返回值

1) 当变元1的出现次数是奇数时，返回值是这样一个值，由变元1引用的出现至少有一半大于等于该返回值并且至少有一般小于或等于该返回值。为了表达等价的算术表达式，该中间值被引用成变元a。等价的算术表达式为；

(变元a)

2) 当变元1的出现次数是偶数时，返回值是这两个中间值的算术平均值。为了表达等价算术表达式，这两个中间值被引用成变元b和变元c。等价算术表达式为：

((变元b+变元c)/2)

3) 用来对变元1的值按类别排序的比较方法是依据简单条件规则制定的(参见8.8.4.1)

15.50 MIDRANGE 函数

MIDRANGE(中间范围)函数返回一个数值，它是这个函数最大和最小变元值的算术平均值。

该函数的类型是数值类型。

15.50.1 一般格式

FUNCTION MIDRANGE({变元1},…)

15.50.2 变元

变元 1 应该是数值类型。

15.50.3 返回值

等价的算术表达式如下：

((FUNCTION MAX(变元列表)+FUNCTION MIN(变元列表))/2)

其中的 MAX 函数和 MIN 函数中的变元列表均为 MIDRANGE 函数本身的变元 1 列表。

15.51 MIN 函数

MIN 函数返回变元 1 中含有最小值的内容。

该函数的类型依赖于变元类型，如下：

变元类型	函数类型
字母型	字母数字型
字母数字型	字母数字型
索引型	索引型
所有变元都是整型	整型
本土型	本土型
数值型(一些变元可以是整型的)	数值型

15.51.1 一般格式

FUNCTION MIN({变元 1}…)

15.51.2 变元

1) 变元 1 不应该是布尔类型、对象类型或指针类型，也不应该是强制类型组项。

2) 所有的变元应该都是相同的类型，除非是字母变元和字母数字变元的混合。

15.51.3 返回值

1) 返回值是变元 1 中含有最小值的内容。用于确定最小值的比较方法是通过简单条件规则制定的。(参看 8.8.4.1)

2) 若变元 1 中有不止 1 个值等于最小值，则返回最左边的含最小值的变元 1 的内容。

3) 若函数的类型是字母数字型或本土型，返回值的大小与被选定变元 1 的大小相同。

15.52 MOD 函数

MOD 函数返回一个整型的数值，它是变元 1 对变元 2 取模所得的整数值。

15.52.1 该函数的类型是整型的。

15.52.2 一般格式

FUNCTION MOD(变元 1，变元 2)

15.52.3 变元

1) 变元 1 和变元 2 都应该是整型。

2) 变元 2 的值不能为 0。

15.52.4 返回值

等价的算术表达式如下：

((变元 1)-((变元 2)×FUNCTION INTEGER((变元 1)/(变元 2))))

其中函数 INTEGER 中的变元 1 和变元 2 与 MOD 函数自身的两个变元是相同的。

注：下面描述了一些变元 1 和变元 2 相应值应该返回的结果：

变元 1	变元 2	返回
11	5	1
-11	5	4
11	-5	-4
-11	-5	-1

15.53 NATIONAL-OF 函数

NATIONAL-OF 函数返回一个字符串,它包含变元中所有字符的本土字符表示。

该函数的类型是本土型的。

15.53.1 一般格式

<u>FUNCTION</u> <u>NATIONAL-OF</u>(变元 1[变元 2])

15.53.2 变元

1) 变元 1 应该是字母类型或字母数字类型。

2) 变元 2 应该是本土类型的,且应该是一个字符长度。变元 2 指定一个本土的置换字符,用于转换没有相应本土字符的字母数字字符。

15.53.3 返回值

1) 该函数返回一个字符串,其中的每个字符是变元 1 中的每个字母数字字符转化为它的相应的本土编码字符集代表。实现者定义了字符的相应对象。

2) 若指定了变元 2,变元 1 中的每个没有相应本土代表的字符被转换为变元 2 中指定的置换字符。

3) 若没有指定变元 2 且变元 1 中含有一个没有相应本土字符表示的字母数字字符,一个被实现者定义的配置字符被用作相应的本土字符且要设置 EC-DATA-CONVERSION 异常情况。

4) 返回值的长度是被要求持有转化变元的有用本土的字符位置的数量,且取决于变元 1 中含有字符的数量。

15.54 NUMVAL 函数

NUMVAL 函数返回一个由变元 1 指定的字符串表示的数值型值。该值前面和后面的空白都是被忽略的。

该函数的类型是数值类型。

注:与函数 NUMVAL 等价的基于本地环境的功能可通过含有 LOCALE 关键字的 NUMVAL-C 函数获得。在 NUMVAL-C 函数中,一个货币符是可选择的。可利用本地环境类 LC-MONETARY,因为在其中没有指定的符号协定。

15.54.1 一般格式

<u>FUNCTION</u> <u>NUMVAL</u>(变元 1)

15.54.2 变元

1) 变元 1 应该是一个字母数字或本土字值或一个字母数字或本土数据项,其中它们的内容有以下两种格式之一:

$$[\text{space}-\text{string}]\begin{bmatrix}+\\-\end{bmatrix}[\text{space}-\text{string}]\left\{\begin{matrix}\text{digit}[.[\text{digit}]]\\ .\text{digit}\end{matrix}\right\}[\text{space}-\text{string}]$$

或

$$[\text{space}-\text{string}]\left\{\begin{matrix}\text{digit}[.[\text{digit}]]\\ .\text{digit}\end{matrix}\right\}[\text{space}-\text{string}]\begin{bmatrix}+\\-\\ \underline{\text{CR}}\\ \underline{\text{DB}}\end{bmatrix}[\text{space}-\text{string}]$$

其中,空格串是一个由一个或多个空格字符组成的串,数字是一个由 1 个到 31 个数字组成的串。若变元 1 是字母数字,若被指定的话,CR 或 DB 应该是计算机字母数字字符集中的大写字母表或小写字母表或大写与小写的组合表中的字母"CR"或"DB"。若变元 1 是本土的,若被指定的话,CR 或 DB 应该是计算机本土字符集中的大写字母表或小写字母表或大写与小写的组合表中的字母"CR"或"DB"。

2) 变元 1 中数字的总数目不应该超过 31 个。

3) 变元 1 中的字符周期代表了小数分隔。当指定 DECMAL-POINT IS COMMA 子句时,字符逗点应该被用在变元 1 中,而不是代表小数分隔的字符周期。

15.54.3 返回值

1) 返回值是代表变元 1 的数值型值。

2) 代表返回值的最大十进制数字是 31。

3) 若变元 1 包含 CR,DB 或负数标志,返回值是负的。

15.55 NUMVAL-C 函数

NUMVAL-C 函数返回一个由变元 1 指定的字符串表示的数值型值。若有的话,货币串和在小数分隔点之前的任何分组分隔点都可以被忽略。随意地,货币串、符号协定、分组分隔点和在字符串中许可的小数分隔点可以都由本地环境类 LC-MONETARY 指定,或者货币串可以由变元 2 指定。

该函数的类型是数值类型。

15.55.1 一般格式

$$\underline{\text{FUCTION}}\ \underline{\text{TEST-NUMVAL-C}}(\text{变元 }1\left[\begin{array}{l}\underline{\text{LOCALE}}\ [\text{本地环境名 }1]\\ \text{变元 }2\end{array}\right][\text{ANYCASE}])$$

15.55.2 变元

1) 变元 1 应该是字母数字类型或本土类型。

2) 变元 2,若指定的话,应该是与变元 1 相同的类型。变元 1 应该至少包含一个非空的字符。在变元 2 中的任何最前面或拖尾空间可以被忽略。变元 2 不应该包含任何 0~9 的数字;字符“*”,“+”,“,”或“.”;或两个连续的字母“CR”或“DB”,不管是在大写字母表或小写字母表或大写与小写字母表组合体中都不允许。变元 2 指定了一个可以在变元 1 中出现的货币串。

注:除了前面和后面的空格外,变元 2 中指定的货币串可以含有空格。

3) 若 ANYCASE 关键字被指定,在变元 1 中选择一个货币串的匹配规则大小写不敏感的。若 ANYCASE 关键字没有被指定,这个匹配规则是大小写敏感的。

4) 若变元 2 或 LOCALE 关键字都没有被指定,则仅仅只有一个货币串用于编辑单元,或者是默认的货币符,或者是在 SPECIAL-NAMES 段中指定的一个货币串。

5) 若 LOCALE 关键字没有被指定,可以应用以下规则:

——变元 1 应该有以下两种格式中的一种:

$$[\text{space}]\left[\begin{array}{c}+\\-\end{array}\right][\text{space}][\text{currency}][\text{space}]\left\{\begin{array}{l}\text{digit}[.\ \text{digit}]\cdots[.\ [\text{digit}]]\\ .\ \text{digit}\end{array}\right\}[\text{space}]$$

或

$$[\text{space}][\text{currency}][\text{space}]\left\{\begin{array}{l}\text{digit}[.\ \text{digit}]\cdots[.\ [\text{digit}]]\\ .\ \text{digit}\end{array}\right\}[\text{space}]\left[\begin{array}{c}+\\-\\ \underline{\text{CR}}\\ \underline{\text{DB}}\end{array}\right][\text{space}]$$

其中:

——数字是一个或多个 0 到 9 的数字组成的串;

——空格是一个或多个空白字符;

——货币是一个或多个字符组成的串,这些字符是与变元 2 中的货币串的字符相匹配的。

a) 若变元 1 是字母数字,在指定的情况下,CR 或 DB 应该是计算机字母数字字符集中的大写字母表或小写字母表或大写与小写的组合表中的字母“CR”或“DB”。

b) 若变元 1 是本土型的,在指定的情况下,CR 或 DB 应该是计算机本土字符集中的大写字母表或小写字母表或大写与小写的组合表中的字母“CR”或“DB”。

c) 变元 1 中的字符周期代表小数分隔符。变元 1 中的字符逗点代表组分隔符。当指定 DECIMAL-POINT IS COMMA 字句时,字符逗点在变元 1 中代表小数分隔符,并且字符周期代表组分隔符。

6） 若指定了 LOCALE 关键字，可以应用以下规则：

a） 在指定的情况下，本地环境名 1 应该与 SPECIAL-NAMES 段中的一个本地环境联系起来；在被引用的本地环境中的本地环境类 LC-MONETARY 被用于评估变元 1 的货币格式。若本地环境名 1 没有被指定，需要利用当前本地环境中的类 LC-MONETARY。若被要求的本地环境不可获得，则就需要设置 EC-LOCALE-MISSING 的异常情况。

b） 变元 1 的内容应该是数字与字符组成的串，并且它们在格式上与所用本地环境的本地环境类 LC-MONETARY 的规格相一致。以下规则应用于：

- 若指定了 ANYCASE 关键字，用于确定变元 1 中的货币串的匹配规则是大小写不敏感的。若它没有被指定，用于确定变元 1 中的货币串的匹配规则是大小写敏感的。
- 本地环境域的有用本土代表是用来匹配变元 1 的。若变元 1 是字母数字类别，则变元 1 的有用本土代表就用来匹配本地环境域。
- 变元 1 可以含有一个货币串，这个货币串或者与本地环境域货币符号相匹配，或者与本地环境域 int_curr_symbol 中的最前面三个字符相匹配，并且是与本地环境域 p_cs_precedes 和 n_cs_precedes 相一致的。
- 变元 1 可以含有与本地环境域 positive_sign 相一致的一个正符号，且与宿主域 negative_sign 和 n_sign_posn 相一致的一个负符号或 p_sign_posn 符号。
- 变元 1 可以含有与本地环境域 mon_decimal_point、int_frac_digits 和 frac_digit 相一致的一个小数分隔符。
- 变元 1 可以含有与本地环境域 mon_thousands_sep 和 mon_grouping 相一致的一个或多个分组分隔。
- 变元 1 应该至少包含一个数字且前面和后面可以含有空格。

7） 在变元 1 中数字的总数目不应该超过 31 个。

15.55.3 返回值

1） 返回值是 31 个数字，且体现变元 1 的数值。

2） 当指定 LOCALE 关键字时，若变元 1 含有一个由本地环境域 negative_sign 和 n_sign_posn 指定的负符号时，返回值是负的。当没有指定 LOCALE 关键字时，若变元 1 中含有 CR、DR 或一个减符号，返回值是负的。

15.56 NUMVAL-F 函数

NUMVAL-F 函数返回一个由变元 1 指定的字符串表示的数值型值或大约值。前面的、后面的和被嵌入的空格都可以忽略。

该函数的类型是数值型的。

15.56.1 一般格式

<u>FUNCTION</u> <u>NUMVAL-F</u>(变元 1)

15.56.2 变元

1） 变元 1 应该是一个字母数字或本土字值，或者一个字母数字或本土数据项，且它们的内容要是下面的格式：

$$[\text{space}]\begin{bmatrix}+\\-\end{bmatrix}[\text{space}]\left\{\begin{matrix}\text{digit}[.[\text{digit}]]\\.\text{digit}\end{matrix}\right\}[\text{space}]\left[\text{E}[\text{space}]\begin{bmatrix}+\\-\end{bmatrix}[\text{space}]\text{n}[\text{space}]\right]$$

其中，空格(space)是一个或多个空白字符；n 是代表指数的 1，2，3 数字；数字(digit)是 1～31 个数字组成的串。若变元 1 是字母数字，E 应该就是计算机字母数字字符集中的大写或小写字母 E。若变元 1 是本土的，E 应该就是计算机本土字符集中的大写或小写字母 E。

2） 函数中数字的总数目不应该超过 31。

3） 变元 1 中的字符周期代表小数分隔符。当指定 DECMAL-POINT IS COMMA 字句时，字符逗点应该被用在变元1中，而不是代表小数分隔符的字符周期。

15.56.3 返回值

1） 前面的、后面的和被嵌入的空格被忽略。

2） 若本土算法有效，则返回值是由变元1的表示一个数值型值的近似值。若标准算法有效，返回值是变元1表示的数值型值。

15.57 ORD函数

ORD函数返回一个整型的值，它是变元1在程序排序序列中的序列位置。最低的序列位置是1。

该函数的类型是整型。

15.57.1 一般格式

FUNCTION ORD（变元1）

15.57.2 变元

变元1在长度上应该是一个字符位置且应该是字母类型，字母数字类型或本土类型。

15.57.3 返回值

1） 若变元1的类型是字母或字母数字，则返回值就是变元1在当前字母数字程序排序序列中的依次位置。

2） 若变元1的类型是本土的，则返回值就是变元1在当前本土程序排序序列中的序列位置。

15.58 ORD-MAX函数

ORD-MAX函数返回一个值，这个值是变元1中包含的最大值的排序数。

该函数的类型是整型。

15.58.1 一般格式

FUNCTION ORD-MAX（{变元1}……）

15.58.2 变元

1） 变元1不应该是布尔类型，对象或指针类型，也不应是强制类型组项。

2） 所有变元都应该是相同的类型，除非变元是字母类型和字母数字类型的混合。

15.58.3 返回值

1） 返回值是一个排序数，它对应于变元1系列中含有最大值的变元1的位置。

2） 用于确定最大变元值的比较方案是根据简单条件规则获得的。

3） 若变元1中有不止1个值等于最大值，则返回数应与最左边的含有那个值的变元1的位置相一致。

15.59 ORD-MIN函数

ORD-MIN函数返回一个值，这个值是变元1中包含最小值的排序数。

该函数的类型是整型。

15.59.1 一般格式

FUNCTION ORD-MIN（{变元1}……）

15.59.2 变元

1） 变元1不应该是布尔类型、对象或指针类型，也不能是强制类型化的群体项。

2） 所有变元都应该是相同的类型，除非是字母类型和字母数字类型的混合变元。

15.59.3 返回值

1） 返回值是一个排序数，它对应于变元1系列中含有最小值的变元1的位置。

2） 用于确定最小变元值的比较方案是根据简单条件规则获得的。

3） 若变元1中有不止1个值等于最小值，则返回数应与最左边的含有那个值的变元1的位置相一致。

15.60 PI 函数

PI 函数返回一个 π 的近似值,这个 π 是圆的周长与它的直径的比率。

15.60.1 一般格式

FUNCTION PI

15.60.2 返回值

等价的算术表达式如下:

(3+.141592653589793238462643383279 5)

15.61 PRESENT-VALUE 函数

PRESENT-VALUE 函数返回一个值,这个值近似于由变元 2 指定的一系列将来期末值且以变元 1 中指定的贴现率所取得的现值。

15.61.1 一般格式

FUNCTION PRESENT-VALUE(变元 1{变元 2}……)

15.61.2 变元

1) 变元 1 和变元 2 都应是数值类型。

2) 变元 1 的值应该大于-1。

15.61.3 返回值

等价的算术表达式如下:

1) 变元 2 只出现一次:(变元 2/(1+变元 1));

2) 变元 2 出现 2 次:(变元 2_1/(1+变元 1)+变元 2_2/(1+变元 1)**2);

3) 变元 2 出现 n 次:

(FUNCTION SUM(变元 2_1/(1+变元 1)**1)

……………

(变元 2_n/(1+变元 1)**n)))

其中,在函数 SUM 中的变元 1 和变元 2_i 与函数 PRESENT-VALUE 中的变元相同。

15.62 RANDOM 函数

RANDOM 函数返回一个数值,它是来自均匀分布的一个伪随机数。

该函数的类型是数值类型的。

15.62.1 一般格式

FUNCTION RANDOM[([变元 1])]

15.62.2 变元

1) 变元 1 应该是数值类型。

2) 若变元 1 是指定的,则它应该是 0 或者一个正整数。它用来产生按序排列的伪随机数的种子值。

3) 若一个后继引用指定了变元 1,则就会产生一个新的按序排列的伪随机数。

4) 在运行单元中,若这个函数的第一次引用没有指定变元 1,则种子值由实现者定义。

5) 在各种情况下,没有指定变元 1,后继引用返回当前序列中的下一个数。

15.62.3 返回值

1) 返回值大于或等于 0,且小于 1。

2) 对于一个给定实现中的给定种子值,伪随机数的顺序总是相同的。

3) 实现者应该指定变元 1 值域的子集,该子集将产生确定的伪随机数序列。子集包含的数值应该从 0 开始,至少到 32767 结束。

15.63 RANGE 函数

RANGE 函数返回的值等于最大变元的值减去最小变元的值。

该函数的类型取决于变元的类型，如下所示：

变元类型	函数类型
所有变元都是整型	整型
数值(一些变元可以是整数)	数值

15.63.1 一般格式

FUNCTION RANGE({变元 1}……)

15.63.2 变元

变元 1 应该是数值类型的。

15.63.3 返回值

等价的算术表达式是：

(FUNCTION MAX(变元列表)—FUNCTION MIN(变元列表))

其中，变元列表是 RANGE 函数中变元 1 的列表。

15.64 REM 函数

REM 函数返回一个数值，它是变元 1 除以变元 2 的余数。

该函数的类型是数值类型的。

15.64.1 一般格式

FUNCTION REM(变元 1,变元 2)

15.64.2 变元

1) 变元 1 和变元 2 都应该是数值类型的。

2) 变元 2 的值不能为 0。

15.64.3 返回值

等价的算术表达式是：

((变元 1)－((变元 2)×FUNCTION INTEGER-PART((变元 1)/(变元 2))))

其中，函数 INTEGER-PART 中的变元 1 和变元 2 与函数 REM 中的变元是相同的。

15.65 REVERSE 函数

REVERSE 函数返回一个与变元 1 长度和字符相同的字符串，且它和变元 1 是逆序的。这个函数的类型取决于变元的类型，如下所示：

变元类型	函数类型
字母型	字母数字型
字母数字型	字母数字型
本土型	本土型

15.65.1 一般格式

FUNCTION REVERSE(变元 1)

15.65.2 变元

变元 1 应该是字母、字母数字或本土类型，且在长度上至少有一个字符位置。

15.65.3 返回值

若变元 2 是长度为 n 的字符串，返回值就是一个长度为 n 的字符串，这样，对于 1≤j≤n，返回值中在第 j 位置上的字符是来自变元 1 在位置 n－j＋1 的字符。

15.66 SIGN 函数

MAX 函数返回＋1,0 或－1，这取决于变元的符号。

该函数的类型是整数型。

15.66.1 一般格式

FUNCTION SIGN(变元 1)

15.66.2 **变元**

变元 1 应是数值类型。

15.66.3 **返回值**

等价的算术表达式如下：

1) 当变元 1 的值为正时，(1)；

2) 当变元 1 的值为零时，(0)；

3) 当变元 1 的值为负时，(－1)。

15.67 **SIN 函数**

SIN 函数返回一个数值，该值近似于由变元 1 指定的某个角度或以弧度表示的弧的正弦值。

该函数类型是数值型。

15.67.1 **一般格式**

FUNCTION SIN(变元 1)

15.67.2 **变元**

变元应是数值类型。

15.67.3 **返回值**

返回值是变元 1 正弦的近似值，并大于或等于－1 且小于或等于＋1。

15.68 **SQRT 函数**

SQRT 函数返回一个近似于变元 1 的平方根的数值。

该函数类型是数值型。

15.68.1 **一般格式**

FUNCTION SQRT(变元 1)

15.68.2 **变元**

1) 变元 1 应是数值类型。

2) 变元 1 的值应为零或正。

15.68.3 **返回值**

1) 当指定了标准算法时，变元 1 不舍入。

2) 当使用标准算法时，返回值是规格化为 32 位数字并存储在标准中间数据项中的变元 1 的正合平方根的绝对值。

注：当标准算法有效时，这里没有等价的算术表达式。算术表达式运算对象 1**0.5 根据算术表达式估计值的规则估值。

3) 当使用本土算法时，返回值是变元 1 平方根近似值的绝对值。

15.69 **STANDARD-COMPARE 函数**

利用根据 ISO/IEC 14651:2001 构建的文化敏感排序表，STANDARD-COMPARE 函数返回一个字符，该字符表示比较变元 1 和变元 2 的结果。

该函数类型为字母数字型。

15.69.1 **一般格式**

FUNCTION STANDARD-COMPARE(变元 1 变元 2[序列名 1][变元 4])

15.69.2 **变元**

1) 变元 1 应是字母型、字母数字型或本土型。

2) 变元 2 应是字母型、字符数字型或本土型。

3) 变元 1 和变元 2 可以为不同类型。

4) 若特别指定，序列名 1 将与 SPECIAL-NAMES 段的 ORDER TABLE 子句中的一张序列表相关联。序列名 1 确定了用来比较的序列表。若序列名未指定，则将使用 ISO/IEC 14651:2001

指定的默认的序列表“ISO 14651_2002_TABLE1”

5） 若特别指定，变元 4 可为非零正整数。

15.69.3 返回值

1） 若变元 4 未指定，将用序列表中定义的最高层来做比较。

2） 若处理器不支持 ISO/IEC 14651：2001，或者不支持指定的序列层，或者在序列表中未用变元 4 定义指定的层号，则 EC-ORDER-NOT-SUPPORTED 异常条件要设置为存在。

3） 若变元不是同一类型，其中一个变元是本土类型，则将另一个转换为本土类型以便比较。

4） 为了比较，除了某个都是由空格组成的运算对象删去一个空格外，其余结尾空格将从运算对象中删去。

5） 变元 1 和变元 2 依照 ISO/IEC 14651：2001 指定的序列表和使用的序列层进行比较。

注：对于大多数文化而言，比较是文化敏感和可接受的。逐个字母比较和区分大小写是不必要的。为了使用该函数，用户应理解 ISO/IEC 14651：2001 和它们段首使用的序列表指定的比较类型。

6） 返回值是：

若变元比较相等，则为“＝”；

若变元 1 小于变元 2，则为“＜”；

若变元 1 大于变元 2，则为“＞”。

7） 返回值长度为 1。

15.70 STANDARD-DEVIATION 函数

STANDARD-DEVIATION 函数返回一个数值，该值近似于变元段标准方差。

该函数类型是数值型。

15.70.1 一般格式

FUNCTION STANDARD-DEVIATION（{变元 1}…）

15.70.2 变元

变元 1 应是数值类型。

15.70.3 返回值

等价的算术表达式如下：

（FUNCTION SQRT（FUNCTION VARIANCE（变元列表）））

其中变元列表是 STANDARD-DEVIATION 函数本身的变元 1 列表。

15.71 SUM 函数

SUM 函数返回变元之和的值。

该函数类型取决于变元类型，如下：

变元类型	函数类型
所有变元为整型	整型
数值型（一些变元可以为整型）	数值型

15.71.1 一般格式

FUNCTION SUM（{变元 1}…）

15.71.2 变元

变元 1 应是数值型。

15.71.3 返回值

等价的算术表达式如下

1） 对于一个变元 1，（变元 1）；

2） 对于两个变元 1，（变元 11＋变元 12）；

3） 对于 n 格变元 1，（变元 11＋变元 12＋…＋变元 12）。

15.72 TAN 函数

TAN 函数返回一个数值，该值近似于由变元 1 指定的某个角度或以弧度表示的弧的正切值。

该函数类型为数值型。

15.72.1 一般格式

FUNCTION TAN(变元 1)

15.72.2 变元

变元 1 应是数值类型。

15.72.3 返回值

返回值是变元 1 正切的近似值。

15.73 TEST-DATE-YYYYMMDD 函数

TEST-DATE-YYYYMMDD 函数测试使用标准日期形式(YYYYMMDD)的日期是否是格里高里日历的有效日期。INTEGER-OF-DATE 函数的变元 1 应该是标准日期形式。

该函数类型为整数型。

15.73.1 一般格式

FUNCTION TEST-DATE-YYYYMMDD(变元 1)

15.73.2 变元

变元 1 应为整数。

15.73.3 返回值

返回值是：

1) 若变元 1 的值小于 16010000 或大于 99999999，则为(1)；

注 1：年份不在 1601 至 9999 的范围内。

2) 否则，若 FUNCTION MOD(变元 1 10000)的值小于 100 或大于 1299，则为(2)；

注 2：月份不在 1～12 的范围内。

3) 否则，若 FUNCTION MOD(变元 1 100)的值小于 1 或大于 FUNCTION INTEGER(FUNCTION MOD(变元 1 10000)/100)决定的年份所决定的月份天数，而该年份又由 FUNCTION INTEGER(变元 1/10000)，则为(3)；

注 3：对于给定的年份和月份，该日期无效。

4) 否则为(0)。

注 4：该日期有效。

15.74 TEST-DAY-YYYYDDD 函数

TEST-DAY-YYYYDDD 函数测试一个采用儒略日期形式(YYYYDDD)的日期是否是一个格里高里日历的有效日期。INTEGER-OF-DAY 函数的变元 1 要求是儒略日期形式。

该函数类型为整型。

15.74.1 一般格式

FUNCTION TEST-DAY-YYYYDDD(变元 1)

15.74.2 变元

变元 1 应是整数。

15.74.3 返回值

返回值是：

1) 若变元 1 的值小于 1601000 或大于 9999999，则为(1)；

注 1：年份不在 1601～9999 范围内。

2) 否则，若 FUNCTION MOD(变元 1 1000)的值小于 1 或大于 FUNCTION INTEGER(参数 1/1000)决定的年份的天数，则为(2)；

注 2：对于给定的年份，该日期无效。

3） 否则为(0)。

注 3：该日期有效。

15.75 TEST-NUMVAL 函数

TEST-NUMVAL 函数检验变元 1 的内容是否符合 NUMVAL 函数对变元 1 的说明。

该函数类型为整型。

15.75.1 一般格式

FUNCTION TEST-NUMVAL(变元 1)

15.75.2 变元

变元 1 应是一个字母数字型或本土型字值,或一个字母数字类或本土类的数据项。

15.75.3 返回值

返回值是：

1） 若变元 1 的内容符合 NUMVAL 函数的变元规则,则为(0)；

2） 否则,若一个或多个字符是错误的,则第一个字符的位置错误,

注 1：因为紧跟在一个或多个数字后的一个或多个空格是有效的,若一个或多个空格插入在数值字符串中,则返回值是紧跟空格后的第一个非空格字符的位置。若变元 1 是“01”,返回值将是 3。

注 2：因为一个大于 31 数位的变元的错误字符是第 32 位数位,若没有找到前期错误,则返回值是第 32 位数位的位置。

3） 否则为(FUNCTION LENGTH(变元 1)＋1)。

注 3：错误包括如下,但不仅限于此：

——变元 1 是零长度；

——变元 1 仅包含空格

——变元 1 包含有效字符但是不完全的,比如字符串“＋”。

15.76 TEST-NUMVAL-C 函数

TEST-NUMVAL-C 函数检验变元 1 的内容是否符合 NUMVAL-C 函数对变元 1 的说明。

该函数类型为整型。

15.76.1 一般格式

FUNCTION TEST-NUMVAL-C(变元 1 [{LOCALE | 变元 2} [本地环境名 1]] [ANYCASE])

15.76.2 变元

1） 变元 1 应是字母数字型或本土型。

2） 若指定,变元 2 应与变元 1 类型一致。

3） 若本地环境关键字指定并且本地环境名 1 指定,则本地环境名 1 应与专业名段的某个本地环境相关。若要求的本地环境不可用,那就会出现 EC-本地环境-MISSING 异常情况。

4） 若 ANYCASE 关键字指定,则检测变元 1 中货币字符串的匹配规则是大小写不敏感的。若 ANYCASE 关键字未指定,则检测变元货币字符串的匹配规则是大小写敏感的。

15.76.3 返回值

返回值是：

1） 若变元 1 内容符合 NUMVAL-C 函数的变元规则,则为(0)；

2） 否则,若一个或多个字符错误,则第一个字符的位置错误；

注 1：因为一个或多个数位后的一个或多个空格有效,若一个或多个空格插入一串数字字符中,则返回值是空格后的第一个非空格字符的位置。若参数 1 是“01”,则返回值为 3。

3） 否则,(FUNCTION LENGTH(变元 1)＋1)。

注 2：错误包括如下,但不仅限于此：

——变元 1 是零长度；

——变元 1 仅包含空格；

——变元 1 包含有效字符但是不完全的，比如字符串“+”。

15.77 TEST-NUMVAL-F 函数

TEST-NUMVAL-F 函数检验变元 1 的内容是否符合 NUMVAL-F 函数对变元 1 的说明。

该函数类型为整型。

15.77.1 一般格式

FUNCTION TEST-NUMVAL-F(变元 1)

15.77.2 变元

变元 1 应是字母数字型或本土型字值，或字母数字类数据项或本土类数据项。

15.77.3 返回值

返回值是：

1) 若变元 1 的内容符合 NUMVAL-F 函数的变元规则，则为(0)；

否则，若一个或多个字符错误，则第一个字符的位置错误；

注 1：因为一个或多个数位后的一个或多个空格有效，若一个或多个空格插入一串数字字符中，则返回值是空格后的第一个非空格字符的位置。若变元 1 是“01E+2”，则返回值为 3。

注 2：因为某个大于 31 位数位的变元有效数的错误字符是第 32 位数位，如未找到先期错误，则返回值是有效数的第 32 位数位的位置。同样的原因，某个指数大于 3 位的变元的错误字符是指数的第 4 位数位位置。

注 3：若变元的指数无符号，则指数第一个数位的位置将是错误字符。

2) 否则，(FUNCITON LENGTH(变元 1)+1)。

注 4：错误包括如下，但不仅限于此：

——变元 1 是零长度；

——变元 1 仅包含空格；

——变元 1 包含有效字符但是不完全的，比如字符串“+”。

15.78 UPPER-CASE 函数

UPPER-CASE 函数返回一个字符串，该字符串包含用对应的大写字母替换变元中任意小写字母后的变元 1 的值。

该函数类型取决于以下变元类型：

变元类型	函数类型
字母	字母数字
字母数字	字母数字
本土	本土

15.78.1 一般格式

FUNCTION UPPER-CASE(变元 1)

15.78.2 变元

1) 变元 1 应是字母类型、字母数字类型。

2) 或者本土型且长度至少应有一个字符。

15.78.3 返回值

1) 返回包含变元 1 内容的一个字符串，其中的小写字母都被它们相对应都大写字母替换。

2) 正如在 12.25 中对 OBJECT-COMPUTER 段中描述的那样，当一个本地环境对字符分类有效时，小写字母转换至大写字母段对应由本地环境类型 LC_CTYPE 决定。

3) 当大小写字母之间有一一对应时，返回的字符串跟变元 1 有同样的长度。当大小写字母间的对应不是一一对应，返回的字符串可以长于或短于变元 1 并取决于变元 1 的内容和本地环境规格。

4) 对于给定的小写字母，若没有相应的大写字母，则返回值中的那个字母不改变；当某个本地环境对于字符分类有效且对于给定的字母没有在本地环境中指定对应的大写字母，则返回值中的字母不改变。

15.79 VARIANCE 函数

VARIANCE 函数返回一个数值，该数值近似于其变元的方差。

该函数类型是数值型。

15.79.1 一般格式

<u>FUNCTION</u> <u>VARIANCE</u>({变元 1}…)

15.79.2 变元

变元 1 应是数值类型。

15.79.3 返回值

等价的算术表达式如下：

1) 对于一个变元 1：(0)；
2) 对于两个变元 1，(((变元 1_1 −FUNCTION MEAN(变元列表))**2+(变元 1_2 −FUNCTION MEAN(变元列表))**2)/2)
3) 对于 n 个变元 1，(FUNCTION SUM(((变元 1_1 −FUNCTION MEAN(变元列表))**2) … ((变元 1_n −FUNCTION MEAN(变元列表))**2))/n)，
   这里变元列表是 VARIANCE 函数本身的变元 1 列表，而变元 1_i 是 VARIANCE 函数本身变元 1 列表的第 i 个变元。

15.80 WHEN-COMPILED 函数

WHEN-COMPILED 函数返回编译单元被编译的日期和时间，该日期和时间由编译单元被编译所在的系统提供。

该函数类型为字母数字型。

15.80.1 一般格式

<u>FUNCTION WHEN-COMPLIED</u>

15.80.2 返回值

1) 返回的字符位置从左至右编号依次为：

字符位置	内容
1～4	格里高里日历年份的 4 位数值
5～6	01～12 范围内一年月份的 2 位数值
7～8	01～31 范围内一月天数的 2 位数值
9～10	00～23 范围内到午夜小时的 2 位数值
11～12	00～59 范围内小时的分钟数的 2 位数值
13～14	如下范围内一分钟内两个数字字符： —当 OFF 短语指示的 LEAP-SECOND 指令有效时，00～99； —当 ON 短语指示的闰秒有效时，00～nn，这里 nn 由实现者决定。
15～16	00～99 范围内的百分之秒的两位数值。如果实现编译的系统不具备提供每秒小数部分的能力，则返回 00 值。
17	要么是符号“−”“+”，要么是符号“0”。如果前一位置显示的本土时间符号落后于标准时间，则返回字符“−”。如果显示的本土时间同于或超前于标准时间，则返回字符“+”。如果实施编译的系统不具备提供本土时间差动系数的能力，则返回字符“0”。

18～19　　如果字符位置17是“－”，则返回00～12范围内的两位数值，表示本土时间落后于标准时间的小时数。如果字符位置17是“＋”，则返回00～13范围内的两位数值，表示本土时间超前于标准时间的小时数。如果字符位置17是“0”，则返回值为00。

20～21　　返回00～59范围内的两位数值，表示本土时间超前或落后于标准时间的额外分钟数，而这又分别取决于字符位置17是“＋”还是“－”。如果字符位置17是“0”，则返回值为00。

2） 返回值是包含该函数的编译单元的编译日期和时间。包含于源单元中的返回值是与它包含的编译单元相关的编译日期和时间。

3） 尽管表示和精度可能不同，若清单和成生的目标代码中提供，返回值应表示与编译日期和时间相同的时间。

15.81 YEAR-TO-YYYY 函数

YEAR-TO-YYYY 将函数变元1转换为四位数位表示的年，其中变元1是年的两个低阶位。当在执行的时候增加该年时，变元2定义100年的时间间隔（或滑动窗口），而变元1代表的年份正在其中。变元3在执行时指定该年。

该函数类型为整型。

15.81.1 一般格式

FUNCTION YEAR-TOYYYY（变元1［变元2［变元3］］）

15.81.2 变元

1） 变元1应是一个小于100的非负整数；

2） 变元2应是一个整数；

3） 若变元2省略，函数应为变元2指定50来求值；

4） 变元3应是一个大于1600且小于10000的整数；

5） 若变元3省略，函数应为变元3指定如下来求值：
FUNCTION NUMVAL(FUNCTION CURRENT-DATE(1:4))

6） 变元2和变元3的值之和应小于10000且大于1699。

15.81.3 返回值

最大年计算如下：（变元2＋变元3）；

等价的算术表达式如下：

1） 当如下条件成立：FUNCTION MOD（最大年，100）＞＝变元1，等价的算术表达式是：
（变元1＋100×（FUNCTION INTEGER（最大年/100）））；

2） 否则，等价的算术表达式是：（变元1＋100×（FUNCTION INTEGER（最大年/100）－1））。

注1：在1995年，FUNCTION YEAR-TO-YYYY(4,23)的返回值是2004。在2008年，FUNCTION YEAR-TO-YYYY(98,5))的返回值是1898。

注2：若变元3省略，则EAR-TO-YYYY函数执行一个滑动窗口算法，它是基于执行时由CURRENT-DATE函数返回的年份。一个固定的滑动窗口可通过为变元2和变元3指定合适的值来实现，如此则变元2和变元3的和定义了要求的100年时间间隔的结尾年。

16 标准类

一个标准类BASE应由实现提供。它可以用作一个提供标准对象生命周期函数的类层次结构的根。当然，这种使用并非必需的，因为实现可以提供使用其他机制支持对象生命周期的替代根类，特别是创建与其他非COBOL对象系统交互操作的COBOL对象。

16.1 BASE 类

下面是标准 BASE 类支持的正式接口的规格。接口 BaseFactoryinterface 指定 BASE 类的 factory 接口，BaseInterface 接口指定 BASE 类的对象接口。BASE 类的实现应该用一个 IMPLEMENTS 子句描述，其中涉及这里定义的接口，并应提供如下指定的语义。

在 COBOL 中标准 BASE 类无需实现。

```
Interface-id. BaseFactoryInterface.
Procedure division.
    Method-id. New.
    Data division.
    Linkage section.
    01 outObject usage object reference active-class.
    Procedure division returning outObject.
    End-method New.
End Interface BaseFactoryInterface.

Interface-id. BaseInterface.
Procedure division.
    Method-id. FactoryObject..
    Data division.
    Linkage section.
    01 outFactory usage object reference factory of active-class.
    Procedure division returning outFactory.
    End method FactoryObject.
End Interface BaseInterface.
```

16.1.1 New 方法

New 方法是一个工厂方法，它为创建一个类的实例对象提供一种标准机制。

16.1.1.1 一般规则

1） New 方法为一个对象分配存储空间，依照 14.5.2.2 初始化实例数据，初始化对象数据状态，并返回一个引用给创建的对象。

2） 若需要创建一个新对象的数据源不可用，则返回的对象引用值设为 NULL，EC-OO-RESOURCE 异常条件设为存在并返回调用 New 方法的运行时候元素。

16.1.2 FactoryObject 方法

FactoryObject 方法是一个实例方法，它为获得访问与给定实例的类相关的工厂对象提供一种标准机制。

16.1.2.1 一般规则

当在一个实例对象上调用时，FactoryObject 方法决定该对象的类并返回一个引用值给与那个类相关的工厂对象。

注：当不知道一个对象的类时，该方法非常有效。如果该类已知道，就可以随意访问工厂对象的方法，声明如下：

Invoke classname “someFactoryMethodName”.

如果标识符 anObject 参照的对象的类未知，那么如下代码可以用来调用其 factory 方法中的一个：

Invoke anObject “FactoryObject” returning aFactoryObject

Invoke aFactoryObject “someFactoryMethodName”.

ICS 29.080.20
K 48

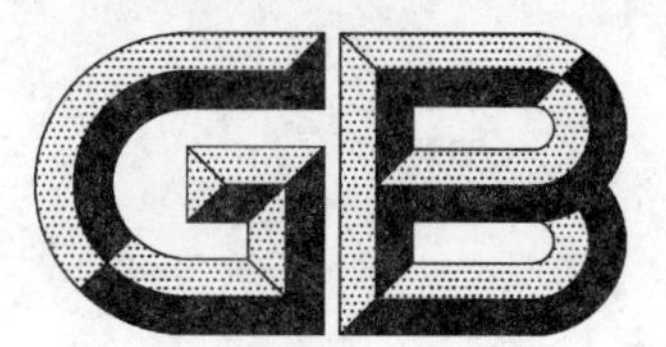

中华人民共和国国家标准

GB/T 4109—2008
代替 GB/T 4109—1999,GB/T 12944.1—1991

交流电压高于 1 000 V 的绝缘套管

Insulated bushings for alternating voltages above 1 000 V

(IEC 60137 Ed. 6.0,MOD)

2008-06-30 发布　　2009-04-01 实施

中华人民共和国国家质量监督检验检疫总局
中国国家标准化管理委员会　发布

前　言

本标准修改采用 IEC 60137 Ed. 6.0《交流电压高于 1 000 V 的绝缘套管》。

考虑到我国的实际情况，在采用 IEC 60137 Ed. 6.0《交流电压高于 1 000 V 的绝缘套管》时，本标准作了一些修改，标准的技术性差异用垂直单线(|)在它们所涉及的条款的页边空白处标识，并在附录 A 中说明了技术性差异及其原因。

与其相比较，本标准增加了一项试验：

——特殊试验中增加了伞套材料耐电痕化和蚀损的试验，主要是考虑我国的生产现状和运行要求。

为便于使用，本标准还做了下列编辑性修改：

——“本国际标准”一词改为“本标准”；

——用小数点“.”代替作为小数点的逗号“,”；

——删除国际标准的前言。

本标准代替 GB/T 4109—1999《高压套管技术条件》和 GB/T 12944.1—1991《高压穿墙瓷套管技术条件》。

根据 IEC 60137 Ed. 6.0 对 GB/T 4109—1999 进行修订时，增加定义两种新型(油脂覆膜套管和胶浸纤维)套管，并对其相应的试验项目进行了规定：

——型式试验项目中按照 IEC 精神和国内实际需要增加了长时间工频电压耐受试验(ACLD)和电磁兼容试验；

——增加了套管的运输、存放、安装、运行和维护规则；

——安全方面及环境方面三个部分的内容；

——根据变压器标准例行试验的相关规定，变压器用套管相应增加 220 kV 系列操作冲击电压耐受水平；

——对照 IEC 62271 以及国内开关行业标准增加了 252 kV 及以下 GIS 出线套管工频耐受水平；

——针对国内特高压建设需要，增加了 1 100 kV 套管的绝缘水平要求；

——特殊试验中瓷绝缘子的人工污秽试验(参考 IEC 60507)，按照 IEC 60815 设计的绝缘子不需要做人工污秽试验；

——复合材料增加了材料耐电痕化和蚀损的试验；

——海拔校正由经验公式修改为修正曲线；

——针对开关类套管修订了额定热短时电流的标准值、额定动稳定电流的标准值；

——删除了上一版中的附录 A《套管内油性能推荐参考值》。

本标准的附录 A 和附录 B 为资料性附录。

本标准由中国电器工业协会提出。

本标准由全国绝缘子标准化技术委员会(SAC/TC 80)归口。

本标准起草单位：西安电瓷研究所、西安交通大学、西安高压电器研究所、西安西电高压电瓷有限责任公司、中国电力科学研究院、西安西电变压器有限责任公司、保定天威保变电气股份有限公司、武汉高压研究院、沈阳变压器研究所、传奇电气(沈阳)有限公司、南京电气集团公司、新东北电气(沈阳)高压开关有限公司、北京诺德威电力技术开发有限责任公司、北京泛美雷特科技有限公司。

本标准主要起草人：党镇平、彭宗仁、刘晓亮、刘燕生、李希、吴光亚、胡文岐、王文英、周晓琴、刘杰、宋伊力、何平、李西育、李婷、张姝、王钰、孙闻峰。

本标准所代替标准的历次版本发布情况为：

——GB 4109—83，GB/T 4109—1988，GB/T 4109—1999；

——GB/T 12944.1—1991。

交流电压高于 1 000 V 的绝缘套管

1 范围

本标准规定了绝缘套管的特性和试验。

本标准适用于第 3 章中所定义的设备最高电压高于 1 000 V、频率(15～60)Hz 三相交流系统中的电器、变压器、开关等电力设备和装置中使用的套管。

经供需双方协议，本标准可部分或全部地应用于下列情况：

——非三相交流系统用套管；

——高压直流系统用套管；

——试验变压器用套管；

——电容器用套管。

本标准中对变压器套管的特殊要求和试验也适用于电抗器套管。

本标准适用于单独制作和销售的套管。构成电器设备的一个部分且不能按本标准试验的套管，应与该电器设备一起试验。

2 规范性引用文件

下列文件中的条款通过本标准引用而构成为本标准的条款。凡是注日期的引用文件，其随后所有的修改单(不包括勘误的内容)或修订版不适用于本标准，然而，鼓励根据本标准达成协议的各方研究是否可使用这些文件的最新版本，凡是不注日期的引用文件，其最新版本适用于本标准。

GB/T 156—2007 标准电压(IEC 60038:2002,MOD)

GB 311.1—1997 高压输变电设备的绝缘配合(neq IEC 60071-1:1993)

GB/T 762—2002 标准电流等级(IEC 60059:1999,MOD)

GB 1094.1—1996 电力变压器 第 1 部分 总则(mod IEC 60076-1:1993)

GB 1094.2—1996 电力变压器 第 2 部分 温升(mod IEC 60076-2:1993)

GB 1094.3—2003 电力变压器 第 3 部分 绝缘水平、绝缘试验和外绝缘空气间隙(IEC 60076-3:2000,MOD)

GB 1094.5—2003 电力变压器 第 5 部分 承受短路的能力(IEC 60076-5:2000,MOD)

GB 2536—1990 变压器油(neq IEC 60296:1982)

GB/T 2900.5—2002 电工术语 绝缘固体、液体和气体(eqv IEC 60050-212:1990)

GB/T 4585—2004 交流系统用高压绝缘子的人工污秽试验(IEC 60507:1991,IDT)

GB/T 7354—2003 局部放电测量(IEC 60270:2000,IDT)

GB 7674—2008 额定电压 72.5 kV 及以上气体绝缘金属封闭开关设备(IEC 62271-203:2003,MOD)

GB/T 8905—1996 六氟化硫电气设备中气体管理和检测导则(neq IEC 60480:1974)

GB/T 11022—1999 高压开关设备和控制设备标准的共用技术要求(mod IEC 60694:1996)

GB/T 12022—2006 工业六氟化硫(IEC 60376:1971;IEC 60376A:1973;IEC 60376B:1974,MOD)

GB/T 15164—1994 油浸式电力变压器负载导则(idt IEC 60354:1991)

GB/T 16927.1—1997 高电压试验技术 第 1 部分:一般试验要求(eqv IEC 60060-1:1989)

GB/T 19519—2004 标称电压高于 1 000 V 的交流架空线路用复合绝缘子 定义、试验方法及验

收准则(IEC 61109:1992,MOD)

GB/T 21429—2008 户外和户内电气设备用空心复合绝缘子 定义、试验方法、接收准则和设计推荐(IEC 61462:1998,MOD)

GB/T 22079—2008 标称电压高于1 000 V使用的户内和户外聚合物绝缘子 一般定义、试验方法和接收准则(IEC 62217:2005,MOD)

IEC 60068-2-17:1994 电工电子产品环境试验 试验 Q:密封

IEC 60216-2:2005 电气绝缘材料 耐热性能 第2部分:电气绝缘材料耐热性能的测定 测试标准的选择

IEC 60505:2004 电气绝缘系统的评定和鉴定

IEC 60815 污秽条件下高压绝缘子的选择和尺寸确定

IEC 60836:2005 电工用液体硅胶规范

IEC 60867 绝缘液体:合成芳香烃规范

IEC 60943:1998 电器设备部件(特别是其终端部件)的温升限值导则

IEC 61463:2000 套管 地震条件

IEC 62155:2003 额定电压高于1 000 V的电气设备用承压和非承压空心瓷和玻璃绝缘子

IEC 导则109:环境要求 电工产品标准

CISPR 16-1:无线电干扰及抗干扰测量设备和方法规范

CISPR 18-2:架空线路和高压电气设备的无线电干扰特性

3 术语和定义

下列术语和定义适用于本标准。

3.1

套管 bushing

供一个或几个导体穿过诸如墙壁或箱体等隔断,起绝缘和支持作用的器件。

注1:导体可以是套管的一个构成部件或者可穿入到套管的中心导管中。

注2:套管可以是3.2～3.21及3.42、3.43中所述的那些类型。

3.2

充液体套管 liquid-filled bushing

绝缘套内表面和固体主绝缘之间的空间充有油的套管。

3.3

充混合物套管 compound-filled bushing

绝缘套内表面和固体主绝缘之间的空间充有绝缘混合物的套管。

3.4

液体绝缘套管 liquid-insulated bushing

主绝缘由油或其他绝缘液体构成的套管。

3.5

充气套管 gas-filled bushing

绝缘套内表面和固体主绝缘之间的空间充等于或高于大气压力的气体(除空气外)的套管。

注:本定义包括作为气体绝缘电器设备的一个完整部件的套管,设备中的气体与套管内的气体是相通的。

3.6

气体绝缘套管 gas-insulated bushing

主绝缘由等于或高于大气压力的气体(除空气外)构成的套管。

注1:本定义包括作为气体绝缘设备的一个完整部件的套管,设备中的气体与套管内的气体是相通的。

注 2：含有与绝缘套中所充气体不同的固体绝缘材料（如导电层的支持物或绝缘圆筒）的套管是一种组合绝缘套管（见 3.13）。

注 3：由导体或半导体层嵌入绝缘材料（例如镶有金属边的塑料）来获得预期电压分布的套管，按照气体绝缘电容套管处理。

3.7

气体浸渍套管　gas-impregnated bushing

主绝缘为用纸或塑料膜（GIF）卷绕的芯体经处理后用等于或高于大气压力下的气体（不同于周围空气）浸渍构成，且芯体与绝缘套之间的空间充有相同气体的套管。

3.8

油浸纸套管（OIP）　oil-impregnated paper bushing

主绝缘由纸卷绕的芯体，经处理后用绝缘液体（通常为变压器油）浸渍而构成的套管。

注：芯体装在绝缘套内且芯体和绝缘套之间的空间充以与浸渍时所使用的相同的绝缘液体。

3.9

胶粘纸套管（RBP）　resin-bonded paper bushing

主绝缘用涂覆有树脂的纸卷成的芯体所构成的套管。

注 1：卷绕过程中每一层纸通过它的涂覆树脂粘合到前一层纸上并通过树脂固化达到粘合。

注 2：胶粘纸套管可以带有绝缘套，此时其中的空间应充以绝缘液体或其他绝缘介质。

3.10

胶浸纸套管（RIP）　resin-impregnated paper bushing

主绝缘由未处理的纸卷绕并随后用可固化的树脂浸渍的芯体组成的套管。

注：胶浸纸套管可以带有绝缘套，此时其中的空隙应充以绝缘液体或其他绝缘介质。

3.11

瓷、玻璃或类似无机材料套管　ceramic，glass or analogous material bushing

主绝缘由瓷、玻璃或类似的无机材料构成的套管。

3.12

浇铸或模塑树脂绝缘套管　cast or moulded resin-insulated bushing

主绝缘由浇铸或模塑有机材料（含或不含无机填料）组成的套管。

3.13

组合绝缘套管　combined insulation bushing

主绝缘由至少两种不同绝缘材料组合构成的套管。

3.14

电容式套管　capacitance graded bushing

在绝缘内部布置导电或半导电层，以获得所要求的电位梯度的套管。

3.15

户内套管　indoor bushing

两端均用于大气压力下的周围空气中，但不暴露在户外大气条件下的套管。

3.16

户外套管　outdoor bushing

两端均用于大气压力下的周围空气中，并暴露在户外大气条件下的套管。

3.17

户外-户内套管　outdoor-indoor bushing

两端均用于大气压力下的周围空气中的套管，其一端暴露在户外大气条件下，另一端则不暴露在户外大气条件下。

3.18

户内-浸入式套管 indoor-immersed bushing

一端用于周围空气但不暴露在户外大气条件下，另一端浸入不同于周围空气的绝缘介质（如油或气体）中的套管。

注：本定义包括运行于高于环境空气温度的套管，例如封闭母线管。

3.19

户外-浸入式套管 outdoor-immersed bushing

一端用于大气压力下的周围空气中，并暴露在户外大气条件下，另一端浸入不同于周围空气的绝缘介质（如油或气体）中的套管。

3.20

全浸入式套管 completely immersed bushing

两端均浸入不同于周围空气的绝缘介质（如油或气体）中的套管。

3.21

插接式套管 plug-in type bushing

一端浸入绝缘介质，另一端设计成接插可分离绝缘电缆接头的套管，无此接头套管不起作用。

3.22

设备最高电压（U_m） highest voltage for equipment

设备设计时的最大线电压方均根值，用以确定设备的绝缘以及在相关设备标准中与此电压有关的其他特性。

3.23

额定相对地电压 rated phase-to-earth voltage

在第5章规定的运行条件下，导体和接地法兰或其他紧固器件间套管要连续耐受的最大电压方均根值。

3.24

额定电流（I_r） rated current

在第5章规定的运行条件下，套管能连续传导而不会超出表2规定的温升极限的最大电流方均根值。

3.25

额定热短时电流（I_{th}） rated thermal short-time current

在5.3规定的最高环境温度和浸渍介质下，对套管施加额定电流，使其达到一稳定的温度，然后施加一个额定时间（t_{th}）的对称电流有效值，以检验套管能够耐受的热性能。

3.26

额定动稳定电流（I_d） rated dynamic current

套管机械性能方面能耐受住的电流峰值。

3.27

温升 temperature rise

套管内与绝缘材料接触的金属部件上所测得温度最高点的温度和周围空气温度间的差（见4.8）。

3.28

额定频率（f_x） rated frequency

套管设计的运行频率。

3.29

绝缘气体的最低压力 minimum operating pressure

由套管供方规定的相对于20 ℃时的最低压力。额定绝缘水平施加于该压力下。

3.30

最高内部运行气体压力　maximum internal operating gas pressure

套管在5.3规定最高温度下持续运行额定电流时的压力。

3.31

最高外部运行气体压力　maximum external operating gas pressure

运行时套管部分或完全浸入气体绝缘介质时该气体绝缘介质的最高压力。

3.32

设计压力(外壳的)　design pressure(of the enclosure)

用来确定容器厚度的压力(见GB 7674—2008)。

3.33

充气、气体绝缘、气体浸渍和气体浸入式套管的泄漏率　leak rate of gas-filled, gas-insulated, gas-impregnated and gas-immersed bushings

在给定温度和已知的泄漏压力差下每单位时间经泄漏点泄漏的干燥气体的量(见IEC 60068-2-17:1994)。

注:泄漏率的国际单位是"帕斯卡立方米每秒($Pa \times m^3/s$)"。在本标准中使用了导出单位"$Pa \times cm^3/s$"以及"$bar \times cm^3/s$",它们能更好地与通常工业实际中所使用的数量级相一致。注意:$1\ Pa \times m^3/s = 10^6\ Pa \times cm^3/s = 10\ bar \times cm^3/s$。

3.34

绝缘套　insulating envelope

从一端到另一端是贯通的、带或不带伞裙的空心绝缘子或纯橡胶外套。

注:一个绝缘套可由一个绝缘子元件或两个或多个永久地装配好的绝缘子元件构成。

3.35

爬电距离　creepage distance

在绝缘子正常施加运行电压的导电部件之间沿其表面的最短距离或最短距离之和。

注1:水泥或其他非绝缘的胶合材料表面不能计入爬电距离。

注2:若在绝缘子的绝缘件上施有高阻层,该绝缘件视为有效绝缘表面,其表面距离计入爬电距离。

3.36

电弧距离　arcing distance

绝缘子在正常带有运行电压的两个金属部件之间外部空间的最短距离。

注:也可以使用术语"干弧距离"。

3.37

试验抽头(测量抽头、tan δ 抽头)　test tap(measuring tap, tan δ tap)

是一个容易从套管外面接线、与法兰或其他紧固器件绝缘并与电容式套管的一个外导电层相连的引线,用以在套管法兰接地时可以测量介质损耗因数、电容量及局部放电量。

注1:不用此抽头时应将它直接接地。

注2:试验抽头运行中在监测条件下应避免开路。

3.38

电压抽头(电位抽头,电容抽头)　voltage tap(potential tap, capacitance tap)

是一个容易从套管外面接线、与法兰或其他紧固器件绝缘并与电容式套管的一个外导电层相连的引线,用以在套管运行时提供一个电压源。

注1:不使用此抽头时应将其直接接地。

注2:此抽头也可用来测量介质损耗因数,电容量以及局部放电。

3.39

电压抽头的额定电压　rated voltage of the voltage tap

在额定频率下向套管施加额定相对地电压时电压抽头能对连接有额定负荷的关联设备提供的最高电压。

3.40

复合套管　composite bushing

由带或不带橡胶护套的树脂浸渍纤维管构成绝缘外套的套管,或具有橡胶绝缘套的套管。

注:对于在3.9～3.12中定义的套管,橡胶可直接覆在套管主绝缘上。

3.41

电容(套管的)　capacitance(of bushing)

3.41.1

主电容 C_1　main capacitance

电容式套管的高压导体和试验抽头或电压抽头间的电容。

3.41.2

抽头电容 C_2　tap capacitance

电容式套管的试验抽头或电压抽头与安装法兰间的电容。

3.41.3

电容 C　capacitance

无电压抽头或试验抽头的套管高压导体和安装法兰间的电容。

3.42

油脂覆膜套管(LCF)　lipa-covered film bushing

主绝缘用涂覆有油脂类绝缘介质(例如硅油)的薄膜卷制成的芯体所组成的套管。

3.43

胶浸纤维套管(RIF)　resin-impregnated fibre bushing

主绝缘用树脂浸渍纤维卷制成的芯体所组成的套管。

4　额定值

4.1　设备最高电压标准值(U_m)

套管 U_m 值应从以下第Ⅰ或第Ⅱ系列规定的设备最高电压的标准值中选取,其值如下(kV):

第Ⅰ系列3.5,6.9,11.5,17.5,23.0,40.5,72.5,126,252,363,550,800,1 100;

第Ⅱ系列3.6,7.2,12,17.5,24,36,52,72.5,100,123,145,170,245,300,362,420,550,800。

注1:525 kV和765 kV也有使用。

注2:第Ⅱ系列为IEC电压系列。

4.2　额定电流标准值(I_r)

套管的 I_r 值应从下列标准值中优先选取(A):

100,250,315,400,500,630,800,1 000,1 250,1 600,2 000,2 500,3 150,4 000,5 000,6 300,8 000,10 000,12 500,16 000,20 000,25 000,31 500,40 000。

以上电流系列符合GB/T 762—2002给出的值。

对通过中心管引入导体的变压器套管,供方应明确符合4.8规定且与 I_r 相对应的导体的横截面积及材料。

不低于变压器额定电流120% I_r 的变压器套管可以耐受住按GB/T 15164—1994规定的过载条件,不必进一步说明或试验。

4.3　额定热短时电流的标准值(I_{th})

除非另有规定,I_{th}的标准值应为 I_r 的25倍,t_{th}为1 s。对于 I_r 等于或大于4 000 A的套管,I_{th}应为

100 kA，对于特高压套管，I_{th}可按具体时间常数折算。

根据 GB 1094.5—2003，除非另有规定，对于变压器套管，t_{th}为 2 s。

开关类套管 t_{th}为 1 s～4 s，按相关标准选取。

当 t_{th}持续时间大于 1 s 时，电流和时间的关系应符合下式：

$$I_{th}^2 \times t_{th} = 常数$$

注：对通过中心管引入导体的变压器套管，相应于运行电流的导体横截面积可以小于 4.2 规定的值。在这种情况下，运行电流与截面积要满足 8.7 的要求。

4.4 额定动稳定电流的标准值(I_d)

I_d 应为 4.3I_{th}值的 2.5 倍的第一个波峰的幅值。对于开关类套管，特殊情况下也可为 2.7 倍。

注：有时因变压器特性要求此值需要高于 4.3 规定的 I_{th}值的 2.5 倍。变压器制造商在套管订货信息中(见 6.1.3)应有明确要求。

4.5 最小悬臂负荷耐受值

套管应能耐受住表 1 规定的Ⅰ级或Ⅱ级悬臂负荷。除特殊规定使用Ⅱ级的加重负荷外，通常使用Ⅰ级正常负荷。

4.6 安装角度

所有套管都应该能够安装成与垂线夹角不超过 30°的任何倾斜角度。其他任何安装角度应由供需双方协议。

注：套管安装成与垂线夹角不大于 30°则认为是垂直套管。套管安装成与垂线夹角不小于 70°则认为是水平套管。以其他任意角度安装则认为是倾斜套管(见 6.1.4)。

4.7 最小公称爬电距离

除非供需双方另有协议或经试验验证，瓷绝缘外套的爬电距离应由 IEC 60815 确定：

如果要求人工污秽试验，应按 GB/T 4585—2004 进行。

注 1：爬电距离的实际值可能因制造公差而与公称值不同。在 IEC 62155:2003 有要求。

注 2：对复合绝缘子的要求正在考虑中。

4.8 温度极限和温升

与绝缘材料接触的金属部件在正常运行条件下的温度极限为：

——对于油浸纸为 105 ℃：等级 A；

——对于胶粘纸和胶浸纸为 120 ℃：等级 E；

——对于气体绝缘、油脂覆膜、胶浸纤维为 130 ℃：等级 B。

当其超过 5.3 规定的最高日平均环境温度(30 ℃)时，最大温升应不超过表 2 规定值。对其他绝缘材料，温度极限应由供方规定。可参考 IEC 60216-2:2005 和 IEC 60505:2004。

对于套管端子和连接处，其温升也在表 2 中给出。

用作电器(如开关设备或变压器)的一个完整部件的套管，应满足相应电器的热要求。对变压器套管参见 4.2。

注：对与金属部件相接触的密封垫，应特别注意其材料耐受温升的能力。

4.9 标准绝缘水平

套管的绝缘水平标准值应从表 7 给出的值中选取。

绝缘水平的特定的标准值按 GB 311.1—1997 和 GB/T 156—2007。

4.10 变压器套管的试验抽头

U_m 等于或高于 72.5 kV 的变压器套管应设有 3.37 所规定的试验抽头。考虑到用于测量变压器的局部放电，试验抽头的有关数据应不超过：

——对地电容 10 000 pF；

——工频下测得的介质损耗因数(tan δ)为 0.05。

试验抽头对地电容值也可由供需双方协议。

套管不应有过大的对地电容，因为它可能会使局部放电电流分流并从而导致变压器上的局部放电测量不正确或引起曲解。

5 运行条件

5.1 暂态过电压

系统的最大相电压可能会超过 $U_m/\sqrt{3}$。在任意 24 h 内累计不超过 8 h 及年累计不超过 125 h 时，套管应能在如下相电压值下运行：

——U_m，对 $U_m \leqslant 170$ kV 的套管；

——$0.8U_m$，对于 $U_m > 170$ kV 的套管。

对过电压可能超过上述值的系统，应选取较高 U_m 的套管。

5.2 海拔

绝缘水平是相对海平面高度的，符合本标准的套管均适于在海拔不超过 1 000 m 下运行。为了保证海拔超过 1 000 m 套管的外绝缘耐受电压能满足要求，通常要求适当增加其电弧距离。此时不需要调整绝缘径向厚度或浸入端的长度。套管在浸入介质中的击穿强度和闪络电压不受海拔影响。

安装地点的海拔高于 1 000 m 时，额定耐受电压乘以设备运行地点的因素 k 来确定在标准参考大气条件下的电弧距离，详见图 1。

由于受到浸入介质部分的介质击穿强度和闪络电压的限制，在高海拔使用的套管，无法在比运行地点低的海拔下用试验方法来校核所增加的电弧距离是否足够。此时供方应证明套管电弧距离增加的量足够。

5.3 环境空气和浸渍介质的温度

套管应能在不超过表 3 规定的温度极限下运行，应给出全浸入式套管和在空气绝缘中运行的套管的运行条件。

应防止潮气在套管户内部分的表面凝结，必要时应通风或加热。

5.4 地震条件

如要求地震评定，可参考 IEC 61463:2000。

6 订货信息和标识

6.1 特性列举

订货时，需方应提供以下必要信息，也可提供说明产品特性的任何附加信息。

6.1.1 使用信息

应包括使用套管的电器设备的型式以及该电器设备相应标准。

应注意可能会影响套管设计的所属主机电器设备的所有特征（包括试验）（见 7.3）。

6.1.2 套管分类

分类按 3.2～3.21、3.42 和 3.43。

6.1.3 额定值

额定值包括：

——设备最高电压（U_m）（见 3.22）；

——额定相对地电压（见 3.23）；

——标准绝缘水平（见 4.9），必要时要说明变压器所感应的和（或）要施加的试验电压水平（见 9.3）；

——额定电流（I_r）（见 3.24）；

——当与 4.3 规定值不同时，提供额定热短时电流（I_{th}）以及额定持续时间（t_{th}）；

——当与 4.4 规定值不同时，提供额定动稳定电流(I_d)；
——额定频率(见 3.28)；
——对应 4.5 的最小悬臂弯曲负荷耐受值；
——当要求比 4.10 值较低时，应规定试验抽头电容的最大值。

6.1.4 运行条件

运行条件如下所示：
——暂态过电压，见 5.1；
——海拔，如果海拔超过 1 000 m，见 5.2(仅对于 3.15～3.19、3.42 和 3.43 的户内和户外套管)；
——周围空气和浸入介质温度，如与正常值不同，见 5.3 及表 3(仅对于 3.15～3.21、3.42 和 3.43 的套管)；
——浸渍介质的种类(仅对于 3.18～3.21 的部分或全浸入式套管)；
——浸渍介质的最低液面高度(仅对于 3.18～3.21 的部分或全浸入式套管)；
——浸渍介质的最大运行压力(仅对于 3.18～3.21 的部分或全浸入式套管)；
——绝缘气体的种类(仅对于 3.5～3.7 的设备中的气体与套管中的气体相通的充气、气体绝缘和气体浸渍套管)；
——绝缘气体的最低运行压力，见 3.29(仅对于 3.5～3.7 的设备中的气体与套管中的气体相通的充气、气体绝缘和气体浸渍套管)；
——最高内部运行气体压力，见 3.20(对于 3.5～3.7 的设备中的气体与套管中的气体相通的充气、气体绝缘和气体浸渍套管)；
——最高外部运行气体压力，见 3.31(仅对于 3.18～3.20 的部分或全浸入式套管)；
——安装角度如果超过了标准值，见 4.6；
——最小公称爬电距离，见 4.7(仅对于 3.16、3.17、3.19、3.42 和 3.43 的套管的户外部分)；
——异常气候条件(极高和极低的温度、湿热、严重污秽、大风)；
——地震条件，如果要求地震评定，见 5.4。

6.1.5 设计信息

设计应包括：
——对于不带导体供货的套管：运行中装到套管上的导体的直径、种类(电缆、实心的杆或空心的管)、材料以及位置；
——特殊的尺寸要求，如果有；
——试验抽头或电压抽头，如果需要的话(见 3.37 和 3.38)；
——如有要求，规定紧靠法兰或其他紧固器件的接地套筒的长度；
——应预知的与电器接地部分有关的关于套管位置的一般信息(见 7.1)；
——是否安装保护间隙；
——对金属部件防腐蚀的特殊要求；
——变压器套管的设计应能经受住典型的变压器试验序列(操作、接收和必要的重复试验)；
—— 对通过中心管引入导体的变压器套管，如果管内的油面低于外部高度的 1/3，应规定其高度(见 8.7)；
——必要时，对于安装于主设备充液体绝缘的套管提供取油样阀。

液体或气体绝缘的套管应参照相关标准：
——对于未使用过的 SF_6 按 GB/T 12022—2006，对于用过的 SF_6 按 GB/T 8905—1996。
——对于油按 GB/T 2536—1990。
——对于混合液体，按 IEC 60836:2005 或 IEC 60867。

6.2 标识

U_m 大于或等于 123 kV 的每一个套管都应带有下列标识。对于 U_m 小于或等于 100 kV 的套管标识包括前五条。符合第 10 章的套管的标识在 10.3 中规定。

——供方名称或商标；

——制造年份和序号；

——供货商的标识类型；

——设备最高电压(U_m)(见 3.22)或额定相对地电压(见 3.23)以及额定频率(见 3.28)；

——额定电流(I_r)(见 3.24)，如果套管不带导体供货，应标明最大运行电流；

——雷电冲击(BIL)和操作冲击(SIL)和工频(AC)耐受试验电压(见 4.9)；

——套管电容量(3.41)和介质损耗因数；

——绝缘气体的种类及最低压力(见 3.29)，如需要时；

——质量，如超过 100 kg；

——最大安装角度，如果与垂线角度超过 30°(见 4.6)。

铭牌举例见图 3～图 5。

注：在现场测得的电容量和介质损耗因数值可能与铭牌上给出的值不同。建议在安装时进行测量，现场测量值一般仅做参考。

7 试验要求

7.1 一般要求

所有试验都应按相关的标准出版物的特定条款进行。瓷绝缘套试验应按 IEC 62155:2003 进行。复合绝缘套试验应按 GB/T 21429—2008 和 GB/T 22079—2008 进行。对 8.1～8.4,9.2 和 9.3 的所有高压试验，应按照 GB/T 16927.1—1997 执行。

需方有要求时供方应提供详细的型式试验报告。进行试验的套管结构应与提供给需方的相同，任何性能方面的改变都要通过型式试验验证。只有当一特定的合同中有规定时，才进行重复的型式试验。

当需方有要求时，供方应提供产品运行中对接地部件最小间距的要求。

新制造的套管的耐受试验电压值见表 7。对已运行的套管的逐个耐受试验电压应降低为该表中给出值的 85%。

当按 8.1、8.3、8.4、9.2 和 9.3 试验时套管不应因空气中允许的闪络而损坏，但允许在瓷绝缘件表面上残留有微小的痕迹。

术语“闪络”和“击穿”的定义分别在 GB/T 2900.5—2002 中给出。

7.2 试验分类

表 8～表 11 给出了各种型式套管所适用的试验。

对设备最高电压≤52 kV 由瓷、玻璃或有机材料、树脂或复合绝缘制作的套管，见第 10 章。对于其他套管，检验套管绝缘、热和机械性能的试验包括下列试验。

7.2.1 型式试验

——工频干或湿耐受电压试验(见 8.1)；

——长时间工频耐受电压试验(ACLD)(见 8.2)；

——雷电冲击干耐受电压试验(见 8.3)；

——操作冲击干或湿耐受电压试验(见 8.4)；

——热稳定试验(见 8.5)；

——电磁兼容试验(EMC)(见 8.6)；

——温升试验(见 8.7)；

——热短时电流耐受试验(见 8.8)；

——悬臂负荷耐受试验(见 8.9);
——充液体、充混合物以及液体绝缘套管的密封试验(见 8.10);
——充气、气体绝缘以及气体浸渍套管的内压力试验(见 8.11);
——部分或完全气体浸入式套管的外部压力试验(见 8.12);
——尺寸检查(见 8.13)。

7.2.2 逐个试验

——环境温度下介质损耗因数(tan δ)和电容量测量(见 9.1);
——雷电冲击干耐受电压试验(见 9.2);
——工频干耐受电压试验(见 9.3);
——局部放电量测量(见 9.4);
——抽头绝缘试验(见 9.5);
——充气、气体绝缘以及气体浸渍套管的内压力试验(见 9.6);
——充液体、充混合物以及液体绝缘套管的密封试验(见 9.7);
——充气、气体绝缘以及气体浸渍套管的密封试验(见 9.8);
——法兰或其他紧固器件上的密封试验(见 9.9);
——外观检查和尺寸检验(见 9.10)。

逐个试验的适用范围见表 10。

7.2.3 特殊试验

特殊试验仅在供需双方有合同协议的情况下进行。

——地震试验(参考 IEC 61463:2000);
——瓷绝缘子的人工污秽试验(参考 GB/T 4585—2004)。按照 IEC 60815 设计的绝缘子不需要做人工污秽试验;
——材料耐电痕化和蚀损的试验(参照 GB/T 19519—2004 中 5.6 进行)。

7.3 套管绝缘和热试验条件

所有试验的环境空气以及浸入介质(如果有)的温度应在 10 ℃~40 ℃间。进行绝缘和热试验的套管,必须装有安装法兰或其他固定装置以及在运行时所需的全部附件,但不装电弧保护间隙(如果有)。试验抽头与电压抽头应接地或保持接近地电位。

符合 3.2 和 3.4 的充液体和液体绝缘套管应用供方所规定质量的绝缘液体,充到正常液面。

符合 3.5、3.6 和 3.7 的充气、气体绝缘以及气体浸渍套管应充以供方规定种类的绝缘气体并升高到 3.29 在参考温度为 20 ℃时的最低压力。如果在试验开始时温度不是 20 ℃,该压力应相应地调整。

符合 3.18、3.19 和 3.20 的部分或全浸入式套管应正常地浸入到尽可能类似于正常运行时所采用的浸渍介质中,其他介质应按供需双方协议。如果套管是直接接在 GIS 与变压器之间,在逐个绝缘试验时,为了补偿 GIS 和变压器套管耐受要求(见表 7)的不同,允许提高外壳内气体的压力。

为验证套管在特殊运行状况下的配置是否适当,需方可进行模拟试验。特别是套管使用在气体绝缘开关设备和变压器时,试验可能要求模拟与 GIS(气体绝缘开关设备)或变压器侧邻近的金属部件。这些试验应遵守供需双方间预先的协议。

注:对于变压器套管,应给出浸入部分需要的油位,以满足 9.3 的要求。

逐个绝缘试验仅用来检查内绝缘(见 7.2.2),试验时可以对套管的外部金属件进行屏蔽。

套管通常应在某一装置中进行试验,此装置应使套管对周围的接地部件有足够的间距以避免通过周围空气或浸入介质对它们直接发生闪络。

通常 GIS 和变压器套管应在垂直状态下试验,法兰应接地或保持接近地电位。

套管在工频湿耐受电压试验以及操作冲击湿耐受电压试验时的安装角度可按供需双方间的协议执行。

在开始绝缘试验前，绝缘子应是清洁和干燥的，并与周围空气处于热平衡状态。

如果实际的大气条件与 GB/T 16927.1—1997 规定值不同，应按表 4 规定方法进行校正。

8 型式试验

试验的次序或可能合并的项目由供方决定，但冲击耐受电压试验必须在工频干耐受电压试验（见 9.3）之前进行。在型式试验系列之前和之后应测量介质损耗因数、电容量（见 9.1）和局部放电量（见 9.4）以检查是否发生了损伤。

8.1 工频干或湿耐受电压试验

8.1.1 适用范围

干试验适用于还没有经受逐个试验的（见 9.3）符合 3.15、3.18 和 3.20 的所有套管。

湿试验适用于符合 3.16、3.17 和 3.19 且其 U_m 小于 300 kV（U_m 为 245(252) kV 的变压器套管除外）的所有户外套管。

8.1.2 试验方法和要求

表 7 中规定了试验电压值。试验应持续 60 s，与频率无关。

8.1.3 接收准则

试验时如没有出现闪络或击穿则认为套管通过了试验。如套管发生击穿，则认为套管没有通过本试验。对于电容式套管，如果试验后测量的电容高出相当于先前测得的电容大约一层的电容量，则认为其发生了击穿。如果出现一次闪络，则试验应仅重复一次，如在重复试验时未出现闪络或击穿，则认为该套管通过了本试验。

注：对高电压等级电容式套管产品，按照“试验后测量的电容高于先前测得的电容大约一层的电容量，则认为其发生了击穿”这一原则来判定，对于极板层数较多的电容式套管由于测量系统误差可能会出现误判。如果可能，进一步研究，提出更为适宜的判定方法。

8.2 长时间工频耐受电压试验（ACLD）

8.2.1 适用范围

本试验适用于额定电压等于或大于 170 kV 的所有变压器套管。

8.2.2 测试方法和要求

试验电压如图 2 所示。

——升压至 $1.1U_m/\sqrt{3}$ 持续时间（A）为 5 min；

——升压至 $U_2=1.5U_m/\sqrt{3}$ 持续时间（B）为 5 min；

——升压至 $U_1=U_m$ 持续时间（C）为 1 min；

——测试完成，即刻平稳地降压至 U_2 并持续一段时间（D），当 $U_m \geqslant 300$ kV 时持续至少 60 min，当 $U_m < 300$ kV 持续至少 30 min，然后测量局放；

——降压至 $1.1U_m/\sqrt{3}$ 持续时间（E）为 5 min；

——电压降至零。

测试时间与测试频率是相互独立的。在所有测试电压下都要监测局放量并每 5 min 记录一次测量结果。

8.2.3 接收准则

如果没有发生闪络或击穿则认为套管通过了该试验。对于电容式套管，如果试验后测量的电容高出相当于先前测得的电容大约一层的电容量，则认为其发生了击穿。

在测试的任一阶段，不同类型套管的局部放电量上限见表 6。

8.3 雷电冲击干耐受电压试验（BIL）

8.3.1 适用范围

本试验适用于所有型式套管。

8.3.2 **试验方法和要求(对第Ⅰ电压系列也适用,表7中不再规定)**

试验电压值由表7规定。套管应逐次地经受:

——15次正极性全波雷电冲击;

——15次负极性全波雷电冲击。

上述冲击电压波形为1.2/50 μs的标准雷电冲击。

对变压器套管应逐次经受:

——15次正极性全波雷电冲击;

——1次负极性全波雷电冲击;

——5次负极性截波雷电冲击;

——14次负极性全波雷电冲击。

截波装置的放电时间应在2 μs~6 μs间。其峰值电压应为全波值的110%。

对于额定值大于72.5 kV且小于245 kV的变压器套管不进行逐个冲击试验(见9.2),试验应在三支设计相同的同批套管上进行。

改变极性后,允许在施加试验冲击前先施加几次较小幅值的冲击。连续两次施加电压间的时间间隔应足够长,以避免前次施加电压的影响。

对GIS用套管,供需双方可以协议雷电冲击截波试验的特殊要求,以考核套管在极快速瞬变电压下的性能。

应记录每次冲击电压。

8.3.3 **接收准则**

在下列情况下认为套管通过试验:

——在任一极性下都没有出现击穿;

——对每一个15次冲击系列在空气中的闪络次数都不超过2次。

但变压器套管例外。对于变压器套管:

——在油端没有闪络;

——在正极性下空气中闪络不超过2次;

——在负极性下空气中没有闪络。

则认为套管通过了本试验。

对于气体绝缘套管

——每15次冲击中发生击穿的次数不能超过2次;

——对于不可恢复性绝缘不应发生击穿。

在每一极性下进行15次冲击中如发生击穿,则应至少再做5次冲击,这5次中不发生击穿才认为通过试验,如果这5次冲击中有一次击穿,可再进行冲击。

如果发生击穿,而且没有任何原因可以说明在测试时发生了可恢复性绝缘击穿,那么测试完毕后拆除并检查套管。如果观察到不可恢复性绝缘的击穿,则认为套管没有通过试验。

8.4 **操作冲击干或湿耐受电压试验(SIL)**

8.4.1 **适用范围**

本试验适用于U_m≥300 kV的所有套管,干试验适用于符合3.15、3.18和3.20的户内、户内浸入式和全浸入式套管。

湿试验适用于符合3.16、3.17和3.19的户外套管。进行过湿试验的不需再做干试验。

操作冲击湿耐受电压试验适用于U_m等于245(252)kV的所有变压器套管。

8.4.2 **试验方法和要求**

试验按GB/T 16927.1—1997。为模拟运行状态,套管应安装在一接地平板上,该接地平板应沿套管的轴线径向每一方向至少伸出0.4 L,L为套管干弧距离。高压接线应从套管轴线方向引出,至少应超出套管 0.4 L。当套管一端是浸入式时，浸入的细节应经协商。

试验电压值见表 7。

套管应经受：

——正极性 15 次冲击；

——负极性 15 次冲击。

冲击波形为 250/2 500 μs 的标准操作冲击波形。

允许在改变极性后在施加试验冲击前施加几次较小幅值的冲击。连续两次施加电压的时间间隔应足够长，以避免先前施加电压的影响。

应记录每次冲击电压。

8.4.3 接收准则

如果：

——在任一极性下没有出现击穿，并且

——在 15 次冲击系列中任何一极性下空气中的闪络次数不超过 2 次。

则认为该套管通过了本试验。

但变压器套管例外，对于变压器套管，如果：

——油端没有出现闪络；

——在正极性情况下空气中的闪络次数不超过 2 次；

——在负极性情况下在空气中没有出现闪络。

则认为套管通过了本试验。

对于气体绝缘套管：

——每 15 次冲击中发生击穿的次数不能超过 2 次；

——不应发生不可恢复性绝缘击穿。

在每一极性下进行 15 次冲击中如发生击穿，则应至少再做 5 次冲击，这 5 次中不发生击穿才认为通过试验，如果这 5 次冲击中有一次击穿，可再进行冲击。

如果发生击穿，而且没有任何原因可以说明在测试时发生了可恢复性绝缘击穿，那么绝缘试验完毕后应拆除并检查套管。如果观察到不可恢复性的绝缘击穿，则认为套管没有通过该试验。

8.5 热稳定试验

8.5.1 适用范围

本试验适用于符合 3.18、3.19 和 3.20 的所有部分或全浸入式套管，这些套管的主绝缘由一种有机材料构成，使用在充有绝缘介质、运行温度等于或高于 60 ℃的电器设备中，对 OIP、RIP、RIF 和 LCF 套管其 U_m 大于 300 kV，对其他型式套管 $U_m \geqslant 145$ kV。

如果可以通过对比试验或计算的结果来证实套管的热稳定性能是可靠的，则本试验可以免做。

8.5.2 试验方法和要求

对使用时浸在油或其他液体绝缘介质中的套管端部，应浸入油中。油温应维持在电器的运行温度 ±2 K，但对变压器套管，其油温应为 90 ℃±2 ℃。此温度应用浸入油中且在油面下约 3 cm，并离套管约 30 cm 处的温度计测量。

对使用时浸在与大气压力下的空气不同的气体绝缘介质中的套管，其端部应适当地浸在 3.29 定义的最低压力下的绝缘气体中。气体应维持在供需双方协议的温度下。

相应于 I_r 时套管的导体损耗应用适当的方法模拟。一种方法是将一电阻性绝缘导线绕在模拟导体上并由一适当电源供电。适当调整导线的电阻和电流以产生与最终的导体相同的损耗。

试验电压应为：

——U_m，对于 $U_m \leqslant 170$ kV 的套管；

——$0.8U_m$，对于 $U_m > 170$ kV 的套管。

试验应在油和套管间达到热平衡后开始。

试验时应频繁地测量介质损耗因数，且每次测量都应同时记录环境温度。

当套管的介质损耗因数在环境温度条件下5 h内无明显上升趋势时，即套管达到热稳定。

8.5.3 接收准则：

如果达到了热稳定且随后的逐个绝缘耐受试验与先前的结果没有明显变化时则认为套管通过了本试验。

8.6 电磁兼容试验(EMC)

8.6.1 辐射试验

8.6.1.1 适用范围

本试验适用于所有设备最高电压大于或等于123 kV的户内和户外式套管。

8.6.1.2 试验方法和要求

套管应按7.3的规定安装。

法兰和其他要求接地的部件都必须接地。应注意避免与套管临近的或与试验及测量回路临近的接地或不接地的物体对测量的影响。

进行试验时，必须保持套管干燥清洁，并且套管温度与室内温度大致相同。在做此试验前2h内不应进行其他绝缘试验。

试验回路和末端的无线电干扰电压源不能比以下所示值高。高压连接线应跟套管轴线一致延伸到高于套管顶部至少0.2 L 处，L 是套管的电弧距离。该连接线的最大直径应该等于套管端部直径的一半。

测试电路应按照CISPR 18-2。最佳测试频率应为0.5 MHz±0.05 MHz，在0.5 MHz～2 MHz范围内的其他频率也可使用，记录测试频率。结果用微伏表示。

如果测试阻抗与标准中指定值不同时，则电阻值不能高于600 Ω也不能低于30 Ω，在任何情况下相位角都不能超过20°。除大电容套管外，可假设测量电压与电阻成正比，相应于300 Ω的等值无线电干扰电压可以计算。对大电容套管，基于这个假设所做的修正可能是不准确的。因此，有接地法兰的套管推荐使用300 Ω的电阻。

在测试频率下滤波器F处于高阻状态，因此从套管测试时看，高电位导体与地之间的阻抗近乎开路。这个滤波器也可以减少测试回路高压变压器产生的或是外部采集的循环射频电流。在测量频率时，滤波器合适的阻抗值为10 000 Ω～20 000 Ω。

应采取适当的措施来保证无线电干扰背景水平(由外部电场和由高压变压器在试验全电压下励磁时引起的无线电干扰电平)比对受试套管规定的无线电干扰水平至少低6 dB，最好低于10 dB。测量仪器和测量回路的校准方法见CISPR 16-1和CISPR 18-2。

无线电干扰水平可能会受到沉积在绝缘子上的纤维或灰尘的影响，在试验前应用干净的毛巾擦拭绝缘子。在测试时要对大气条件作记录。目前尚不能确定适用于无线电干扰测试的修正系数，但是测试与相对湿度有很大的关系，如果相对湿度超过80%，那么测试结果可能不准确。

按照以下测试程序进行：

对套管施加$1.1U_m/\sqrt{3}$电压，至少持续5 min，U_m 是设备最高电压。电压逐步降至$0.3U_m/\sqrt{3}$，再升压至初始电压值，然后再逐步降至$0.3U_m/\sqrt{3}$。每一步骤都要进行无线电干扰测量，用最后这一系列降压记录的值，标出施加电压对应的无线电干扰水平；获得的曲线便是套管无线电干扰特性。电压调节幅度大约为$0.1U_m/\sqrt{3}$。

8.6.1.3 接收准则

如果在$1.1U_m/\sqrt{3}$下无线电干扰水平不超过500 μV时，则认为套管通过了试验。

没有外屏蔽的情况下，如果套管没有局放，也就是说在9.4.2中指定的背景噪音水平上没有放电，则认为通过了辐射试验。

8.6.2 抗干扰试验

不要求做该试验。

8.7 温升试验

8.7.1 适用范围

本试验适用于除了符合3.4的液体绝缘套管以外的所有类型的套管,如果能通过基于对比性试验的计算结果来证明能满足所规定的温度极限,则试验免做。

8.7.2 试验方法和要求

要求一端或两端浸入油或其他液体绝缘介质中的套管,应将其浸在环境温度的油中,但对变压器套管,油温应保持比环境温度高60 K±2 K。

注1:在某些应用(如发电机变压器)中,变压器的油温往往应限制到低于本标准规定的极限值。为了反映实际的变压器顶部油温,经供需双方协议,60 K的标准油温升可以降低。

对通过中心管引入导体的套管应安装适当的导体,导体横截面应与 I_r 匹配。当变压器的油与套管中心管相通时,其油面应低于外部高度的三分之一。

要求浸入在与周围环境不同的气体绝缘介质中的套管的端部,通常应将其适当地浸入在3.29规定的最低压力的密闭绝缘外壳内,试验开始时该气体应处在环境温度下。

试验开始时气体绝缘套管应处在环境温度下。

对于空气绝缘的变压器套管,空气侧应封闭在适当的箱体内,试验中箱内的空气要通过自加热或间接加热使其高出环境空气温度40 K±2 K。

应尽可能地沿着套管导体、中心管和其他载流部件布置适当数量的热电偶或其他测量元件,同时尽可能将热电偶或其他测量元件置于法兰或其他紧固器件上,以便适当精确地确定与绝缘材料相接触的套管金属部件的温度最高点。

周围空气温度用带防护套的温度计测量。温度计应放置于套管外中部高度处,离套管1 m～2 m距离。

注2:将温度计放在容积约0.5 L 的充满油的容器中可得到较满意的效果。

油或气体的温度用温度计测量,温度计应放置在离套管30 cm处,当介质为油时,温度计应处于油面以下3 cm处。

试验应在额定频率下的 I_r±2%下进行,套管的所有部件应基本上处在地电位。如果试验时的频率与额定频率不同,需要调整电流以得到等值损耗。

试验时所用的临时外部接线尺寸不应对所试套管带来明显冷却作用。如果从套管端子到沿连接线相距1 m处的温度降低值不超过5 K,则认为满足了此条件。

试验应连续进行,到温升没有明显变化时为止。如果1h期间内的温度变化不超过±1 K则认为达到了稳定状态。

为了提供运行在不同负载电流和环境温度下的套管(例如GIS户外套管)的模拟数据,应进行过载试验并记录所有温度计读数的时间函数。

在套管导体嵌入到绝缘材料内部的情况下,为了避免破坏绝缘,经供需双方协议其最热点的温度可由下列方法确定:

导体的最高温度 θ_M 可从关系式式(1)和式(2)导出。

$$\theta_M = \frac{\left[3\left(\frac{R_C}{R_A}\frac{1}{\alpha}+\theta_A\right)-\frac{3}{\alpha}-\theta_1-\theta_2\right]^2-(\theta_1\times\theta_2)}{3\left[2\left(\frac{R_C}{R_A}\times\frac{1}{\alpha}+\theta_A\right)-\frac{2}{\alpha}-\theta_1-\theta_2\right]} \qquad \cdots\cdots(1)$$

$$M=\left[3\left(\frac{R_C}{R_A}\frac{1}{\alpha}+\theta_A\right)-\frac{3}{\alpha}-\theta_1-\theta_2\right]-\theta_M \qquad \cdots\cdots(2)$$

如果式(2)算得的结果 M 是正值,导体的最高温度是 θ_M,并位于导体两端之间的任一点处。如果

结果 M 是负的或零，则导体的最高温度为 θ_2。

导体最高温度点位于距温度较低端的距离为 L_M 处，见式(3)：

$$L_M = \frac{L}{1 \pm \sqrt{\frac{\theta_M - \theta_2}{\theta_M - \theta_1}}} \quad \cdots\cdots(3)$$

式中：

α——被测导体电阻 R_A 的电阻温度系数；

θ_1——在导体温度较低端测得的温度，单位为摄氏度(℃)；

θ_2——在导体温度较高端测得的温度，单位为摄氏度(℃)；

θ_A——导体的均匀的基准温度，单位为摄氏度(℃)；

θ_M——导体最高温度，单位为摄氏度(℃)；

L——导体长度；

L_M——导体温度较低端到最高温度点的距离；

R_A——导体两端间在均匀温度 θ_A 时的电阻；

R_C——导体载流 I_r 达到温度稳定后的电阻。

8.7.3 接收准则

如果满足了 4.8 允许的温度极限且无可见损伤，则认为套管通过了本试验。

8.8 热短时电流耐受试验

8.8.1 适用范围

本试验适用于所有型式的套管。

8.8.2 试验方法和要求

用下式计算验证套管耐受 I_{th} 标准值的能力，见式(4)：

$$\theta_f = \theta_0 + \alpha \frac{I_{th}^2}{S_t \times S_e} \times t_{th} \quad \cdots\cdots(4)$$

式中：

θ_f——导体的最终温度，单位为摄氏度(℃)；

θ_0——在环境温度 40℃下载流 I_r 连续运行时导体的温度，单位为摄氏度(℃)；

α——对于铜是 $0.8(K/s)/(kA/cm^2)^2$，对于铝是 $1.8(K/s)/(kA/cm^2)^2$；

t_{th}——规定的额定持续时间，单位为秒(s)；

I_{th}——上述规定的标准值，单位为千安培(kA)；

S_e——考虑集肤效应的等效横截面面积，单位为平方厘米(cm^2)；

S_t——相应于 I_r 的总横截面面积，单位为平方厘米(cm^2)。

对于其他材料的 α 值，可由式(5)：

$$\alpha = \frac{\rho}{c \times \delta} \quad \cdots\cdots(5)$$

式中：

ρ——导体电阻率，单位为微欧姆厘米($\mu\Omega \cdot cm$)；

c——比热容，单位为焦耳每克开尔文[$J/(g \cdot K)$]；

δ——导体密度，单位为克每立方厘米(g/cm^3)。

用于公式中的 ρ、c 和 δ 各值需在平均温度 160 ℃下进行校正。

在直径 D(cm)的圆截面导体中，需考虑集肤效应取得等值横截面面积。其值可由下式导出的电流渗入深度 d 来确定，见式(6)：

$$d = \frac{1}{2\pi}\sqrt{\frac{\rho \times 10^3}{f}}\,\text{cm} \quad \cdots\cdots(6)$$

式中：

f——额定频率，单位为赫兹(Hz)。

因此：$S_e=\pi d(D-d)$。

8.8.3 接收准则

如果 θ_f 不超过 180 ℃，则认为套管能耐受标准值 I_{th}。

如计算的温度超过了这个极限，套管耐受标准值 I_{th} 的能力应通过试验来证实。试验应如下进行：

——套管可以安装在任何位置；

——通过导体的电流应至少为按 4.3 标准值 I_{th} 和持续时间 t_{th}，导体横截面应与额定电流 I_r 相适应。

试验前套管应施加一个电流，该电流使套管产生一个稳定的导体温度。这一温度应与套管在最高环境温度下施加额定电流时产生的稳定温度相同。

如果无可见的损伤且能重复耐受全部逐个试验项目并且与先前的结果比较没有明显变化，则认为套管通过了本试验。

8.9 悬臂负荷耐受试验

8.9.1 适用范围

本试验适用于套管的空气端。

8.9.2 试验方法和要求

试验值应按表 1。对于 3.21 套管，悬臂耐受负荷试验值应限制为：

300 N，对 $I_r\leqslant 800$ A

1 000 N，对 $I_r>800$ A

套管应完全安装好并充以规定的绝缘介质(如果有)。除有特殊规定外，套管应垂直安装且其法兰应刚性地固定在一个适当的器件上。

套管内部应施加比最高运行压力高出 0.1 MPa±0.01 MPa 的压力，对于被试端子处有密封垫连接的空心管的套管，试验时中心管内也应施加此压力。

对有内部波纹管的套管，压力大小应由供方规定。

负荷应垂直于套管轴线施加到端子的中点并持续 60 s。通常负荷应施加在套管正常运行时危险部位的易产生较高应力的方向上。

对在空气端具有一个以上端子的套管，通常仅对一个端子施加负荷。

对于穿墙套管，试验负荷应分别施加在套管的每一端。

8.9.3 接收准则

如果无损坏(变形、破裂或泄漏)且能重复耐受全部逐个试验项目并且与先前的结果相比没有明显变化，则认为套管通过了本试验。

8.10 充液体、充混合物以及液体绝缘套管的密封试验

8.10.1 适用范围

除所充液体的黏度在 20 ℃时等于或大于 5×10^{-4} m^2/s 的套管外，本试验适用于 3.2 和 3.4 的所有充液体、充混合物以及液体绝缘套管。

8.10.2 试验方法和要求

套管应按正常运行状态装配好，充以规定的液体并放入温度能持续 12 h 保持在 75 ℃的一个适当的加热容器内。如果套管不允许这样试验，可由供需双方协议确定一个代替方法。

试验时应保持套管内部的最小压力比 3.30 的最高内部运行压力高出 0.1 MPa±0.01 MPa。

对于有内部波纹管的套管，压力大小应由供方规定。

8.10.3 接收准则

如无泄漏的现象，则认为套管通过了本试验。检测方法按 IEC 60068-2-17：1994 附录 C 中 C.2 所规定的任一种。

8.11 充气、气体绝缘以及气体浸渍套管的内压力试验

8.11.1 适用范围

本试验适用于带有瓷或复合材料绝缘外套、使用时持续气体压力高于 0.05 MPa(表压)、内腔体积等于或大于 1 L(1 000 cm^3)的符合 3.5、3.6 和 3.7 的所有充气、气体绝缘以及气体浸渍套管。

8.11.2 试验方法和要求

试验应按 GB/T 21429—2008 和 GB/T 22079—2008 或 IEC 62155:2003 在相适用的绝缘套上进行。

绝缘套应装上正常使用的紧固器件和附件,并装上试验用的带有阀门的辅助板及压力计。

绝缘子应充满适当的介质。压力应平稳地增加而不要有任何的冲击。

其他组成部分用各自适用的标准来试验。

8.11.3 接收准则

如果在瓷件或复合物或附件上没有出现破裂的迹象,则认为绝缘子通过了本试验。即使附件可能受到了超过它屈服点的应力,只要没有出现上述现象也认为通过了本试验。

8.12 部分或完全气体浸入式套管的外部压力试验

8.12.1 适用范围

本试验适用于 3.18~3.20 的预期使用在长期气体压力高于 0.05 MPa(表压力)的所有气体浸入式套管。

8.12.2 试验方法和要求

试验应在 9.9 密封性试验前进行。套管应按试验的要求装配好,但内部不应有任何气体压力。在环境温度下其浸入端应安装在尽可能和正常运行时一样的箱内。箱内应充满适当的液体。应施加 3 倍的最大外部运行压力(见 3.31),压力持续 1 min。

8.12.3 接收准则

如果没有发现机械损伤(例如变形、破裂),则认为该套管通过了本试验。

8.13 尺寸检查

8.13.1 适用范围

此检查适用于所有型式的套管。

8.13.2 接收准则

套管的尺寸应符合相关图纸规定,特别是对规定有特殊公差的每一个尺寸以及影响互换性的尺寸。

9 逐个试验

由供方选定试验的次序和可能合并的项目,但当含有冲击耐受电压试验时,该冲击耐受电压试验应在工频耐受电压试验(见 9.3)前进行。在逐个绝缘试验前和试验后应进行介质损耗因数(tan δ)和电容量(见 9.1)的测量以校验是否出现了损伤。在最后一次 tan δ 测量前应进行局部放电量测量(见 9.4)。

9.1 环境温度下介质损耗因数(tan δ)和电容量的测量

9.1.1 适用范围

本测量适用于 3.14、3.42 和 3.43 的电容式套管。

9.1.2 试验方法和要求

试验时套管导体应不载流。测量应在 10 ℃~40 ℃的环境温度下用西林电桥或其他适宜设备进行,测量应至少在下列电压下进行:

——对于 $U_m \leqslant 40.5$ kV 的套管:$1.05U_m/\sqrt{3}$;

——对于 $U_m \geqslant 52$ kV 的套管:$1.05U_m/\sqrt{3}$和 U_m。

此测量不应在超过工频干耐受电压的电压下进行。

应在 2 kV~20 kV 间的某一电压下测量套管的 tanδ 和电容量,作为套管在运行以后进行监测的参考值。

9.1.3 接收准则

tan δ 的最大允许值以及 tan δ 随电压的增值列于表 5，如测得的值不能通过，允许等待 1 h 后重复该试验。

测量期间的环境温度应记录在报告中。

注：对于受环境温度影响大的套管，套管制造厂应提供 tan δ 随环境温度变化的曲线。

9.2 雷电冲击干耐受电压试验(BIL)

9.2.1 适用范围

本项试验作为逐个试验仅适用于 U_m 大于或等于 245 kV 的变压器套管。

9.2.2 试验方法和要求

——施加 5 次负极性全波雷电冲击或按合同协议；

——1 次负极性全波雷电冲击；

——2 次负极性截波雷电冲击；

——2 次负极性全波雷电冲击。

试验状态应符合 8.3。

9.2.3 接收准则

同 8.3。

9.3 工频干耐受电压试验

9.3.1 适用范围

本试验适用于所有型式的套管。对于 3.6 的气体绝缘套管，当套管是作为气体绝缘电器设备的一个完整部件，且与电器中所充气体相通时，则只要套管的绝缘套在装配前已进行了适当的电气试验(如瓷壁耐压试验)，则此试验仅应是一种型式试验。

9.3.2 试验方法和要求

如要求进行一系列试验则本试验应在所有冲击耐受电压试验后进行或重复。

试验电压值列于表 7。变压器套管的试验电压应至少比变压器的感应的和(或)施加的试验电压高 10%。如果需方没有提供变压器试验水平的信息，套管的试验电压应按表 7。

试验持续时间应为 60 s，与频率无关。

9.3.3 接收准则

如没有出现闪络或击穿，则认为套管通过了本试验。如果出现了击穿，则认为套管未通过本试验。对于电容式套管，如果系列试验后所测得的电容高出相当于先前测得的电容大约一层的电容量，则认为出现了击穿。如果发生一次闪络，则试验仅应重复一次。如果重复试验时未出现闪络或击穿，则认为该套管通过了本试验。

9.4 局部放电量的测量

9.4.1 适用范围

本测量应对所有类型的套管进行。但对于 3.6 和 3.11 的套管，只要套管的绝缘套在装配前已进行了适当的电气试验(如瓷壁耐压试验)则此试验仅应是一种型式试验。

9.4.2 试验方法和要求

本试验应按 GB/T 7354—2003 进行。

当无线电干扰电压测量代替局部放电量测量时，其无线电干扰电压以微伏表示，用无线电干扰仪测量，其校准方法按 GB/T 7354—2003 中所述。

除非另有规定，应适当选择试验回路的元件，使其能测量回路上的背景噪音和灵敏度，能检出 5 pC 局部放电量或规定值的 20%，取其中较大值。

此测量应在工频干耐受电压试验(见 9.3)后，电压从工频干耐受电压试验值降至表 6 给出电压值时进行。根据试验设备情况，经供需双方协议此电压可降低到 $2U_m/\sqrt{3}$。但此值不应超过套管规定的工频干耐受电压值。

9.4.3 接收准则

在最后的绝缘试验后局部放电量的允许最大值，按套管的种类在表6中给出。

当在 $1.5U_m/\sqrt{3}$ 电压下测得值比表6中的大时，供方可延长测试时间到1 h，以检验其值是否会回到允许极限值。如果在此期间局部放电量在极限值内，则认为套管通过了该试验。

在绝缘试验前的局部放电测量仅是为了提供数据。

9.5 抽头绝缘的试验

9.5.1 适用范围和试验要求

下列对地工频耐受电压试验适用于所有的抽头：

——试验抽头(见3.37)：至少2 kV；

——电压抽头(见3.38)：为电压抽头额定电压的2倍但至少20 kV。

试验持续时间是60 s，与频率无关。

试验后应在至少1 kV情况下测量 $\tan\delta$ 和对地电容。

9.5.2 接收准则

如未出现闪络或击穿则认为该抽头通过了本试验。

对于试验抽头其 $\tan\delta$ 和电容值应按4.10。

9.6 充气、气体绝缘以及气体浸渍套管的内压力试验

9.6.1 适用范围

本试验适用于3.5、3.6和3.7的充气、气体绝缘以及气体浸渍套管。

9.6.2 试验方法和要求

套管应按正常运行要求装配好并充以供方选取的气体。在环境温度下对套管内部施加(1.5×最大运行压力)MPa±0.01 MPa的压力，维持15 min。

当套管的绝缘套是由瓷或复合材料制作的且在有内压力的情况下，未装配的绝缘套应预先按IEC 62155:2003、GB/T 21429—2008和GB/T 22079—2008(选择适合标准)进行试验，其他部件按相应的标准试验。

9.6.3 接收准则

如无机械损伤的现象(例如变形、破裂)，则认为套管通过了本试验。

9.7 充液体、充混合物以及液体绝缘套管的密封试验

9.7.1 适用范围

所充液体在20 ℃时黏度等于或大于 5×10^{-4} m^2/s 的套管除外，本试验适用于3.2和3.4的所有充液体或充混合物和液体绝缘套管。

9.7.2 试验方法和要求

套管应按正常运行要求装配好，在环境温度不低于10 ℃时充以规定的液体，变压器套管应充以最低温度60 ℃的液体。充液后应尽快地对套管内部施加比最高运行压力高0.1 MPa±0.01 MPa的压力，保压至少12 h。

对有内部波纹管的套管，压力大小应由供方规定。

9.7.3 接收准则

如果没有泄漏的现象则认为套管通过了本试验。检测方法应符合IEC 60068-2-17:1994附录C中C.2所规定。

对此试验起影响作用的部件应预先进行密封试验。对于套管一端或两端预期要浸入到气体介质中的套管需另外考虑。

9.8 充气、气体绝缘以及气体浸渍套管的密封试验

9.8.1 适用范围

本试验适用于3.5～3.7以及3.18～3.20的充气、气体绝缘以及气体浸渍套管。

对用来构成气体绝缘设备的一完整部件，并且预期要在现场完成装配的气体绝缘套管，允许用对每

一部件的密封试验来代替在装配好的套管上进行的密封试验，该试验由对每个装配密封面上的密封试验来完成。该密封装配方法应经供需双方协议。

9.8.2 试验方法和要求

套管应按正常运行要求装配好，在环境温度下充以最高运行压力的气体。套管应密封在一外套(例如一塑料袋)内。在等于或大于2 h的时间间隔内测量两次外套内部空气中的气体浓度。

替代的气体泄漏探测方法可由供需双方协议。

对影响此试验的部件应预先进行密封试验。

9.8.3 接收准则

如果算得的年泄漏率等于或低于0.5%，则认为该套管通过了本试验。

9.9 法兰或其他紧固器件上的密封试验

9.9.1 适用范围

本试验适用于3.18～3.20用作电器设备(例如开关设备或变压器)的一个完整部件的所有部分或全浸入式套管，该套管将影响整个电器设备的密封。

当套管带有密封圈，但密封圈的最后的安装不是由供方进行时，例如穿缆式变压器套管的顶部密封圈，那么此项试验仅应是一种型式试验。

对装有金属法兰的变压器套管，只要该法兰已经经受了预先的密封试验并且该套管已通过了8.10的型式试验(例如油浸纸套管)或9.7的逐个试验或是其浸入端不含有任何密封圈，则此试验可以免做。

9.9.2 试验方法和要求

套管应按试验要求装配。在环境温度下浸入端应如正常运行时那样安装在一箱体上。

对油浸式套管，箱内应充以相对压力为0.15 MPa±0.01 MPa的空气或任何适宜的气体并维持15 min，或充以相对压力为0.1 MPa±0.01 MPa的油维持12 h。

对气体浸入式套管，在环境温度下箱内应充以最高运行压力的气体。当有要求时，套管的外部部件应封闭在一外套内。含有液体的套管内腔应清空并开一个使气体可自由流通到外套内的窗口。在等于或大于2 h的时间间隔内应测量两次外套内空气中的气体的浓度。

9.9.3 接收准则

通过外观检查(见IEC 60068-2-17:1994附录C中C.2)如没有发现泄漏现象，则认为油浸式套管通过了本试验。

对于气体浸入式套管，如果：

——对气体能直接泄漏到环境中的套管的所有部分，算得套管的气体总泄漏应等于或小于相邻开关设备间隔所含气体量的0.5%/年；

——对含有液体的套管特别是液体绝缘和油浸纸套管，气体可能会渗透到套管内部，由套管各部分渗透进来的气体算得的总泄漏率(见3.33)等于或小于0.05 Pa×cm^3/s×L(5×10^{-7} bar×cm^3/s×L)，其中"L"为套管内部液体的量，升；

——对套管的另一端是为变压器设计，套管的气体会直接渗透泄漏到变压器中，其所有部分算得的总泄漏率(见3.33)等于或小于10 Pa×cm^3/s(10^{-4} bar×cm^3/s)。

则认为该套管通过了本试验。

9.10 外观检查和尺寸检验

9.10.1 适用范围

本试验适用于所有型式套管，并应在交货前完整的套管上进行。外观检查应对每个套管进行。

9.10.2 接收准则

不允许有影响套管正常运行的表面缺陷。

装配部位和(或)内部连接部件的尺寸应符合相关图纸，按抽样方法核对。

10 设备最高电压≤52 kV由瓷、玻璃或无机材料、树脂或组合绝缘制作的套管的要求和试验

本试验适用于主绝缘由瓷、玻璃或类似无机材料、浇铸和模塑树脂、或组合绝缘所组成的如3.11～

3.13 所定义的所有套管。

10.1 温度要求

如果在套管上没有外力作用，安装于电器设备上随该电器设备干燥处理时，套管应能耐受 140 ℃温度持续 12 h 而不发生机械或电气损伤。

10.2 浸入介质的液面高度

对于变压器套管，供方应规定浸入介质的最低液面高度。

10.3 标识

每一个套管都应带有下列标识：

——供方名称或商标；

——制造年份；

——型号或最小公称爬电距离或设备最高电压(U_m)；

——额定电流(I_r)或最大电流(如套管不带导体供应时)。

注：在小套管上有时可能很难给出上述所有标记，此时可由供需双方协议其他标记。

标识牌示于图 5。

10.4 试验要求

试验状态和要求与第 7 章、第 8 章和第 9 章的规定相同。可参照在下列括号中所列的相应条款。

10.4.1 型式试验

下列试验适用于所有型式的套管：

——工频干或湿耐受电压试验(8.1)；

——雷电冲击干耐受电压试验(8.3)；

——温升试验(8.7)；

——热短时电流耐受试验(8.8)；

——悬臂负荷耐受试验(8.9)；

——尺寸检验(8.13)。

对于 3.21 的套管，其悬臂耐受负荷试验值可降低。

应注意保证这些套管的活动的连接部分一端能耐受住相应的试验电压(如果有)。

10.4.2 逐个试验

下列试验适用于所有套管。但瓷和玻璃套管(3.11)仅做外观检查和尺寸检查。

——工频干耐受电压试验(9.3)；

——局部放电量测量(9.4)；

——抽头绝缘试验(9.5)，(如果有)；

——外观检查和尺寸检验(9.10)。

表 9 和表 11 给出了这些试验对各种型式套管的适用范围。

11 运输、存放、安装、运行和维护规则

套管的运输、存放、安装、运行和维护都应按照供方提供的说明书来执行。

因此，供货商应提供套管的运输、存放、安装、运行和维护的说明书。运输和存放的说明书应在供货之前提供，而安装、运行和维护说明书最迟应在供货时提供。

对不同类型套管的安装、运行和维护规则不作详细要求，但是供货商提供的说明书必须包含以下给出的重要信息。

11.1 运输、存放和安装要求

如果在订单中规定了维护条件，但对运输和存放没有要求，那么供需双方应做专门的协定。特别是在运输、存放和安装过程中不能破坏绝缘性能，在加压之前，防止产品受潮，例如要防止雨水、积雪和凝露。应当考虑在运输过程中的震动，必要时应给出说明书。

气体浸渍和气体绝缘套管在运输过程中应当能承受足够的压力。供方应在环境温度为 20 ℃对产

品充以 0.13 MPa 的压力。如果是 SF_6 气体绝缘套管,运输按 GB/T 12022—2006 执行。

11.2 安装说明

供方提供的不同类型套管的说明书都应至少包括以下内容。

11.3 拆装与吊装

提供安全拆装和吊装所必需的信息,包括详细的吊装步骤和必要的设备。

在套管运抵目的地后,安装前应按供方提供的说明书检验清楚。对于气体浸渍和气体绝缘套管,在环境温度下气体压力应高于大气压。

11.4 组装

当套管不是组装好后运输的,则运输的零部件必须标识清楚。总装图中必须标清各个零部件的位置。

11.4.1 安装说明

安装说明中应指出以下内容:

——套管的重量;

——套管的重量(或者是将要安装的最重的零部件)是否超过 100 kg;

——重心位置。

气体浸渍和气体绝缘套管应充以指定的气体,例如符合 GB/T 12022—2006 的未使用过的 SF_6 气体。充气结束时的压力为在标准大气条件下(20 ℃和 101.3 kPa)的额定充气压力。

11.4.2 连接说明

说明书中应包含以下信息:

——在连接导体时应注意防止套管过热和不必要的损伤,留出足够的间距;

——所有辅助电路的连接;

——液体和气体系统的连接,如需要,说明所需管道的大小和排列方式;

——接地。

11.4.3 最终安装检查

应提供在套管安装和连接完毕后进行检查和测试的说明书。

这些信息应包括以下内容:

——正常运行设定的测试计划表;

——执行所有能使套管正常运行的调节程序;

——提供一些帮助设备运行中的维护建议;

——最终检查和投入运行的说明书。

测试和检查结果应记录于投运报告中。

气体浸渍和气体绝缘套管按以下内容检查:

——气体压力测量——在标准大气条件下(20 ℃和 101.3 kPa)充气结束时的压力值不能低于最低设计压力也不能高于绝缘气体的额定填充压力。

——露点测试——在额定填充压力下,在环境温度为 20 ℃时测量露点的温度不能低于-5 ℃。在其他温度下的测量值要适当的修正。

——紧固装置的检查——用封闭系统的检测方法(详见逐个试验 9.8)进行检查。检查应在套管填充气体 1 h 以后进行以便获得稳定的泄漏。此项检查仅限于用一相匹配的泄漏探测器对密封圈、超负荷设备、阀、终端、压力计、热敏元件等进行检查。

11.5 运行信息

制造商应提供以下信息:

——设备的一般描述,特别是应注意提供对其特性和所有运行细节的技术上的描述,以便使用户对所涉及的主要原理有充分的了解;

——给出设备的安全性和操作信息；

——给出设备维护和测试的信息。

11.6 维护信息

11.6.1 一般维护

维护的有效性主要取决于制造厂制订的并由用户执行的方法说明书。

11.6.2 对供方的建议

a) 制造厂应提供包含下列信息的维护手册。

1) 维护次数表。

2) 维护工作的详细描述：

——推荐的维护作业场所(户内、户外、工厂、现场……)；

——检查程序、诊断测试、细查、粗查、功能检测(例如极限值和偏差)；

——参考图样；

——提供部件号(如有需要)；

——使用的特殊设备或工具(清理和除油)；

——预防措施(例如保持清洁)。

3) 套管的详图对维护很重要，这种图样能清楚识别总装、分装和重要的部件(部件的数量和描述)。

注：使用的能表示总装和分装中的零部件相对位置的详图是一种推荐的图解方法。

4) 推荐的备件清单(描述、参考数量)和存放建议。

5) 有效的计划维护时间的详估。

6) 考虑到环境要求，如何维持设备的寿命。

b) 供方应告知用户在系统发生故障时采取怎样的正确措施。

c) 备件的获得：套管制造厂应保证，自套管制造完工之日起至少 10 年应连续供应为维护需要所推荐的备件。

11.6.3 对用户的建议

a) 如果用户要自己维护，则必须保证员工有足够的知识和能力去维护套管。

b) 用户要记录以下信息：

——套管的编号和型号；

——套管投入运行的日期；

——在套管的使用寿命期限内记录所有测量和测试(包括诊断测试)结果；

——维修工作的范围和日期；

——在运行过程中，记录特殊运作条件下(例如操作状态中的一次故障和二次故障)套管的测量结果；

——记录所有故障报告。

c) 如果出现故障和损伤，用户应当做一故障报告并告知供方事故发生的特殊环境和测量结果。对于故障类型，应由用户与供方共同来分析造成故障的原因。

d) 如果要拆卸并重新安装，用户必须记录时间和存放条件。

11.6.4 运行故障报告

为了使记录套管故障报告标准化，应当包括以下内容：

——使用一般术语描述故障；

——为用户统计提供数据；

——向制造厂提供有意义的反馈。

以下给出怎样编写故障报告的导则。

故障报告应当包括以下数据(只要是有用的数据)

a) 发生故障的套管的确认

——变电站名称;

——套管的确认(供方名称、型号、序号、额定等级);

——套管的种类(油纸、胶或 SF_6 绝缘);

——场所(户内,户外)。

b) 套管的历史

——存放日期;

——设备投入运行日期;

——故障/损伤日期;

——最近的维护日期;

——最近的油位指示器目视检查日期;

——详述从设备出厂日起做了哪些变化;

——套管发生故障/损伤时的环境(在运行、维护等等)。

c) 造成故障/缺陷的分装/零部件的确认

——承受高电压的零部件;

——抽头;

——其他部件。

d) 造成故障/缺陷推测的因素

——环境条件(温度、风、降雪、结冰、污染、闪电等);

——系统条件(开关动作、其他设备出现故障……);

——其他。

e) 故障/缺陷的分类

——大故障;

——小故障;

——缺陷。

f) 故障/缺陷的起源和原因

——起源(机械的、电气的、密封的等);

——按报告编写人判断的原因(设计、制造、说明书不符合要求、安装错误、维护错误、承受的应力超过规定的应力等)。

g) 故障/缺陷的后果

——设备停运;

——检修的时间消耗;

——人工费;

——备用零件费。

故障报告还应该包括以下内容:

——示意图、草图;

——有缺陷的部件的照片;

——单线电站示意图;

——记录或绘图;

——引用的维护手册。

12 安全

高压电器设备要严格参照安装规则,才能安全安装,使用维护都要按照供方提供的说明书进行安全操作。

高压电器设备通常只允许指定人员靠近。它应由技术熟练的人员来使用和维护。如果对接近套管不加限制，则可能需要附加的安全性能。

本标准的以下规定为设备提供了防止各种危险的人身安全措施。

12.1 电气方面

——绝缘距离

——接地(间接接触)

——IP 代码(直接接触)

12.2 机械方面

——受压部件

——冲击应力保护

12.3 热性能方面

——可燃性

13 环境方面

把环境对套管的影响减少到最小。

IEC 导则 109 对使用寿命、重复使用和处理作了规定。

供方应提供设备在运行和拆卸时应注意的环境问题。

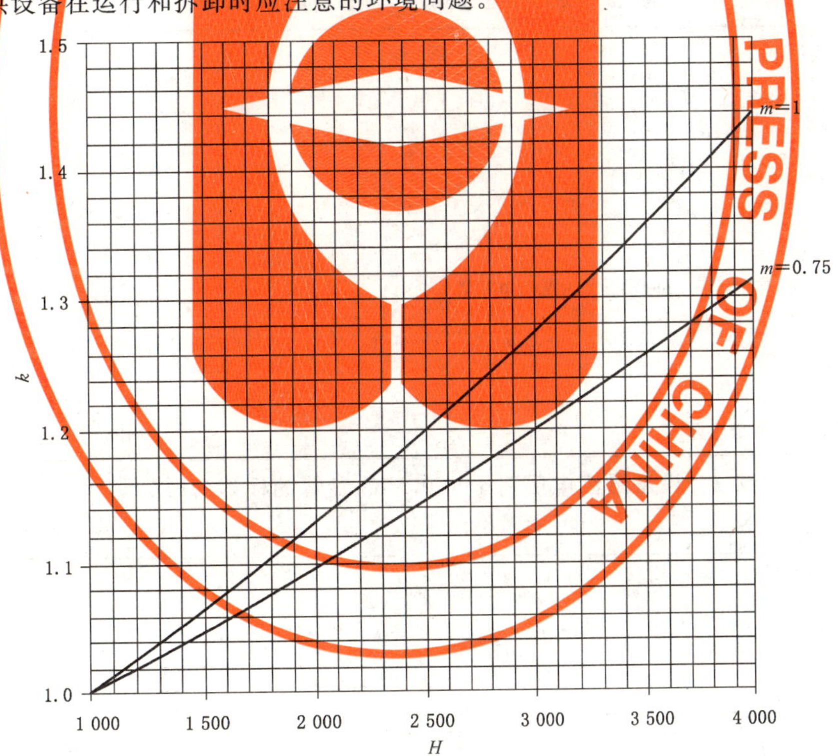

这些系数的计算公式如下：

$k=e^{m(H-1\,000)/8\,150}$

这里

H 为海拔高度，m；

$m=1$，工频耐受电压和冲击耐受电压时；

$m=0.75$，操作冲击耐受电压时。

图 1 海拔修正系数

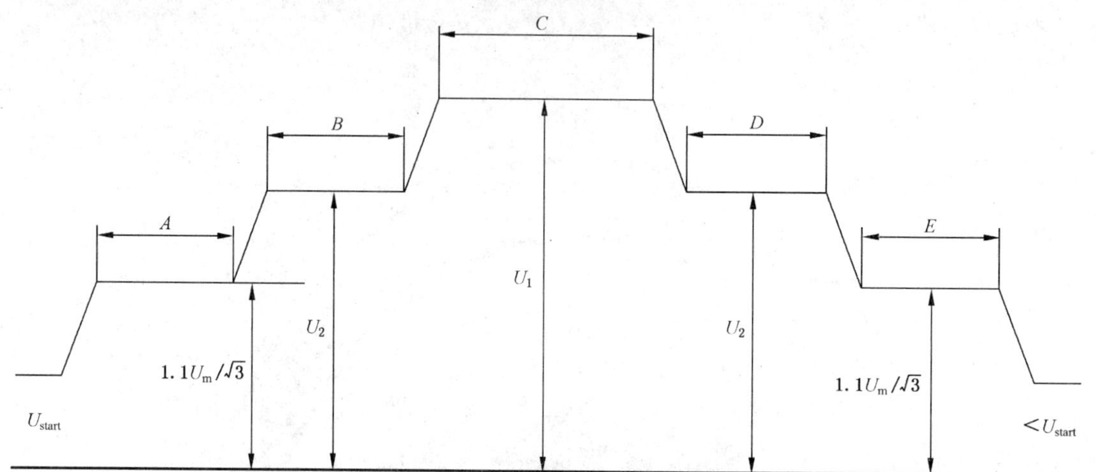

U_{start}＝测试设备的接入电压

图 2　长时间工频耐受电压曲线(ACLD)

制造商		
年……………	型号……………	No ……………
f_r …………… Hz	U_m …………… kV	I_r…………… A
AC …………… kV	BIL …………… kV	SIL …………… kV
质量…………… kg	与垂线最大角度……………度	
电容量…………… pF	介质损耗因数……………%	
对充气、气体绝缘、气体浸入式和气体浸渍套管附加：		
气体种类……………………………………		
在 20 ℃时气体最低压力……………………MPa(表压力)		

图 3　设备最高电压高于 100kV 的套管的标识牌(见 6.2)

制造商		
年……………	型号……………	No ……………
U_m …………… kV	I_r …………… A	f_r …………… Hz

图 4　设备最高电压≤100 kV 的套管的标识牌，适用图 3 的套管除外(见 6.2)

制造商		
年……………	U_m …………… kV	I_r …………… A

图 5　设备最高电压≤52 kV 由瓷、玻璃或无机材料、树脂或组合绝缘制作的套管的标识牌(见 10.3)

表 1　悬臂耐受负荷的最低值(见 4.5 和 8.9)

设备最高电压 U_m/kV	额定电流/A							
	≤800		1 000 1 600		2 000 2 500		≥3 150	
	悬臂运行负荷/N							
	安装成与垂线夹角≤30°的套管							
	Ⅰ	Ⅱ	Ⅰ	Ⅱ	Ⅰ	Ⅱ	Ⅰ	Ⅱ
≤36	500	500	625	625	1 000	1 000	1 575	1 575
52	500	800	625	800	1 000	1 250	1 575	1 575
72.5～100	500	1 000	625	1000	1 000	1 575	2 000	2 000
123～145	625	1 575	800	1 575	1 250	2 000	2 000	2 000
170～245	625	2 000	800	2 000	1 250	2 500	2 000	2 500
≥300	1 250	2 000	1 250	2 000	1 575	2 500	2 500	2 500
	悬臂试验负荷/N							
	Ⅰ	Ⅱ	Ⅰ	Ⅱ	Ⅰ	Ⅱ	Ⅰ	Ⅱ
≤36	1 000	1 000	1 250	1 250	2 000	2 000	3 150	3 150
52	1 000	1 600	1 250	1 600	2 000	2 500	3 150	3 150
72.5～100	1 000	2 000	1 250	2 000	2 000	3 150	4 000	4 000
123～145	1 250	3 150	1 600	3 150	2 500	4 000	4 000	4 000
170～245	1 250	4 000	1 600	4 000	2 500	5 000	4 000	5 000
≥300	2 500	4 000	2 500	4 000	3 150	5 000	5 000	5 000

注 1：悬臂运行负荷包括端子载荷和风压(70 Pa)见 IEC 61463:2000。

注 2：对于运行时与垂线夹角大于 30°的套管，在选择试验负荷和试验程序时应考虑套管自重的影响。以上给定的和垂直套管相关的值在垂直位置进行试验。如果一个倾斜的或者水平的套管垂直试验时，则在操作中应施加一个等效的力以获得由套管重量使法兰承受的弯矩。如果一个垂直套管水平试验时，应以相同的方式减小试验负荷。

注 3：水平Ⅰ＝正常负荷　水平Ⅱ＝重负荷。

注 4：对于其上下绝缘套是由卡装结构装配到中心紧固导体上的套管，推荐在选取悬臂试验负荷时应考虑额定电流流过时导体的热膨胀。

表 2　温度和高于周围空气的温升的最大值(见 4.8)

部件说明		最高温升/K	最高温度/℃	备注[注1]
弹簧接触	铜和铜合金,无镀层			注 4
	——在空气中	45	75	
	——在 SF_6 中	60	90	
	——在油中	50	80	注 2
	镀锡,在空气、SF_6 或油中	60	90	
	镀银/镍板			
	——在空气中或 SF_6 中	75	105	
	——在油中	60	90	注 2
螺纹接触	铜、铝及其合金,无镀层			
	——在空气中	60	90	
	——在 SF_6 中	75	105	
	——在油中	70	100	注 2
	镀锡的			
	——在空气或 SF_6 中	75	105	
	——在油中	70	100	注 2
	镀银/镍板			
	——在空气、SF_6 中	85	115	
	——在油中	70	100	注 2
靠螺钉或螺栓连接到外部导体上的端子	铜、铝及其合金			
	——无镀层	60	90	
	——镀锡的	75	105	注 3
	——镀银或镍板	75	105	
与绝缘接触的金属部件	绝缘等级			
	——A(OIP)	75	105	
	——E(RBP 和 RIP)	90	120	
	——(GIF)(LCF 和 RIF)	注 5	注 5	
	——SF_6	100	130	
	——油		注 5	

注 1：此温升值是基于 IEC 60943:1998 最大日平均温度 30 ℃的。其余的数据参见 IEC 60943:1998,表 6。

注 2：对合成绝缘液体(硅树脂、酯)可经供需双方协议取较高值。

注 3：如果预期会有严重氧化,此温升应限为 50 K。

注 4：弹簧接触是靠弹簧压力维持连接的,例如插头连接。

注 5：温度极限值由供方决定。

表 3 周围空气和浸入介质的温度(见 5.3)

项目			温度/℃
周围空气			
——最高值			40
——最高日平均(户外)			30
——最高日平均(空气绝缘通道)			70
——最高年平均			20
——最低值			
●	户内	等级 1[a]	−5
		等级 2	−15
		等级 3	−25
●	户外	等级 1[a]	−10
		等级 2	−25
		等级 3	−40
变压器中的油			
——最高			
●	对正常负荷		100
●	对于故障负荷[b]		115
——最高日平均			90
其他介质(气体和非气体的)			[c]

a 正常最低环境温度是等级 1。

b 变压器中的油的数值按 GB 1094.1—1996 和 GB 1094.2—1996。故障负荷的值按 GB/T 15164—1994。

c 无其他数据时,原则上应参见使用套管的电器相应标准,应特别注意套管浸在气体中的一端。

注 1:浸入介质的日平均温度应由连续 24 h 读数的平均值算得。

注 2:按供需双方协议,可以采用其他温度范围。

表 4 试验电压的校正(见 7.3)

条款	试验	校正[注1,注2,注3]
8.1	工频干耐受电压试验	在"注"规定的条件下,乘以 $k_1 \times k_2$
8.1	工频湿耐受电压试验	乘以 k_1
8.2	长时间工频耐受电压试验	不校正
8.3	雷电冲击干耐受电压试验	在"注"规定的条件下,乘以 $k_1 \times k_2$
8.4	操作冲击干耐受电压试验	在"注"规定的条件下,乘以 $k_1 \times k_2$
8.4	操作冲击湿耐受电压试验	在"注"规定的条件下,乘以 k_1
8.5	热稳定试验	不校正
8.6	电磁兼容试验(EMC)	不校正
9.1	介质损耗因数和电容量测量	不校正
9.3	工频干耐受电压试验	不校正
9.4	局部放电量测量	不校正
9.5	抽头绝缘试验	不校正

注 1:k_1 和 k_2 应按 GB/T 16927.1—1997 确定。

注 2:冲击试验中,如果试验电压校正值低于规定值,则该校正应对外部耐受电压最苛刻的那个极性进行,而其相反极性应至少施加全电压值。

注 3:当校正因数高于 1 时,该校正应施加于两种极性,但若校正因数高于 1.05,则供需双方间应协议试验是否执行。

表 5 tan δ 和 tan δ 增值的最大值(见 9.1)

套管绝缘类型	tan δ 最大值	
	在 $1.05U_m/\sqrt{3}$ 下的值	在 $1.05\ U_m/\sqrt{3}$ 和 U_m[注1] 间的增值
油浸纸[注3]	0.007	0.001
胶浸纸	0.007	0.001
胶粘纸	0.015	0.004
气体浸渍膜	0.005	0.001
气体	0.005	0.001
浇铸或模塑树脂	0.015	0.004
油脂覆膜	0.005	0.001
胶浸纤维	0.005	0.001
组合	注 2	
其他	注 2	

注 1：不适用于 $U_m \leqslant 40.5$ kV 的套管。

注 2：供方应给出此值。

注 3：对于 $U_m \geqslant 550$ kV 的油浸纸变压器套管，其 tan δ 最大值为 0.005。

表 6 局部放电量最大值(见 8.2 和 9.4)

套管绝缘类型	最大放电量/pC		
	U_m[注1]	$1.5U_m/\sqrt{3}$[注2]	$1.05U_m/\sqrt{3}$ 和 $1.1U_m/\sqrt{3}$[注5]
油浸纸	10	10	5
胶浸纸	10	10	5
胶粘纸[注3]	—	250	100
—带有金属层	注 4	注 4	300[注3]
气体浸渍膜	10	10	5
气体	—	10	5
浇铸和模塑树脂	—	10	5
油脂覆膜	20	20	10
胶浸纤维	20	20	10
组合		注 4	
其他		注 4	

注 1：仅适用于变压器套管。

注 2：对开关设备套管，此放电量可经供需双方协议选取较低电压进行测量。

注 3：对用于电力变压器的胶粘纸套管可由供需双方协议选取较低的放电量。

注 4：放电量的最大允许值应经供需双方协议。

注 5：$1.1U_m/\sqrt{3}$ 仅适用于 8.2。

表7　设备最高电压的标准绝缘水平(见4.9、8.1、8.3、8.4、9.2和9.3)

设备最高电压 U_m/kV(r.m.s.)	雷电冲击耐受电压(BIL)/kV(peak)	操作冲击干或湿耐受电压(SIL)/kV(peak)	工频耐受电压[注6]/kV(r.m.s.)			
			变压器套管[注1](干)	GIS套管[注2](干)	其他套管[注3](干)	所有套管[注4](湿)
3.6(3.5)	40		11	10	10	10
7.2(6.9)	60		22	20	20	20
12(11.5)	75		30	28	28	28
17.5(17.5)	95		42	38	38	38
24(23)	125		55	50	50	50
36	170		77	70	70	70
(40.5)	200		95	95	95	80
52	250		105	95	95	95
72.5(72.5)	325		155	140	140	140
100	380		165	150	150	150
	450		205	185	185	185
123(126)	450		205	185	185	185
	550		255	230	230	230
145	450 550		205 255	185 230	185 230	185 230
	650		305	275	275	275
170	550 650		255 305	230 275	230 275	230 275
	750		355	325	325	325
245(252)	950	650 750 850	435	435	395	395
	1 050	750 850	505	460	460	460
300	1 050	850	505	460	460	—
362	1 050	850	505	460	460	—
		950				
	1 175	950	520	510	510	—
(363)	1 175	950	625	595	570	535
420	1 300	1 050	625	595	570	—
	1 425	1 050	695	650	630	—
	1 550	1 175	750	—	680	—
550[注5](550)	1 425	1 050	695	650	630	—
		1 175				
	1 550	1 175	750	710	680	—
	1 675	1 175	750	—	680	—
	1 800	1 300	870	—	790	—

表 7（续）

设备最高电压 U_m/kV(r. m. s.)	雷电冲击耐受电压(BIL)/kV(peak)	操作冲击干或湿耐受电压(SIL)/kV(peak)	工频耐受电压[注6]/kV(r. m. s.)			
			变压器套管[注1]（干）	GIS 套管[注2]（干）	其他套管[注3]（干）	所有套管[注4]（湿）
800[注5](800)	1 800	1 300 1 425 1 550	870	830	790	—
	1 950	1 550	915	960	830	—
	2 100	1 425	970	960	880	—
	2 400	1 550	1 075	960	975	—
1 100	2 400 2 760[注9]	1 800 1 950	1 200[注8]	1 100	1 100	

注 1：这些数值按 GB 311.1—1997 和 GB 1094.3—2003 增大 10%与 9.3 一致。

注 2：这些数值依照 GB 7674—2008。

注 3：这些数值依照 GB 311.1—1997 和 GB 7674—2008。

注 4：这些数值依照 GB 311.1—1997。

注 5：设备最高电压依照 GB/T 156—2007。在未来的 GB 311.1—1997 版本中将出现由绝缘配合委员会提出并引入的 550 kV(替代了 525 kV)和 800 kV(替代了 765 kV)。525 kV 和 765 kV 仍被使用。

注 6：基于系统或设备中应用套管的 BIL，引用工频耐受电压作为最低要求。变压器套管应有较高的 BIL 等级，如果工频耐受电压值高于变压器耐受电压 10%时，套管应依照表 6 进行测试。

注 7：设备最高电压系列中带“( )”为第Ⅰ电压系列。

注 8：耐受时间 5 min。

注 9：该值为截波雷电冲击电压值，仅适用于变压器套管类产品。

表 8 型式试验的适用范围（见 7.2.1，符合第 10 章的套管除外）

条款	项目缩写	适用套管型式	定义的套管
8.1	交流干	＜300 kV 所有户内、户内浸入式和全浸入式	3.15，3.18，3.20
8.1	交流湿	＜300 kV 所有户外，U_m 为 245(252)kV 的变压器套管除外	3.16，3.17，3.19
8.2	ACLD	≥170 kV 所有变压器套管	3.18，3.19，3.20
8.3	雷电	全部	
8.4	操作	≥300 kV 全部和 245(252)kV 变压器套管	
	——干	——户内、户内浸入式和全浸入式	3.15，3.18，3.20
	——湿	——户外	3.16，3.17，3.19
8.5	热稳定	所有部分或全浸入式，浸渍介质≥60 ℃以及 ＞300 kV，对 OIP、RIP、RIF 和 LCF ≥145 kV，对其他	3.18，3.19，3.20
8.7	温升	全部，除了 3.4 的液体绝缘	
8.8	热短时	全部，如果算得温度太高	
8.9	悬臂	全部	
8.10	密封性	全部充液体和液体绝缘的，除了高黏度充填	3.2，3.4
8.11	压力	所有含气体≥1 L 以及＞0.05 MPa(表压力)	3.5，3.6，3.7
8.12	外部压力	所有部分或完全浸入气体中的，气体压力＞0.05 MPa(表压力)	3.18，3.19，3.20
8.13	尺寸	全部	

表9 符合10的套管的型式试验的适用范围(见10.4.1)

项目缩写	适用套管型式	定义的套管
交流干	户内、户外浸入式和全浸入式	3.11
交流湿	所有户外	3.11～3.13
雷电	全部	3.11～3.13,3.21
温升	全部	3.11～3.13,3.21
热短时	全部,如果算得温度太高	3.11～3.13,3.21
悬臂	全部(对3.21定义的型式降低要求)	3.11～3.13,3.21
尺寸	全部	3.11～3.13,3.21

表10 逐个试验的适用范围(见7.2.2,除了符合第10章的套管)

条款	项目缩写	适用套管型式	定义的套管
9.1	tan δ/电容量	全部电容式套管	3.14,3.42,3.43
9.2	雷电	全部BIL≥245 kV变压器套管	
9.3	交流干	全部	
9.4	局部放电	全部	
9.5	抽头	全部有抽头的	
9.6	内压力	全部含有气体的	3.5,3.6,3.7
9.7	液体密封性	全部含有液体的,除了高黏度充填	3.2,3.4
9.8	气体密封性	全部含有气体的,有某些例外	3.5,3.6,3.7,3.18,3.19,3.20
9.9	法兰处密封性	所有部分或完全浸入在油中或气体中的,有某些例外	3.18,3.19,3.20
9.10	外观和尺寸	全部	

表11 符合第10章的套管的逐个试验的适用范围(见10.4.2)

项目缩写	适用套管型式	定义的套管
交流干	除了3.11的瓷和玻璃以外的全部	3.12,3.13,3.20
局部放电	同上	同上
抽头	同上,带抽头	同上
外观和尺寸	全部	3.11～3.13和3.21

附 录 A
（资料性附录）
本标准与 IEC 60137 Ed.6.0 技术性差异及其原因

表 A.1 为本标准与 IEC 60137 Ed.6.0 的技术性差异及其原因一览表。

表 A.1 本标准与 IEC 60137 Ed.6.0 技术性差异及其原因

本标准的条编号	技术性差异	原 因
3.1	注 2 中增加了 3.42、3.43 所述的类型的套管	适应国内产品品类现状
3.34	绝缘套定义增加了“纯橡胶外套”	适应国内产品品类现状
3.40	复合套管定义增加了“具有橡胶绝缘套的套管”	适应国内产品品类现状
3.42	增加了“油脂覆膜套管”的定义	适应国内产品品类现状
3.43	增加了“胶浸纤维套管”的定义	适应国内产品品类现状
4.1	将设备最高电压值分为两个系列，并增加注 2 说明	适应国内电压等级系列
4.3	增加了“开关类套管 t_{th} 为 1 s～4 s，按相关标准选取。” 增加了“对于特高压套管，I_{th} 可按具体时间常数折算。”	适应国内开关类产品要求 适应特高压工程发展要求
4.4	增加了“对于开关类套管，特殊情况下也可为 2.7 倍。”	适应国内开关类产品要求
4.8	增加了绝缘材料为“油脂覆膜、胶浸纤维”的温度极限	套管类型增加
6.1.2	套管分类增加“3.42、3.43”	套管类型增加
6.1.4	运行条件中的关于“周围空气和浸入介质温度”、“最小公称爬电距离”的要求增加了 3.42、3.43 两类套管	套管类型增加
7.2.3	特殊试验增加一项“伞套材料耐电痕化和蚀损的试验”	反映胶料在正常产品生产工艺条件下的性能；运行经验表明可行
8.1.1	“湿试验适用于符合 3.16、3.17 和 3.19 且其 U_m 小于 300 kV 的所有户外套管。”改为“湿试验适用于符合 3.16、3.17 和 3.19 且其 U_m 小于 300 kV（U_m 为 245(252)kV 的变压器套管除外）的所有户外套管。”	适应国内变压器产品对 245(252)kV 的变压器套管的考核要求
8.1.3	加注“注：对高电压等级电容式套管产品，按照“试验后测量的电容高于先前测得的电容大约一层的电容量，则认为其发生了击穿”这一原则来判定，对于极板层数较多的电容式套管由于测量系统误差可能会出现误判。如果可能，进一步研究，提出更为适宜的判定方法。”	适应特高压工程用产品发展要求

表 A.1（续）

本标准的条编号	技术性差异	原　因
8.4.1	适用范围中增加了“操作冲击湿耐受电压试验适用于 U_m 等于 245(252)kV 的所有变压器套管。”	适应国内变压器产品的要求
8.5.1	适用范围中增加了“RIF、LCF”类套管	适应国内产品品类现状
8.6.1.3	将无线电干扰水平限值由 2 500 μV 修改为 500 μV	适应国内要求
9.1.1	适用范围增加“3.42、3.43”类套管	适应国内产品品类现状

附　录　B
（资料性附录）
本标准条款与 IEC 60137 Ed. 6.0 条款的对照

表 B.1 为本标准条款与 IEC 60137 Ed. 6.0 条款的对照一览表。

表 B.1　本标准条款与 IEC 60137 Ed. 6.0 条款的对照

<table>
<tr><th>本标准条款编号</th><th>对应的国际标准条款编号</th></tr>
<tr><td>1</td><td>1</td></tr>
<tr><td>2</td><td>2</td></tr>
<tr><td>3</td><td>3</td></tr>
<tr><td>3.42</td><td>—</td></tr>
<tr><td>3.43</td><td>—</td></tr>
<tr><td>4</td><td>4</td></tr>
<tr><td>5</td><td>5</td></tr>
<tr><td>6</td><td>6</td></tr>
<tr><td>7</td><td>7</td></tr>
<tr><td>8</td><td>8</td></tr>
<tr><td>9</td><td>9</td></tr>
<tr><td>10</td><td>10</td></tr>
<tr><td>11</td><td>11</td></tr>
<tr><td>12</td><td>12</td></tr>
<tr><td>13</td><td>13</td></tr>
<tr><td>附录 A</td><td rowspan="2">—</td></tr>
<tr><td>附录 B</td></tr>
<tr><td colspan="2">注：其余章条编号和 IEC 60137 完全相同。</td></tr>
</table>

ICS 71.080.15
G 17

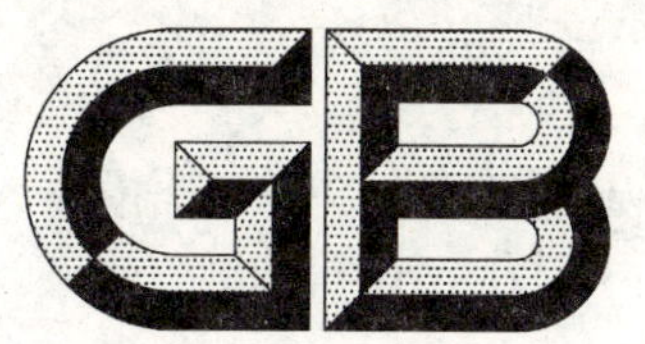

中华人民共和国国家标准

GB/T 4117—2008

代替 GB/T 4117—1992, GB/T 4120.3—1992, GB/T 4120.5～4120.6—1992

工业用二氯甲烷

Methylene chloride for industrial use

2008-04-01 发布　　　　2008-09-01 实施

中华人民共和国国家质量监督检验检疫总局
中国国家标准化管理委员会　发布

前　言

本标准代替GB/T 4117—1992《工业二氯甲烷》、GB/T 4120.3—1992《工业液体氯代甲烷类产品中酸度的测定　滴定法》、GB/T 4120.5—1992《工业液体氯代甲烷类产品中微量水分的测定　浊点法》和GB/T 4120.6—1992《工业液体氯代甲烷类产品的包装、标志、贮存、运输和检验规则》。

本标准与GB/T 4117—1992相比主要变化如下：

——范围由"本标准适用于天然气热氯化法和光氯化法生产的二氯甲烷"改为"本标准适用于甲醇氢氯化法工艺生产的二氯甲烷"(GB/T 4117—1992的第1章，本版的第1章)；

——技术要求中二氯甲烷质量分数优等品指标由≥99.5%修改为≥99.90%，一等品指标由≥99.0%修改为≥99.50%，合格品指标由≥98.0%修改为≥99.20%；水分优等品指标由≤0.040%修改为≤0.010%，一等品指标由≤0.050%修改为≤0.020%，合格品指标由≤0.060%修改为≤0.030%；酸度一等品指标由≤0.000 8%修改为≤0.000 4%，合格品指标由≤0.001 0%修改为≤0.000 8%；蒸发残渣一等品指标由≤0.001 0%修改为≤0.000 5%，合格品指标由≤0.003 0%修改为≤0.001 0%(GB/T 4117—1992的3.2，本版的3.2)；

——试验方法中，纯度的测定引用GB/T 21541—2008《工业用氯代甲烷类产品纯度的测定　气相色谱法》。水分的测定取消浊点法，增加卡尔·费休库仑电量法，并规定卡尔·费休库仑电量法为仲裁法；增加了外观的试验方法(GB/T 4117—1992的第4章，本版的第4章)；

——检验规则与标志、包装、贮存和运输分为两章编写(GB/T 4117—1992的第5章，本版的第5章、第6章)；

——增加了"有毒品"标志(见6.1)；

——增加了"安全"一章(见第7章)。

请注意本标准的某些内容有可能涉及专利。本标准的发布机构不应承担识别这些专利的责任。

本标准由中国石油和化学工业协会提出。

本标准由全国化学标准化技术委员会有机分会(SAC/TC 63/SC 2)归口。

本标准起草单位：浙江衢化氟化学有限公司、昊华西南化工有限责任公司。

本标准参加起草单位：山东东岳氟硅材料有限公司、山东金岭化工股份有限公司。

本标准主要起草人：刘红秀、陈科峰、汤月明、张学良、宓宏、陈彩琴、谭显文。

GB/T 4117、GB/T 4120.3、GB/T 4120.5、GB/T 4120.6于1983年首次发布，1992年第一次修订。

工业用二氯甲烷

1 范围

本标准规定了工业用二氯甲烷的要求、试验方法、检验规则、标志、包装、运输、贮存、安全。

本标准适用于甲醇氢氯化法工艺生产的二氯甲烷的生产、检验和销售。该产品主要用于溶剂、提取剂、清洗剂、发泡剂、脱膜剂等，并用作生产二氟甲烷(HFC-32)及制药行业的原料。

分子式：CH_2Cl_2。

相对分子质量：84.932(按2005年国际相对原子质量)。

2 规范性引用文件

下列文件中的条款通过本标准的引用而成为本标准的条款。凡是注日期的引用文件，其随后所有的修改单(不包括勘误的内容)或修订版均不适用于本标准，然而，鼓励根据本标准达成协议的各方研究是否可使用这些文件的最新版本。凡是不注日期的引用文件，其最新版本适用于本标准。

GB 190—1990　危险货物包装标志

GB/T 191—2000　包装储运图示标志

GB/T 601　化学试剂　标准滴定溶液的制备

GB/T 603　化学试剂　试验方法中所用制剂及制品的制备(ISO 6353-1:1982，NEQ)

GB/T 1250　极限数值的表示和判定方法

GB/T 3143—1982　液体化学产品颜色测定法(Hazen单位——铂-钴色号)

GB/T 6283—1986　化工产品中水分含量的测定　卡尔·费休法(通用方法)

GB/T 6324.2—2004　有机化工产品试验方法　第2部分：挥发性有机液体水浴上蒸发后干残渣测定(ISO 759:1981，MOD)

GB/T 6678—2003　化工产品采样总则

GB/T 6680—2003　液体化工产品采样通则

GB/T 6682—1992　分析实验室用水规格和试验方法(eqv ISO 3696:1987)

GB/T 21541—2008　工业用氯代甲烷类产品纯度的测定　气相色谱法

3 要求

3.1　外观：无色澄清、无悬浮物、无机械杂质的液体。

3.2　工业用二氯甲烷的质量应符合表1所示的技术要求。

表1　技术要求

项目		指标		
		优等品	一等品	合格品
二氯甲烷的质量分数[a]/%	≥	99.90	99.50	99.20
水的质量分数/%	≤	0.010	0.020	0.030
酸(以HCl计)的质量分数/%	≤	0.000 4		0.000 8
色度/Hazen单位(Pt-Co色号)	≤	10		
蒸发残渣的质量分数/%	≤	0.000 5		0.001 0
[a] 添加的稳定剂的量不计入二氯甲烷的质量分数。				

4 试验方法

4.1 警示

试验方法规定的一些试验过程可能导致危险情况。操作者应采取适当的安全和健康措施。

4.2 一般规定

除非另有说明，在分析中仅使用确认为分析纯的试剂和GB/T 6682—1992中规定的三级水。分析中所用标准滴定溶液、制剂及制品，在没有注明其他要求时，均按GB/T 601、GB/T 603的规定制备。

4.3 外观

取适量实验室样品于比色管内，目测观察样品有无悬浮物和机械杂质。

4.4 二氯甲烷含量的测定

按GB/T 21541—2008规定的方法进行。

4.5 水分的测定

4.5.1 卡尔·费休容量法

按GB/T 6283—1986规定的方法进行。

取两次平行测定结果的算术平均值为测定结果，两次平行测定结果的绝对差值不大于两次平行测定结果的平均值的10%。

4.5.2 卡尔·费休库仑电量法(仲裁法)

4.5.2.1 方法提要

实验室样品中的水在有机碱和甲醇的存在下与电解液中的碘进行定量反应，反应为：

$$I_2 + SO_2 + H_2O \longrightarrow 2HI + SO_3$$

$$2I^- - 2e \longrightarrow I_2$$

参加反应的碘分子数等于水的分子数，而电解生成的碘与所消耗的电量成正比。依据法拉第定律，在仪器上直接读出被测试样的水含量。

4.5.2.2 仪器

4.5.2.2.1 库仑电量水分测定仪：检测灵敏度0.1 μg H_2O。或其他能满足分析要求的微量水分测定仪也可使用；

4.5.2.2.2 天平：分度值为0.01 g；

4.5.2.2.3 注射器：5 mL。

4.5.2.3 试剂

与库仑电量水分测定仪配套使用的电解液(市售试剂)。

4.5.2.4 分析步骤

向库仑电量水分测定仪电解池加入电解液，调节库仑电量水分测定仪，使滴定池内达到平衡状态。用注射器吸取约2 mL实验室样品(或根据实验室样品中的水含量调整)，称量，精确至0.01 g，加入到库仑电量水分测定仪中，立即进行电量滴定，滴定结束后，根据试料的质量，计算水含量或在库仑电量水分测定仪上直接读取水的质量分数。

取两次平行测定结果的算术平均值为测定结果，两次平行测定结果的绝对差值不大于两次平行测定结果的平均值的0.000 8%。

4.6 酸度的测定

4.6.1 方法提要

用水萃取试料中所含的酸，以溴甲酚绿乙醇溶液为指示液，用氢氧化钠标准滴定溶液滴定。

4.6.2 仪器

4.6.2.1 微量滴定管：分刻度0.02 mL；

4.6.2.2 天平：最大称量不小于2 000 g，分度值0.1 g。

4.6.3 试剂

4.6.3.1 氢氧化钠标准滴定溶液：$c(NaOH)=0.01\ mol/L$；

4.6.3.2 溴甲酚绿乙醇溶液：1 g/L；

4.6.3.3 水：对溴甲酚绿乙醇溶液呈中性。

4.6.4 分析步骤

取 100 mL 实验室样品，称量，精确至 0.1 g，将试料转移至分液漏斗中，并加入 100 mL 水(4.6.3.3)，振荡 5 min，静置分层。从分液漏斗中分离出有机相，将水相转移至锥形瓶中，加 1～2 滴溴甲酚绿指示液，以氢氧化钠标准滴定溶液滴定至蓝色为终点。

4.6.5 结果计算

酸的质量分数 w_1（以 HCl 计），数值以%表示，按式(1)计算：

$$w_1=\frac{(V/1\,000)cM}{m}\times 100 \qquad (1)$$

式中：

V——试料消耗氢氧化钠标准滴定溶液(4.6.3.1)体积的数值，单位为毫升(mL)；

c——氢氧化钠标准滴定溶液浓度的准确数值，单位为摩尔每升(mol/L)；

m——试料的质量的数值，单位为克(g)；

M——氯化氢的摩尔质量的数值，单位为克每摩尔(g/mol)($M=36.46$)。

取两次平行测定结果的算术平均值为测定结果，两次平行测定结果的绝对差值不大于 0.000 2%。

4.7 色度的测定

按 GB/T 3143—1982 规定的方法进行。

4.8 蒸发残渣的测定

按 GB/T 6324.2—2004 规定的方法进行，取样量根据蒸发残渣的量确定。

取两次平行测定结果的算术平均值为测定结果，两次平行测定结果的绝对差值不大于 0.000 1%。

5 检验规则

5.1 检验分出厂检验和型式检验。

5.1.1 本标准第 3 章要求中的外观、二氯甲烷含量、水分、酸度、色度为出厂检验项目，出厂检验应逐批进行。

5.1.2 型式检验项目为第 3 章要求中规定的全部项目。在正常生产情况下，每 6 个月至少进行一次型式检验。有下列情况之一时，也应进行型式检验。

a) 更新关键生产工艺；

b) 主要原料有变化；

c) 停产又恢复生产；

d) 出厂检验结果与上次型式检验有较大差异；

e) 合同规定。

5.2 工业用二氯甲烷以同等质量的均匀产品为一批。桶装产品以不大于 100 t 为一批，或以一贮槽、一槽罐的产品量为一批。

5.3 工业用二氯甲烷的采样按 GB/T 6680—2003 中的 7.1 规定进行。桶装产品采样单元数按 GB/T 6678—2003中的规定进行，采样的总量应保证检验的需要。

5.4 工业用二氯甲烷应由生产厂的质量检验部门进行检验。每批出厂的产品都应附有质量证明书，内容包括：产品名称、产品等级、生产厂厂名、厂址、批号或生产日期及本标准编号。

5.5 检验结果的判定按 GB/T 1250 中的修约值比较法进行。检验结果如果有一项指标不符合本标准要求时，桶装产品应重新自两倍数量的包装单元中采样进行检验，贮槽装产品及槽罐装产品应重新采样进行检验。重新检验的结果即使只有一项指标不符合本标准要求，则整批产品为不合格。

6 标志、包装、运输和贮存

6.1 工业用二氯甲烷包装容器上应有牢固清晰的标志，内容包括：产品名称、商标、生产厂厂名、厂址、净含量、批号、产品等级、本标准编号、GB 190—1990 规定的"有毒品"标志、GB/T 191—2000 规定的"怕晒"、"怕雨"标志。

6.2 工业用二氯甲烷应使用干燥、清洁的镀锌铁桶、涂防护层铁桶或槽罐密闭包装。铁桶包装每桶净质量(200±0.5)kg、(250±0.5)kg，或根据用户要求包装。

6.3 镀锌铁桶、涂防护层铁桶或槽罐的装入量应根据铁桶或槽罐的总容积和液体氯代甲烷类产品在运输路途上允许的温度及其他因素变化，而引起的体积膨胀加以考虑。

6.4 工业用二氯甲烷产品应贮存在阴凉、通风、干燥的地方，不得靠近热源，避免曝晒雨淋。

6.5 工业用二氯甲烷产品在运输和装卸时不得撞击，应小心轻放，以免损伤包装容器致使产品渗漏。

6.6 工业用二氯甲烷的稳定剂是甲醇或戊烯。

6.7 加入稳定剂后的工业用二氯甲烷的保质期为自生产之日起的 6 个月。

7 安全

工业用二氯甲烷遇明火高热可燃。受热分解能产生剧毒的光气。若遇高热，容器内压力增大，有开裂和爆炸的危险。

接触或使用二氯甲烷时，应配戴必要的防护用品。当皮肤接触时，应用肥皂水和清洁水彻底冲洗皮肤至少 15 min，眼睛接触时，用流动清水或生理盐水冲洗，就医。

ICS 71.080.15
G 17

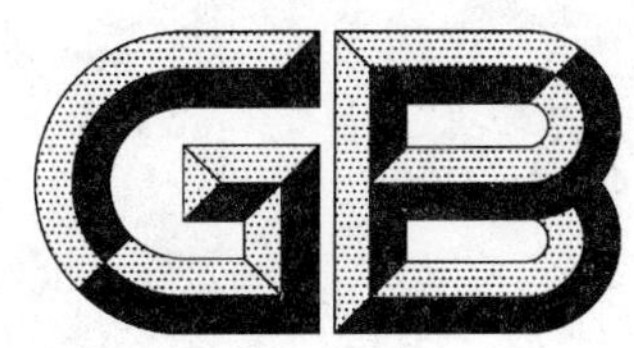

中华人民共和国国家标准

GB/T 4118—2008
代替 GB/T 4118—1992

工业用三氯甲烷

Trichloromethane for industrial use

2008-04-01 发布　　　　2008-09-01 实施

中华人民共和国国家质量监督检验检疫总局
中国国家标准化管理委员会　发布

前　言

本标准代替 GB/T 4118—1992《工业三氯甲烷》。

本标准与 GB/T 4118—1992 相比主要变化如下：

——范围由“本标准适用于以甲烷氯化法、乙醛法、三氯乙醛碱解法、光氯化法生产的三氯甲烷”改为“本标准适用于甲醇氢氯化法工艺生产的三氯甲烷”(GB/T 4118—1992 的第 1 章，本版的第 1 章)；

——技术要求中三氯甲烷的质量分数指标优等品由≥99.5%改为≥99.90%，一等品由≥99.0%改为≥99.50%，合格品由≥98.0%改为≥99.20%；水分指标优等品由≤0.03%改为≤0.010%，一等品由≤0.03%改为≤0.020%，合格品由≤0.05%改为≤0.030%；酸度指标优等品由≤0.001%改为≤0.0004%，一等品由≤0.001%改为≤0.0006%，合格品由≤0.003%改为≤0.0010%；四氯化碳含量指标优等品由≤0.05%改为≤0.04%，一等品由≤0.2%改为≤0.08%，合格品定为≤0.20%(GB/T 4118—1992 的 3.2，本版的 3.2)；

——试验方法，增加了外观试验方法；三氯甲烷含量的测定引用 GB/T 21541—2008《工业用氯代甲烷类产品纯度的测定　气相色谱法》；水分、酸度的测定由引用标准 GB/T 4120 修改为 GB/T 4117—2008(GB/T 4118—1992 的第 4 章，本版的第 4 章)；

——检验规则与包装、标志、贮存和运输分为两章编写(GB/T 4118—1992 的第 5 章，本版的第 5 章和第 6 章)；

——包装、标志、贮存和运输中增加了“有毒品”标志(见 6.1)；

——增加了“安全”一章(见第 7 章)。

请注意本标准的某些内容有可能涉及专利。本标准的发布机构不应承担识别这些专利的责任。

本标准由中国石油和化学工业协会提出。

本标准由全国化学标准化技术委员会有机分会(SAC/TC 63/SC 2)归口。

本标准起草单位：昊华西南化工有限责任公司、浙江衢化氟化学有限公司。

本标准参加起草单位：山东东岳氟硅材料有限公司、山东金岭化工股份有限公司。

本标准主要起草人：金涛、曹勇、沈治荣、张获。

本标准于 1983 年首次发布，1992 年第一次修订。

工业用三氯甲烷

1 范围

本标准规定了工业用三氯甲烷的要求、试验方法、检验规则、标志、包装、运输、贮存、安全。

本标准适用于甲醇氢氯化法工艺生产的三氯甲烷的生产、检验和销售。该产品主要用于制造致冷剂，也用作溶剂、萃取剂、医药及染料中间体等。

分子式：$CHCl_3$。

相对分子质量：119.378(按2005年国际相对原子质量)。

2 规范性引用文件

下列文件中的条款通过本标准的引用而成为本标准的条款。凡是注日期的引用文件，其随后所有的修改单(不包括勘误的内容)或修订版均不适用于本标准，然而，鼓励根据本标准达成协议的各方研究是否可使用这些文件的最新版本。凡是不注日期的引用文件，其最新版本适用于本标准。

GB 190—1990 危险货物包装标志

GB/T 191—2000 包装储运图示标志(eqv ISO 780:1997)

GB/T 1250 极限数值的表示和判定方法

GB/T 3143—1982 液体化学产品颜色测定法(Hazen单位——铂-钴色号)

GB/T 4117—2008 工业用二氯甲烷

GB/T 6678—2003 化工产品采样总则

GB/T 6680—2003 液体化工产品采样通则

GB/T 6682—1992 分析实验室用水规格和试验方法(eqv ISO 3696:1987)

GB/T 21541—2008 工业用氯代甲烷类产品纯度的测定 气相色谱法

3 要求

3.1 外观：无色澄清、无悬浮物、无机械杂质的液体。

3.2 工业用三氯甲烷的质量应符合表1所示的技术要求。

表1 技术要求

项目		指标		
		优等品	一等品	合格品
三氯甲烷的质量分数[a]/%	≥	99.90	99.50	99.20
四氯化碳的质量分数/%	≤	0.04	0.08	0.20
水的质量分数/%	≤	0.010	0.020	0.030
酸(以HCl计)的质量分数/%	≤	0.000 4	0.000 6	0.001 0
色度/Hazen单位(Pt-Co色号)	≤	10	15	25
[a] 添加的稳定剂的量不计入三氯甲烷的质量分数。				

4 试验方法

4.1 警示

试验方法规定的一些试验过程可能导致危险情况。操作者应采取适当的安全和健康措施。

4.2 一般规定

除非另有说明,在分析中仅使用确认为分析纯的试剂和 GB/T 6682—1992 中规定的三级水。

4.3 外观

取适量实验室样品于比色试管内,目测观察样品有无悬浮物和机械杂质。

4.4 三氯甲烷含量的测定

按 GB/T 21541—2008 规定的方法进行。

4.5 四氯化碳含量的测定

按 GB/T 21541—2008 规定的方法进行。

4.6 水分的测定

按 GB/T 4117—2008 中 4.5 规定的方法进行。

4.7 酸度的测定

按 GB/T 4117—2008 中 4.6 规定的方法进行。

4.8 色度的测定

按 GB/T 3143—1982 规定的方法进行。

5 检验规则

5.1 本标准第 3 章要求中规定的所有项目均为出厂检验项目。出厂检验应逐批进行。

5.2 工业用三氯甲烷以同等质量的均匀产品为一批。桶装产品以不大于 100 t 为一批,或以一贮槽、一槽罐的产品量为一批。

5.3 工业用三氯甲烷的采样按 GB/T 6680—2003 中的 7.1 的规定进行。桶装产品采样单元数按 GB/T 6678—2003中的规定进行,采样的总量应保证检验的需要。

5.4 工业用三氯甲烷应由生产厂的质量检验部门进行检验。每批出厂的产品都应附有质量证明书,内容包括:产品名称、产品等级、生产厂厂名、厂址、批号或生产日期及本标准编号。

5.5 检验结果的判定按 GB/T 1250 中的修约值比较法进行。检验结果如果有一项指标不符合本标准要求时,桶装产品应重新自两倍数量的包装单元中采样进行检验,贮槽装产品及槽罐装产品应重新采样进行检验。重新检验的结果即使只有一项指标不符合本标准要求,则整批产品为不合格。

6 标志、包装、运输和贮存

6.1 工业用三氯甲烷包装容器上应有牢固清晰的标志,内容包括:产品名称、商标、生产厂厂名、厂址、净含量、批号、产品等级、本标准编号、GB 190 规定的“有毒品”标志、GB/T 191—2000 规定的“怕晒”、“怕雨”标志。

6.2 工业用三氯甲烷应使用干燥、清洁的镀锌铁桶,涂防护层铁桶或槽罐密闭包装。铁桶包装每桶净质量(200±0.5)kg、(250±0.5)kg,或根据用户要求包装。

6.3 镀锌铁桶、涂防护层铁桶或槽罐的装入量,应根据铁桶或槽罐的总容积和三氯甲烷产品在运输路途上允许的温度及其他因素变化而引起的体积膨胀予以调整。

6.4 工业用三氯甲烷产品应贮存在阴凉、通风、干燥的地方,不得靠近热源,避免曝晒雨淋。

6.5 工业用三氯甲烷产品在运输和装卸时不得撞击,应小心轻放,以免损伤包装容器致使产品渗漏。

6.6 工业用三氯甲烷的稳定剂是乙醇或戊烯。

6.7 加入稳定剂后的工业用三氯甲烷的保质期为自生产之日起的 6 个月。

7 安全

工业用三氯甲烷受热分解能产生剧毒的光气。若遇高热，容器内压力增大，有开裂和爆炸的危险。

接触或使用三氯甲烷时，应佩戴防护用品。当皮肤接触时，应用肥皂水和清洁水彻底冲洗皮肤至少 15 min，眼睛接触时，用流动清水或生理盐水冲洗，就医。

ICS 71.080.15
G 17

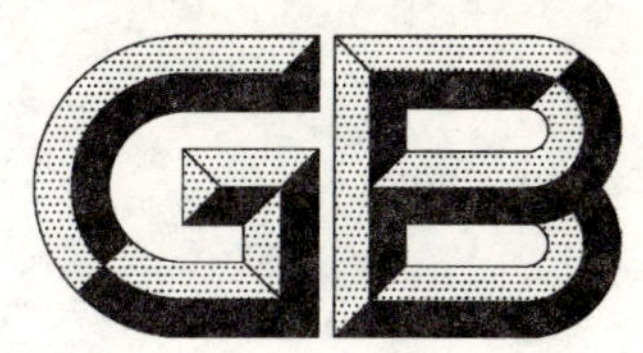

中华人民共和国国家标准

GB/T 4119—2008
代替 GB/T 4119—1993

工业用四氯化碳

Carbon tetrachloride for industrial use

2008-04-01 发布 2008-09-01 实施

中华人民共和国国家质量监督检验检疫总局
中国国家标准化管理委员会 发布

前 言

本标准代替 GB/T 4119—1993《工业四氯化碳》。

本标准与 GB/T 4119—1993 相比主要变化如下：

——范围由“本标准适用于天然气热氯化法、二硫化碳法、甲醇法及全氯化氯解法生产的四氯化碳”修改为“本标准适用于甲醇氢氯化法和天然气热氯化法工艺生产的四氯化碳”(GB/T 4119—1993 的第 1 章，本版的第 1 章)；

——技术要求中，取消了二硫化碳项目；四氯化碳的质量分数的优等品指标由≥99.8%修改为≥99.80%，一等品指标由≥99.5%修改为≥99.50%(GB/T 4119—1993 的 3.2，本版的 3.2)；

——试验方法中，四氯化碳、三氯甲烷、四氯乙烯含量的测定引用 GB/T 21541—2008《工业用氯代甲烷类产品纯度的测定　气相色谱法》。水分、酸度的测定由引用标准 GB/T 4120 修改为 GB/T 4117—2008；增加了外观试验方法(GB/T 4119—1993 的第 4 章，本版的第 4 章)；

——检验规则与标志、包装、贮存和运输分为两章编写(GB/T 4119—1993 的第 5 章，本版的第 5 章和第 6 章)；

——增加了“有毒品”标志(见 6.1)；

——增加了“安全”一章(见第 7 章)。

请注意本标准的某些内容有可能涉及专利。本标准的发布机构不应承担识别这些专利的责任。

本标准由中国石油和化学工业协会提出。

本标准由全国化学标准化技术委员会有机分会(SAC/TC 63/SC 2)归口。

本标准起草单位：浙江衢化氟化学有限公司、昊华西南化工有限责任公司。

本标准参加起草单位：山东东岳氟硅材料有限公司、山东金岭化工股份有限公司。

本标准主要起草人：刘红秀、陈科峰、汤月明、张学良、宓宏、谭显文、陈彩琴。

本标准于 1983 年首次发布，1993 年第一次修订。

工业用四氯化碳

1 范围

本标准规定了工业用四氯化碳的要求、试验方法、检验规则、标志、包装、运输、贮存、安全。

本标准适用于甲醇氢氯化法和天然气热氯化法工艺生产的四氯化碳的生产、检验和销售。该产品主要用作四氯乙烯、制药行业等的原料。

分子式：CCl_4

相对分子质量：153.823（按 2005 年国际相对原子质量）

2 规范性引用文件

下列文件中的条款通过本标准的引用而成为本标准的条款。凡是注日期的引用文件，其随后所有的修改单（不包括勘误的内容）或修订版均不适用于本标准，然而，鼓励根据本标准达成协议的各方研究是否可使用这些文件的最新版本。凡是不注日期的引用文件，其最新版本适用于本标准。

GB 190—1990 危险货物包装标志

GB/T 191—2000 包装储运图示标志（eqv ISO 780:1997）

GB/T 1250 极限数值的表示和判定方法

GB/T 3143—1982 液体化学产品颜色测定法（Hazen 单位——铂-钴色号）

GB/T 4117—2008 工业用二氯甲烷

GB/T 6678—2003 化工产品采样总则

GB/T 6680—2003 液体化工产品采样通则

GB/T 6682—1992 分析实验室用水规格和试验方法（eqv ISO 3696:1987）

GB/T 21541—2008 工业用氯代甲烷类产品纯度的测定 气相色谱法

3 要求

3.1 外观：无色澄清、无悬浮物、无机械杂质的液体。

3.2 工业用四氯化碳的质量应符合表 1 所示的技术要求。

表 1 技术要求

项目		指标	
		优等品	一等品
四氯化碳的质量分数/%	≥	99.80	99.50
三氯甲烷的质量分数/%	≤	0.05	0.3
四氯乙烯的质量分数/%	≤	0.03	0.1
水的质量分数/%	≤	0.005	0.007
酸（以 HCl 计）的质量分数/%	≤	0.000 2	0.000 8
色度/ Hazen 单位（Pt-Co 色号）	≤	15	25

4 试验方法

4.1 警示

试验方法规定的一些试验过程可能导致危险情况。操作者应采取适当的安全和健康措施。

4.2 一般规定

除非另有说明,在分析中仅使用确认为分析纯的试剂和GB/T 6682中规定的三级水。

4.3 性状

取适量的实验室样品于比色管内,目测观察试样有无悬浮物和机械杂质。

4.4 四氯化碳含量的测定

按GB/T 21541—2008规定的方法进行。

4.5 三氯甲烷含量的测定

按GB/T 21541—2008规定的方法进行。

4.6 四氯乙烯含量的测定

按GB/T 21541—2008规定的方法进行。

4.7 水分的测定

按GB/T 4117—2008中4.5规定的方法进行。

4.8 酸度的测定

按GB/T 4117—2008中4.6规定的方法进行。

4.9 色度的测定

按GB/T 3143所规定的方法进行。

5 检验规则

5.1 本标准第3章要求中的全部项目均为出厂检验项目,出厂检验应逐批进行。

5.2 工业用四氯化碳以同等质量的均匀产品为一批。桶装产品以不大于100 t为一批,或以一贮槽、一槽罐的产品量为一批。

5.3 工业用四氯化碳的采样按GB/T 6680—2003中的7.1的规定进行。桶装产品采样单元数按GB/T 6678—2003中的规定进行,采样的总量应保证检验的需要。

5.4 工业用四氯化碳应由生产厂的质量检验部门进行检验。每批出厂的产品都应附有质量证明书,内容包括:产品名称、产品等级、生产厂厂名、厂址、批号或生产日期及本标准编号。

5.5 检验结果的判定按GB/T 1250中的修约值比较法进行。检验结果如果有一项指标不符合本标准要求时,桶装产品应重新自两倍数量的包装单元中采样进行检验,贮槽装产品及槽罐装产品应重新采样进行检验。重新检验的结果即使只有一项指标不符合本标准要求,则整批产品为不合格。

6 标志、包装、运输和贮存

6.1 工业用四氯化碳包装容器上应有牢固清晰的标志,内容包括:产品名称、商标、生产厂厂名、厂址、净含量、批号、产品等级、本标准编号、GB 190规定的"有毒品"标志、GB/T 191规定的"怕晒"、"怕雨"标志。

6.2 工业用四氯化碳应使用干燥、清洁的镀锌铁桶、涂防护层铁桶或槽罐密闭包装。铁桶包装每桶净重200 kg±0.5 kg、250 kg±0.5 kg、300 kg±0.9 kg,或根据用户要求包装。

6.3 镀锌铁桶、涂防护层铁桶或槽罐的装入量应根据铁桶或槽罐的总容积和四氯化碳产品在运输路途上允许的温度及其他因素变化,而引起的体积膨胀加以考虑。

6.4 工业用四氯化碳产品应贮存在阴凉、通风、干燥的地方,不得靠近热源,避免曝晒雨淋。

6.5 工业用四氯化碳产品的贮存和运输应符合中华人民共和国铁路、公路和水路对危险货物贮存和运输的有关规定。

6.6 工业用四氯化碳产品在运输和装卸时不得撞击,应小心轻放,以免损伤包装容器致使产品渗漏。

7 安全

工业用四氯化碳不会燃烧,但遇明火或高温易产生剧毒的光气和氯化氢烟雾。在潮湿的空气中逐渐分解成光气和氯化氢。

接触或使用四氯化碳时，应配戴必要的防护用品。当皮肤接触时，应用肥皂水和流动清水彻底冲洗皮肤至少 15 min，眼睛接触时，用流动清水或生理盐水冲洗，就医。

ICS 55.020
A 80

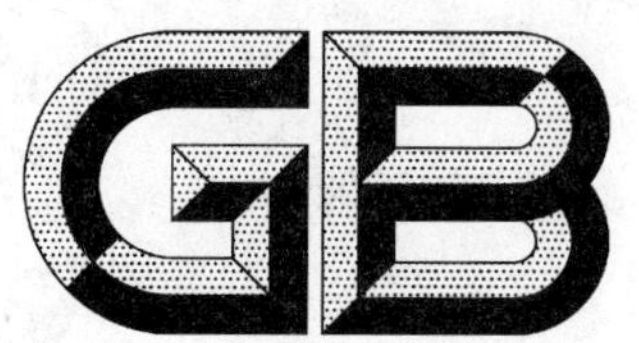

中华人民共和国国家标准

GB/T 4122.1—2008
代替 GB/T 4122.1—1996

包装术语　第1部分：基础

Packaging terms—Part 1：Basic

2008-05-27 发布　　2009-01-01 实施

中华人民共和国国家质量监督检验检疫总局
中国国家标准化管理委员会　发布

前　言

GB/T 4122《包装术语》其预期结构和将代替的国家标准为：

——第 1 部分：基础（代替 GB/T 4122.1—1996）；

——第 2 部分：机械（代替 GB/T 4122.2—1996）；

——第 3 部分：防护（代替 GB/T 4122.3—1997）；

——第 4 部分：材料与容器（代替 GB/T 4122.4—2002、GB/T 13039—1991、GB/T 13040—1991）；

——第 5 部分：检验与试验（代替 GB/T 4122.5—2005）；

——第 6 部分：印刷（代替 GB/T 13483—1992）；

——第 7 部分：包装与环境。

本部分为 GB/T 4122 的第 1 部分。

本次修订主要参考了 ISO 21067:2007《包装术语》和日本工业标准 JIS Z 0108:2005《包装术语汇编》。

本部分代替 GB/T 4122.1—1996《包装术语　基础》。

本部分与 GB/T 4122.1—1996 相比主要变化如下：

——将结构做了适当调整，补充了“包装与环境”章节；

——删除了“包装基础、设计、工艺、检验、管理术语”和“包装流通术语”章节，将其部分术语并入其他章节；

——增加了“过度包装”等术语及定义；

——删除了部分专用术语，将其并入标准其他部分中。

本部分由全国包装标准化技术委员会提出并归口。

本部分起草单位：中国包装联合会、深圳职业技术学院、广东省佛山市南海东兴塑料制罐有限公司。

本部分主要起草人：朱婧、王利、刘国靖、王利婕、田威、罗意自、肖遇春。

本部分所代替标准的历次版本发布情况为：

——GB 4122—1983；GB/T 4122.1—1996。

包装术语 第1部分:基础

1 范围

GB/T 4122的本部分规定了包装通用术语及机械、防护、材料与容器、检验与试验、印刷、包装与环境等基础术语及定义。

本部分适用于包装及与包装相关的领域。

2 通用术语

2.1

包装 package,packaging

为在流通过程中保护产品,方便储运,促进销售,按一定技术方法而采用的容器、材料及辅助物等的总体名称。也指为了达到上述目的而采用容器、材料和辅助物的过程中施加一定方法等的操作活动。

2.2

包装件 package

产品经过包装所形成的总体。

2.3

运输包装 transport package

以运输贮存为主要目的的包装。它具有保障产品的安全,方便储运装卸,加速交接、点验等作用。

2.4

工业包装 industrial packaging

对原材料部件和从制造商销售到制造商或其他中间商的半成品或成品的包装。

2.5

销售包装 consumer package

以销售为主要目的,与内装物一起到达消费者手中的包装。它具有保护、美化、宣传产品,促进销售的作用。

2.6

商业包装 commercial package

根据包装的数量、包装类型、包装质量或包装设计要求,使其符合各自贸易要求的包装。

2.7

硬质包装 rigid package

在充填或取出内装物后,容器形状基本不发生变化的包装。该容器一般用金属、木质材料、玻璃、陶瓷、纸板、硬质塑料等材料制成。

2.8

软包装 flexible package

在充填或取出内装物后,容器形状可发生变化的包装。该容器一般用纸、纤维制品、塑料薄膜或复合包装材料等制成。

2.9

内装物 contents

包装件内所装的产品或物品。

2.10

透明包装　transparent package, see-through package

通过透明包装材料能见到全部或部分内装物的包装。

2.11

可折叠包装　collapsible package

在内装物放置前或取出后，容器可以折叠存放的包装。

2.12

可拆卸包装　dismountable package

在内装充填前或取出后，容器能拆卸成若干部分，使用时能组装的包装。

2.13

便携包装　carrier pack, carry-home pack

为方便消费者携带，装有提手或类似装置的包装。

2.14

系列包装　series package

对一个企业或一个商标、牌名的不同种类的产品，用一种共性包装特征来统一的包装。

2.15

配套包装　set package

将品种相同规格不同，或品种不同用途相关的数件产品搭配在一起的包装。如将乒乓球、乒乓球拍和球网放在一起的包装。

2.16

局部包装　part package

仅对产品需要防护的部位所进行的包装，多用于机电产品。

2.17

敞开包装　open package

将产品固定在底座上，对其余部分不再进行包装的一种包装，多用于机电产品。

2.18

托盘包装　palletizing packaging

将包装件或产品堆码在托盘上，通过捆扎、裹包或胶粘等方法加以固定，形成一个搬运单元，以便用机械设备搬运。

2.19

捆扎包装　strapping package, binding

对生丝、衣料、羊毛、棉花、毛皮、纸、金属屑等大体积物品，根据需要，用适当材料扎进、固定或增强的包装。

2.20

盘卷包装　drum package

将挠性产品，如钢丝、电缆等，用卷盘等包装辅助物以及裹包等工艺方法进行的包装。

2.21

单元货物　unit loads

通过一种或多种手段将一组货物或包装件拼装在一起，使其形成一个整体单元，以利于装卸、运输、堆码和贮存。

2.22

危险品包装　dangerous goods package

根据危险品的特性，按照有关法令、标准和规定采用专门设计制造的包括容器和防护技术的包装。

2.23

散货包装　bulk packaging

将散装货物、大量固态、粒状或液态的货物装在一起以便于运输和储存的包装方式。

2.24

集合包装　assembly packaging

讲若干包装或商品包装在一起,形成一个合适的搬运单元的包装。

2.25

过度包装　overpackaging

超出正常的包装功能需求,其包装空隙率、包装层数、包装成本超过必要程度的包装。

2.26

适度包装　appropriate packaging

为节约资源、能源和废弃物的资源化利用,而采取的合理、恰当的包装。

2.27

初始包装　original package

直接与产品接触的包装。

2.28

儿童防护包装　child-resistant package

为成人设计,儿童不易开启的包装。

2.29

单体包装　individual packaging

只包装一种或一套产品的包装。

2.30

多层包装　multi-pack

两层或两层以上的商品包装。

2.31

一次性包装　portion package

仅使用一次的包装。

2.32

可重复利用容器　returnable container

可使用一次以上的包装。

2.33

环保包装　environmentally conscious packaging

对环境没有影响或影响相对较小的包装。

2.34

无菌包装　aseptic packaging

产品、包装容器、材料或包装辅助器材灭菌后,在无菌的环境中进行充填和封合的一种包装方法。

2.35

配送包装　distribution packaging

将销售包装集合在一起,便于搬运、物流管理及分销的一种包装。

2.36

包装模数　package module

包装容器长和宽的尺寸基数。根据包装模数设计的包装容器能较好的利用储存和运输空间。

2.37

包装系统　packaging system

完成包装全过程工作中所必需的各种专业部门和机构所形成的产业。

2.38

包装功能　function of package

包装的三个基本功能：保护功能、方便功能和传递功能。

2.39

包装设计　package design

对产品的包装进行选型、结构和装潢设计。

2.40

包装工艺　package process

用包装材料、容器、辅助物或设备将产品进行包装的方法和操作过程。

3　包装机械

3.1

包装机械　packaging machinery

完成全部或部分包装过程的机器。包装过程包括成型、充填、封口、裹包等主要包装工序，以及清洗、干燥、杀菌、贴标、捆扎、集装、拆卸等前后包装工序转送、选别等其他辅助包装工序。

3.2

充填机　filling machine

将产品按预定量充填到包装容器内的机器。

3.3

灌装机　filling machine

将液体按预定量灌注到包装容器内的机器。

3.4

封口机　sealing machine，closing machine

在包装容器内盛装产品后，对容器进行封口的机器。

3.5

裹包机　wrapping machine

用挠性包装材料全部或局部裹包产品的机器。

3.6

标签机　labeling machine

采用粘合剂将标签贴在包装件或产品上的机器。

3.7

清洗机　cleaning machine

对包装容器、包装材料、包装辅助物以及包装件进行清洗以达到预期清洁度的机器。

3.8

干燥机　drying machine

对包装容器、包装材料、包装辅助物以及包装件上的水分进行去除以达到预期干燥程度的机器。

3.9

杀菌机　sterilization machine

对产品、包装容器、包装材料、包装辅助物以及包装件等上的微生物进行杀灭，使其降低到允许范围内的机器。

3.10

捆扎机 strapping machine

使用捆扎带缠绕产品或包装件，然后收紧并将两端通过热效应熔融或使用包扣等材料连接的机器。

3.11

集装机 machine for the assembly of unit load

将若干个包装件或产品包装在一起，形成一个合适的搬运单元的机器。按集装方式分为托盘集装机、无托盘集装机。

4 防护包装

4.1

防护包装 protective packaging

保护被包装物的一种包装方法。防护包装可以保护内装物从封闭包装到最终使用者打开包装为止的过程中不发生变质、损坏或损失。根据周围的环境对产品危害程度的不同和需要保护时间的长短，可使包装具有不同的保护程度。

4.2

防水包装 waterproof packaging

防止因水浸入包装件而影响内装物品质的一种包装方法。如用防水材料衬垫包装容器内侧，或在包装容器外部涂刷防水材料等。

4.3

防潮包装 moistureproof packaging

防止因潮气浸入包装件而影响内装物品质的一种包装方法。如用防潮包装材料密封产品，或在包装容器内加入适量干燥剂以吸收残存潮气，也可将密封包装容器抽真空等。

4.4

防霉包装 mouldproof packaging

防止内装物长霉影响内装物品质的一种包装方法。如对内装物进行防潮包装，以及干燥空气封存，对内装物和包装材料进行防霉处理等。

4.5

防静电包装 electrostaticsproof packaging

防止被包装的物品之间产生静电感应的一种包装方法。

4.6

防锈包装 rustproof packaging

防止内装物锈蚀的一种包装方法。如在产品表面涂刷防锈油(脂)或用气相防锈塑料薄膜或气相防锈纸包封产品等。

4.7

缓冲包装 cushioning packaging

在产品外表面周围放有能吸收冲击或振动能量的缓冲材料或其他缓冲元件，使产品不受物理损伤的一种包装方法。

4.8

防磁包装 magnetic field-resistant packaging

防止磁场干扰内装物品的一种包装方法。

4.9

防辐射包装 radiation resistant packaging

防止外界辐射线通过包装容器损害内装物品质的一种包装方法。

4.10

防虫包装　insect-resistant packaging

为保护内装物免受虫类侵害的一种包装方法。如在包装材料中渗入杀虫剂,有时在包装容器中也使用驱虫剂、杀虫剂或脱氧剂,以增强防虫效果。

5　包装材料与容器

5.1

包装材料　packaging material

用于制造包装容器和构成产品包装的材料(如:木材、金属、塑料、玻璃和纸等)总称。

5.2

包装容器　packaging container

为储存、运输或销售而使用的盛装物品或包装件的总称,简称容器。如盒、箱、桶、罐、瓶、袋、筐等。

5.3

再生材料　recovered materials

回收后可加工成原材料,循环使用的再生资源。

5.4

木质包装　wooden packaging

主要采用木质材料进行的包装。有箱、盒、桶等多种形式。

5.5

纸包装　paper packaging

主要采用纸、纸板等纸质材料进行的包装。

5.6

塑料包装　plastic packaging

主要采用塑料材料进行的包装。

5.7

金属包装　metal packaging

主要采用金属材料进行的包装。

5.8

玻璃包装　glass packaging

主要采用玻璃材料进行的包装。

5.9

复合材料包装　consolidated packaging

由两层或两层以上材料复合在一起形成的复合材料做成的包装。

5.10

菱镁砼包装　magnesium packaging

主要采用菱镁砼制成的包装。

5.11

其他　others

5.11.1

竹胶板箱　case with plybamboo

用木材作框架或箱档,用竹胶合板或木胶合板作箱面制成的包装箱。

5.11.2

秸秆箱　stalk box

将秸秆的纤维材料捣碎，然后加入各种成分(如胶粘剂)，经过压合、模压或发泡等工艺制成的包装箱。

6　包装检验与试验

6.1

包装试验　package examination

对包装件所使用的包装材料和包装容器的防护质量以及包装方法等，进行的某种或各种专项试验的过程。

6.2

包装检验　package inspection

对包装的特性进行检测、测量、计量，并将这些特性与规定的要求进行比较和评价的过程。

7　包装印刷

7.1

印刷　printing

使用印版或其他方式将原稿上的图文信息转移到承印物上的工艺技术。

7.2

包装印刷　package printing

以包装材料、包装制品、标签等为产品的印刷。

8　包装与环境

8.1

包装废弃物　packaging waste

在制造包装容器和进行包装过程中起辅助作用的材料，如衬垫、防护、粘合等材料。

8.2

重复使用　reuse

通过对于包装的所有运作，使其预期的并且有计划的在其生命周期之内完成有限次数的周转或循环，是预先设计的再灌装或用于相同的产品，用或不用辅助产品维持均能够投放市场；受生命周期的制约，如此重复使用的包装也将成为包装废弃物。

8.3

回收利用　recovery

为有目的转移准备最终处理的废弃物的操作。对于用过的包装的主要操作是循环再生(包括堆制肥料)和能源回收利用。

8.4

循环再生　recycling

为了预先的目的或其他的用途将废弃的材料在生产加工中再生，包括有机循环再生，但不包括能量回收利用。

8.5

降解　degradation

受环境条件的影响，并且在一阶段或多阶段的时期周期内，材料结构发生不可逆的显著变化，典型的表现为材料性能的降低(如：完整性、机械强度、分子量或分子结构的改变)和(或)分裂。

8.6

寿命周期分析　life cycle assessment

从包装材料的生产到制成包装制品,然后回收或处理,整个过程中所消耗的能量,以及生产了多少有害气体,总体评价包装材料的方法。

9　包装辅助物

9.1

包装辅助物　packaging auxiliaries

用于制造包装容器和构成产品包装的材料总称。

9.2

捆扎带　strapping

用来扎牢、固定、加固产品或包装件的挠性带状材料。

9.3

胶带　gummed tape

涂有溶性活化剂的任何窄带,主要用于封闭包装容器。

9.4

粘合剂　adhesive

借助表面粘附作用能将二层材料连结在一起的物质。

9.5

护棱　edge protector

安放在包装件的棱边上,起保护作用的直角构件。

9.6

护角　corner protector

安放在产品或包装容器角上的构件,起保护作用。

9.7

隔离物　divider,separator

用各种材料制造的,将容器空间分成基层或许多格子等的构件,如隔板、格子板等,其目的是将内装物隔开和起缓冲作用。

9.8

支撑物　blocking

在包装时,为使产品在运输途中保持固定位置所用的物件。

中 文 索 引

英文索引

A

B

C

D

E

F

G

I

L

M

O

P

W

ICS 25.100.70
J 43

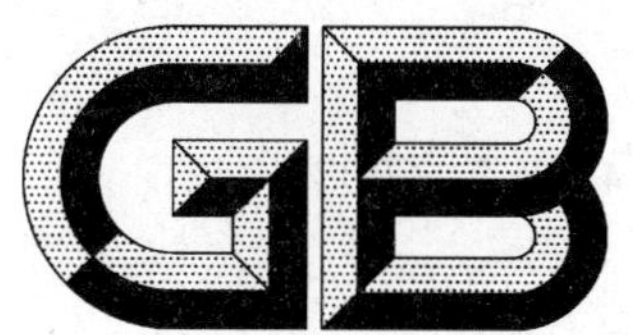

中华人民共和国国家标准

GB/T 4127.4—2008
部分代替 GB/T 4127—1997

固结磨具　尺寸　第4部分：平面磨削用周边磨砂轮

Bonded abrasive products—Dimensions—
Part 4:Grinding wheels for surface grinding/peripheral grinding

(ISO 603-4:1999,MOD)

2008-06-03 发布　　2009-01-01 实施

中华人民共和国国家质量监督检验检疫总局
中国国家标准化管理委员会　发布

前　言

GB/T 4127《固结磨具　尺寸》分为16个部分：

——第1部分：外圆磨砂轮（工件装夹在顶尖间）；

——第2部分：无心外圆磨砂轮；

——第3部分：内圆磨砂轮；

——第4部分：平面磨削用周边磨砂轮；

——第5部分：平面磨削用端面磨砂轮；

——第6部分：工具磨和工具室用砂轮；

——第7部分：人工操纵磨削砂轮；

——第8部分：去毛刺、荒磨和粗磨用砂轮；

——第9部分：重负荷磨削砂轮；

——第10部分：珩磨和超精磨磨石；

——第11部分：手持抛光磨石；

——第12部分：直向砂轮机用去毛刺和荒磨砂轮；

——第13部分：立式砂轮机用去毛刺和荒磨砂轮；

——第14部分：角向砂轮机用去毛刺、荒磨和粗磨砂轮；

——第15部分：固定式或移动式切割机用切割砂轮；

——第16部分：手持式电动工具用切割砂轮。

本部分为GB/T 4127的第4部分。

本部分修改采用ISO 603-4:1999《固结磨具　尺寸　第4部分：平面磨/周边磨砂轮》（英文版）。

考虑到我国国情，在采用ISO 603-4:1999时，本部分做了一些修改。有关技术性差异已编入正文中，并在它们所涉及的条款的页边空白处用垂直单线标识。在附录A（资料性附录）中给出了技术性差异极其原因的一览表以供参考。

为便于使用，本部分还进行了如下编辑性修改：

——将“ISO 603的本部分”改为“本部分”；

——用小数点“.”代替作为小数点的逗号“,”；

——删除国际标准的前言。

本部分代替GB/T 4127—1997《普通磨具　砂轮形状和尺寸》部分内容。本部分修改内容如下：

——为与国际上该类产品名称一致，标准名称中的“普通磨具”修改为“固结磨具”。

——增加了ISO 603-4:1999的1型、5型、7型、20型、21型、22型、23型、24型、25型、26型、38型、39型的砂轮及其尺寸系列。

——增加了对产品的标记、要求和标志的规定。

本部分由中国机械工业联合会提出。

本部分由全国磨料磨具标准化技术委员会（SAC/TC 139）归口。

本部分起草单位：苏州远东砂轮有限公司、山东鲁信高新技术产业股份有限公司。

本部分主要起草人：莫运水、陈刚祖、王克力。

本部分所代替标准的历次版本发布情况为：

——GB/T 4127—1984、GB/T 4127—1997。

固结磨具　尺寸　第4部分：平面磨削用周边磨砂轮

1　范围

本部分规定了以下型号砂轮的基本尺寸、标记和要求：

——1 型：平形砂轮

——5 型：单面凹砂轮

——7 型：双面凹砂轮

——20 型：单面锥砂轮

——21 型：双面锥砂轮

——22 型：单面凹单面锥砂轮

——23 型：单面凹带锥砂轮

——24 型：双面凹单面锥砂轮

——25 型：单面凹双面锥砂轮

——26 型：双面凹双面锥砂轮

——38 型：单面凸砂轮

——39 型：双面凸砂轮

该类固结磨具用于工件的平表面磨削，工件安全地固定于运动的工作台面上，工件和砂轮由机械操纵。

2　规范性引用文件

下列文件中的条款通过 GB/T 4127 的本部分的引用而成为本部分的条款。凡是注日期的引用文件，其随后所有的修改单(不包括勘误的内容)或修订版均不适用于本部分，然而，鼓励根据本部分达成协议的各方研究是否可使用这些文件的最新版本。凡是不注日期的引用文件，其最新版本适用于本部分。

GB/T 2484　固结磨具　一般要求(GB/T 2484—2006，ISO 525：1999，MOD)

GB/T 2485　固结磨具　技术条件

3　尺寸

3.1　1 型：平形砂轮

见图 1、表 1 和表 2。

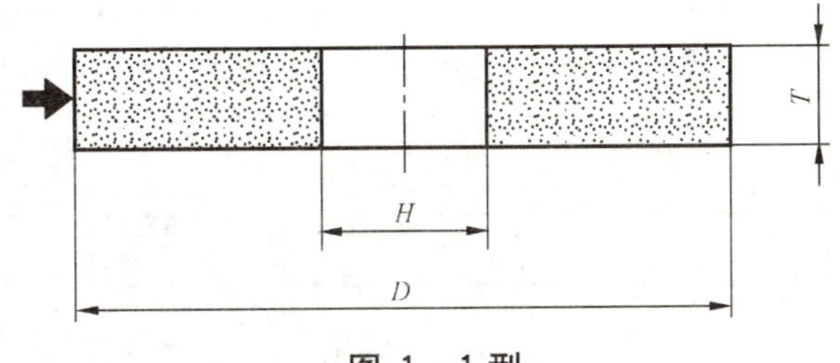

图 1　1 型

3.2　5 型：单面凹砂轮

见图 2、表 3 和表 4。

表 1　1 型砂轮尺寸(A 系列)

单位为毫米

D	T								H
	13	20	25	32	50	80	100	160	
150	×	—	—	—	—	—	—	—	32
180	×	—	—	—	—	—	—	—	
200	×	×	—	—	—	—	—	—	
	×	×	—	—	—	—	—	—	50.8
250	—	×	×	×	—	—	—	—	
	—	×	×	×	—	—	—	—	76.2
300	—	×	×	×	×	×	—	—	
	—	×	×	×	×	×	—	—	127
350/356	—	—	—	×	×	×	—	—	76.2
	—	—	—	×	×	×	—	—	127
400/406	—	—	—	×	×	×	×	—	
500/508	—	—	—	—	×	×	×	×	203.2
	—	—	—	—	×	×	×	×	304.8
600/610	—	—	—	—	×	×	×	×	
750/762	—	—	—	—	×	×	×	×	

表 2　1 型砂轮的尺寸(B 系列)

单位为毫米

D	T																H
	13	16	20	25	32	40	50	63	75	80	100	125	150	200	260	300	
200	×	—	×	×	—	—	—	—	—	—	—	—	—	—	—	—	75
250	—	×	×	×	×	—	—	—	—	—	—	—	—	—	—	—	75
300	—	—	×	×	×	×	×	—	×	×	—	—	—	—	—	—	75
300	—	—	—	—	—	×	—	—	×	—	—	—	—	—	—	—	127
350	—	—	—	—	×	×	×	—	—	—	—	—	—	—	—	—	75
350	—	—	—	—	—	×	—	—	—	—	—	—	—	—	—	—	127
400	—	—	—	—	×	×	×	×	—	—	—	—	—	—	—	—	127
400	—	—	—	—	×	×	×	×	—	—	—	—	—	—	—	—	203
450	—	—	—	—	×	×	×	×	×	×	—	—	—	—	—	—	127
450	—	—	—	—	×	×	×	×	×	×	—	—	—	—	—	—	203
500	—	—	—	—	×	×	×	×	×	×	×	—	—	—	—	—	203 305
600	—	—	—	—	×	×	×	×	×	×	×	×	×	—	—	—	305

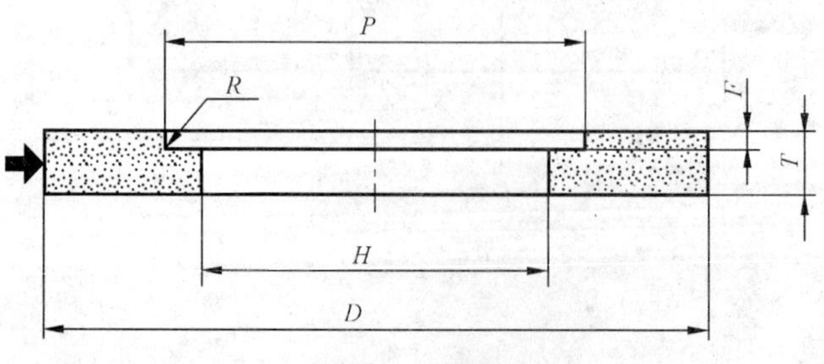

图 2　5 型

表 3　5 型砂轮的尺寸(A 系列)

单位为毫米

<table>
<tr><th>D</th><th>T</th><th>H</th><th>P</th><th>F</th><th>R_{max}</th></tr>
<tr><td rowspan="2">150</td><td>25</td><td rowspan="4">32</td><td rowspan="2">80</td><td>10</td><td rowspan="2">1</td></tr>
<tr><td>32</td><td>13</td></tr>
<tr><td rowspan="2">180</td><td>25</td><td rowspan="2">100</td><td>10</td><td rowspan="12">3.2</td></tr>
<tr><td>32</td><td>13</td></tr>
<tr><td rowspan="2">200</td><td>25</td><td rowspan="2">32</td><td rowspan="2">110</td><td>10</td></tr>
<tr><td>32</td><td>13</td></tr>
<tr><td rowspan="2">200</td><td>25</td><td rowspan="2">50.8</td><td rowspan="2">110</td><td>10</td></tr>
<tr><td>32</td><td>13</td></tr>
<tr><td rowspan="2">250</td><td>32</td><td rowspan="2">50.8</td><td rowspan="2">150</td><td rowspan="4">13</td></tr>
<tr><td>40</td></tr>
<tr><td rowspan="2">250</td><td>32</td><td rowspan="2">78.2</td><td rowspan="2">150</td></tr>
<tr><td>40</td></tr>
<tr><td rowspan="2">300</td><td>40</td><td rowspan="2">76.2</td><td rowspan="2">150</td><td rowspan="4">13</td></tr>
<tr><td>50</td></tr>
<tr><td rowspan="2">300</td><td>40</td><td rowspan="2">127</td><td rowspan="2">190</td><td rowspan="12">5</td></tr>
<tr><td>50</td></tr>
<tr><td rowspan="2">350/356</td><td>40</td><td rowspan="6">127</td><td rowspan="6">215</td><td rowspan="2">13</td></tr>
<tr><td>50</td></tr>
<tr><td rowspan="2">400/406</td><td>40</td><td rowspan="3">13</td></tr>
<tr><td>50</td></tr>
<tr><td rowspan="2">450/457</td><td>63</td></tr>
<tr><td>80</td><td>25</td></tr>
<tr><td rowspan="4">450/457</td><td>40</td><td rowspan="4">203.2</td><td rowspan="4">280</td><td rowspan="3">13</td></tr>
<tr><td>50</td></tr>
<tr><td>63</td></tr>
<tr><td>80</td><td>25</td></tr>
<tr><td rowspan="4">500/508</td><td>40</td><td rowspan="4">203.2</td><td rowspan="4">400</td><td rowspan="3">13</td><td rowspan="20">8</td></tr>
<tr><td>50</td></tr>
<tr><td>63</td></tr>
<tr><td>80</td><td>25</td></tr>
<tr><td rowspan="4">500/508</td><td>40</td><td rowspan="4">304.8</td><td rowspan="4">400</td><td rowspan="3">13</td></tr>
<tr><td>50</td></tr>
<tr><td>63</td></tr>
<tr><td>80</td><td>25</td></tr>
<tr><td rowspan="3">600/610</td><td>63</td><td rowspan="3">203.2</td><td rowspan="3">400</td><td>13</td></tr>
<tr><td>80</td><td>25</td></tr>
<tr><td>100</td><td>50</td></tr>
<tr><td rowspan="3">600/610</td><td>63</td><td rowspan="3">304.8</td><td rowspan="3">400</td><td>13</td></tr>
<tr><td>80</td><td>25</td></tr>
<tr><td>100</td><td>50</td></tr>
<tr><td rowspan="3">750/762</td><td>63</td><td rowspan="3">304.8</td><td rowspan="3">400</td><td>13</td></tr>
<tr><td>80</td><td>25</td></tr>
<tr><td>100</td><td>50</td></tr>
<tr><td rowspan="3">900/914</td><td>63</td><td rowspan="3">304.8</td><td rowspan="3">450</td><td>13</td></tr>
<tr><td>80</td><td>25</td></tr>
<tr><td>100</td><td>50</td></tr>
</table>

表 4　5 型砂轮的尺寸(**B** 系列)

单位为毫米

<table>
<tr><th>D</th><th>T</th><th>H</th><th>P</th><th>F</th><th>R_{max}</th></tr>
<tr><td rowspan="2">300</td><td>40</td><td rowspan="4">127</td><td rowspan="4">200</td><td>13</td><td rowspan="4">5</td></tr>
<tr><td>50</td><td>20</td></tr>
<tr><td rowspan="2">350</td><td>40</td><td>13</td></tr>
<tr><td>63</td><td>30</td></tr>
<tr><td>400</td><td>50</td><td rowspan="2">203</td><td rowspan="2">265</td><td>20</td><td rowspan="6">5</td></tr>
<tr><td rowspan="3">500</td><td>63</td><td>20</td></tr>
<tr><td>75</td><td rowspan="3">305</td><td rowspan="4">375</td><td>25</td></tr>
<tr><td>75,100,150</td><td>30</td></tr>
<tr><td rowspan="2">600</td><td>75,100</td><td rowspan="2">25</td></tr>
<tr><td>150</td><td>250</td></tr>
</table>

3.3　7 型:双面凹砂轮

见图 3、表 5 和表 6。

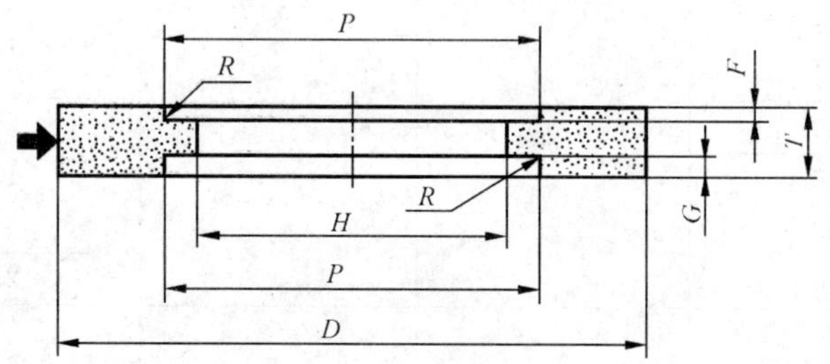

图 3　7 型

表 5　7 型砂轮的尺寸(**A** 系列)

单位为毫米

<table>
<tr><th>D</th><th>T</th><th>H</th><th>P</th><th>F</th><th>G</th><th>R_{max}</th></tr>
<tr><td rowspan="2">300</td><td>40</td><td rowspan="2">76.2</td><td rowspan="2">150</td><td>6</td><td>6</td><td rowspan="2">3.2</td></tr>
<tr><td>50</td><td>10</td><td>10</td></tr>
<tr><td rowspan="2">300</td><td>40</td><td rowspan="2">127</td><td>190</td><td>6</td><td>6</td><td rowspan="12">5</td></tr>
<tr><td>50</td><td rowspan="3">215</td><td>10</td><td>10</td></tr>
<tr><td rowspan="2">350/356</td><td>40</td><td rowspan="2">127</td><td rowspan="2">10</td><td rowspan="2">10</td></tr>
<tr><td>50</td></tr>
<tr><td rowspan="2">400/406</td><td>40</td><td rowspan="2">127</td><td rowspan="2">215</td><td rowspan="2">10</td><td rowspan="2">10</td></tr>
<tr><td>50</td></tr>
<tr><td rowspan="2">450/457</td><td>63</td><td rowspan="2">127</td><td rowspan="2">215</td><td rowspan="2">13</td><td rowspan="2">13</td></tr>
<tr><td>80</td></tr>
<tr><td rowspan="3">450/457</td><td>50</td><td rowspan="3">203.2</td><td rowspan="3">280</td><td>10</td><td>10</td></tr>
<tr><td>63</td><td rowspan="2">13</td><td rowspan="2">13</td></tr>
<tr><td>80</td></tr>
<tr><td>500/508</td><td>40</td><td>203.2</td><td>400</td><td>10</td><td>10</td><td>8</td></tr>
</table>

表 5（续）

单位为毫米

D	T	H	P	F	G	R_{max}
500/508	50	203.2	400	10	10	8
	63			13	13	
	80					
500/508	40	304.8	400	10	10	
	50					
	63			13	13	
	80					
600/610	50	203.2	400	10	10	
	63			13	13	
	80					
	100				25	
	50	304.8	400	10	10	
	63			13	13	
	80					
	100				25	
750/762	80	304.8	400	13	13	
	100				25	
900/914	80	304.8	450	13	13	
	100				25	

表 6　7 型砂轮的尺寸(B 系列)

单位为毫米

D	T	H	P	F、G	R_{max}
300	50	127	200	10	5
350	63			16	
400	50	203	265	10	
500	50	305	375		
	63	203	265	16	
	75,100				
600	50	305	375	10	
	63			16	
	75				
	100,150			25	
750	63			16	
	75				
900	63				
	75				
	100			25	

3.4 20型:单面锥砂轮

见图4和表7。

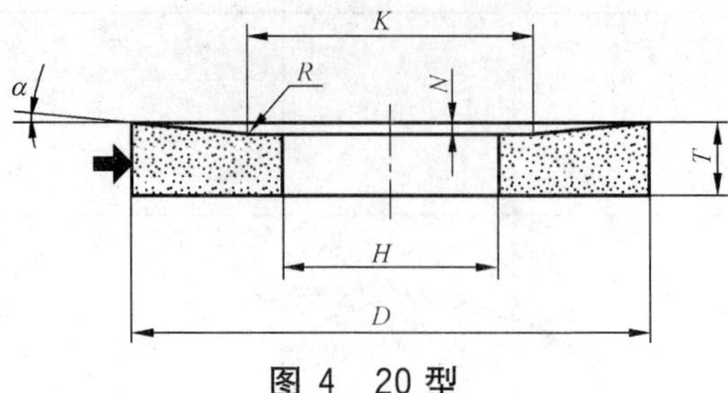

图4 20型

3.5 21型:双面锥砂轮

见图5和表7。

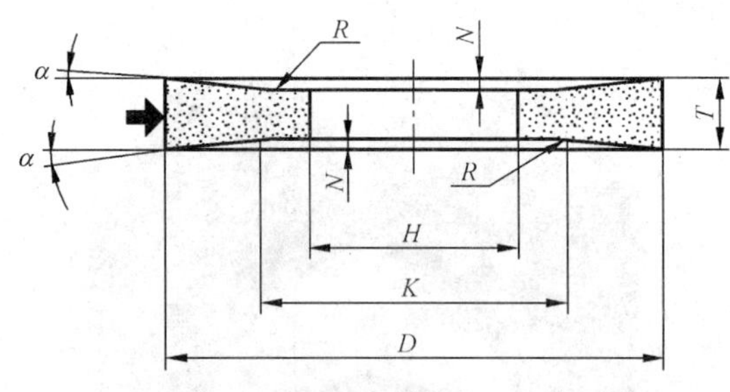

图5 21型

表7 20型和21型砂轮的尺寸(A系列)

单位为毫米

D	T											H	K	N[a] α≈		R_{max}
	13	16	20	25	32	40	50	63	80	100	125			2°	4°	
250	×	×	×	×	×	×	—	—	—	—	—	76.2	150	2	4	3.2
												127	190	1	2	5
300	×	×	×	×	×	×	×	—	—	—	—	76.2	150	3	5	3.2
												127	190	2	4	5
300/356	—	—	×	×	×	×	×	×	—	—	—	127	215	2	5	
400/406	—	—	×	×	×	×	×	×	×	—	—			3	7	
450/457	—	—	×	×	×	×	×	×	×	—	—	127	215	4	8	
												203.2	280	3	6	
500/508	—	—	×	×	×	×	×	×	×	—	—	203.2	400	2	4	8
												304.8				
600/610	—	—	—	—	×	×	×	×	×	×	—	203.2		4	7	
												304.8				
750/762	—	—	—	—	×	×	×	×	×	×	×	304.8	400	6	13	

[a] N或2N取值应小于或等于厚度T的一半。

3.6 22型:单面凹单面锥砂轮

见图6和表8。

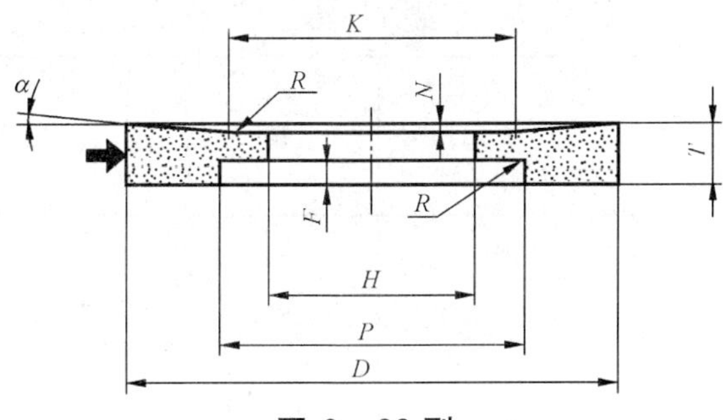

图 6 22 型

3.7 23 型:单面凹带锥砂轮

见图 7、表 8 和表 9。

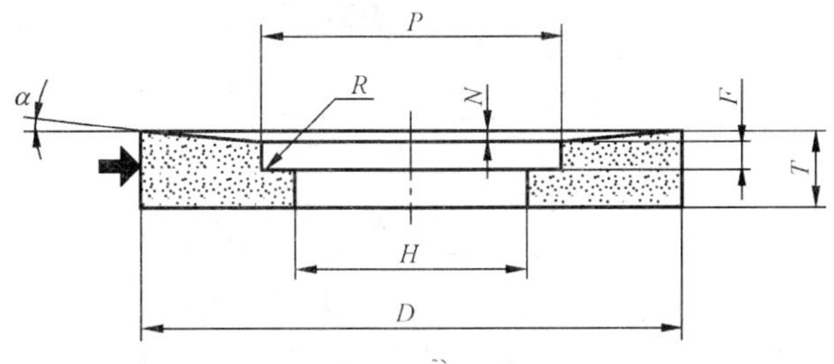

图 7 23 型

表 8 22 型、23 型砂轮的尺寸(A 系列)

单位为毫米

D	T	H	$K=P$	F	N $\alpha\approx$ 2°	N $\alpha\approx$ 4°	R_{max}
300	40	76.2	150	13	3	5	3.2
	50				3	5	
300	40	127	190		2	4	5
	50				2	4	
350/356	40	127	215	13	2	5	
	50				2	5	
400/406	40			13	3	7	
	50				3	7	
450/457	63				4	8	
	80			25	4	8	
450/457	40	203.2	280	13	3	6	
	50				3	6	
	63				3	6	
	80			25	3	6	
500/508	40	203.2	400	13	2	4	8
	50				2	4	
	63				2	4	
	80			25	2	4	

表 8（续） 单位为毫米

D	T	H	K=P	F	N α≈ 2°	N α≈ 4°	R_{max}
500/508	40	304.8	400	13	2	4	8
	50				2	4	
	63				2	4	
	80			25	2	4	
600/610	63	203.2	400	13	4	7	
	80			25	4	7	
	100			40	4	7	
600/610	63	304.8	400	13	4	7	
	80			25	4	7	
	100			40	4	7	
750/762	63	304.8	400	13	6	13	
	80			25	6	13	
	100			40	6	—	

表 9　23 型砂轮的尺寸(B 系列) 单位为毫米

D	T	H	P	F	N	R_{max}
300	40	127	200	2	18	3
	50					
350	50	127	265	10	15	3
400	50	203	265	7	18	4
500	50	203	375	8	17	4
600	75	305	375	15	20	5
750	75	305	500	13	22	5

3.8　24 型:双面凹单面锥砂轮

见图 8 和表 10。

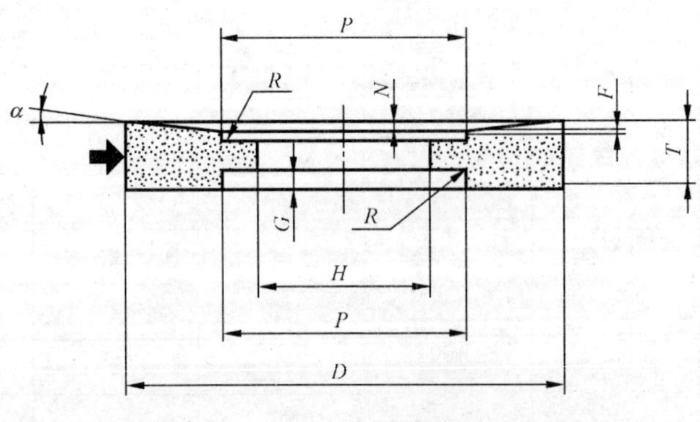

图 8　24 型

表 10　24 型砂轮的尺寸(A 系列)

单位为毫米

D	T	H	P	F[a]	G[a]	N[a] α ≈ 2°	N[a] α ≈ 4°	R_{max}
300	40	76.2	150	6	6	2	4	3.2
	50			10	10	3	—	
300	40	127	190	6	6	2	4	5
	50			10	10	3	—	
350/356	40	127	215	6	6	2	5	
	50					2	5	
400/406	40	127				3	7	
	50					3	7	
450/457	63	127	215	10	13	4	8	
	80			13		4	8	
450/457	50	203.2	280	6	6	3	6	
	63				13	3	6	
	80			13		3	6	
500/508	40	203.2	400	6	6	2	4	8
	50					2	4	
	63			13	13	2	4	
	80					2	4	
500/508	40	304.8	400	6	6	2	4	
	50					2	4	
	63			13	13	2	4	
	80					2	4	
600/610	50	203.2	400	6	6	4	7	
	63			13	13	4	—	
	80					4	7	
	100				25	4	7	
600/610	50	304.8	400	6	6	4	7	
	63			13	13	4	—	
	80					4	7	
	100				25	4	7	
750/762	80	304.8	400	13	13	6	13	
	100				25	6	—	

[a] $N+F+G$ 取值应小于或等于厚度 T 的一半。

3.9 25型：单面凹双面锥砂轮

见图9和表11。

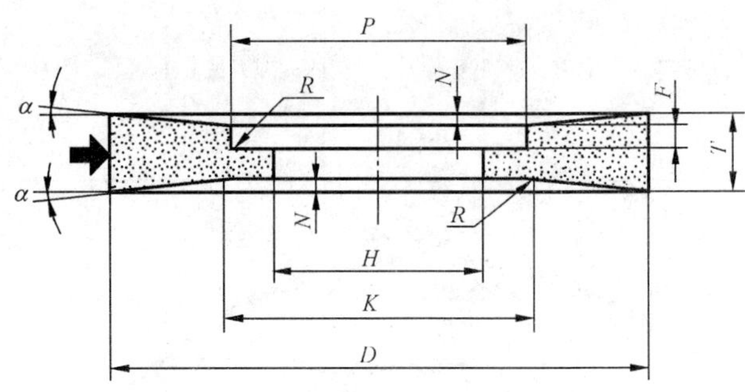

图9 25型

表11 25型砂轮的尺寸(A系列)

单位为毫米

D	T	H	$K=P$	F[a]	N[a] $\alpha\approx$ 2°	N[a] $\alpha\approx$ 4°	R_{max}
300	40	76.2	150	13	3	—	3.2
	50				3	5	
300	40	127	190		2	—	5
	50				2	4	
350/356	40	127	215	13	2	—	
	50				2	5	
400/406	40	127	215	13	3	—	
	50				3	6	
450/457	63	127	215	13	4	8	
	80			25	4	7	
450/457	40	203.2	280	13	3	—	
	50				3	6	
	63				3	6	
	80			25	3	6	
500/508	40	203.2	400	13	2	—	8
	50				2	4	
	63				2	4	
	80			25	2	4	
500/508	40	304.8	400	13	2	—	
	50				2	4	
	63				2	4	
	80			25	2	4	
600/610	63	203.2	400	13	4	7	
	80			25	4	7	
	100			40	4	—	
600/610	63	304.8	400	13	4	7	
	80			25	4	7	
	100			40	4	—	
750/762	63	304.8	400	13	6	—	
	80			25	6	—	
	100			40	5	—	

[a] $2N+F$ 取值应小于或等于厚度 T 的一半。

3.10 26 型:双面凹双面锥砂轮

见图 10 和表 12。

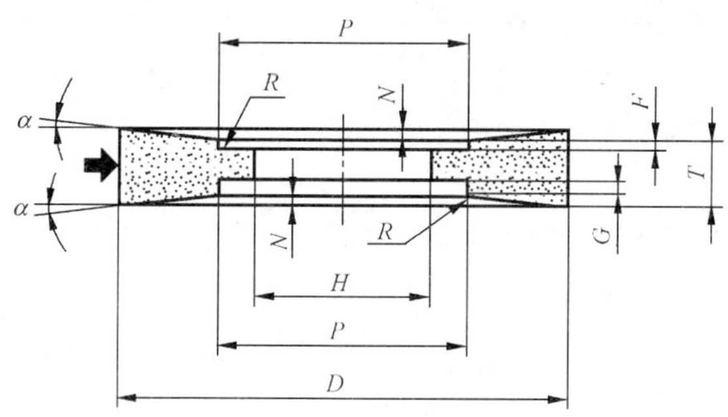

图 10 26 型

表 12 26 型砂轮的尺寸(A 系列)

单位为毫米

D	T	H	P	F[a]	G[a]	N[a] $\alpha\approx$		R_{max}
						2°	4°	
300	40	76.2	150	6	6	2	4	3.2
	50			10	10	2	—	
300	40	127	190	6	6	2	4	5
	50			10	10	2	—	
350/356	40	127	215	6	6	2	—	
	50					2	5	
400/406	40	127	215	6	6	3	—	
	50					3	6	
450/457	63	127	215	6	6	4	8	
	80			13	13	4	7	
450/457	50	203.2	280	6	6	3	6	
	63				13	3	6	
	80			13		3	6	
500/508	40	203.2	400	6	6	2	4	8
	50					2	4	
	63			13	13	2	—	
	80					2	4	
500/508	40	304.8	400	6	6	2	4	
	50					2	4	
	63			13	13	2	—	
	80					2	4	
600/610	50	203.2	400	6	6	4	—	
	63			13	13	4	—	
	80					4	—	
	100				25	4	—	
600/610	50	304.8	400	6	6	4	—	
	63			13	13	4	—	
	80					4	—	
	100				25	4	—	
750/762	80	304.8	400	13	13	6	—	
	100				25	6	—	

a $2N+F+G$ 取值应小于或等于厚度 T 的一半。

表 13　26 型砂轮的尺寸(B 系列)　　单位为毫米

D	T	H	P	F=G	N
500	63	305	375	8	8
	75				
600	63			2	14
	75			6	14
750	75		500	5	11

3.11　38 型:单面凸砂轮

见图 11、表 14 和表 15。

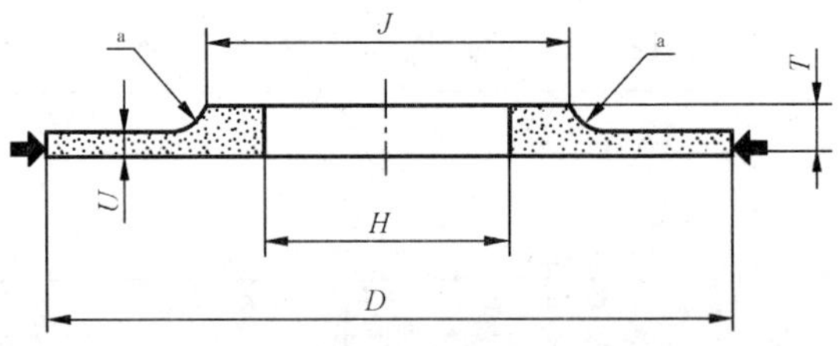

a 倒锥和半径由制造厂自行决定。

图 11　38 型

3.12　39 型:双面凸砂轮

见图 12 和表 14。

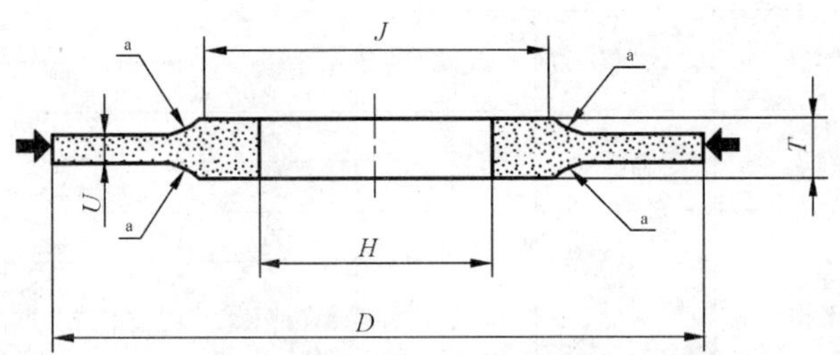

a 倒锥和半径由制造厂自行决定。

图 12　39 型

表 14　38 型和 39 型砂轮的尺寸(A 系列)　　单位为毫米

D	J	T	U								H
			3	5	8	13	20	25	32	40	
250	180	13	×	×	×	—	—	—	—	—	76.2
	190										127
250	190	20	—	—	—	×	—	—	—	—	76.2
	220										127
300	180	13	—	×	×	—	—	—	—	—	76.2
	220										127
300	180	20	—	—	—	×	—	—	—	—	76.2
	220										127
350/356	245	20	—	—	×	—	—	—	—	—	127
		25	—	—	—	×	×	—	—	—	

表 14（续）

单位为毫米

D	J	T	U								H
			3	5	8	13	20	25	32	40	
400/406	245	20	—	—	×	—	—	—	—	—	127
		25	—	—	—	×	—	—	—	—	
		32	—	—	—	—	×	—	—	—	
450/457	245	20	—	—	×	—	—	—	—	—	127
		25	—	—	—	×	—	—	—	—	
		32	—	—	—	—	×	×	—	—	
500/508	420	25	—	—	—	×	—	—	—	—	203.2 304.8
500/508		32	—	—	—	—	×	×	—	—	203.2 304.8
600/610	420	25	—	—	—	×	—	—	—	—	203.2 304.8
600/610		32	—	—	—	—	×	—	—	—	203.2 304.8
600/610	420	40	—	—	—	—	—	×	×	—	203.2 304.8
750/762	420	32	—	—	—	×	×	—	—	—	304.8
		40	—	—	—	—	—	×	—	—	
		50	—	—	—	—	—	—	×	×	
900/914	550	32	—	—	—	×	×	—	—	—	304.8
		40	—	—	—	—	—	×	—	—	
		50	—	—	—	—	—	—	×	×	
1 060/ 1 067	550	32	—	—	—	×	×	—	—	—	304.8
		40	—	—	—	—	—	×	—	—	
		50	—	—	—	—	—	—	×	×	

表 15　38 型的尺寸（B 系列）

单位为毫米

D	J	T	U					H
			6	8	10	13	16	
500	350	16	×	×	—	—	—	305
		20	—	—	×	×	—	
600		20	—	×	×	—	—	
		25	—	—	—	×	×	

4　标记

应符合 GB/T 2484 的规定。

5 要求

5.1 技术要求

应符合 GB/T 2485 的规定。

5.2 标志

应符合 GB/T 2485 的规定。

附 录 A
（资料性附录）
本部分与 ISO 603-4:1999 的技术差异和原因

表 A.1

项目名称	本部分的章条编号	ISO 603-4:1999 的章条编号	采用程度	技术差异	原因
范围	1	1	IDT		
规范性引用文件	2	2	MOD	1. ISO 603-4 引用：ISO 525、ISO 6103、ISO 13942 2. GB/T 4127.4 引用：GB/T 2484、GB/T 2485	ISO 13942 部分内容我国还未采用
尺寸	3	3	MOD	1. ISO 603-4 规定了 12 种型号砂轮的外径、厚度、孔径等有关尺寸。 GB/T 4127.4 除采用 ISO 603-4 规定的 12 种型号的砂轮规格尺寸外，还增加了我国的一些砂轮的规格尺寸； 2. ISO 603-4 规定的砂轮尺寸系列为 A 系列； GB/T 4127.4 补充增加的尺寸为 B 系列	完全采用 ISO 规定的砂轮尺寸规格还有一定的困难，并且也不现实，采取既采用 ISO 标准，也考虑到国内的实际情况是可行的
标记	4	4	IDT	ISO 603-4 用文字叙述和示例的表达方式进行规定，GB/T 4127.4 应用了 GB/2484 的规定	GB/T 2484 和 ISO 525 的规定是一致的
技术要求	5	5	MOD	ISO 603-4 关于标志引用了 ISO 525 的规定； GB/T 4127.4 关于标志引用了 GB/T 2485 的规定	产品标志应符合我国的规定

参 考 文 献

［1］ GB/T 2481.1—1998 固结磨具用磨料 粒度组成的检测和标记 第1部分：粗磨粒 F4～F220(eqv ISO 8486-1:1996)

［2］ GB/T 2481.2—1998 固结磨具用磨料 粒度组成的检测和标记 第2部分：微粉 F230～F1200(eqv ISO 8486-2:1996)

ICS 25.100.70
J 43

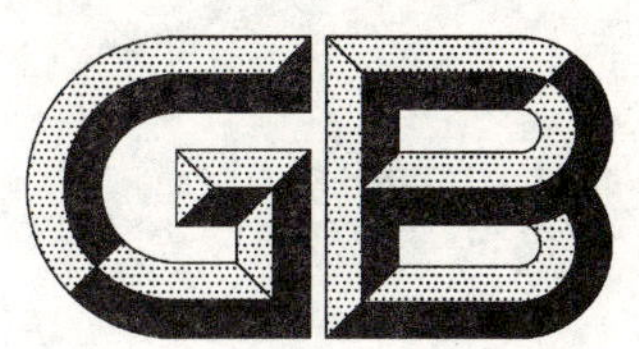

中华人民共和国国家标准

GB/T 4127.5—2008
部分代替 GB/T 4127—1997

固结磨具　尺寸
第5部分：平面磨削用端面磨砂轮

Bonded abrasive products—Dimensions—
Part5:Grinding wheels for surface grinding/face grinding

(ISO 603-5:1999,MOD)

2008-06-03 发布　　2009-01-01 实施

中华人民共和国国家质量监督检验检疫总局
中国国家标准化管理委员会　发布

前　言

GB/T 4127《固结磨具　尺寸》分为16个部分：

——第1部分：外圆磨砂轮（工件装夹在顶尖间）；

——第2部分：无心外圆磨砂轮；

——第3部分：内圆磨砂轮；

——第4部分：平面磨削用周边磨砂轮；

——第5部分：平面磨削用端面磨砂轮；

——第6部分：工具磨和工具室用砂轮；

——第7部分：人工操纵磨削砂轮；

——第8部分：去毛刺、荒磨和粗磨用砂轮；

——第9部分：重负荷磨削砂轮；

——第10部分：珩磨和超精磨磨石；

——第11部分：手持抛光磨石；

——第12部分：直向砂轮机用去毛刺和荒磨砂轮；

——第13部分：立式砂轮机用去毛刺和荒磨砂轮；

——第14部分：角向砂轮机用去毛刺、荒磨和粗磨砂轮；

——第15部分：固定式或移动式切割机用切割砂轮；

——第16部分：手持式电动工具用切割砂轮。

本部分为GB/T 4127的第5部分。

本部分修改采用ISO 603-5：1999《固结磨具　尺寸　第5部分：平面磨/端面磨砂轮》（英文版）。

考虑到我国国情，在采用ISO 603-5：1999时，本部分做了一些修改。有关技术性差异已编入正文中，并在它们所涉及的条款的页边空白处用垂直单线标识。在附录A（资料性附录）中给出了技术性差异极其原因的一览表以供参考。

为便于使用，本部分还进行了如下编辑性修改：

——将“ISO 603的本部分”改为“本部分”；

——用小数点“.”代替作为小数点的逗号“，”

——删除国际标准的前言。

本部分代替GB/T4127—1997《普通磨具　砂轮形状和尺寸》部分内容。本部分修改内容如下：

——为与国际上该类产品名称一致，标准名称中的“普通磨具”修改为“固结磨具”。

——增加了ISO 603-5：1999的2型、6型、31型、35型、36型、37型的砂轮及其尺寸系列。

——增加了对产品的标记、要求和标志的规定。

本部分由中国机械工业联合会提出。

本部分由全国磨料磨具标准化技术委员会（SAC/TC 139）归口。

本部分起草单位：苏州远东砂轮有限公司、山东鲁信高新技术产业股份有限公司。

本部分主要起草人：陈志远、陈刚祖、徐爱萍。

本部分所代替标准的历次版本发布情况为：

GB/T 4127—1984、GB/T 4127—1997。

固结磨具　尺寸
第5部分：平面磨削用端面磨砂轮

1　范围

GB/T 4127的本部分规定了以下型号砂轮的尺寸、标记和要求：

——2型：粘结或夹紧用筒形砂轮

——6型：杯形砂轮

——31型：砂瓦

——35型：粘结或夹紧的圆盘砂轮

——36型：螺栓紧固平形砂轮

——37型：螺栓紧固筒形砂轮

本部分规定的固结磨具适用于工件的表面磨削，工件安全地固定于运动的工作台面上，工件和砂轮是机械操纵。

2　规范性引用文件

下列文件中的条款通过GB/T 4127的本部分的引用而成为本部分的条款。凡是注日期的引用文件，其随后所有的修改单(不包括勘误的内容)或修订版均不适用于本部分，然而，鼓励根据本部分达成协议的各方研究是否可使用这些文件的最新版本。凡是不注日期的引用文件，其最新版本适用于本部分。

GB/T 2484　固结磨具　一般要求(GB/T 2484—2006，ISO 525:1999，MOD)

GB/T 2485　固结磨具　技术条件

JB/T 7983　螺栓紧固平形砂轮

3　尺寸

3.1　2型：粘结或夹紧用筒形砂轮

见图1、表1和表2。

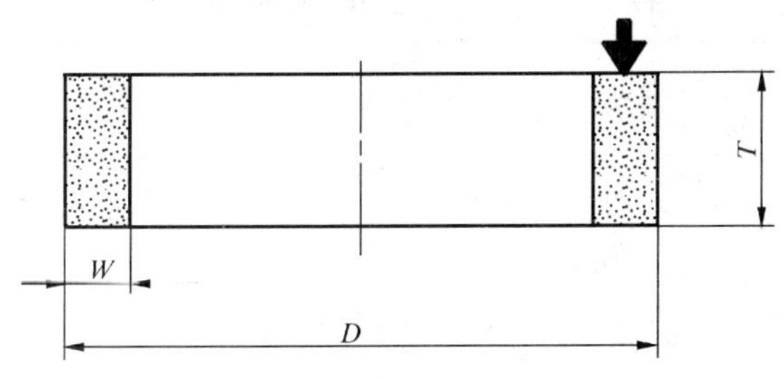

图1　2型砂轮

3.2　6型：杯形砂轮

见图2和表3。

3.3　31型：砂瓦

见图3～图5和表4～表9。

3.4　35型：粘结或夹紧的圆盘砂轮

见图6和表10。

表 1　2 型砂轮的尺寸(A 系列)　　单位为毫米

<table>
<tr><th>D</th><th>T</th><th>W</th></tr>
<tr><td>150</td><td rowspan="2">80</td><td>16</td></tr>
<tr><td>180</td><td>20</td></tr>
<tr><td>200</td><td rowspan="3">100</td><td>20</td></tr>
<tr><td>250</td><td>25</td></tr>
<tr><td>300</td><td>32</td></tr>
<tr><td>350/356</td><td rowspan="3">125</td><td rowspan="3">40</td></tr>
<tr><td>400/406</td></tr>
<tr><td>450/457</td></tr>
<tr><td>500/508</td><td rowspan="2">125</td><td>50</td></tr>
<tr><td>600/610</td><td>63</td></tr>
</table>

表 2　2 型砂轮的尺寸(B 系列)　　单位为毫米

<table>
<tr><th>D</th><th>T</th><th>W</th></tr>
<tr><td>90</td><td>80</td><td>7.5,10</td></tr>
<tr><td>250</td><td>125</td><td>25</td></tr>
<tr><td rowspan="2">300</td><td>75</td><td>50</td></tr>
<tr><td>100</td><td>25</td></tr>
<tr><td>350</td><td>125</td><td>35,50</td></tr>
<tr><td>450</td><td>125,150</td><td>35,100</td></tr>
<tr><td>500</td><td>150</td><td>60</td></tr>
<tr><td>600</td><td>100</td><td>60</td></tr>
</table>

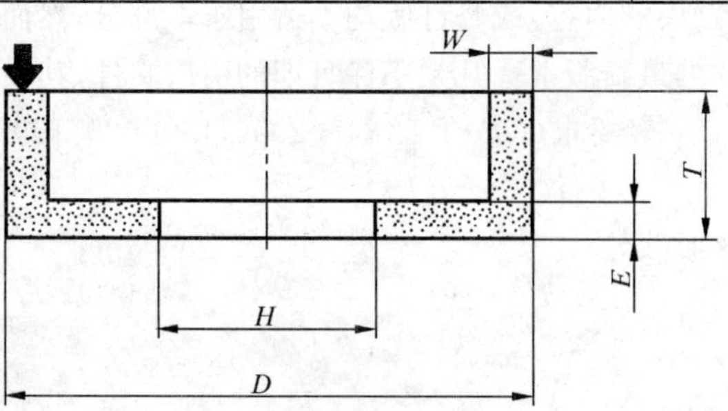

图 2　6 型砂轮

表 3　6 型砂轮的尺寸(A 系列)　　单位为毫米

<table>
<tr><th>D</th><th>T</th><th>H</th><th>W</th><th>E_{min}</th></tr>
<tr><td>125</td><td>63</td><td>32</td><td>13</td><td>16</td></tr>
<tr><td>150</td><td>80</td><td>32</td><td>16</td><td rowspan="2">20</td></tr>
<tr><td>180</td><td>80</td><td>76.2</td><td>20</td></tr>
<tr><td rowspan="4">200</td><td rowspan="2">100</td><td rowspan="2">76.2</td><td rowspan="2">20</td><td>20</td></tr>
<tr><td>25</td></tr>
<tr><td rowspan="2">125</td><td rowspan="2">76.2</td><td rowspan="2">20</td><td>20</td></tr>
<tr><td>25</td></tr>
<tr><td rowspan="4">250</td><td rowspan="2">100</td><td>76.2</td><td rowspan="4">25</td><td rowspan="4">25</td></tr>
<tr><td>127</td></tr>
<tr><td rowspan="2">125</td><td>76.2</td></tr>
<tr><td>127</td></tr>
<tr><td>300</td><td>100</td><td>127</td><td>25</td><td>25</td></tr>
<tr><td>300</td><td>125</td><td>127</td><td>25</td><td>25</td></tr>
</table>

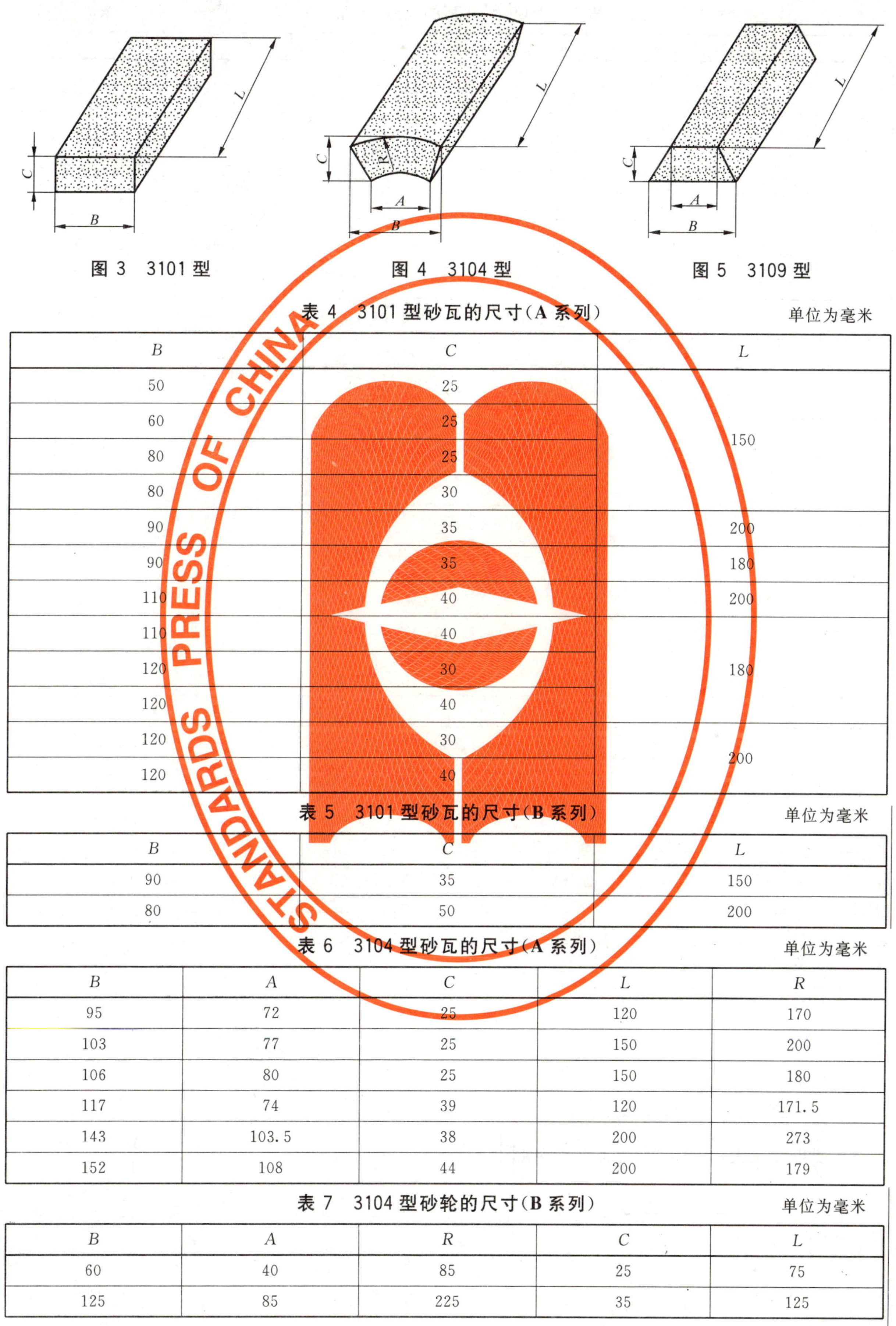

图 3　3101 型　　　图 4　3104 型　　　图 5　3109 型

表 4　3101 型砂瓦的尺寸(A 系列)

单位为毫米

B	C	L
50	25	150
60	25	
80	25	
80	30	
90	35	200
90	35	180
110	40	200
110	40	180
120	30	
120	40	
120	30	200
120	40	

表 5　3101 型砂瓦的尺寸(B 系列)

单位为毫米

B	C	L
90	35	150
80	50	200

表 6　3104 型砂瓦的尺寸(A 系列)

单位为毫米

B	A	C	L	R
95	72	25	120	170
103	77	25	150	200
106	80	25	150	180
117	74	39	120	171.5
143	103.5	38	200	273
152	108	44	200	179

表 7　3104 型砂轮的尺寸(B 系列)

单位为毫米

B	A	R	C	L
60	40	85	25	75
125	85	225	35	125

表 8　3109 型砂瓦的尺寸(**A** 系列)　　单位为毫米

B	A	C	L
60	54	22	110
70	64	25	110
70	64	25	150
80	70	40	150
103	94	38	150
103	94	38	180
120	106	41	200
152	135	63	200
152	135	63	250

表 9　3109 型砂瓦的尺寸(**B** 系列)　　单位为毫米

B	A	C	L
60	50	15	125
100	85	35	150

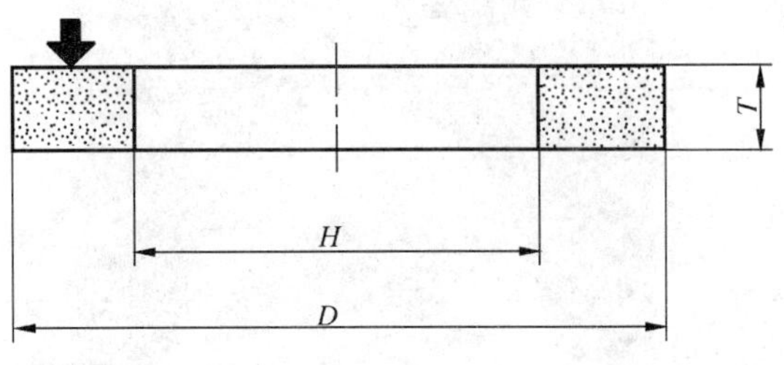

图 6　35 型

表 10　35 型砂轮的尺寸(**A** 系列)　　单位为毫米

D	T		H_{max}
350/356	63	80	203.2
400/406	63	80	254
450/457			304.8
500/508			
600/610	63	80	400
750/762			508
900/914	—	80	508

3.5　36 型:螺栓紧固平形砂轮

见图 7～图 16 和表 11～表 21。

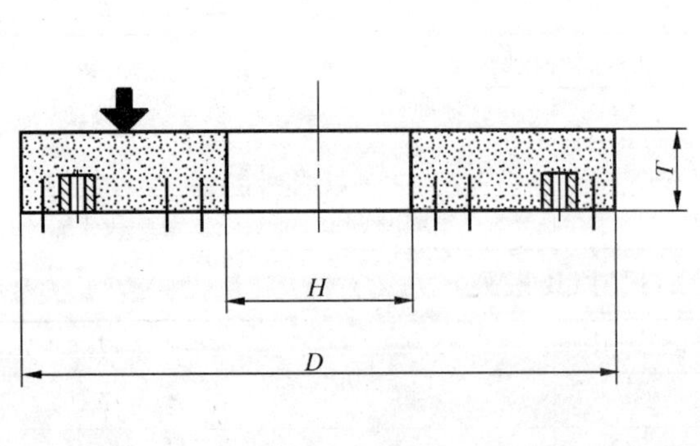

图 7　36 型

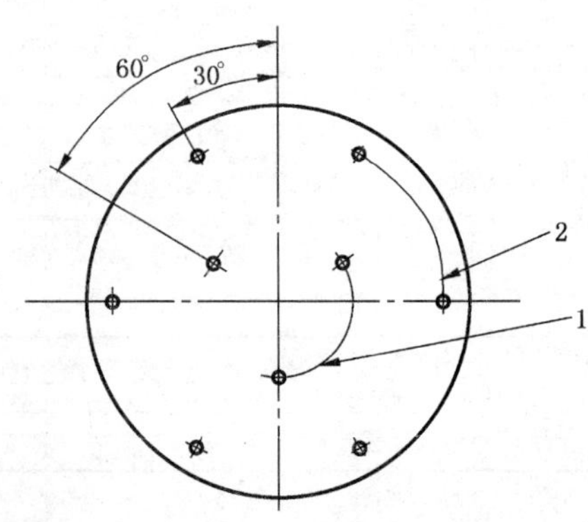

图 8　**D**=300 mm

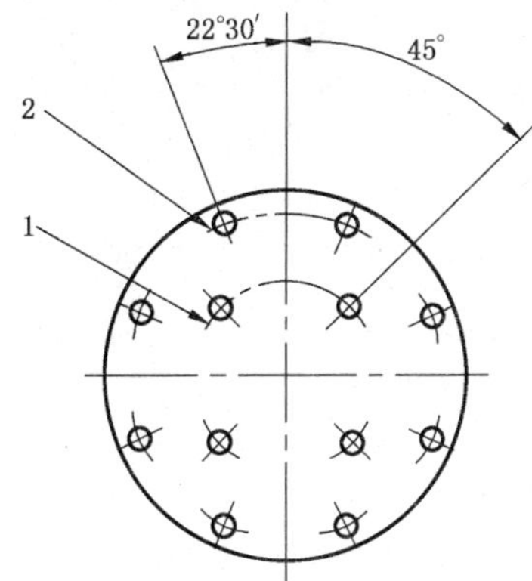

图 9 **D**=350 **mm**/356 **mm**

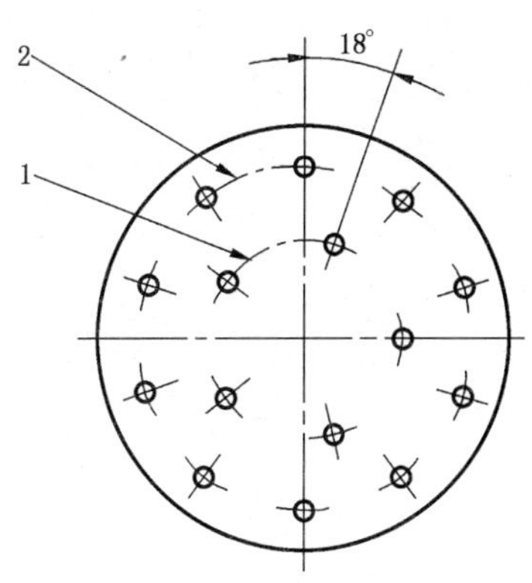

图 10 **D**=400 **mm**/406 **mm**

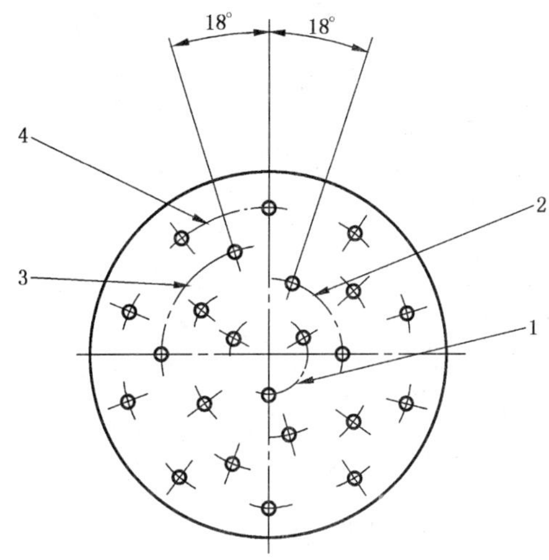

图 11 **D**=450 **mm**/457 **mm**

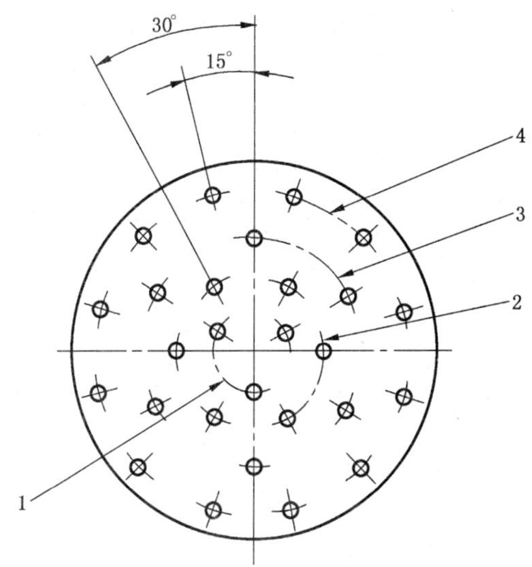

图 12 **D**=500 **mm**/508 **mm**

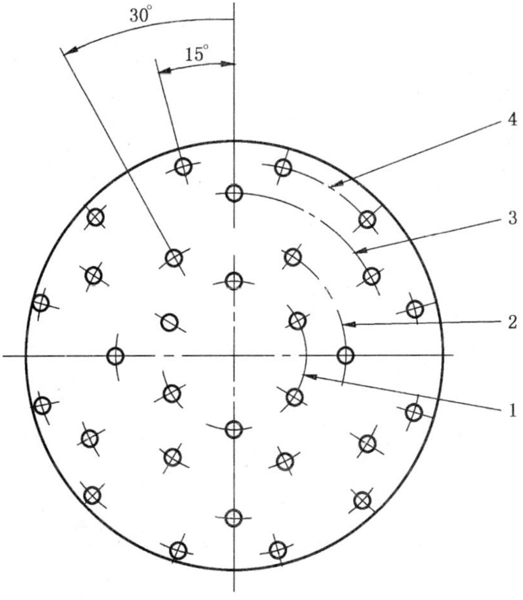

图 13 **D**=500 **mm**/508 **mm**

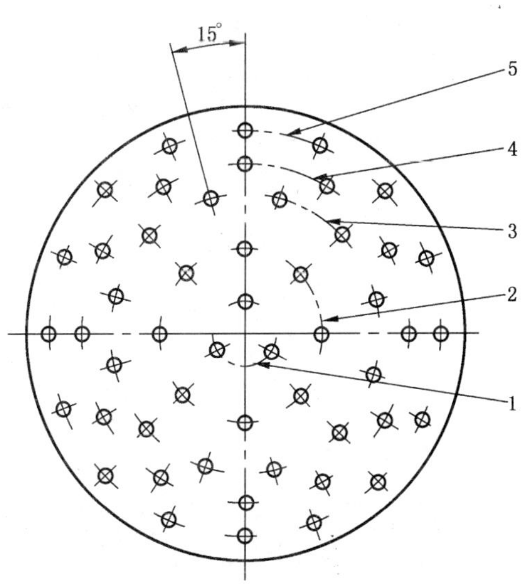

图 14 **D**=750 **mm**/762 **mm**

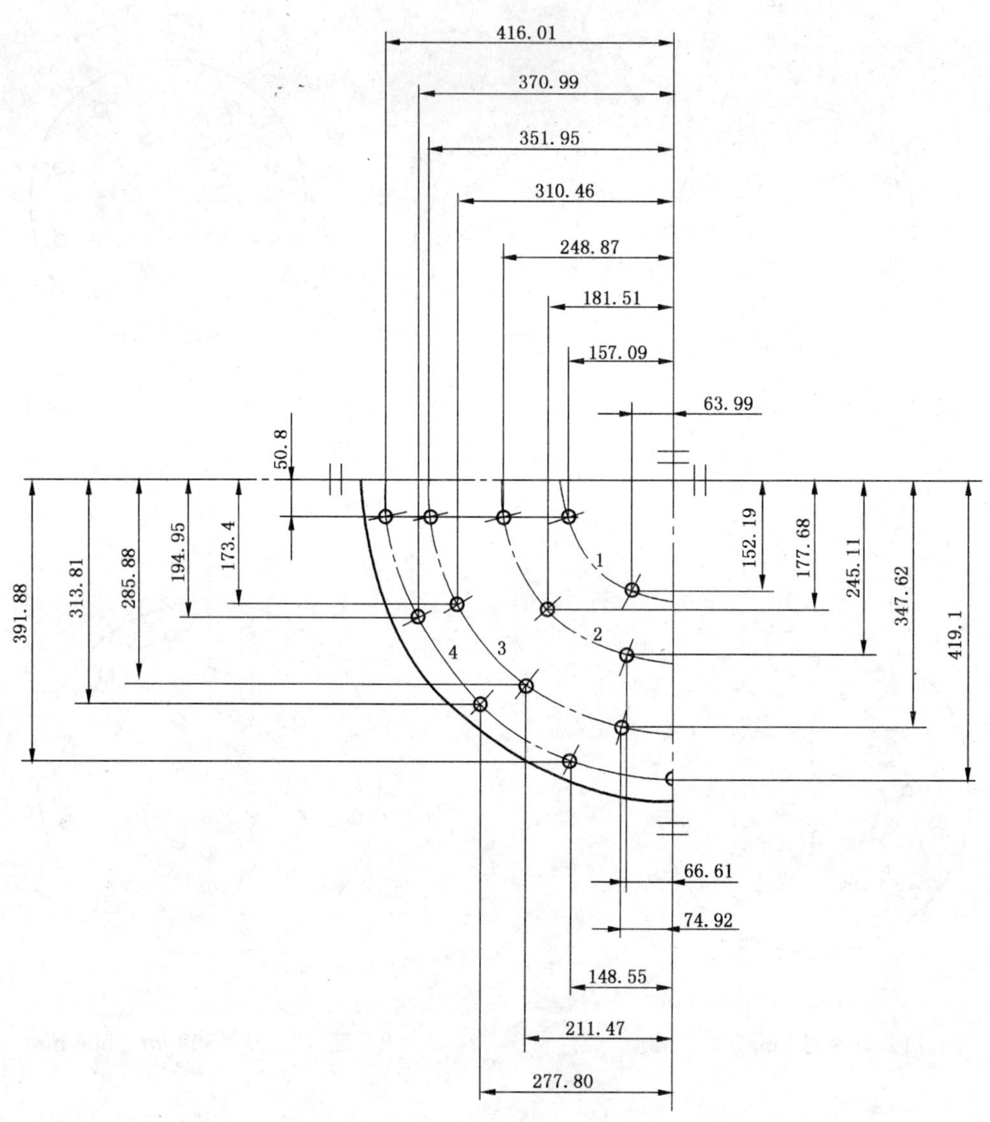

图 15 **D**=900 mm/914 mm

表 11 36 型砂轮的尺寸(A 系列)

单位为毫米

<table>
<tr><th>D</th><th colspan="3">T</th><th>H_{max}</th><th>嵌入螺母的分布</th></tr>
<tr><td>350/356</td><td rowspan="3">63</td><td rowspan="3">80</td><td rowspan="2">—</td><td>120</td><td rowspan="8">见图 8～图 16 和表 13～表 21</td></tr>
<tr><td>400/406</td><td>140</td></tr>
<tr><td>450/457</td><td>100</td><td rowspan="2">50</td></tr>
<tr><td>500/508</td><td rowspan="3">63</td><td rowspan="3">80</td><td rowspan="3">100</td></tr>
<tr><td>600/610</td><td>150</td></tr>
<tr><td>750/762</td><td>50</td></tr>
<tr><td>900/914</td><td rowspan="2">—</td><td rowspan="2">80</td><td rowspan="2">100</td><td rowspan="2">280</td></tr>
<tr><td>1 060/1 067</td></tr>
</table>

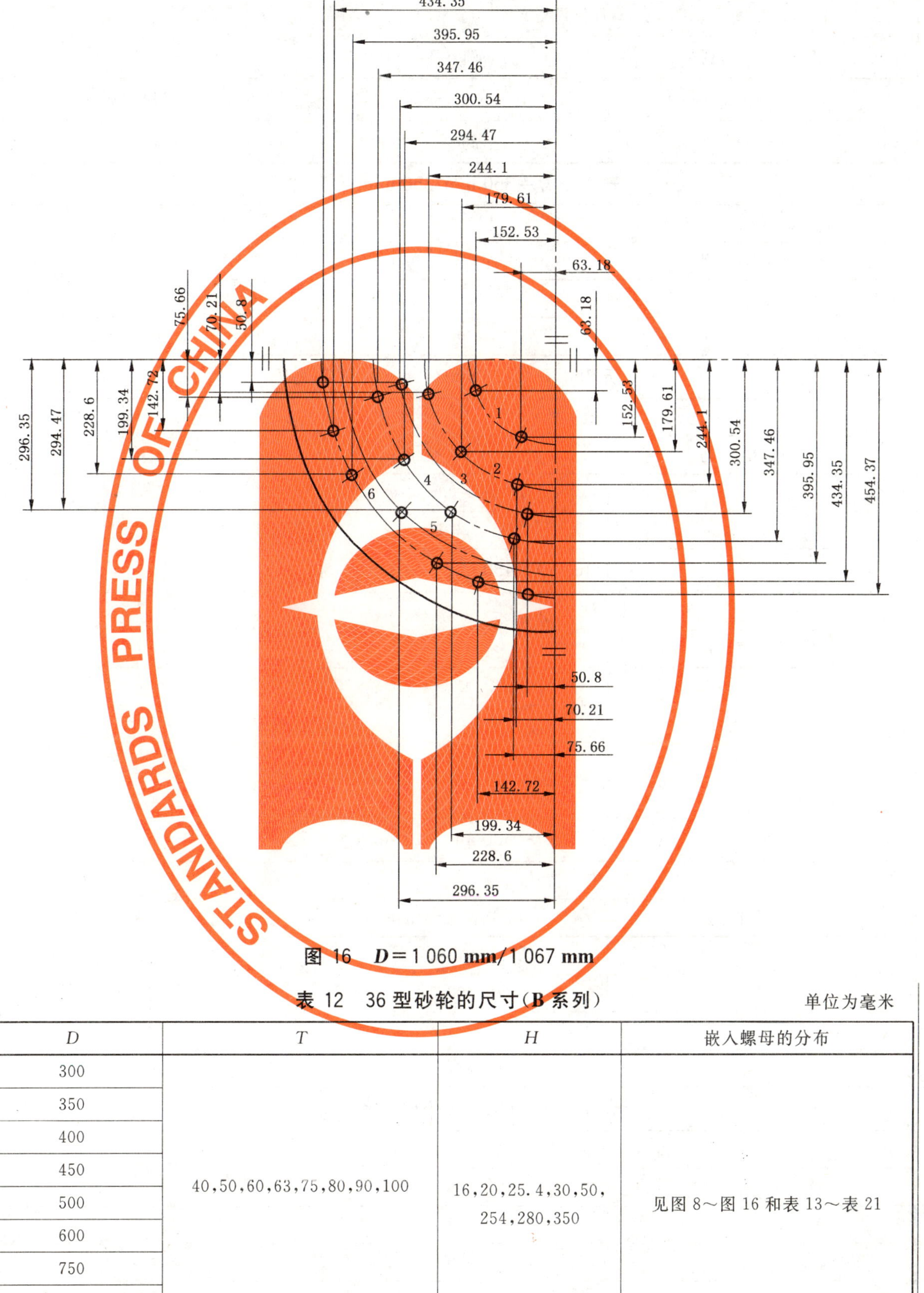

图 16　**D**＝1 060 mm/1 067 mm

表 12　36 型砂轮的尺寸(B 系列)

单位为毫米

D	T	H	嵌入螺母的分布
300	40,50,60,63,75,80,90,100	16,20,25.4,30,50,254,280,350	见图 8～图 16 和表 13～表 21
350			
400			
450			
500			
600			
750			
900			
1 060	50,70,80,100		

表 13　*D*=300 mm(B 系列)

嵌入螺母位置		螺　孔　数
螺　孔　系　列	分布圆直径/mm	
1	120.65	3 间距 120°
2	266.70	6 间距 60°

表 14　*D*=350 mm/356 mm(A 系列)

螺　孔　位　置		螺　孔　数
螺　孔　系　列	分布圆直径/mm	
1	177.8	4 间距 90°
2	304.8	8 间距 45°

表 15　*D*=400 mm/406 mm(A 系列)

螺　孔　位　置		螺　孔　数
螺　孔　序　列	分布圆直径/mm	
1	190.5	5 间距 72°
2	323.85	10 间距 36°

表 16　*D*=450 mm/457 mm(A 系列)

螺　孔　位　置		螺　孔　数
螺　孔　序　列	分布圆直径/mm	
1	101.6	3 间距 120°
2	203.2	5 间距 72°
3	279.4	5 间距 72°
4	374.65	10 间距 36°

表 17　*D*=500 mm/508 mm(A 系列)

螺　孔　位　置		螺　孔　数
螺　孔　序　列	分布圆直径/mm	
1	107.96	3 间距 120°
2	203.2	6 间距 60°
3	304.8	6 间距 60°
4	431.8	12 间距 30°

表 18　*D*=600 mm/610 mm(A 系列)

螺　孔　位　置		螺　孔　数
螺　孔　序　列	分布圆直径/mm	
1	203.2	6 间距 60°
2	330.2	6 间距 60°
3	457.2	6 间距 60°
4	558.8	12 间距 30°

表 19　D=750 mm/762 mm(A 系列)

螺孔位置		螺孔数
螺孔序列	分布圆直径/mm	
1	107.95	3 间距 120°
2	279.40	8 间距 45°
3	457.2	12 间距 30°
4	558.80	12 间距 30°
5	673.10	16 间距 22°30′

表 20　D=900 mm/914 mm(A 系列)

螺孔位置		螺孔数
螺孔序列	分布圆直径/mm	
1	330.2	8
2	508	12
3	711.2	16
4	838.2	18

表 21　D=1 060 mm/1 067 mm(A 系列)

螺孔位置		螺孔数
螺孔序列	分布圆直径/mm	
1	330.2	8
2	508	12
3	609.6	8
4	711.2	16
5	838.2	4
6	914.4	24

3.6　37 型:螺栓紧固筒形砂轮

见图 17 和表 22。

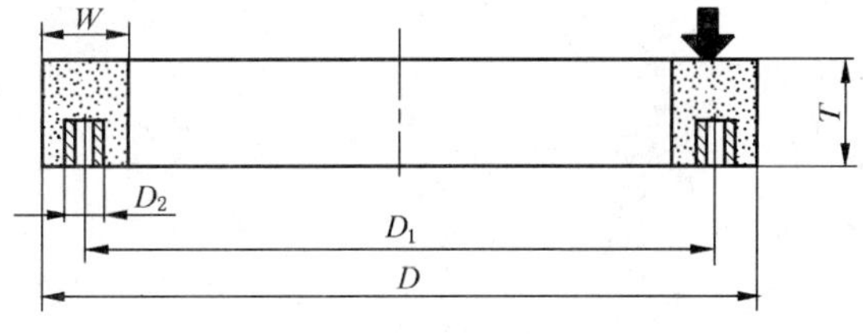

图 17　37 型

表 22　37 型砂轮的尺寸(A 系列)　　单位为毫米

D	T	W	螺孔配置		
			D_1	孔数	D_2
300	100	50	250	6 间距 60°	M10
350/356			300	8 间距 45°	
400/406			350		
450/457			400	10 间距 36°	
500/508	125		450		
600/610		63	540	12 间距 30°	

4 标记

应符合 GB/T 2484 的规定。

5 要求

5.1 技术要求

应符合 GB/T 2485 或 JB/T 7983 的规定。

5.2 标志

应符合 GB/T 2485 的规定。

附 录 A
（资料性附录）
本部分与 ISO 603-5：1999 的技术差异和原因

表 A.1

项目名称	本标准的章条编号	ISO 603-5：1999 的章条编号	采用程度	技术性差异	原 因
范围	1	1	IDT		
规范性引用文件	2	2	MOD	ISO 603-5 引用：ISO 525、ISO 6103、ISO 13942，GB/T 4127.5 引用：GB/T 2484、GB/T 2485	ISO 13942 部分内容我国还未采用
尺寸	3	3	MOD	ISO 603-5 规定了 6 种型号砂轮的外径、厚度、孔径等有关尺寸。 GB/T 4127.5 除采用 ISO 603-5 规定了 6 种型号砂轮的规格尺寸外，还增加了我国的一些砂轮的规格尺寸；ISO 603-5 规定的尺寸系列为 A 系列，GB/T 4127.5 补充增加的尺寸为 B 系列	完全采用 ISO 规定的砂轮尺寸规格还有一定的困难，并且也不现实，采取既采用 ISO 标准，也考虑到国内的实际情况是可行的
标记	4	4	IDT	ISO 603-5 用文字叙述和示例的表达方式进行规定，GB/T 4127.5 应用了 GB/2484 的规定	GB/T 2484 和 ISO 525 的规定是一致的
技术要求	5	5	MOD	ISO 603-5 关于标志引用了 ISO 525 的规定； GB/T 4127.5 关于标志引用了 GB/T 2485 的规定	产品标志应符合我国的规定

参 考 文 献

[1] GB/T 2481.1—1998 固结磨具用磨料 粒度组成的检测和标记 第1部分:粗磨粒F4～F220(eqv ISO 8486-1:1996)

[2] GB/T 2481.2—1998 固结磨具用磨料 粒度组成的检测和标记 第2部分:微粉F230～F1200(eqv ISO 8486-2:1996)

ICS 25.100.70
J 43

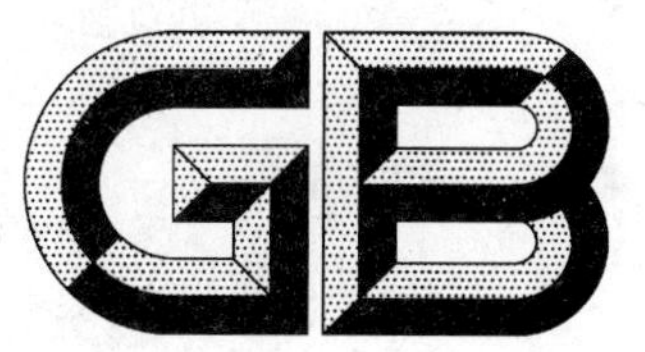

中华人民共和国国家标准

GB/T 4127.6—2008
部分代替 GB/T 4127—1997

固结磨具 尺寸 第6部分：工具磨和工具室用砂轮

Bonded abrasive products—Dimensions—
Part 6:Grinding wheels for tool and tool room grinding

(ISO 603-6:1999,MOD)

2008-06-03 发布 2009-01-01 实施

中华人民共和国国家质量监督检验检疫总局
中国国家标准化管理委员会 发布

前　言

GB/T 4127《固结磨具　尺寸》分为16个部分：

——第1部分：外圆磨砂轮(工件装夹在顶尖间)；

——第2部分：无心外圆磨砂轮；

——第3部分：内圆磨砂轮；

——第4部分：平面磨削用周边磨砂轮；

——第5部分：平面磨削用端面磨砂轮；

——第6部分：工具磨和工具室用砂轮；

——第7部分：人工操纵磨削砂轮；

——第8部分：去毛刺、荒磨和粗磨用砂轮；

——第9部分：重负荷磨削砂轮；

——第10部分：珩磨和超精磨磨石；

——第11部分：手持抛光磨石；

——第12部分：直向砂轮机用去毛刺和荒磨砂轮；

——第13部分：立式砂轮机用去毛刺和荒磨砂轮；

——第14部分：角向砂轮机用去毛刺、荒磨和粗磨砂轮；

——第15部分：固定式或移动式切割机用切割砂轮；

——第16部分：手持式电动工具用切割砂轮。

本部分为GB/T 4127的第6部分。

本部分修改采用ISO 603-6：1999《固结磨具　尺寸　第6部分：工具磨和工具室用砂轮》(英文版)。

考虑到我国国情，在采用ISO 603-6：1999时，本部分做了一些修改。有关技术性差异已编入正文中，并在它们所涉及的条款的页边空白处用垂直单线标识。在附录A(资料性附录)中给出了技术性差异极其原因的一览表以供参考。

为便于使用，本部分还进行了如下编辑性修改：

——将“ISO 603的本部分”改为“本部分”；

——用小数点“.”代替作为小数点的逗号“,”；

——删除国际标准的前言。

本部分代替GB/T 4127—1997《普通磨具　砂轮形状和尺寸》部分内容。本部分修改内容如下：

——为与国际上该类产品名称一致，标准名称中的“普通磨具”修改为“固结磨具”。

——增加了ISO 603-6：1999的1型、3型、5型、6型、7型、11型、12型的砂轮及其尺寸系列。

——增加了对产品的标记、要求和标志的规定。

本部分由中国机械工业联合会提出。

本部分由全国磨料磨具标准化技术委员会(SAC/TC 139)归口。

本部分起草单位：苏州远东砂轮有限公司、山东鲁信高新技术产业股份有限公司。

本部分主要起草人：王克力、李静、东彩霞。

本部分所代替标准的历次版本发布情况为：

——GB/T 4127—1984、GB/T 4127—1997。

固结磨具　尺寸　第6部分：工具磨和工具室用砂轮

1　范围

GB/T 4127的本部分规定了以下型号砂轮的尺寸、标记和要求：

——1型：平形砂轮
——1-C型：平形C型面砂轮
——3型：单斜边砂轮
——4型：双斜边砂轮
——5型：单面凹砂轮
——6型：杯形砂轮
——7型：双面凹砂轮
——11型：碗形砂轮
——12型：碟形砂轮
——12a型：碟形一号砂轮
——12b型：碟形二号砂轮

本部分规定的固结磨具适用于刃具切削面和刃口的磨削或重磨。工件和砂轮是机械操纵。

2　规范性引用文件

下列文件中的条款通过GB/T 4127的本部分的引用而成为本部分的条款。凡是注日期的引用文件，其随后所有的修改单(不包括勘误的内容)或修订版均不适用于本部分，然而，鼓励根据本部分达成协议的各方研究是否可使用这些文件的最新版本。凡是不注日期的引用文件，其最新版本适用于本部分。

GB/T 2484　固结磨具　一般要求(GB/T 2484—2006,ISO 525:1999,MOD)
GB/T 2485　固结磨具　技术条件

3　尺寸

3.1　1型：平形砂轮

见图1和表1。

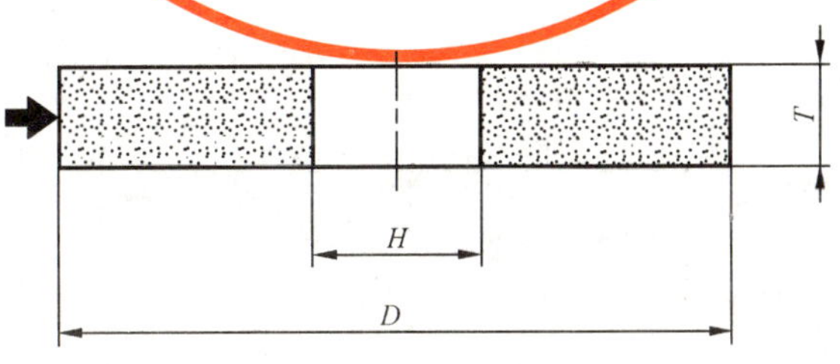

图1　1型

表 1　1 型砂轮的尺寸(A 系列)　　单位为毫米

D	T							H					
	6	10	13	16	20	25	32	13	16	20	25	32	51
50	×	×	×	—	—	—	—	×	—	—	—	—	—
100	—	×	×	—	×	—	—	—	×	×	—	—	—
125	—	—	×	×	×	×	—	—	—	×	—	×	—
150	×	×	×	×	×	×	—	—	—	×	×	×	—
175	—	×	×	×	×	×	×	—	—	×	—	×	—
200	×	×	×	×	×	×	×	—	—	×	×	×	×
250	—	—	×	—	×	×	—	—	—	—	—	×	—
300	—	—	—	—	×	×	×	—	—	—	—	×	—

3.2　1-C 型：平形 C 型面砂轮

见图 2 和表 2。

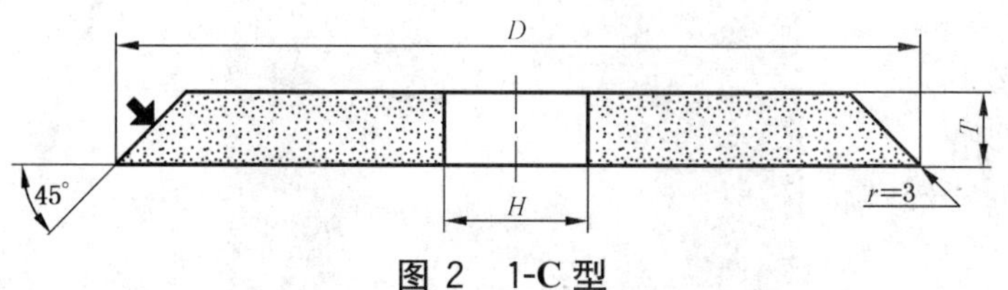

图 2　1-C 型

表 2　1-C 型砂轮的尺寸(B 系列)　　单位为毫米

D	T					H
	8	10	13	16	25	
175	×	×	—	—	—	32
200	—	×	×	×	—	32
250	—	×	×	×	—	32
300	—	—	—	×	—	32
300	—	—	×	—	—	75
300	—	—	×	×	—	127
350	—	—	—	—	×	127

3.3　3 型：单斜边砂轮

见图 3、表 3 和表 4。

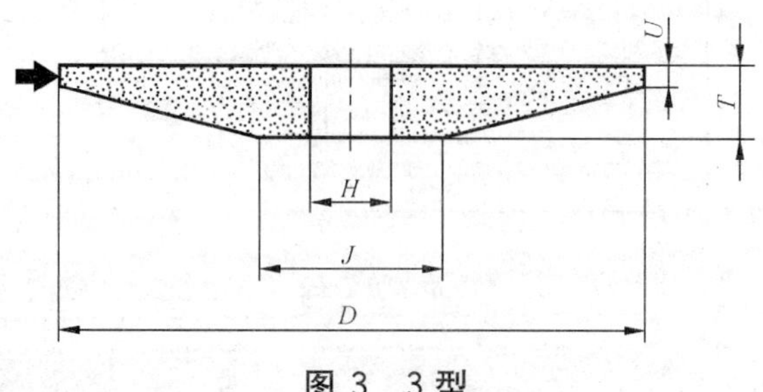

图 3　3 型

表 3　3 型砂轮的尺寸(A 系列)

单位为毫米

<table>
<tr><th>D</th><th>T</th><th>H</th><th>J</th><th>U</th></tr>
<tr><td>80</td><td>5</td><td>13</td><td>40</td><td>1</td></tr>
<tr><td>100</td><td>6</td><td>20</td><td>50</td><td>1.5</td></tr>
<tr><td rowspan="2">125</td><td rowspan="2">7</td><td>20</td><td rowspan="2">63</td><td rowspan="3">2</td></tr>
<tr><td>32</td></tr>
<tr><td>150</td><td>8</td><td rowspan="4">32</td><td>75</td></tr>
<tr><td>175</td><td>10</td><td>85</td><td rowspan="3">3</td></tr>
<tr><td>200</td><td>13</td><td>100</td></tr>
<tr><td>250</td><td>14</td><td>125</td></tr>
</table>

表 4　3 型砂轮的尺寸(B 系列)

单位为毫米

<table>
<tr><th>D</th><th>T</th><th>H</th><th>J</th><th>U</th></tr>
<tr><td>75</td><td>6</td><td>13</td><td>30</td><td>2</td></tr>
<tr><td>80</td><td>13</td><td rowspan="3">20</td><td>45</td><td>3</td></tr>
<tr><td rowspan="2">100</td><td>6</td><td>55</td><td rowspan="6">2</td></tr>
<tr><td>8</td><td>55</td></tr>
<tr><td rowspan="2">125</td><td>8</td><td rowspan="13">32</td><td>57</td></tr>
<tr><td>10</td><td>65</td></tr>
<tr><td rowspan="2">150</td><td>10</td><td>59</td></tr>
<tr><td>13</td><td>68</td></tr>
<tr><td rowspan="3">175</td><td>6</td><td>141</td><td rowspan="12">3</td></tr>
<tr><td>8</td><td>118</td></tr>
<tr><td>10</td><td>123</td></tr>
<tr><td rowspan="3">200</td><td>10</td><td>127</td></tr>
<tr><td>13</td><td>87</td></tr>
<tr><td>16</td><td>103</td></tr>
<tr><td rowspan="3">250</td><td>10</td><td>170</td></tr>
<tr><td>13</td><td>136</td></tr>
<tr><td>16</td><td>102</td></tr>
<tr><td rowspan="3">300</td><td>10</td><td rowspan="3">32,127</td><td>248</td></tr>
<tr><td>13</td><td>225</td></tr>
<tr><td>16</td><td>203</td></tr>
</table>

3.4　4 型:双斜边砂轮

见图 4 和表 5。

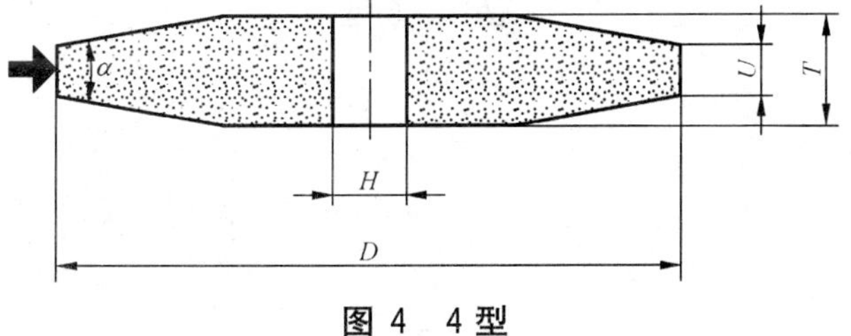

图 4　4 型

表 5　4 型砂轮的尺寸(B 系列)

单位为毫米

<table>
<tr><th>D</th><th>T</th><th>H</th><th>U</th><th>α</th></tr>
<tr><td rowspan="4">125</td><td>13</td><td rowspan="2">20</td><td rowspan="3">4</td><td rowspan="15">40°</td></tr>
<tr><td>16</td></tr>
<tr><td>16</td><td>32</td></tr>
<tr><td>20</td><td>20</td><td>6</td></tr>
<tr><td rowspan="2">150</td><td>16</td><td rowspan="2">32</td><td>4</td></tr>
<tr><td>20</td><td>6</td></tr>
<tr><td>200</td><td>13,16</td><td rowspan="8">75</td><td rowspan="4">4</td></tr>
<tr><td rowspan="5">250</td><td>10</td></tr>
<tr><td>13</td></tr>
<tr><td>16</td></tr>
<tr><td>20</td><td rowspan="2">6</td></tr>
<tr><td>25</td></tr>
<tr><td rowspan="3">300</td><td>20</td><td rowspan="2">11</td></tr>
<tr><td>32</td></tr>
<tr><td>25</td><td rowspan="2">127</td><td>6</td></tr>
<tr><td rowspan="2">350</td><td>10,16,25,32</td><td rowspan="6">3</td><td rowspan="6">50°</td></tr>
<tr><td>8</td><td>160</td></tr>
<tr><td rowspan="3">400</td><td>8</td><td rowspan="3">203</td></tr>
<tr><td>10</td></tr>
<tr><td>13</td></tr>
<tr><td>500</td><td>10</td><td>305</td></tr>
</table>

3.5　5 型:单面凹砂轮

见图 5 和表 6。

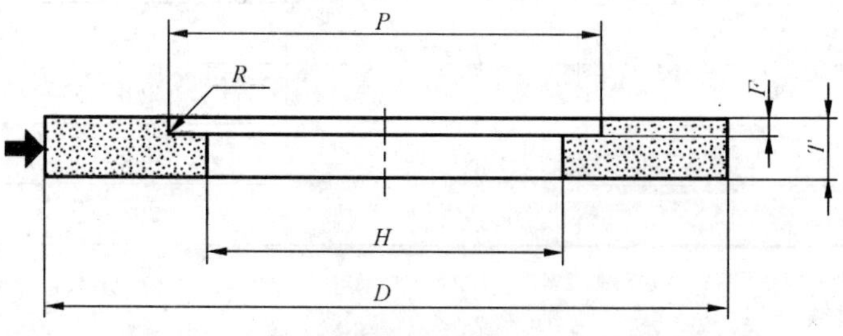

图 5　5 型

表 6 5 型砂轮的尺寸(A 系列)

单位为毫米

D	T	H	P	F[a]	R_{max}
150	32	20	80	16	3.2
150	32	32	80	16	3.2
175	32	32	90	16	3.2
200	40	32	110	20	3.2
200	40	50.8	110	20	3.2
250	40	50.8	150	20	5
250	40	76.2	150	20	5
300	45	76.2	150	20	5
300	50	76.2	150	25	5
400	50	127	215	25	5

[a] F 取值应小于或等于厚度 T 的一半。

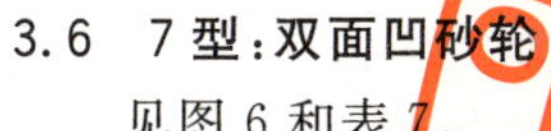

3.6 7 型:双面凹砂轮

见图 6 和表 7。

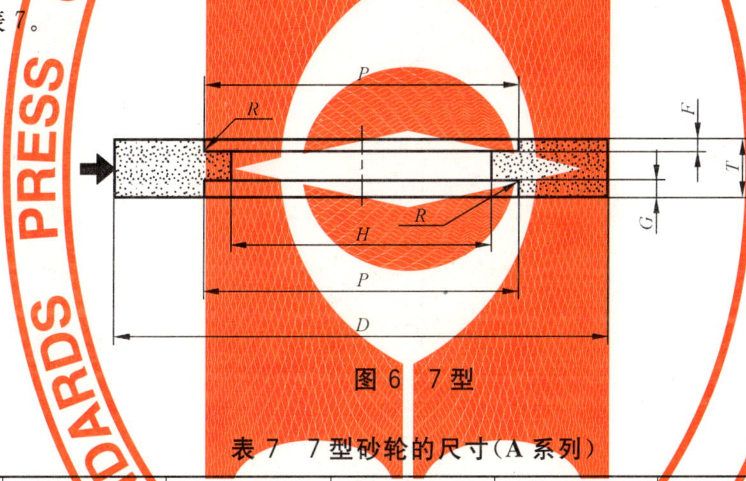

图 6 7 型

表 7 7 型砂轮的尺寸(A 系列)

单位为毫米

D	T	H	P	F	G	R_{max}
300	50	76.2	150	10	10	5
400	65	127	215	10	10	5

3.7 1 型:平形砂轮(锯刃磨)

见图 7 和表 8。

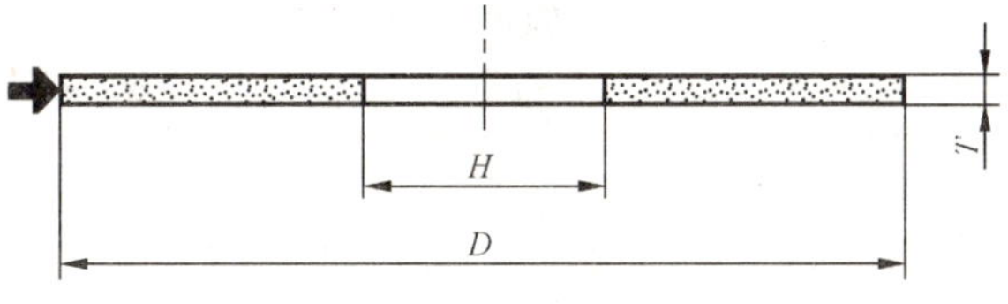

图 7 1 型

表 8　1 型砂轮的尺寸(A 系列)　　单位为毫米

D	T	H	D	T	H	D	T	H	D	T	H
100	1	20	150	4	20	200	4	20	250	3	32
	1.3			5			5			3.2	
	1.6			6			6			4	
	2			8			8			5	
	2.5		150	1.6	32		10			6	
	3			2			13			8	
	3.2			2.5			16			10	
	4			3			20			1	
125	1	20	150	3.2	32	200	2	32		16	
	1.3			4			2.5			20	
	1.6			5			3			25	
	2			6			3.2		300	5	32
	2.5			8			4			6	
	3.2			10			5			8	
	4			13			6			10	
150	1.6	20		16			8			13	
	2		200	2	20	200	10	32		16	
	2.5			2.5			13			20	
	3			3			16			25	
	3.2			3.2			20			32	

3.8　6 型：杯形砂轮

见图 8、表 9 和表 10。

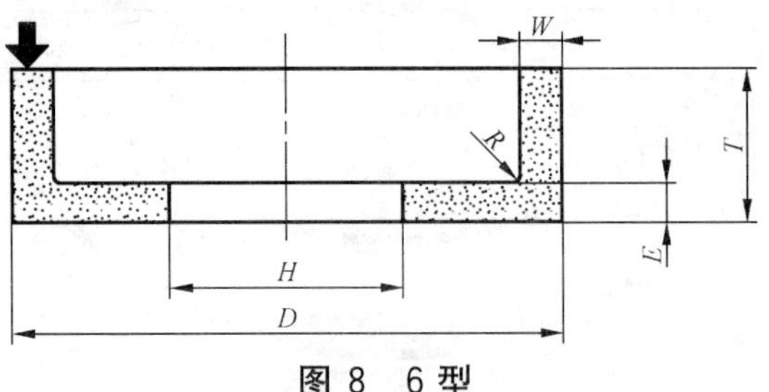

图 8　6 型

表 9　6 型砂轮的尺寸(A 系列)　　单位为毫米

D	T	H	W	E_{min}
50	32	13	5	8
80	40		6	10
100	50	20	8	
125	63	20	8	13
		32		
150	80	32	10	16
180	80		16	16

表 10　6 型砂轮的尺寸(B 系列)

单位为毫米

<table>
<tr><th>D</th><th>T</th><th>H</th><th>W</th><th>E</th><th>R</th></tr>
<tr><td>40</td><td>25</td><td rowspan="2">13</td><td>4</td><td>5</td><td rowspan="4">3</td></tr>
<tr><td>50</td><td rowspan="2">32</td><td rowspan="3">5</td><td rowspan="2">7</td></tr>
<tr><td>60</td><td rowspan="3">20</td></tr>
<tr><td>75</td><td>40</td><td>8</td></tr>
<tr><td>100</td><td>50</td><td>7.5</td><td>10</td><td rowspan="2">4</td></tr>
<tr><td>125</td><td rowspan="3">63</td><td>32,65</td><td>7.5,12.5</td><td>13</td></tr>
<tr><td rowspan="3">150</td><td rowspan="2">65</td><td>25</td><td>25</td><td rowspan="6">5</td></tr>
<tr><td rowspan="2">12.5</td><td>13</td></tr>
<tr><td>80</td><td>32</td><td>15</td></tr>
<tr><td rowspan="2">200</td><td>63</td><td>32,75</td><td>15</td><td>18</td></tr>
<tr><td rowspan="2">100</td><td>100</td><td rowspan="2">25</td><td rowspan="2">25</td></tr>
<tr><td>250</td><td>150</td></tr>
</table>

3.9　11 型:碗形砂轮

见图 9、表 11 和表 12。

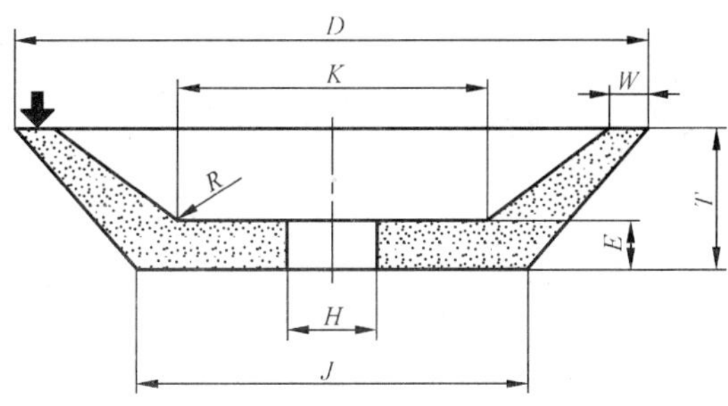

图 9　11 型

表 11　11 型砂轮的尺寸(A 系列)

单位为毫米

<table>
<tr><th>D</th><th>T</th><th>H</th><th>J</th><th>K</th><th>W</th><th>E_{min}</th></tr>
<tr><td>50</td><td rowspan="2">32</td><td rowspan="2">13</td><td>27</td><td>22</td><td>4</td><td rowspan="2">8</td></tr>
<tr><td>80</td><td>57</td><td>46</td><td>6</td></tr>
<tr><td>100</td><td rowspan="3">40</td><td>20</td><td>71</td><td>56</td><td rowspan="3">8</td><td rowspan="3">10</td></tr>
<tr><td rowspan="2">125</td><td>20</td><td rowspan="2">96</td><td rowspan="2">81</td></tr>
<tr><td>32</td></tr>
<tr><td>150</td><td rowspan="2">50</td><td rowspan="2">32</td><td>114</td><td>96</td><td>10</td><td>13</td></tr>
<tr><td>180</td><td>144</td><td>120</td><td>13</td><td>13</td></tr>
</table>

表 12　11 型砂轮的尺寸(B 系列)　　单位为毫米

<table>
<tr><th>D</th><th>T</th><th>H</th><th>J</th><th>K</th><th>W</th><th>E</th><th>R</th></tr>
<tr><td>50</td><td>25</td><td>13</td><td>32</td><td>23</td><td>5</td><td>7</td><td rowspan="2">3</td></tr>
<tr><td>75</td><td>32</td><td rowspan="3">20</td><td>52</td><td>44</td><td>5</td><td rowspan="4">10</td></tr>
<tr><td rowspan="2">100</td><td>30</td><td>50</td><td>40</td><td>10</td><td rowspan="4">4</td></tr>
<tr><td>35</td><td>75</td><td>62</td><td>7.5</td></tr>
<tr><td rowspan="2">125</td><td>35</td><td rowspan="6">32</td><td>66</td><td>55</td><td>10</td></tr>
<tr><td>45</td><td>92</td><td>75</td><td>10</td><td rowspan="2">13</td></tr>
<tr><td rowspan="2">150</td><td>35</td><td>91</td><td>81</td><td>12.5</td><td rowspan="6">5</td></tr>
<tr><td>50</td><td>114</td><td>97</td><td>10</td><td>15</td></tr>
<tr><td>175</td><td rowspan="2">63</td><td>102</td><td>86</td><td>22.5</td><td rowspan="2">25</td></tr>
<tr><td>200</td><td>127</td><td>106</td><td>25</td></tr>
<tr><td>250</td><td>140</td><td>100</td><td>201</td><td>155</td><td>30</td><td rowspan="2">40</td></tr>
<tr><td>300</td><td>150</td><td>140</td><td>247</td><td>191</td><td>35</td></tr>
</table>

3.10　12 型:碟形砂轮

见图 10 和表 13。

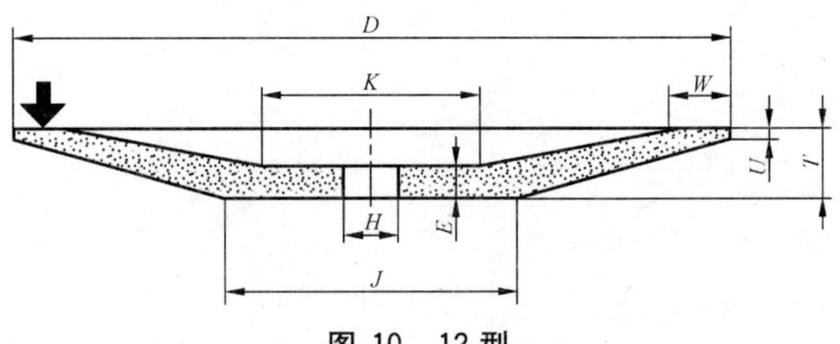

图 10　12 型

表 13　12 型砂轮的尺寸(A 系列)　　单位为毫米

<table>
<tr><th>D</th><th>T</th><th>H</th><th>J=K</th><th>W</th><th>E_{min}</th><th>U</th></tr>
<tr><td>80</td><td>10</td><td>13</td><td>31</td><td>4</td><td>6</td><td>2.5</td></tr>
<tr><td>100</td><td>13</td><td>20</td><td>36</td><td>5</td><td>7</td><td rowspan="6">3.2</td></tr>
<tr><td rowspan="2">125</td><td rowspan="2">13</td><td>20</td><td rowspan="2">61</td><td rowspan="2">6</td><td rowspan="2">7</td></tr>
<tr><td>32</td></tr>
<tr><td>150</td><td>16</td><td rowspan="3">32</td><td>66</td><td>8</td><td>9</td></tr>
<tr><td>180</td><td>20</td><td>76</td><td>10</td><td>11</td></tr>
<tr><td>200</td><td>20</td><td>90</td><td>10</td><td>12</td></tr>
</table>

3.11　12a 型:碟形一号砂轮

见图 11 和表 14。

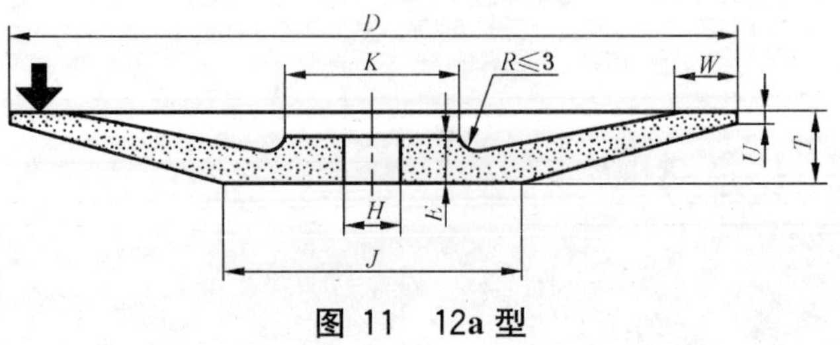

图 11　12a 型

表 14　12a 型砂轮的尺寸(B 系列)

单位为毫米

D	T	H	K	J	W	U	E
75	8	13	30	30	4	2	5
100	10	20	40	40	6	2	6
125	13	32	50	50	6	3	8
150	16		60	60	8	4	10
200	20		80	81	10	4	12
250	25		100	103	13	6	15
300	20	127	180	181	15	4	13
350	25			193	25		18
400	25			243	25		
500	32	203	255	291	35		27
600	32			406	35	6	24
800	35	400	500	770	40	3	30

3.12　12b 型:碟形二号砂轮

见图 12 和表 15。

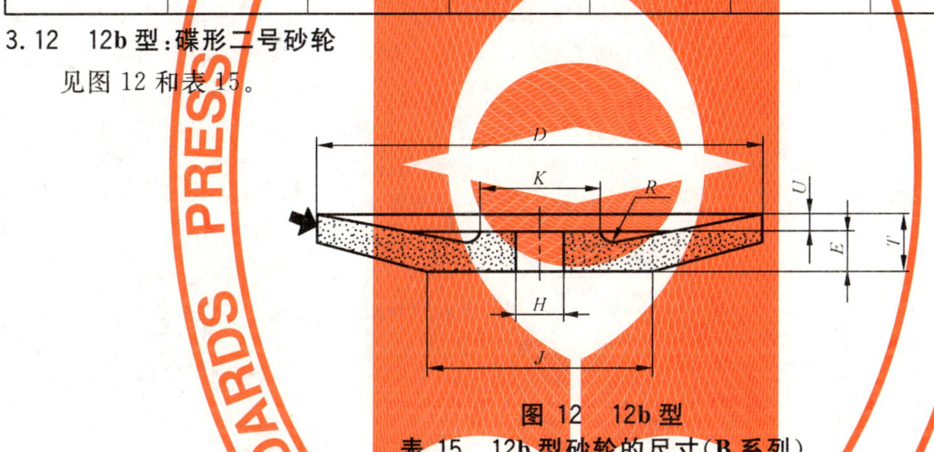

图 12　12b 型

表 15　12b 型砂轮的尺寸(B 系列)

单位为毫米

D	T	H	J	K	U	E	R
225	18	40	120	105	2,4,6,8	16	4
275	20	40	125	105	2,4,6,8	21	5
	25						
350	27	55	170	130	5,8,10,12	22	6
450	29	127	255	205			7

4　标记

应符合 GB/T 2484 的规定。

5　要求

5.1　技术要求

应符合 GB/T 2485 的规定。

5.2　标志

应符合 GB/T 2485 的规定。

附 录 A
（资料性附录）
本部分与 ISO 603-6:1999 的技术差异和原因

表 A.1

项目名称	本标准的章条编号	ISO 603-6:1999 的章条编号	采用程度	技术性差异	原 因
范围	1	1	IDT		
规范性引用文件	2	2	MOD	ISO 603-6 引用：ISO 525、ISO 6103、ISO 13942，GB/T 4127.6 引用：GB/T 2484、GB/T 2485	ISO 13942 部分内容我国还未采用
尺寸	3	3	MOD	ISO 603-6 规定了 7 种型号砂轮的外径、厚度、孔径等有关尺寸。 GB/T 4127.6 除采用 ISO 603-6 规定了 7 种型号砂轮的规格尺寸外，还增加了我国的一些砂轮的规格尺寸；ISO 603-6 规定的尺寸系列为 A 系列，GB/T 4127.6 补充增加的尺寸为 B 系列	完全采用 ISO 规定的砂轮尺寸规格还有一定的困难，并且也不现实，采取既采用 ISO 标准，也考虑到国内的实际情况是可行的
标记	4	4	IDT	ISO 603-6 用文字叙述和示例的表达方式进行规定，GB/T 4127.6 应用了 GB/T 2484 的规定	GB/T 2484 和 ISO 525 的规定是一致的
要求	5	5	MOD	ISO 603-6 关于标志引用了 ISO 525 的规定；GB/T 4127.6 关于标志引用了 GB/T 2485 的规定	产品标志应符合我国的规定

参 考 文 献

［1］ GB/T 2481.1—1998 固结磨具用磨料 粒度组成的检测和标记 第1部分：粗磨粒F4～F220(eqv ISO 8486-1:1996)

［2］ GB/T 2481.2—1998 固结磨具用磨料 粒度组成的检测和标记 第2部分：微粉F230～F1200(eqv ISO 8486-2:1996)

ICS 25.100.70
J 43

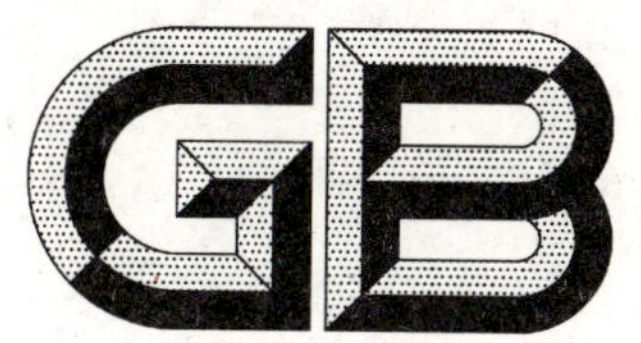

中华人民共和国国家标准

GB/T 4127.7—2008
部分代替 GB/T 4127—1997

固结磨具 尺寸 第7部分：人工操纵磨削砂轮

Bonded abrasive products—Dimensions—
Part 7：Grinding wheels for manually guided grinding

(ISO 603-7：1999，MOD)

2008-06-03 发布　　2009-01-01 实施

中华人民共和国国家质量监督检验检疫总局
中国国家标准化管理委员会　发布

前　言

GB/T 4127《固结磨具　尺寸》分为16个部分：

——第1部分：外圆磨砂轮(工件装夹在顶尖间)；

——第2部分：无心外圆磨砂轮；

——第3部分：内圆磨砂轮；

——第4部分：平面磨削用周边磨砂轮；

——第5部分：平面磨削用端面磨砂轮；

——第6部分：工具磨和工具室用砂轮；

——第7部分：人工操纵磨削砂轮；

——第8部分：去毛刺、荒磨和粗磨用砂轮；

——第9部分：重负荷磨削砂轮；

——第10部分：珩磨和超精磨磨石；

——第11部分：手持抛光磨石；

——第12部分：直向砂轮机用去毛刺和荒磨砂轮；

——第13部分：立式砂轮机用去毛刺和荒磨砂轮；

——第14部分：角向砂轮机用去毛刺、荒磨和粗磨砂轮；

——第15部分：固定式或移动式切割机用切割砂轮；

——第16部分：手持式电动工具用切割砂轮。

本部分为GB/T 4127的第7部分。

本部分修改采用ISO 603-7:1999《固结磨具　尺寸　第7部分：人工操纵磨削砂轮》(英文版)。

考虑到我国国情，在采用ISO 603-7:1999时，本部分做了一些修改。有关技术性差异已编入正文中并在它们所涉及的条款的页边空白处用垂直单线标识。在附录A(资料性附录)中给出了技术性差异及其原因的一览表以供参考。

为便于使用，本部分还进行了如下编辑性修改：

——将“ISO 603的本部分”改为“本部分”；

——用小数点“.”代替作为小数点的逗号“,”；

——删除国际标准的前言。

本部分代替GB/T 4127—1997《普通磨具　砂轮形状和尺寸》部分内容。本部分修改内容如下：

——为了与国际上该类产品名称一致，标准中的“普通磨具”修改为“固结磨具”；

——增加了“5型：单面凹砂轮”、“6型：杯形砂轮”、“35型：粘结或夹紧用圆盘砂轮”、“36型：螺栓紧固平形砂轮”、“37型：螺栓紧固筒形砂轮”的规定；

——增加了对产品的标记、技术要求和标志的规定。

本部分由中国机械工业联合会提出。

本部分由全国磨料磨具标准化技术委员会(SAC/TC 139)归口。

本部分起草单位：成都砂轮有限公司、合肥砂轮厂。

本部分主要起草人：林彬、苏永慧。

本部分所代替标准的历次版本发布情况为：

——GB 4127—1984、GB/T 4127—1997。

固结磨具　尺寸
第7部分：人工操纵磨削砂轮

1　范围

GB/T 4127的本部分规定了以下型号砂轮的尺寸、标记和要求：

——1型：平形砂轮

——5型：单面凹砂轮

——6型：杯形砂轮

——35型：粘结或机夹式圆盘砂轮

——36型：螺栓紧固平形砂轮

——37型：螺栓紧固筒形砂轮

本部分规定的固结磨具适用于工件的任一表面磨削和重磨，用手操纵工件，砂轮位置固定。

2　规范性引用文件

下列文件中的条款通过GB/T 4127的本部分的引用而成为本部分的条款。凡是注日期的引用文件，其随后所有的修改单(不包括勘误的内容)或修订版均不适用于本部分，然而，鼓励根据本部分达成协议的各方研究是否可使用这些文件的最新版本。凡是不注日期的引用文件，其最新版本适用于本部分。

GB/T 2484　固结磨具　一般要求(GB/T 2484—2006，ISO 525：1999，MOD)

GB/T 2485　固结磨具　技术条件

JB/T 7983　普通磨具　螺栓紧固平形砂轮

3　尺寸

3.1　1型：平形砂轮

见图1和表1、表2。

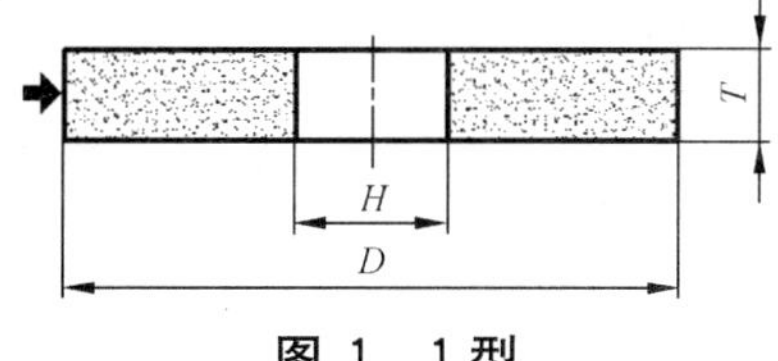

图1　1型

表1　1型砂轮的尺寸(A系列)

单位为毫米

D	T									H
	13	20	25	32	40	50	63	80	100	
100	×	×	—	—	—	—	—	—	—	16
										20
125	×	×	—	—	—	—	—	—	—	20
										32
150	—	×	×	—	—	—	—	—	—	20

表 1（续）

单位为毫米

<table>
<tr><th rowspan="2">D</th><th colspan="9">T</th><th rowspan="2">H</th></tr>
<tr><th>13</th><th>20</th><th>25</th><th>32</th><th>40</th><th>50</th><th>63</th><th>80</th><th>100</th></tr>
<tr><td>150</td><td>—</td><td>×</td><td>×</td><td>—</td><td>—</td><td>—</td><td>—</td><td>—</td><td>—</td><td rowspan="3">32</td></tr>
<tr><td>200</td><td>—</td><td>×</td><td>×</td><td>—</td><td>—</td><td>—</td><td>—</td><td>—</td><td>—</td></tr>
<tr><td>250</td><td>—</td><td>—</td><td>×</td><td>×</td><td>—</td><td>—</td><td>—</td><td>—</td><td>—</td></tr>
<tr><td rowspan="3">300</td><td rowspan="3">—</td><td rowspan="3">—</td><td rowspan="3">—</td><td rowspan="3">×</td><td rowspan="3">×</td><td rowspan="3">—</td><td rowspan="3">—</td><td rowspan="3">—</td><td rowspan="3">—</td><td>32</td></tr>
<tr><td>50.8</td></tr>
<tr><td>76.2</td></tr>
<tr><td rowspan="3">350/356</td><td rowspan="3">—</td><td rowspan="3">—</td><td rowspan="3">—</td><td rowspan="3">×</td><td rowspan="3">×</td><td rowspan="3">×</td><td rowspan="3">—</td><td rowspan="3">—</td><td rowspan="3">—</td><td>32</td></tr>
<tr><td>50.8</td></tr>
<tr><td>76.2</td></tr>
<tr><td rowspan="3">400/406</td><td rowspan="3">—</td><td rowspan="3">—</td><td rowspan="3">—</td><td rowspan="3">—</td><td rowspan="3">×</td><td rowspan="3">×</td><td rowspan="3">×</td><td rowspan="3">—</td><td rowspan="3">—</td><td>50.8</td></tr>
<tr><td>76.2</td></tr>
<tr><td>127</td></tr>
<tr><td rowspan="4">450/457</td><td rowspan="4">—</td><td rowspan="4">—</td><td rowspan="4">—</td><td rowspan="4">—</td><td rowspan="4">×</td><td rowspan="4">×</td><td rowspan="4">×</td><td rowspan="4">—</td><td rowspan="4">—</td><td>50.8</td></tr>
<tr><td>76.2</td></tr>
<tr><td>127</td></tr>
<tr><td>152.4</td></tr>
<tr><td rowspan="4">500/508</td><td rowspan="4">—</td><td rowspan="4">—</td><td rowspan="4">—</td><td rowspan="4">—</td><td rowspan="4">—</td><td rowspan="4">×</td><td rowspan="4">×</td><td rowspan="4">×</td><td rowspan="4">—</td><td>50.8</td></tr>
<tr><td>127</td></tr>
<tr><td>152.4</td></tr>
<tr><td>203.2</td></tr>
<tr><td rowspan="4">600/610</td><td rowspan="4">—</td><td rowspan="4">—</td><td rowspan="4">—</td><td rowspan="4">—</td><td rowspan="4">—</td><td rowspan="4">×</td><td rowspan="4">×</td><td rowspan="4">×</td><td rowspan="4">—</td><td>76.2</td></tr>
<tr><td>127</td></tr>
<tr><td>203.2</td></tr>
<tr><td>304.8</td></tr>
<tr><td rowspan="2">750/762</td><td rowspan="2">—</td><td rowspan="2">—</td><td rowspan="2">—</td><td rowspan="2">—</td><td rowspan="2">—</td><td rowspan="2">—</td><td rowspan="2">×</td><td rowspan="2">×</td><td rowspan="2">×</td><td>203.2</td></tr>
<tr><td>304.8</td></tr>
</table>

表 2　1 型砂轮的尺寸（B 系列）

单位为毫米

<table>
<tr><th rowspan="2">D</th><th colspan="8">T</th><th rowspan="2">H</th></tr>
<tr><th>13</th><th>20</th><th>25</th><th>32</th><th>40</th><th>50</th><th>63</th><th>80</th></tr>
<tr><td>300</td><td>—</td><td>—</td><td>—</td><td>×</td><td>×</td><td>—</td><td>—</td><td>—</td><td>75</td></tr>
<tr><td rowspan="2">350</td><td rowspan="2">—</td><td rowspan="2">—</td><td rowspan="2">—</td><td rowspan="2">—</td><td rowspan="2">×</td><td rowspan="2">×</td><td rowspan="2">—</td><td rowspan="2">—</td><td>75</td></tr>
<tr><td>127</td></tr>
<tr><td rowspan="2">400</td><td rowspan="2">—</td><td rowspan="2">—</td><td rowspan="2">—</td><td rowspan="2">—</td><td rowspan="2">×</td><td rowspan="2">×</td><td rowspan="2">×</td><td rowspan="2">—</td><td>75</td></tr>
<tr><td>127</td></tr>
</table>

表 2（续）

单位为毫米

D	T								H
	13	20	25	32	40	50	63	80	
400	—	—	—	—	×	×	×	×	203
500	—	—	—	—	—	×	×	—	203
600	—	—	—	—	—	—	×	×	305

3.2 5 型：单面凹砂轮

见图 2 和表 3。

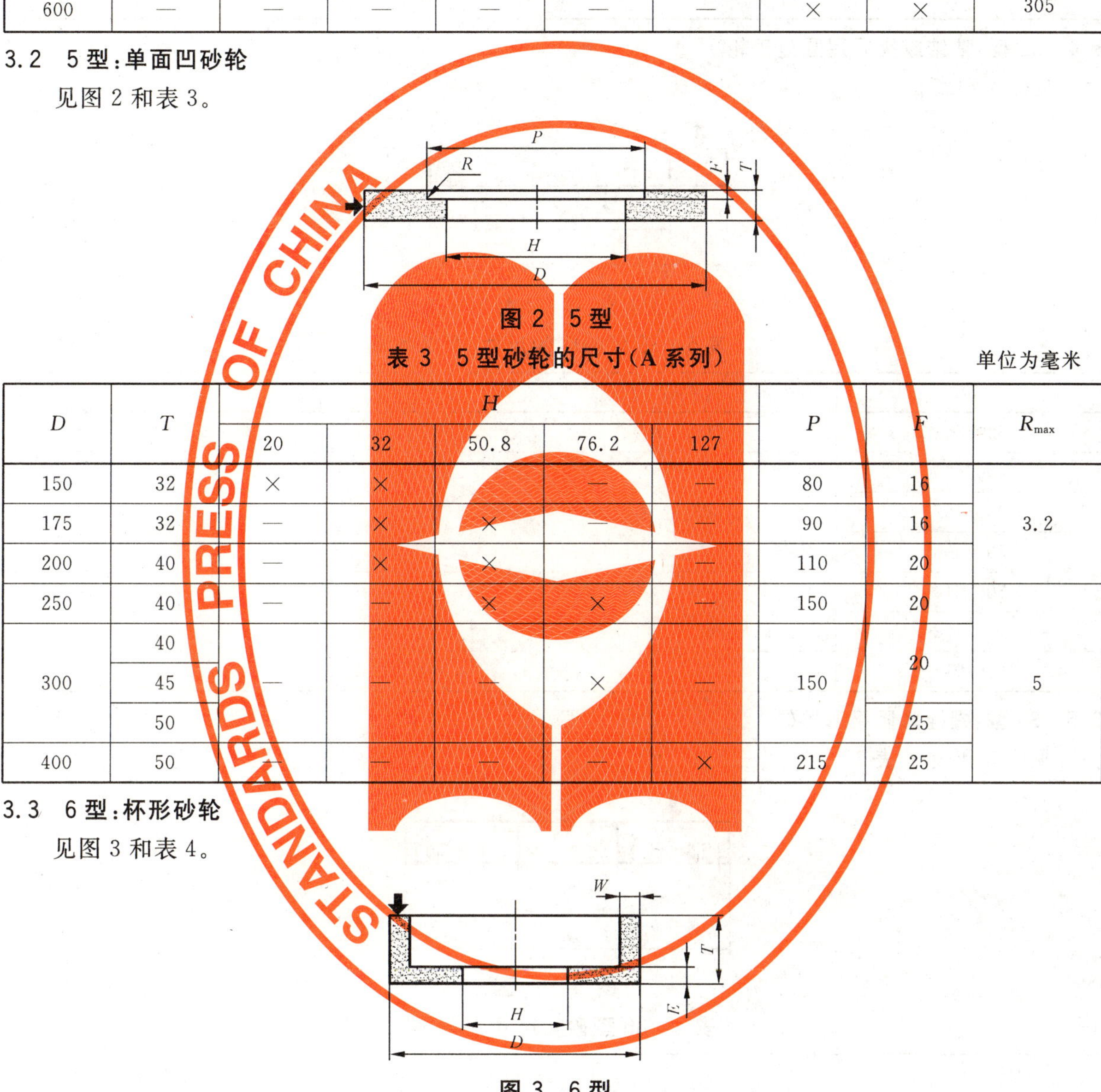

图 2 5 型

表 3 5 型砂轮的尺寸（A 系列）

单位为毫米

D	T	H					P	F	R_{max}
		20	32	50.8	76.2	127			
150	32	×	×		—	—	80	16	3.2
175	32	—	×	×	—	—	90	16	
200	40	—	×	×		—	110	20	
250	40	—	—	×	×	—	150	20	5
300	40	—	—	—	×	—	150	20	
	45								
	50							25	
400	50	—	—	—	—	×	215	25	

3.3 6 型：杯形砂轮

见图 3 和表 4。

图 3 6 型

表 4 6 型砂轮尺寸（A 系列）

单位为毫米

D	T	H						W	E_{min}
		13	20	25	32	50.8	76.2		
50	32	×	—	—	—	—	—	8	8
80	40	×	—	—	—	—	—	10	10
100	50	—	×	—	—	—	—		10
125	63	—	×	—	×	—	—	13	13

表 4（续）　　单位为毫米

<table>
<tr><th rowspan="2">D</th><th rowspan="2">T</th><th colspan="6">H</th><th rowspan="2">W</th><th rowspan="2">E_{min}</th></tr>
<tr><th>13</th><th>20</th><th>25</th><th>32</th><th>50.8</th><th>76.2</th></tr>
<tr><td>150</td><td>80</td><td>—</td><td>—</td><td>—</td><td>×</td><td>—</td><td>—</td><td>16</td><td>16</td></tr>
<tr><td>175</td><td>80</td><td>—</td><td>—</td><td>×</td><td>×</td><td>×</td><td>×</td><td>20</td><td>20</td></tr>
<tr><td>200</td><td>100</td><td>—</td><td>—</td><td>×</td><td>×</td><td>×</td><td>×</td><td>20</td><td>20</td></tr>
</table>

3.4　35 型：粘结或夹紧用圆盘砂轮

见图 4 和表 5。

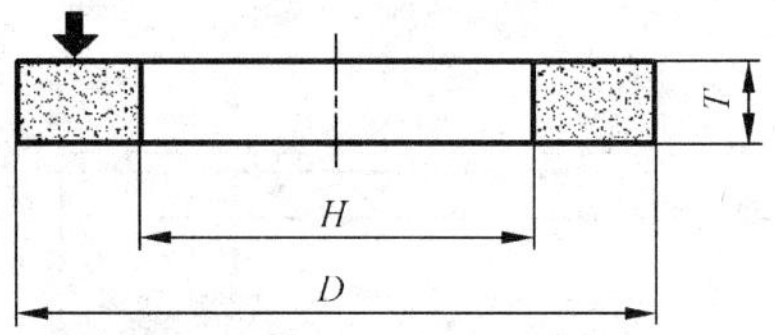

图 4　35 型

表 5　35 型砂轮的尺寸（A 系列）　　单位为毫米

<table>
<tr><th>D</th><th colspan="2">T</th><th>H</th></tr>
<tr><td>350/365</td><td>63</td><td>80</td><td>203.2</td></tr>
<tr><td>400/465</td><td rowspan="3">63</td><td rowspan="3">80</td><td>254</td></tr>
<tr><td>450/457</td><td rowspan="2">304.8</td></tr>
<tr><td>500/508</td></tr>
<tr><td>600/610</td><td rowspan="2">63</td><td rowspan="2">80</td><td>400</td></tr>
<tr><td>750/762</td><td rowspan="2">508</td></tr>
<tr><td>900/914</td><td>—</td><td>80</td></tr>
</table>

3.5　36 型：螺栓紧固平形砂轮

见图 5 和表 6、表 7。

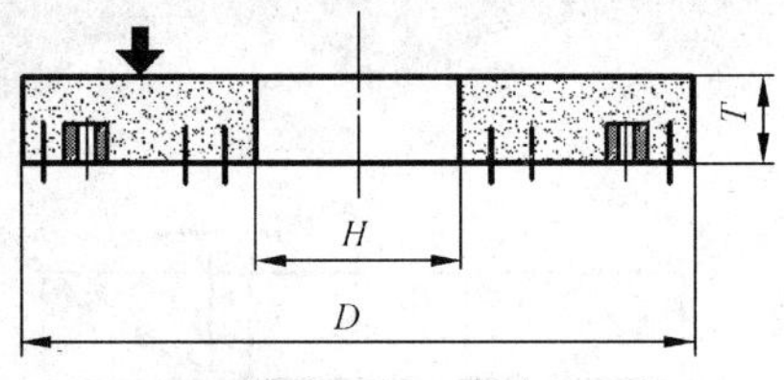

图 5　36 型

表 6　36 型砂轮尺寸（A 系列）　　单位为毫米

<table>
<tr><th>D</th><th colspan="3">T</th><th>H_{max}</th><th>嵌入螺母尺寸及分布</th></tr>
<tr><td>350/356</td><td rowspan="3">63</td><td rowspan="3">80</td><td rowspan="2">—</td><td>120</td><td rowspan="8">见 GB/T 4127.5</td></tr>
<tr><td>400/406</td><td>140</td></tr>
<tr><td>450/457</td><td>100</td><td rowspan="2">50</td></tr>
<tr><td>500/508</td><td rowspan="3">63</td><td rowspan="3">80</td><td rowspan="3">100</td></tr>
<tr><td>600/610</td><td>150</td></tr>
<tr><td>750/762</td><td>50</td></tr>
<tr><td>900/914</td><td rowspan="2">—</td><td rowspan="2">80</td><td rowspan="2">100</td><td rowspan="2">280</td></tr>
<tr><td>1 060/1 067</td></tr>
</table>

表 7　36 型砂轮尺寸(B 系列)

单位为毫米

D	T			H_{max}	嵌入螺母尺寸及分布
300	50	63	—	120	见 GB/T 4127.5
450	50	63	80	203	

3.6　37 型:螺栓紧固筒形砂轮

见图 6 和表 8。

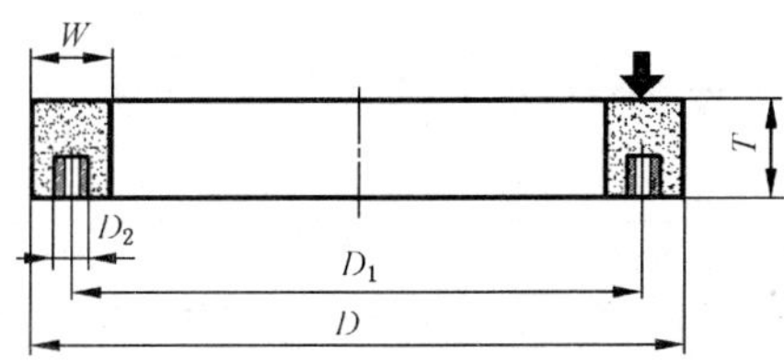

图 6　37 型

表 8　37 型砂轮尺寸(A 系列)

单位为毫米

D	T	W	D_1	嵌入螺母的尺寸及分布
400/406	100	50	350	见 GB/T 4127.5
450/457			400	
500/508	125		450	
600/610		63	540	

4　标记

应符合 GB/T 2484 的规定。

5　要求

5.1　技术要求

应符合 GB/T 2485 或 JB/T 7983 的规定。

5.2　标志

应符合 GB/T 2485 的规定。

附　录　A
（资料性附录）
本部分与 ISO 603-7:1999 的技术差异和原因

表 A.1

项目名称	本部分的章条编号	ISO 603-7:1999 的章条编号	采用程度	技术差异	原　　因
范围	1	1	IDT	—	—
规范性引用文件	2	2	MOD	ISO 603-7 引用：ISO 525、ISO 6103、ISO 13942；GB/T 4127.7 引用：GB/T 2484、GB/T 2485	ISO 13942 部分内容我国还未采用
尺寸	3	3	MOD	ISO 603-7 规定了 6 种型号砂轮的各相关尺寸；GB/T 4127.7 除了采用 ISO 603-7 规定的规格尺寸外，还增加了我国目前常用的一些砂轮规格尺寸。ISO 603-7 规定的尺寸系列为 A 系列；GB/T 4127.7 补充增加的为 B 系列	完全采用 ISO 603-7 规定的砂轮基本尺寸还有一定的困难，并且也不现实，采取既采用 ISO 标准，又考虑到国内的实际情况是可行的
标记	4	4	IDT	ISO 603-7 关于标记用文字叙述和示例的表达方式进行了规定；GB/T 4127.7 关于标记引用了 GB/T 2484 的规定	ISO 603-7 和 GB/T 4127.7 的规定是一致的
技术要求	5	5	MOD	ISO 603-7 关于标志引用了 ISO 525 的规定；GB/T 4127.7 关于标志引用了 GB/T 2485 的规定	产品标志应符合我国的规定

参 考 文 献

[1] GB/T 2481.1—1998 固结磨具用磨料 粒度组成的检测和标记 第1部分:粗磨粒 F4～F220(eqv ISO 8486-1:1996)

[2] GB/T 2481.2—1998 固结磨具用磨料 粒度组成的检测和标记 第2部分:微粉 F230～F1200(eqv ISO 8486-2:1996)

ICS 25.100.70
J 43

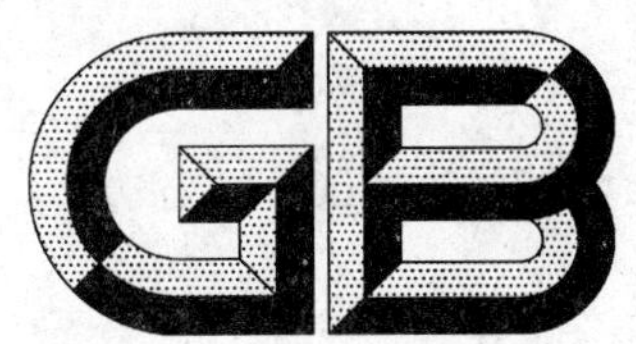

中华人民共和国国家标准

GB/T 4127.10—2008
部分代替 GB/T 4127—1997

固结磨具 尺寸
第10部分:珩磨和超精磨磨石

Bonded abrasive products—Dimensions—
Part 10:Stones for honing and superfinishings

(ISO 603-10:1999,MOD)

2008-06-03 发布 2009-01-01 实施

中华人民共和国国家质量监督检验检疫总局
中国国家标准化管理委员会 发布

前　言

GB/T 4127《固结磨具　尺寸》分为16个部分：

——第1部分：外圆磨砂轮(工件装夹在顶尖间)；

——第2部分：无心外圆磨砂轮；

——第3部分：内圆磨砂轮；

——第4部分：平面磨削用周边磨砂轮；

——第5部分：平面磨削用端面磨砂轮；

——第6部分：工具磨和工具室用砂轮；

——第7部分：人工操纵磨削砂轮；

——第8部分：去毛刺、荒磨和粗磨用砂轮；

——第9部分：重负荷磨削砂轮；

——第10部分：珩磨和超精磨磨石；

——第11部分：手持抛光磨石；

——第12部分：直向砂轮机用去毛刺和荒磨砂轮；

——第13部分：立式砂轮机用去毛刺和荒磨砂轮；

——第14部分：角向砂轮机用去毛刺、荒磨和粗磨砂轮；

——第15部分：固定式或移动式切割机用切割砂轮；

——第16部分：手持式电动工具用切割砂轮。

本部分为GB/T 4127的第10部分。

本部分修改采用ISO 603-10:1999《固结磨具　尺寸　第10部分：珩磨和超精磨磨石》(英文版)。

考虑到我国国情，在采用ISO 603-10:1999时，本部分做了一些修改。有关技术性差异已编入正文中并在它们所涉及的条款的页边空白处用垂直单线标识。在附录A(资料性附录)中给出了技术性差异及其原因的一览表以供参考。

为便于使用，本部分还进行了如下编辑性修改：

——将“ISO 603的本部分”改为“本部分”；

——用小数点“.”代替作为小数点的逗号“,”；

——删除国际标准的前言。

本部分代替GB/T 4127—1997《普通磨具　砂轮形状和尺寸》部分内容。本部分修改内容如下：

——为了与国际上该类产品名称一致，标准中的“普通磨具”修改为“固结磨具”；

——增加了5420型和5421型两种用于圆柱面生成的珩磨磨石的规定；

——增加了对产品的标记、技术要求和标志的规定。

本部分由中国机械工业联合会提出。

本部分由全国磨料磨具标准化技术委员会(SAC/TC 139)归口。

本部分起草单位：成都砂轮有限公司。

本部分主要起草人：林彬。

本部分所代替标准的历次版本发布情况为：

——GB 4127—1984、GB/T 4127—1997。

固结磨具 尺寸
第10部分:珩磨和超精磨磨石

1 范围

GB/T 4127 的本部分规定了以下型号磨具的尺寸、标记和要求:

——54 型:珩磨和超精磨磨石

本部分规定的固结磨具适用于平面或外圆表面,以及螺旋表面或其他形面的生成。工件和珩磨磨石均为机械操纵。

2 规范性引用文件

下列文件中的条款通过 GB/T 4127 的本部分的引用而成为本部分的条款。凡是注日期的引用文件,其随后所有的修改单(不包括勘误的内容)或修订版均不适用于本部分,然而,鼓励根据本部分达成协议的各方研究是否可使用这些文件的最新版本。凡是不注日期的引用文件,其最新版本适用于本部分。

GB/T 2484 固结磨具 一般要求(GB/T 2484—2006,ISO 525:1999,MOD)

GB/T 2485 固结磨具 技术条件

GB/T 14319 固结磨具 陶瓷结合剂强力珩磨磨石与超精磨磨石

3 尺寸

3.1 5410 型:长方珩磨磨石

见图 1 和表 1、表 2。

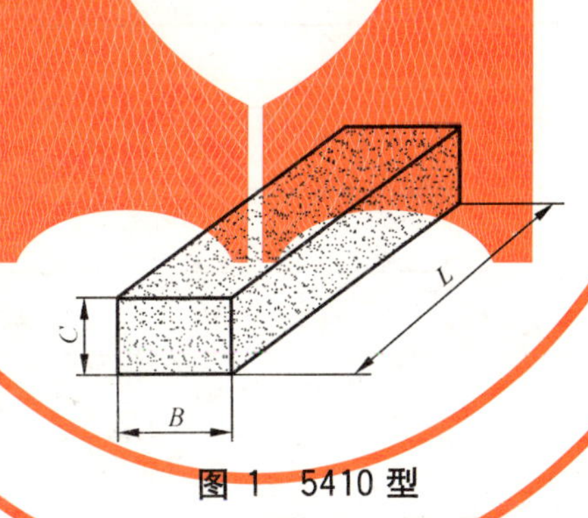

图 1 5410 型

表 1 5410 型磨石尺寸(A 系列)

单位为毫米

B	C	L[a]
3	2	30
4	3	40
6	5	60
8	6	80/100
10	8	100
13	10	150
15	12	150

[a] 选择表 1 指定之外的长度,可按以下系列订货:
25、30、40、50、60、80、100、125、150、200、300 mm。

表 2　5410 型磨石尺寸(B 系列)

单位为毫米

磨石种类	B	C	L
超精磨石	4、6、8、10、13、16、20	3、4、6、8、10、13、16	20、25、32、40、50、63
	25、32、40、50、63	20、25、32、40	80、100、125、160
珩磨磨石	6	5	63
	13	10	100、125
	16	13	160

3.2　5411 型:正方珩磨磨石

见图 2、表 3 和表 4。

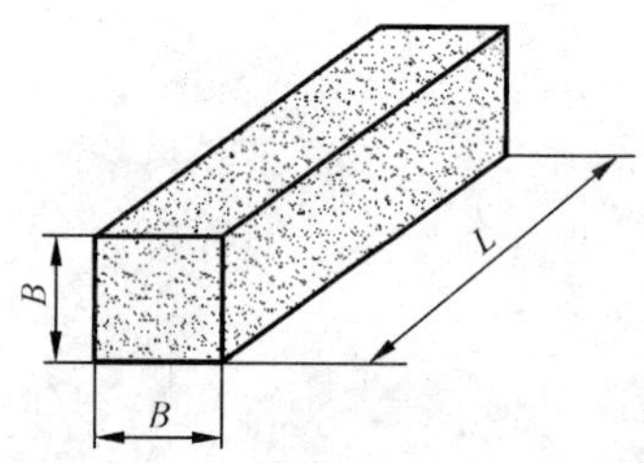

图 2　5411 型

表 3　5411 型磨石尺寸(A 系列)

单位为毫米

B	L[a]
2	25
3	40
4	50
5	60
6	80
8	100
10	100
13	150
15	150
15	200
20	200
25	300

[a] 选择表 3 指定之外的长度,可按以下系列订货:
25、30、40、50、60、80、100、125、150、200、300 mm。

表 4 5411 型磨石尺寸(B 系列)

单位为毫米

磨石种类	B	L
超精磨石	3、4、6、8、10、13、16、20	20、25、32、40、50、63
	25、32、40、50、63	80、100、125、160
珩磨磨石	4	40
	6	50
	6	100
	8	80
	13	100
	10、13	125
	13、16	160
	16	200
	20、25	250

3.3 5420 型:筒形珩磨磨石

见图 3 和表 5。

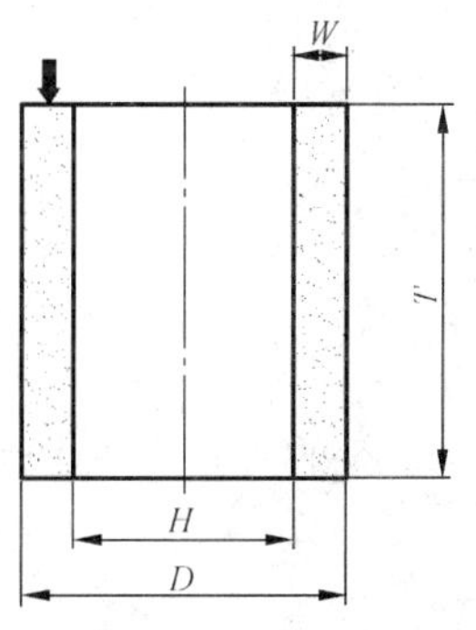

图 3 5420 型

表 5 5420 型筒形珩磨磨石尺寸(A 系列)

单位为毫米

D	T	H
30	30	20
30	40	25
35	25	10
40	32	28

3.4 5421 型:杯形珩磨磨石

见图 4 和表 6。

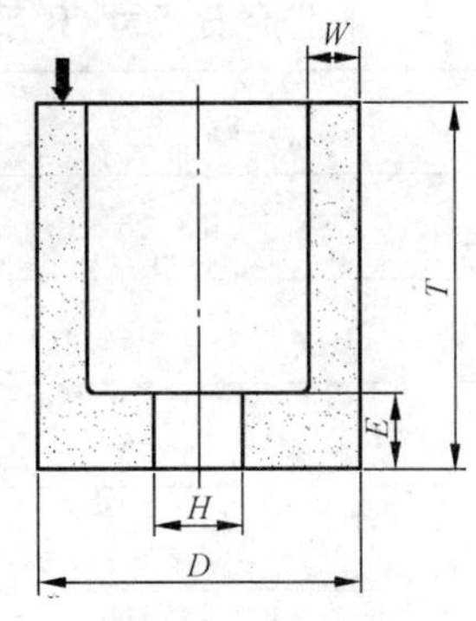

图 4　5421 型

表 6　5421 型杯形珩磨磨石尺寸(A 系列)

单位为毫米

D	T	H	W、E
40	40	12	$W<0.17D$ $E>0.20T$
34	30	12	
40	50	20	
30	40	20	
50	45	12	
38	35	12	
65	50	20	
55	40	20	

4　标记

应符合 GB/T 2484 的规定。

5　要求

5.1　技术要求

珩磨磨石的技术要求应符合 GB/T 2485 的规定,强力珩磨磨石和超精磨石的技术要求应符合 GB/T 14319 的规定。

5.2　标志

珩磨磨石的标志应符合 GB/T 2485 的规定,强力珩磨磨石和超精磨石的标志应符合 GB/T 14319 的规定。

附 录 A
（资料性附录）
本部分与 ISO 603-10：1999 的技术差异和原因

表 A.1

项目名称	本部分的章条编号	ISO 603-10：1999 的章条编号	采用程度	技术差异	原因
范围	1	1	IDT	—	—
规范性引用文件	2	2	MOD	ISO 603-10 引用：ISO 525、ISO 6103、ISO 13942； GB/T 4127.10 引用：GB/T 2484、GB/T 2485	ISO 13942 部分内容我国还未采用
尺寸	3	3	IDT	—	—
标记	4	4	IDT	ISO 603-10 用文字叙述和示例的表达方式进行了规定； GB/T 4127.10 引用了 GB/T 2484 的规定	ISO 603-10 和 GB/T 4127.10 的规定是一致的
技术要求	5	5	MOD	ISO 603-10 关于标志引用了 ISO 525 的规定；GB/T 4127.10 关于标志引用了 GB/T 2485 的规定	产品标志应符合我国的规定

参 考 文 献

［1］ GB/T 2481.1—1998 固结磨具用磨料 粒度组成的检测和标记 第1部分：粗磨粒F4～F220(eqv ISO 8486-1：1996)

［2］ GB/T 2481.2—1998 固结磨具用磨料 粒度组成的检测和标记 第2部分：微粉F230～F1200(eqv ISO 8486-2：1996)

ICS 25.100.70
J 43

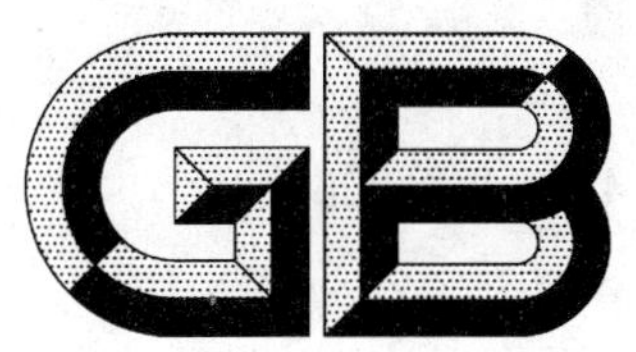

中华人民共和国国家标准

GB/T 4127.11—2008
部分代替 GB/T 4127—1997

固结磨具 尺寸
第11部分:手持抛光磨石

Bonded abrasive products—Dimensions—
Part 11:Hand finishing sticks

(ISO 603-11:1999,MOD)

2008-06-03 发布 2009-01-01 实施

中华人民共和国国家质量监督检验检疫总局
中国国家标准化管理委员会 发布

前　言

GB/T 4127《固结磨具　尺寸》分为16个部分：

——第1部分：外圆磨砂轮(工件装夹在顶尖间)；

——第2部分：无心外圆磨砂轮；

——第3部分：内圆磨砂轮；

——第4部分：平面磨削用周边磨砂轮；

——第5部分：平面磨削用端面磨砂轮；

——第6部分：工具磨和工具室用砂轮；

——第7部分：人工操纵磨削砂轮；

——第8部分：去毛刺、荒磨和粗磨用砂轮；

——第9部分：重负荷磨削砂轮；

——第10部分：珩磨和超精磨磨石；

——第11部分：手持抛光磨石；

——第12部分：直向砂轮机用去毛刺和荒磨砂轮；

——第13部分：立式砂轮机用去毛刺和荒磨砂轮；

——第14部分：角向砂轮机用去毛刺、荒磨和粗磨砂轮；

——第15部分：固定式或移动式切割机用切割砂轮；

——第16部分：手持式电动工具用切割砂轮。

本部分为GB/T 4127的第11部分，修改采用ISO 603-11:1999《固结磨具　尺寸　第11部分：手持抛光磨石》(英文版)。

考虑到我国国情，在采用ISO 603-11:1999时，本部分做了一些修改。有关技术性差异已编入正文中并在它们所涉及的条款的页边空白处用垂直单线标识。本部分与ISO 603-11:1999的一致性程度为修改采用，主要差异如下：

——增加了9021型刀形磨石的规定；

——产品的标记、技术要求和标志改为我国国家标准的规定。

本部分代替GB/T 4127—1997的“4.3 长方磨石”、“4.4 正方磨石”、“4.5 三角磨石”、“4.6 刀形磨石”、“4.7 圆形磨石”、“4.8 半圆磨石”，主要变化如下：

——为了与国际上该类产品名称一致，标准中的“普通磨具”修改为“固结磨具”；

——增加了对产品的标记、技术要求和标志的规定。

本部分由中国机械工业联合会提出。

本部分由全国磨料磨具标准化技术委员会(SAC/TC 139)归口。

本部分起草单位：成都砂轮有限公司。

本部分主要起草人：林彬。

本部分所代替标准的历次版本发布情况为：

——GB 4127—1984、GB/T 4127—1997。

固结磨具 尺寸
第 11 部分:手持抛光磨石

1 范围

GB/T 4127 的本部分规定了以下型号磨石的尺寸、标记和要求,单位为毫米:

——9010 型:长方抛光磨石;

——9011 型:正方抛光磨石;

——9020 型:三角抛光磨石;

——9021 型:刀形抛光磨石;

——9030 型:圆形抛光磨石;

——9040 型:半圆抛光磨石。

本部分规定的固结磨具适用于对各种工件表面的生成和刃磨,工件用手持,抛光磨石手工拉动。

2 规范性引用文件

下列文件中的条款通过 GB/T 4127 的本部分的引用而成为本部分的条款。凡是注日期的引用文件,其随后所有的修改单(不包括勘误的内容)或修订版均不适用于本部分,然而,鼓励根据本部分达成协议的各方研究是否可使用这些文件的最新版本。凡是不注日期的引用文件,其最新版本适用于本部分。

GB/T 2484 固结磨具 一般要求(GB/T 2484—2006,ISO 525:1999,MOD)

GB/T 2485 固结磨具 技术条件

3 尺寸

3.1 9010 型:长方抛光磨石

见图 1 和表 1、表 2。

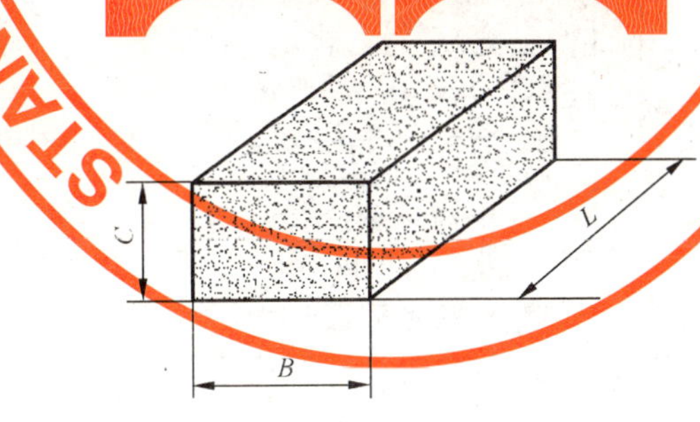

图 1 9010 型

表 1 9010 型抛光磨石尺寸(A 系列)

单位为毫米

B	C	L
6	3	100
10	5	
13	6	
25	13	

表 1（续）

单位为毫米

B	*C*	*L*
16	8	150
15	10	
20	10	
50	25	
20	15	200
30	20	
50	25	

表 2　9010 型抛光磨石尺寸(B 系列)

单位为毫米

B	*C*	*L*
20	6,10	125
20,25	10,13,16	150
50	15/10[a]	
30	13	200
40	20,25	
50	15/10[b]	
75	50	

[a,b] 为双面磨石，两层厚度分别为 15 mm 和 10 mm。

3.2　9011 型：正方抛光磨石

见图 2 和表 3、表 4。

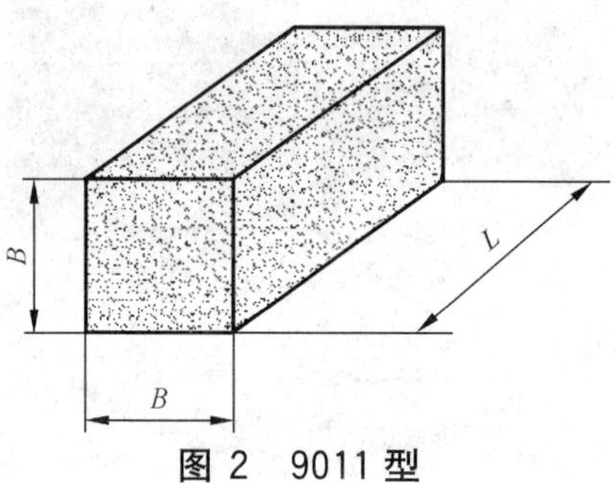

图 2　9011 型

表 3　9011 型抛光磨石尺寸(A 系列)

单位为毫米

B	*L*
6	100
10	—
13	150
16	
20	
25	
20	200

表 4　9011 型抛光磨石尺寸(B 系列)　　单位为毫米

B	L
8	100
13	
16	
25	200
25	250
40	
50	100

3.3　9020 型:三角抛光磨石

见图 3 和表 5、表 6。

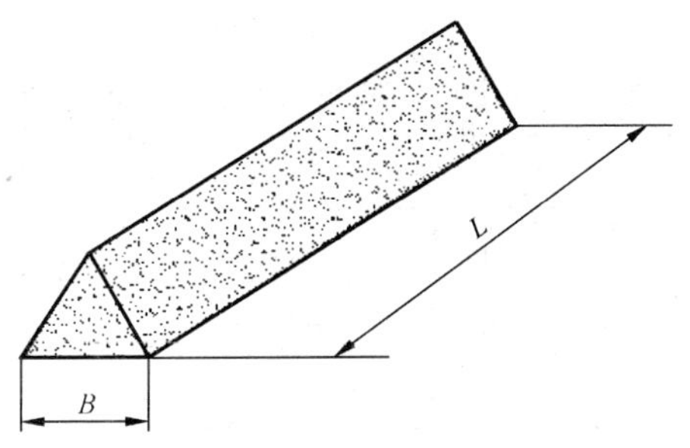

图 3　9020 型

表 5　9020 型抛光磨石尺寸(A 系列)　　单位为毫米

B	L
6	100
8	
10	
13	
10	150
13	
16	
20	200
25	250
30	

表 6　9020 型抛光磨石尺寸(B 系列)　　单位为毫米

B	L
8	150
20	
16	200
25	300

3.4　9021 型:刀形抛光磨石

见图 4 和表 7。

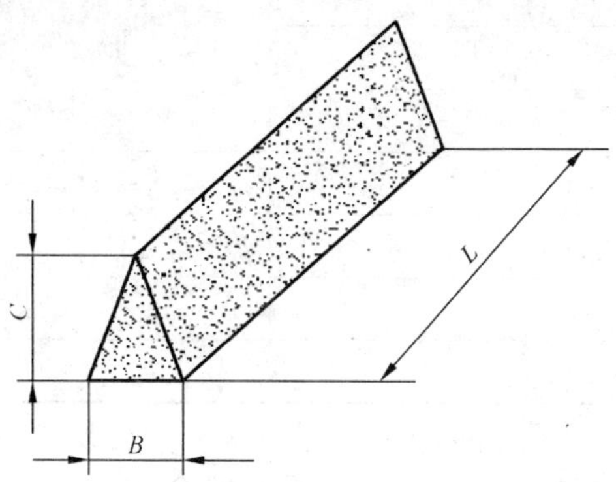

图 4　9021 型

表 7　9021 型抛光磨石尺寸(B 系列)

单位为毫米

B	C	L
10	25	150
	30	
20	50	

3.5　9030 型:圆形抛光磨石

见图 5 和表 8、表 9。

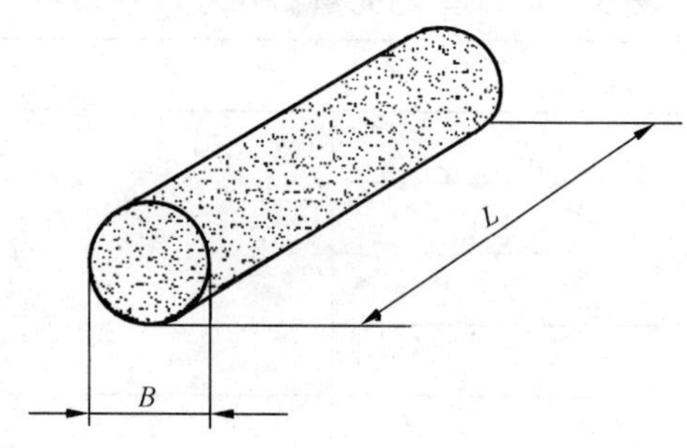

图 5　9030 型

表 8　9030 型抛光磨石尺寸(A 系列)

单位为毫米

B	L
6	100
8	
10	
10	150
13	
16	
20	200
25	250

表 9　9030 型抛光磨石尺寸(B 系列)

单位为毫米

B	L
20	150

3.6　9040 型:半圆抛光磨石

见图 6 和表 10、表 11。

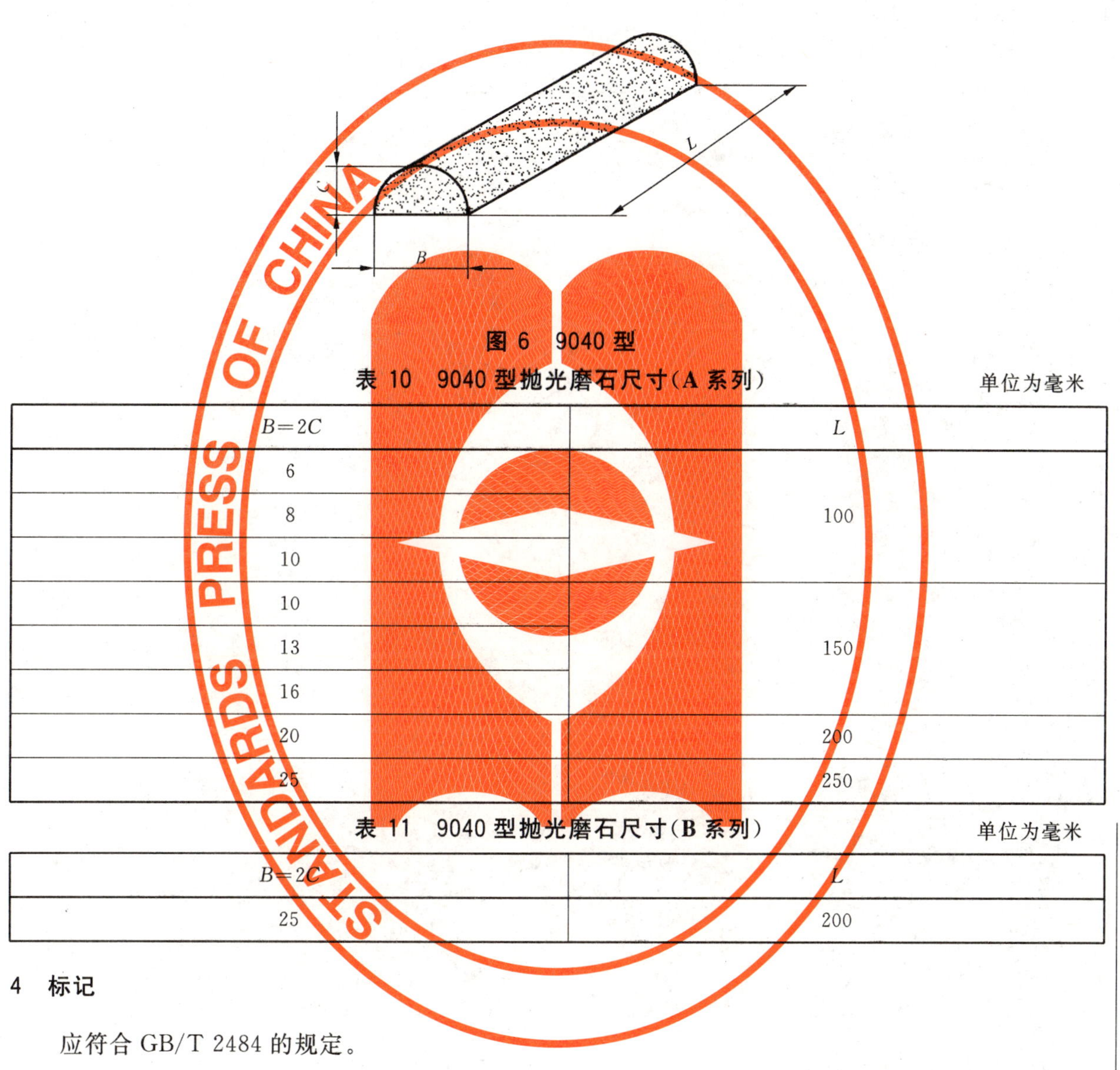

图 6　9040 型

表 10　9040 型抛光磨石尺寸(A 系列)

单位为毫米

$B=2C$	L
6	100
8	
10	
10	150
13	
16	
20	200
25	250

表 11　9040 型抛光磨石尺寸(B 系列)

单位为毫米

$B=2C$	L
25	200

4　标记

应符合 GB/T 2484 的规定。

5　要求

5.1　技术要求

应符合 GB/T 2485 的规定。

5.2　标志

应符合 GB/T 2485 的规定。

参 考 文 献

[1] GB/T 2481.1—1998 固结磨具用磨料 粒度组成的检测和标记 第1部分:粗磨粒 F4～F220(eqv ISO 8486-1:1996)

[2] GB/T 2481.2—1998 固结磨具用磨料 粒度组成的检测和标记 第2部分:微粉 F230～F1200(eqv ISO 8486-2:1996)

ICS 25.100.70
J 43

中华人民共和国国家标准

GB/T 4127.12—2008
部分代替 GB/T 4127—1997

固结磨具 尺寸 第12部分：直向砂轮机用去毛刺和荒磨砂轮

Bonded abrasive products—Dimensions—Part 12: Grinding wheels for deburring and fettling on a straight grinder

(ISO 603-12:1999,MOD)

2008-06-03 发布 2009-01-01 实施

中华人民共和国国家质量监督检验检疫总局
中国国家标准化管理委员会 发布

前　言

GB/T 4127《普通磨具　尺寸》分为16个部分：

——第1部分：外圆磨砂轮；

——第2部分：无心外圆磨砂轮；

——第3部分：内圆磨砂轮；

——第4部分：平面磨削用周边磨砂轮；

——第5部分：平面磨削用端面磨砂轮；

——第6部分：工具磨和工具室用砂轮；

——第7部分：手工操纵磨削砂轮；

——第8部分：去毛刺、荒磨和粗磨用砂轮；

——第9部分：重负荷磨削砂轮；

——第10部分：珩磨和超精磨磨石；

——第11部分：手动抛光磨石；

——第12部分：直向砂轮机用去毛刺和荒磨砂轮；

——第13部分：立式砂轮机用去毛刺和荒磨砂轮；

——第14部分：角向砂轮机用去毛刺、荒磨和粗磨用砂轮；

——第15部分：固定式或移动式切割机用切断砂轮；

——第16部分：手持式电动工具用切断砂轮。

本部分为GB/T 4127的第12部分。

本部分修改采用ISO 603-12:1999《固结磨具　尺寸　第12部分：直向砂轮机用去毛刺和荒磨砂轮》(英文版)。

考虑到我国国情，在采用ISO 603-12:1999时，本部分做了一些修改。有关技术性差异已编入正文中，并在它们所涉及的条款的页边空白处用垂直单线标识。在附录A(资料性附录)中给出了技术性差异及其原因的一览表以供参考。

为便于使用，本部分还进行了如下编辑性修改：

——将“ISO 603的本部分”改为“本部分”；

——用小数点“.”代替作为小数点的逗号“,”；

——删除国际标准的前言。

本部分代替GB/T 4127—1997《普通磨具　砂轮形状和尺寸》部分内容。本部分修改内容如下：

——为了与国际上该类产品名称一致，标准中的“普通磨具”修改为“固结磨具”；

——增加了“4型：双斜边砂轮”、“16型：带芯圆锥磨头”、“18型：带芯圆柱磨头”、“18R型：带芯半球形磨头”、“19型：带芯椭圆锥磨头”的规定；

——原53型磨头分别规定为“16a型：椭圆锥磨头”、“17a型：60°锥磨头”、“17b型：圆头锥磨头”、“17c型：截锥磨头”、“18a型：圆柱磨头”、“18b型：半球形磨头”、“19a型：球形磨头”。

——增加了对产品的标记、技术要求和标志的规定。

本部分由中国机械工业联合会提出。

本部分由全国磨料磨具标准化技术委员会(SAC/TC 139)归口。

本部分起草单位:成都砂轮有限公司。

本部分主要起草人:林彬。

本部分所代替标准的历次版本发布情况为:

——GB 4127—1984、GB/T 4127—1997。

固结磨具　尺寸　第12部分:直向砂轮机用去毛刺和荒磨砂轮

1　范围

GB/T 4127的本部分规定了以下固结磨具的尺寸、标记和要求:

——1型:平形砂轮

——4型:双斜边砂轮

——16型:带芯圆锥磨头

——18型:带芯圆柱磨头

——18R型:带芯半球形磨头

——19型:带芯椭圆锥磨头

——16a型:椭圆锥磨头

——17a型:60°锥磨头

——17b型:圆头锥磨头

——17c型:截锥磨头

——18a型:圆柱磨头

——18b型:半球形磨头

——19a型:球形磨头

——52型:带柄磨头

该类普通磨具适用于手持式直向砂轮机去毛刺和荒磨工件任意表面。工件固定,砂轮机由手持操纵。

2　规范性引用文件

下列文件中的条款通过GB/T 4127的本部分的引用而成为本部分的条款。凡是注日期的引用文件,其随后所有的修改单(不包括勘误的内容)或修订版均不适用于本部分,然而,鼓励根据本部分达成协议的各方研究是否可使用这些文件的最新版本。凡是不注日期的引用文件,其最新版本适用于本部分。

GB/T 2484　固结磨具　一般要求(GB/T 2484—2006,ISO 525:1999,MOD)

GB/T 2485　固结磨具　技术条件

3　尺寸

3.1　1型:平形砂轮

见图1和表1。

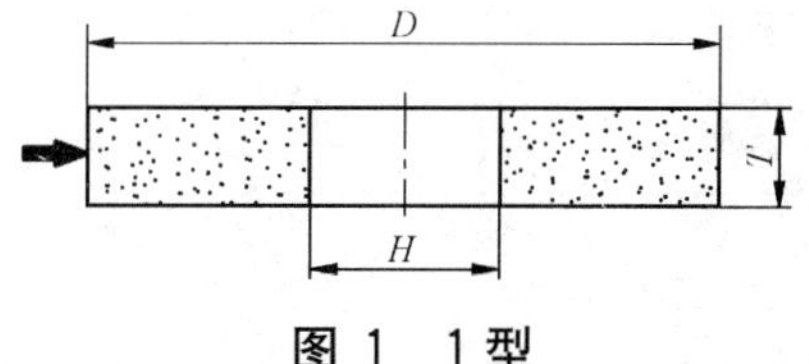

图1　1型

表 1　1 型砂轮尺寸(A 系列)

单位为毫米

<table>
<tr><th>D</th><th>T</th><th>H</th></tr>
<tr><td>32</td><td>10</td><td>8</td></tr>
<tr><td>40</td><td>10</td><td rowspan="8">10</td></tr>
<tr><td rowspan="2">50</td><td>10</td></tr>
<tr><td>13</td></tr>
<tr><td>50</td><td>20</td></tr>
<tr><td rowspan="4">63</td><td>10</td></tr>
<tr><td>13</td></tr>
<tr><td>16</td></tr>
<tr><td>20</td></tr>
<tr><td rowspan="4">80</td><td>10</td><td rowspan="4">13</td></tr>
<tr><td>20</td></tr>
<tr><td>25</td></tr>
<tr><td>32</td></tr>
<tr><td rowspan="4">100</td><td>20</td><td rowspan="4">16</td></tr>
<tr><td>25</td></tr>
<tr><td>32</td></tr>
<tr><td>40</td></tr>
<tr><td rowspan="4">100</td><td>20</td><td rowspan="4">20</td></tr>
<tr><td>25</td></tr>
<tr><td>32</td></tr>
<tr><td>40</td></tr>
<tr><td rowspan="4">125</td><td>20</td><td rowspan="4">16</td></tr>
<tr><td>25</td></tr>
<tr><td>32</td></tr>
<tr><td>40</td></tr>
<tr><td rowspan="4">125</td><td>20</td><td rowspan="4">20</td></tr>
<tr><td>25</td></tr>
<tr><td>32</td></tr>
<tr><td>40</td></tr>
<tr><td rowspan="4">125</td><td>20</td><td rowspan="4">32</td></tr>
<tr><td>25</td></tr>
<tr><td>32</td></tr>
<tr><td>40</td></tr>
<tr><td rowspan="4">150</td><td>20</td><td rowspan="4">16</td></tr>
<tr><td>25</td></tr>
<tr><td>32</td></tr>
<tr><td>40</td></tr>
</table>

表 1（续）

单位为毫米

D	T	H
150	20	20
	25	
	32	
	40	
150	20	32
	25	
	32	
	40	
180	20	20
	25	
	32	
	40	
180	20	32
	25	
	32	
	40	
200	25	20
	32	
200	25	32
	32	

3.2 4 型：双斜边砂轮

见图 2 和表 2。

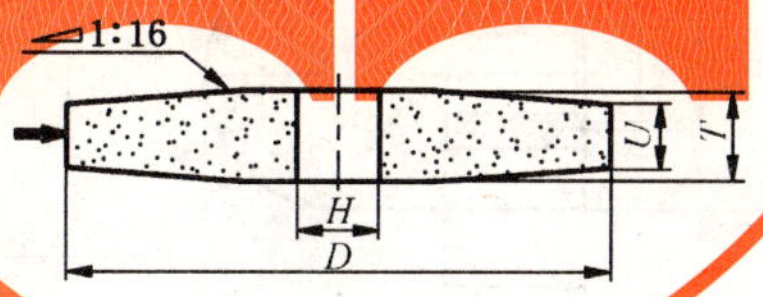

图 2 4 型

表 2 4 型砂轮尺寸（A 系列）

单位为毫米

D	T	H	U
80	20	20	16
	25		21
100	20		15
	25		20
125	20		14
	25		19
150	20		13
	25		18
180	25		17
200	25	32	16

3.3 16型:带芯圆锥磨头

见图3和表3。

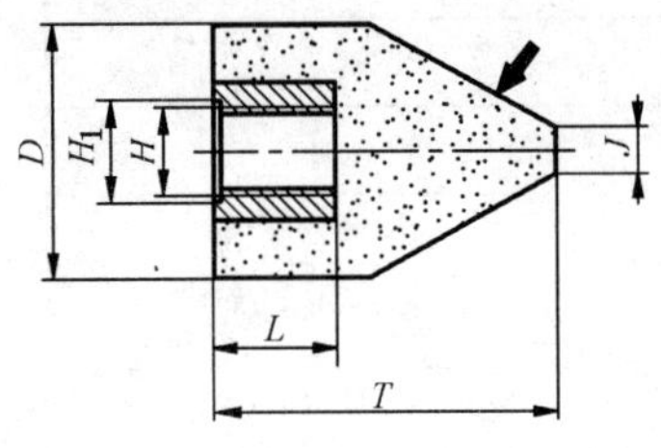

图3 16型

3.4 18型:带芯圆柱磨头

见图4和表3。

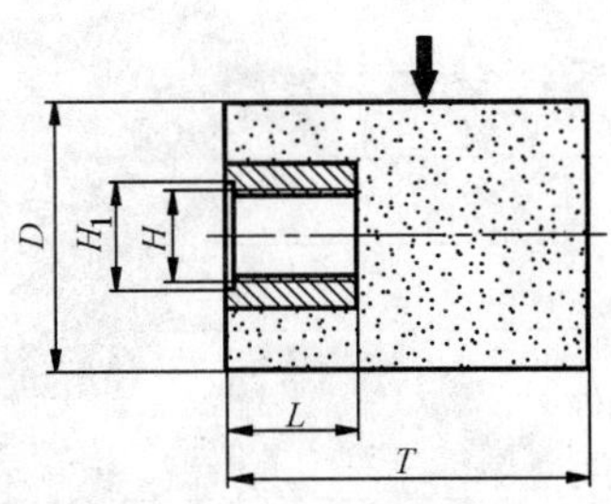

图4 18型

3.5 18R型:带芯半球形磨头

见图5和表3。

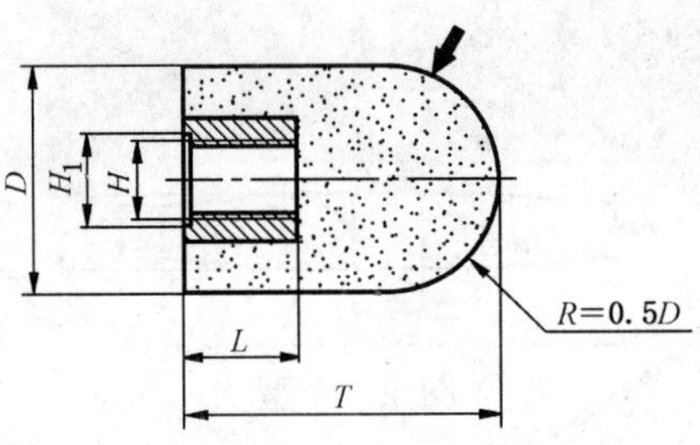

图5 18**R**型

3.6 19型:带芯椭圆锥磨头

见图6和表3。

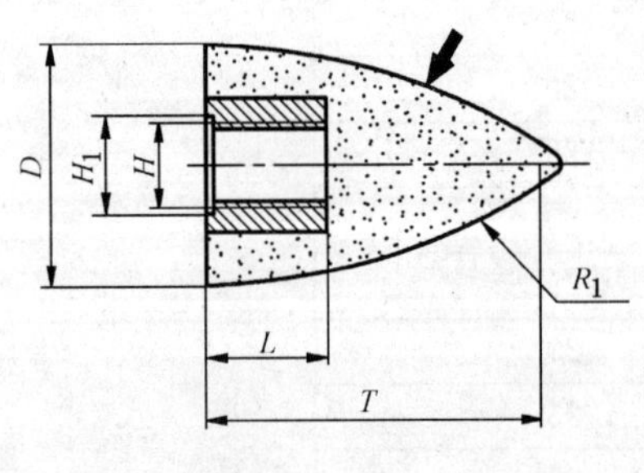

图6 19型

表 3　16 型、18 型、18R 型和 19 型磨头尺寸(A 系列)　　单位为毫米

<table>
<tr><th>型号</th><th>D</th><th>T</th><th colspan="2">H</th><th colspan="2">H1</th><th>J</th><th>L</th><th>R1</th></tr>
<tr><td rowspan="8">16 型</td><td>32</td><td>50</td><td colspan="2">M10</td><td colspan="2">12</td><td rowspan="2">10</td><td>16</td><td rowspan="8">—</td></tr>
<tr><td>40</td><td>63</td><td colspan="2">M12</td><td colspan="2">14</td><td>20</td></tr>
<tr><td>50</td><td>80</td><td>M12</td><td>M14</td><td>14</td><td>16</td><td>13</td><td rowspan="3">25</td></tr>
<tr><td rowspan="3">63</td><td>63</td><td colspan="2" rowspan="5">M16</td><td colspan="2" rowspan="5">M18</td><td rowspan="3">16</td></tr>
<tr><td>80</td></tr>
<tr><td>100</td><td>30</td></tr>
<tr><td rowspan="2">80</td><td>80</td><td rowspan="2">20</td><td>25</td></tr>
<tr><td>100</td><td>30</td></tr>
<tr><td rowspan="10">18 型
和 18R 型</td><td rowspan="2">32</td><td>40</td><td colspan="2" rowspan="2">M10</td><td colspan="2" rowspan="2">12</td><td rowspan="10">—</td><td rowspan="3">16</td><td rowspan="10">—</td></tr>
<tr><td>50</td></tr>
<tr><td rowspan="3">40</td><td>40</td><td colspan="2" rowspan="3">M12</td><td colspan="2" rowspan="3">14</td></tr>
<tr><td>50</td><td rowspan="4">20</td></tr>
<tr><td>63</td></tr>
<tr><td rowspan="2">50</td><td>50</td><td rowspan="2">M12</td><td rowspan="2">M14</td><td rowspan="2">14</td><td rowspan="2">16</td></tr>
<tr><td>80</td></tr>
<tr><td rowspan="2">63</td><td>63</td><td colspan="2" rowspan="3">M16</td><td colspan="2" rowspan="3">18</td><td rowspan="3">25</td></tr>
<tr><td>80</td></tr>
<tr><td>80</td><td>80</td></tr>
<tr><td rowspan="3">19 型</td><td>40</td><td>63</td><td colspan="2">M12</td><td colspan="2">14</td><td rowspan="3">—</td><td>20</td><td>190</td></tr>
<tr><td>63</td><td>80</td><td colspan="2" rowspan="2">M16</td><td colspan="2" rowspan="2">18</td><td>25</td><td>165</td></tr>
<tr><td>80</td><td>80</td><td>25</td><td>150</td></tr>
</table>

3.7　18a 型:圆柱磨头

见图 7 和表 4。

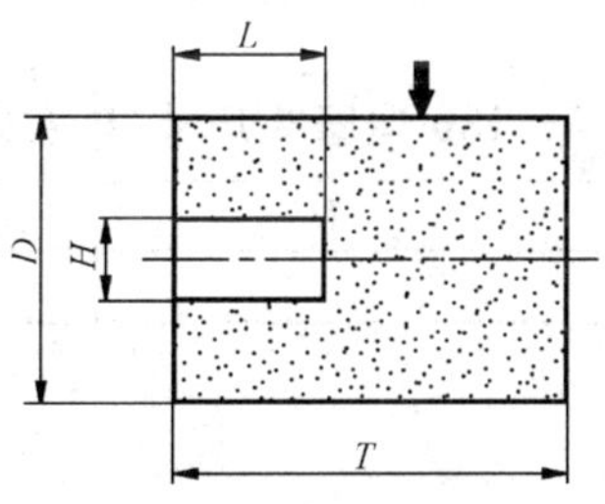

图 7　18a 型

表 4　18a 型磨头尺寸(B 系列)　　单位为毫米

<table>
<tr><th>D</th><th>T</th><th>H</th><th>L</th></tr>
<tr><td>4</td><td>10</td><td>1.5</td><td rowspan="2">6</td></tr>
<tr><td rowspan="2">6</td><td>10</td><td rowspan="2">2</td></tr>
<tr><td>16</td><td>8</td></tr>
<tr><td rowspan="2">8</td><td>13</td><td rowspan="4">3</td><td>6</td></tr>
<tr><td>20</td><td>10</td></tr>
<tr><td rowspan="2">10</td><td>10</td><td>6</td></tr>
<tr><td>16</td><td>8</td></tr>
<tr><td>10</td><td>25</td><td>3</td><td>10</td></tr>
</table>

表 4（续） 单位为毫米

D	T	H	L
13	16	4	8
	25		10
16	20		10
	40		20
20	32	6	13
	63		25
25	32		13
	63	10	25
30	32	6	13
40	75	10	30

3.8 18b 型：半球形磨头

见图 8 和表 5。

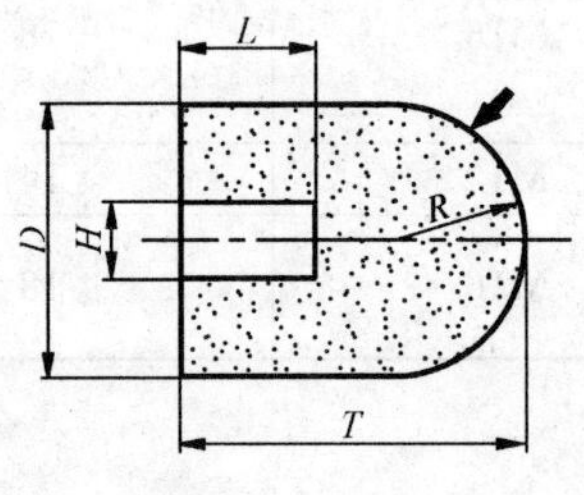

图 8 18b 型

表 5 18b 型磨头尺寸(B 系列) 单位为毫米

D	T	H	R	L
25	25	6	0.5D	10

3.9 19a 型：球形磨头

见图 9 和表 6。

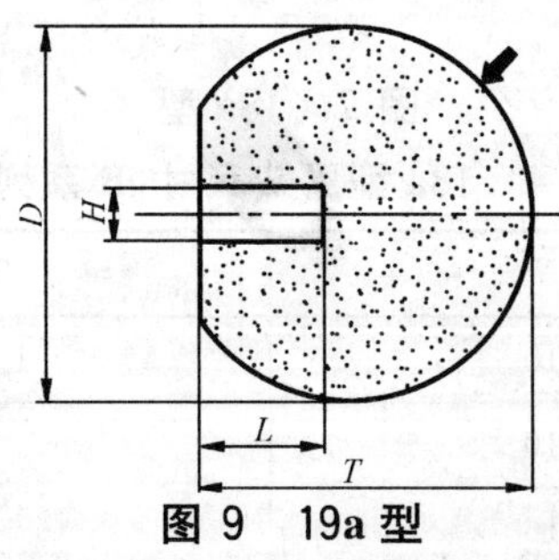

图 9 19a 型

表 6 19a 型磨头尺寸(B 系列) 单位为毫米

D	H	T	L
10	3	9	4
16		15.2	6
20	6	18.7	8
25		23.5	10
30		28.5	13

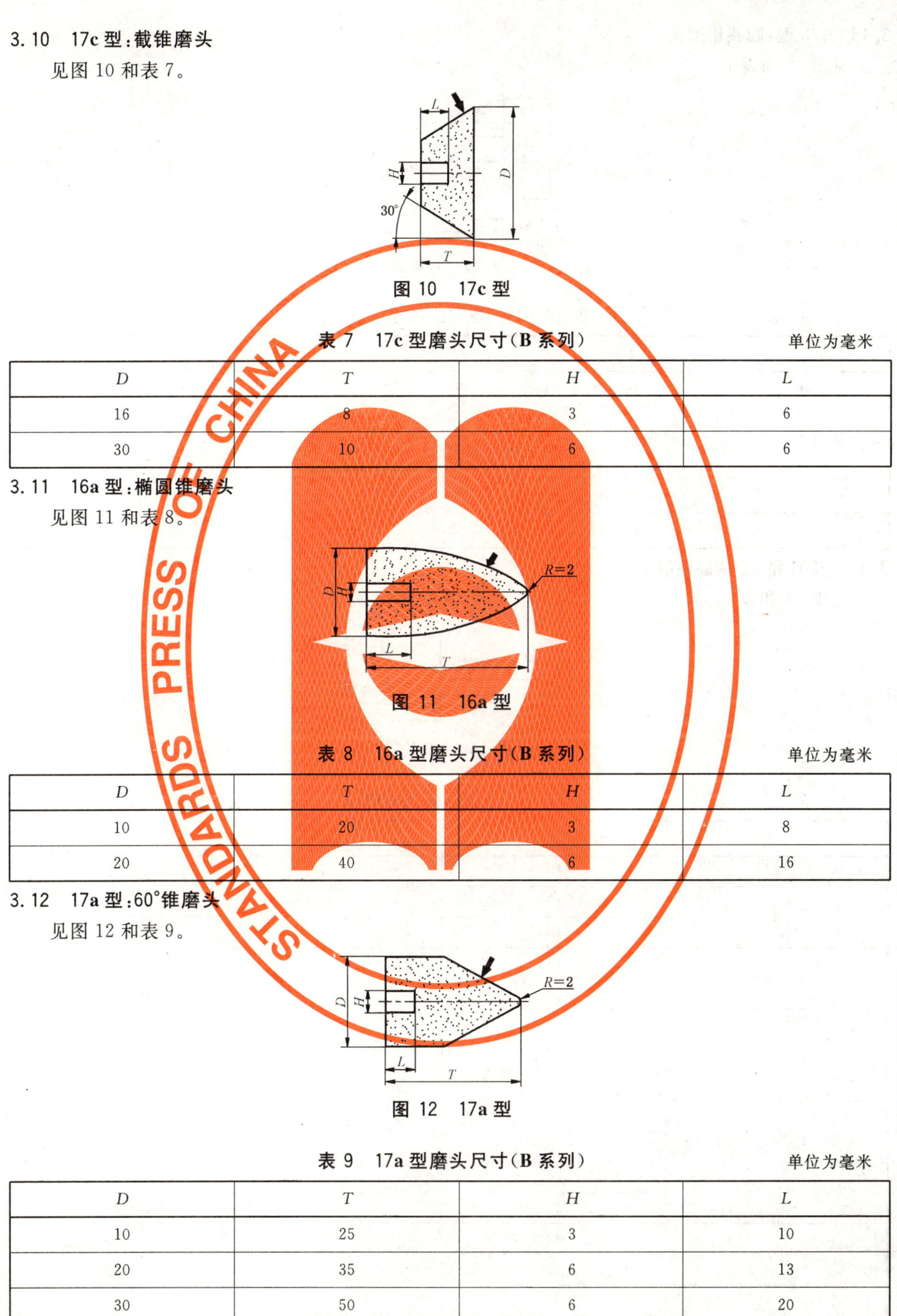

3.10 17c 型:截锥磨头

见图 10 和表 7。

图 10 17c 型

表 7 17c 型磨头尺寸(B 系列)

单位为毫米

D	T	H	L
16	8	3	6
30	10	6	6

3.11 16a 型:椭圆锥磨头

见图 11 和表 8。

图 11 16a 型

表 8 16a 型磨头尺寸(B 系列)

单位为毫米

D	T	H	L
10	20	3	8
20	40	6	16

3.12 17a 型:60°锥磨头

见图 12 和表 9。

图 12 17a 型

表 9 17a 型磨头尺寸(B 系列)

单位为毫米

D	T	H	L
10	25	3	10
20	35	6	13
30	50	6	20

3.13 17b 型：圆头锥磨头

见图 13 和表 10。

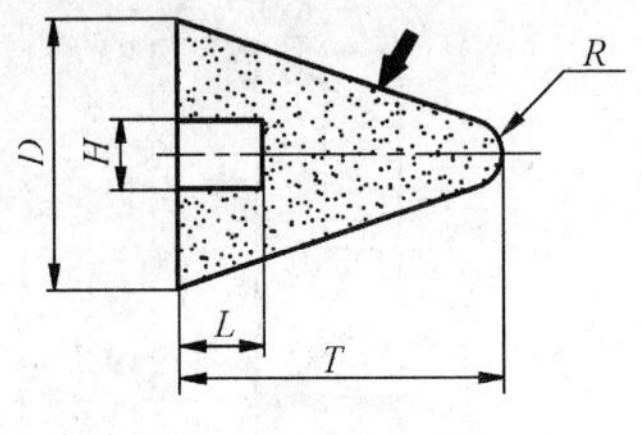

图 13 17b 型

表 10 17b 型磨头尺寸(B 系列)

单位为毫米

<table>
<tr><th>D</th><th>T</th><th>H</th><th>R</th><th>L</th></tr>
<tr><td>16</td><td>16</td><td>3</td><td>2</td><td>6</td></tr>
<tr><td>20</td><td rowspan="2">32</td><td rowspan="3">6</td><td>3</td><td rowspan="3">13</td></tr>
<tr><td>25</td><td rowspan="3">5</td></tr>
<tr><td>30</td><td>40</td></tr>
<tr><td>35</td><td>75</td><td>10</td><td>30</td></tr>
</table>

3.14 5201 型：带柄圆柱磨头

见图 14 和表 11。

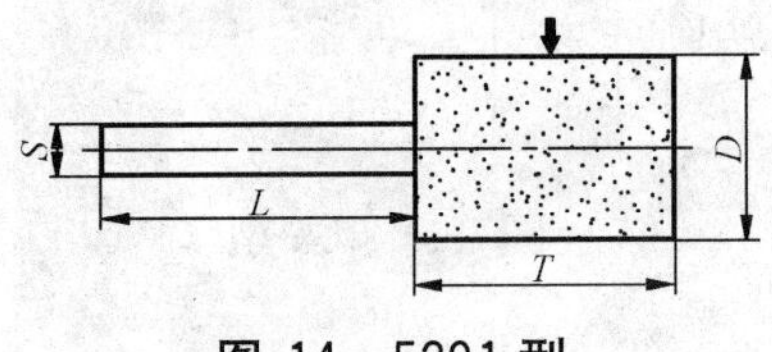

图 14 5201 型

表 11 5201 型磨头尺寸(B 系列)

单位为毫米

<table>
<tr><th>D</th><th>T</th><th>S</th><th>L</th></tr>
<tr><td>4</td><td>10</td><td rowspan="3">3</td><td rowspan="2">15</td></tr>
<tr><td rowspan="2">6</td><td>10</td></tr>
<tr><td>16</td><td>30</td></tr>
<tr><td rowspan="2">8</td><td>13</td><td rowspan="5">3</td><td>30</td></tr>
<tr><td>20</td><td>30</td></tr>
<tr><td rowspan="3">10</td><td>10</td><td>30</td></tr>
<tr><td>16</td><td>30</td></tr>
<tr><td>25</td><td>30</td></tr>
<tr><td rowspan="2">13</td><td>16</td><td rowspan="4">4</td><td>30</td></tr>
<tr><td>25</td><td>30</td></tr>
<tr><td rowspan="2">16</td><td>20</td><td>30</td></tr>
<tr><td>40</td><td>30</td></tr>
<tr><td rowspan="2">20</td><td>32</td><td rowspan="3">6</td><td>30</td></tr>
<tr><td>63</td><td>40</td></tr>
<tr><td rowspan="2">25</td><td>32</td><td>40</td></tr>
<tr><td>63</td><td>10</td><td>40</td></tr>
</table>

表 11（续） 单位为毫米

D	T	S	L
30	32	6	40
40	75	10	40
注：磨头柄尺寸及技术要求按 GB/T 2485 规定。			

3.15 5202 型：带柄半球形磨头

见图 15 和表 12。

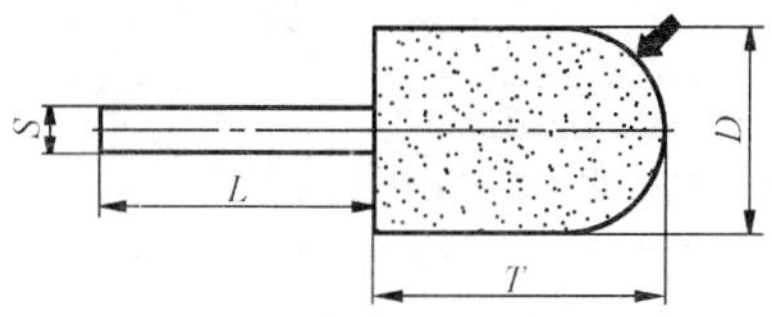

图 15 5202 型

表 12 5202 型磨头尺寸（B 系列） 单位为毫米

D	T	S	L
25	25	6	40

3.16 5203 型：带柄球形磨头

见图 16 和表 13。

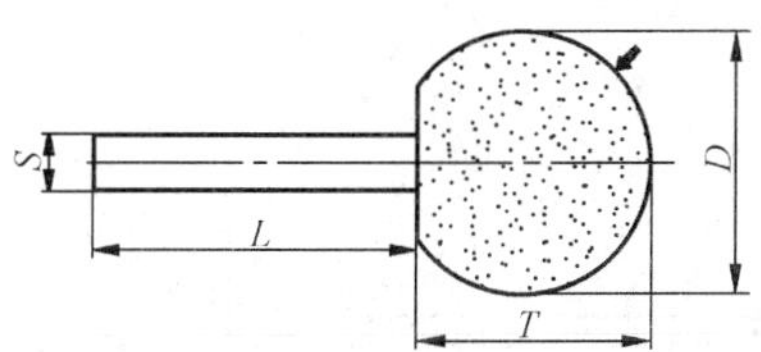

图 16 5203 型

表 13 5203 型磨头尺寸（B 系列） 单位为毫米

D	T	S	L
10	9	3	30
16	15.2		30
20	18.7	6	40
25	23.5		40
30	28.5		40

3.17 5204 型：带柄截锥磨头

见图 17 和表 14。

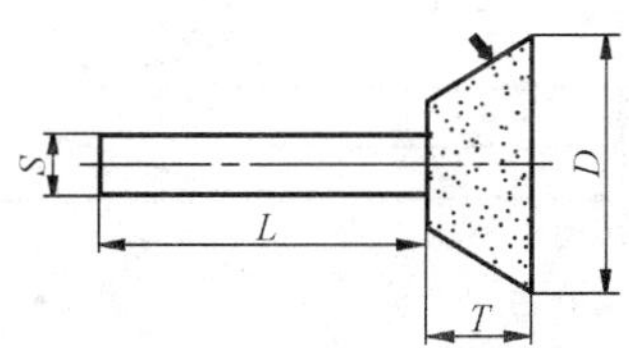

图 17 5204 型

表 14　5204 型磨头尺寸(B 系列)　　单位为毫米

D	T	S	L
16	8	4	30
30	10	6	40

3.18　5205 型:带柄椭圆锥磨头

见图 18 和表 15。

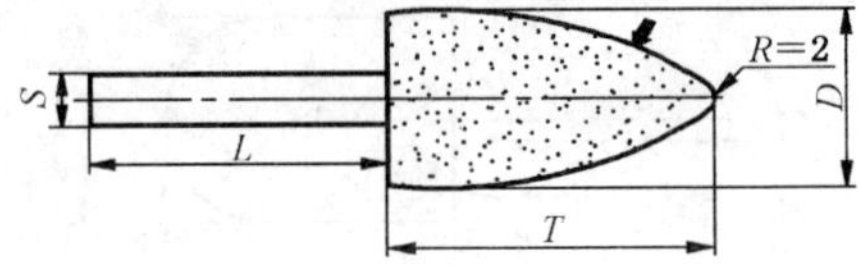

图 18　5205 型

表 15　5205 型磨头尺寸(B 系列)　　单位为毫米

D	T	S	L
10	20	4	30
20	40	6	40

3.19　5206 型:带柄 60°锥磨头

见图 19 和表 16。

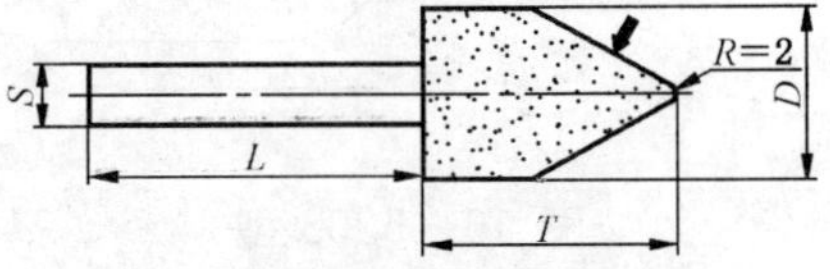

图 19　5206 型

表 16　5206 型磨头尺寸(B 系列)　　单位为毫米

D	T	S	L
10	25	3	30
20	35	6	40
30	50	6	40

3.20　5207 型:带柄圆头锥磨头

见图 20 和表 17。

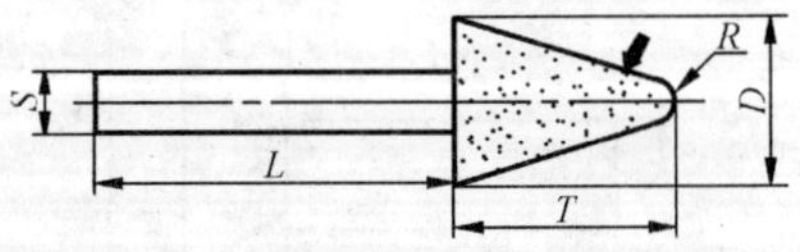

图 20　5207 型

表 17　5207 型磨头尺寸（B 系列）

单位为毫米

<table>
<tr><th>D</th><th>T</th><th>S</th><th>R</th><th>L</th></tr>
<tr><td>16</td><td>16</td><td>3</td><td>2</td><td rowspan="5">40</td></tr>
<tr><td>20</td><td rowspan="2">32</td><td rowspan="3">6</td><td>3</td></tr>
<tr><td>25</td><td rowspan="3">5</td></tr>
<tr><td>30</td><td>40</td></tr>
<tr><td>35</td><td>75</td><td>10</td></tr>
</table>

4　标记

应符合 GB/T 2484 的规定。

5　要求

5.1　技术要求

应符合 GB/T 2485 的规定。

5.2　标志

应符合 GB/T 2484 的规定。

附　录　A
（资料性附录）
本部分与 ISO 603-12：1999 的技术差异和原因

表 A.1

项目名称	本部分的章条编号	ISO 603-12：1999 的章条编号	采用程度	技术差异	原因
范围	1	1	IDT	—	—
规范性引用文件	2	2	MOD	ISO 603-12 引用： ISO 525、ISO 6103、ISO 13942； GB/T 4127.12 引用： GB/T 2484、GB/T 2485、GB/T 2486 的规定	ISO 13942 部分内容我国还未采用
尺寸	3	3	IDT	—	—
标记	4	4	IDT	ISO 603-12 关于标记用文字叙述和示例的表达方式进行了规定； GB/T 4127.12 关于标记引用了 GB/T 2484的规定	ISO 603-12 和 GB/T 4127.12 的规定是一致的
技术要求	5	5	MOD	ISO 603-12 关于标志引用了 ISO 525 的规定；GB/T 4127.12 关于标志引用了 GB/T 2485、GB/T 2486 的规定	产品标志应符合我国的规定

参 考 文 献

[1] GB/T 2481.1—1998 固结磨具用磨料 粒度组成的检测和标记 第1部分:粗磨粒 F4～F220(eqv ISO 8486-1:1996)

[2] GB/T 2481.2—1998 固结磨具用磨料 粒度组成的检测和标记 第2部分:微粉 F230～F1200(eqv ISO 8486-2:1996)

ICS 25.100.70
J 43

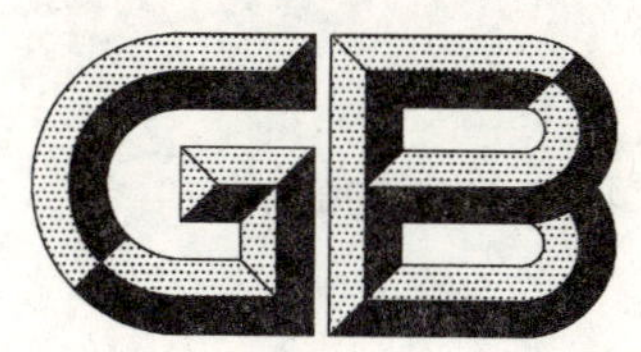

中华人民共和国国家标准

GB/T 4127.13—2008
部分代替 GB/T 4127—1997

固结磨具　尺寸　第13部分：立式砂轮机用去毛刺和荒磨砂轮

Bonded abrasive products—Dimensions—
Part 13: Grinding wheels for deburring and fettling on a vertical grinder

(ISO 603-13:1999, MOD)

2008-06-03 发布　　2009-01-01 实施

中华人民共和国国家质量监督检验检疫总局
中国国家标准化管理委员会　发布

前　言

GB/T 4127《固结磨具　尺寸》分为16个部分：

——第1部分：外圆磨砂轮(工件装夹在顶尖间)；

——第2部分：无心外圆磨砂轮；

——第3部分：内圆磨砂轮；

——第4部分：平面磨削用周边磨砂轮；

——第5部分：平面磨削用端面磨砂轮；

——第6部分：工具磨和工具室用砂轮；

——第7部分：人工操纵磨削砂轮；

——第8部分：去毛刺、荒磨和粗磨用砂轮；

——第9部分：重负荷磨削砂轮；

——第10部分：珩磨和超精磨磨石；

——第11部分：手持抛光磨石；

——第12部分：直向砂轮机用去毛刺和荒磨砂轮；

——第13部分：立式砂轮机用去毛刺和荒磨砂轮；

——第14部分：角向砂轮机用去毛刺、荒磨和粗磨砂轮；

——第15部分：固定式或移动式切割机用切割砂轮；

——第16部分：手持式电动工具用切割砂轮。

本部分为GB/T 4127的第13部分。

本部分修改采用ISO 603-13:1999《固结磨具　尺寸　第13部分：立式砂轮机用去毛刺和荒磨砂轮》(英文版)。

考虑到我国国情，在采用ISO 603-13:1999时，本部分做了一些修改。有关技术性差异已编入正文中并在它们所涉及的条款的页边空白处用垂直单线标识。在附录A(资料性附录)中给出了技术性差异及其原因的一览表以供参考。

为便于使用，本部分还进行了如下编辑性修改：

——将“ISO 603的本部分”改为“本部分”；

——用小数点“.”代替作为小数点的逗号“,”；

——删除国际标准的前言。

本部分代替GB/T 4127—1997《普通磨具　砂轮形状和尺寸》部分内容。本部分修改内容如下：

——为了与国际上该类产品名称一致，标准中的“普通磨具”修改为“固结磨具”；

——增加了“6型：杯形砂轮”、“35型：粘结或夹紧用圆盘砂轮”“36型：螺栓紧固平形砂轮”的规定；

——增加了对产品的标记、技术要求和标志的规定。

本部分由中国机械工业联合会提出。

本部分由全国磨料磨具标准化技术委员会(SAC/TC 139)归口。

本部分起草单位：成都砂轮有限公司。

本部分主要起草人：林彬。

本部分所代替标准的历次版本发布情况为：

——GB 4127—1984、GB/T 4127—1997。

固结磨具 尺寸 第13部分：立式砂轮机用去毛刺和荒磨砂轮

1 范围

GB/T 4127 的本部分规定了以下型号砂轮的尺寸、标记和要求：

——6 型：杯形砂轮

——35 型：粘结或夹紧用圆盘砂轮

——36 型：螺栓紧固平形砂轮

本部分规定的砂轮适用于手持式磨机(垂直轴砂轮机)，去毛刺和荒磨工件任意表面。工件固定，砂轮机由手持操纵。

2 规范性引用文件

下列文件中的条款通过 GB/T 4127 的本部分的引用而成为本部分的条款。凡是注日期的引用文件，其随后所有的修改单(不包括勘误的内容)或修订版均不适用于本部分，然而，鼓励根据本部分达成协议的各方研究是否可使用这些文件的最新版本。凡是不注日期的引用文件，其最新版本适用于本部分。

GB/T 2484 固结磨具 一般要求(GB/T 2484—2006，ISO 525：1999，MOD)

GB/T 2485 固结磨具 技术条件

JB/T 7983 螺栓紧固平形砂轮

3 尺寸

3.1 6 型：杯形砂轮

见图 1 和表 1。

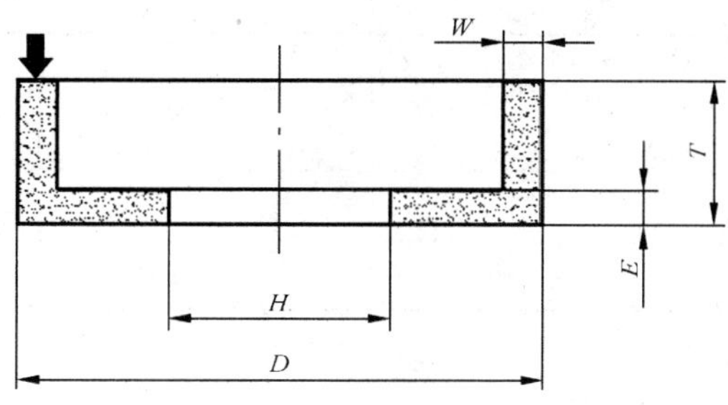

图 1 6 型

表 1 6 型砂轮的尺寸(A 系列)

单位为毫米

D	T	H	W	E_{min}
100	50	20	20	16
125		20	25	
		32		
150		20	40	
		32		

3.2 35型：粘结或夹紧用圆盘砂轮

见图2和表2。

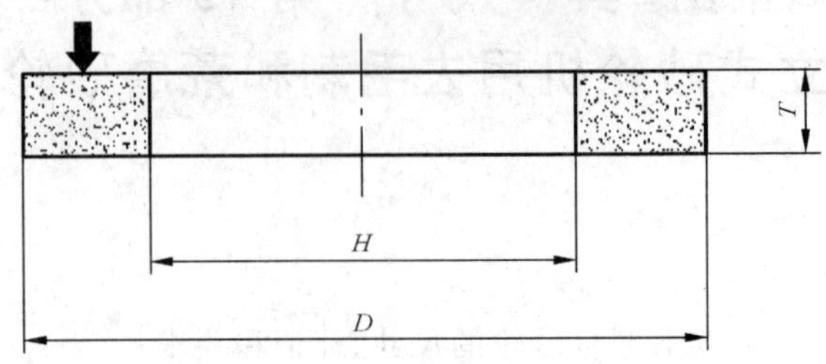

图2 35型

表2 35型砂轮的尺寸(A系列)

单位为毫米

D	T	H_{max}
200	50	127
250		152.4

3.3 36型：螺栓紧固平形砂轮

见图3和表3。

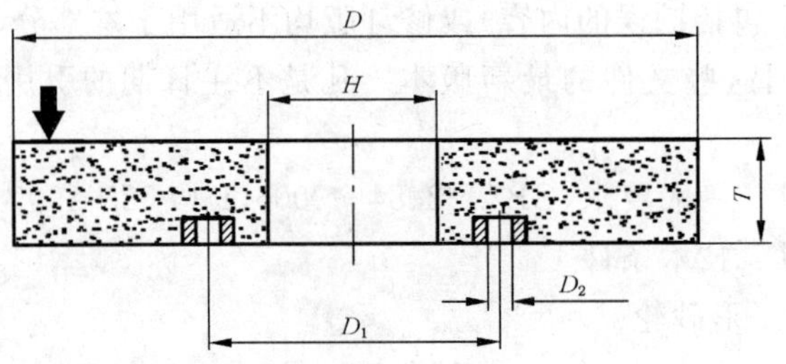

图3 36型

表3 36型砂轮的尺寸(A系列)

单位为毫米

D	T		H_{max}	嵌入螺母尺寸及分布		
				D_1	孔　数	D_2
125	63	—	25	75	4孔间距90°	M10
150			50	100		
200	63	80	100	150	6孔间距60°	
250			150	200		

4 标记

应符合GB/T 2484的规定。

5 要求

5.1 技术要求

应符合GB/T 2485和JB/T 7983的规定。

5.2 标志

应符合GB/T 2485的规定。

附 录 A
（资料性附录）
本部分与 ISO 603-13:1999 的技术差异和原因

表 A.1

项目名称	本部分的章条编号	ISO 603-13:1999 的章条编号	采用程度	技术差异	原因
范围	1	1	IDT	—	—
规范性引用文件	2	2	MOD	ISO 603-13 引用： ISO 525、ISO 6103、ISO 13942； GB/T 4127.13 引用： GB/T 2484、GB/T 2485、JB/T 7983 的规定	ISO 13942 部分内容我国还未采用
尺寸	3	3	IDT	—	—
标记	4	4	IDT	ISO 603-13 关于标记用文字叙述和示例的表达方式进行了规定； GB/T 4127.13 关于标记引用了 GB/T 2484 的规定	ISO 603-13 和 GB/T 4127.13 的规定是一致的
技术要求	5	5	MOD	ISO 603-13 关于标志引用了 ISO 525 的规定；GB/T 4127.13 关于标志引用了 GB/T 2485、JB/T 7983 的规定	产品标志应符合我国的规定

参 考 文 献

[1] GB/T 2481.1—1998 固结磨具用磨料 粒度组成的检测和标记 第1部分:粗磨粒F4～F220(eqv ISO 8486-1:1996)

[2] GB/T 2481.2—1998 固结磨具用磨料 粒度组成的检测和标记 第2部分:微粉F230～F1200(eqv ISO 8486-2:1996)

ICS 25.100.70
J 43

中华人民共和国国家标准

GB/T 4127.14—2008
部分代替 GB/T 4127—1997

固结磨具 尺寸 第14部分：角向砂轮机用去毛刺、荒磨和粗磨砂轮

Bonded abrasive products—Dimensions—Part 14: Grinding wheels for deburring and fettling/snagging on an angle grinder

(ISO 603-14:1999,MOD)

2008-06-03 发布 2009-01-01 实施

中华人民共和国国家质量监督检验检疫总局
中国国家标准化管理委员会 发布

前　言

GB/T 4127《固结磨具　尺寸》分为16个部分：

——第1部分：外圆磨砂轮(工件装夹在顶尖间)；

——第2部分：无心外圆磨砂轮；

——第3部分：内圆磨砂轮；

——第4部分：平面磨削用周边磨砂轮；

——第5部分：平面磨削用端面磨砂轮；

——第6部分：工具磨和工具室用砂轮；

——第7部分：人工操纵磨削砂轮；

——第8部分：去毛刺、荒磨和粗磨用砂轮；

——第9部分：重负荷磨削砂轮；

——第10部分：珩磨和超精磨磨石；

——第11部分：手持抛光磨石；

——第12部分：直向砂轮机用去毛刺和荒磨砂轮；

——第13部分：立式砂轮机用去毛刺和荒磨砂轮；

——第14部分：角向砂轮机用去毛刺、荒磨和粗磨砂轮；

——第15部分：固定式或移动式切割机用切割砂轮；

——第16部分：手持式电动工具用切割砂轮。

本部分为GB/T 4127的第14部分。本部分修改采用ISO 603-14:1999《固结磨具　尺寸　第14部分：角向砂轮机用去毛刺、荒磨和粗磨砂轮》(英文版)。

考虑到我国国情，在采用ISO 603-14:1999时，本部分做了一些修改。有关技术性差异已编入正文中并在它们所涉及的条款的页边空白处用垂直单线标识。在附录A(资料性附录)中给出了技术性差异及其原因的一览表以供参考。

为便于使用，本部分还进行了如下编辑性修改：

——将“ISO 603的本部分”改为“本部分”；

——用小数点“.”代替作为小数点的逗号“,”；

——删除国际标准的前言。

本部分代替GB/T 4127—1997《普通磨具　砂轮形状和尺寸》部分内容。本部分修改内容如下：

——为了与国际上该类产品名称一致，标准中的“普通磨具”修改为“固结磨具”；

——增加了“6型：杯形砂轮”、“11型：碗形砂轮”、“28型：锥面钹形砂轮”的规定；

——增加了对产品的标记、技术要求和标志的规定。

本部分由中国机械工业联合会提出。

本部分由全国磨料磨具标准化技术委员会(SAC/TC 139)归口。

本部分起草单位：成都砂轮有限公司。

本部分主要起草人：林彬。

本部分所代替标准的历次版本发布情况为：

——GB 4127—1984、GB/T 4127—1997。

固结磨具　尺寸　第 14 部分：角向砂轮机用去毛刺、荒磨和粗磨砂轮

1　范围

GB/T 4127 的本部分规定了以下砂轮的尺寸、标记和要求：

——6 型：杯形砂轮

——11 型：碗形砂轮

——27 型：钹形砂轮

——28 型：锥面钹形砂轮

本部分规定的砂轮适用于手持角向砂轮机去除毛刺、荒磨和粗磨工件的任意表面。工件固定，砂轮机由手持操作。

2　规范性引用文件

下列文件中的条款通过 GB/T 4127 的本部分的引用而成为本部分的条款。凡是注日期的引用文件，其随后所有的修改单(不包括勘误的内容)或修订版均不适用于本部分，然而，鼓励根据本部分达成协议的各方研究是否可使用这些文件的最新版本。凡是不注日期的引用文件，其最新版本适用于本部分。

GB/T 2484　固结磨具　一般要求(GB/T 2484—2006，ISO 525：1999，MOD)

GB/T 2485　固结磨具　技术条件

JB/T 3715　固结磨具　修磨用钹形砂轮

3　尺寸

3.1　6 型：杯形砂轮

见图 1、图 2 和表 1、表 2。

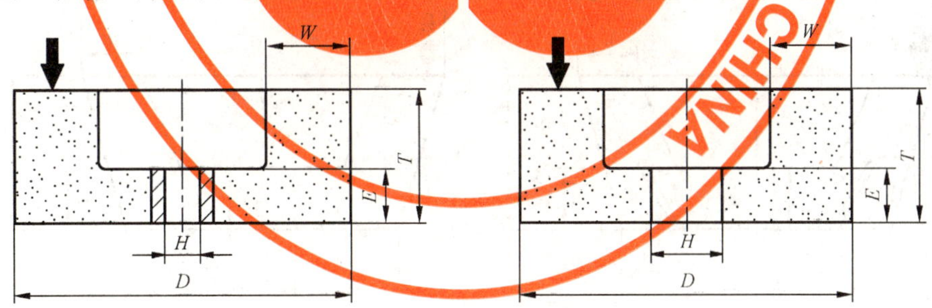

图 1　6 型　无插入的紧固衬套或完全的金属背垫

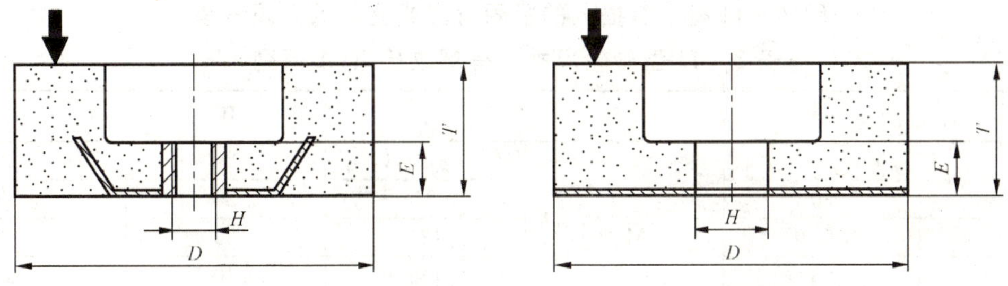

图 2　6 型　有插入的紧固衬套或完全的金属背垫

表 1　6 型砂轮尺寸　有螺纹接口(A 系列)　　单位为毫米

D	T	H	W	E_{min}
100	50	M14	20	20
125			25	
150			40	

表 2　6 型砂轮尺寸　无螺纹接口(A 系列)　　单位为毫米

D	T	H	W	E_{min}
100	50	22.23	20	20
125			25	
150			40	

3.2　11 型:碗形砂轮

见图 3、图 4 和表 3、表 4。

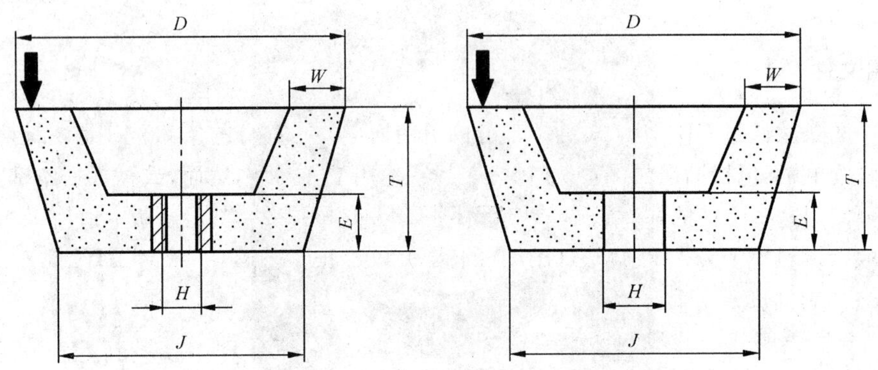

图 3　11 型　无插入的紧固衬套或完全的金属背垫

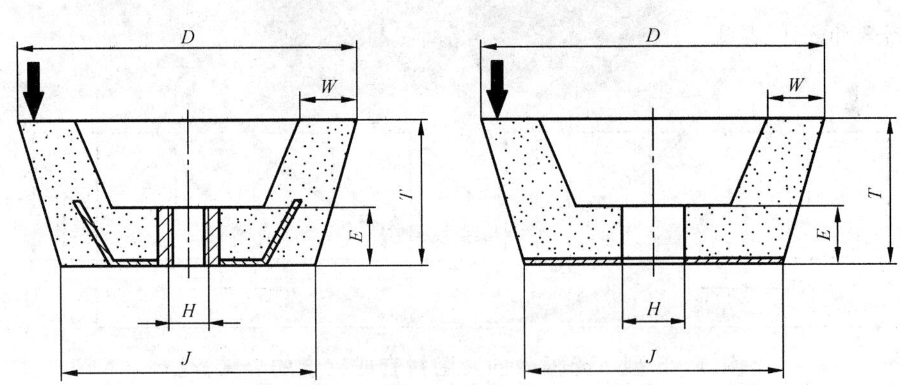

图 4　11 型　有插入的紧固衬套或完全的金属背垫

表 3　11 型砂轮尺寸　有螺纹接口(A 系列)　　单位为毫米

D	T	H	J	W	E_{min}
100	50	M14	76	20	20
125	50		94	25	20
150	50		120	30	20
180	63		140	40	20
	80		120	41	25

表 4　11 型砂轮尺寸　无螺纹接口(A 系列)　　单位为毫米

<table>
<tr><th>D</th><th>T</th><th>H</th><th>J</th><th>W</th><th>E_{min}</th></tr>
<tr><td>100</td><td>50</td><td rowspan="6">22.23</td><td>76</td><td rowspan="2">20</td><td rowspan="4">19</td></tr>
<tr><td>110</td><td>55</td><td>55</td></tr>
<tr><td>125</td><td rowspan="2">50</td><td>94</td><td>25</td></tr>
<tr><td>150</td><td>120</td><td>30</td></tr>
<tr><td rowspan="2">180</td><td>63</td><td rowspan="2">140</td><td rowspan="2">41</td><td>20</td></tr>
<tr><td>80</td><td>22</td></tr>
</table>

3.3　27 型:钹形砂轮

见图 5、表 5 和表 6。

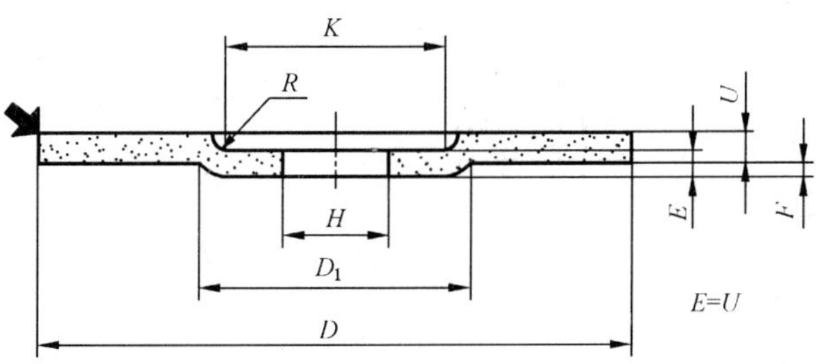

图 5　27 型

表 5　27 型砂轮尺寸(A 系列)　　单位为毫米

<table>
<tr><th rowspan="2">D</th><th colspan="4">U</th><th rowspan="2">H</th><th rowspan="2">K</th><th rowspan="2">D_1</th><th rowspan="2">F_{min}</th><th rowspan="2">$R\approx$</th></tr>
<tr><th>4</th><th>6</th><th>8</th><th>10</th></tr>
<tr><td>80</td><td>×</td><td>×</td><td>—</td><td>—</td><td>10</td><td>23</td><td>35</td><td rowspan="2">4</td><td rowspan="2">6</td></tr>
<tr><td>100</td><td>×</td><td>×</td><td>—</td><td>—</td><td>16</td><td>35.5</td><td>55.5</td></tr>
<tr><td>115</td><td>×</td><td>×</td><td>—</td><td>—</td><td rowspan="5">22.23</td><td rowspan="5">45</td><td rowspan="5">68</td><td rowspan="5">4.6</td><td rowspan="5">8</td></tr>
<tr><td>125</td><td>×</td><td>×</td><td>—</td><td>—</td></tr>
<tr><td>150</td><td>×</td><td>×</td><td>—</td><td>—</td></tr>
<tr><td>180</td><td>×</td><td>×</td><td>×</td><td>×</td></tr>
<tr><td>230</td><td>×</td><td>×</td><td>×</td><td>—</td></tr>
</table>

表 6　27 型砂轮尺寸(B 系列)　　单位为毫米

<table>
<tr><th rowspan="2">D</th><th colspan="5">U</th><th rowspan="2">H</th><th rowspan="2">K</th><th rowspan="2">D_1</th><th rowspan="2">F_{min}</th><th rowspan="2">$R\approx$</th></tr>
<tr><th>3</th><th>4</th><th>6</th><th>8</th><th>10</th></tr>
<tr><td>80</td><td>×</td><td>×</td><td>×</td><td>—</td><td>—</td><td>10</td><td>22</td><td>34</td><td>4</td><td rowspan="2">4</td></tr>
<tr><td>100</td><td>×</td><td>×</td><td>×</td><td>—</td><td>—</td><td rowspan="3">16</td><td>35</td><td>50</td><td rowspan="9">6</td></tr>
<tr><td>115</td><td>×</td><td>×</td><td>×</td><td>—</td><td>—</td><td rowspan="8">45</td><td rowspan="8">68</td><td rowspan="8">8</td></tr>
<tr><td>125</td><td>×</td><td>×</td><td>×</td><td>—</td><td>—</td></tr>
<tr><td>115</td><td>×</td><td>×</td><td>×</td><td>—</td><td>—</td><td rowspan="6">22</td></tr>
<tr><td>125</td><td>×</td><td>×</td><td>×</td><td>—</td><td>—</td></tr>
<tr><td>150</td><td>×</td><td>×</td><td>×</td><td>—</td><td>—</td></tr>
<tr><td>180</td><td rowspan="3">—</td><td>×</td><td>×</td><td rowspan="3">×</td><td rowspan="3">×</td></tr>
<tr><td>205</td><td rowspan="2">—</td><td>×</td></tr>
<tr><td>230</td><td>×</td></tr>
</table>

3.4 28型:锥面钹形砂轮

见图6和表7。

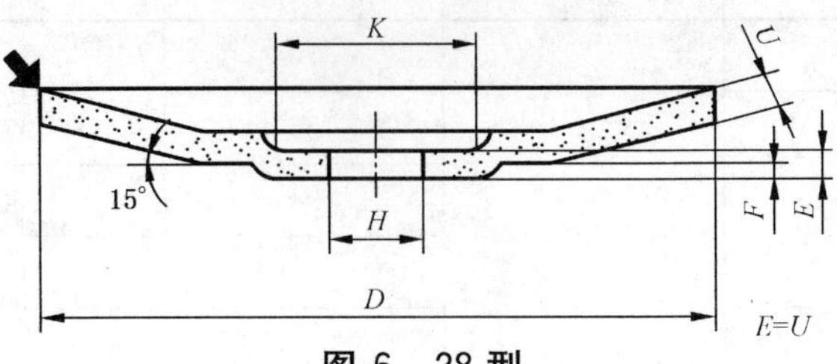

图6 28型

表7 28型砂轮尺寸(A系列)

单位为毫米

D	U	H	K	F_{min}
180	6	22.23	45	4.6
	8			
230	6			
	8			

4 标记

应符合GB/T 2484的规定。

5 要求

5.1 技术要求

公差、静平衡应符合GB/T 2485、JB/T 3715的规定。

5.2 标志

应符合GB/T 2485的规定。

附　录　A
（资料性附录）
本部分与 ISO 603-14:1999 的技术差异和原因

表 A.1

项目名称	本部分的章条编号	ISO 603-14:1999 的章条编号	采用程度	技术差异	原因
范围	1	1	IDT	—	—
规范性引用文件	2	2	MOD	ISO 603-14 引用： ISO 525、ISO 6103、ISO 13942； GB/T 4127.14 引用： GB/T 2484、GB/T 2485、JB/T 3715 的规定	ISO 13942 部分内容我国还未采用
尺寸	3	3	MOD	ISO 603-14 规定的 4 种型号的砂轮有关尺寸，GB/T 4127.14 均等同采用，但 GB/T 4127.14 以 B 系列的形式增加了 27 型砂轮在我国覆盖的主要规格尺寸范围	完全采用 ISO 603-14 规定的砂轮基本尺寸还有一定的困难，采取既采用 ISO 标准，也考虑国内实际情况是可行的
标记	4	4	IDT	ISO 603-14 关于标记用文字叙述和示例的表达方式进行了规定； GB/T 4127.14 关于标记引用了 GB/T 2484 的规定	ISO 603-14 和 GB/T 4127.14 的规定是一致的
技术要求	5	5	MOD	ISO 603-14 关于标志引用了 ISO 525 的规定；GB/T 4127.14 关于标志引用了 GB/T 2485、JB/T 3715 的规定	产品标志应符合我国的规定

参考文献

［1］ GB/T 2481.1—1998 固结磨具用磨料 粒度组成的检测和标记 第1部分:粗磨粒F4～F220(eqv ISO 8486-1:1996)

［2］ GB/T 2481.2—1998 固结磨具用磨料 粒度组成的检测和标记 第2部分:微粉F230～F1200(eqv ISO 8486-2:1996)

ICS 65.020.30
B 43

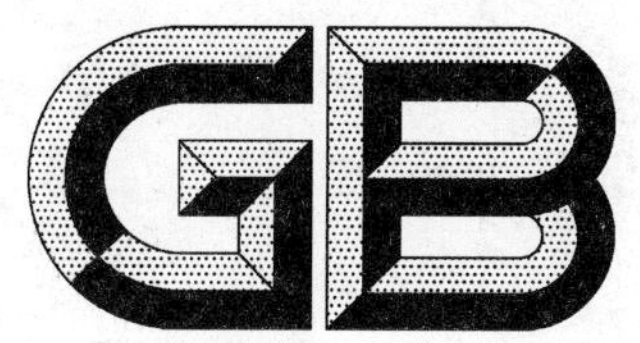

中华人民共和国国家标准

GB 4143—2008
代替 GB/T 4143—1984

牛冷冻精液

Frozen bovine semen

2008-06-27 发布　　2009-01-01 实施

中华人民共和国国家质量监督检验检疫总局
中国国家标准化管理委员会 发布

前　言

本标准中第 4 章是强制性的，其余为推荐性。

本标准与 GB/T 4143—1984 相比主要变化如下：

——增加了适用对象(1984 年版的引言；本版的第 1 章第 2 段)；

——增加了规范性引用文件(见第 2 章)；

——增加了术语和定义，并有中、英文对照(见第 3 章)；

——增加了抽样(见第 5 章)；

——增加了试验方法(见第 6 章)；

——增加了判定规则(见第 7 章)；

——修改了规格与质量(1984 年版的第 1 章；本版的第 4 章)；

——修改了检查方法(1984 年版的第 3 章；本版的附录 B)；

——修改了种公牛品种代号(1984 年版的 5.2.2；本版的附录 C)；

——删除了牛冷冻精液的制作程序和使用方法(1984 年版的第 2 章和第 4 章)；

——增加了规范性附录“群体公牛冻精质量监督抽样检验程序”(见 5.1.2 和附录 A)；

——增加引用了 GB/T 15239—1994《孤立批计数抽样检验程序及抽样表》，对于其中 Ac——合格判定数，Re——不合格判定数的表述，现引用 GB/T 2828.1—2003《计数抽样检验程序　第 1 部分：按接收质量限(AQL)检索的逐批检验抽样计划》中的表述，Ac——接收数，Re——拒收数，*d*——样本中的不合格数(见 5.1.1 和 7.3.1)。

本标准的附录 A、附录 B 和附录 C 均为规范性附录。

本标准由中华人民共和国农业部提出。

本标准由全国畜牧业标准化技术委员会归口。

本标准起草单位：农业部牛冷冻精液质量监督检验测试中心(南京)、全国畜牧兽医总站、农业部牛冷冻精液质量监督检验测试中心(北京)。

本标准主要起草人：金穗华、徐桂芳、陆汉希、张晓霞、刘长春、黄文佳、刘桂霞。

本标准委托农业部牛冷冻精液质量监督检验测试中心(南京)负责解释。

牛冷冻精液

1 范围

本标准规定了牛冷冻精液的命名、技术要求、抽样、试验方法、判定规则和标志及包装。

本标准适用于各品种牛的冷冻精液产品，以下简称冻精。

2 规范性引用文件

下列文件中的条款通过本标准的引用而成为本标准的条款。凡是注日期的引用文件，其随后所有的修改单(不包括勘误的内容)或修订版均不适用于本标准，然而，鼓励根据本标准达成协议的各方研究是否可使用这些文件的最新版本。凡是不注日期的引用文件，其最新版本适用于本标准。

GB/T 2828.1—2003 计数抽样检验程序 第1部分：按接收质量限(AQL)检索的逐批检验抽样计划(ISO 2859-1:1999,IDT)

GB/T 4789.2—2003 食品卫生微生物学检验 菌落总数测定

GB/T 5458—1997 液氮生物容器

GB/T 15239—1994 孤立批计数抽样检验程序及抽样表

GB/T 15482—1995 产品质量监督小总体计数一次抽样检验程序及抽样表

3 术语和定义

下列术语和定义适用于本标准。

3.1

前进运动精子数 progressive motility

每剂量精液中呈前进运动的精子数。

3.2

精子活力 sperm motility

在37 ℃环境下前进运动精子占总精子数的百分率。

3.3

精子畸形率 abnormal sperm percentage

畸形精子占总精子数的百分率。

3.4

细菌数 bacteria count

每剂量精液经培养后观察到的细菌菌落数。

3.5

冷冻精液 frozen semen

经特殊方法处理的精液超低温冷冻后在液氮中(－196 ℃)长期保存。

4 要求

4.1 种公牛

应具有种用价值，外貌评价为特等或一等，体质健康，无遗传病，不允许有已发布的动物防疫法中所明确的二类疫病中的任何一种病。

4.2 新鲜精液

色泽乳白色或淡黄色。精子活力≥65%,精子密度≥6×10^{8}个/mL,精子畸形率≤15%。

4.3 冻精外观

细管无裂痕,两端封口严密。

4.4 剂型、剂量

细管冻精:微型≥0.18 mL;中型≥0.40 mL。

4.5 每剂量冻精解冻后

4.5.1 精子活力

≥35%(即≥0.35),水牛≥30%(即≥0.30)。

4.5.2 前进运动精子数

≥800万个,水牛≥1 000万个。

4.5.3 精子畸形率

≤18%,水牛≤20%。

4.5.4 细菌数

≤800个。

5 抽样

5.1 抽样检验方案

5.1.1 生产方抽样检验

生产方和使用方为质量保证概率把关,按照GB/T 15239—1994中的第5章,采用LQ=8.0、模式A抽样方案检索一次抽样方案,确定抽样公牛样本量。

5.1.2 质量监督抽样检验

质量监督抽样检验按照GB/T 15482—1995中的第5章,该群体公牛为一监督总体,采用$D_0=10$,选用第二检验等级的抽样方案,确定抽检公牛的样本量,抽样检验程序见附录A。

5.1.3 复检和仲裁抽样检验

复检可根据原抽样方案确定,仲裁需抽检按照5.1.2规定的方案和7.3.2评定。

5.2 抽样方法

抽样方法见B.1.2.3和B.1.3。

6 试验方法

6.1 外观

用目测法,其结果应符合4.3的规定。

6.2 剂量

检验按第B.2章的方法,其结果应符合4.4的规定。

6.3 解冻后每剂量精液

解冻方法及精子活力、前进运动精子数、精子畸形率、细菌数的检验按照第B.3章～第B.6章规定的方法,其结果应分别符合4.5.1、4.5.2、4.5.3、4.5.4的规定。

6.4 检验分类

6.4.1 常规检验

对冻精的单项目检验是型式检验的一部分,主要是在生产批入库前和销出站时的检验。

6.4.2 型式检验

对冻精全部项目检验,评定产品质量是否全面符合标准,也是在生产方抽样检验、仲裁和质量监督抽样检验时选定项的检验。

6.5 检验项目

6.5.1 常规检验

本标准中4.3和4.5.1规定。

6.5.2 型式检验

本标准中4.3～4.5规定。

7 判定规则

7.1 常规检验

样品中任何一项目检验未达到本标准中要求的规定，则判为不合格。

7.2 型式检验

样品中任何一项目检验未达到本标准中要求的规定，则判为不合格。

7.3 抽样检验对群体质量水平的评定

7.3.1 生产方抽样检验

引用GB/T 2828.1—2003第3章中Ac——接收数，Re——拒收数，d——不合格品数。

生产方抽样检验按照GB/T 15239—1994中5.11的规定，通过对样本检验，若样本中不合格品数$d \leqslant Ac$，则判可接收，样本中不合格品数$d \geqslant Re$，则判不可接收。

7.3.2 质量监督抽样检验

按照GB/T 15482—1995中的规定，在样本中$d < r$(不通过判定数)，则判为可通过；$d \geqslant r$，则判为不可通过。群体公牛冻精质量监督抽样检验程序见附录A。

8 标志、包装

8.1 标志

8.1.1 品种

种公牛的品种以代号表示，具体遵照附录C的规定。

8.1.2 内容

细管冻精应在管壁(或包装袋)上印制以下内容，并且印制标识要清楚：

a) 生产站名；

b) 公牛品种；

c) 公牛号；

d) 生产日期或批次。

8.2 包装

料管或灭菌纱布袋，每一包装量不得超过100份。

附　录　A
（规范性附录）
群体公牛冻精质量监督抽样检验程序

A.1　导言

本附录给出牛冷冻精液质量监督抽样检验程序，对此特定对象产品，在质量监督时通过抽样检验是对在群公牛冻精质量评价。

A.2　质量监督抽样检验程序

A.2.1　确定监督总体

所确定的监督总体是一群体公牛，监督总体中的产品是该群体中公牛（冻精），每头公牛一个生产批的冻精为每一单位产品。

A.2.2　确定冻精产品的质量特性

冻精产品的质量应符合4.4～4.5的规定。

A.2.3　不合格品的分类

按照标准规定对冻精不合格品不区分类别。

A.2.4　规定监督质量水平

按照5.1.2确定监督质量水平$D_0=10$。

A.2.5　规定监督检验等级

监督检验等级越高，检验的功效越高，本标准选定第二检验等级。

A.2.6　检索监督抽样方案

在GB/T 15482—1995表2中由监督总体量N所在列和规定的监督质量水平D_0所在行的相交处读出监督抽样方案，若相交处为箭头，则沿箭头方向，读出第一个抽样方案。当监督总体量介于某两数之间时，应使用其中数大者确定抽样方案。

A.2.7　抽取样本

根据公牛样本量按B.1.2.3和B.1.3抽取公牛冻精样品。

A.2.8　检验样本

按照4.4～4.5中的检验项目和附录B规定的检验方法及样品合格与否判别准则，逐一检验样本中的每一个样品，并统计被检样本中的不合格品数。

A.2.9　判断监督总体该群体公牛（冻精）是否可通过

根据监督质量水平和监督检验等级确定监督抽样方案后，按GB/T 15482—1995中5.9的规定检验样本结果在样本中不合格品数d不小于不通过判定数r，即$d \geqslant r$，则判该监督总体为不可通过；样本中不合格品数d小于不通过判定数r，即$d<r$，则判该监督总体为可通过。

A.2.10　应用实例

质量监督抽样检验评价有一群50头公牛（冻精）产品，用监督质量水平$D_0=10$、第二监督检验等级的抽样方案，在表2中$N=50$的列和$D_0=5$的行查得所需抽样方案为$n=4$，$r=2$。从监督总体（该群公牛）中随机抽取4头公牛（冻精）样品检验，若其中不合格公牛（冻精）的数小于2，即$d<r$，则判该群体公牛（冻精）可通过；若其中不合格公牛（冻精）的数不小于2，即$d \geqslant r$，则判该群体公牛（冻精）不通过。

A.2.11　监督抽样方案的通过概率与检验功效

对监督抽样方案的通过概率与检验功效按照GB/T 15482—1995中的第6章执行。

附 录 B
（规范性附录）
牛冷冻精液质量检验方法

本附录给出了通用的牛冷冻精液质量检验方法。

B.1 抽样

B.1.1 样品的收集

抽样：从受检单位精液贮存容器中按规定随机抽取样品。

送样：生产、使用单位将抽取的样品送至检验机构。

B.1.2 抽样方案

B.1.2.1 生产方抽样检验

按本标准 5.1.1 确定样本数。

B.1.2.2 质量监督抽样检验

按本标准 5.1.2 确定样本数。

B.1.2.3 抽样方法

按牛号顺序排列，由抽样人员现场按样本头数随机确定各样品公牛。

B.1.2.4 全部取样

对已投产的每头公牛取样。

B.1.3 取样方法

对确定取样的公牛，从其冻精贮藏容器中随机抽取一个包装量（不得少于 25 份）的冻精。

B.1.4 样品的保存

存放冷冻精液的低温容器质量应符合 GB/T 5458—1997 规定，使用前经过清洗后加入新鲜液氮，样品浸在液氮中。取放样品时在空中暴露时间不得超过 10 s。由专人保管样品，样品不允许脱离液氮，抽样登记单与样品随行。样品包装、标记应保持原样。

B.2 剂量检查

B.2.1 主要器材

小试管、剪刀。

B.2.2 检查方法

取三支细管冻精自然解冻后剪去两端，把精液倒入一小试管内，用 1.0 mL 吸管准确吸取精液，并检测其精液量。

B.2.3 计算

三支冻精的剂量平均数为样品的剂量，按式（B.1）计算：

$$Q = \frac{n_1 + n_2 + n_3}{3} \qquad \cdots\cdots\text{(B.1)}$$

式中：

Q——剂量值，单位为毫升（mL）；

n_1——第一支样品剂量，单位为毫升（mL）；

n_2——第二支样品剂量，单位为毫升（mL）；

n_3——第三支样品剂量，单位为毫升（mL）。

B.3 精子活力检查

B.3.1 主要器材

显微镜或电视显微装置、恒温水浴箱、5.0 mL 试管、载玻片或精液性状板、盖玻片(18×18)、显微镜保温箱或恒温装置、滴管。

B.3.2 检查方法

三支细管分别直接置于 37 ℃水浴中解冻,取解冻三支混合后精液约 50 μL 置于载玻片上加盖玻片,立即在载物台温度保持 38 ℃的情况下用 200 倍～400 倍显微镜观察活力,也可通过电视显微装置在荧光屏上观察活力。每样片观察 3 个视野,并应观察不同液层内的精子运动状态,进行全面评定。

B.3.3 计算

三个视野活力评价值的平均数按式(B.2)计算:

$$M = \frac{n_1 + n_2 + n_3}{3} \qquad \text{(B.2)}$$

式中:

M——活力;

n_1——第一视野活力;

n_2——第二视野活力;

n_3——第三视野活力。

B.4 每剂量前进运动精子数检查

B.4.1 主要器材

血球计数板、血色素管、1 mL 吸管、小试管、计数器、显微镜或电视显微装置、滴管、3.0%氯化钠溶液。

B.4.2 检查方法

细管精液用血色素管准确吸取 20 μL 解冻精液(也可使用第 B.2 章已检查后的样品),注入盛有 0.98 mL的 3.0%氯化钠溶液的试管内,混匀,使之成为 50 倍稀释的稀释精液。将备好的血球计数板用血盖片将计数室盖好,用小吸管吸取一滴稀释精液于血盖片边缘,使精液自行流入计数室,均匀充满,不允许有气泡或厚度过大,然后在显微镜下或电视荧光屏上观察计数。

B.4.3 计算

a) 每剂量中精子数=5 个中方格中的精子数×5(即计数室 25 个中方格的总精子数)×10(1 mm^3 内的精子数)×1 000(每毫升精液的精子数)×50(细管稀释倍数)×剂量值

上式可简化为:

每剂量中精子数=5 个中方格精子数×250 万(细管)×剂量值

b) 每样品观察上下两个计数室,取平均值,如两个计数室计数结果误差超过 5%,则应重检。

c) 每剂量中呈前进运动精子数按式(B.3)计算:

$$c = s \times m \qquad \text{(B.3)}$$

式中:

c——每剂量中前进运动精子数,单位为个;

s——每剂量中精子数,单位为个;

m——活力,%。

B.5 精子畸形率的检查

B.5.1 主要器材

显微镜、载玻片、血球分类计数器、小吸管、蒸馏水、姬姆萨染料、磷酸二氢钠、磷酸氢二钠、甲醛、甲醇、甘油，所用试剂为分析纯。

B.5.2 试剂配制

a) 磷酸盐缓冲液

磷酸二氢钠($NaH_2PO_4 \cdot 2H_2O$) 0.55 g

磷酸氢二钠($Na_2HPO_4 \cdot 12H_2O$) 2.25 g

双蒸馏水定容至 100 mL。

b) 中性福尔马林固定液

40%甲醛 HCHO(使用前经碳酸镁中和过滤) 8.0 mL

磷酸二氢钠($NaH_2PO_4 \cdot 2H_2O$) 0.55 g

磷酸氢二钠($Na_2HPO_4 \cdot 12H_2O$) 2.25 g

用 0.89%氯化钠约 50.0 mL 溶解后加入 8.0 mL 中和后的甲醛，再加 0.89%氯化钠溶液定容至 100.0 mL。

c) 姬姆萨原液

姬姆萨染料 1.0 g

甘油 [$C_3H_5(OH)_3$] 66.0 mL

甲醇(CH_3OH) 66.0 mL

姬姆萨染料放入研钵中加少量甘油充分研磨至无颗粒为止，然后将甘油全部倒入并放入恒温箱中保温继续溶解 4 h，再加甲醇充分溶解混匀，过滤后贮于棕色瓶中待用，贮存时间越久染色效果越好。

d) 姬姆萨染液

姬姆萨原液 2.0 mL

磷酸盐缓冲液 3.0 mL

蒸馏水 5.0 mL

现配现用。

B.5.3 制片、染色、镜检、计算

精液解冻见 B.3，允许同时使用精子活力检查解冻的样品。

a) 抹片：取解冻后精液一滴滴于载玻片一端，用另一边缘光滑的载玻片与有样品的载玻片呈 35°夹角，将样品均匀地拖布于载玻片上，自然风干(约 5 min)，每样品制作两个抹片。

b) 固定：在已风干的抹片上滴上 1.0 mL～2.0 mL 中性福尔马林固定液，固定 15 min 后用清水缓缓冲去固定液，吹干或自然风干。

c) 染色：将固定好后的抹片反扣在带有平槽的有机玻璃面上，把姬姆萨染液滴于槽和抹片之间，让其充满平槽并使抹片接触染液，染色 1.5 h 后用清水缓缓冲去染液，晾干待检。

d) 镜检：将制备好的抹片在显微镜(400 倍～600 倍)下观察，每个抹片观察 200 个以上的精子(分左、右两个区)，取两片的平均值，两片的变异系数不得大于 20%，若超过应重新制片。

e) 精子畸形率按式(B.4)计算：

$$A = \frac{A_1}{S} \times 100 \qquad \text{(B.4)}$$

式中：

A——精子畸形率，%；

A_1——畸形精子数，单位为个；

S——精子总数，单位为个。

B.6 细菌数的检查

B.6.1 主要器材

培养箱、超净化工作台、三角烧瓶、烧杯、量筒、玻棒、天平、牛角匙、高压蒸汽灭菌锅(或微波炉)、培养皿、水浴箱、pH 试纸(pH5.5～9.0)、棉花、牛皮纸、记号笔、棉绳、纱布、放大镜、牛肉浸膏、蛋白胨、磷酸氢二钾、氯化钠、琼脂粉、1 mol/L 氢氧化钠、1 mol/L 盐酸、蒸馏水。

B.6.2 培养基的配制

普通琼脂的制作:

牛肉浸膏	5.0 g
蛋白胨	10.0 g
磷酸氢二钾($K_2HPO_4 \cdot 3H_2O$)	1.0 g
氯化钠(NaCl)	5.0 g

用蒸馏水 1 000 mL 溶解后加琼脂粉 20 g,加温融解。

矫正 pH 至 7.4～7.6 并用脱脂棉过滤,分装于三角烧瓶中经高压灭菌(0.1 MPa,20 min)。

也可使用营养琼脂培养基,其质量应符合 GB/T 4789.2—2003。

B.6.3 检查方法

灭菌平皿事先标号。细管冻精 37 ℃水浴解冻,用酒精棉球消毒以无菌操作,一支直接注于一个灭菌平皿内;把已凉至 50 ℃左右的普通琼脂以无菌操作倾倒入平皿内,每皿约 15 mL,并转动平皿使精液混合均匀,同时做空白对照平皿。待琼脂凝固后翻转平皿,置 37 ℃恒温箱内培养 48 h 取出,计数平皿内菌落数。每头公牛样品取两支做两个平皿,取平均值。

B.6.4 计算

所检细管样品的细菌数按式(B.5)计算:

$$B=\frac{n_1+n_2}{2} \qquad \cdots\cdots(B.5)$$

式中:

B——细菌数,单位为个;

n_1——第一平皿菌落数,单位为个;

n_2——第二平皿菌落数,单位为个。

附 录 C
（规范性附录）
种公牛的品种代号

C.1 导言

本附录给出了最简称的公牛品种代号。

C.2 原则和方法

以牛品种英译汉的汉语名称第一和第二个字的汉语拼音的第一字母组合，涉及国家为多字的，以该国的第一字、第二字和品种第一字的汉语拼音的第一字母组合。

示例1：荷斯坦牛的品种代号以“荷”和“斯”两字汉语拼音第一字母组合为HS。

示例2：“丹麦红牛”以国家第一字、第二字和品种第一字的汉语“丹麦”和“红”的拼音第一字组合为“DMH”。

C.3 种公牛品种代号

见表C.1。

表 C.1 种公牛品种代号

公牛品种	品种代号	公牛品种	品种代号
荷斯坦牛	HS	婆罗门	PM
沙西瓦	SX	丹麦红牛	DMH
娟珊牛	JS	皮埃蒙特	PA
西门达尔	XM	南阳牛	NY
兼用短角	JD	秦川牛	QC
草原红牛	CH	延边牛	YB
新疆褐牛	XH	鲁西黄牛	LX
三河牛	SH	晋南牛	JN
肉用短角	RD	复州牛	FZ
夏洛来	XL	摩拉水牛	ML
海福特	HF	尼里/拉菲	NL
安格斯	AG	金黄阿奎丹	JH
利木赞	LM	比利时兰	BL
莫累灰	MH	南德文	ND
抗旱王	KH	德国黄牛	DGH
辛地红	XD	蒙贝利亚	MB
楼来恩	LL	—	—

ICS 77.120.99
H 65

中华人民共和国国家标准

GB/T 4153—2008
代替 GB/T 4153—1993

混合稀土金属

Misch metal

2008-03-31 发布　　2008-09-01 实施

中华人民共和国国家质量监督检验检疫总局
中国国家标准化管理委员会　发布

前　言

本标准是对国家标准 GB/T 4153—1993《混合稀土金属》和行业标准 XB/T 216—1995《电池级混合稀土金属》进行的整合修订。

本标准以 XB/T 216《电池级混合稀土金属》为蓝本修订，主要变化如下：

——按 GB/T 17803—1999《稀土产品牌号表示方法》的要求，产品牌号采用数字牌号；

——各牌号调整了稀土元素配分含量；

——各牌号增加了对铅、钙和碳的考核指标；

——各牌号对其他非稀土杂质含量作适当调整。

本标准由国家发展和改革委员会稀土办公室提出。

本标准由全国稀土标准化技术委员会归口。

本标准由内蒙古包钢稀土高科技股份有限公司负责起草。

本标准由赣州虔东实业(集团)有限公司参加起草。

本标准主要起草人：李冬、王静、郭美琴、刘恒昌、姚南红。

本标准所替代标准的历次版本发布情况为：

——GB 4153—1984、GB/T 4153—1993。

混合稀土金属

1 范围

本标准规定了混合稀土金属的要求、试验方法、检验规则与包装、标志、运输、贮存。

本标准适用于经熔盐电解法生产的、供制作贮氢合金以及有色金属合金、稀土处理钢等用的混合稀土金属。

2 规范性引用文件

下列文件中的条款通过本标准的引用而成为本标准的条款。凡是注日期的引用文件，其随后所有的修改单(不包括勘误的内容)或修订版均不适用于本标准，然而，鼓励根据本标准达成协议的各方研究是否可使用这些文件的最新版本。凡是不注日期的引用文件，其最新版本适用于本标准。

GB/T 8170　数值修约规则

GB/T 12690　(所有部分)稀土金属及其氧化物中非稀土杂质化学分析方法

GB/T 14635.1　稀土金属及其化合物化学分析方法　草酸盐重量法测定稀土总量

3 要求

3.1 化学成分

混合稀土金属牌号及化学成分应符合表1规定。需方如有特殊要求，供需双方可另行协商。

表 1

产品牌号	化学成分(质量分数)/%													
	RE 不小于	稀土元素/RE					非稀土杂质，不大于							
		La	Ce	Pr	Nd	Sm	Mg	Zn	Fe	Si	W+Mo	Ca	C	Pb
194025A	99.5	＞80	—	—	—	＜0.1	0.05	0.05	0.1	0.03	0.035	0.01	0.05	0.02
194025B	99.5	33～37	51～59	2.5～3.2	6.0～9.3	＜0.1	0.05	0.05	0.1	0.03	0.035	0.01	0.03	0.02
194025C	99.5	25～29	49～53	4～7	—	＜0.1	0.05	0.05	0.1	0.03	0.035	0.01	0.05	0.02
194020A	99	61～65	24～28	—	—	＜0.1	0.1	0.05	0.2	0.05	0.035	0.02	0.02	0.05
194020B	99	＞33	＞62	—	—	＜0.1	0.1	0.05	0.2	0.05	0.035	0.02	0.02	0.05
194020C	99	＞30	＞60	4～8	—	＜0.1	0.1	0.05	0.2	0.05	0.035	0.02	0.05	0.05

3.2 外观

产品为块状，新截面为银灰色。金属锭表面应清洁，无肉眼可见夹杂物。

4 试验方法

4.1 产品中稀土(RE)总量的分析方法按 GB/T 14635.1 的规定进行。

4.2 产品中稀土元素含量的分析方法按供方现行方法进行。

4.3 产品中非稀土杂质含量的分析方法按 GB/T 12690 的规定进行。

4.4 数值修约按 GB/T 8170 的规定进行。

4.5 产品外观用目视检查。

5 检验规则

5.1 检查与验收

5.1.1 产品由供方质量技术监督部门进行检验，保证产品质量符合本标准的规定，并填写质量证明书。

5.1.2 需方应对收到的产品按本标准的规定进行检验。如检验结果与本标准规定不符时，应在收到产品之日起两个月内向供方提出，由供需双方协商解决。如需仲裁，可委托双方认可的单位进行，并在需方共同取样。

5.2 组批

产品应成批提交检验，每批产品应由同一牌号的产品组成。

5.3 检验项目

每批产品应进行化学成分和外观的检验。

5.4 取样与制样

化学成分分析的仲裁取样数量按表2的规定进行。取样时用直径5 mm～10 mm的钻头在金属锭上下两面各钻三点以上，钻点均匀分布，弃去深度0.5 mm～1.0 mm的表面钻屑，然后钻取试样，取样量不少于10 g，将试样混匀后，用四分法迅速缩分至试样所需量，并将试样立即放入带盖的磨口瓶中。

表2

每批重量/kg	≤10	>10～50	>50～100	>100～200	>200～500	>500
取样件数/块	2	3	4	5	8	10

5.5 检验结果判定

化学成分仲裁分析结果与本标准规定不符时，则从该批产品中取双倍试样对不合格项目进行复验。若仍有一项结果不合格，则该批产品为不合格。

6 标志、包装、运输、贮存

6.1 标志、包装

每件产品外包装上应注明：供方名称、产品名称、牌号、批号、重量及“防潮”标志或字样。产品用双层塑料袋包装，密封后放入铁桶中，每桶净重50 kg。如需方有特殊要求，供需双方可另行协商。

6.2 运输、贮存

产品须存放在干燥处，不得露天放置。运输时严防淋雨、受潮。

6.3 质量证明书

每批产品应附有质量证明书，注明：

a) 供方名称；

b) 产品名称和牌号；

c) 批号；

d) 净重、件数；

e) 各项分析检验结果及供方质量检验部门印记；

f) 本标准编号；

g) 出厂日期。

ICS 77.040.20
H 26

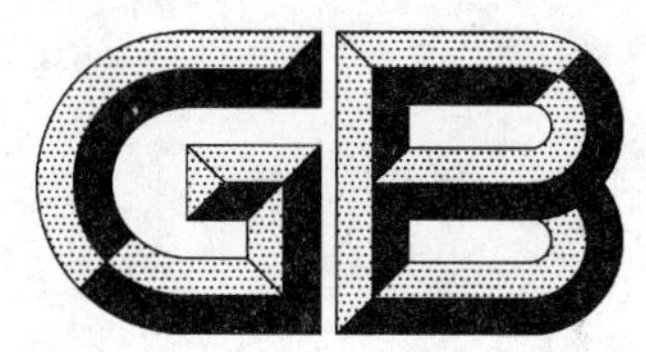

中华人民共和国国家标准

GB/T 4162—2008
代替 GB/T 4162—1991

锻轧钢棒超声检测方法

Forged and rolled steel bars—Method for ultrasonic testing

2008-05-13 发布 2008-11-01 实施

中华人民共和国国家质量监督检验检疫总局
中国国家标准化管理委员会 发布

前　言

本标准与 ASTM E2375—04《锻轧制品的超声检验标准方法》的一致性程度为非等效。

本标准代替 GB/T 4162—1991《锻轧钢棒超声波检验方法》。

本标准与 GB/T 4162—1991 相比，主要的技术变化如下：

——将原标准的适用范围直径(厚度)20 mm～250 mm 改为 12 mm～250 mm；

——增加了“术语和定义”一章；

——增加了对比试块的几何尺寸形状和规格的具体要求；

——修改了横波检测用的对比试块；

——增加了质量等级与横孔试块的对比尺寸参照表；

——删除了原标准中当量平底孔的埋藏深度与不连续的深度的允许误差；

——在检测程序中，增加了液浸法检测时的水程调整、分区检测、距离振幅补偿及报警水平的设置；

——不连续的评定中，增加了长条形不连续的测长方法和横波检测不连续的评定内容；

——将原标准 AAA 级的质量等进行修改，增加了本标准的 C 级，并将原标准的 C 级改为本标准的 D 级。

本标准由中国钢铁工业协会提出。

本标准由全国钢标准化技术委员会归口。

本标准主要起草单位：宝山钢铁股份有限公司特殊钢分公司、冶金工业信息标准研究院。

本标准主要起草人：倪秀美、王勇灵、姜毅敏、赵春、黄颖。

本标准所代替标准的历次版本发布情况为：

——GB/T 4162—1984、GB/T 4162—1991。

锻轧钢棒超声检测方法

1 范围

本标准规定了锻轧钢棒超声检测的要求、检测方法和检测程序、检测结果的评定、质量等级、记录与报告。

本标准适用于超声波(纵波或横波)脉冲反射法(接触法或液浸法)检测直径(厚度)12 mm～250 mm的锻轧钢棒,其他锻轧棒材也可参考使用。

本标准不适用于奥氏体粗晶钢棒。

2 规范性引用文件

下列文件中的条款通过本标准的引用而成为本标准的条款。凡是注日期的引用文件,其随后所有的修改单(不包括勘误的内容)或修订版均不适用于本标准,然而,鼓励根据本标准达成协议的各方研究是否可使用这些文件的最新版本。凡是不注日期的引用文件,其最新版本适用于本标准。

GB/T 9445 无损检测 人员资格鉴定与认证

GB/T 12604.1 无损检测 术语 超声检测

GB/T 18694 无损检测 超声检验 探头及其声场的表征

GB/T 18852 无损检测 超声检验 测量接触探头声束特性的参考试块和方法

JB/T 10061 A型脉冲反射式超声波探伤仪通用技术条件

3 术语和定义

GB/T 12604.1确立的术语和定义适用于本标准。

4 要求

4.1 规定

当按本标准进行超声检测时,供需双方应在合同或相关文件中指定超声波的类型、质量等级等。

4.2 人员资格

执行本标准的人员应按GB/T 9445或相应的标准进行培训,并取得资格证书。凡签发检测报告者,应取得超声Ⅱ级或Ⅱ级以上技术资格证书。

4.3 耦合剂

4.3.1 液浸法

可使用水,水中应无气泡和影响超声检测的外来物质。为防腐蚀和减少钢棒和探头上形成气泡,可添加适当的防腐剂和润滑剂。

4.3.2 接触法

可使用水、油、脂、水溶性凝胶等,耦合剂的粘度和表面润湿性应足以保证超声能量很好地传入钢棒。

4.4 对比试块

4.4.1 应采用声学性能与被检钢棒相同或相近的材料。

4.4.2 应预先用超声检测方法在较高灵敏度的情况下仔细检查对比试块用材,不得有影响使用的回波存在。

4.4.3 纵波检测直径不大于200 mm时,可使用表1、图1所示的相近规格的对比试块;检测直径

200 mm 以上时可用平面试块。

4.4.4 对比试块当量平底孔的直径应与表 4 所规定的当量平底孔直径相一致。

表 1 纵波检测对比试块尺寸表

单位为毫米

R	A	B	C	D	E	F
100	50	100	150	11	38	38
90	45	90	134	11	38	38
75	38	75	115	11	25	38
65	33	65	98	11	25	38
50	25	50	77	11	25	38
38	20	38	59	11	25	38
32	16	32	48	11	25	38
25	13	25	39	11	25	38
20	10	20	30	8	25	25
13	7	13	20	5	25	25
注：每块试块可分割成三个单独的试块，一根为 C 尺寸；一根为 B 尺寸；一根为 A 尺寸。其余尺寸均按图 1 和表中所示。						

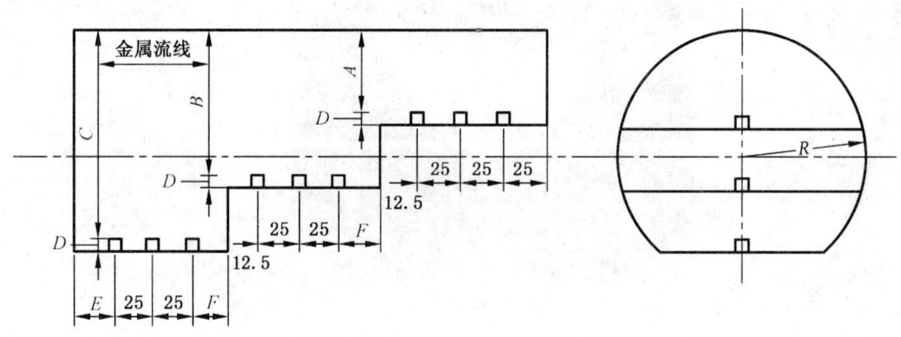

注：平底孔的数量和直径按质量等级进行选择。图示尺寸单位为毫米。

图 1 纵波直声束检测的对比试块示意图

4.4.5 横波检测用对比试块，如表 2、图 2 所示。

4.4.6 当对比试块与被检钢棒之间由于表面粗糙度、曲率或衰减等原因引起超声能量传输的差异时，应进行适当的能量传输补偿。

表 2 质量等级与横孔对比试块尺寸参照表

单位为毫米

质量等级	孔径/孔深	
	单个的不连续	多个的不连续
A	0.5/12.7	0.5/6.4
B	1.2/25.4	0.5/12.7
C	1.2/25.4	不适用

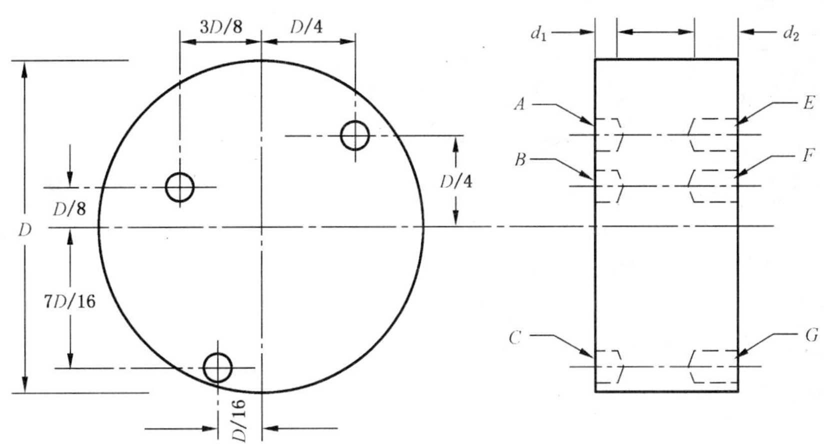

注：A、B、C、d_1：多个不连续的横孔及孔深；

E、F、G、d_2：单个不连续的横孔及孔深。

图 2 横波检测的对比试块示意图

4.5 探伤仪器和设备

4.5.1 探伤仪器

4.5.1.1 性能测试方法与要求

超声波探伤仪性能按 JB/T 10061 的方法进行测试，其指标应满足以下要求：

——垂直线性应≤5%；

——水平线性应≤2%；

——动态范围≤30 dB；

——灵敏度余量≥42 dB；

——衰减精度 12 dB±1.0 dB。

4.5.1.2 报警器

可使用光和/或音响的报警器。报警的触发应在可调整的时间基线上收到的超声信号幅度来控制。而超声信号的幅度是可调的。

4.5.1.3 稳压器

当信号幅度调整到满幅度的 5% 时，如果线路电压的波动引起信号幅度变化超过满幅度的 ±2.5%，则应使用稳压器。

4.5.2 探头

4.5.2.1 探头频率的选择应能满足穿透被检钢棒的能力和分辨力的需求，一般可取 2 MHz～10 MHz；探头晶片直径（边长）为 10 mm～28 mm；液浸探头也可采用聚焦的方式。若能满足检测要求，也可使用其他形式的探头。

4.5.2.2 采用液浸检测时，探头的角度控制器和机械控制装置应便于调整。

4.5.2.3 探头的参数可按 GB/T 18694、GB/T 18852 方法进行测试。

4.5.3 液浸槽（箱）及探头调节器

4.5.3.1 用于液浸法检测的液槽（箱）的尺寸应合理，并保证能浸没所检部位。

4.5.3.2 探头调节器应在两个相互垂直的平面内角度和水程可调。检测时，应保证探头角度和水层稳定可靠。

4.5.3.3 当采用超声 C 扫描显示时，水槽的桥架和导轨、角度调整及扫描的控制都应有足够的精度。

5 检测方法和检测程序

5.1 检测方法

5.1.1 直径≤80 mm 的钢棒，可采用液浸聚焦探头或联合双探头进行检测。

5.1.2 直径>80 mm 的钢棒，可采用接触法或以液浸法进行检测。

5.1.3 采用横波检测应在合同中注明。

5.2 检测程序

5.2.1 核对被检钢棒炉号、锻(轧)号、数量等；了解相关的技术要求。

5.2.2 被检钢棒的表面应无影响耦合的氧化皮、污物、油漆以及凹坑等缺陷。如有上述情况，应使用适当的方法清除或进行机加工，以满足检测要求。

5.2.3 扫查应在钢棒表面进行 100%扫查。当信噪比不满足要求时，可分区检测或采用距离振幅补偿。

5.2.4 液浸法检测时，水程调整使来自被检钢棒的第二次界面波不出现在钢棒的第一次底波之前。在灵敏度设定、扫描及评定时，其水程的差距不应超过±3 mm。纵波检测时，调整探头与工件的垂直度，使界面的反射信号最大。

5.2.5 调整仪器和设备，使对比试块上的最大声程孔及最小声程孔的回波高度均不低于荧光屏满幅度的 80%，以此为检测灵敏度。(接触法检测直径或厚度大于 3 m 的钢棒时，可采用底波法进行灵敏度调整。)

5.2.6 横波检测时，应使斜角探头在工件中产生 35°～70°的横波，并使来自对比试块上的各参考反射体的回波均不低于荧光屏满幅度的 80%。

5.2.7 报警水平应按相应质量等级的多个不连续的平底孔尺寸的反射幅度进行设置，报警的触发水平应为检测灵敏度的 50%。对于 C、D 级则按单个不连续尺寸的反射幅度设定。

5.2.8 扫查间距不得超过探头有效声束宽度的 50%～80%。

5.2.9 扫查速度不应超过某一最大值。用此最大值扫查时，对比试块中任何埋藏深度的平底孔回波均能被发现。

5.2.10 在检测结束时，需核对其灵敏度。在连续检测时，每隔 2 h 也应核对灵敏度变化情况。发现异常，应重新校准灵敏度，校准后再进行复检。

6 检测结果的评定

6.1 反射信号的记录

根据质量等级所指定的最高灵敏度在扫查过程中，凡大于或等于该灵敏度水平的反射信号均应记录。记录可为坐标图或 C 扫描图，以表明反射信号的位置及大小。

6.2 底波损失的评定

用直声束在较低的增益下进行底波测定，与正常部位底波相比，底波损失 50%以上，又不是表面状态或不平行度引起的为不合格。

6.3 噪声的评定

超过报警水平的噪声为不合格。对于钛合金报警水平可设置为刚好超过噪声水平，但不应超过检测灵敏度的 70%。

6.4 不连续的评定

6.4.1 纵波

6.4.1.1 单个的不连续

用埋藏深度相近的表 4 所规定的平底孔回波与不连续的回波相比较，超过表 4 规定的不连续为不合格。

6.4.1.2 **多个的不连续**

移动探头找出每个不连续的最大回波，测出多个不连续的间距，任何两个不连续间的距离小于表4规定时为不合格。

6.4.1.3 **长条形的不连续**

按下述方法测其长度，若长度超过表4规定时为不合格。

a) 在长条形的不连续埋藏深度相近的平底孔试块上，使来自平底孔的反射波达到最大，调整仪器使其为满幅度，沿孔径两个相反方向移动探头，获取波高为10%时平底孔的长度为L_1。

b) 在仪器调整不变的情况下，将探头放在长条形的不连续上，记下该长条形不连续的两端在波高为10%时的距离L_2。

c) L_2-L_1 为该不连续的长度。

6.4.2 **横波**

当合同注明需要横波检测钢棒的不连续时，评定用的试块如图2所示，评定方法与纵波不连续评定相同。

横孔与平底孔之间的关系见表3。

表3 横孔与平底孔之间的关系

单位为毫米

可被横孔取代的平底孔直径	横孔尺寸	
	横孔直径	横孔孔深
1.2	0.5	6.4
2.0	0.5	12.7
3.2	1.2	25.4

7 质量等级

7.1 被检钢棒交货质量等级按相应的技术标准或双方协议执行。

7.2 超声检测的质量等级见表4，横波检测只适用于A、B、C三级。

8 记录与报告

8.1 钢棒检测后发现的不连续位置、当量尺寸、不连续间距、不连续长度和底波损失、噪声情况，以及评定的结果都应记录。

8.2 超声检测报告应包括下列内容：规格、牌号、炉批号、检测方法、检测设备、检测仪器、探头参数、对比试块、所执行的超声检测标准号、质量等级、合格及不合格的数量、签发报告者、日期等。

表4 质量等级

单位为毫米

质量等级	单个的不连续平底孔直径	多个的不连续		长条形的不连续		底波损失	噪声
		平底孔直径	间距	平底孔直径	长度		
AAA	0.8	0.4	25	0.4	3.2	50%	报警水平
AA	1.2	0.8	25	0.8	13	50%	
A	2.0	1.2	25	1.2	25	50%	
B	3.2	2.0	25	2.0	25	50%	
C	3.2	不适用				50%	
D	4.0	不适用					

ICS 77.160
H 72

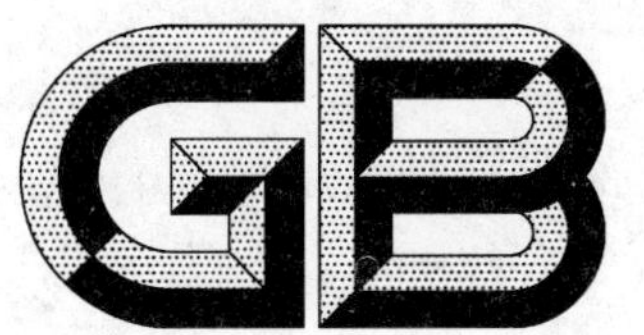

中华人民共和国国家标准

GB/T 4164—2008/ISO 4491-3:1997
代替 GB/T 4164—2002

金属粉末中可被氢还原氧含量的测定

Metallic powders—Determination of hydrogen reducible oxygen content

(ISO 4491-3:1997,IDT)

2008-08-11 发布　　2009-02-01 实施

中华人民共和国国家质量监督检验检疫总局
中国国家标准化管理委员会　发布

前　言

本标准等同采用 ISO 4491-3:1997《金属粉末　还原法测定氧含量　第 3 部分:可被氢还原氧》(英文版)。

本标准与 ISO 4491-3:1997 的主要变化如下:

——删掉了原国际标准的引言部分,并作了少量编辑性修改;

——对第 9 章中表 3 数值的表示方法作了调整。

本标准是对 GB/T 4164—2002《金属粉末中可被氢还原氧含量的测定》的修订。修订时,主要变化如下:

——对前版标准表述不确切的地方及错别字进行了修改;

——增加了标准中表的标题;

——将 7.5.1 中"这是在 7.3.4 中的调整之后进行的"改为"如果用电测终点,则应按 7.3.4 预先调节检定仪";

——将 8.1 中"卡尔·菲休试验剂"改为"卡尔·菲休试剂"。

本标准自实施之日起代替 GB/T 4164—2002。

本标准由中国机械工业联合会提出并归口。

本标准起草单位:北京市粉末冶金研究所有限责任公司。

本标准主要起草人:薄雅贤、尹凤霞、贾桂珍。

本标准所代替标准的历次版本发布情况为:

——GB/T 4164—1984、GB/T 4164—2002。

金属粉末中可被氢还原氧含量的测定

1 范围

本标准说明了氧含量(质量分数)在0.05%~3%的金属粉末中可被氢还原氧的测定方法。

本方法适用于非合金化、部分合金化和完全合金化的金属粉末,也适用于碳化物和粘结金属的混合物。它不适用于含有润滑剂或者有机粘结剂的粉末。

通过使用专用催化装置,本方法可以扩大到用于测量含碳的粉末。

ISO 4491应与ISO 760和ISO 4491-1一同阅读。

2 规范性引用文件

下列文件中的条款通过本标准的引用而成为本标准的条款。凡是注日期的引用文件,其随后所有的修改单(不包括勘误的内容)或修订版均不适用于本标准,然而,鼓励根据本标准达成协议的各方研究是否可使用这些文件的最新版本。凡是不注日期的引用文件,其最新版本适用于本标准。

ISO 760:1978 水的确定 卡尔·菲休方法(通用方法)

ISO 4491-1:1989 金属粉末 用还原法确定氧含量 第1部分:总则

3 原理

试样在干燥的氮气或氩气中于低温(170 ℃)干燥。

在给定温度下于纯净干燥氢气流中对试样加热。氧化物与氢发生反应,所生成的水被甲醇吸收。用卡尔·菲休试剂滴定,通过视觉观察颜色的变化或用双电极电测量方法(死停点)来确定终点。

对于含碳的粉末,由镍触媒在380 ℃将生成的一氧化碳和二氧化碳转化成甲烷和水。

4 试剂

在分析过程中,只能用已确认的分析纯试剂,所用水为蒸馏水或同等纯度的水。

警告:卡尔·菲休试剂含有4种有毒化合物:碘、二氧化硫、吡啶和甲醇,要避免直接接触,特别是避免吸入。意外溢出时,用大量水冲洗。

4.1 无水甲醇。

4.2 卡尔·菲休试剂,每毫升溶液相当于1 mg氧。

用下列任一种方法可以测定卡尔·菲休试剂的滴定度:

a) 向滴定瓶中加入20 mg~30 mg水,精确至0.1 mg;

b) 加入100 mg~200 mg的磨成粉末并在105 ℃±5 ℃下干燥成质量稳定的酒石酸钠[合格的材料为理论上含(质量分数)15.16%的水,相当于(质量分数)13.92%的氧]。精确至0.1 mg。

c) 按第7章所示方法,取100 mg~200 mg纯的酒石酸钠,称重精确至0.1 mg,作为标准样品,必须在170 ℃下加热使其释放所含结晶水,随后滴定所生成之水。

详细标准过程见ISO 760。

4.3 氢气:含氧量不超过0.005%(质量分数),露点不大于-45 ℃。

4.4 氮气或氩气:含氧量不超过0.005%(质量分数),露点不大于-45 ℃。

4.5 干燥剂:粒状无水硅酸铝钠,活化硅胶或高氯酸镁。

5 仪器

注:可选用的仪器安装方法分别见图1(方法1)和图2(方法2)。

5.1　氢气源(A),装有压力调节阀、流量控制阀及流量计。

5.2　净化器(B),用于净化氢气,包括一个触媒脱氧器和一个干燥器。

5.3　氮气或氩气源(C),装有压力调节阀、流量控制阀及流量计。

5.4　气体选择阀(D)。

5.5　气体干燥装置(E),包括干燥剂(4.5)。

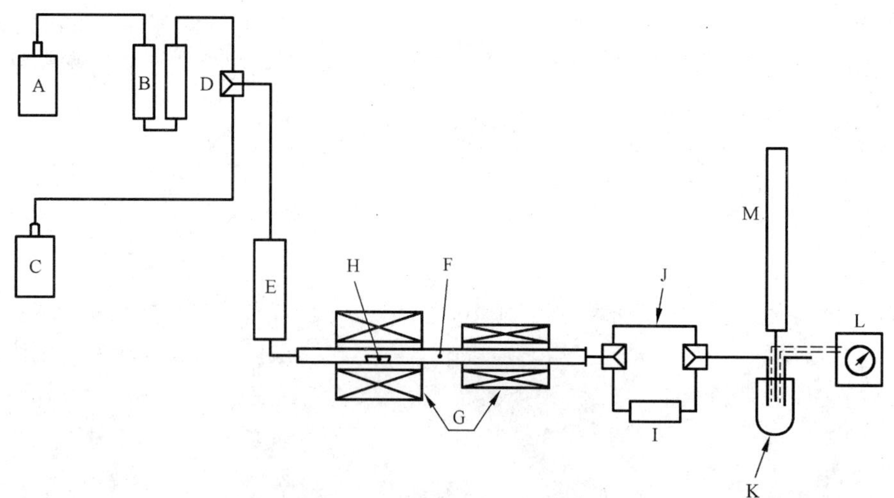

A——氢气源(5.1);
B——净化器(5.2);
C——氮气(或氩气)源(5.3);
D——气体选择阀(5.4);
E——气体干燥装置(5.5);
F——还原管(5.6);
G——炉子(5.7);
H——舟(5.8);
I——镍触媒转化装置(5.9);
J——直通管(5.10);
K——滴定瓶(5.11);
L——终点检定仪(5.12);
M——滴定管(5.13)。

图1　用于方法1的仪器布置方式

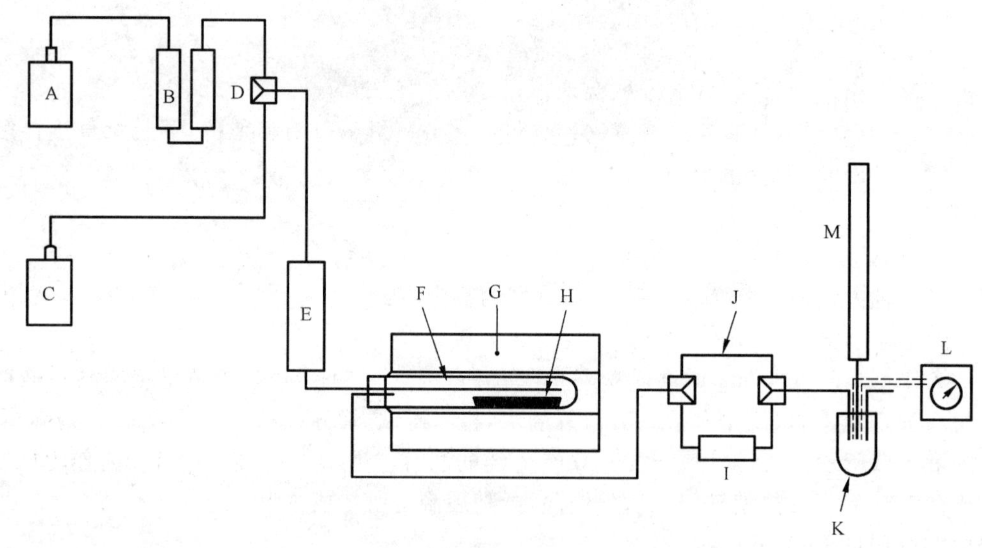

A——氢气源(5.1);
B——净化器(5.2);
C——氮气(或氩气)源(5.3);
D——气体选择阀(5.4);
E——气体干燥装置(5.5);
F——还原管(5.6);
G——炉子(5.7);
H——舟(5.8);
I——镍触媒转化装置(5.9);
J——直通管(5.10);
K——滴定瓶(5.11);
L——终点检定仪(5.12);
M——滴定管(5.13)。

图2　用于方法2的仪器布置方式

5.6 还原管(F),由气密性好的石英或耐火材料(如致密的氧化铝)制成,应满足下列技术标准系列之一:

a) 内径 27 mm～30 mm,长为 400 mm 的一端封闭的管,另外包括直径 5 mm～6 mm,长度分别为 60 mm～80 mm 和 200 mm～240 mm 的两根小石英管,如图 3 所示。将这种装置插入干燥炉内,然后再插入还原炉内。

b) 内径约 20 mm,长 1 m,以及有一个进气口和一个出气口的两端不封闭的管。该管应永久地插入在这两个炉内。

5.7 炉子(G),其一用于标准样品脱水,另一用于氧的还原,利用温度控制系统,能使放置舟(5.8)的部位的温度保持在规定的温度范围内。

5.8 舟(H),舟的材质最好是高氧化铝陶瓷,并带有抛光表面,大小应以试样装填量不超过其一半为宜,在使用前必须于 900 ℃～1 100 ℃的氢气中焙烧至少 1 h,使用前储存在干燥器中。

5.9 触媒转化装置(I),由装镍触媒的玻璃管和带有能使玻璃管内保持 380 ℃的控制系统的炉子组成。该触媒应置于氢气中。

5.10 直通管(J),当不需触媒转化装置(5.9)时使用,其功能是使空气无法接触镍触媒。

5.11 滴定瓶(K),容量 200 mL～300 mL,装有磁力搅拌器或类似装置,如果使用的是电子自动检测终点方法,还应装有两个铂金电极。

5.12 终点检定仪(L),用于电子自动检测的情形(见图 4)。

5.13 滴定管(M),容量为 25 mL,刻度精确到 0.05 mL,装有 4.5 规定中的任一种干燥剂的防护管,以防止大气中的水分。

只要满足 ISO 760 的操作要求,5.11、5.12 以及 5.13 中所述的设备可以改动,市售的可用的卡尔·菲休滴定装置都可以使用。

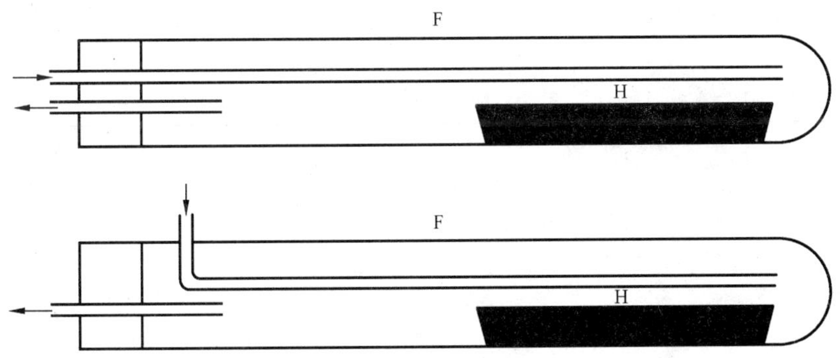

F——还原管(5.6);

H——舟(5.8)。

图 3 还原管实例

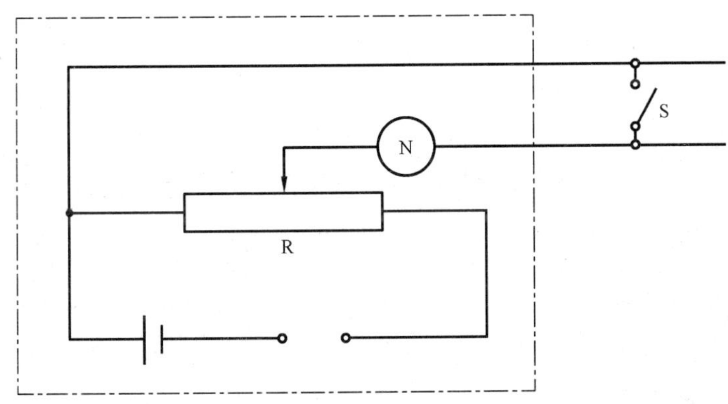

图 4 电测终点检定仪的线路简图(见 7.3.4)

6 试样

粉末应当在标准状态下测试。

7 步骤

7.1 试料

称重,按预计的可被氢还原氧含量称取试料量于表1,精确至0.1 mg。

表1 试料用量

预计可被氢还原氧含量(质量分数)/%	试料质量/g
0.05～0.5	5
0.5～2.0	2
2.0～3.0	1

7.2 试验条件

使用的还原温度见表2。

在下列温度下的还原时间约20 min,对每一种仪器和每一种粉末,使其完全还原的最佳保温时间应由试验确定。

表2 还原温度

金属粉末	还原温度/℃
锡青铜	750±15
铅青铜	600±10
铜铅	600±10
铅	500±10
锡	425±10
银	550±10
铜	850±15
铁和钢	1 100±20
钴	1 000±20
镍	1 000±20
钨	1 000±20
钼	1 100±20
铼	1 150±20
硬质合金混合料	1 000±20

7.3 仪器设备

7.3.1 将仪器按图1所示方法1或图2所示方法2布置。将还原炉(见5.7)温度调至还原温度。按方法1布置时,还应将还原管[5.6a)]放至炉外。

7.3.2 用卡尔·菲休试剂(4.2)冲洗滴定管(5.13)以确保不存在能改变试剂滴定度的水分,排除冲洗液,在滴定管中放入卡尔·菲休试剂。

7.3.3 将甲醇(4.1)加入滴定瓶(5.11),小心调整液面,液面在进气口以上(如用电极,液面应在电极以上)。起动磁力搅拌器,用卡尔·菲休试剂滴定至可见终点,以中和甲醇中的微量水。

7.3.4 如使用电测终点检测(见图4),接通电测终点检定仪(5.12)的开关S,使电极短路,并调节可变电阻器R,使微安计N上通过120 μA电流,断开开关S。

7.3.5 对于两种方法,都要将氮气流量调节到至少30 L/h,通10 min。利用气体选择阀(5.4)将氮气换成氢气,重新调节流量至少 25 L/h。

按方法 1 操作时,需将还原管[5.6a)]插入还原炉中,放置 10 min。将气流由氢气改回氮气。抽出还原管并冷却至室温。

7.3.6 再一次滴定甲醇至可见终点。

7.3.7 用 7.4 规定的空白试验检查仪器的状态和气密性。

警告:当管子还是热的时候,除非已改回通氮气,否则不要停止通氢气。

7.4 空白试验

空白试验是使用一个空舟(5.8),按试验部分规定的程序进行每一步试验。

注:处于良好状态的仪器在 20 min 的加热周期中的空白试验,产生的氧约 1 mg,如结果较高或得到不同结果,则应检查仪器是否漏气。

7.5 测定

如有必要消除碳的影响,使用上述两种方法,都需要先将触媒转换器(5.9)预加热至 380 ℃±10 ℃进入工作状态,在放入舟前打开转换装置。

在测定结束时,应在氢气转换氮气之前,确保触媒转换器处在直通部位。

注:如需要知道试样中的水分,可以通过在干燥过程中消耗的卡尔·菲休试剂的体积来计算。

7.5.1 方法 1:终端密封还原管

打开还原管[5.6a)],将装有已称量过被测样品的舟放入其中,关闭管道,用干燥氮气以最少 30 L/h 的流速冲洗,以排除试样带入的空气。如过去尚未确定冲洗时间,可允许 10 min。

将甲醇滴定到可见终点,调整氮气流为 25 L/h,并将管子插入温度为 170 ℃±10 ℃的炉中。干燥结束时,用目测或电测终点检定仪将甲醇滴定到终点。如果用电测终点,则应按 7.3.4 预先调节检定仪。记录滴定管中卡尔·菲休试剂的体积和干燥时间。利用气体选择阀,将气体由氮气换成氢气,调整流速至 25 L/h,并将管子插入保温在还原温度的还原炉中,还原结束时,以上述同样的终点测定法将甲醇滴定至终点。读出并记录滴定体积 V_1,并记录时间,利用气体选择阀,将气流由氢气换成氮气,把管子从炉中拔出,将管子冷却至室温,如需要可用吹风机冷却,打开管子取出舟。

7.5.2 方法 2:终端开口还原管

应保证炉温设置正确,用干燥氮气冲洗,然后打开还原管[5.6b)],将含有试料的舟放入,用不锈钢钩将舟推入干燥区,用气密塞将管塞严。在干燥过程结束时,用卡尔·菲休试剂滴定甲醇。

将氮气转成氢气,将舟推入还原炉的高温区,在还原过程结束时,用卡尔·菲休试剂滴定,记录所消耗试剂体积 V_1。

将氢气转成氮气,将舟移入低温区,1 min 后将其从管内取出。

7.6 同样的检测至少进行两次。

8 试验结果的计算和表示

8.1 可被氢还原氧的含量以质量分数 $O_{还原}$ 表示,由式(1)计算:

$$O_{还原}(\%) = n\frac{V_1 - V_2}{m} \times 100 \qquad \cdots\cdots(1)$$

式中:

V_1——用于滴定试料的卡尔·菲休试剂体积,单位为毫升(mL);

V_2——用于空白试验的卡尔·菲休试剂体积,单位为毫升(mL);

m——试料的质量,单位为毫克(mg);

n——卡尔·菲休试剂对氧的滴定度,单位为毫克每毫升(mg/mL)。

8.2 试验结果的计算和表示见表 3。

表 3 试验结果

可被氢还原氧含量（质量分数）	试验结果计算精确至以下数值	两次测定之间的最大允差	结果表示精确至以下数值
$O_{还原}\leqslant 0.2\%$	0.01%	0.01%(绝对值)	0.01%
$0.2\%<O_{还原}\leqslant 0.5\%$	0.01%	平均值的 5%	0.02%
$0.5\%<O_{还原}\leqslant 1.0\%$	0.01%	平均值的 5%	0.05%
$O_{还原}>1.0\%$	0.01%	平均值的 5%	0.1%

9 试验报告

试验报告应包括以下内容：

a) 参照本标准；

b) 鉴定试样所需的一切细节；

c) 干燥时间及温度；

d) 还原时间及温度；

e) 是否使用触媒转换装置；

f) 所得结果；

g) 本标准中未规定的操作；

h) 可能影响结果的任何细节。

ICS 77.140.50
H 46

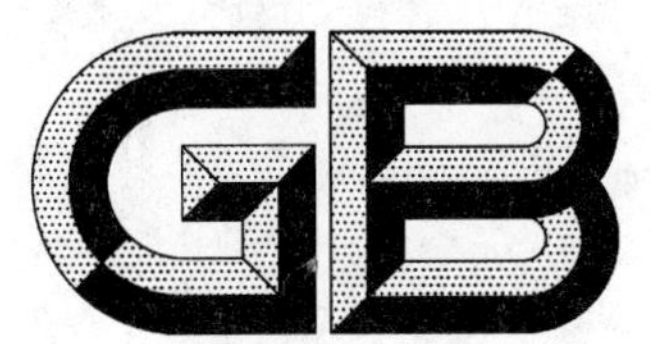

中华人民共和国国家标准

GB/T 4171—2008
代替 GB/T 4171、GB/T 4172—2000、GB/T 18982—2003

耐 候 结 构 钢

Atmospheric corrosion resisting structural steel

2008-10-10 发布 2009-05-01 实施

中华人民共和国国家质量监督检验检疫总局
中 国 国 家 标 准 化 管 理 委 员 会 发 布

前 言

本标准参考了 EN 10025-5:2004《结构钢热轧产品——第5部分:改善耐大气腐蚀性结构钢交货技术条件》、ISO 4952:2006《改善耐大气腐蚀性结构钢》、ISO 5952:2005《改善耐大气腐蚀性结构用热连轧钢板》、ASTM A242/A242M-04《高强度低合金结构钢》、ASTM A588/A588M-05《最小屈服点为50 ksi [345 MPa]高强度低合金耐大气腐蚀钢》、ASTM A606-04《耐大气腐蚀的高强度低合金热轧及冷轧钢板和钢带》、ASTM A871/A871M-03《耐大气腐蚀的高强度低合金钢板》、JIS G 3114:2004《焊接结构用耐候钢》和 JIS G 3125:2004《高耐候性轧制钢材》等,结合国内耐候钢的发展和应用情况,对 GB/T 4171—2000《高耐候结构钢》、GB/T 4172—2000《焊接结构用耐候钢》、GB/T 18982—2003《集装箱用耐腐蚀钢板及钢带》进行了整合修订。

本标准代替 GB/T 4171—2000《高耐候结构钢》、GB/T 4172—2000《焊接结构用耐候钢》和 GB/T 18982—2003《集装箱用耐腐蚀钢板及钢带》。

本标准与上述三个标准相比,对下列主要技术内容进行了修改:

——重新制定标准名称;

——重新制定钢牌号;

——重新制定各牌号的化学成分和力学性能;

——增加了关于评估耐大气腐蚀性相对大小的附录。

本标准的附录 A、附录 B、附录 C、附录 D 为资料性附录。

本标准由中国钢铁工业协会提出。

本标准由全国钢标准化技术委员会归口。

本标准主要起草单位:鞍钢股份有限公司、冶金工业信息标准研究院、广州珠江钢铁有限责任公司、首钢总公司、安阳钢铁集团有限责任公司。

本标准主要起草人:管吉春、朴志民、王晓虎、李烈军、李轲新、韦弦。

本标准所代替标准的历次版本发布情况为:

——GB/T 4171—84、GB/T 4171—2000;

——GB/T 4172—84、GB/T 4172—2000;

——GB/T 18982—2003。

耐候结构钢

1 范围

本标准规定了耐候结构钢的尺寸、外形、重量及允许偏差、技术要求、试验方法、检验规则、包装、标志及质量证明书。

本标准适用于车辆、桥梁、集装箱、建筑、塔架和其他结构用具有耐大气腐蚀性能的热轧和冷轧的钢板、钢带和型钢。耐候钢可制作螺栓连接、铆接和焊接的结构件。

2 规范性引用文件

下列文件中的条款通过本标准的引用而成为本标准的条款。凡是注日期的引用文件，其随后所有的修改单(不包括勘误的内容)或修订版均不适用于本标准，然而，鼓励根据本标准达成协议的各方研究是否可使用这些文件的最新版本。凡是不注日期的引用文件，其最新版本适用于本标准。

GB/T 222　钢的成品化学成分允许偏差

GB/T 223.3　钢铁及合金化学分析方法　二安替比林甲烷磷钼酸重量法测定磷量

GB/T 223.5　钢铁　酸溶硅和全硅含量的测定　还原型硅钼酸盐分光光度法

GB/T 223.9　钢铁及合金　铝含量的测定　铬天青S分光光度法

GB/T 223.11　钢铁及合金　铬含量的测定　可视滴定或电位滴定法

GB/T 223.14　钢铁及合金化学分析方法　钽试剂萃取光度法测定钒含量

GB/T 223.16　钢铁及合金化学分析方法　变色酸光度法测定钛量

GB/T 223.19　钢铁及合金化学分析方法　新亚铜灵-三氯甲烷萃取光度法测定铜量

GB/T 223.23　钢铁及合金　镍含量的测定　丁二酮肟分光光度法

GB/T 223.26　钢铁及合金　钼含量的测定　硫氰酸盐分光光度法

GB/T 223.30　钢铁及合金化学分析方法　对-溴苦杏仁酸沉淀分离-偶氮胂Ⅲ分光分度法测定锆量

GB/T 223.40　钢铁及合金　铌含量的测定　氯磺酚S分光光度法

GB/T 223.59　钢铁及合金　磷含量的测定　铋磷钼蓝分光光度法和锑磷钼蓝分光光度法

GB/T 223.60　钢铁及合金化学分析方法　高氯酸脱水重量法测定硅含量

GB/T 223.61　钢铁及合金化学分析方法　磷钼酸胺容量法测定磷量

GB/T 223.62　钢铁及合金化学分析方法　乙酸丁酯萃取光度法测定磷量

GB/T 223.63　钢铁及合金化学分析方法　高碘酸钠(钾)光度法测定锰量

GB/T 223.64　钢铁及合金　锰含量的测定　火焰原子吸收光谱法

GB/T 223.67　钢铁及合金　硫含量的测定　次甲基蓝分光光度法

GB/T 223.68　钢铁及合金化学分析方法　管式炉内燃烧后碘酸钾滴定法测定硫含量

GB/T 223.69　钢铁及合金　碳含量的测定　管式炉内燃烧后气体容量法

GB/T 223.71　钢铁及合金化学分析方法　管式炉内燃烧后重量法测定碳含量

GB/T 223.72　钢铁及合金　硫含量的测定　重量法

GB/T 223.76　钢铁及合金化学分析方法　火焰原子吸收光谱法测定钒量

GB/T 228　金属材料　室温拉伸试验方法(GB/T 228—2002,eqv ISO 6892:1998)

GB/T 229　金属材料　夏比摆锤冲击试验方法(GB/T 229—2007,ISO 148-1:2006,MOD)

GB/T 232　金属材料　弯曲试验方法(GB/T 232—1999,eqv ISO 7438:1985)

GB/T 247　钢板和钢带检验、包装、标志及质量证明书的一般规定

GB/T 708　冷轧钢板和钢带的尺寸、外形、重量及允许偏差

GB/T 709　热轧钢板和钢带的尺寸、外形、重量及允许偏差

GB/T 2101　型钢验收、包装、标志及质量证明书的一般规定

GB/T 2975　钢及钢产品力学性能试样取样位置及试样制备(GB/T 2975—1998,eqv ISO 377:1997)

GB/T 4336　碳素钢和中低合金钢火花源原子发射光谱分析方法(常规法)

GB/T 6394　金属平均晶粒度测定法

GB/T 10561　钢中非金属夹杂物含量的测定　标准评级图显微检验法(GB/T 10561—2005,ISO 4967:1998(E),IDT)

GB/T 17505　钢及钢产品一般交货技术要求(GB/T 17505—1998,eqv ISO 404:1992)

GB/T 20066　钢和铁　化学成分测定用试样的取样和制样方法(GB/T 20066—2006,ISO 14284:1996, IDT)

GB/T 20125　低合金钢　多元素含量的测定　电感耦合等离子体原子发射光谱法

YB/T 081　冶金技术标准的数值修约与检测数值的判定原则

3　术语和定义

本标准采用下列术语和定义:

3.1

耐候钢　atmospheric corrosion resisting steel

通过添加少量的合金元素如 Cu、P、Cr、Ni 等,使其在金属基体表面上形成保护层,以提高耐大气腐蚀性能的钢。

4　分类和代号

4.1　分类

各牌号的分类及用途见表 1。

表 1

类别	牌　号	生产方式	用　　途
高耐候钢	Q295GNH 、Q355GNH	热轧	车辆、集装箱、建筑、塔架或其他结构件等结构用,与焊接耐候钢相比,具有较好的耐大气腐蚀性能
	Q265GNH、Q310GNH	冷轧	
焊接耐候钢	Q235NH、Q295NH、Q355NH Q415NH、Q460NH、Q500NH Q550NH	热轧	车辆、桥梁、集装箱、建筑或其他结构件等结构用,与高耐候钢相比,具有较好的焊接性能

4.2　牌号表示方法

钢的牌号由“屈服强度”、“高耐候”或“耐候”的汉语拼音首位字母“Q”、“GNH”或“NH”、屈服强度的下限值以及质量等级(A、B、C、D、E)组成。

例如:Q355GNHC

Q——屈服强度中“屈”字汉语拼音的首位字母;

355——钢的下屈服强度的下限值,单位为 N/mm^2;

GNH——分别为“高”、“耐”和“候”字汉语拼音的首位字母;

C——质量等级。

5 订货内容

订货时用户需提供以下信息：

a) 本标准号；

b) 产品名称(钢板、钢带或型钢)；

c) 牌号；

d) 规格及尺寸外形允许偏差；

e) 交货状态；

f) 重量；

g) 其他要求。

6 尺寸、外形、重量及允许偏差

6.1 尺寸

不同牌号的供货尺寸范围见表2。经供需双方协商，可以供表2以外的规格。

表 2

单位为毫米

牌　号	厚度或直径	
	钢板和钢带	型　钢
Q235NH	≤100	≤100
Q295NH	≤100	≤100
Q295GNH	≤20	≤40
Q355NH	≤100	≤100
Q355GNH	≤20	≤40
Q415NH	≤60	—
Q460NH	≤60	—
Q500NH	≤60	—
Q550NH	≤60	—
Q265GNH	≤3.5	—
Q310GNH	≤3.5	—

6.2 尺寸允许偏差

6.2.1 热轧钢板和钢带的尺寸、外形、重量及允许偏差应符合GB/T 709的规定。

6.2.2 冷轧钢板和钢带的尺寸、外形、重量及允许偏差应符合GB/T 708的规定。

6.2.3 型钢的尺寸、外形、重量及允许偏差应符合有关产品标准的规定。

7 技术要求

7.1 钢的牌号和化学成分

7.1.1 钢的牌号和化学成分(熔炼分析)应符合表3的规定。

表 3

牌 号	化学成分(质量分数)/%								
	C	Si	Mn	P	S	Cu	Cr	Ni	其他元素
Q265GNH	≤0.12	0.10~0.40	0.20~0.50	0.07~0.12	≤0.020	0.20~0.45	0.30~0.65	0.25~0.50[e]	a,b
Q295GNH	≤0.12	0.10~0.40	0.20~0.50	0.07~0.12	≤0.020	0.25~0.45	0.30~0.65	0.25~0.50[e]	a,b
Q310GNH	≤0.12	0.25~0.75	0.20~0.50	0.07~0.12	≤0.020	0.20~0.50	0.30~1.25	≤0.65	a,b
Q355GNH	≤0.12	0.20~0.75	≤1.00	0.07~0.15	≤0.020	0.25~0.55	0.30~1.25	≤0.65	a,b
Q235NH	≤0.13[f]	0.10~0.40	0.20~0.60	≤0.030	≤0.030	0.25~0.55	0.40~0.80	≤0.65	a,b
Q295NH	≤0.15	0.10~0.50	0.30~1.00	≤0.030	≤0.030	0.25~0.55	0.40~0.80	≤0.65	a,b
Q355NH	≤0.16	≤0.50	0.50~1.50	≤0.030	≤0.030	0.25~0.55	0.40~0.80	≤0.65	a,b
Q415NH	≤0.12	≤0.65	≤1.10	≤0.025	≤0.030[d]	0.20~0.55	0.30~1.25	0.12~0.65[e]	a,b,c
Q460NH	≤0.12	≤0.65	≤1.50	≤0.025	≤0.030[d]	0.20~0.55	0.30~1.25	0.12~0.65[e]	a,b,c
Q500NH	≤0.12	≤0.65	≤2.0	≤0.025	≤0.030[d]	0.20~0.55	0.30~1.25	0.12~0.65[e]	a,b,c
Q550NH	≤0.16	≤0.65	≤2.0	≤0.025	≤0.030[d]	0.20~0.55	0.30~1.25	0.12~0.65[e]	a,b,c

[a] 为了改善钢的性能,可以添加一种或一种以上的微量合金元素:Nb 0.015%~0.060%,V 0.02%~0.12%,Ti 0.02%~0.10%,Alt ≥0.020%。若上述元素组合使用时,应至少保证其中一种元素含量达到上述化学成分的下限规定。

[b] 可以添加下列合金元素:Mo≤0.30%,Zr≤0.15%。

[c] Nb、V、Ti 等三种合金元素的添加总量不应超过 0.22%。

[d] 供需双方协商,S 的含量可以不大于 0.008%。

[e] 供需双方协商,Ni 含量的下限可不做要求。

[f] 供需双方协商,C 的含量可以不大于 0.15%。

7.1.2 成品钢材化学成分的允许偏差应符合 GB/T 222 的规定。

7.2 冶炼方法

钢采用转炉或电炉冶炼,且为镇静钢。除非需方有特殊要求,冶炼方法由供方选择。

7.3 交货状态

热轧钢材以热轧、控轧或正火状态交货,牌号为 Q460NH、Q500NH、Q550NH 的钢材可以淬火加回火状态交货,冷轧钢材一般以退火状态交货。

7.4 力学性能和工艺性能

7.4.1 钢材的力学性能和工艺性能应符合表 4 的规定。

表 4

牌号	拉伸试验[a]									180°弯曲试验 弯心直径		
	下屈服强度 R_{eL}/(N/mm²) 不小于				抗拉强度 R_m/(N/mm²)	断后伸长率 A/% 不小于						
	≤16	>16～40	>40～60	>60		≤16	>16～40	>40～60	>60	≤6	>6～16	>16
Q235NH	235	225	215	215	360～510	25	25	24	23	*a*	*a*	2*a*
Q295NH	295	285	275	255	430～560	24	24	23	22	*a*	2*a*	3*a*
Q295GNH	295	285	—	—	430～560	24	24	—	—	*a*	2*a*	3*a*
Q355NH	355	345	335	325	490～630	22	22	21	20	*a*	2*a*	3*a*
Q355GNH	355	345	—	—	490～630	22	22	—	—	*a*	2*a*	3*a*
Q415NH	415	405	395	—	520～680	22	22	20	—	*a*	2*a*	3*a*
Q460NH	460	450	440	—	570～730	20	20	19	—	*a*	2*a*	3*a*
Q500NH	500	490	480	—	600～760	18	16	15	—	*a*	2*a*	3*a*
Q550NH	550	540	530	—	620～780	16	16	15	—	*a*	2*a*	3*a*
Q265GNH	265	—	—	—	≥410	27	—	—	—	*a*	—	—
Q310GNH	310	—	—	—	≥450	26	—	—	—	*a*	—	—

注：*a* 为钢材厚度。

[a] 当屈服现象不明显时，可以采用 $R_{p0.2}$。

7.4.2 钢材的冲击性能应符合表 5 的规定。

表 5

质量等级	V 型缺口冲击试验[a]		
	试样方向	温度/℃	冲击吸收能量 KV_2/J
A	纵向	—	—
B		+20	≥47
C		0	≥34
D		−20	≥34
E		−40	≥27[b]

[a] 冲击试样尺寸为 10 mm×10 mm×55 mm。

[b] 经供需双方协商，平均冲击功值可以≥60 J。

7.4.2.1 经供需双方协商，高耐候钢可以不作冲击试验。

7.4.2.2 冲击试验结果按三个试样的平均值计算，允许其中一个试样的冲击吸收能量小于规定值，但不得低于规定值的 70%。

7.4.2.3 厚度不小于 6 mm 或直径不小于 12 mm 的钢材应做冲击试验。对于厚度≥6 mm～<12 mm 或直径≥12 mm～<16 mm 的钢材做冲击试验时，应采用 10 mm×5 mm×55 mm 或 10 mm×7.5 mm×55 mm 小尺寸试样，其试验结果应不小于表 5 规定值的 50%或 75%。应尽可能取较大尺寸的冲击试样。

7.5 其他要求

根据需方要求，经供需双方协商，并在合同中注明，可增加以下检验项目。

a) 晶粒度

钢材的晶粒度应不小于 7 级，晶粒度不均匀性应在三个相邻级别范围内。

b） 非金属夹杂物

钢材的非金属夹杂物应按 GB/T 10561 的 A 法进行检验，其结果应符合表 6 的规定。

表 6

A	B	C	D	DS
≤2.5	≤2.0	≤2.5	≤2.0	≤2.0

7.6 表面质量

7.6.1 钢材表面不得有裂纹、结疤、折叠、气泡、夹杂和分层等对使用有害的缺陷。如有上述缺陷，允许清除，清除的深度不得超过钢材厚度公差之半。清除处应圆滑无棱角。型钢表面缺陷不得横向铲除。

7.6.2 热轧钢材表面允许存在其他不影响使用的缺陷，但应保证钢材的最小厚度。

7.6.3 冷轧钢板和钢带表面允许有轻微的擦伤、氧化色、酸洗后浅黄色薄膜、折印、深度或高度不大于公差之半的局部麻点、划伤和压痕。

7.6.4 钢带允许带缺陷交货，但有缺陷的部分不得超过钢带总长度的 8%。

8 试验方法

8.1 钢材的外观应目视检查。

8.2 钢材的尺寸、外形应用合适的测量工具测量。

8.3 每批钢材的检验项目、试样数量、取样方法和试验方法应符合表 7 的规定。

表 7

序号	试验项目	试样数量	取样方法	试验方法
1	化学分析	1 个/炉	GB/T 20066	GB/T 223、GB/T 4336、GB/T 20125
2	拉伸试验	1 个/批	GB/T 2975	GB/T 228
3	弯曲试验	1 个/批	GB/T 2975	GB/T 232
4	冲击试验	1 组(3 个)/批	GB/T 2975	GB/T 229
5	晶粒度	1 个/批	GB/T 6394	GB/T 6394
6	非金属夹杂物	1 个/批	GB/T 10561	GB/T 10561

9 检验规则

9.1 组批规则

钢材应成批验收。每批由同一牌号、同一炉号、同一规格、同一轧制制度和同一交货状态的钢材组成；冷轧产品每批重量不得超过 30 t。

9.2 复验

9.2.1 如果冲击试验结果不符合规定时，应从同一取样产品上再取 3 个试样进行试验，先后 6 个试样的平均值应不小于表 5 的规定值，允许其中有 2 个试样低于规定值，但低于规定值 70% 的试样只允许有一个。

9.2.2 钢材的其他复验应符合 GB/T 17505 或 GB/T 2101 的规定。

9.3 数值修约

除非在合同或订单中另有规定，当需要评定试验结果是否符合规定值时，其修约方法应按 YB/T 081的规定进行。

10 包装、标志和质量证明书

钢材的包装、标志和质量证明书应符合 GB/T 247 或 GB/T 2101 的规定。

附　录　A
（资料性附录）
新旧牌号及相近牌号对照表

本标准的牌号与旧牌号及相近牌号对照见表 A.1。

表 A.1

GB/T 4171—2008	GB/T 4171—2000	GB/T 4172—2000	GB/T 18982—2003	TB/T 1979—2003
Q235NH	—	Q235NH	—	—
Q295NH	—	Q295NH	—	—
Q295GNH	Q295GNHL	—	—	09CuPCrNi-B
Q355NH	—	Q355NH	—	—
Q355GNH	Q345GNHL	—	—	09CuPCrNi-A
Q415NH	—	—	—	—
Q460NH	—	—	—	—
Q500NH	—	—	—	—
Q550NH	—	—	—	—
Q265GNH	Q295GNHL	—	—	09CuPCrNi-B
Q310GNH	—	—	Q310GNHLJ	09CuPCrNi-A

附 录 B
（资料性附录）
本标准牌号与国外相近牌号对照表

本标准的牌号与国外相近牌号对照见表 B.1。

表 B.1

GB/T 4171—2008	ISO 4952：2006	ISO 5952：2005	EN 10025-5：2004	JIS G 3114：2004	JIS G 3125：2004	ASTM			
						A242M-04	A588M-05	A606-04	A871M-03
Q235NH	S235W	HSA235W	S235J0W S235J2W	SMA400AW SMA400BW SMA400CW	—	—	—	—	—
Q295NH	—	—	—	—	—	—	—	—	—
Q295GNH	—	—	—	—	—	—	—	—	—
Q355NH	S355W	HSA355W2	S355J0W S355J2W S355K2W	SMA490AW SMA490BW SMA490CW	—	—	Grade K	—	—
Q355GNH	S355WP	HSA355W1	S355J0WP S355J2WP	—	SPA-H	Type1	—	—	—
Q415NH	S415W	—	—	—	—	—	—	—	60
Q460NH	S460W	—	—	SMA570W SMA570P	—	—	—	—	65
Q500NH	—	—	—	—	—	—	—	—	—
Q550NH	—	—	—	—	—	—	—	—	—
Q265GNH	—	—	—	—	—	—	—	—	—
Q310GNH	—	—	—	—	SPA-C		—	Type4	—

注 1：本表只是钢级的对照，未包括牌号的质量等级。

注 2：A242M、A588M、A606 等标准中只规定一个钢级，没有牌号，但有多个化学成分与其对应，本表只列出与本标准相似的化学成分的代号。

附 录 C
（资料性附录）
改善耐大气腐蚀性能钢材的附加信息

自保护氧化层的耐腐蚀的效果与其组成成分以及钢中合金元素及其化合物的作用有关。耐大气腐蚀性能取决于基板的自动保护氧化层的形成过程中干湿交替的气候条件。所提供的保护作用与环境以及主要是在结构中的部位等其他条件有关。

在结构件的设计及生产过程中，对于表面自动保护氧化层的形成及再生应作出规定。对于设计者来说，在计算过程中考虑裸露钢材的腐蚀，或者是提高产品的厚度对浸蚀进行补偿。

在空气中含有某些特殊的化学物质或者结构件长时间与水接触、或一直裸露在潮湿的空气中、或在海洋性气候中使用时，建议采用常规表面保护。在涂漆前需去除产品表面的氧化铁皮。在相同条件下，涂漆后耐大气腐蚀钢的腐蚀敏感程度小于一般的结构钢。

非暴露结构件的表面与制造过程有关，需保持通风。否则需进行适当的表面保护。保护程度与最敏感的气候条件和结构件在腐蚀过程中的有效期有关。因此，就不同的用途选用何种合适的产品这一问题，使用方应与制造方进行协商。

附 录 D
（资料性附录）
评估低合金钢的耐大气腐蚀性指南

本附录译自 ISO 5952:2005 的附录 A，与此相关的详细内容可以参见 ASTM G101。参照此附录，可以对各牌号耐腐蚀性的相对大小进行评估。在 ASTM 相关标准中，钢材具有较好的耐大气腐蚀性能时，要求其按本附录计算出的耐腐蚀性指数应为 6.0 或 6.0 以上。

D.1 范围

本附录提供通过化学成分对低合金钢的耐大气腐蚀性进行评估的一种方法。

本方法利用基于钢的化学成分的预测公式计算钢的耐腐蚀性指数。

由于世界上有多种耐腐蚀性指数正在使用，因此当选择一种指数时，考虑到不同的使用环境和钢的化学成分是必要的。基于使用环境和钢的化学成分的不同，任何指数都可能不适用，因此，由供需双方共同来确定使用那种指数以及在预计的使用环境中该指数的大小是必要的。

D.2 术语

低合金钢是含有合金元素总量大于 1%但小于 5%的碳钢。

注：大多数“低合金耐候钢”含有添加的 Cr 和 Cu 元素，也可能含有添加的 Si、Ni、P 或其他的能增加耐大气腐蚀性能的合金元素。

D.3 方法

D.3.1 Legault 和 Leckie 公布了基于钢的化学成分来预测暴露于不同大气环境下 15.5 年后的低合金钢的腐蚀情况的公式。该公式是以 Larrabee 和 Coburn 公布的大量数据为基础的。

D.3.2 为了使用，工业环境（Kearny，N.J.）下的 Legault-Leckie 公式被修改以便能计算基于化学成分的耐大气腐蚀性指数。这些修改包括常量的删除和公式中变量符号的变动。修改后的耐大气腐蚀性指数（I）计算公式如下。指数越大，钢的耐腐蚀性能越好。

$$I=26.01(\%Cu)+3.88(\%Ni)+1.20(\%Cr)+1.49(\%Si)+17.28(\%P)-7.29(\%Cu)(\%Ni)-9.10(\%Ni)(\%P)-33.39(\%Cu)^2$$

D.3.3 预测公式应使用在钢的化学成分满足 Larrabee—Coburn 试验时的化学成分范围的情况下。这些化学成分范围如下：

Cu 0.012%～0.51%

Ni 0.05%～1.1%

Cr 0.10%～1.3%

Si 0.10%～0.64%

P 0.01%～0.12%

D.3.4 最小允许耐大气腐蚀性指数应由制造商（供应商）和购买商双方协议确定。

ICS 13.100
C 71

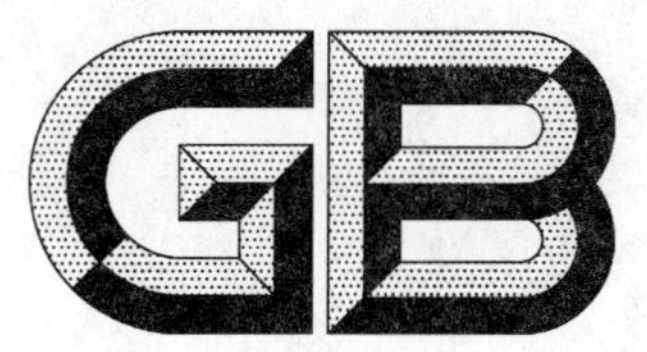

中华人民共和国国家标准

GB/T 4200—2008
代替 GB/T 4200—1997 和 GB 935—1989

高温作业分级

Classified standard of working in the hot environment

2008-10-30 发布　　　　2009-06-01 实施

中华人民共和国国家质量监督检验检疫总局
中国国家标准化管理委员会　发布

前　言

本标准对国家标准 GB/T 4200—1997《高温作业分级》和 GB 935—1989《高温作业允许持续接触热时间限值》进行了修订，并把两个标准合并为一，使标准更具有可操作性和符合实际情况。本标准代替 GB/T 4200—1997 和 GB 935—1989。

本标准与 GB/T 4200—1997 和 GB 935—1989 相比，主要变化有：

——按照 GB/T 1.1 的要求重新起草了标准文本，增加了规范性引用文件。

——规范了 WBGT 指数的表示方法。

——取消了原标准中定向辐射热的修正系数。

——规定了各地区调整劳动期限参考气候学的标准。

——对原《高温作业允许持续接触热时间限值》标准附录 A 中的劳动强度的确定进行了重新规定。

——取消了原《高温作业允许持续接触热时间限值》标准中的附录 B 和附录 C。

本标准的附录 A、附录 B、附录 C 为规范性附录。

本标准由国家安全生产监督管理总局提出。

本标准由全国安全生产标准化技术委员会归口。

本标准起草单位：北京市预防医学研究中心。

本标准主要起草人：郑河新、白韶英、林英、吴丹、朱瑞。

本标准所代替标准的历次版本发布情况为：

——GB/T 4200—1983；GB/T 4200—1997；

——GB 935—1989。

高 温 作 业 分 级

1 范围

本标准规定了高温作业环境热强度大小的分级和高温作业人员允许持续接触热时间与休息时间限值。

本标准适用于对高温作业实施职业安全卫生分级管理。允许持续接触热时间限值适用于一般室内高温作业。

2 规范性引用文件

下列文件中的条款通过本标准的引用而成为本标准的条款。凡是注日期的引用文件，其随后所有的修改单(不包括勘误的内容)或修订版均不适用于本标准，然而，鼓励根据本标准达成协议的各方研究是否可使用这些文件的最新版本。凡是不注日期的引用文件，其最新版本适用于本标准。

GB/T 8170—1987 数值修约规则

GB 3869 体力劳动强度分级

3 术语及定义

下列术语和定义适用于本标准。

3.1

生产性热源 productive hot source

在生产过程中能够产生和散发热量的生产设备、产品或工件等。

3.2

工作场所 workplace

劳动者进行职业活动的所有地点。

3.3

工作地点 work site

作业人员进行生产操作或为了观察生产情况需要经常或定期停留的地点。若因生产劳动需要，作业人员在车间内不同地点进行操作，则整个车间可称为工作地点。

3.4

WBGT 指数 WBGT-index

WBGT 指数亦称为湿球黑球温度，是综合评价人体接触作业环境热负荷的一个基本参量，单位为℃。

3.5

高温作业 work in hot environment

在生产劳动过程中，其工作地点平均 WBGT 指数等于或大于 25 ℃的作业。

3.6

接触高温作业时间 the working time exposed in hot environment

作业人员在一个工作日(8 h)内实际接触高温作业的累计时间(min)。

3.7

允许持续接触热时间 allowable continuous heat exposure time，ACHET

指允许工人在热环境中连续工作的时间。

3.8

必要休息时间 necessary rest time,NRT

持续接触热环境后保证生理功能得到恢复所必须的休息时间。

3.9

工作地点温度 temperature of work site

在一个工作班内,工作地点距地面 1.5 m 高处测得的最高气温,单位为℃。

3.10

室内外温差 the difference between indoor and outdoor temperature

对工作地点和室外温度进行实际测定后计算出来的差值。

4 高温作业分级

4.1 按照工作地点 WBGT 指数和接触高温作业的时间将高温作业分为四级,级别越高表示热强度越大,见表 1。

表 1 高温作业分级

接触高温作业时间/min	WBGT 指数/℃									
	25-26	27-28	29-30	31-32	33-34	35-36	37-38	39-40	41-42	≥43
≤120	Ⅰ	Ⅰ	Ⅰ	Ⅰ	Ⅱ	Ⅱ	Ⅱ	Ⅲ	Ⅲ	Ⅲ
≥121	Ⅰ	Ⅰ	Ⅱ	Ⅱ	Ⅲ	Ⅲ	Ⅳ	Ⅳ	—	—
≥241	Ⅱ	Ⅱ	Ⅲ	Ⅲ	Ⅳ	Ⅳ	—	—	—	—
≥361	Ⅲ	Ⅲ	Ⅳ	Ⅳ	—	—	—	—	—	—

4.2 WBGT 指数按照 GB/T 8170—1987 数值修约规则保留到个位。

5 高温作业允许持续接触热时间限值

已经确定为高温作业的工作地点,为便于用人单位管理和实际操作,提高劳动生产率,采用工作地点温度规定高温作业允许持续接触热时间限值。

5.1 在不同工作地点温度、不同劳动强度条件下允许持续接触热时间不宜超过表 1 所列数值。

表 2 高温作业允许持续接触热时间限值

单位为分钟

工作地点温度/℃	轻劳动	中等劳动	重劳动
30～32	80	70	60
＞32	70	60	50
＞34	60	50	40
＞36	50	40	30
＞38	40	30	20
＞40	30	20	15
＞42～44	20	10	10
注:轻劳动为Ⅰ级,中等劳动为Ⅱ级,重劳动为Ⅲ级和Ⅳ级。			

5.2 持续接触热后必要休息时间不得少于 15 min。休息时应脱离高温作业环境。

5.3 凡高温作业工作地点空气湿度大于 75%时,空气湿度每增加 10%,允许持续接触热时间相应降低一个档次,即采用高于工作地点温度 2 ℃的时间限值。

5.4 各地区调整劳动期限应参考当地气候学的标准,即候平均气温(五天为一候)低于 10 ℃为冬季,高于 22 ℃为夏季,介于两者之间为春秋。

附 录 A
（规范性附录）
WBGT 指数测量与计算方法

A.1 测量仪器与方法

A.1.1 测量仪器采用 WBGT 指数测定仪直接测量，或采用干球温度计、自然湿球温度计、黑球温度计，在同一地点分别测量计算。

A.1.2 自然湿球温度计的感温部分应为圆柱体，测量范围为 5 ℃～40 ℃；精度为±0.5 ℃。

A.1.3 黑球温度计的黑球直径为 150 mm 或 50 mm，为无光泽黑球，平均辐射系数为 0.95，铜球壁越薄越好。测量范围为 20 ℃～120 ℃，精度为±1 ℃。

A.1.4 干球温度计测量范围为 10 ℃～60 ℃；精度为±0.5 ℃，测量时应注意防止辐射热的影响。

A.1.5 干球、湿球和黑球温度测量时应采用三角支架将三个温度计悬挂起来，以便使环境空气不受限制流经球体感温部。

A.1.6 在测量湿球温度时，要在湿球温度计的感温部分裹上一层湿纱布条，纱布条要覆盖湿球温度计的整个感温球体。测量时由其自然蒸发（不能人为强迫通风），每 10 min 读记测量数值。应注意保持纱布条清洁、湿润，再次使用前要清洗干净。

黑球温度计达到稳定状态时，需要的时间较长，所以黑球温度计至少放置 10 min 读记测量数值。

WBGT 由式（A.1）和式（A.2）计算而获得：

室内作业：

$$WBGT = 0.7\, t_{nw} + 0.3\, t_{g} \qquad \text{(A.1)}$$

室外作业：

$$WBGT = 0.7\, t_{nw} + 0.2\, t_{g} + 0.1\, t_{a} \qquad \text{(A.2)}$$

式中：

t_{nw}——自然湿球温度；

t_{g}——黑球温度；

t_{a}——干球温度。

A.2 测量时间

A.2.1 常年从事接触高温作业的工种，应以最热季节测量值为分级依据。季节性或不定期接触高温作业的工种，应以季节内最热月测量值为分级依据。

A.2.2 从事室外作业的工种，应以最热季节晴天有太阳辐射时的测量值为分级依据。

A.2.3 在生产正常和工作地点热源稳定时，同一工作地点，在一个工作日内应测量三次，即工作开始后及结束前 0.5 h 分别测 1 次，工作中测 1 次，取平均值。

A.2.4 遇特殊生产工艺，工作地点热源不稳定时，可依据生产进程或具体情况，随时测量，同一测点连测三次，取平均值。

A.3 测量地点及位置

A.3.1 选择作业人员经常操作、停留或临时休息处。

A.3.2 一般测量高度立位作业为 1.5 m 高；坐位作业为 1.1 m 高。如作业人员实际受热不均匀，应测踝部、腹和头部。立位时测量点离地高度分别为 0.1 m、1.1 m 和 1.7 m 处；坐位时测量点离地高度分别 0.1 m、0.6 m 和 1.1 m 处。计算 WBGT 指数的平均值，按式（A.3）计算：

$$WBGT = \frac{WBGT_{头} + (2 \times WBGT_{腹}) + WBGT_{踝}}{4} \quad \cdots\cdots(A.3)$$

A.3.3　在生产环境热强度变化较大的工作场所，或者因生产需要作业人员在车间内不同工作地点操作，且接触热强度大小不一致时，应采用时间加权平均公式计算 WBGT 指数见式(A.4)：

$$WBGT = \frac{WBGT_1 \times t_1 + WBGT_2 \times t_2 + \cdots + WBGT_n \times t_n}{t_1 + t_2 + \cdots + t_n} \quad \cdots\cdots(A.4)$$

式中：

$WBGT_1$——第 1 个工作地点实测 $WBGT$，℃；

$WBGT_2$——第 2 个工作地点实测 $WBGT$，℃；

$WBGT_n$——第 n 个工作地点实测 $WBGT$，℃；

$t_1, t_2, \cdots, t_n$——作业人员在第 1,2,…,n 个工作地点实际停留的时间，min。

附 录 B
（规范性附录）
接触高温作业时间测量与计算

B.1 接触高温作业时间是指因生产需要，作业人员在一个工作日（8 h），实际在热环境中操作、停留、短休的累计时间（min）。

B.2 测算方法是同一工种或生产岗位随机选择受测作业人员 2～3 名，在正常生产状况下，跟班记录一个工作日作业人员实际接触高温作业的时间，连续记录 3 d，取平均值。

B.3 如遇作业人员在一个工作日内需在不同岗位工作时，要分别测算在各岗位的实际接触高温作业时间，同时测量其岗位工作地点 WBGT 指数，以便按附录 A 中式（A.4）计算时间加权平均 WBGT 指数。

附 录 C
（规范性附录）
工作地点温度、劳动强度、空气湿度的确定

C.1 工作地点温度的确定

C.1.1 温差

当室外温度等于或大于本地区夏季室外通风设计计算温度时，在停止局部降温措施的条件下，同时对工作地点和室外温度分别进行测定。工作地点的温度测定应选在工人经常或定期停留部位；室外温度测定应选在车间上风向较空旷场所。测定时间于夏季最热月代表日下午13～14点进行。连续测定3 d取平均值计算温差。

C.1.2 工作地点温度

以本地区气象台站的天气预报中最高气温加温差确定工作地点温度。

C.2 劳动强度的确定

按GB 3869规定的方法划分。

C.3 空气湿度的确定

应用通风温湿度计进行测定，选点和测定次数与温度的选点和测定次数相同。

ICS 13.260
K 09

中华人民共和国国家标准

GB 4208—2008/IEC 60529:2001
代替 GB 4208—1993

外壳防护等级(IP 代码)

Degrees of protection provided by enclosure (IP code)

(IEC 60529:2001,IDT)

2008-03-25 发布　　　　2009-01-01 实施

中华人民共和国国家质量监督检验检疫总局
中国国家标准化管理委员会　发布

前言

本标准的全部技术内容为强制性。

本标准等同采用 IEC 60529:2001《外壳防护等级(IP 代码)》(英文版)。

本标准与 IEC 60529:2001 的编辑性差异为:取消了 IEC 前言和引言,增加了我国标准的前言和引言。

本标准代替 GB 4208—1993《外壳防护等级(IP 代码)》;本标准与 GB 4208—1993 的主要变化如下:

a) 增加了引言;

b) 将“范围”和“目的”合为一章;

c) 增加“规范性引用文件”一章;

d) 某些编辑性修改。

本标准由全国电气安全标准化技术委员会(SAC/TC 25)提出并归口。

本标准负责起草单位:机械工业北京电工技术经济研究所。

本标准参加起草的单位:机械科学研究院中机生产力促进中心、上海电器科学研究所(集团)有限公司、上海电动工具研究所、广州日用电器检测所、北京突破电气有限公司、德力西集团有限公司。

本标准主要起草人:郭汀、方晓燕、季慧玉、刘功桂、刘江、曾雁鸿、金卫东、张永。

本标准于 1984 年首次发布,1993 年第一次修订,本次为第二次修订。

引　言

本标准阐述了由电气设备外壳提供的防护等级的分级系统。尽管这个系统适用于多数型式的电气设备,但对特定型式的电气设备来说,不一定应用所有的防护等级。应建议设备的制造者确定适用的防护等级以及应用该等级的设备部件。

应用本分级系统将尽可能使外壳提供的防护等级的叙述方式及完成不同等级的试验方法得到统一。这将使试验设备适用的产品范围更宽,也将减少所需试验设备的数量。

IEC 60529 的第二版考虑到了第一版的经验,阐明了要求。当实际上防止人接近危险部件的等级高于第一位特征数字表示的等级时,本标准通过附加字母 A、B、C、D 提供了可选择的扩展范围。

一般来说,按上一版标注某 IP 代码的外壳,将适合本版规定的同样等级。

外壳防护等级(IP 代码)

1 范围和目的

本标准适用于额定电压不超过72.5 kV,借助外壳防护的电气设备的防护分级。

本标准的目的如下:

a) 规定电气设备下述内容的外壳防护等级:

1) 防止人体接近壳内危险部件;

2) 防止固体异物进入壳内设备;

3) 防止由于水进入壳内对设备造成有害影响。

b) 防护等级的标识。

c) 各防护等级的要求。

d) 按本标准的要求对外壳作验证试验。

各类产品引用外壳防护等级的程度和方式,以及采用何种外壳,留待产品标准决定,对具体的防护等级所采用的试验应符合本标准的规定,必要时,在有关产品标准中可增加补充要求。可在有关产品标准中作具体规定的细则见附录B。

对特殊型式的设备,产品标准可以规定不同的要求,但至少要保证相同的安全水平。

本标准仅考虑在各方面都符合有关产品标准规定的外壳,在正常使用条件下,外壳的材料和工艺应保证达到所需要的防护等级。

如果某类设备满足试验一般要求而且所选择的防护等级适用于该设备型式,则本标准也适用于该型式设备的空外壳。

有关机械损坏、锈蚀、腐蚀性溶剂(如切割液)、霉菌、虫害、太阳辐射、结冰、潮湿(如凝露引起的)、爆炸性气体等外部影响或环境条件对外壳和壳内设备破坏的防护措施以及防止与外壳外部危险运动部件(如风扇)的接触由有关产品标准规定。

不与外壳连接的隔板以及专门为人身安全设置的阻挡物,不看作外壳的一部分,本标准不予研究。

2 规范性引用文件

下列文件中的条款通过本标准的引用而成为本标准的条款。凡是注日期的引用文件,其随后所有的修改单(不包括勘误的内容)或修订版均不适用于本部分,然而,鼓励根据本标准达成协议的各方研究是否可使用这些文件的最新版本。凡是不注日期的引用文件,其最新版本适用于本标准。

GB/T 311.2—2002 绝缘配合 第2部分 高压输变电设备的绝缘配合使用导则(eqv IEC 60071-2:1996)

GB/T 2421—1999 电工电子产品环境试验 第1部分:总则(idt IEC 60068-1:1988)

IEC 60050-195:1998 国际电工词汇 第195章:接地和电击防护

IEC 60050-826:1982 国际电工词汇 第826章:建筑物电气装置

IEC 60068-2-68:1994 环境试验 第2部分:试验 试验L:灰尘和沙尘

3 术语和定义

下列术语和定义适用于本标准。

3.1

外壳　enclosure

能防止设备受到某些外部影响并在各个方向防止直接接触的设备部件。

注：本条定义来自现行国际电工词汇(IEV)，在本标准的范围内作如下解释：

1) 外壳提供人或畜接近壳内危险部件的防护。

2) 防止或限制本标准规定的试具进入的隔板、形成孔洞或其他开口的部件，不论是附在外壳上的还是包覆设备的，都算作外壳的一部分，不使用钥匙或工具就能移除的部件除外。

3.2

直接接触　direct contact

人或畜与带电部分的接触。

注：本 IEV 定义给出信息，本标准中"直接接触"被"接近危险部件"取代。

3.3

防护等级　degree of protection

按标准规定的检验方法，外壳对接近危险部件、防止固体异物进入或水进入所提供的保护程度。

3.4

IP 代码　IP code

表明外壳对人接近危险部件、防止固体异物或水进入的防护等级以及与这些防护有关的附加信息的代码系统。

3.5

危险部件　hazardous part

接近或接触时有危险的部件。

3.5.1

危险带电部件　hazardous live part

受到某些外部影响条件会导致电击的带电部件。

[IEC 60050-195—1995，195-06-05]

3.5.2

危险机械部件　hazardous mechanical part

接触时有危险的运动部件。光滑旋转轴除外。

3.6

外壳对接近危险部件的防护　protection provided by an enclosure against access to hazardous parts

外壳对人体：

——接触危险的低压带电部件的防护；

——接触危险的机械部件的防护；

——在外壳内部以小于足够的间隙接近危险的高压带电部件的防护。

注：这种防护可借助于：

——外壳本身；

——作为外壳一部分的隔板或借助于壳内距离来达到。

3.7

防止接近危险部件的足够间隙　adequate clearance for protection against access to hazardous parts

能防止试具与危险部件接触或接近的距离。

3.8

触及试具　access probe

能方便地模仿人体的一部分或模仿工具或类似物，由人手持着来检验距离危险部件是否有足够间隙的检验工具。

3.9

物体试具　object probe

模仿固体异物检验其进入外壳的可能性的检验工具。

3.10

开口　opening

外壳本身设置的或通过试具施加规定的外力后形成的孔洞或缝隙。

4　标识

外壳提供的防护等级用IP代码以下述方式表示。

4.1　IP代码的配置

不要求规定特征数字时,由字母"X"代替(如果两个字母都省略则用"XX"表示)。

附加字母和(或)补充字母可省略,不需代替。

当使用一个以上的补充字母时,应按字母顺序排列。

当外壳采用不同安装方式提供不同的防护等级时,制造厂应在相应安装方式的说明书上表明该防护等级。

外壳的标志方法详见第10章。

4.2　IP代码的各要素及含义

IP代码各要素的简要说明见下表。详细说明见表中最后一栏所标明的章条。

组　成	数字或字母	对设备防护的含义	对人员防护的含义	参照章条
代码字母	IP	—	—	—
第一位 特征数字	 0 1 2 3 4 5 6	防止固体异物进入 无防护 ≥直径 50 mm ≥直径 12.5 mm ≥直径 2.5 mm ≥直径 1.0 mm 防　尘 尘　密	防止接近危险部件 无防护 手　背 手　指 工　具 金属线 金属线 金属线	第 5 章
第二位 特征数字	 0 1 2 3 4 5 6 7 8	防止进水造成有害影响 无 防 护 垂直滴水 15° 滴 水 淋　　水 溅　　水 喷　　水 猛烈喷水 短时间浸水 连续浸水	—	第 6 章
附加字母 （可选择）	 A B C D	—	防止接近危险部件 手　背 手　指 工　具 金属线	第 7 章
补充字母 （可选择）	 H M S W	专门补充的信息 高压设备 做防水试验时试样运行 做防水试验时试样静止 气候条件	—	第 8 章

4.3　IP 代码应用举例

以下是 IP 代码的应用及字母配置示例。更多的示例见第 9 章。

IP44——无附加字母，无可选字母。

IPX5——省略第一位特征数字。

IP2X——省略第二位特征数字。

IP20C——使用附加字母。

IPXXC——省略两位特征数字，使用附加字母。

IPX1C——省略第一位特征数字，使用附加字母。

IP3XD——省略第二位特征数字，使用附加字母。

IP23S——使用补充字母。

IP21CM——使用附加字母和补充字母。

IPX5/IPX7——针对不同的作用，给出防喷水和防短时间浸水的两种不同防护等级。

5 第一位特征数字所表示的防止接近危险部件和防止固体异物进入的防护等级

标识第一位特征数字表示 5.1 和 5.2 两个条件都能满足。

第一位特征数字意指：

——外壳通过防止人体的一部分或人手持物体接近危险部件对人提供防护，同时

——外壳通过防止固体异物进入设备对设备提供防护。

当外壳也符合低于某一防护等级的所有各级时，应仅以该数字标识这一个等级。

如果试验明显地适用于任一较低防护等级时，则低于该等级的试验不必进行。

5.1 对接近危险部件的防护

表 1 给出对接近危险部件的防护等级的简短说明和含义。

表中仅由第一位特征数字规定防护等级，简要说明和含义不作为防护等级的规定。

根据第一位特征数字的规定，试具与危险部件之间应保持足够的间隙。

试验见第 12 章。

表 1 第一位特征数字所表示的对接近危险部件的防护等级

第一位特征数字	防护等级		试验条件参见章条
	简要说明	含义	
0	无防护	—	—
1	防止手背接近危险部件	直径 50 mm 球形试具应与危险部件有足够的间隙	12.2
2	防止手指接近危险部件	直径 12 mm，长 80 mm 的铰接试指应与危险部件有足够的间隙	12.2
3	防止工具接近危险部件	直径 2.5 mm 的试具不得进入壳内	12.2
4	防止金属线接近危险部件	直径 1.0 mm 的试具不得进入壳内	12.2
5	防止金属线接近危险部件	直径 1.0 mm 的试具不得进入壳内	12.2
6	防止金属线接近危险部件	直径 1.0 mm 的试具不得进入壳内	12.2
注：对于第一位特征数字为 3、4、5 和 6 的情况，如果试具与壳内危险部件保持足够的间隙，则认为符合要求。足够的间隙应由产品标准根据 12.3 规定。由于同时满足表 2 的规定，所以表 1 规定“不得进入”。			

5.2 对固体异物进入的防护

表 2 给出对防止固体异物(包括灰尘)进入的防护等级的简短说明和含义。

表中仅由第一位特征数字规定防护等级，简要说明和含义不作为防护等级的规定。

防止固体异物进入，当表 2 中第一位特征数字为 1 或 2 时，指物体试具不得完全进入外壳，意即球的整个直径不得通过外壳开口。第一位特征数字为 3 或 4 时，物体试具完全不得进入外壳。

数字为 5 的防尘外壳，允许在某些规定条件下进入数量有限的灰尘。

数字为 6 的尘密外壳，不允许任何灰尘进入。

注：第一位特征数字为 1 至 4 的外壳应能防止三个互相垂直的尺寸都超过表 3 第三栏相应数字、形状规则或不规则的固体异物进入外壳。

试验见第 13 章。

表 2　第一位特征数字所表示的防止固体异物进入的防护等级

第一位特征数字	防护等级		试验条件参见章条
	简要说明	含　义	
0	无防护	—	—
1	防止直径不小于 50 mm 的固体异物	直径 50 mm 球形物体试具不得完全进入壳内[a]	13.2
2	防止直径不小于 12.5 mm 的固体异物	直径 12.5 mm 的球形物体试具不得完全进入壳内[a]	13.2
3	防止直径不小于 2.5 mm 的固体异物	直径 2.5 mm 的物体试具完全不得进入壳内[a]	13.2
4	防止直径不小于 1.0 mm 的固体异物	直径 1.0 mm 的物体试具完全不得进入壳内[a]	13.2
5	防　尘	不能完全防止尘埃进入，但进入的灰尘量不得影响设备的正常运行，不得影响安全	13.4 13.5
6	尘　密	无灰尘进入	13.4 和 13.6
[a] 物体试具的直径部分不得进入外壳的开口。			

6　第二位特征数字所表示的防止水进入的防护等级

第二位特征数字表示外壳防止由于进水而对设备造成有害影响的防护等级。

试验用清水进行。试验前不得用高压水和(或)使用溶剂清洗试样。

表 3 给出了第二位特征数字所代表的防护等级的简要说明和含义。简要说明和含义不作为防护等级的规定。

试验见第 14 章。

第二位特征数字为 6 及低于 6 的各级，其标识的等级也表示符合低于该级的各级要求。因此，如果试验明显地适用于任一低于该级的所有各级，则低于该级的试验不必进行。

仅标志第二位特征数字为 7 或 8 的外壳仅适用于短时间浸水或连续浸水，不适合喷水(第二位特征数字标识为 5 或 6)，因此不必符合数字为 5 或 6 的要求，除非有下示的双标志。

外壳通过如下试验		标识和标志	应用范围
喷　水 第二位特征数字	短时/持续潜水 第二位特征数字		
5	7	IPX5/IPX7	多用
6	7	IPX6/IPX7	多用
5	8	IPX5/IPX8	多用
6	8	IPX6/IPX8	多用
—	7	IPX7	受限
—	8	IPX8	受限

“多用”指外壳必须满足可防喷水又能短时或持续潜水的要求。

“受限”指外壳仅仅对短时或持续潜水适合，而对喷水不适合。

表3 第二位特征数字所表示的防止水进入的防护等级

第二位特征数字	防护等级		试验条件参见章条
	简要说明	含义	
0	无防护	—	—
1	防止垂直方向滴水	垂直方向滴水应无有害影响	14.2.1
2	防止当外壳在15°范围内倾斜时垂直方向滴水	当外壳的各垂直面在15°范围内倾斜时,垂直滴水应无有害影响	14.2.2
3	防淋水	各垂直面在60°范围内淋水,无有害影响	14.2.3
4	防溅水	向外壳各方向溅水无有害影响	14.2.4
5	防喷水	向外壳各方向喷水无有害影响	14.2.5
6	防强烈喷水	向外壳各个方向强烈喷水无有害影响	14.2.6
7	防短时间浸水影响	浸入规定压力的水中经规定时间后外壳进水量不致达有害程度	14.2.7
8	防持续潜水影响	按生产厂和用户双方同意的条件(应比特征数字为7时严酷)持续潜水后外壳进水量不致达有害程度	14.2.8

7 附加字母所表示的防止接近危险部件的防护等级

附加字母表示对人接近危险部件的防护等级。

附加字母仅用于:

——接近危险部件的实际防护高于第一位特征数字代表的防护等级;

——第一位特征数字用"X"代替,仅需表示对接近危险部件的防护等级。

例如,这类较高等级的防护是由挡板、开口的适当形状或与壳内部件的距离来达到的。

表4列出了能方便地代表人体的一部分或人手持物体以及对接近危险部件的防护等级的含义等内容,这些内容均由附加字母表示。

表4 附加字母所表示的对接近危险部件的防护等级

附加字母	防护等级		试验条件参见章条
	简要说明	含义	
A	防止手背接近	直径50 mm的球形试具与危险部件必须保持足够的间隙	15.2
B	防止手指接近	直径12 mm,长80 mm的铰接试指与危险部件必须保持足够的间隙	15.2
C	防止工具接近	直径2.5 mm,长100 mm的试具与危险部件必须保持足够的间隙	15.2
D	防止金属线接近	直径1.0 mm,长100 mm的试具与危险部件必须保持足够的间隙	15.2

如果外壳适用于低于某一等级的各级,则仅要求用该附加字母标识该等级。如果试验明显地适用于任何低于该级的所有各级,则低于该等级的试验不必进行。

试验见第15章。

IP代码的示例见附录A。

8 补充字母

在有关产品标准中，可由补充字母表示补充的内容。补充字母放在第二位特征数字或附加字母之后。

补充的内容应与本标准的要求保持一致，产品标准应明确说明进行该级试验的补充要求。

补充内容的标识字母及含义如下：

字　母	含　义
H	高压设备
M	防水试验在设备的可动部件（如旋转电机的转子）运动时进行
S	防水试验在设备的可动部件（如旋转电机的转子）静止时进行
W	提供附加防护或处理以适用于规定的气候条件
注：GB 4208—1984 规定 W 置于 IP 与特征数字之间与本版规定的 W 置于特征数字或附加字母之后含义相同。	

其他字母可在产品标准中使用。为了避免重复使用补充字母，产品标准引用新字母的要求见 B.8。

若无字母 S 和 M，则表示防护等级与设备部件是否运行无关，需要在设备运行和静止时都做试验。但如果试验在另一条件下明显地可以通过时，一般做一个条件的试验就足够了。

9 IP 代码的标识示例

9.1 未使用可选择字母的 IP 代码

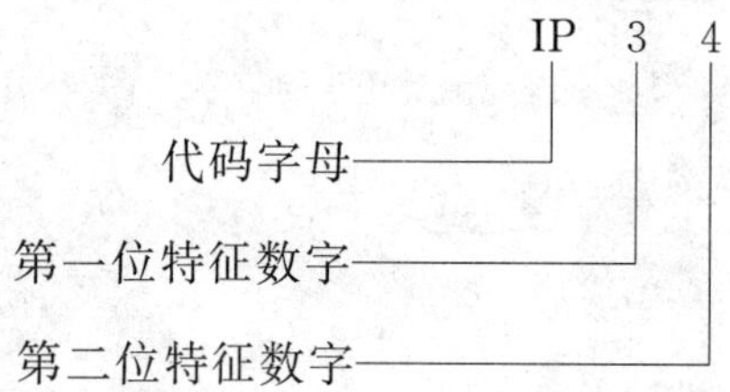

外壳带有上述 IP 代码，其中：

(3) ——防止人手持直径不小于 2.5 mm 的工具接近危险部件；

——防止直径不小于 2.5 mm 的固体异物进入设备外壳内。

(4) ——防止由于在外壳各个方向溅水对设备造成有害影响。

9.2 使用可选择字母的 IP 代码

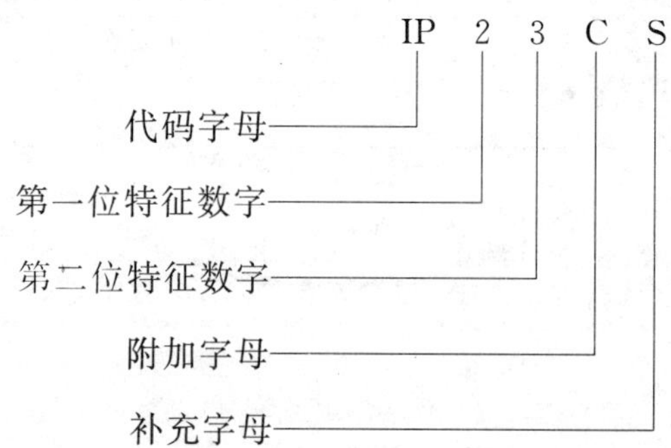

外壳带有上述 IP 代码，其中：

(2) ——防止人用手指接近危险部件；

——防止直径不小于 12.5 mm 的固体异物进入外壳内。

(3) ——防止淋水对外壳内设备的有害影响。

(C) ——防止人手持直径不小于 2.5 mm 长度不超过 100 mm 的工具接近危险部件（工具应全部穿过外壳，直至挡盘）。

(S) ——防止进水造成有害影响的试验是在所有设备部件静止时进行。

10 标志

产品标准应对标志的要求做出规定。

对于下述情况，产品标准应对标志方法也做出适当规定：

——当外壳的一部分与另一部分的防护等级不同时；

——安装位置对防护等级有影响时；

——须说明最大潜水深度和时间时。

11 试验一般要求

11.1 防水防尘试验的环境条件

除非有关产品标准另有规定，试验应在GB/T 2421—1999规定的标准环境条件下进行。

试验时，推荐的环境条件如下：

温度范围：15℃～35℃；

相对湿度：25%～75%；

大气压力：86 kPa～106 kPa(860 mbar～1 060 mbar)。

11.2 试样

本标准规定的试验是型式试验。

除非产品标准另有规定，每次试验用样品应是清洁的新制品。所有部件应按制造厂指定的状态安装就位。

如试验不能以整台设备进行，应以有代表性的部件或以有相同比例设计的较小的设备进行。

有关产品标准应对以下类似细节做出规定：

——试样数量；

——试样安装、组合、定位的条件(如天花板、地板或墙上安装)；

注：这也用于设备计划与其他相关设备一起使用时，比如器件单独使用或组合使用时。

——预处理的方法(如有)；

——试验时带电与否；

——试验时部件运转与否。

如果产品标准没有规定细节，应由制造厂说明书规定。

11.3 试验要求的应用与试验结果判断

试验一般要求的应用及设备有泄水孔、通风孔时试验的接受条件由有关产品标准规定。如无这些规定，应按本标准的规定进行。

试验结果的判断由有关产品标准规定。如没有规定，本标准的接受条件应作为最低要求。

11.4 第一位特征数字试验条件的组合

标识第一位特征数字意味着满足该数字的所有试验条件。

第一位特征数字的试验条件见表5。

表5 第一位特征数字所表示的防护等级试验条件

第一位特征数字	防护试验	
	防止接近危险部件	固体异物
0	不要求试验	不要求试验
1	直径50 mm的球不得完全进入外壳，并与带电部分保持足够的间隙	
2	铰接试指可进入80 mm长，但必须与带电部分保持足够的间隙	直径12.5 mm的球不得完全进入外壳

表 5(续)

<table>
<tr><td rowspan="2">第一位
特征数字</td><td colspan="2">防 护 试 验</td></tr>
<tr><td>防止接近危险部件</td><td>固体异物</td></tr>
<tr><td>3</td><td colspan="2">直径 2.5 mm 的试棒不得进入外壳,并与带电部分保持足够的间隙</td></tr>
<tr><td>4</td><td colspan="2">直径 1.0 mm 的试验金属线不得进入外壳,并与带电部分保持足够的间隙</td></tr>
<tr><td>5</td><td>直径 1.0 mm 的试验金属线不得进入外壳并与带电部分保持足够的间隙</td><td>按表 2 规定的防尘</td></tr>
<tr><td>6</td><td>直径 1.0 mm 的试验金属线不得进入外壳,并与带电部分保持足够的间隙</td><td>按表 2 规定的尘密</td></tr>
<tr><td colspan="3">注:第一位特征数字为 1 和 2 中,“不得完全进入”即球的直径部分不得通过外壳开口。</td></tr>
</table>

11.5 空外壳

如果被试外壳内部没有设备,外壳的制造厂应在说明书中详细说明危险部件或者会因异物或水进入而造成影响的部件所在的位置及预留的空间。

最后组装的生产厂应能保证电气设备封装进外壳后满足最终产品的防护等级的要求。

12 第一位特征数字所表示的对接近危险部件防护的试验

12.1 试具

接近危险部件防护试验的试具见表 6。

12.2 试验条件

试具被推入或(当第一位特征数字为 2 试验时)插入外壳的任何开口所用的力由表 6 规定。

进行低压设备的试验时,在试具与壳内危险部件之间串接一个指示灯,并供以 40 V~50 V 之间的安全特低电压[1)]。如果危险带电部件表面有一层漆膜或氧化层或有其他类似方法的保护,则试验时包覆一层金属箔,并与正常工作时带电的部件作电联结。

本指示灯电路也可用于高压设备的危险运动部件。

如有可能,应使外壳内的运动部件缓慢运动。

12.3 接受条件

如果试具与危险部件之间有足够的间隙,则防护合格。

第一位特征数字为 1 的试验,直径 50 mm 的试具不得完全进入开口。

第一位特征数字为 2 的试验,铰接试指可进入 80 mm 长,但挡盘(ϕ50 mm×20 mm)不得进入开口。从直线位置开始,试指的两个接点应绕相邻面的轴线在 90°范围内自由弯曲。应使试指在每一个可能的位置上活动。

示例见附录 A。

本标准中“足够的间隙”指:

12.3.1 对于低压设备(额定电压:交流不超过 1 kV,直流不超过 1.5 kV)

试具不能触及危险带电部件。

---

1) 从安全角度考虑,试指与壳内带电部分之间所接指示灯的电源电压应为安全特低电压,IEC 60529:1989 规定此电源电压在“40 V~50 V 之间的特低电压”。

表 6　防止人接近危险部件的触及试具　　　　单位为毫米

第一位特征数字	附加字母	试　　具	试验用力/N
1	A	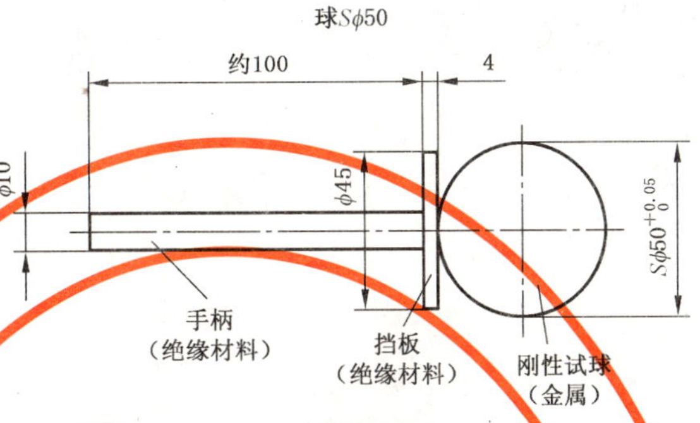 球$S\phi50$；约100；4；$\phi10$；$\phi45$；$S\phi50^{+0.05}_{0}$；手柄（绝缘材料）；挡板（绝缘材料）；刚性试球（金属）	50±5
2	B	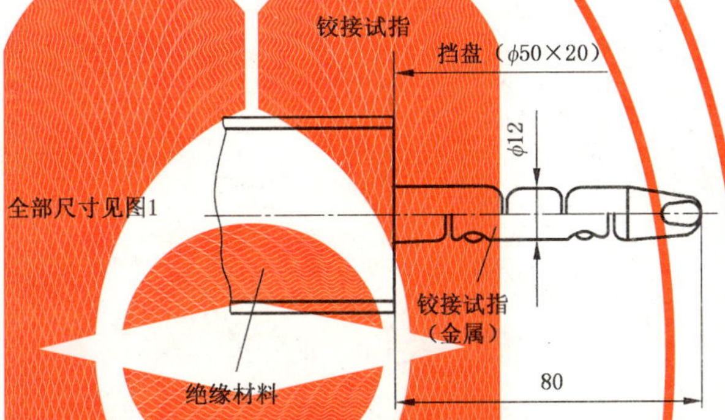 铰接试指；挡盘（$\phi50\times20$）；$\phi12$；全部尺寸见图1；铰接试指（金属）；绝缘材料；80	10±1
3	C	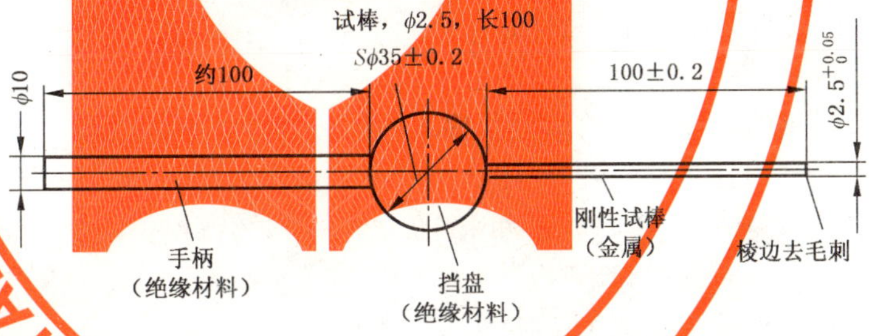 试棒，$\phi2.5$，长100；$S\phi35\pm0.2$；约100；100±0.2；$\phi10$；$\phi2.5^{+0.05}_{0}$；手柄（绝缘材料）；挡盘（绝缘材料）；刚性试棒（金属）；棱边去毛刺	3±0.3
4,5,6	D	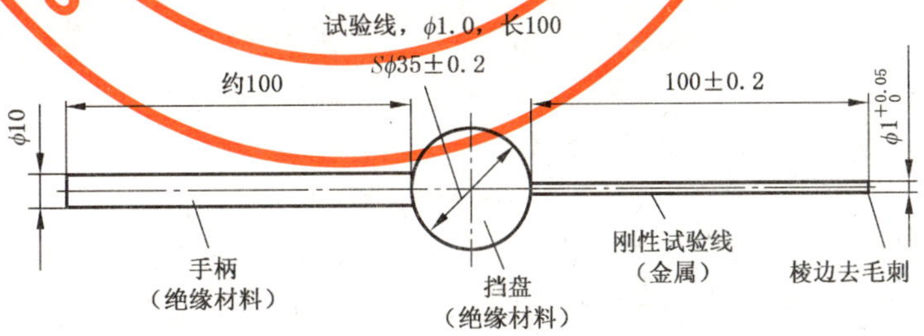 试验线，$\phi1.0$，长100；$S\phi35\pm0.2$；约100；100±0.2；$\phi10$；$\phi1^{+0.05}_{0}$；手柄（绝缘材料）；挡盘（绝缘材料）；刚性试验线（金属）；棱边去毛刺	1±0.1

如果足够的间隙是通过试具与危险部件间的指示灯电路来检验，试验时指示灯应不亮。

注：某些型式的电气设备内部产生的最高电压（工作电压的方均根值或直流值）比设备的额定电压值要高。产品标准在确定耐电压试验的电压和足够的间隙时，应考虑这个最大电压值的影响。

12.3.2　对于高压设备（额定电压：交流超过 1 kV，直流超过 1.5 kV）

当试具放在最不利的位置时，设备应能承受有关产品标准规定的适用于该设备的耐电压试验。

检验还可通过观察规定的空气中的间隙尺寸来确定。这个间隙应能保证在最不利的电场分布下通过耐电压试验(见 GB/T 311.2)。

如果外壳包括有不同电压等级的几个部分,应对每一部分确定足够间隙的适当验收条件。

注:某些型式的电气设备内部产生的最高电压(工作电压的方均根值或直流值)比设备的额定电压值要高。产品标准在确定耐电压试验的电压和足够的间隙时,应考虑这个最高电压值的影响。

12.3.3 对有危险的机械部件的设备

试具不得触及危险的机械部件。

如果足够的间隙是通过试具与危险部件之间的指示灯电路来检验,试验时指示灯应不亮。

13 第一位特征数字所表示的防止固体异物进入的试验

13.1 试验方法

试验方法和主要试验条件见表 7。

13.2 第一位特征数字为 1、2、3、4 的试验条件

物体试具推入外壳开口所用的力由表 7 规定。

表 7 防止固体异物进入的试验方法

第一位特征数字	试验方法(物体试具和防尘箱)	试验用力	试验条件参见章条
0	不要求试验	—	—
1	没有手柄和护板的直径 $50^{+0.05}_{0}$ mm 的刚性球	50 N±5 N	13.2
2	没有手柄和护板的直径 $12.5^{+0.2}_{0}$ mm 的刚性球	30 N±3 N	13.2
3	边缘无毛刺的直径 $2.5^{+0.05}_{0}$ mm 的刚性钢棒	3 N±0.3 N	13.2
4	边缘无毛刺的直径 $1.0^{+0.05}_{0}$ mm 的刚性钢线	1 N±0.1 N	13.2
5	图 2 防尘箱,加或不加负压	—	13.4 +13.5
6	图 2 防尘箱,加负压	—	13.4 +13.6

13.3 第一位特征数字为 1、2、3、4 的接受条件

如果试具的直径不能通过任何开口,则试验合格。

注:表 7 中第一位特征数字为 3 和 4 的试具用来模仿球形异物。对于必须检验的开口所使用的物体试具,如果外壳开口的孔道不贯通或者是弯曲的,对可运动的球形物体能否进入有怀疑,可检查图纸或对待检查处设计一个专用通道,并用物体试具以规定的力推向该处。

13.4 第一位特征数字为 5 和 6 的防尘试验

试验应在防尘箱中进行,其基本原理如图 2 所示。密闭试验箱内的粉末循环泵可用能使滑石粉悬浮的其他方法代替。滑石粉应用金属方孔筛滤过。金属丝直径 50 μm,筛孔尺寸为 75 μm。滑石粉用量为每立方米试验箱容积 2 kg,使用次数不得超过 20 次。

注:滑石粉的选用应符合人体健康与安全的各项规定。

外壳类型须为下列二者之一:

第一种类型:设备正常工作周期内壳内的气压低于周围大气压力,例如因热循环效应引起的。

第二种类型:外壳内气压与周围大气压力相同。

对于第一种类型的外壳:

被试外壳放在试验箱内,壳内压力用真空泵保持低于大气压。抽气孔应连到专为试验设置的孔上。如果专门的产品标准没有规定,这个孔应设在紧靠易损部件的位置。

如果不能设置专门的孔,抽气管应连在电缆入口上。如还有其他的孔(如更多的电缆入口或泄水孔),这些孔应保持正常使用状态。

试验目的是利用压差把箱内空气抽入被试设备内,抽气量为 80 倍被试外壳容积,抽气速度每小时

不超过 60 倍外壳容积。任何情况下压差不得超过 2 kPa(20 mbar)。

如抽气速度为每小时 40～60 倍外壳容积,则试验进行 2 h。

如最大压差为 2 kPa(20 mbar),而抽气速度低于每小时 40 倍外壳容积,则应连续抽满 80 倍容积或抽满 8 h 后,试验才可停止。

对于第二种类型的外壳:

被试外壳按正常工作位置放入试验箱内,但不与真空泵连接。在正常情况下开启的泄水孔,试验期间应保持开启。试验持续 8 h。

对于上述两种类型的外壳,如不能将整台设备置于试验箱内作试验,可选用下列方法之一进行:

a) 用外壳的各个封闭部分作试验;

b) 用外壳有代表性的部件试验,包括组件(如门、通风孔、接头、轴封等),试验时这些部件应安装就位;

c) 用具有相同结构、按比例缩小的设备进行试验。

对于后两种情况,试验时抽出设备的空气体积,应与整台设备时规定相同。

13.5 第一位特征数字为 5 的特殊条件

13.5.1 第一位特征数字为 5 的试验条件

除了有关产品标准规定外壳为第二种以外,外壳都看作第一种。

13.5.2 第一位特征数字为 5 的接受条件

试验后,观察滑石粉沉积量及沉积地点,如果同其他灰尘一样,不足以影响设备的正常操作或安全,即认为试验合格。除非有关产品标准明确规定了特例,在可有沿爬电距离导致漏电起痕处不允许有灰尘沉积。

13.6 第一位特征数字为 6 的特殊条件

13.6.1 第一位特征数字为 6 的试验条件

无论外壳内压力是否减至低于大气压力,都看作是第一种外壳。

13.6.2 第一位特征数字为 6 的接受条件

试验后壳内无明显的灰尘沉积,即认为试验合格。

14 第二位特征数字所表示的防止水进入的试验

14.1 试验方法

试验方法和主要试验条件见表 8。

表 8 防水试验方法和主要试验条件

第二位 特征数字	试验方法	水流量	试验持续时间	试验条件 参见章条
0	不需要试验	—	—	—
1	使用图 3 滴水箱,外壳置于转台上	$1^{+0.5}_{0}$ mm/min	10 min	14.2.1
2	使用图 3 滴水箱,外壳在四个固定的位置上倾斜 15°	$3^{+0.5}_{0}$ mm/min	每一个倾斜位置 2.5 min	14.2.2
3	使用图 4 摆管,与垂直方向±60°范围淋水,最大距离 200 mm 或 使用图 5 淋水喷头,与垂直方向±60°范围内淋水	每孔 0.07(1±5%)L/min 乘以孔数 10(1±5%)L/min	10 min 1 min/m² 至少 5 min	14.2.3a 14.2.3b

表 8（续）

第二位特征数字	试验方法	水流量	试验持续时间	试验条件参见章条
4	同数字为 3 的试验，角度为与垂直方向±180°范围淋水	同数字 3		14.2.4
5	使用图 6 喷嘴，喷嘴直径 6.3 mm，距离 2.5 m～3 m	12.5(1±5%)L/min	1 min/m² 至少 3 min	14.2.5
6	使用图 6 喷嘴，喷嘴直径 12.5 mm，距离 2.5 m～3 m	100(1±5%)L/min	1 min/m² 至少 3 min	14.2.6
7	使用潜水箱，水面在外壳顶部以上至少 0.15 m，外壳底面在水面下至少 1 m	—	30 min	14.2.7
8	使用潜水箱，水面高度由用户和制造厂协商	—	协议由用户和制造厂协商	14.2.8

14.2 试验条件

试验方法和主要试验条件见表 8。

防护等级的细节，特别是第二位特征数字为 5/6（喷水）和 7/8（潜水）见第 6 章。

试验用清水进行。

进行 IPX1 至 IPX6 的试验，水温与试验时试样的温差应不大于 5 K。如果水温低于试样超过 5 K，应使外壳内外保持压力平衡。IPX7 试验水温的要求见 14.2.7。

试验时，壳内水分可能有部分冷凝。凝露水的沉积不要误以为是进水。

外壳表面积的计算误差应在 10%以内。

设备在带电情况下试验时，要采取足够的安全措施。

14.2.1 第二位特征数字为 1 的滴水箱试验

试验用设备应能在外壳整个面上产生均匀水流。这种设备的示例如图 3a)。

外壳置于转速为 1 r/min 的转台上，偏心距（转台轴线与试样轴线的距离）大约为 100 mm。

外壳在滴水箱下面置于正常工作位置，滴水箱底部应大于的俯视图面。除安装在墙上或天花板上的设备外，被试外壳的支承物应比外壳底部小。

对安装在墙上或天花板上的设备，应按正常使用位置安装在木板上，木板的尺寸等于设备在正常使用时与墙或天花板的接触面积。

试验进行 10 min。

注：当滴水箱底部比被试外壳小时，被试外壳可分成几部分，每部分外壳表面的大小应能使滴水设备足以将其覆盖。试验进行到把外壳的全部表面滴水至规定时间止。

14.2.2 第二位特征数字为 2 的滴水箱试验

滴水箱的规定同 14.2.1。调节水流速度，使其符合表 8 规定。

不同于第二位特征数字为 1 的试验，支承外壳的台不旋转。

被试外壳在四个倾斜的固定位置各试验 2.5 min，这四个位置在两个互相垂直的平面上与垂线各倾斜 15°（见图 3b)）。

试验总持续时间为 10 min。

14.2.3 第二位特征数字为 3 的摆管或淋水喷头试验

试验（按相关产品标准的规定）用图 4 和图 5 示意的两种试验设备之一进行。

a) 使用图 4 试验设备（摆管）的条件

按表 9 规定调节总的水流量，并用水流计测量。

摆管中点两边各 60°弧段内布有喷水孔。支承物不必打孔。

被试外壳放在摆管半圆中心。摆管沿垂线两边各摆动 60°,共 120°,每次摆动(2×120°)约需 4 s,试验持续时间 5 min。然后把外壳沿水平方向旋转 90°,再试验 5 min。

摆管最大允许半径为 1 600 mm。

如果某些型式的设备试验时外壳所有部分不能全部淋湿,可上下调整外壳支承物。这种情况应优先使用图 5 所示手持试验设备(淋水喷头)。

b) 使用图 5 试验设备(淋水喷头)的条件

本试验应安装带平衡重物的挡板。

调节水压,使达到规定出水量。所需压力在 50 kPa～150 kPa 的范围。试验期间压力应维持恒定。

试验时间按外壳表面积计算每平方米 1 min(不包括安装面积),最少 5 min。

14.2.4 第二位特征数字为 4 的摆管或淋水喷头试验

试验(按相关产品标准的规定)用图 4 和图 5 示意的两种试验设备之一进行。

a) 使用图 4 试验设备(摆管)的条件

喷水孔布满于摆管半圆 180°内。按表 9 规定调节水流量,并用流量计测量。

表 9 按 IPX3 和 IPX4 试验条件的总水流量 q_v

(每孔平均水流速度 q_{v1}=0.07 L/min)

管半径 R/mm	IPX3		IPX4	
	开孔数 N[a]	总水流量 q_v/(L/min)	开孔数 N[a]	总水流量 q_v/(L/min)
200	8	0.56	12	0.84
400	16	1.1	25	1.8
600	25	1.8	37	2.6
800	33	2.3	50	3.5
1 000	41	2.9	62	4.3
1 200	50	3.5	75	5.3
1 400	58	4.1	87	6.1
1 600	67	4.7	100	7.0

[a] 根据规定距离布置开孔,实际开孔数 N 可增加 1 个。

摆管沿垂线两边各摆动 180°,共约 360°,每次摆动(2×360°)约需 12 s。

试验进行 10 min。

如果有关产品标准未做规定,被试外壳的支承物应开孔,以避免成为挡水板。将摆管在每一方向摆动到最大限度,使外壳在各方向都受到溅水。

b) 使用图 5 试验设备(淋水喷头)的条件

从喷头上除去平衡重物的挡板,使外壳在各个可能的方向都受到溅水。

水流速度和每单位面积的溅水时间如 14.2.3 规定。

14.2.5 第二位特征数字为 5 的 6.3 mm 喷嘴试验

用图 6 所示标准试验喷嘴在所有可能的方向向被试外壳喷水。

要求的试验条件如下:

a) 喷嘴内径:6.3 mm;

b) 水流量:(12.5±0.625)L/min;

c) 水压:按规定水流量调节;

d) 主水流的中心部分:离喷嘴 2.5 m 处直径约为 40 mm 的圆;

e) 外壳表面每平方米喷水时间:约 1 min;

f) 试验时间:最少 3 min;

g) 喷嘴至外壳表面距离:2.5 m~3 m。

14.2.6 第二位特征数字为 6 的 12.5 mm 喷嘴试验

用图 6 所示标准试验喷嘴在所有可能的方向向被试外壳喷水。

要求的试验条件如下:

a) 喷嘴内径:12.5 mm;

b) 水流量:(100±5)L/min;

c) 水压:按规定水流量调节;

d) 主水流的中心部分:离喷嘴 2.5 m 处直径约为 120 mm 的圆;

e) 外壳表面每平方米喷水时间:约 1 min;

f) 试验时间:最少 3 min;

g) 喷嘴至外壳表面距离:2.5 m~3 m。

14.2.7 第二位特征数字为 7 的 0.15 m~1 m 的短时间潜水试验

被试外壳按生产厂规定的安装状态全部浸入水中,并满足下列条件;

a) 高度小于 850 mm 的外壳的最低点,应低于水面 1 000 mm;

b) 高度等于或大于 850 mm 的外壳最高点,应低于水面 150 mm;

c) 试验持续时间 30 min;

d) 水温与试样温差不大于 5 K。如果试样需在带电和(或)在运行状态进行试验时,有关产品标准可对本要求另作规定。

14.2.8 第二位特征数字为 8 根据协议的持续潜水试验

若无相应的产品标准,试验条件应由生产厂和用户协商,但条件应比 14.2.7 规定的严酷而且要考虑到在实际使用中外壳持续潜水的要求。

14.3 接受条件

外壳经 14.2.1~14.2.8 规定的试验后,应检查外壳进水情况。

如可能,有关产品标准应规定允许的进水量及耐电压试验的细节。

一般说来,如果进水,应不足以影响设备的正常操作或破坏安全性;水不积聚在可能导致沿爬电距离引起漏电起痕的绝缘部件上;水不进入带电部件,或进入不允许在潮湿状态下运行的绕组;水不积聚在电缆头附近或进入电缆。

如外壳有泄水孔,应通过观察证明进水不会积聚,且能排出而不损害设备。

对没有泄水孔的设备,如发生水积聚并危及带电部分时,有关产品标准应规定接受条件。

15 附加字母所表示的接近危险部件防护的试验

15.1 试具

验证防止人接近危险部件的试具按表 6 规定。

15.2 试验条件

将试具以表 6 规定的力推向外壳的任何开口。如试具能进入一部分或全部进入,应在每一个可能的位置上活动,但挡盘不得穿入开口。

内部隔板按 3.1 规定可视为外壳的一部分。

对于低压设备的试验,应在试具与壳内危险部件之间串接一指示灯,并供以 40 V~50 V 的安全特低电压。如果危险的带电部件表面有一层漆膜或氧化层或有其他类似方法的保护时,试验时应包覆一层金属箔,并与正常工作时带电的部件作电联结。

本指示灯电路也可用于高压设备的危险运动部件。

如有可能,应使外壳内的运动部件缓慢运动。

15.3 接受条件

如果在试具与危险运动部件之间保持足够的间隙,则试验合格。

在进行附加字母 B 的试验时,铰接试指可进入外壳 80 mm 的长度,但挡盘(ϕ50 mm×20 mm)不得通过开口。从直线位置开始,试指的两个铰接点应绕相邻面的轴线在 90°范围内自由弯曲,应使试指在每一个可能的位置上活动。

在进行附加字母 C 和 D 的试验时,试具可进入其全部长度,但挡盘不得通过开口。详见附录 A。

验证足够间隙的条件与 12.3.1、12.3.2 和 12.3.3 规定相同。

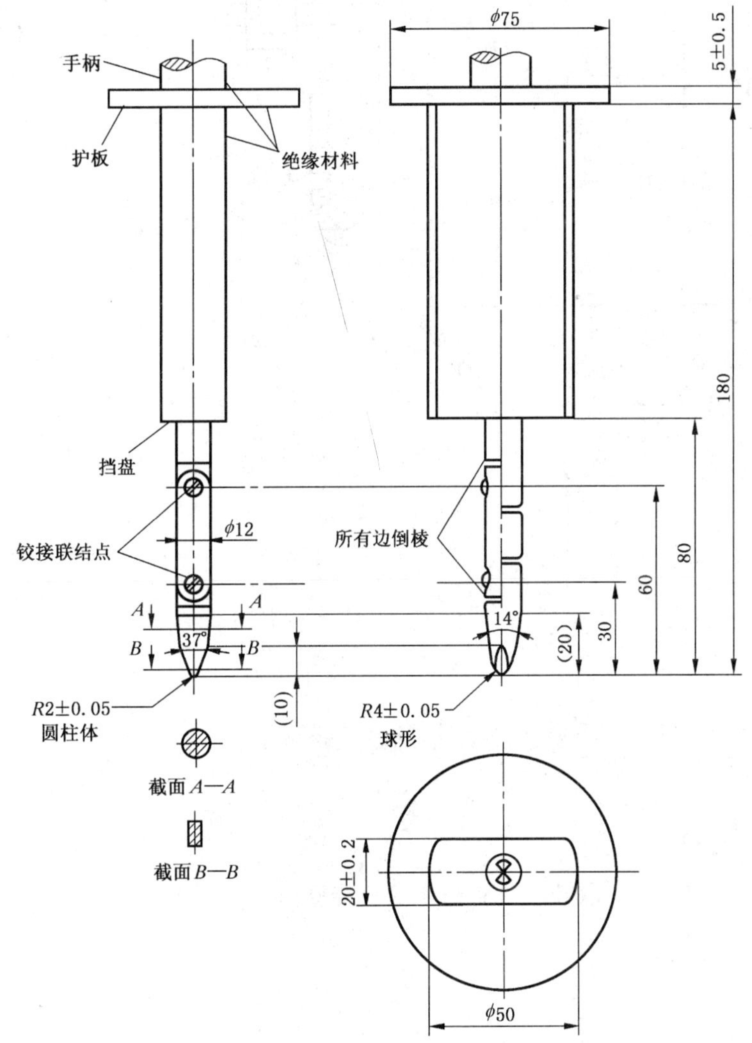

材料:金属(除非另有规定)

无专门规定公差部分的尺寸公差:

角:$^{0}_{-10}$

直线尺寸:25 mm 以下:$^{0}_{-0.05}$ mm

25 mm 以上:±0.2 mm

两个联结点可在 $90^{\circ}{}^{+10^{\circ}}_{0}$ 范围内弯曲,但只能向同一个方向

图 1 铰接试指

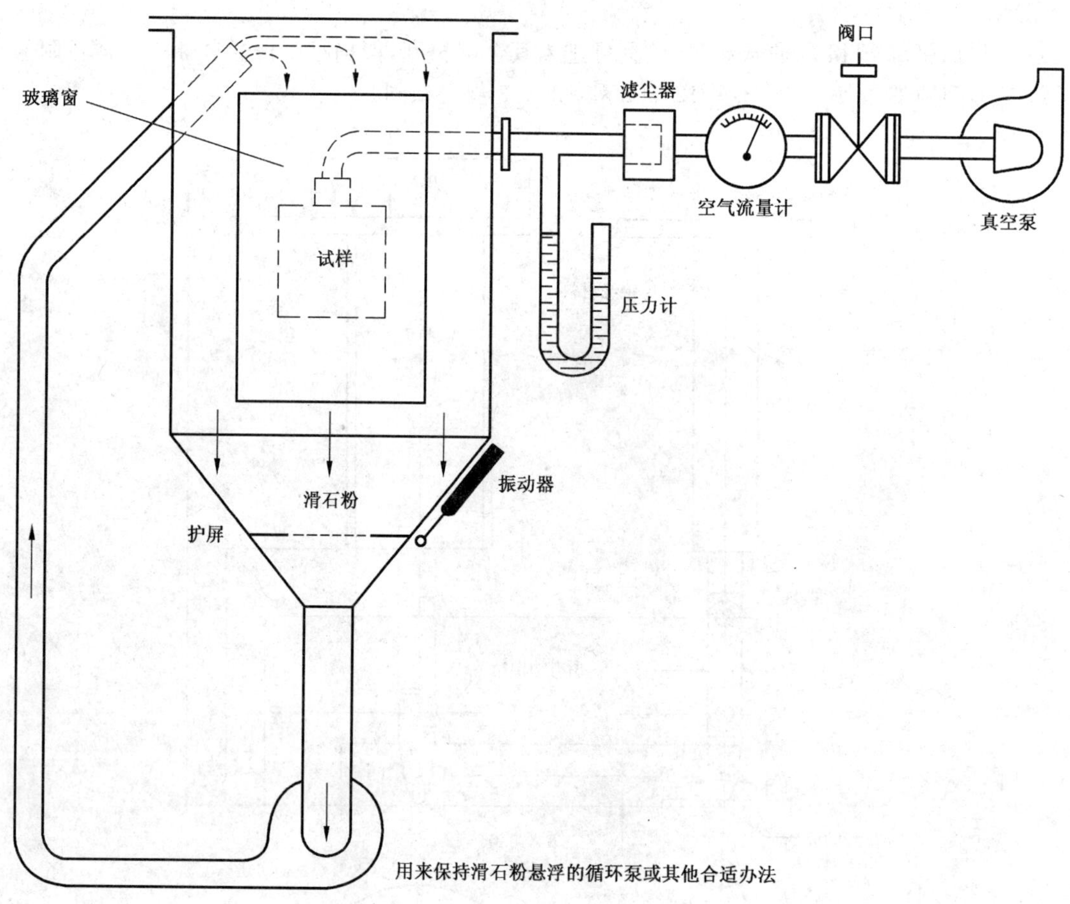

图 2　检验防尘试验装置(防尘箱)

单位为毫米

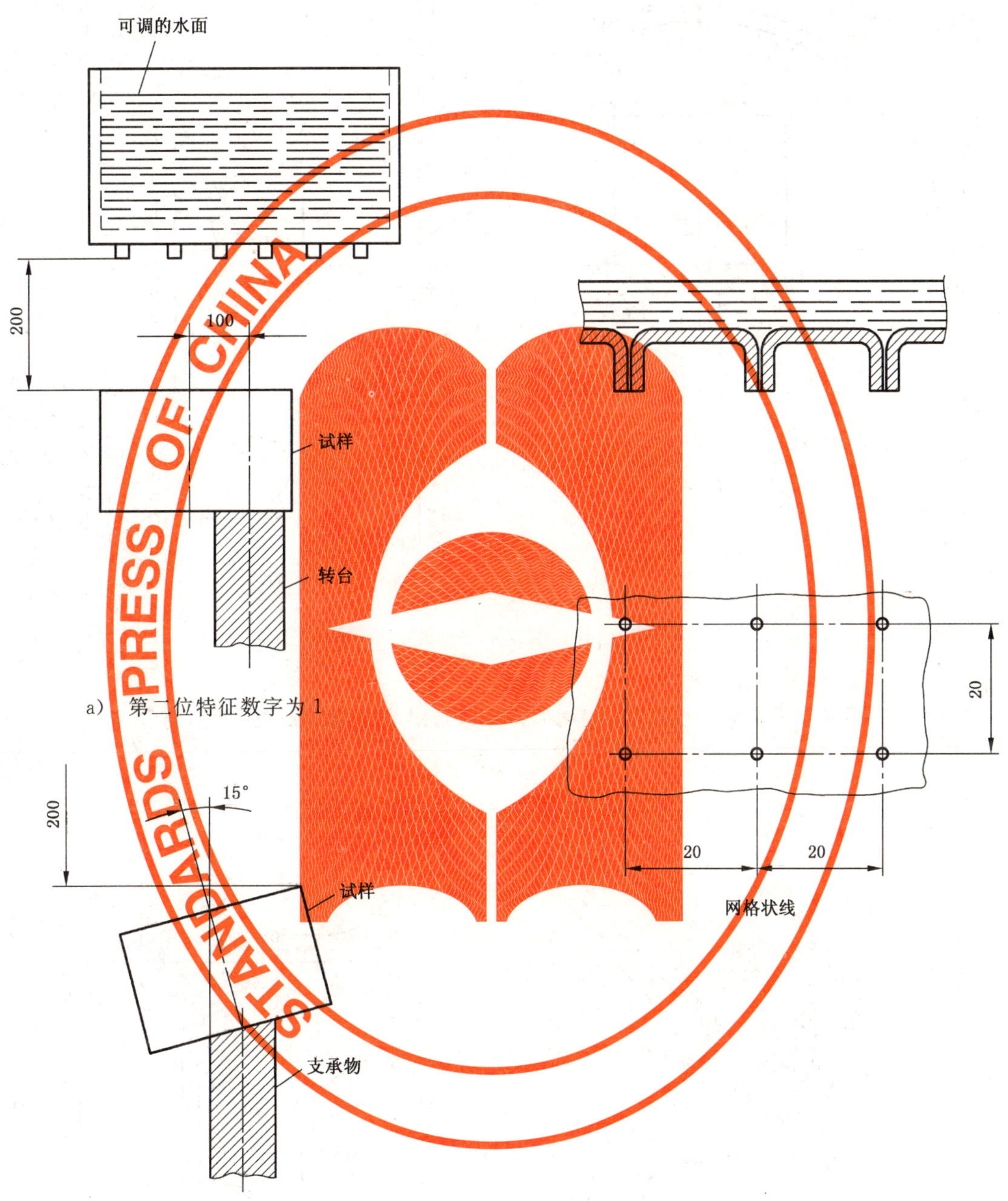

图3 检验防垂直滴水试验装置(滴水箱)

单位为毫米

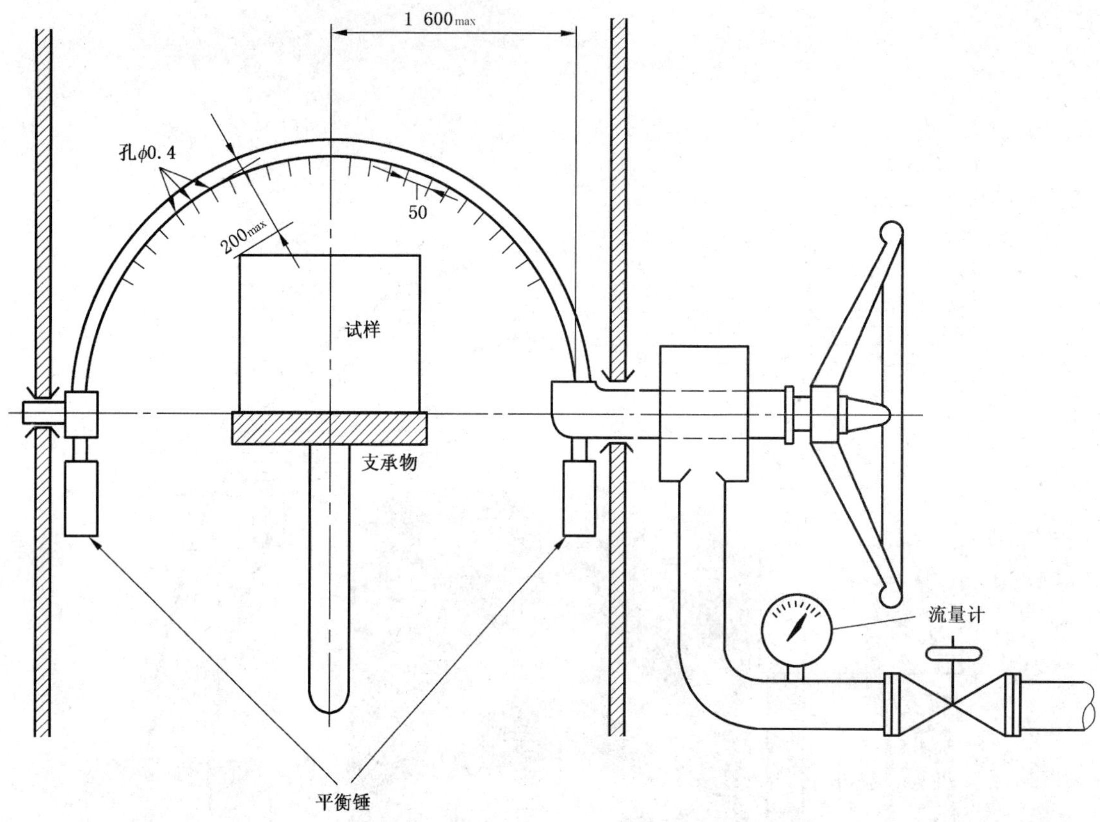

注：孔的分布见第二位特征数字 3。

图 4　检验第二位特征数字为 3 和 4，防淋水和溅水试验装置（摆管）

单位为毫米

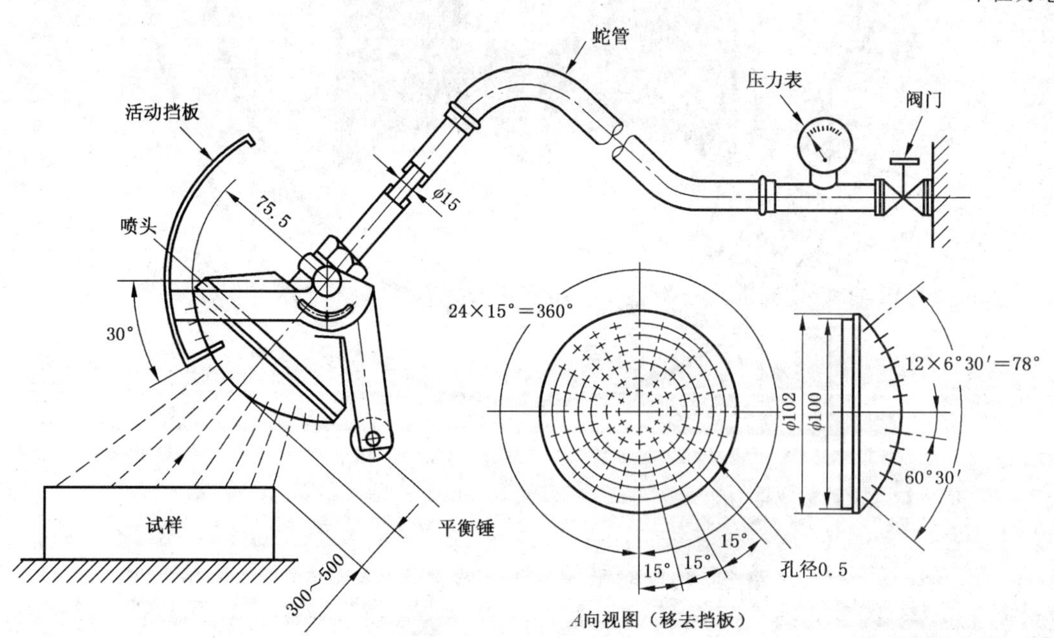

ϕ0.5 的孔 121 个，其中一个在中央
里面 2 圈共 12 个孔，间距 30°
外面 4 圈共 24 个孔，间距 15°
活动挡板：铝，喷头：黄铜

图 5　检验第二位特征数字为 3 和 4，防淋水和溅水手持式试验装置（喷头）

单位为毫米

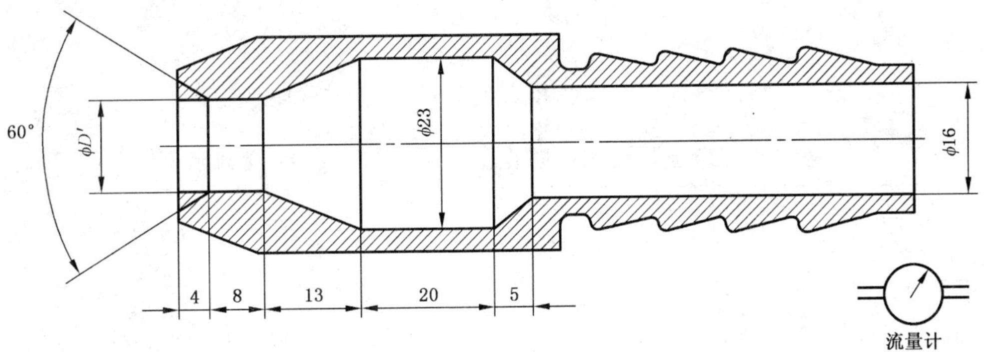

D'=6.3 13.2.5 条的试验(第二位特征数字为5)

D'=12.5 13.2.6 条的试验(第二位特征数字为6)

图 6 检验防喷水试验装置(软管喷嘴)

附 录 A
（资料性附录）
验证低压设备防止接近危险部件的 IP 代码示例

表 A.1 验证低压设备防止接近危险部件的 IP 代码示例

序号	情 况	二位数字	附加字母	二位数字加附加字母
1	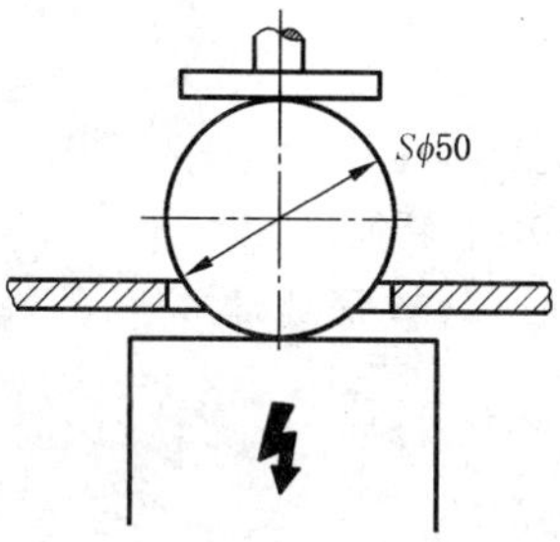 Sϕ50	0X	—	0X
2	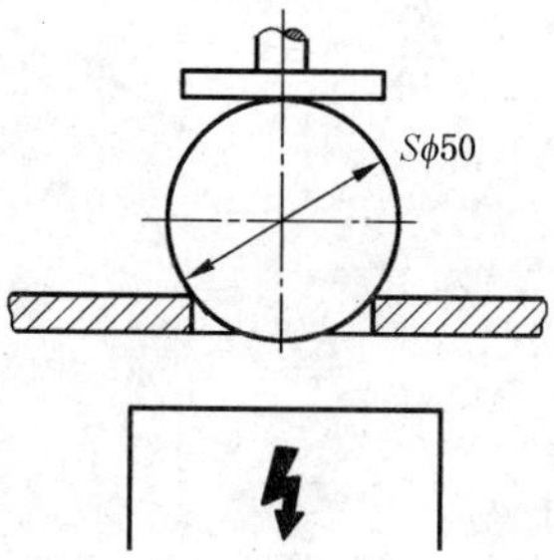 Sϕ50	1X	A	1X
3	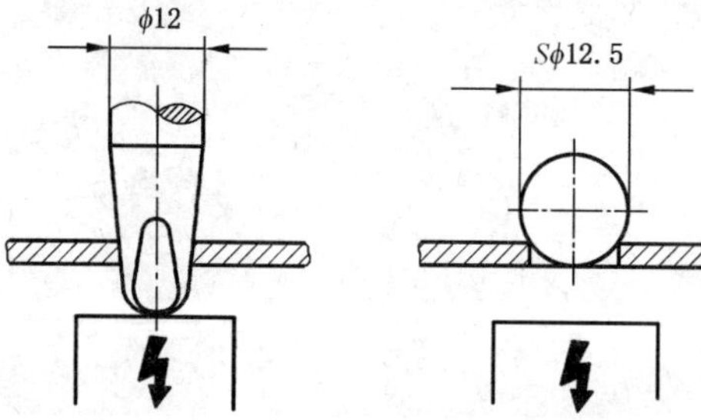 ϕ12 Sϕ12.5	1X	A	1X
4	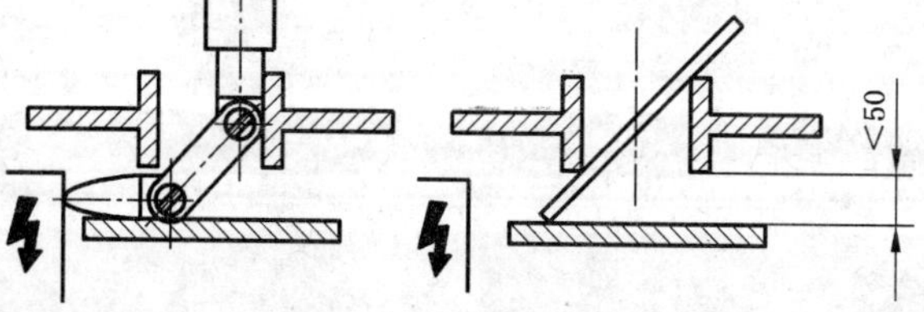 <50	1X	A	1X

表 A.1（续）

序号	情　况	二位数字	附加字母	二位数字加附加字母
5	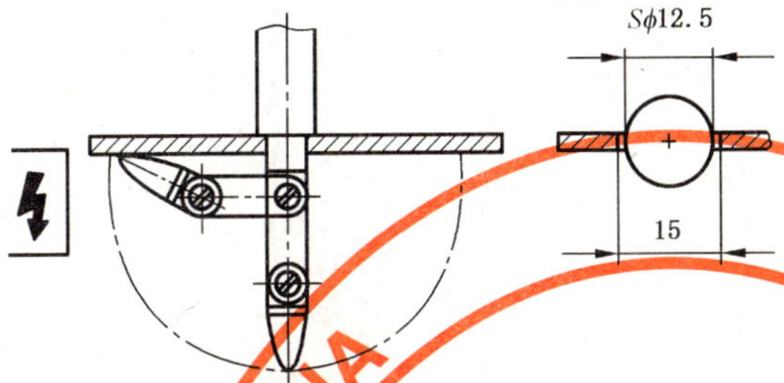 Sϕ12.5 15	1X	B	1XB
6	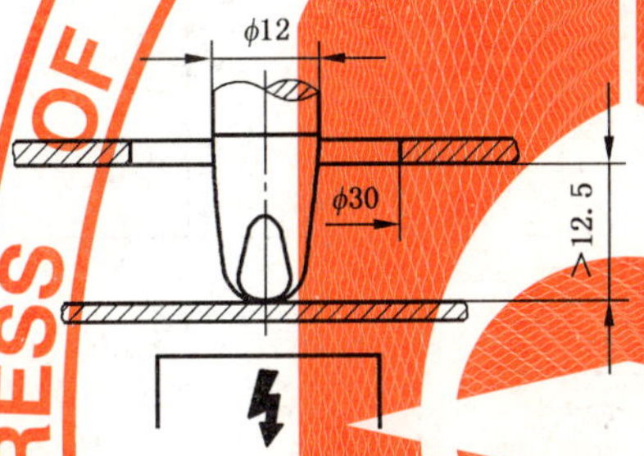 ϕ12 ϕ30 ≥12.5	1X	B	1XB
7	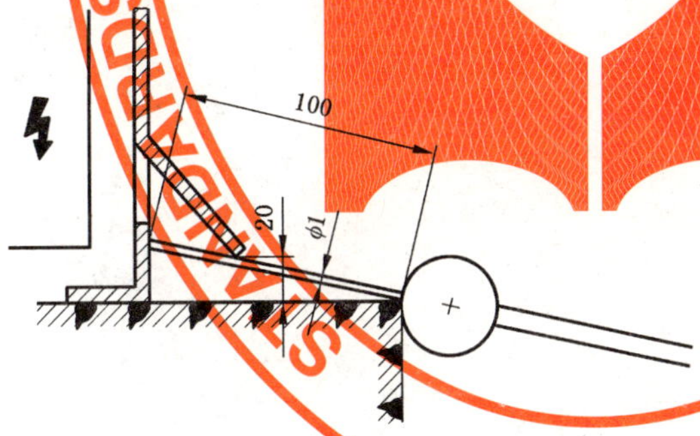 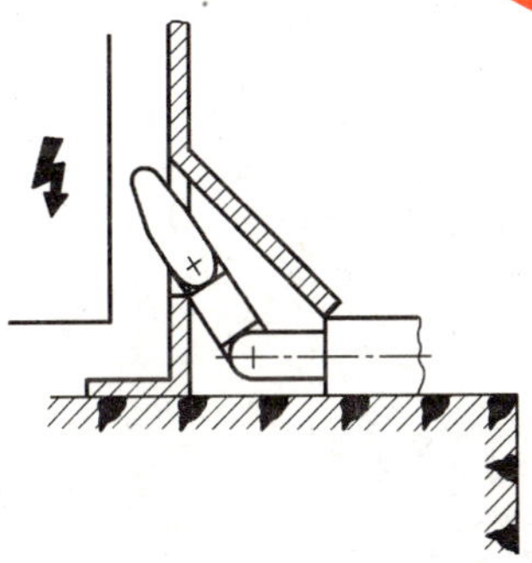 100 20 ϕ1	1X	D	1XD

表 A.1(续)

序号	情　况	二位数字	附加字母	二位数字加附加字母
8	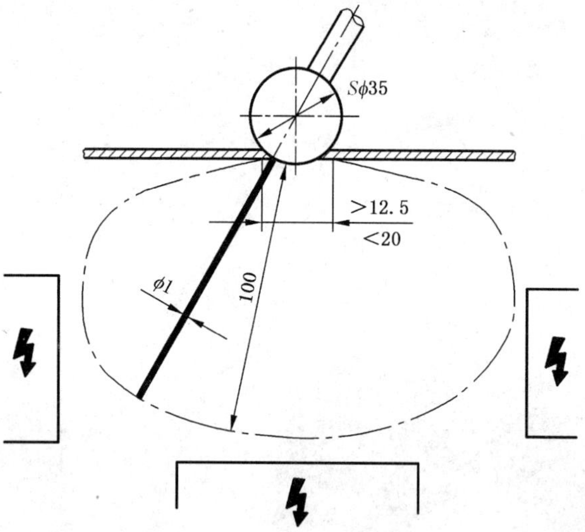	1X	D	1XD
9	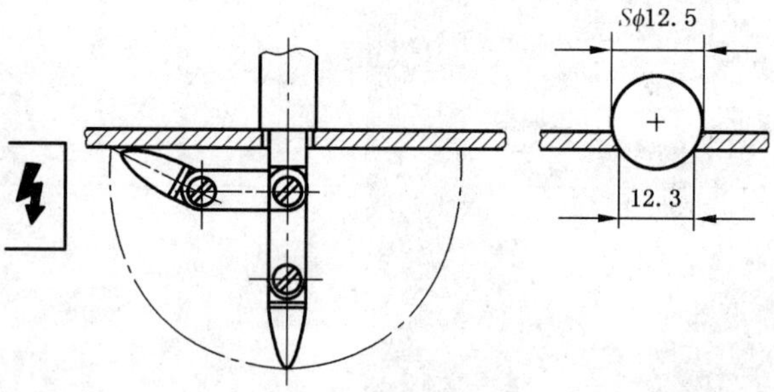	2X	B	2X
10	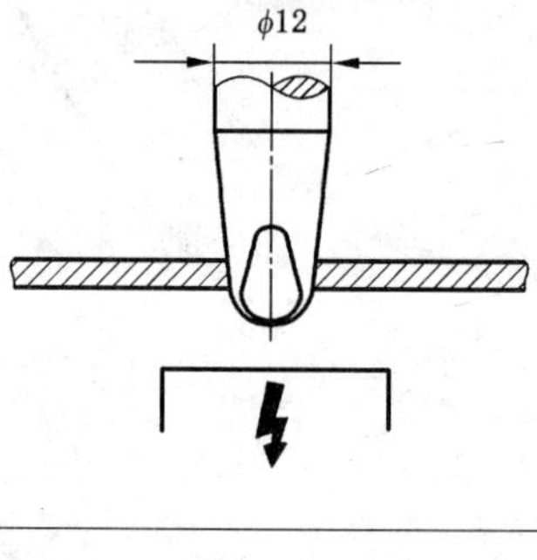	2X	B	2X
11	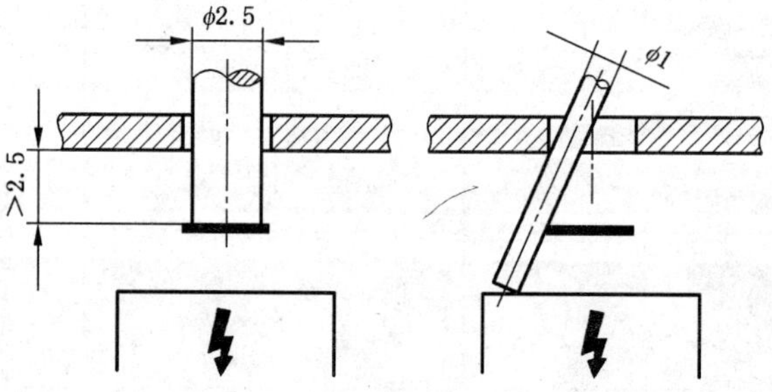	2X	C	2XC

表 A.1（续）

序号	情　　况	二位数字	附加字母	二位数字加附加字母
12	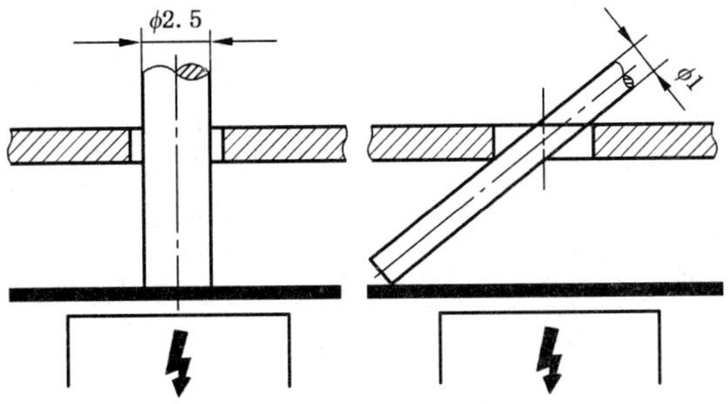 ϕ2.5　ϕ1	2X	D	2XD
13	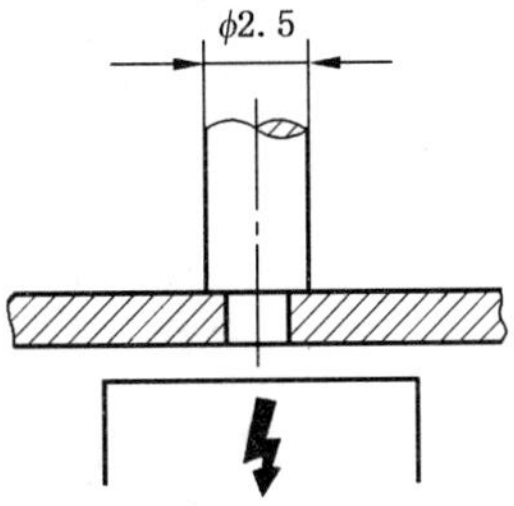 ϕ2.5	3X	C	3X
14	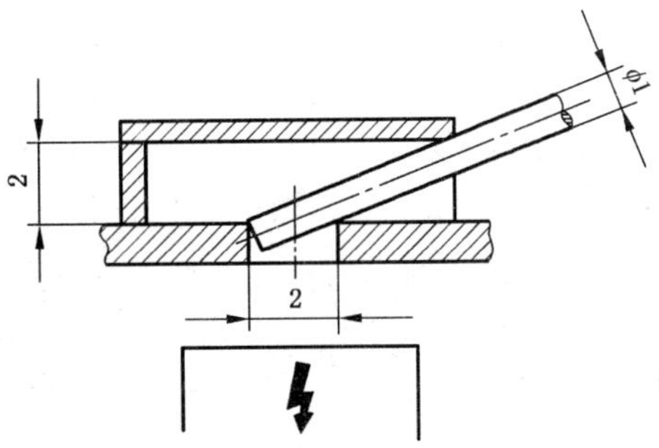 ϕ1　2　2	3X	D	3XD
15	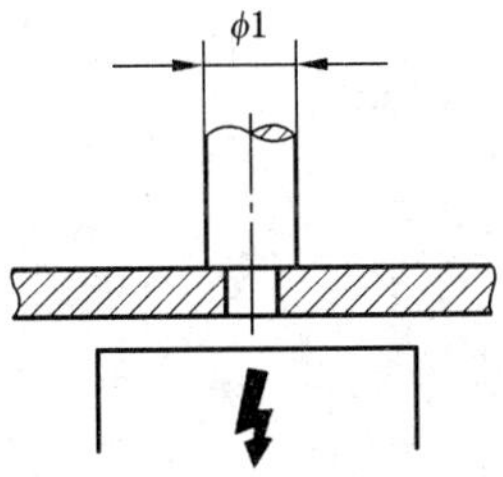 ϕ1	4X	D	4X

附录 A 中 IP 代码示例汇总

第一位特征数字	附加字母				
	—	A	B	C	D
0	IP0X (1)	—	—	—	—
1	—	IP1X (2、3、4)	IP1XB (5、6)	—	IP1XD (7、8)
2	—	—	IP2X (9、10)	IP2XC (11)	IP2XD (12)
3	—	—	—	IP3X (13)	IP3XD (14)
4	—	—	—	—	IP4X (15)
注：括号内的数字指本附录表 A.1 的序号。					

附 录 B
（资料性附录）
可在有关产品标准中作具体规定的内容

外壳提供防护等级的IP代码能用于多数类型的电气设备。

本标准未规定各类电工产品有关外壳防护的全部细节。

有关部门有责任在与其相关的产品标准中对专门的设备采用IP代码规定细节。

标记了IP代码，表明其符合本标准的规定，也符合产品标准的补充规定。

下述各条是可在产品标准中作补充规定的具体内容。

B.1 IP代码被采用的程度和方法(见第4章)

B.2 用于特殊型式设备中"外壳"的定义(见第3章)

B.3 外壳和壳内设备对外界影响或环境条件的防护(见第2章)

B.4 用于外壳外部的危险运动部件(如风扇)的防护等级(见第2章)

B.5 外壳短时间浸水或连续潜水的应用范围(见第6章)

B.6 需要时，由内部挡板、距离提供防止接近危险部件的附加字母的应用(见第7章)

B.7 如果需要，由"补充字母"给出补充信息(见第8章)

B.8 在使用新的补充字母和阐述附加的试验条件前应先与本标准的归口部门协商(见第8章)

B.9 标志的具体规定(见第10章)

B.10 不同于11.1的环境条件

B.11 说明不同于"试验一般要求"的试样及其试验条件(见11.2)

B.12 试验条件细节(见11.2)

例如：

a) 试样数量；

b) 安装、组合、定位；

c) 预处理；

d) 是否带电；

e) 部件是否运动。

B.13 有泄水孔和通风孔时如何应用一般试验要求及接受条件(见11.3)

B.14 阐述试验结果及接受条件的要求(见11.3)

B.15 工作电压，如用的话(见12.3.1和12.3.2)

B.16 设备的类型，指出是否由热循环效应产生了压差(见13.4)

B.17 防尘试验时抽气孔不在易损部件附近的位置(见13.4)

B.18 不影响安全操作的允许灰尘沉积量及沉积地点(见13.5.2)

B.19 IPX3和IPX4试验的试验装置(摆管或淋水喷头)(见14.2.3和14.2.4)

B.20 IPX4试验时外壳支承物的型式(如不开孔)(见14.2.4)

B.21 如果潜水试验是在设备带电或运行时进行对水温的要求(见14.2.7d))

B.22 持续潜水的条件(见13.2.8)

B.23 防水试验之后的接受条件，特别是允许进水量和耐电压试验的细节(见14.3)

B.24 水积聚到带电部件上的接受条件(见14.3)

参 考 文 献

[1] GB/T 16842 检验外壳防护用的试具(GB/T 16842—2008,IEC 61032:1997,IDT)
[2] GB/T 17045 电击防护 装置和设备的通用部分(GB/T 17045—2006,IEC 61140:2001,IDT)